Nesbitt 不等式加强式的研究

邹守文 著

◎ 用平均值不等式证明数学奥林匹克不等式

◎ 用 Cauchy 不等式证明数学奥林匹克不等式

◎ 构造局部不等式证明数学奥林匹克的不等式

◎ 用代换法证明数学奥林匹克不等式

◎ Nesbitt 不等式的加强、变式与类比

◎ 数学奥林匹克不等式问题的研究方法

哈尔滨工业大学出版社
HARBIN INSTITUTE OF TECHNOLOGY PRESS

内 容 简 介

本书主要对 Nesbitt 不等式加强式进行了研究,详细说明了 Nesbitt 不等式加强式在证明不等式,加强不等式及构造新不等式方面的应用.同时,书中还给出了经典不等式:平均值不等式、Cauchy 不等式、Schur 不等式在数学奥林匹克不等式证明中的应用,以及证明不等式的一些基本方法,如变量代换法、三角代换法、局部不等式法.本书还列出了部分习题,同时给出了所有习题的详细解答,供读者练习使用.

本书适合数学专业师生、数学奥林匹克竞赛选手以及数学爱好者参考阅读.

图书在版编目(CIP)数据

Nesbitt 不等式加强式的研究/邹守文著. —哈尔滨:哈尔滨工业大学出版社,2022.6
ISBN 978 - 7 - 5767 - 0006 - 0

Ⅰ.①N… Ⅱ.①邹… Ⅲ.①不等式-研究
Ⅳ.①O178

中国版本图书馆 CIP 数据核字(2022)第 105376 号

策划编辑	刘培杰 张永芹	
责任编辑	刘春雷	
封面设计	孙茵艾	
出版发行	哈尔滨工业大学出版社	
社　　址	哈尔滨市南岗区复华四道街 10 号　邮编 150006	
传　　真	0451—86414749	
网　　址	http://hitpress.hit.edu.cn	
印　　刷	哈尔滨博奇印刷有限公司	
开　　本	720 mm×1 000 mm　1/16　印张 42.5　字数 447 千字	
版　　次	2022 年 6 月第 1 版　2022 年 6 月第 1 次印刷	
书　　号	ISBN 978 - 7 - 5767 - 0006 - 0	
定　　价	128.00 元	

用平均值不等式证明数学奥林匹克不等式

第 1 章

1.1 平均值不等式及其应用

本章讲述平均值不等式的应用.

定理 1 设 $a_1,a_2,\cdots,a_n$ 是 n 个正实数,则有 $a_1+a_2+\cdots+a_n \geqslant n\sqrt[n]{a_1 a_2 \cdots a_n}$.

定理 1 的证明在各种竞赛教程中均有,故这里不再给出证明.

特别当 $n=2$ 时,有
$$a+b \geqslant 2\sqrt{ab}$$
当 $n=3$ 时,有
$$a+b+c \geqslant 3\sqrt[3]{abc}$$
下面举出一些实例说明其应用.

例 1 (2014 安徽预赛第 9 题)已知正实数 x,y,z 满足 $x+y+z=1$,求证

$$\frac{z-y}{x+2y}+\frac{x-z}{y+2z}+\frac{y-x}{z+2x}\geqslant 0$$

证法 1 由于

$$(3x+3y+3z)\left(\frac{1}{x+2y}+\frac{1}{y+2z}+\frac{1}{z+2x}\right)$$

$$=\left[(x+2y)+(y+2z)+(z+2x)\right]\cdot$$

$$\left(\frac{1}{x+2y}+\frac{1}{y+2z}+\frac{1}{z+2x}\right)\geqslant 9$$

所以

$$(x+y+z)\left(\frac{1}{x+2y}+\frac{1}{y+2z}+\frac{1}{z+2x}\right)\geqslant 3$$

所以

$$\frac{(z-y)+(x+2y)}{x+2y}+\frac{(x-z)+(y+2z)}{y+2z}+$$

$$\frac{(y-x)+(z+2x)}{z+2x}\geqslant 3$$

即

$$\frac{z-y}{x+2y}+\frac{x-z}{y+2z}+\frac{y-x}{z+2x}\geqslant 0$$

证法 2 令 $x+2y=c,y+2z=a,z+2x=b\Rightarrow$

$x=\frac{1}{9}(4b+c-2a),y=\frac{1}{9}(4c+a-2b),z=\frac{1}{9}(4a+b-2c)$，所以

$$\frac{z-y}{x+2y}+\frac{x-z}{y+2z}+\frac{y-x}{z+2x}$$

$$=\frac{1}{3}\left(\frac{a+b-2c}{c}+\frac{b+c-2a}{a}+\frac{a+c-2b}{b}\right)$$

$$=\frac{1}{3}\left[\left(\frac{a}{c}+\frac{c}{a}\right)+\left(\frac{a}{b}+\frac{b}{a}\right)+\left(\frac{b}{c}+\frac{c}{b}\right)-6\right]$$

$$\geqslant\frac{1}{3}\left[2\sqrt{\frac{a}{c}\cdot\frac{c}{a}}+2\sqrt{\frac{a}{b}\cdot\frac{b}{a}}+2\sqrt{\frac{b}{c}\cdot\frac{c}{b}}-6\right]=0$$

例 2　设 x,y,z 为正实数,求证
$$(xy + yz + zx)^2 \geqslant 3xyz(x + y + z)$$

证明
$$(xy + yz + zx)^2$$
$$= x^2y^2 + y^2z^2 + z^2x^2 + 2xyz(x + y + z)$$
$$\geqslant xyz(x + y + z) + 2xyz(x + y + z)$$
$$= 3xyz(x + y + z)$$

注 1　由本题可以得到:设 x,y,z 为正实数,则有
$$(x + y + z)^2 \geqslant 3(xy + yz + zx)$$

设 x,y 为正实数,则有 $(x + y)^2 \geqslant 2\sqrt{2xy(x^2 + y^2)}$.

因为
$$(x + y)^2 = (x^2 + y^2) + 2xy \geqslant 2\sqrt{2xy(x^2 + y^2)}$$

注 2　例 2 的应用非常广泛.

题 1　(2010 希腊数学奥林匹克)已知 $x,y > 0$,且 $x + y = 2a$,求证
$$x^3y^3(x^2 + y^2)^2 \leqslant 4a^{10}$$

证明　由平均值不等式,有
$$4a^2 = (x + y)^2 = (x^2 + y^2) + 2xy$$
$$\geqslant 2\sqrt{2xy(x^2 + y^2)}$$

所以
$$xy(x^2 + y^2) \leqslant 2a^4$$

又因为
$$4a^2 = (x + y)^2 = (x^2 + y^2) + 2xy \geqslant 4xy$$

所以 $xy \leqslant a^2$. 于是
$$x^3y^3(x^2 + y^2)^2 = xy[xy(x^2 + y^2)]^2$$
$$\leqslant a^2 \cdot (2a^4)^2 = 4a^{10}$$

题 2 （2010 保加利亚数学奥林匹克）设正实数 a,b,c 满足 $a+b+c=3$，求证

$$abc(a^2+b^2+c^2) \leqslant 3$$

证明 由平均值不等式，有

$$(a+b+c)^2 = (a^2+b^2+c^2)+2(ab+bc+ca)$$
$$\geqslant 3\sqrt[3]{(a^2+b^2+c^2)(ab+bc+ca)^2}$$
$$\geqslant 3\sqrt[3]{(a^2+b^2+c^2)3abc(a+b+c)}$$

结合 $a+b+c=3$，有 $abc(a^2+b^2+c^2) \leqslant 3$.

题 3 （2011 科索沃数学奥林匹克）设 $\triangle ABC$ 的三边长分别为 a,b,c，面积为 S，求证：$a^2+b^2+c^2 \geqslant 4\sqrt{3}S$.

证明 我们来证明更强的费哈（费斯勒—哈德里格，Finsler-Hadriger）不等式，即

$$2(ab+bc+ca)-(a^2+b^2+c^2) \geqslant 4\sqrt{3}S$$

因为 a,b,c 为三角形的三边长，于是存在正实数 x,y,z 使得 $a=y+z, b=z+x, c=x+y$，此时有

$$2(ab+bc+ca)-(a^2+b^2+c^2)=4(xy+yz+zx)$$

由 Heron（海伦）公式知

$$4\sqrt{3}S = 4\sqrt{3xyz(x+y+z)}$$

于是只需证 $xy+yz+zx \geqslant \sqrt{3xyz(x+y+z)}$，由例 1 知此式显然成立.

注意到

$$2(ab+bc+ca)-(a^2+b^2+c^2)$$
$$=(\sqrt{a}+\sqrt{b}+\sqrt{c})(\sqrt{a}+\sqrt{b}-\sqrt{c}) \cdot$$
$$(\sqrt{a}-\sqrt{b}+\sqrt{c})(-\sqrt{a}+\sqrt{b}+\sqrt{c})$$

又 $4\sqrt{3}S = \sqrt{3(a+b+c)\prod(b+c-a)}$，于是可

以得到

$$(\sqrt{a}+\sqrt{b}+\sqrt{c})\prod(\sqrt{a}+\sqrt{b}-\sqrt{c})$$

$$\geqslant \sqrt{3(a+b+c)\prod(b+c-a)}$$

在上式中令 $\sqrt{a}=x,\sqrt{b}=y,\sqrt{c}=z$,则 x,y,z 可以构成一个三角形的三边长,于是有

$$(x+y+z)\prod(x+y-z)$$

$$\geqslant \sqrt{3(x^2+y^2+z^2)\prod(x^2+y^2-z^2)}$$

例 3 (2012 IMO)已知 $a_2,a_3,\cdots,a_n$ 是满足 $a_2a_3\cdots a_n=1$ 的正实数,求证

$$(a_2+1)^2(a_3+1)^3\cdots(a_n+1)^n>n^n$$

证明 注意到

$$a_k+1=a_k+\frac{1}{k-1}+\frac{1}{k-1}+\cdots+\frac{1}{k-1}$$

$$\geqslant k\sqrt[k]{\frac{a_k}{(k-1)^{k-1}}}$$

得

$$(a_k+1)^k\geqslant \frac{k^k}{(k-1)^{k-1}}a_k$$

故

$$(a_2+1)^2(a_3+1)^3\cdots(a_n+1)^n\geqslant n^na_2a_3\cdots a_n$$

易知等号不能成立,所以

$$(a_2+1)^2(a_3+1)^3\cdots(a_n+1)^n>n^n$$

例 4 (2018罗马尼亚数学奥林匹克)已知正实数 a,b,c 满足 $a+b+c=3$,求证

$$\frac{a}{1+b}+\frac{b}{1+c}+\frac{c}{1+a}$$

$$\geqslant \frac{1}{1+a}+\frac{1}{1+b}+\frac{1}{1+c}$$

证明 所证不等式等价于

$$\frac{a-1}{1+b}+\frac{b-1}{1+c}+\frac{c-1}{1+a}\geqslant 0$$

$$\Leftrightarrow (a+1)(a-1)(c+1)+$$
$$(b+1)(b-1)(a+1)+$$
$$(c+1)(c-1)(b+1)\geqslant 0$$

$$\Leftrightarrow ab^2+bc^2+ca^2+a^2+b^2+c^2$$
$$\geqslant a+b+c+3$$

$$\Leftrightarrow ab^2+bc^2+ca^2+(a+b+c)^2$$
$$\geqslant 2(ab+bc+ca)+6$$

$$\Leftrightarrow ab^2+bc^2+ca^2+(a+b+c)$$
$$\geqslant 2(ab+bc+ca)$$

由平均值不等式有

$$ab^2+bc^2+ca^2+(a+b+c)$$
$$=(ab^2+a)+(bc^2+b)+(ca^2+c)$$
$$\geqslant 2ab+2bc+2ca$$

故所证成立.

评注 把此不等式推广到一般情形有：设 a_1, $a_2,\cdots,a_n>0(n>2)$，求证

$$\frac{a_1}{1+a_2}+\frac{a_2}{1+a_3}+\cdots+\frac{a_n}{1+a_1}$$
$$\geqslant \frac{1}{1+a_2}+\frac{1}{1+a_3}+\cdots+\frac{1}{1+a_n}+\frac{1}{1+a_1}$$

例5 （2012罗马尼亚数学奥林匹克）已知自然数 $n\geqslant 2,x_1,x_2,\cdots,x_n$ 是正数,求证

$$4\left(\frac{x_1^3-x_2^3}{x_1+x_2}+\frac{x_2^3-x_3^3}{x_2+x_3}+\cdots+\frac{x_n^3-x_1^3}{x_n+x_1}\right)$$
$$\leqslant (x_1-x_2)^2+(x_2-x_3)^2+\cdots+(x_n-x_1)^2$$

证明 因为

6

$$4 \sum \frac{x_1^3 - x_2^3}{x_1 + x_2} = 4 \sum (x_1^2 - x_1 x_2 + x_2^2) - 8 \sum \frac{x_2^3}{x_1 + x_2}$$

故只需证

$$8 \sum x_1^2 \leqslant 8 \sum \frac{x_2^3}{x_1 + x_2} + \sum (x_1 + x_2)^2$$

由平均值不等式有

$$8 \sum \frac{x_2^3}{x_1 + x_2} + \sum (x_1 + x_2)^2$$

$$= \sum \left[\frac{8 x_2^3}{x_1 + x_2} + 2 x_2 (x_1 + x_2) \right]$$

$$\geqslant 8 \sum x_1^2$$

等号成立当且仅当 $x_1 = x_2 = \cdots = x_n$.

例 6　（2006 波兰数学奥林匹克第二轮）设 $a, b,$ $c > 0$，求证

$$\sqrt[3]{\frac{a}{b+c}} + \sqrt[3]{\frac{b}{c+a}} + \sqrt[3]{\frac{c}{a+b}} > 2$$

且 2 是最佳常数.

证明　先证明一个引理.

引理：设正实数 $b, c, 0 < k \leqslant 1$，则有 $b^k + c^k > (b + c)^k$.

引理的证明：由 Bernoulli(伯努利) 不等式，当 $0 < k \leqslant 1$ 时，有 $(1 + x)^k < 1 + x^k$，令 $x = \dfrac{c}{b}$ 有 $1 + \left(\dfrac{c}{b} \right)^k > \left(1 + \dfrac{c}{b} \right)^k$，于是有 $b^k + c^k > (b + c)^k$. 引理成立.

由引理，有 $b^{\frac{2}{3}} + c^{\frac{2}{3}} > (b + c)^{\frac{2}{3}}$，所以

$$a^{\frac{2}{3}} + b^{\frac{2}{3}} + c^{\frac{2}{3}} > a^{\frac{2}{3}} + (b + c)^{\frac{2}{3}} \geqslant 2 a^{\frac{1}{3}} (b + c)^{\frac{1}{3}}$$

于是

$$\sqrt[3]{\frac{a}{b+c}} > \frac{2a^{\frac{2}{3}}}{a^{\frac{2}{3}} + b^{\frac{2}{3}} + c^{\frac{2}{3}}}$$

同理

$$\sqrt[3]{\frac{b}{c+a}} > \frac{2b^{\frac{2}{3}}}{a^{\frac{2}{3}} + b^{\frac{2}{3}} + c^{\frac{2}{3}}}, \sqrt[3]{\frac{c}{a+b}} > \frac{2c^{\frac{2}{3}}}{a^{\frac{2}{3}} + b^{\frac{2}{3}} + c^{\frac{2}{3}}}$$

将上述三式相加即得.

另外,当 $a = b = 1, c \to 0^+$ 时

$$\sqrt[3]{\frac{a}{b+c}} + \sqrt[3]{\frac{b}{c+a}} + \sqrt[3]{\frac{c}{a+b}} \to 2$$

所以 2 是最佳常数.

例 7 若 $n \geqslant 4, a_1, a_2, \cdots, a_n > 0$,求证

$$(a_1 + a_2 + \cdots + a_n)^2$$
$$\geqslant 4(a_1 a_2 + a_2 a_3 + \cdots + a_{n-1} a_n + a_n a_1) \quad ①$$

证明 用数学归纳法证明.

当 $n = 4$ 时,由平均值不等式,有

$$4(a_1 a_2 + a_2 a_3 + a_3 a_4 + a_4 a_1)$$
$$= 4(a_1 + a_3)(a_2 + a_4)$$
$$\leqslant (a_1 + a_2 + a_3 + a_4)^2$$

此时不等式 ① 成立.

假设 $n = k$ 时,式 ① 成立,我们证明 $n = k+1$ 时,式 ① 也成立,为此不妨设 a_{k+1} 为 $a_1, a_2, \cdots, a_{k+1}$ 中最小的,那么 $a_k a_1 \geqslant a_{k+1} a_1, a_k a_1 \geqslant a_{k+1} a_k$. 于是有

$$(\sum_{i=1}^{k+1} a_i)^2 = (\sum_{i=1}^{k} a_i)^2 + 2a_{k+1} \sum_{i=1}^{k} a_i + a_{k+1}^2$$
$$\geqslant 4(a_1 a_2 + a_2 a_3 + \cdots + a_{k-1} a_k + a_k a_1) +$$
$$2a_{k+1} \sum_{i=1}^{k} a_i + a_{k+1}^2$$
$$\geqslant 4(a_1 a_2 + a_2 a_3 + \cdots + a_{k-1} a_k) +$$

8

$$2a_k a_1 + 2a_k a_1 + 2a_{k+1}(a_1 + a_k)$$
$$\geqslant 4(a_1 a_2 + a_2 a_3 + \cdots + a_{k-1} a_k) +$$
$$2a_{k+1} a_1 + 2a_k a_{k+1} + 2a_{k+1}(a_1 + a_k)$$
$$= 4(a_1 a_2 + a_2 a_3 + \cdots + a_k a_{k+1} + a_{k+1} a_1)$$

因此当 $n = k + 1$ 时,式 ① 成立,于是所证成立.

运用例 7 的方法可以解决下面的问题:

题 4 （2002 罗马尼亚数学奥林匹克）若 $n \geqslant 4$ 为正整数,正实数 $a_1, a_2, \cdots, a_n$ 满足
$$a_1^2 + a_2^2 + \cdots + a_n^2 = 1$$
求证

$$\frac{a_1}{1 + a_2^2} + \frac{a_2}{1 + a_3^2} + \cdots + \frac{a_n}{1 + a_1^2}$$
$$\geqslant \frac{4}{5}(a_1 \sqrt{a_1} + a_2 \sqrt{a_2} + \cdots + a_n \sqrt{a_n})^2$$

证明 　 不妨设 $a_{n+1} = a_1$,由 Cauchy(柯西)不等式,有

$$\sum_{i=1}^{n} \frac{a_i}{a_{i+1}^2 + 1} \sum_{i=1}^{n} a_i^2 (a_{i+1}^2 + 1) \geqslant \left(\sum_{i=1}^{n} a_i \sqrt{a_i}\right)^2$$

于是只需证明 $\displaystyle\sum_{i=1}^{n} a_i^2 (a_{i+1}^2 + 1) \leqslant \frac{5}{4}$. 由 $a_1^2 + a_2^2 + \cdots + a_n^2 = 1$ 及例 7,有

$$\sum_{i=1}^{n} a_i^2 a_{i+1}^2 \leqslant \frac{1}{4}\left(\sum_{i=1}^{n} a_i^2\right)^2 = \frac{1}{4}$$

因此 $\displaystyle\sum_{i=1}^{n} a_i^2 (a_{i+1}^2 + 1) \leqslant \frac{5}{4}$. 故所证不等式成立.

题 5 （2007 中国女子数学奥林匹克）若 $n \geqslant 4$ 为正整数,非负实数 $a_1, a_2, \cdots, a_n$ 满足 $a_1 + a_2 + \cdots + a_n = 2$,求 $\dfrac{a_1}{a_2^2 + 1} + \dfrac{a_2}{a_3^2 + 1} + \cdots + \dfrac{a_n}{a_1^2 + 1}$ 的最小值.

解 不妨设 $a_{n+1}=a_1$，注意到对于非负实数 x,y，由平均值不等式 $1+y^2 \geqslant 2y$，有

$$\frac{x}{1+y^2}=x\left(1-\frac{y^2}{1+y^2}\right)=x-\frac{xy^2}{1+y^2}\geqslant x-\frac{xy}{2}$$

所以

$$\frac{a_1}{a_2^2+1}+\frac{a_2}{a_3^2+1}+\cdots+\frac{a_n}{a_1^2+1}$$

$$\geqslant (a_1+a_2+\cdots+a_n)-\left(\frac{a_1a_2+\cdots+a_na_1}{2}\right)$$

$$=2-\left(\frac{a_1a_2+\cdots+a_na_1}{2}\right)$$

由例 7 的结论知

$$a_1a_2+\cdots+a_na_1\leqslant \frac{1}{4}(a_1+a_2+\cdots+a_n)^2=1$$

所以

$$\frac{a_1}{a_2^2+1}+\frac{a_2}{a_3^2+1}+\cdots+\frac{a_n}{a_1^2+1}\geqslant \frac{3}{2}$$

故

$$\frac{a_1}{a_2^2+1}+\frac{a_2}{a_3^2+1}+\cdots+\frac{a_n}{a_1^2+1}$$

的最小值为 $\frac{3}{2}$，等号成立当且仅当 $a_1=a_2=1$，$a_3=a_4=\cdots=a_n=0$.

题 6（2019 哈萨克斯坦数学奥林匹克）设 $a,b,c>0$，且 $\frac{1}{a}+\frac{1}{b}+\frac{1}{c}=1$，求证

$$\frac{b+c}{a+bc}+\frac{c+a}{b+ca}+\frac{a+b}{c+ab}\geqslant \frac{12}{a+b+c-1}$$

证明 令 $a=\frac{1}{x}$，$b=\frac{1}{y}$，$c=\frac{1}{z}$，则 $x+y+z=1$，从而

$$\frac{b+c}{a+bc}=\frac{\frac{1}{y}+\frac{1}{z}}{\frac{1}{x}+\frac{1}{yz}}=\frac{x(y+z)}{x+yz}=\frac{x(y+z)}{x(x+y+z)+yz}$$

$$=\frac{x(y+z)}{(x+y)(x+z)}$$

同理

$$\frac{c+a}{b+ca}=\frac{y(z+x)}{(y+z)(y+x)}$$

$$\frac{a+b}{c+ab}=\frac{z(x+y)}{(z+x)(z+y)}$$

又

$$\frac{12}{a+b+c-1}=\frac{12}{\frac{1}{x}+\frac{1}{y}+\frac{1}{z}-1}$$

$$=\frac{12xyz}{xy+yz+zx-xyz}$$

$$=\frac{12xyz}{(x+y+z)(xy+yz+zx)-xyz}$$

$$=\frac{12xyz}{(x+y)(y+z)(z+x)}$$

于是所证不等式等价于

$$\frac{x(y+z)}{(x+y)(x+z)}+\frac{y(z+x)}{(y+z)(y+x)}+$$

$$\frac{z(x+y)}{(z+x)(z+y)}$$

$$\geqslant\frac{12xyz}{(x+y)(y+z)(z+x)}$$

$$\Leftrightarrow x(y+z)^2+y(z+x)^2+z(x+y)^2$$

$$\geqslant 12xyz$$

由平均值不等式知最后一式显然成立.

例 8　（2000 香港数学奥林匹克）设 $a,b,c>0$ 且

$abc = 1$，求证

$$\frac{1 + ab^2}{c^3} + \frac{1 + bc^2}{a^3} + \frac{1 + ca^2}{b^3} \geqslant \frac{18}{a^3 + b^3 + c^3}$$

证明 由于 $a, b, c > 0$ 且 $abc = 1$，由平均值不等式，有

$$1 + ab^2 \geqslant 2\sqrt{ab^2}, 1 + bc^2 \geqslant 2\sqrt{bc^2},$$

$$1 + ca^2 \geqslant 2\sqrt{ca^2}$$

$$\sqrt{1 + ab^2} + \sqrt{1 + bc^2} + \sqrt{1 + ca^2}$$

$$\geqslant \sqrt{2}(a^{\frac{1}{4}}b^{\frac{1}{2}} + b^{\frac{1}{4}}c^{\frac{1}{2}} + c^{\frac{1}{4}}a^{\frac{1}{2}})$$

$$\geqslant 3\sqrt{2}\sqrt[3]{a^{\frac{1}{4}}b^{\frac{1}{2}} \cdot b^{\frac{1}{4}}c^{\frac{1}{2}} \cdot c^{\frac{1}{4}}a^{\frac{1}{2}}} = 3\sqrt{2}$$

于是由权方和不等式，有

$$\frac{1 + ab^2}{c^3} + \frac{1 + bc^2}{a^3} + \frac{1 + ca^2}{b^3}$$

$$= \frac{(\sqrt{1 + ab^2})^2}{c^3} + \frac{(\sqrt{1 + bc^2})^2}{a^3} + \frac{(\sqrt{1 + ca^2})^2}{b^3}$$

$$\geqslant \frac{(\sqrt{1 + ab^2} + \sqrt{1 + bc^2} + \sqrt{1 + ca^2})^2}{a^3 + b^3 + c^3}$$

$$\geqslant \frac{18}{a^3 + b^3 + c^3}$$

例 9 （2012 中美洲数学奥林匹克）已知 a, b, c 是满足 $\dfrac{1}{a+b} + \dfrac{1}{b+c} + \dfrac{1}{c+a} = 1$ 和 $ab + bc + ca > 0$ 的实数，求证：$a + b + c - \dfrac{abc}{ab + bc + ca} \geqslant 4$.

证明 由 $\dfrac{1}{a+b} + \dfrac{1}{b+c} + \dfrac{1}{c+a} = 1$，得

$$(a+b)(b+c)(c+a) = \sum(a+b)(a+c)$$

$$= \sum(a^2 + ab + bc + ca)$$

$$= \sum a^2 + 3 \sum ab$$

所以

$$a + b + c - \frac{abc}{ab + bc + ca}$$

$$= \frac{(a + b)(b + c)(c + a)}{ab + bc + ca}$$

$$= \frac{a^2 + b^2 + c^2 + 3(ab + bc + ca)}{ab + bc + ca}$$

$$\geqslant 4$$

题 7　（2010 全国高中数学联赛二试 B 卷第三题）
设 x, y, z 为非负实数，求证

$$\left(\frac{xy + yz + zx}{3}\right)^3$$

$$\leqslant (x^2 - xy + y^2)(y^2 - yz + z^2)(z^2 - zx + x^2)$$

$$\leqslant \left(\frac{x^2 + y^2 + z^2}{2}\right)^3$$

证明　首先证明左边不等式.
因为

$$x^2 - xy + y^2 = \frac{1}{4}\left[(x + y)^2 + 3(x - y)^2\right]$$

$$\geqslant \frac{1}{4}(x + y)^2$$

同理

$$y^2 - yz + z^2 \geqslant \frac{1}{4}(y + z)^2$$

$$z^2 - zx + x^2 \geqslant \frac{1}{4}(z + x)^2$$

于是

$$(x^2 - xy + y^2)(y^2 - yz + z^2)(z^2 - zx + x^2)$$

$$\geqslant \frac{1}{64}\left[(x + y)(y + z)(z + x)\right]^2$$

13

因为
$$(x+y+z)^2 = x^2 + y^2 + z^2 + 2xy + 2yz + 2zx$$
$$\geqslant 3(xy+yz+zx)$$

所以
$$(x^2-xy+y^2)(y^2-yz+z^2)(z^2-zx+x^2)$$
$$\geqslant \frac{1}{64}\big[(x+y)(y+z)(z+x)\big]^2$$
$$\geqslant \frac{1}{64}\left[\frac{8(x+y+z)(xy+yz+zx)}{9}\right]^2$$
$$= \frac{(x+y+z)^2(xy+yz+zx)^2}{81}$$
$$\geqslant \frac{3(xy+yz+zx)(xy+yz+zx)^2}{81}$$
$$= \frac{(xy+yz+zx)^3}{27} = \left(\frac{xy+yz+zx}{3}\right)^3$$

左边不等式获证,当且仅当 $x=y=z$ 时等号成立.

下面证明右边不等式.根据欲证不等式关于 $x,y,$ z 对称,不妨设 $x \geqslant y \geqslant z$,于是
$$(z^2-zx+x^2)(y^2-yz+z^2) \leqslant x^2 y^2$$

所以
$$(x^2-xy+y^2)(y^2-yz+z^2)(z^2-zx+x^2)$$
$$\leqslant (x^2-xy+y^2)x^2 y^2$$

运用算术－几何平均不等式,得
$$(x^2-xy+y^2)x^2 y^2 = (x^2-xy+y^2) \cdot xy \cdot xy$$
$$\leqslant \left(\frac{x^2-xy+y^2+xy}{2}\right)^2 \cdot xy$$
$$\leqslant \left(\frac{x^2-xy+y^2+xy}{2}\right)^2 \cdot \left(\frac{x^2+y^2}{2}\right)$$
$$= \left(\frac{x^2+y^2}{2}\right)^3 \leqslant \left(\frac{x^2+y^2+z^2}{2}\right)^3$$

14

右边不等式获证,当且仅当 x,y,z 中有一个为 0,且另外两个相等时等号成立.

可以得到一个不等式链:设 x,y,z 为正实数,则有

$$(x+y)^2(y+z)^2(z+x)^2$$

$$\geqslant \frac{64}{81}(x+y+z)^2(xy+yz+zx)^2$$

$$\geqslant \frac{64}{27}(xy+yz+zx)^2$$

例 10 （2010 伊朗数学奥林匹克）设 x,y,z 为正实数,且 $xy+yz+zx=1$,求证

$$3-\sqrt{3}+\frac{x^2}{y}+\frac{y^2}{z}+\frac{z^2}{x} \geqslant (x+y+z)^2$$

证明　首先证明

$$\frac{x^2}{y}+\frac{y^2}{z}+\frac{z^2}{x}$$

$$\geqslant \frac{(x+y+z)(x^2+y^2+z^2)}{xy+yz+zx}$$

因为

$$\left(\frac{x^2}{y}+\frac{y^2}{z}+\frac{z^2}{x}\right)(xy+yz+zx)$$

$$=x^3+y^3+z^3+xy^2+yz^2+zx^2+$$

$$\frac{x^3z}{y}+\frac{y^3x}{z}+\frac{z^3y}{x}$$

$$(x+y+z)(x^2+y^2+z^2)$$

$$=x^3+y^3+z^3+xy^2+yz^2+zx^2+$$

$$x^2y+y^2z+z^2x$$

所以只需证

$$\frac{x^3z}{y}+\frac{y^3x}{z}+\frac{z^3y}{x} \geqslant x^2y+y^2z+z^2x$$

由 AM-GM 不等式,有

$$\frac{x^3 z}{y} + \frac{y^3 x}{z} \geqslant 2\sqrt{\frac{x^3 z}{y} \cdot \frac{y^3 x}{z}} = 2x^2 y$$

同理,有

$$\frac{y^3 x}{z} + \frac{z^3 y}{x} \geqslant 2y^2 z, \frac{z^3 y}{x} + \frac{x^3 z}{y} \geqslant 2z^2 x$$

将上述三式相加,知要证所证不等式只需证

$$3 - \sqrt{3} + (x + y + z)(x^2 + y^2 + z^2)$$
$$\geqslant (x + y + z)^2$$
$$\Leftrightarrow (x + y + z)(x^2 + y^2 + z^2)$$
$$\geqslant x^2 + y^2 + z^2 + \sqrt{3} - 1$$
$$\Leftrightarrow (x^2 + y^2 + z^2)(x + y + z - 1) \geqslant \sqrt{3} - 1$$

因为 $x^2 + y^2 + z^2 \geqslant xy + yz + zx = 1$,且 $x + y + z \geqslant \sqrt{3(xy + yz + zx)} = \sqrt{3}$,故所证不等式成立.

注 由本例的证明过程可得到新的不等式

$$\frac{x^2}{y} + \frac{y^2}{z} + \frac{z^2}{x} \geqslant \frac{(x + y + z)(x^2 + y^2 + z^2)}{xy + yz + zx}$$

上述不等式运用广泛,可以证明下面的一些问题:

题 8 （2006 罗马尼亚国家集训队试题）设 a, b, c 为正实数,且 $a + b + c = 1$.证明

$$\frac{a^2}{b} + \frac{b^2}{c} + \frac{c^2}{a} \geqslant 3(a^2 + b^2 + c^2)$$

证明 由

$$\frac{a^2}{b} + \frac{b^2}{c} + \frac{c^2}{a} \geqslant \frac{(a + b + c)(a^2 + b^2 + c^2)}{ab + bc + ca}$$

知只需证

$$a + b + c \geqslant 3(ab + bc + ca)$$

因为

$$a + b + c = 1 = (a + b + c)^2$$
$$= a^2 + b^2 + c^2 + 2(ab + bc + ca)$$
$$\geqslant 3(ab + bc + ca)$$

所以所证不等式成立.

　　说明　题 8 的一般形式:设 a,b,c 为正实数,则

$$\frac{a^2}{b}+\frac{b^2}{c}+\frac{c^2}{a}\geqslant\frac{3(a^2+b^2+c^2)}{a+b+c}$$

　　该结论是《中等数学》(2003 年第 4 期)中的数学问题:已知 $a,b,c\in\mathbf{R}^*$,求证

$$\frac{b^2}{a}+\frac{c^2}{b}+\frac{a^2}{c}\geqslant\sqrt{3(a^2+b^2+c^2)}$$

的加强.本题的一个很强的结论是

$$\frac{a^2}{b}+\frac{b^2}{c}+\frac{c^2}{a}\geqslant 3\sqrt{\frac{a^4+b^4+c^4}{a^2+b^2+c^2}}$$

　　题 9　(2005 罗马尼亚数学奥林匹克)已知 a,b,c 是正实数.求证

$$\frac{a+b}{c^2}+\frac{b+c}{a^2}+\frac{c+a}{b^2}\geqslant 2\left(\frac{1}{a}+\frac{1}{b}+\frac{1}{c}\right)$$

　　证明　在题中应用变换 $x\to\frac{1}{a},y\to\frac{1}{b},z\to\frac{1}{c}$,则有

$$\frac{y}{x^2}+\frac{z}{y^2}+\frac{x}{z^2}\geqslant\frac{\left(\frac{1}{x}+\frac{1}{y}+\frac{1}{z}\right)\left(\frac{1}{x^2}+\frac{1}{y^2}+\frac{1}{z^2}\right)}{\frac{1}{xy}+\frac{1}{yz}+\frac{1}{zx}}$$

　　因为 $x^2+y^2+z^2\geqslant xy+yz+zx$,所以

$$\frac{1}{a^2}+\frac{1}{b^2}+\frac{1}{c^2}\geqslant\frac{1}{ab}+\frac{1}{bc}+\frac{1}{ca}$$

所以

$$\left(\frac{a}{b^2}+\frac{b}{c^2}+\frac{c}{a^2}\right)+\left(\frac{a}{c^2}+\frac{b}{a^2}+\frac{c}{b^2}\right)$$

$$\geqslant\frac{2\left(\frac{1}{a}+\frac{1}{b}+\frac{1}{c}\right)\left(\frac{1}{a^2}+\frac{1}{b^2}+\frac{1}{c^2}\right)}{\frac{1}{ab}+\frac{1}{bc}+\frac{1}{ca}}$$

$$\geqslant 2\left(\frac{1}{a}+\frac{1}{b}+\frac{1}{c}\right)$$

题 10 已知正实数 a,b,c,求证

$$\frac{(a+b+c)^2}{ab+bc+ca} \geqslant \frac{a+b}{b+c}+\frac{b+c}{c+a}+\frac{c+a}{a+b}$$

证明 因为

$$\frac{a+b}{b+c}+\frac{b+c}{c+a}+\frac{c+a}{a+b}$$

$$=2+\frac{a^3+b^3+c^3+2abc+a^2b+b^2c+c^2a}{(a+b)(b+c)(c+a)}$$

于是所证不等式等价于

$$\frac{a^2+b^2+c^2}{ab+bc+ca}$$

$$\geqslant \frac{a^3+b^3+c^3+2abc+a^2b+b^2c+c^2a}{(a+b)(b+c)(c+a)}$$

$$\Leftrightarrow (a^2+b^2+c^2)(a+b)(b+c)(c+a)$$

$$\geqslant (ab+bc+ca)(a^3+b^3+c^3+$$

$$2abc+a^2b+b^2c+c^2a)$$

$$\Leftrightarrow a^3c^2+b^3a^2+c^3b^2$$

$$\geqslant abc(ab+bc+ca)$$

$$\frac{a^2c}{b}+\frac{b^2a}{c}+\frac{c^2b}{a} \geqslant ab+bc+ca$$

由平均值不等式,有

$$\frac{a^2c}{b}+bc \geqslant 2ac,\frac{b^2a}{c}+ca \geqslant 2ab,\frac{c^2b}{a}+ab \geqslant 2bc$$

将上述三式相加即得.

例 11 (第 2 届数联杯网络奥林匹克)设 $x,y,$ $z>0$,且满足 $xyz=1$,求证

$$\frac{9}{x^2(x+y+z)+1}+$$

18

$$6\left[\frac{1}{y^2(x+y+z)+1}+\frac{1}{z^2(x+y+z)+1}\right]$$

$$\geqslant 5$$

证法 1　所证不等式等价于

$$\frac{9yz}{(y+x)(z+x)}+\frac{6zx}{(z+y)(x+y)}+$$

$$\frac{6xy}{(z+x)(z+y)}\geqslant 5$$

$$\Leftrightarrow 6\sum_{cyc}\frac{xy}{(z+x)(z+y)}+\frac{3yz}{(y+x)(z+x)}\geqslant 5$$

$$\Leftrightarrow 6\sum_{cyc}xy(x+y)+3yz(y+z)$$

$$\geqslant 5(x+y)(y+z)(z+x)$$

$$\Leftrightarrow 6\sum_{cyc}xy(x+y)+3yz(y+z)$$

$$\geqslant 5\sum_{cyc}xy(x+y)+10xyz$$

$$\Leftrightarrow \sum_{cyc}xy(x+y)+3yz(y+z)\geqslant 10$$

$$\Leftrightarrow \frac{x+y}{z}+\frac{4(y+z)}{x}+\frac{z+x}{y}\geqslant 10$$

$$\Leftrightarrow \left(\frac{x}{z}+\frac{4z}{x}\right)+\left(\frac{x}{y}+\frac{4y}{x}\right)+\left(\frac{y}{z}+\frac{z}{y}\right)\geqslant 10$$

最后一式显然成立,其中等号成立当且仅当 $\dfrac{x}{z}=$

$\dfrac{4z}{x},\dfrac{y}{z}=\dfrac{z}{y},\dfrac{x}{y}=\dfrac{4y}{x}$,即 $x=2y=2z$.

证法 2　由 $xyz=1$,有

$$x^2(x+y+z)+1=x^2(x+y+z)+xyz$$

$$=x(x^2+xy+xz+yz)=x(x+y)(x+z)$$

$$=\frac{(x+y)(x+z)}{yz}$$

同理，有

$$y^2(x+y+z)+1=\frac{(y+x)(y+z)}{zx}$$

$$z^2(x+y+z)+1=\frac{(z+x)(z+y)}{xy}$$

于是所证不等式为

$$\frac{9yz}{(x+y)(x+z)}+\frac{6xz}{(y+z)(y+x)}+$$

$$\frac{6xy}{(z+x)(z+y)}\geqslant 5$$

$$\Leftrightarrow x^2(y+z)+x(y^2+z^2)+4yz(y+z)$$

$$\geqslant 10xyz$$

由平均值不等式，有

$$x^2(y+z)+x(y^2+z^2)+4yz(y+z)$$

$$\geqslant x^2\cdot 2\sqrt{yz}+x\cdot 2yz+4yz\cdot 2\sqrt{yz}$$

令 $a=x,b=\sqrt{yz}$，则只需证

$$2a^2b+2ab^2+8b^3\geqslant 10ab^2$$

即证

$$a^2+4b^2\geqslant 4ab\Leftrightarrow (a-2b)^2\geqslant 0$$

上式显然成立，故原不等式得证.

推广 1　设 $x,y,z>0$，且满足 $xyz=1,\lambda>0$，则

$$\frac{(\lambda+1)^2}{x^2(x+y+z)+1}+$$

$$2(\lambda+1)\left[\frac{1}{y^2(x+y+z)+1}+\frac{1}{z^2(x+y+z)+1}\right]$$

$$\geqslant 2\lambda+1$$

证明　所证不等式等价于

$$\frac{(\lambda+1)^2yz}{(y+x)(z+x)}+\frac{2(\lambda+1)zx}{(z+y)(x+y)}+$$

$$\frac{2(\lambda+1)xy}{(z+x)(z+y)}$$

$$\geqslant 2\lambda+1$$

$$\Leftrightarrow (\lambda+1)^2 yz(y+z)+2(\lambda+1)zx(z+x)+$$
$$2(\lambda+1)xy(x+y)$$

$$\geqslant (2\lambda+1)(x+y)(y+z)(z+x)$$

$$\Leftrightarrow \lambda^2 yz(y+z)+xy(x+y)+zx(z+x)$$

$$\geqslant 2(2\lambda+1)$$

$$\Leftrightarrow \frac{\lambda^2(y+z)}{x}+\frac{x+y}{z}+\frac{z+x}{y}$$

$$\geqslant 2(2\lambda+1)$$

$$\Leftrightarrow \left(\frac{x}{z}+\frac{\lambda^2 z}{x}\right)+\left(\frac{x}{y}+\frac{\lambda^2 y}{x}\right)+\left(\frac{y}{z}+\frac{z}{y}\right)$$

$$\geqslant 4\lambda+2$$

因为

$$\frac{x}{z}+\frac{\lambda^2 z}{x}\geqslant 2\sqrt{\frac{x}{z}\cdot\frac{\lambda^2 z}{x}}=2\lambda$$

$$\frac{x}{y}+\frac{\lambda^2 y}{x}\geqslant 2\lambda$$

$$\frac{y}{z}+\frac{z}{y}\geqslant 2$$

所以所证不等式得证. 由证明过程知当且仅当 $x=\lambda y=\lambda z$ 时等号成立.

推广 2　设 $x,y,z>0$,且满足 $xyz=m^3,\lambda>0$,则

$$\frac{(\lambda+1)^2 m^2}{x^2(x+y+z)+m^3}+2(\lambda+1)\cdot$$

$$\left[\frac{m^3}{y^2(x+y+z)+m^3}+\frac{m^3}{z^2(x+y+z)+m^3}\right]$$

$$\geqslant 2\lambda+1$$

例 12　(2005 乌兹别克斯坦数学奥林匹克) 设 $a,$

21

b,c 为 $\triangle ABC$ 的三边长,且 $a+b+c=1$,求证

$$\frac{1}{4} + abc < ab + bc + ca \leqslant \frac{8}{27} + abc$$

本例的不等式不是最优的,可以加强为:

设 a,b,c 为 $\triangle ABC$ 的三边长,且 $a+b+c=1$,则

$$\frac{1}{4} < ab + bc + ca - 2abc \leqslant \frac{7}{27} \qquad ①$$

证明　因为 a,b,c 为 $\triangle ABC$ 的三边长,所以设 $a=y+z, b=z+x, c=x+y, x,y,z$ 为正实数,则 $x+y+z=\dfrac{1}{2}$,因为

$$ab + bc + ca = \sum(y+z)(z+x) = \sum x^2 + 3\sum xy$$

$$abc = (x+y)(y+z)(z+x)$$

$$= \left(\frac{1}{2}-x\right)\left(\frac{1}{2}-y\right)\left(\frac{1}{2}-z\right)$$

$$= \frac{1}{8} - \frac{1}{4}\sum x + \frac{1}{2}\sum xy - xyz$$

$$= \frac{1}{2}\sum xy - xyz$$

所以

$$ab + bc + ca - 2abc$$

$$= \sum x^2 + 3\sum xy - 2\left(\frac{1}{2}\sum xy - xyz\right)$$

$$= \sum x^2 + 3\sum xy - \sum xy + 2xyz$$

$$= \sum x^2 + 2\sum xy + 2xyz$$

$$= \left(\sum x\right)^2 + 2xyz = \frac{1}{4} + 2xyz$$

因为 $xyz \leqslant \left(\dfrac{x+y+z}{3}\right)^3 = \dfrac{1}{216}$,所以

$$ab + bc + ca - 2abc \leqslant \frac{1}{4} + \frac{1}{2 \times 216} = \frac{7}{27}$$

从而式 ① 右边不等式成立. 因为 $xyz > 0$, 所以式 ① 左边不等式成立.

综上知式 ① 成立.

显然式 ① 左边是原题左边不等式的改进, 又

$$1 = a + b + c \geqslant 3\sqrt[3]{abc}$$

所以

$$abc \leqslant \frac{1}{27}$$

于是

$$ab + bc + ca - abc \leqslant \frac{7}{27} + abc \leqslant \frac{7}{27} + \frac{1}{27} = \frac{8}{27}$$

因此式 ① 右边是原题右边不等式的改进. 从而式 ① 是原题的加强.

因为

$$ab + bc + ca = \frac{(a+b+c)^2 - (a^2 + b^2 + c^2)}{2}$$

$$= \frac{1 - (a^2 + b^2 + c^2)}{2}$$

所以式 ① 可以变形为 $\frac{13}{27} \leqslant a^2 + b^2 + c^2 + 4abc < \frac{1}{2}$,

于是得到:

推论 1　设 a, b, c 为 $\triangle ABC$ 的三边长, 且 $a + b + c = 1$, 则

$$\frac{13}{27} \leqslant a^2 + b^2 + c^2 + 4abc < \frac{1}{2} \qquad ②$$

式 ② 右边不等式是第 23 届全苏数学竞赛题:

在 $\triangle ABC$ 中, 若 $a + b + c = 1$, 求证

23

$$a^2 + b^2 + c^2 + 4abc < \frac{1}{2}$$

由式 ② 左边不等式可以证明《数学通讯》(1992 年第 11 期) 竞赛之窗问题 31：

△ABC 的三边 a,b,c 满足 $a+b+c=1$，求证

$$5(a^2 + b^2 + c^2) + 18abc \geqslant \frac{7}{3}$$

因为 $5(a^2 + b^2 + c^2) + 18abc = 5(a^2 + b^2 + c^2 + 4abc) - 2abc \geqslant \frac{65}{27} - \frac{2}{27} = \frac{7}{3}$.

在式 ①② 中作变换：$a \to ka, b \to kb, c \to kc$，可以得到：

推广 设 a,b,c 为 △ABC 的三边长，且 $a+b+c=k$，则

$$\frac{k^2}{4} < ab + bc + ca - \frac{2}{k}abc \leqslant \frac{7k^2}{27} \qquad ③$$

$$\frac{13k^2}{27} \leqslant a^2 + b^2 + c^2 + \frac{4}{k}abc < \frac{k^2}{2} \qquad ④$$

在式 ③④ 中取 $k=2, k=3$，可以分别得到：

推论 2 设 a,b,c 为 △ABC 的三边长，且 $a+b+c=2$，则

$$1 < ab + bc + ca - abc \leqslant \frac{28}{27} \qquad ⑤$$

$$\frac{52}{27} \leqslant a^2 + b^2 + c^2 + 2abc < 2 \qquad ⑥$$

由式 ⑥ 可以得到 1990 年匈牙利数学奥林匹克试题：

若 △ABC 的边长之和为 2，求证：$a^2 + b^2 + c^2 + 2abc < 2$.

推论 3 设 a,b,c 为 △ABC 的三边长，且 $a+b+c=3$，则

$$\frac{9}{4} < ab + bc + ca - \frac{2}{3}abc \leqslant \frac{7}{3}$$

$$\frac{13}{3} \leqslant a^2 + b^2 + c^2 + \frac{4}{3}abc < \frac{9}{2}$$

题 11　（第 3 届中国北方数学奥林匹克邀请赛）设 $\triangle ABC$ 的三边长分别为 a ,b ,c ,且 $a + b + c = 3$,求 $f(a,b,c) = a^2 + b^2 + c^2 + \frac{4}{3}abc$ 的最小值.

解　略.

例 13　（《中等数学》2003 年 4 月）已知 $a,b,c \in \mathbf{R}^*$,求证

$$\frac{b^2}{a} + \frac{c^2}{b} + \frac{a^2}{c} \geqslant \sqrt{3(a^2 + b^2 + c^2)}$$

证法 1　由均值不等式知 ,$a^3 + c^2 a \geqslant 2ca^2$,$b^3 + a^2 b \geqslant 2ab^2$,$c^3 + b^2 c \geqslant 2bc^2$.

将以上三式相加得
$$a^3 + b^3 + c^3 + a^2 b + b^2 c + c^2 a \geqslant 2(ab^2 + bc^2 + ca^2)$$
即
$$ab^2 + bc^2 + ca^2 \leqslant \frac{1}{3}(a + b + c)(a^2 + b^2 + c^2)$$

由 Cauchy 不等式知
$$\frac{b^2}{a} + \frac{c^2}{b} + \frac{a^2}{c}$$
$$= \frac{b^4}{ab^2} + \frac{c^4}{bc^2} + \frac{a^4}{ca^2}$$
$$\geqslant \frac{(a^2 + b^2 + c^2)^2}{ab^2 + bc^2 + ca^2}$$
$$\geqslant \frac{(a^2 + b^2 + c^2)^2}{\frac{1}{3}(a + b + c)(a^2 + b^2 + c^2)}$$

$$= \frac{3(a^2 + b^2 + c^2)}{a + b + c}$$

$$= \frac{\sqrt{3(a^2 + b^2 + c^2)}}{a + b + c} \cdot \sqrt{3(a^2 + b^2 + c^2)}$$

$$\geqslant \frac{\sqrt{3(a^2 + b^2 + c^2)}}{a + b + c} \cdot (a + b + c)$$

$$= \sqrt{3(a^2 + b^2 + c^2)}$$

证法 2　由 Cauchy 不等式知

$$3(ab^2 + bc^2 + ca^2)^2$$

$$\leqslant 3(a^2 + b^2 + c^2)(a^2b^2 + b^2c^2 + c^2a^2)$$

$$\leqslant (a^2 + b^2 + c^2)^3$$

即 $ab^2 + bc^2 + ca^2 \leqslant \dfrac{\sqrt{3}}{3}(a^2 + b^2 + c^2)^{\frac{3}{2}}$. 于是

$$\frac{b^2}{a} + \frac{c^2}{b} + \frac{a^2}{c}$$

$$= \frac{b^4}{ab^2} + \frac{c^4}{bc^2} + \frac{a^4}{ca^2}$$

$$\geqslant \frac{(a^2 + b^2 + c^2)^2}{ab^2 + bc^2 + ca^2}$$

$$\geqslant \frac{(a^2 + b^2 + c^2)^2}{\dfrac{\sqrt{3}}{3}(a^2 + b^2 + c^2)^{\frac{3}{2}}}$$

$$= \sqrt{3(a^2 + b^2 + c^2)}$$

注

$$\frac{b^2}{a} + \frac{c^2}{b} + \frac{a^2}{c}$$

$$\geqslant \frac{a^2 + b^2}{b + c} + \frac{b^2 + c^2}{c + a} + \frac{c^2 + a^2}{a + b}$$

$$\geqslant \frac{3(a^2 + b^2 + c^2)}{a + b + c}$$

$$\geqslant \frac{a^2+b^2}{a+b}+\frac{b^2+c^2}{b+c}+\frac{c^2+a^2}{c+a}$$

$$\geqslant \sqrt{3(a^2+b^2+c^2)}$$

$$\geqslant \frac{\sqrt{2}}{2}(\sqrt{a^2+b^2}+\sqrt{b^2+c^2}+\sqrt{c^2+a^2})$$

$$\geqslant a+b+c$$

利用例 13 的结论可以解决下面的问题：

题 12 （2005 罗马尼亚数学奥林匹克）已知 a,b, c 是正实数. 求证

$$\frac{a+b}{c^2}+\frac{b+c}{a^2}+\frac{c+a}{b^2}\geqslant 2\left(\frac{1}{a}+\frac{1}{b}+\frac{1}{c}\right)$$

证明 略.

题 13 已知 x,y,z 都是正数，求证

$$\frac{xy}{z}+\frac{yz}{x}+\frac{zx}{y}\geqslant \sqrt{3(x^2+y^2+z^2)}\geqslant x+y+z$$

①

证明 左边不等式等价于

$$\left(\frac{xy}{z}+\frac{yz}{x}+\frac{zx}{y}\right)^2-3(x^2+y^2+z^2)\geqslant 0$$

$$\Leftrightarrow \frac{x^2y^2}{z^2}+\frac{y^2z^2}{x^2}+\frac{z^2x^2}{y^2}-(x^2+y^2+z^2)\geqslant 0$$

$$\Leftrightarrow \left(\frac{xy}{z}-\frac{yz}{x}\right)^2+\left(\frac{yz}{x}-\frac{zx}{y}\right)^2+\left(\frac{zx}{y}-\frac{xy}{z}\right)^2\geqslant 0$$

右边不等式等价于

$$3(x^2+y^2+z^2)-(x+y+z)^2\geqslant 0$$

$$\Leftrightarrow x^2+y^2+z^2-(xy+yz+zx)\geqslant 0$$

$$\Leftrightarrow (x-y)^2+(y-z)^2+(z-x)^2\geqslant 0$$

分别用 $\frac{1}{x},\frac{1}{y},\frac{1}{z}$ 替换式 ① 中的 x,y,z 得

27

$$\frac{x}{yz}+\frac{y}{zx}+\frac{z}{xy}\geqslant\sqrt{3\left(\frac{1}{x^2}+\frac{1}{y^2}+\frac{1}{z^2}\right)}\geqslant\frac{1}{x}+\frac{1}{y}+\frac{1}{z}$$

注 $\dfrac{xy}{z}+\dfrac{yz}{x}+\dfrac{zx}{y}$

$$\geqslant\frac{x^2+y^2}{x+y}+\frac{y^2+z^2}{y+z}+\frac{z^2+x^2}{z+x}$$

题 14 （苏联第 22 届数学竞赛试题）设 x,y,z 都是正数，并且 $x^2+y^2+z^2=1$，求 $\dfrac{xy}{z}+\dfrac{yz}{x}+\dfrac{zx}{y}$ 的最小值.

解 略.

题 15 （2001 第一届中国西部数学奥林匹克）设 x,y,z 都是正数，并且 $x+y+z\geqslant xyz$，求 $\dfrac{x^2+y^2+z^2}{xyz}$ 的最小值.

解 略.

题 16 （2006 全国高中数学联赛陕西赛区预赛试题）已知 x,y,z 均为正数.

（1）求证 $\dfrac{x}{yz}+\dfrac{y}{zx}+\dfrac{z}{xy}\geqslant\dfrac{1}{x}+\dfrac{1}{y}+\dfrac{1}{z}$.

（2）若 $x+y+z\geqslant xyz$，求 $u=\dfrac{x}{yz}+\dfrac{y}{zx}+\dfrac{z}{xy}$ 的最小值.

解 略.

题 17 （2006（3）《数学通报》数学问题 1602）已知 $a,b,c\in\mathbf{R}^*$，求证

$$\left(\frac{a+b}{a+c}\right)a^2+\left(\frac{b+c}{b+a}\right)b^2+\left(\frac{c+a}{c+b}\right)c^2\geqslant a^2+b^2+c^2$$

证明 所证不等式等价于

$$a^3b^2 + b^3c^2 + c^3a^2 \geqslant a^2b^2c + b^2c^2a + c^2a^2b$$

$$\Leftrightarrow \frac{bc}{a^2} + \frac{ca}{b^2} + \frac{ab}{c^2} \geqslant \frac{1}{c} + \frac{1}{a} + \frac{1}{b}$$

题 18　已知 $a,b,c,d \in \mathbf{R}^*$，求证：$\dfrac{b^2}{a} + \dfrac{c^2}{b} + \dfrac{d^2}{c} +$

$\dfrac{a^2}{d} \geqslant 2\sqrt{a^2+b^2+c^2+d^2}$.

证明　由 Cauchy 不等式和均值不等式知

$$4(ab^2 + bc^2 + cd^2 + da^2)^2$$
$$\leqslant 4(a^2+b^2+c^2+d^2)(a^2b^2+b^2c^2+c^2d^2+d^2a^2)$$
$$= 4(a^2+b^2+c^2+d^2)(a^2+c^2)(b^2+d^2)$$
$$\leqslant (a^2+b^2+c^2+d^2)^3$$

即

$$ab^2 + bc^2 + cd^2 + da^2$$
$$\leqslant \frac{1}{2}(a^2+b^2+c^2+d^2)^{\frac{3}{2}}$$
$$\frac{b^2}{a} + \frac{c^2}{b} + \frac{d^2}{c} + \frac{a^2}{d}$$
$$= \frac{b^4}{ab^2} + \frac{c^4}{bc^2} + \frac{d^4}{cd^2} + \frac{a^4}{da^2}$$
$$\geqslant \frac{(a^2+b^2+c^2+d^2)^2}{ab^2+bc^2+cd^2+da^2}$$
$$\geqslant \frac{(a^2+b^2+c^2+d^2)^2}{\frac{1}{2}(a^2+b^2+c^2+d^2)^{\frac{3}{2}}}$$
$$= 2\sqrt{a^2+b^2+c^2+d^2}$$

注

$$\frac{b^2}{a} + \frac{c^2}{b} + \frac{d^2}{c} + \frac{a^2}{d}$$
$$\geqslant \frac{4(a^2+b^2+c^2+d^2)}{a+b+c+d}$$

29

$$\geqslant \frac{a^2+b^2+c^2}{a+b+c} + \frac{b^2+c^2+d^2}{b+c+d} +$$

$$\frac{c^2+d^2+a^2}{c+d+a} + \frac{d^2+a^2+b^2}{d+a+b}$$

$$\geqslant 2\sqrt{a^2+b^2+c^2+d^2}$$

例 14 （2021 印度尼西亚数学奥林匹克）若正实数 x,y,z 满足 $xyz=1$ 和 $xy+yz+zx=2\,021$，求证 $(x^7+2)(y^7+2)(z^7+2) > 4(x+y+z) + 4\,051$

证明 因为 $x^7+6 \geqslant 7x$ 等三式，有

$$\frac{4}{7}\sum(x^7+6) \geqslant 4\sum x$$

所以

$$\frac{4}{7}\sum x^7 \geqslant 4\sum x - \frac{72}{7}$$

又因为 $x^7 y^7 + 6 \geqslant 7xy$ 等三式，有 $x^7 y^7 \geqslant 7xy - 6$，于是

$$\sum x^7 y^7 \geqslant 7\sum xy - 18 = 7 \times 2\,021 - 18$$

因为 $\sum(x^7+y^7+5) \geqslant 7\sum xy$，所以 $\sum x^7 \geqslant \dfrac{7\sum xy - 15}{2}$，于是

$$\frac{24}{7}\sum x^7 \geqslant \frac{24}{7} \cdot \frac{7\sum xy - 15}{2}$$

$$= \frac{12(7\sum xy - 15)}{7} = 12\sum xy - \frac{180}{7}$$

所以

$$(x^7+2)(y^7+2)(z^7+2)$$
$$= x^7 y^7 z^7 + 2\sum x^7 y^7 + 4\sum x^7 + 8$$
$$= 2\sum x^7 y^7 + 4\sum x^7 + 9$$

$$\geqslant 4\sum x - \frac{72}{7} + \frac{24}{7}\sum x^7 + 2(7\times 2\,021 - 18) + 9$$

$$\geqslant 4\sum x - \frac{72}{7} + 12\sum xy - \frac{180}{7} +$$

$$2(7\times 2\,021 - 18) + 9$$

$$= 4\sum x + 26\times 2\,021 - \frac{252}{7} - 36 + 9$$

$$> 4\sum x + 4\,051$$

例 15（2021 越南国家队选拔考试）已知 a,b,c 为非负实数,满足

$$2(a^2 + b^2 + c^2) + 3(ab + bc + ca) = 5(a + b + c)$$

求证:$4(a^2 + b^2 + c^2) + 2(ab + bc + ca) + 7abc \leqslant 25$.

证明　设 $a + b + c = x$,由已知 $2(a^2 + b^2 + c^2) + 3(ab + bc + ca) = 5(a + b + c)$,知 $2(a + b + c)^2 - (ab + bc + ca) = 5(a + b + c)$,于是 $ab + bc + ca = 2x^2 - 5x$.

因为 $ab + bc + ca = 2x^2 - 5x \geqslant 0$,所以 $x \geqslant \frac{5}{2}$.

又由 $3(ab + bc + ca) \leqslant (a + b + c)^2$,有 $3(2x^2 - 5x) \leqslant x^2$,故 $x \leqslant 3$,所以 $\frac{5}{2} \leqslant x \leqslant 3$.

因为 $3abc(a + b + c) \leqslant (ab + bc + ca)^2$,所以

$$abc \leqslant \frac{(2x^2 - 5x)^2}{3x} = \frac{x(4x^2 - 20x + 25)}{3}$$

于是所证不等式变形为

$$4(a + b + c)^2 - 6(ab + bc + ca) + 7abc \leqslant 25$$

从而只需证明

$$4x^2 - 6(2x^2 - 5x) + \frac{7x(4x^2 - 20x + 25)}{3} \leqslant 25$$

化简得

$$28x^3 - 164x^2 + 265x - 75 \leqslant 0$$
$$\Leftrightarrow 28(x^3 - 3x^2) - 80x^2 + 265x - 75 \leqslant 0$$
$$\Leftrightarrow 28x^2(x - 3) - 5(16x^2 - 53x + 15) \leqslant 0$$
$$\Leftrightarrow 28x^2(x - 3) - 5(16x - 5)(x - 3) \leqslant 0$$
$$\Leftrightarrow (x - 3)(28x^2 - 80x + 25) \leqslant 0$$
$$\Leftrightarrow (x - 3)(2x - 5)(14x - 5) \leqslant 0$$

因为 $\dfrac{5}{2} \leqslant x \leqslant 3$,所以最后一式显然成立,故所证成立.

例 16 (2021 科索沃数学奥林匹克)设 a,b,c 为正实数,满足

$$a^5 + b^5 + c^5 = ab^2 + bc^2 + ca^2$$

求证

$$\frac{a^2 + b^2}{b} + \frac{b^2 + c^2}{c} + \frac{c^2 + a^2}{a} \geqslant 2(ab + bc + ca)$$

证明 因为

$$a + b + c + a^5 + b^5 + c^5 \geqslant 2(a^3 + b^3 + c^3)$$
$$\geqslant 2(ab^2 + bc^2 + ca^2)$$

所以

$$a + b + c \geqslant ab^2 + bc^2 + ca^2$$

又因为

$$a + b + c + ab^2 + bc^2 + ca^2 \geqslant 2(ab + bc + ca)$$

于是

$$\frac{a^2 + b^2}{b} + \frac{b^2 + c^2}{c} + \frac{c^2 + a^2}{a}$$
$$= \frac{a^2}{b} + \frac{b^2}{c} + \frac{c^2}{a} + a + b + c$$
$$\geqslant \frac{(a + b + c)^2}{b + c + a} + a + b + c$$
$$= 2(a + b + c) \geqslant 2(ab + bc + ca)$$

例 17 （2021 基辅数学节）设 $a,b,c \geqslant 0$ 且 $a+b+c=3$，求证

$$(3a-bc)(3b-ca)(3c-ab) \leqslant 8$$

证明 由平均值不等式，有

$$(3a-bc)(3b-ca) \leqslant \left(\frac{3a-bc+3b-ca}{2}\right)^2$$

$$= \left[\frac{(a+b+c)(a+b)-bc-ca}{2}\right]^2 = \left(\frac{a+b}{2}\right)^4$$

所以

$$\sqrt{(3a-bc)(3b-ca)} \leqslant \left(\frac{a+b}{2}\right)^2$$

同理，有

$$\sqrt{(3b-ca)(3c-ab)} \leqslant \left(\frac{b+c}{2}\right)^2$$

$$\sqrt{(3c-ab)(3a-bc)} \leqslant \left(\frac{c+a}{2}\right)^2$$

所以

$$(3a-bc)(3b-ca)(3c-ab)$$

$$\leqslant \left(\frac{a+b}{2}\right)^2 \cdot \left(\frac{b+c}{2}\right)^2 \cdot \left(\frac{c+a}{2}\right)^2$$

$$= \frac{[(a+b)(b+c)(c+a)]^2}{64}$$

$$\leqslant \frac{\left(\frac{(a+b)+(b+c)+(c+a)}{3}\right)^6}{8} = 8$$

例 18 （2020 圣彼得堡数学奥林匹克）设 $x,y,$ $z \in \left[0,\frac{\pi}{2}\right]$，求证

$$\sqrt[3]{\sin x\cos y} + \sqrt[3]{\sin y\cos z} + \sqrt[3]{\sin z\cos x} \leqslant \frac{3}{\sqrt[3]{2}}$$

证明　因为 $x,y,z \in \left[0, \dfrac{\pi}{2}\right]$，所以

$$\sqrt[3]{\sin x \cos y}, \sqrt[3]{\sin y \cos z}, \sqrt[3]{\sin z \cos x} \geqslant 0$$

由幂平均值不等式 $\dfrac{a^3+b^3+c^3}{3} \geqslant \left(\dfrac{a+b+c}{3}\right)^3$，

有 $\dfrac{a+b+c}{3} \leqslant \sqrt[3]{\dfrac{a^3+b^3+c^3}{3}}$，所以 $a+b+c \leqslant$

$3\sqrt[3]{\dfrac{a^3+b^3+c^3}{3}}$，于是

$$\sqrt[3]{\sin x \cos y} + \sqrt[3]{\sin y \cos z} + \sqrt[3]{\sin z \cos x}$$

$$\leqslant 3\sqrt[3]{\dfrac{\sin x \cos y + \sin y \cos z + \sin z \cos x}{3}}$$

$$\leqslant 3$$

$$\sqrt[3]{\dfrac{\sin^2 x + \cos^2 y + \sin^2 y + \cos^2 z + \sin^2 z + \cos^2 x}{6}}$$

$$= \dfrac{3}{\sqrt[3]{2}}$$

例 19　（2020 法国数学奥林匹克）已知正实数 a，b,c 满足 $a+b+c=3$，求证

$$a^{12}+b^{12}+c^{12}+8(ab+bc+ca) \geqslant 27$$

证法 1　由平均值不等式，有 $a^{12}+1+1+1=$ $a^{12}+3 \geqslant 4a^3$，同理 $b^{12}+3 \geqslant 4b^3$，$c^{12}+3 \geqslant 4c^3$。

又因为 $\dfrac{a^3+b^3+c^3}{3} \geqslant \dfrac{a^2+b^2+c^2}{3} \cdot \dfrac{a+b+c}{3}$，有 $a^3+b^3+c^3 \geqslant a^2+b^2+c^2$，于是

$$a^{12}+b^{12}+c^{12}+8(ab+bc+ca)$$

$$\geqslant 4(a^3+b^3+c^3)-9+8(ab+bc+ca)$$

$$\geqslant 4(a^2+b^2+c^2)-9+8(ab+bc+ca)$$

$$= 4(a+b+c)^2-9=27$$

证法 2　由平均值不等式,有

$$a^{12}+5=a^{12}+1+1+1+1+1\geqslant 6a^2$$

同理

$$b^{12}+5\geqslant 6b^2,c^{12}+5\geqslant 6c^2$$

将以上三式相加,有

$$a^{12}+b^{12}+c^{12}+8(ab+bc+ca)$$
$$\geqslant 6(a^2+b^2+c^2)-15+8(ab+bc+ca)$$
$$=4(a+b+c)^2-15-2(a^2+b^2+c^2)$$
$$\geqslant 21+2\cdot\frac{(a+b+c)^2}{3}=27$$

例 20　(2020 OTJ 数学奥林匹克)正实数 a,b,c 满足 $abc=1$,求证

$$\frac{(a+b+c)^2}{a(b+c)(b^3+c^3)}+\frac{(a+b+c)^2}{b(c+a)(c^3+a^3)}+$$
$$\frac{(a+b+c)^2}{c(a+b)(a^3+b^3)}\leqslant 3(a^3+b^3+c^3)-\frac{9}{4}$$

证明　由平均值不等式,有

$$\frac{(a+b+c)^2}{a(b+c)(b^3+c^3)}\leqslant\frac{(a+b+c)^2}{a\cdot 2\sqrt{bc}\cdot 2\sqrt{b^3c^3}}$$

$$=\frac{(a+b+c)^2}{4ab^2c^2}=\frac{a(a+b+c)^2}{4a^2b^2c^2}$$

$$=\frac{a(a+b+c)^2}{4}$$

同理,有

$$\frac{(a+b+c)^2}{b(c+a)(c^3+a^3)}\leqslant\frac{b(a+b+c)^2}{4}$$

$$\frac{(a+b+c)^2}{c(a+b)(a^3+b^3)}\leqslant\frac{c(a+b+c)^2}{4}$$

将以上三式相加,有

$$\frac{(a+b+c)^2}{a(b+c)(b^3+c^3)} + \frac{(a+b+c)^2}{b(c+a)(c^3+a^3)} +$$

$$\frac{(a+b+c)^2}{c(a+b)(a^3+b^3)} \leqslant \frac{(a+b+c)^3}{4}$$

于是只需证明

$$\frac{(a+b+c)^3}{4} \leqslant 3(a^3+b^3+c^3) - \frac{9}{4}$$

$$\Leftrightarrow (a+b+c)^3 + 9abc \leqslant 12(a^3+b^3+c^3)$$

$$\Leftrightarrow a^3+b^3+c^3 + 3\sum(a^2b+ab^2) + 6abc + 9abc$$

$$\leqslant 12(a^3+b^3+c^3)$$

$$\Leftrightarrow 11(a^3+b^3+c^3) \geqslant 3\sum(a^2b+ab^2) + 15abc$$

因为 $a^3+a^3+b^3 \geqslant 3a^2b$，$a^3+b^3+b^3 \geqslant 3ab^2$，所以 $a^3+b^3 \geqslant a^2b+ab^2$.

于是，有 $6(a^3+b^3+c^3) \geqslant 3\sum(a^2b+ab^2)$，又因为 $5(a^3+b^3+c^3) \geqslant 15abc$，将上述两式相加，知 $11(a^3+b^3+c^3) \geqslant 3\sum(a^2b+ab^2) + 15abc$ 成立，故所证成立.

例 21 （2020 奥地利数学奥林匹克）设 x,y,z 为正实数，满足 $x \geqslant y+z$，求证

$$\frac{x+y}{z} + \frac{y+z}{x} + \frac{z+x}{y} \geqslant 7$$

证明

$$\frac{x+y}{z} + \frac{y+z}{x} + \frac{z+x}{y}$$

$$= \left(\frac{x}{z} + \frac{x}{y}\right) + \left(\frac{y}{z} + \frac{z}{y}\right) + \frac{y+z}{x}$$

$$\geqslant \frac{4x}{y+z} + \frac{y+z}{x} + \left(\frac{y}{z} + \frac{z}{y}\right)$$

$$\geqslant \left(\frac{x}{y+z} + \frac{y+z}{x} \right) + \frac{3x}{y+z} + 2$$

$$\geqslant 2 + 3 + 2 = 7$$

例 22　（2016 爱沙尼亚数学奥林匹克）设 a,b,c 为正实数，满足 $a^2 + b^2 + c^2 = 3$，证明

$$\frac{a^4 + 3ab^3}{a^3 + 2b^3} + \frac{b^4 + 3bc^3}{b^3 + 2c^3} + \frac{c^4 + 3ca^3}{c^3 + 2a^3} \leqslant 4$$

证明　由平均值不等式，有

$$\frac{a^4 + 3ab^3}{a^3 + 2b^3} = \frac{a(a^3 + 3b^3)}{a^3 + 2b^3} = \frac{a(a^3 + 2b^3 + b^3)}{a^3 + 2b^3}$$

$$= a + \frac{ab^3}{a^3 + 2b^3} \leqslant a + \frac{ab^3}{3ab^2} = a + \frac{b}{3}$$

同理，$\dfrac{b^4 + 3bc^3}{b^3 + 2c^3} \leqslant b + \dfrac{c}{3}$，$\dfrac{c^4 + 3ca^3}{c^3 + 2a^3} \leqslant c + \dfrac{a}{3}$.

将以上三式相加，有

$$\frac{a^4 + 3ab^3}{a^3 + 2b^3} + \frac{b^4 + 3bc^3}{b^3 + 2c^3} + \frac{c^4 + 3ca^3}{c^3 + 2a^3}$$

$$\leqslant a + \frac{b}{3} + b + \frac{c}{3} + c + \frac{a}{3}$$

$$= \frac{4}{3}(a + b + c) \leqslant \frac{4}{3}\sqrt{3(a^2 + b^2 + c^2)}$$

$$= 4$$

例 23　（2019 爱沙尼亚数学奥林匹克）设 a,b,c,d 为正实数，证明

$$\frac{a^4}{a^3 + a^2b + ab^2 + b^3} + \frac{b^4}{b^3 + b^2c + bc^2 + c^3} +$$

$$\frac{c^4}{c^3 + c^2d + cd^2 + d^3} + \frac{d^4}{d^3 + d^2a + da^2 + a^3}$$

$$\geqslant \frac{a + b + c + d}{4}$$

证明　记

$$M = \frac{a^4}{a^3 + a^2 b + ab^2 + b^3} + \frac{b^4}{b^3 + b^2 c + bc^2 + c^3} +$$

$$\frac{c^4}{c^3 + c^2 d + cd^2 + d^3} + \frac{d^4}{d^3 + d^2 a + da^2 + a^3}$$

$$N = \frac{b^4}{a^3 + a^2 b + ab^2 + b^3} + \frac{c^4}{b^3 + b^2 c + bc^2 + c^3} +$$

$$\frac{d^4}{c^3 + c^2 d + cd^2 + d^3} + \frac{a^4}{d^3 + d^2 a + da^2 + a^3}$$

则

$$M - N = \frac{a^4 - b^4}{a^3 + a^2 b + ab^2 + b^3} + \frac{b^4 - c^4}{b^3 + b^2 c + bc^2 + c^3} +$$

$$\frac{c^4 - d^4}{c^3 + c^2 d + cd^2 + d^3} + \frac{d^4 - a^4}{d^3 + d^2 a + da^2 + a^3}$$

$$= \frac{(a^2 + b^2)(a + b)(a - b)}{(a^2 + b^2)(a + b)} +$$

$$\frac{(b^2 + c^2)(b + c)(b - c)}{(b^2 + c^2)(b + c)} +$$

$$\frac{(c^2 + d^2)(c + d)(c - d)}{(c^2 + d^2)(c + d)} +$$

$$\frac{(d^2 + a^2)(d + a)(d - a)}{(d^2 + a^2)(d + a)}$$

$$= (a - b) + (b - c) + (c - d) + (d - a) = 0$$

所以 $M = N$. 由平均值不等式, 知

$$M = \frac{1}{2}(M + N)$$

$$= \frac{1}{2}\left(\frac{a^4 + b^4}{a^3 + a^2 b + ab^2 + b^3} + \frac{b^4 + c^4}{b^3 + b^2 c + bc^2 + c^3} +\right.$$

$$\left.\frac{c^4 + d^4}{c^3 + c^2 d + cd^2 + d^3} + \frac{d^4 + a^4}{d^3 + d^2 a + da^2 + a^3}\right)$$

$$\geqslant \frac{1}{4}\left[\frac{(a^2 + b^2)^2}{(a^2 + b^2)(a + b)} + \frac{(b^2 + c^2)^2}{(b^2 + c^2)(b + c)} +\right.$$

$$\frac{(c^2+d^2)^2}{(c^2+d^2)(c+d)}+\frac{(d^2+a^2)^2}{(d^2+a^2)(d+a)}\Bigg]$$

$$=\frac{1}{4}\left(\frac{a^2+b^2}{a+b}+\frac{b^2+c^2}{b+c}+\frac{c^2+d^2}{c+d}+\frac{d^2+a^2}{d+a}\right)$$

$$\geqslant\frac{1}{8}\left[\frac{(a+b)^2}{a+b}+\frac{(b+c)^2}{b+c}+\frac{(c+d)^2}{c+d}+\frac{(d+a)^2}{d+a}\right]$$

$$=\frac{1}{8}(a+b+b+c+c+d+d+a)$$

$$=\frac{a+b+c+d}{4}$$

例 24　（2016 白俄罗斯数学奥林匹克）设 a,b,c 为正实数,求证

$$\left(a^2+\frac{b^2}{c^2}\right)\left(b^2+\frac{c^2}{a^2}\right)\left(c^2+\frac{a^2}{b^2}\right)$$

$$\geqslant abc\left(a+\frac{1}{a}\right)\left(b+\frac{1}{b}\right)\left(c+\frac{1}{c}\right)$$

证明　将原不等式两边乘开,知所证不等式变形为

$$a^2b^2c^2+\sum a^4+\sum\frac{a^2b^2}{c^2}+1$$

$$\geqslant a^2b^2c^2+\sum a^2b^2+\sum a^2+1$$

化简,得

$$\sum a^4+\sum\frac{a^2b^2}{c^2}\geqslant\sum a^2b^2+\sum a^2 \qquad ①$$

因为

$$\sum a^4\geqslant\sum a^2b^2 \qquad ②$$

$$\frac{a^2b^2}{c^2}+\frac{b^2c^2}{a^2}\geqslant 2b^2$$

$$\frac{b^2c^2}{a^2}+\frac{c^2a^2}{b^2}\geqslant 2c^2$$

39

$$\frac{c^2 a^2}{b^2} + \frac{a^2 b^2}{c^2} \geqslant 2a^2$$

所以

$$\frac{a^2 b^2}{c^2} + \frac{b^2 c^2}{a^2} + \frac{c^2 a^2}{b^2} \geqslant a^2 + b^2 + c^2 \qquad ③$$

②＋③ 即得式 ①,所以所证成立.

例 25 （2020 希腊数学奥林匹克）设 a,b,c 为正实数,满足 $\frac{1}{a} + \frac{1}{b} + \frac{1}{c} = 3$,证明

$$\frac{a+b}{a^2 + ab + b^2} + \frac{b+c}{b^2 + bc + c^2} + \frac{c+a}{c^2 + ca + a^2} \leqslant 2$$

证明 由 AM-GM 不等式,有 $a^2 + ab + b^2 \geqslant 2ab + ab = 3ab$,同理可得另外两式,于是

$$\frac{a+b}{a^2 + ab + b^2} + \frac{b+c}{b^2 + bc + c^2} + \frac{c+a}{c^2 + ca + a^2}$$

$$\leqslant \frac{a+b}{3ab} + \frac{b+c}{3bc} + \frac{c+a}{3ca}$$

$$= \frac{1}{3}\left(\frac{1}{a} + \frac{1}{b}\right) + \frac{1}{3}\left(\frac{1}{b} + \frac{1}{c}\right) + \frac{1}{3}\left(\frac{1}{c} + \frac{1}{a}\right)$$

$$= \frac{2}{3}\left(\frac{1}{a} + \frac{1}{b} + \frac{1}{c}\right) = 2$$

例 26 （2021 香港数学奥林匹克）设 a,b,c 为正实数,满足 $abc = 1$,求证

$$\frac{1}{a^3 + 2b^2 + 2b + 4} + \frac{1}{b^3 + 2c^2 + 2c + 4} +$$

$$\frac{1}{c^3 + 2a^2 + 2a + 4} \leqslant \frac{1}{3}$$

证明 因为

$$a^3 + 2b^2 + 2b + 4$$
$$= a^3 + b^2 + b + (b^2 + 1) + b + 3$$
$$\geqslant 3ab + b + 2b + 3$$

$$= 3ab + 3b + 3$$

$$= 3(ab + b + 1)$$

所以 $\dfrac{1}{a^3 + 2b^2 + 2b + 4} \leqslant \dfrac{1}{3(ab + b + 1)}$，同理有

$$\frac{1}{b^3 + 2c^2 + 2c + 4} \leqslant \frac{1}{3(bc + c + 1)}$$

$$\frac{1}{c^3 + 2a^2 + 2a + 4} \leqslant \frac{1}{3(ca + a + 1)}$$

将上述三式相加，有

$$\frac{1}{a^3 + 2b^2 + 2b + 4} + \frac{1}{b^3 + 2c^2 + 2c + 4} +$$

$$\frac{1}{c^3 + 2a^2 + 2a + 4}$$

$$\leqslant \frac{1}{3} \left(\frac{1}{ab + b + 1} + \frac{1}{bc + c + 1} + \frac{1}{ca + a + 1} \right)$$

$$= \frac{1}{3} \left(\frac{1}{ab + b + 1} + \frac{ab}{b + 1 + ab} + \frac{b}{1 + ab + b} \right) = \frac{1}{3}$$

例 27（2020 北欧数学奥林匹克试题）设 a, b, c 为正实数，满足 $ab + bc + ca = a + b + c$，求证

$$\sqrt{a + \frac{b}{c}} + \sqrt{b + \frac{c}{a}} + \sqrt{c + \frac{a}{b}}$$

$$\leqslant \sqrt{2} \cdot \min \left\{ \frac{a}{b} + \frac{b}{c} + \frac{c}{a}, \frac{b}{a} + \frac{c}{b} + \frac{a}{c} \right\}$$

证法 1　由 Cauchy-Schwarz（施瓦兹）不等式，有

$$\sqrt{a + \frac{b}{c}} + \sqrt{b + \frac{c}{a}} + \sqrt{c + \frac{a}{b}}$$

$$\leqslant \sqrt{3 \left(a + \frac{b}{c} + b + \frac{c}{a} + c + \frac{a}{b} \right)}$$

$$= \sqrt{3 \left(a + b + c + \frac{a}{b} + \frac{b}{c} + \frac{c}{a} \right)}$$

于是只需证明

$$\sqrt{3\left(a+b+c+\frac{a}{b}+\frac{b}{c}+\frac{c}{a}\right)}$$

$$\leqslant \sqrt{2} \cdot \min\left\{\frac{a}{b}+\frac{b}{c}+\frac{c}{a}, \frac{b}{a}+\frac{c}{b}+\frac{a}{c}\right\}$$

当 $\min\left\{\dfrac{a}{b}+\dfrac{b}{c}+\dfrac{c}{a}, \dfrac{b}{a}+\dfrac{c}{b}+\dfrac{a}{c}\right\} = \dfrac{a}{b}+\dfrac{b}{c}+$

$\dfrac{c}{a}$ 时, 因为

$$\left(\frac{a}{b}+\frac{b}{c}+\frac{c}{a}\right)(ab+bc+ca)$$

$$\geqslant (a+b+c)^2$$

$$= (a+b+c)(ab+bc+ca)$$

所以 $\dfrac{a}{b}+\dfrac{b}{c}+\dfrac{c}{a} \geqslant a+b+c$, 于是

$$\sqrt{3\left(a+b+c+\frac{a}{b}+\frac{b}{c}+\frac{c}{a}\right)}$$

$$\leqslant \sqrt{6\left(\frac{a}{b}+\frac{b}{c}+\frac{c}{a}\right)} \leqslant \sqrt{2}\left(\frac{a}{b}+\frac{b}{c}+\frac{c}{a}\right)$$

当 $\min\left\{\dfrac{a}{b}+\dfrac{b}{c}+\dfrac{c}{a}, \dfrac{b}{a}+\dfrac{c}{b}+\dfrac{a}{c}\right\} = \dfrac{b}{a}+\dfrac{c}{b}+$

$\dfrac{a}{c}$ 时, 同理有 $\dfrac{a}{b}+\dfrac{b}{c}+\dfrac{c}{a} \geqslant a+b+c$.

于是

$$2\left(\frac{b}{a}+\frac{c}{b}+\frac{a}{c}\right)^2$$

$$= 2\left[\left(\frac{b^2}{a^2}+\frac{c^2}{b^2}+\frac{a^2}{c^2}\right)+2\left(\frac{c}{a}+\frac{a}{b}+\frac{b}{c}\right)\right]$$

$$\geqslant 6\left(\frac{c}{a}+\frac{a}{b}+\frac{b}{c}\right)$$

$$\geqslant 3\left(\frac{c}{a}+\frac{a}{b}+\frac{b}{c}+a+b+c\right)$$

从而

$$\sqrt{3\left(\frac{c}{a}+\frac{a}{b}+\frac{b}{c}+a+b+c\right)}\leqslant\sqrt{2}\left(\frac{b}{a}+\frac{c}{b}+\frac{a}{c}\right)$$

故所证成立.

证法 2　当 $\min\left\{\frac{a}{b}+\frac{b}{c}+\frac{c}{a},\frac{b}{a}+\frac{c}{b}+\frac{a}{c}\right\}=$ $\frac{a}{b}+\frac{b}{c}+\frac{c}{a}$ 时，由 AM－GM 不等式，有

$$\sqrt{a+\frac{b}{c}}+\sqrt{b+\frac{c}{a}}+\sqrt{c+\frac{a}{b}}$$

$$=\sqrt{\frac{2\left(a+\frac{b}{c}\right)}{2}}+\sqrt{\frac{2\left(b+\frac{c}{a}\right)}{2}}+\sqrt{\frac{2\left(c+\frac{a}{b}\right)}{2}}$$

$$\leqslant\frac{\sqrt{2}\left(a+\frac{b}{c}\right)+\sqrt{2}\left(b+\frac{c}{a}\right)+\sqrt{2}\left(c+\frac{a}{b}\right)}{2}$$

$$=\frac{\sqrt{2}\left(a+b+c+\frac{b}{c}+\frac{c}{a}+\frac{a}{b}\right)}{2}$$

$$\leqslant\frac{\sqrt{2}\left(\frac{b}{c}+\frac{c}{a}+\frac{a}{b}+\frac{b}{c}+\frac{c}{a}+\frac{a}{b}\right)}{2}$$

$$=\sqrt{2}\left(\frac{b}{c}+\frac{c}{a}+\frac{a}{b}\right)$$

当 $\min\left\{\frac{a}{b}+\frac{b}{c}+\frac{c}{a},\frac{b}{a}+\frac{c}{b}+\frac{a}{c}\right\}=\frac{b}{a}+\frac{c}{b}+$ $\frac{a}{c}$ 时

$$\sqrt{a+\frac{b}{c}}+\sqrt{b+\frac{c}{a}}+\sqrt{c+\frac{a}{b}}$$

$$= \sqrt{\frac{\frac{2a}{c}\left(c+\frac{b}{a}\right)}{2}} + \sqrt{\frac{\frac{2b}{a}\left(a+\frac{c}{b}\right)}{2}} + \sqrt{\frac{\frac{2c}{b}\left(b+\frac{a}{c}\right)}{2}}$$

$$\leqslant \frac{\frac{2a}{c}+\left(c+\frac{b}{a}\right)}{2\sqrt{2}} + \frac{\frac{2b}{a}+\left(a+\frac{c}{b}\right)}{2\sqrt{2}} + \frac{\frac{2c}{b}+\left(b+\frac{a}{c}\right)}{2\sqrt{2}}$$

$$= \frac{a+b+c+3\left(\frac{b}{a}+\frac{c}{b}+\frac{a}{c}\right)}{2\sqrt{2}}$$

$$\leqslant \frac{4\left(\frac{b}{a}+\frac{c}{b}+\frac{a}{c}\right)}{2\sqrt{2}}$$

$$= \sqrt{2}\left(\frac{b}{a}+\frac{c}{b}+\frac{a}{c}\right)$$

证法 3 由 Cauchy-Schwarz 不等式，有

$$\sqrt{\left[(ac+b)+(cb+a)+(ba+c)\right]\left(\frac{1}{c}+\frac{1}{b}+\frac{1}{a}\right)}$$

$$\geqslant \sqrt{a+\frac{b}{c}} + \sqrt{c+\frac{a}{b}} + \sqrt{b+\frac{c}{a}}$$

所以

$$\sqrt{a+\frac{b}{c}} + \sqrt{c+\frac{a}{b}} + \sqrt{b+\frac{c}{a}}$$

$$\leqslant \sqrt{\left[(ac+b)+(cb+a)+(ba+c)\right]\left(\frac{1}{c}+\frac{1}{b}+\frac{1}{a}\right)}$$

$$= \sqrt{2(a+b+c)\cdot\frac{ab+bc+ca}{abc}}$$

$$= \frac{\sqrt{2}(a+b+c)}{\sqrt{abc}}$$

于是只需证明

$$\sqrt{2}\cdot\min\left\{\frac{a}{b}+\frac{b}{c}+\frac{c}{a},\frac{b}{a}+\frac{c}{b}+\frac{a}{c}\right\}$$

44

$$\geqslant \frac{\sqrt{2}\,(a+b+c)}{\sqrt{abc}}$$

从而只需证明

$$\left(\frac{a}{b}+\frac{b}{c}+\frac{c}{a}\right)\sqrt{abc}\geqslant a+b+c$$

$$\left(\frac{b}{a}+\frac{c}{b}+\frac{a}{c}\right)\sqrt{abc}\geqslant a+b+c$$

等价于

$$a^2c+b^2a+bc^2\geqslant \sqrt{abc}\,(a+b+c)$$

$$a^2b+b^2c+c^2a\geqslant \sqrt{abc}\,(a+b+c)$$

因为

$$a^2c+b^2a+bc^2+c+a+b$$
$$\geqslant 2(ab+bc+ca)=2(a+b+c)$$

所以

$$a^2c+b^2a+bc^2\geqslant c+a+b$$

所以

$$a^2c+b^2a+bc^2$$
$$\geqslant \frac{(a^2c+b^2a+bc^2)+(ab+bc+ca)}{2}$$
$$=\frac{(a^2c+ab)+(b^2a+bc)+(bc^2+ca)}{2}$$
$$\geqslant a\sqrt{abc}+b\sqrt{abc}+c\sqrt{abc}$$
$$=(a+b+c)\sqrt{abc}$$

同理可证另一式成立,于是所证成立.

例 28 (2020 泰国数学奥林匹克)已知 $a,b,$ $c\in \mathbf{R}^*$,$a+b+c=3$,求证

$$\frac{a^6}{c^2+2b^3}+\frac{b^6}{a^2+2c^3}+\frac{c^6}{b^2+2a^3}\geqslant 1$$

证明 由 Cauchy-Schwarz 不等式,有

$$\frac{a^6}{c^2+2b^3}+\frac{b^6}{a^2+2c^3}+\frac{c^6}{b^2+2a^3}$$

$$\geqslant \frac{(a^3+b^3+c^3)^2}{c^2+2b^3+a^2+2c^3+b^2+2a^3}$$

$$=\frac{\left(\sum_{cyc}a^3\right)^2}{2\sum_{cyc}a^3+\sum_{cyc}a^2}$$

由 AM－GM 不等式,有

$$\left(\sum_{cyc}a^3\right)^2+9\geqslant 6\sum_{cyc}a^3$$

$$\left(\sum_{cyc}a^2\right)^2+9\geqslant 6\sum_{cyc}a^2$$

于是

$$\left(\sum_{cyc}a^3\right)^2\geqslant 6\sum_{cyc}a^3-9$$

$$\left(\sum_{cyc}a^2\right)^2\geqslant 6\sum_{cyc}a^2-9$$

又由 Cauchy-Schwarz 不等式,有

$$\sum_{cyc}a^3\sum_{cyc}a\geqslant\left(\sum_{cyc}a^2\right)^2$$

$$3\sum_{cyc}a^2\geqslant\left(\sum_{cyc}a\right)^2=9$$

则
$$\sum_{cyc}a^2\geqslant 3$$

$$\sum_{cyc}a^3\geqslant\frac{\left(\sum_{cyc}a^2\right)^2}{3}\geqslant\frac{6\sum_{cyc}a^2-9}{3}=2\sum_{cyc}a^2-3$$

于是

$$\left(\sum_{cyc}a^3\right)^2\geqslant 6\sum_{cyc}a^3-9$$

$$=2\sum_{cyc}a^3+4\sum_{cyc}a^3-9$$

$$\geqslant 2\sum_{cyc}a^3+4\left(2\sum_{cyc}a^2-3\right)-9$$

$$= 2\sum_{cyc} a^3 + 8\sum_{cyc} a^2 - 21$$

$$= 2\sum_{cyc} a^3 + \sum_{cyc} a^2 + 7\left(\sum_{cyc} a^2 - 3\right)$$

$$\geqslant 2\sum_{cyc} a^3 + \sum_{cyc} a^2$$

故

$$\frac{a^6}{c^2 + 2b^3} + \frac{b^6}{a^2 + 2c^3} + \frac{c^6}{b^2 + 2a^3}$$

$$\geqslant \frac{(a^3 + b^3 + c^3)^2}{c^2 + 2b^3 + a^2 + 2c^3 + b^2 + 2a^3}$$

$$= \frac{\left(\sum\limits_{cyc} a^3\right)^2}{2\sum\limits_{cyc} a^3 + \sum\limits_{cyc} a^2} \geqslant 1$$

1.2　练　习　题

1. 设 $a,b,c > 0$，且 $abc = 1$，求证

$$a^2 + b^2 + c^2 + ab + bc + ca \geqslant 2(\sqrt{a} + \sqrt{b} + \sqrt{c})$$

2. (2004 第 14 届波罗的海数学奥林匹克) 设 $a,b,c > 0$，且 $abc = 1$，求证

$$(1 + a)(1 + b)(1 + c) \geqslant 2\left(1 + \sqrt[3]{\frac{b}{a}} + \sqrt[3]{\frac{c}{b}} + \sqrt[3]{\frac{a}{c}}\right)$$

3. 设 $a,b,c > 0$，且 $abc = 1$，求证

$$\frac{b + c}{\sqrt{a}} + \frac{c + a}{\sqrt{b}} + \frac{a + b}{\sqrt{c}} \geqslant \sqrt{a} + \sqrt{b} + \sqrt{c} + 3$$

4. (2013 欧洲杯试题) 已知 $a,b,c > 0, a + b + c \geqslant ab + bc + ca$，求证

$$\frac{a^2 + b^2 + c^2}{ab + bc + ca} + a + b + c + 2$$

$$\geqslant 2(\sqrt{ab} + \sqrt{bc} + \sqrt{ca})$$

5. 设正实数 x, y 满足 $x^3 + y^3 = x - y$,求证:$x^2 + 4y^2 < 1$.

6. 如果 $a, b, c \in [0, 1]$,求证:$\dfrac{a}{1 + bc} + \dfrac{b}{1 + ca} + \dfrac{c}{1 + ab} \leqslant 2$.

7. 若 $a, b, c > 0$,且 $abc = 1$.求证:$\dfrac{1}{a} + \dfrac{1}{b} + \dfrac{1}{c} + \dfrac{3}{a + b + c} \geqslant 4$.

8. 已知 $a, b, c > 0$,且 $a + b + c = 3$.求证
$$a^2 b^2 c^2 (a^2 + b^2)(b^2 + c^2)(c^2 + a^2) \leqslant 8$$

9. 设正实数 a, b, c 满足 $abc = 1$.求证
$$(a + b)(b + c)(c + a)$$
$$\geqslant 4 \left[(a + b + c) \sqrt[8]{\frac{a + b + c}{3} - 1} \right]$$

10. 设 $a, b, c \in [0, 1]$,求证
$$\frac{a}{b^3 + c^3 + 7} + \frac{b}{c^3 + a^3 + 7} + \frac{c}{a^3 + b^3 + 7} \leqslant \frac{1}{3}$$

11. 设 $a, b, c > 0$,且满足
$$a^2 + b^2 + c^2 + (a + b + c)^2 \leqslant 4$$
求证
$$(ab + 1)(bc + 1)(ca + 1)$$
$$\geqslant (a + b)^2 (b + c)^2 (c + a)^2$$

12. (2008 伊朗数学奥林匹克)求最小的实数 k 使得对任意正实数 x, y, z,下面的不等式成立 $x\sqrt{y} +$

$$y\sqrt{z} + z\sqrt{x} \leqslant k\sqrt{(x+y)(y+z)(z+x)}.$$

13. (2009IMO预选题，2019江苏省数学奥林匹克夏令营测试题) 设 a,b,c 为正实数，且满足 $\dfrac{1}{a} + \dfrac{1}{b} + \dfrac{1}{c} = a+b+c$，求证

$$\frac{1}{(2a+b+c)^2} + \frac{1}{(a+2b+c)^2} + \frac{1}{(a+b+2c)^2} \leqslant \frac{3}{16}$$

14. (2009乌克兰数学奥林匹克) 设 a,b,c 为正实数，求证

$$\frac{a}{2a^2+b^2+c^2} + \frac{b}{a^2+2b^2+c^2} +$$
$$\frac{c}{a^2+b^2+2c^2} \leqslant \frac{9}{4(a+b+c)}$$

15. (2008波斯尼亚和摩尔多瓦数学奥林匹克) 对于任意正实数 x,y,z，求证

$$x^2+y^2+z^2-xy-yz-zx$$
$$\geqslant \max\left\{\frac{3(x-y)^2}{4}, \frac{3(y-z)^2}{4}, \frac{3(z-x)^2}{4}\right\}$$

16. (第3届中国东南地区数学奥林匹克) 求最小的实数 m，使得对于满足 $a+b+c=1$ 的任意正实数 a,b,c，都有 $m(a^3+b^3+c^3) \geqslant 6(a^2+b^2+c^2)+1$.

17. 设 a,b,c,k,m 是正实数，且 $abc=k^3$，求证

$$\frac{a}{(a+m)(b+m)} + \frac{b}{(b+m)(c+m)} +$$
$$\frac{c}{(c+m)(a+m)} \geqslant \frac{3k}{(k+m)^2}$$

18. (2006法国国家集训队试题) 设 a,b,c 是正实数，且 $abc=1$，求证

$$\frac{a}{(a+1)(b+1)} + \frac{b}{(b+1)(c+1)} +$$

$$\frac{c}{(c+1)(a+1)} \geqslant \frac{3}{4}$$

19.（2005 亚太地区数学奥林匹克）设 a,b,c 是满足 $abc=8$ 的正实数，求证

$$\frac{a^2}{\sqrt{(1+a^3)(1+b^3)}} + \frac{b^2}{\sqrt{(1+b^3)(1+c^3)}} +$$

$$\frac{c^2}{\sqrt{(1+c^3)(1+a^3)}} \geqslant \frac{4}{3}$$

20.（2006 巴尔干数学奥林匹克）设 a,b,c 为正实数，求证

$$\frac{1}{a(1+b)} + \frac{1}{b(1+c)} + \frac{1}{c(1+a)} \geqslant \frac{3}{1+abc}$$

21.（2010 伊朗数学奥林匹克）设正实数 x,y,z 满足 $x+y+z=3$，求证

$$\frac{x^3}{y^3+8} + \frac{y^3}{z^3+8} + \frac{z^3}{x^3+8} \geqslant \frac{1}{9} + \frac{2}{27}(xy+yz+zx)$$

22.（2005 波兰数学奥林匹克）设 a,b,c 为正实数，求证

$$3\sqrt[9]{\frac{9a(a+b)}{2(a+b+c)^2}} + \sqrt[3]{\frac{6bc}{(a+b)(a+b+c)}} \leqslant 4$$

23.（2001 IMO）已知 $a,b,c>0$，求证

$$\frac{a}{\sqrt{a^2+8bc}} + \frac{b}{\sqrt{b^2+8ca}} + \frac{c}{\sqrt{c^2+8ab}} \geqslant 1$$

24.（1995 马其顿数学奥林匹克）设 a,b,c 为正实数，求证

$$\sqrt{\frac{a}{b+c}} + \sqrt{\frac{b}{c+a}} + \sqrt{\frac{c}{a+b}} > 2$$

25.（2010 巴尔干数学奥林匹克）已知 $a,b,c>0$，

求证

$$\frac{a^2 b(b-c)}{a+b} + \frac{b^2 c(c-a)}{b+c} + \frac{c^2 a(a-b)}{c+a} \geqslant 0$$

26.（2008 罗马尼亚数学奥林匹克）设 a,b,c 为正实数,且 $ab+bc+ca=3$,求证

$$\frac{1}{1+a^2(b+c)} + \frac{1}{1+b^2(c+a)} +$$

$$\frac{1}{1+c^2(a+b)} \leqslant \frac{1}{abc}$$

27.（2004 美国数学奥林匹克）设 a,b,c 为正实数,求证

$$(a^5-a^2+3)(b^5-b^2+3)(c^5-c^2+3)$$
$$\geqslant (a+b+c)^3$$

28.（2010 中国西部数学奥林匹克）设正实数 $a,b,$ c 满足 $(a+2b)(b+2c)=9$.求证

$$\sqrt{\frac{a^2+b^2}{2}} + 2\sqrt[3]{\frac{a^3+b^3}{2}} \geqslant 3$$

29.（1999 马其顿数学奥林匹克）设正实数 a,b,c 满足 $a^2+b^2+c^2=1$.求证

$$a+b+c+\frac{1}{abc} \geqslant 4\sqrt{3}$$

30.（2004 IMO 预选题）若正实数 a,b,c 满足 $ab+bc+ca=1$,求证

$$\sqrt[3]{\frac{1}{a}+6b} + \sqrt[3]{\frac{1}{b}+6c} + \sqrt[3]{\frac{1}{c}+6a} \leqslant \frac{1}{abc}$$

31.（2003 中国国家队培训题）设非负实数 x,y,z 满足 $x^2+y^2+z^2=1$.求证

$$1 \leqslant \frac{x}{1+yz} + \frac{y}{1+zx} + \frac{z}{1+xy} \leqslant \sqrt{2}$$

32.设 $a,b,c \in \mathbf{R}^*$,求证

$$\frac{a^2+bc}{a(b+c)}+\frac{b^2+ca}{b(c+a)}+\frac{c^2+ab}{c(a+b)}\geqslant 3$$

33.（2011 摩尔多瓦数学奥林匹克）设 $x_1,x_2,\cdots,$ $x_n>0$，且 $x_1x_2\cdots x_n=1$，求证

$$\frac{1}{x_1(1+x_1)}+\frac{1}{x_2(1+x_2)}+\cdots+\frac{1}{x_n(1+x_n)}\geqslant\frac{n}{2}$$

34.（2011 波黑数学奥林匹克）设 $a,b,c>0$，且 $a+b+c=1$. 求证

$$a\sqrt[3]{1+b-c}+b\sqrt[3]{1+c-a}+c\sqrt[3]{1+a-b}\leqslant 1$$

35.（2011 巴尔干数学奥林匹克）求证：对任意满足 $x+y+z=0$ 的实数 x,y,z 都有

$$\frac{x(x+2)}{2x^2+1}+\frac{y(y+2)}{2y^2+1}+\frac{z(z+2)}{2z^2+1}\geqslant 0$$

36.（2011 巴尔干数学奥林匹克）设正实数 a,b,c 满足 $abc=1$. 求证

$$\prod(a^5+a^4+a^3+a^2+a+1)\geqslant 8\prod(a^2+a+1)$$

37.（2011 希腊数学奥林匹克）设正实数 a,b,c 满足 $a+b+c=6$. 求 $S=\sqrt[3]{a^2+2bc}+\sqrt[3]{b^2+2ca}+\sqrt[3]{c^2+2ab}$ 的最大值.

38.（2011 吉尔吉斯斯坦数学奥林匹克）设 $a_1,$ $a_2,\cdots,a_n>0$，且 $a_1+a_2+\cdots+a_n=1$. 求证

$$\left(\frac{1}{a_1^2}-1\right)\left(\frac{1}{a_2^2}-1\right)\cdots\left(\frac{1}{a_n^2}-1\right)\geqslant(n^2-1)^n$$

39.（2018 伊朗数学奥林匹克）已知正实数 a,b,c 满足 $ab+bc+ca=1$，求证

$$\left(\sqrt{bc}+\frac{1}{2a+\sqrt{bc}}\right)\left(\sqrt{ca}+\frac{1}{2b+\sqrt{ca}}\right)\cdot$$

$$\left(\sqrt{ab}+\frac{1}{2c+\sqrt{ab}}\right)\geqslant 8abc$$

40. (2018 中欧数学奥林匹克) 已知正实数 a,b,c 满足 $abc=1$，求证

$$\frac{a^2-b^2}{a+bc}+\frac{b^2-c^2}{b+ca}+\frac{c^2-a^2}{c+ab}\leqslant a+b+c-3$$

41. 已知正实数 a,b,c 满足 $ab+bc+ca=3$，求证

$$\frac{a^3}{a+\sqrt{bc}}+\frac{b^3}{b+\sqrt{ca}}+\frac{c^3}{c+\sqrt{ab}}\geqslant\frac{3}{2}$$

42. (2018 爱尔兰数学奥林匹克) 已知 a,b 为非负实数，求证

$$1+a^{2\,017}+b^{2\,017}\geqslant a^{10}b^7+a^7b^{2\,000}+a^{2\,000}b^7$$

43. (2018 圣彼得堡数学奥林匹克) 已知正实数 a,b,c,d，求证

$$a^4+b^4+c^4+d^4\geqslant 4abcd+4(a-b)^2\sqrt{abcd}$$

44. (2018 圣彼得堡数学奥林匹克) 已知正实数 a,b,c 满足 $abc=1$，求证

$$2(a+b+c)+\frac{9}{(ab+bc+ca)^2}\geqslant 7$$

45. (2018 波黑数学奥林匹克) 已知正实数 a,b,c 满足 $ab+bc+ca=3$，求证

$$\frac{1}{1+a^2(b+c)}+\frac{1}{1+b^2(c+a)}+\frac{1}{1+c^2(a+b)}$$
$$\leqslant\frac{a+b+c}{3abc}$$

46. (2019 法国 JBMO 第二次考试第一题) 设实数 $ab\geqslant a^3+b^3$，证明：$a+b\leqslant 1$.

47. (2019 哈萨克斯坦数学奥林匹克) 设 a,b,c 为正实数，满足 $a+b+c=3$，求证

$$\sqrt[3]{\frac{1}{3a^2(8b+1)}} + \sqrt[3]{\frac{1}{3b^2(8c+1)}} +$$

$$\sqrt[3]{\frac{1}{3c^2(8a+1)}} \geqslant 1$$

48.(2018 罗马尼亚数学奥林匹克)已知正实数 a, b,c 满足 $ab + bc + ca = 3$,求证

$$\frac{a}{a^2+7} + \frac{b}{b^2+7} + \frac{c}{c^2+7} \leqslant \frac{3}{8}$$

49.(2019 俄罗斯数学奥林匹克)设 a,b,c 均大于或等于 1,证明

$$\frac{a+b+c}{4} \geqslant \frac{\sqrt{ab-1}}{b+c} + \frac{\sqrt{bc-1}}{c+a} + \frac{\sqrt{ca-1}}{a+b}$$

50.(2018 中国香港奥林匹克)设 a,b,c 为正实数, 满足 $ab + bc + ca \geqslant 1$,证明

$$\frac{1}{a^2} + \frac{1}{b^2} + \frac{1}{c^2} \geqslant \frac{\sqrt{3}}{abc}$$

51.(2019 科索沃数学奥林匹克)设 a,b,c 为正实数,证明

$$4(a^3 + b^3 + c^3 + 3) \geqslant 3(a+1)(b+1)(c+1)$$

52.(2014 中国台湾地区数学奥林匹克)已知 $a_i >$ 0,$i = 1,2,3,\cdots,n$,且 $a_1 + a_2 + \cdots + a_n = 1$,对任意正整数 k,求证

$$\left(a_1^k + \frac{1}{a_1^k}\right)\left(a_2^k + \frac{1}{a_2^k}\right) \cdot \cdots \cdot \left(a_n^k + \frac{1}{a_n^k}\right) \geqslant \left(n^k + \frac{1}{n^k}\right)^n$$

53.(2014 中国台湾地区数学奥林匹克)已知 a,b, c 是正实数,求证

$$3(a+b+c) \geqslant 8\sqrt[3]{abc} + \sqrt[3]{\frac{a^3 + b^3 + c^3}{3}}$$

54.(2011 伊朗数学奥林匹克)求最小的实数 k,使

54

得对任意实数 a,b,c,d 都成立

$$\sum \sqrt{(a^2+1)(b^2+1)(c^2+1)}$$
$$\geqslant 2(ab+bc+cd+da+ac+bd)-k$$

55.（2011 摩洛哥数学奥林匹克）设 $a,b,c>0$. 求证：$\left(a+\dfrac{1}{b}\right)\left(b+\dfrac{1}{c}\right)\left(c+\dfrac{1}{a}\right)\geqslant 8$.

56.（2003 中国香港数学奥林匹克）已知 $a\geqslant b\geqslant c\geqslant 0$，且 $a+b+c=3$. 求证

$$ab^2+bc^2+ca^2\leqslant \dfrac{27}{8}$$

并确定等号成立的条件.

57.（1997 加拿大数学奥林匹克）已知非负实数 a,b,c 满足 $a+b+c=3$. 求证

$$ab^2+bc^2+ca^2\leqslant 4$$

58.（第三届（2012）陈省身杯高中数学夏令营）已知 $a,b,c>0$，求证

$$\prod\left(a^3+\dfrac{1}{b^3}-1\right)\leqslant \left(abc+\dfrac{1}{abc}-1\right)^3$$

59.（第三届（2012）陈省身杯高中数学夏令营）已知 $a,b,c>1$，且 $a+b+c=9$，求证

$$\sqrt{ab+bc+ca}\leqslant \sqrt{a}+\sqrt{b}+\sqrt{c}$$

60.设 a,b,c 为正实数，求证

$$(a^{2012}-a^{2010}+3)(b^{2012}-b^{2010}+3)\cdot$$
$$(c^{2012}-c^{2010}+3)\geqslant 3(a+b+c)^2$$

61.设 $a_1,a_2,\cdots,a_n$ 为非负实数，求证

$$\dfrac{1}{1+a_1}+\dfrac{a_1}{(1+a_1)(1+a_2)}+\cdots+$$

$$\dfrac{a_1a_2\cdots a_{n-1}}{(1+a_1)(1+a_2)\cdots(1+a_n)}<1$$

62.（2012 第八届女子数学奥林匹克）设 n 为正整数，求证：$\left(1+\dfrac{1}{3}\right)\left(1+\dfrac{1}{3^2}\right)\cdots\left(1+\dfrac{1}{3^n}\right)<2.$

63.（2017 乌克兰数学奥林匹克）设实数 a,b 满足 $ab=1$，求证：$\dfrac{3a+1}{b+1}+\dfrac{3b+1}{a+1}\geqslant 4.$

64.（*The Pentagon* 2020 春季刊问题 863）已知正实数 a,b,c 满足 $a+b+c=6$，求证

$$\frac{a^2}{\sqrt{b^2+6bc+5c^2}}+\frac{b^2}{\sqrt{c^2+6ac+5a^2}}+$$

$$\frac{c^2}{\sqrt{a^2+6ab+5b^2}}\geqslant\sqrt{3}$$

65.（*The Pentagon* 2020 春季刊问题 866）已知 $\triangle ABC$ 的三边长为 a,b,c，求证

$$\sqrt{\frac{-a+b+c}{a}}+\sqrt{\frac{-b+c+a}{b}}+$$

$$\sqrt{\frac{-c+a+b}{c}}>2\sqrt{2}$$

1.3　练习题参考答案

1. 证明：由于 $a,b,c>0$，且 $abc=1$，由平均值不等式，有

$$a^2+bc\geqslant 2\sqrt{a^2\cdot bc}=2\sqrt{a}$$

$$b^2+ca\geqslant 2\sqrt{b^2\cdot ca}=2\sqrt{b}$$

$$c^2+ab\geqslant 2\sqrt{c^2\cdot ab}=2\sqrt{c}$$

将上述三式相加即得.

2. 证明：由于 $a,b,c>0$，且 $abc=1$，由平均值不等式，有

$$1+a+ab \geqslant 3\sqrt[3]{a^2b} = 3\sqrt[3]{\frac{a}{c}}$$

$$1+b+bc \geqslant 3\sqrt[3]{b^2c} = 3\sqrt[3]{\frac{b}{a}}$$

$$1+c+ca \geqslant 3\sqrt[3]{c^2a} = 3\sqrt[3]{\frac{c}{b}}$$

$$\sqrt[3]{\frac{a}{c}}+\sqrt[3]{\frac{b}{a}}+\sqrt[3]{\frac{c}{b}} \geqslant 3\sqrt[3]{\sqrt[3]{\frac{a}{c}}\cdot\sqrt[3]{\frac{b}{a}}\cdot\sqrt[3]{\frac{c}{b}}} = 3$$

将上述三式相加，有

$$3+a+b+c+ab+bc+ca$$
$$\geqslant 3\left(\sqrt[3]{\frac{b}{a}}+\sqrt[3]{\frac{c}{b}}+\sqrt[3]{\frac{a}{c}}\right)$$
$$= 2\left(\sqrt[3]{\frac{b}{a}}+\sqrt[3]{\frac{c}{b}}+\sqrt[3]{\frac{a}{c}}\right)+$$
$$\left(\sqrt[3]{\frac{b}{a}}+\sqrt[3]{\frac{c}{b}}+\sqrt[3]{\frac{a}{c}}\right)$$
$$\geqslant 2\left(\sqrt[3]{\frac{b}{a}}+\sqrt[3]{\frac{c}{b}}+\sqrt[3]{\frac{a}{c}}\right)+3$$

于是有

$$(1+a)(1+b)(1+c)$$
$$= 1+a+b+c+ab+bc+ca+abc$$
$$\geqslant 2\left(\sqrt[3]{\frac{b}{a}}+\sqrt[3]{\frac{c}{b}}+\sqrt[3]{\frac{a}{c}}\right)-1+3$$
$$= 2\left(1+\sqrt[3]{\frac{b}{a}}+\sqrt[3]{\frac{c}{b}}+\sqrt[3]{\frac{a}{c}}\right)$$

3. 证明：由于 $a,b,c>0$，且 $abc=1$，由平均值不等式，有

$$\frac{b}{\sqrt{a}} + \frac{c}{\sqrt{b}} + \frac{a}{\sqrt{c}} \geqslant 3\sqrt[3]{\frac{b}{\sqrt{a}} \cdot \frac{c}{\sqrt{b}} \cdot \frac{a}{\sqrt{c}}} = 3$$

又

$$\frac{c}{\sqrt{a}} + \frac{a}{\sqrt{b}} + \frac{b}{\sqrt{c}} = \frac{(\sqrt{c})^2}{\sqrt{a}} + \frac{(\sqrt{a})^2}{\sqrt{b}} + \frac{(\sqrt{b})^2}{\sqrt{c}}$$

$$\geqslant \frac{(\sqrt{a} + \sqrt{b} + \sqrt{c})^2}{\sqrt{a} + \sqrt{b} + \sqrt{c}} = \sqrt{a} + \sqrt{b} + \sqrt{c}$$

故

$$\frac{b+c}{\sqrt{a}} + \frac{c+a}{\sqrt{b}} + \frac{a+b}{\sqrt{c}} \geqslant \sqrt{a} + \sqrt{b} + \sqrt{c} + 3$$

注:本题的加强形式是

$$\frac{b+c}{\sqrt{a}} + \frac{c+a}{\sqrt{b}} + \frac{a+b}{\sqrt{c}} \geqslant 2\sqrt{3(a+b+c)}$$

4. 证明

$$\frac{a^2+b^2+c^2}{ab+bc+ca} + a+b+c+2$$

$$= \frac{(a+b+c)^2}{ab+bc+ca} + a+b+c$$

$$\geqslant a+b+c+(a+b+c)$$

$$\geqslant 2(\sqrt{ab} + \sqrt{bc} + \sqrt{ca})$$

5. 证明:因为 $5y^3 + x^2y \geqslant 2\sqrt{5y^3 \cdot x^2y} > 4xy^2$,所以 $(x^2+4y^2)(x-y) < x^3+y^3$,故 $x^2+4y^2 < \dfrac{x^3+y^3}{x-y} = 1$.

本题是一道第十五届全苏数学奥林匹克试题的加强,原题为:

求证:如果正实数 x,y 满足 $x^3+y^3 = x-y$,那么 $x^2+y^2 < 1$.

6. 证明:不妨设 $a \geqslant b \geqslant c$,那么 $\dfrac{b}{1+ca} \leqslant \dfrac{b}{1+bc}$,

$\dfrac{c}{1+ab} \leqslant \dfrac{c}{1+bc}$,又因为 $a,b,c \in [0,1]$,所以

$$(1-b)(1-c) \geqslant 0$$

$$a \leqslant 1 \Rightarrow a+b+c \leqslant 1+(1+bc) \leqslant 2(1+bc)$$

于是

$$\dfrac{a}{1+bc} + \dfrac{b}{1+ca} + \dfrac{c}{1+ab}$$

$$\leqslant \dfrac{a}{1+bc} + \dfrac{b}{1+bc} + \dfrac{c}{1+bc}$$

$$= \dfrac{a+b+c}{1+bc} \leqslant 2$$

7. 证明:因为 $abc = 1$,由平均值不等式有

$$ab + bc + ca \geqslant 3\sqrt[3]{a^2b^2c^2} = 3$$

$$(ab + bc + ca)^2 \geqslant 3abc(a+b+c) = 3(a+b+c)$$

所以

$$\left(\dfrac{ab+bc+ca}{3}\right)^3 \cdot \dfrac{3}{a+b+c}$$

$$= \dfrac{1}{9} \cdot \dfrac{(ab+bc+ca)^2}{a+b+c} \cdot (ab+bc+ca) \geqslant 1$$

于是

$$\dfrac{1}{a} + \dfrac{1}{b} + \dfrac{1}{c} + \dfrac{3}{a+b+c}$$

$$= 3 \cdot \dfrac{ab+bc+ca}{3} + \dfrac{3}{a+b+c}$$

$$\geqslant 4\sqrt[4]{\left(\dfrac{ab+bc+ca}{3}\right)^3 \cdot \dfrac{3}{a+b+c}} \geqslant 4$$

于是所证成立.

8. 证明:由平均值不等式,有 $2ab(a^2 + b^2) \leqslant \dfrac{(a+b)^4}{4}$,$2bc(b^2 + c^2) \leqslant \dfrac{(b+c)^4}{4}$,$2ca(c^2 + a^2) \leqslant$

$\dfrac{(c+a)^4}{4}$，所以

$$a^2 b^2 c^2 (a^2 + b^2)(b^2 + c^2)(c^2 + a^2)$$

$$= \dfrac{1}{8}\left[2ab(a^2+b^2) \cdot 2bc(b^2+c^2) \cdot 2ca(c^2+a^2) \right]$$

$$\leqslant \dfrac{1}{512}(a+b)^4(b+c)^4(c+a)^4$$

$$= \dfrac{1}{512}\left[(a+b)(b+c)(c+a) \right]^4$$

$$\leqslant \dfrac{1}{512}\left[\dfrac{2(a+b+c)}{3} \right]^{12} = 8$$

9. 证明：由平均值不等式有

$$(ab+bc+ca)^2 \geqslant 3abc(a+b+c) = 3(a+b+c)$$

于是

$$(a+b)(b+c)(c+a) + 4$$

$$= (a+b+c)(ab+bc+ca) + 3$$

$$= \dfrac{(a+b+c)(ab+bc+ca)}{3} \times 3 + 3$$

$$\geqslant 4\sqrt[4]{\dfrac{(a+b+c)^3(ab+bc+ca)^3}{9}}$$

$$\geqslant 4\sqrt[4]{\dfrac{(a+b+c)^4(ab+bc+ca)}{3}}$$

$$= 4(a+b+c)\sqrt[4]{\dfrac{ab+bc+ca}{3}}$$

$$\geqslant 4(a+b+c)\sqrt[8]{\dfrac{a+b+c}{3}}$$

10. 证明：由平均值不等式，有 $a^3 + 2 \geqslant 3a$，$b^3 + 2 \geqslant 3b$，$c^3 + 2 \geqslant 3c$.

原不等式等价于 $\displaystyle\sum \dfrac{a}{(a^3+2)+(b^3+2)+3} \leqslant$

$\dfrac{1}{3}$，于是只需证明 $\displaystyle\sum \dfrac{a}{1+b+c} \leqslant 1$.

因为 $a,b,c \in [0,1]$，所以

$$\dfrac{a}{1+b+c} + \dfrac{b}{1+c+a} + \dfrac{c}{1+a+b}$$

$$\leqslant \dfrac{a}{a+b+c} + \dfrac{b}{a+b+c} + \dfrac{c}{a+b+c} = 1$$

11. 证明：因为 $a^2+b^2+c^2+(a+b+c)^2 \leqslant 4$，所以

$$a^2+b^2+c^2+ab+bc+ca \leqslant 2$$

于是

$$2ab+2 \geqslant 2ab+(a^2+b^2+c^2+ab+bc+ca)$$

$$=(a+b)^2+(a+c)(b+c)$$

$$\geqslant 2(a+b)\sqrt{(a+c)(b+c)}$$

所以

$$ab+1 \geqslant (a+b)\sqrt{(a+c)(b+c)}$$

同理可得

$$bc+1 \geqslant (b+c)\sqrt{(b+a)(c+a)}$$

$$ca+1 \geqslant (c+a)\sqrt{(c+b)(a+b)}$$

将上述三式相乘即得.

12. 解：由 Cauchy-Schwarz 不等式有

$$x\sqrt{y} + y\sqrt{z} + z\sqrt{x}$$

$$=\sqrt{x} \cdot \sqrt{xy} + \sqrt{y} \cdot \sqrt{yz} + \sqrt{z} \cdot \sqrt{zx}$$

$$\leqslant \sqrt{(x+y+z)(xy+yz+zx)}$$

$$\leqslant \sqrt{\dfrac{9}{8}(x+y)(y+z)(z+x)}$$

$$=\dfrac{3\sqrt{2}}{4}\sqrt{(x+y)(y+z)(z+x)}$$

故 $k_{\min} = \dfrac{3\sqrt{2}}{4}$.

13. 证明：由平均值不等式，有 $(2a+b+c)^2 = [(a+b)+(a+c)]^2 \geqslant 4(a+b)(a+c)$，于是有

$$\frac{1}{(2a+b+c)^2} + \frac{1}{(2b+c+a)^2} + \frac{1}{(2c+a+b)^2}$$

$$\leqslant \frac{2(a+b+c)}{4(a+b)(b+c)(c+a)}$$

$$= \frac{(a+b+c)}{2(a+b)(b+c)(c+a)}$$

从而只需证明 $\dfrac{(a+b+c)}{2(a+b)(b+c)(c+a)} \leqslant \dfrac{3}{16}$，即

$$\frac{(a+b+c)}{(a+b)(b+c)(c+a)} \leqslant \frac{3}{8}$$

由 $(a+b)(b+c)(c+a) \geqslant \dfrac{8}{9}(a+b+c)(ab+bc+ca)$ 知

$$\frac{(a+b+c)}{(a+b)(b+c)(c+a)}$$

$$\leqslant \frac{9(a+b+c)}{8(a+b+c)(ab+bc+ca)}$$

$$= \frac{9}{8(ab+bc+ca)}$$

由已知 $\dfrac{1}{a} + \dfrac{1}{b} + \dfrac{1}{c} = a+b+c$ 有

$$abc(a+b+c) = ab+bc+ca$$

从而

$$(abc)^2(a+b+c)^2$$

$$= (ab+bc+ca)^2$$

$$\geqslant 3abc(a+b+c)$$

所以 $abc(a+b+c) \geqslant 3$，$ab+bc+ca \geqslant 3$，于是

$$\frac{(a+b+c)}{(a+b)(b+c)(c+a)} \leqslant \frac{9}{8\times 3} = \frac{3}{8}$$

14. 证明:由平均值不等式有

$$a^2 + b^2 + c^2 \geqslant ab + bc + ca$$

$$2a^2 + b^2 + c^2 \geqslant a^2 + ab + bc + ca = (a+b)(a+c)$$

所以

$$\frac{a}{2a^2 + b^2 + c^2}$$

$$\leqslant \frac{a}{(a+b)(a+c)}$$

$$= \frac{a(b+c)}{(a+b)(a+c)(b+c)}$$

$$= \frac{ab+ac}{(a+b)(b+c)(a+c)}$$

同理

$$\frac{b}{a^2 + 2b^2 + c^2} \leqslant \frac{bc+ba}{(a+b)(b+c)(a+c)}$$

$$\frac{c}{a^2 + b^2 + 2c^2} \leqslant \frac{ca+cb}{(a+b)(b+c)(a+c)}$$

将上述三式相加得

$$\frac{a}{2a^2 + b^2 + c^2} + \frac{b}{a^2 + 2b^2 + c^2} +$$

$$\frac{c}{a^2 + b^2 + 2c^2} \leqslant \frac{2(ab+bc+ca)}{(a+b)(b+c)(c+a)}$$

由

$$(a+b)(b+c)(c+a)$$

$$\geqslant \frac{8(a+b+c)(ab+bc+ca)}{9}$$

即得.

15. 证明:假设

$$x^2 + y^2 + z^2 - xy - yz - zx$$
$$< \max\left\{\frac{3(x-y)^2}{4}, \frac{3(y-z)^2}{4}, \frac{3(z-x)^2}{4}\right\}$$

则

$$3(x^2 + y^2 + z^2 - xy - yz - zx)$$
$$< \frac{3}{4}\left[(x-y)^2 + (y-z)^2 + (z-x)^2\right]$$
$$\Leftrightarrow 4\left(\sum x^2 - \sum xy\right) < 2\left(\sum x^2 - \sum xy\right)$$
$$\Leftrightarrow \sum x^2 < \sum xy$$

但 $\sum x^2 \geqslant \sum xy$. 故假设不成立,于是所证得证.

16. 解:当 $a = b = c = \frac{1}{3}$ 时,有 $m \geqslant 27$. 下面证不等式 $27(a^3 + b^3 + c^3) \geqslant 6(a^2 + b^2 + c^2) + 1$,对于满足 $a + b + c = 1$ 的任意正实数 a, b, c 都成立.

因为 $(a-b)^2(a+b) \geqslant 0$,所以 $a^3 + b^3 \geqslant a^2b + ab^2$.

同理 $b^3 + c^3 \geqslant b^2c + bc^2, c^3 + a^3 \geqslant c^2a + ca^2$.

故

$$2(a^3 + b^3 + c^3)$$
$$\geqslant a^2b + b^2c + c^2a + ab^2 + bc^2 + ca^2$$
$$3(a^3 + b^3 + c^3)$$
$$\geqslant a^3 + b^3 + c^3 + a^2b + b^2c + c^2a + ab^2 + bc^2 + ca^2$$
$$= (a + b + c)(a^2 + b^2 + c^2)$$
$$= a^2 + b^2 + c^2$$

进而有

$$6(a^2 + b^2 + c^2) + 1$$
$$= 6(a^2 + b^2 + c^2) + (a + b + c)^2$$
$$\leqslant 6(a^2 + b^2 + c^2) + 3(a^2 + b^2 + c^2)$$

64

$$= 9(a^2 + b^2 + c^2)$$
$$\leqslant 27(a^3 + b^3 + c^3)$$

则 m 的最小值为 27.

17. 证明:所证不等式等价于

$$[a(c+m) + b(a+m) + c(b+m)] \cdot (k+m)^2$$

$$\geqslant 3k(a+m)(b+m)(c+m)$$

$$\Leftrightarrow \left[\sum ab + \left(\sum a\right)m\right](k^2 + m^2 + 2km)$$

$$\geqslant 3k\left[abc + \left(\sum ab\right)m + \left(\sum a\right)m^2 + m^3\right]$$

$$\Leftrightarrow \left(\sum ab\right)(k^2 + m^2 - km) + \left(\sum a\right)(k^2 + m^2 - km)m$$

$$\geqslant 3k^4 + 3km^3$$

由 $\sum ab \geqslant 3\sqrt[3]{a^2 b^2 c^2} = 3k^2$, $\sum a \geqslant 3\sqrt[3]{abc} = 3k$ 知

$$\left(\sum ab\right)(k^2 + m^2 - km) + \left(\sum a\right)(k^2 + m^2 - km)m$$

$$\geqslant 3k^2(k^2 + m^2 - km) + 3km(k^2 + m^2 - km)$$

$$= 3k^4 + 3km^3$$

故所证不等式成立.

18. 证明:在练习 17 中取 $k = 1, m = 1$,即知所证不等式成立.

19. 证明:由 $1 + x^3 = (1+x)(1-x+x^2) \leqslant \left(\dfrac{2+x^2}{2}\right)^2$ 知

$$\sqrt{1 + x^3} \leqslant \frac{2 + x^2}{2}$$

所以得到

$$\frac{a^2}{\sqrt{(1 + a^3)(1 + b^3)}} \geqslant \frac{4a^2}{(2 + a^2)(2 + b^2)}$$

等,于是只需证

$$\frac{a^2}{(a^2+2)(b^2+2)}+\frac{b^2}{(b^2+2)(c^2+2)}+$$

$$\frac{c^2}{(c^2+2)(a^2+2)}\geqslant\frac{1}{3}$$

令 $a^2=x,b^2=y,c^2=z$，则 $xyz=64$，上式等价于

$$\frac{x}{(x+2)(y+2)}+\frac{y}{(y+2)(z+2)}+$$

$$\frac{z}{(z+2)(x+2)}\geqslant\frac{1}{3}$$

在练习题 17 中取 $k=4,m=2$ 知上式显然成立，故所证不等式成立.

20. 证明:注意到

$$(1+abc)\left(\frac{1}{a(1+b)}+\frac{1}{b(1+c)}+\frac{1}{c(1+a)}\right)+3$$

$$=\left(\frac{1+abc}{a+ab}+1\right)+\left(\frac{1+abc}{b+bc}+1\right)+\left(\frac{1+abc}{c+ca}+1\right)$$

$$=\frac{b(c+1)}{b+1}+\frac{b+1}{b(c+1)}+\frac{c(a+1)}{c+1}+$$

$$\frac{c+1}{c(a+1)}+\frac{a(b+1)}{a+1}+\frac{a+1}{a(b+1)}$$

由六元平均值不等式,有

$$\frac{b(c+1)}{b+1}+\frac{b+1}{b(c+1)}+\frac{c(a+1)}{c+1}+\frac{c+1}{c(a+1)}+\frac{a(b+1)}{a+1}+\frac{a+1}{a(b+1)}$$

$$\geqslant 6\sqrt[6]{\frac{b(c+1)}{b+1}\cdot\frac{b+1}{b(c+1)}\cdot\frac{c(a+1)}{c+1}\cdot\frac{c+1}{c(a+1)}\cdot\frac{a(b+1)}{a+1}\cdot\frac{a+1}{a(b+1)}}$$

$$=6$$

所以 $\frac{1}{a(1+b)}+\frac{1}{b(1+c)}+\frac{1}{c(1+a)}\geqslant\frac{3}{1+abc}$.

21. 证明:由平均值不等式,有

$$\frac{x^3}{y^3+8}+\frac{y+2}{27}+\frac{y^2-2y+4}{27}$$

$$\geqslant 3\sqrt[3]{\frac{x^3}{y^3+8}\cdot\frac{y+2}{27}\cdot\frac{y^2-2y+4}{27}}=\frac{x}{3}$$

所以

$$\frac{x^3}{y^3+8}\geqslant\frac{x}{3}-\frac{y+2}{27}-\frac{y^2-2y+4}{27}$$

同理可得

$$\frac{y^3}{z^3+8}\geqslant\frac{y}{3}-\frac{z+2}{27}-\frac{z^2-2z+4}{27}$$

$$\frac{z^3}{x^3+8}\geqslant\frac{z}{3}-\frac{x+2}{27}-\frac{x^2-2x+4}{27}$$

因为 $x+y+z=3$，所以

$$\frac{\sum x^2}{27}=\frac{(\sum x)^2-2\sum xy}{27}=\frac{9-2\sum xy}{27}$$

于是

$$\frac{x^3}{y^3+8}+\frac{y^3}{z^3+8}+\frac{z^3}{x^3+8}$$

$$\geqslant\sum\frac{x}{3}-\sum\frac{y+2}{27}-\sum\frac{y^2-2y+4}{27}$$

$$=\frac{1}{9}+\frac{2\sum xy}{27}$$

22. 证明：由平均值不等式，有

$$3\sqrt[9]{\frac{9a(a+b)}{2(a+b+c)^2}}$$

$$=3\sqrt[9]{\frac{2a}{a+b}\cdot\frac{3(a+b)}{2(a+b+c)}\cdot\frac{3(a+b)}{2(a+b+c)}\cdot 1\cdot 1\cdot 1\cdot 1\cdot 1\cdot 1}$$

$$\leqslant\frac{1}{3}\left[\frac{2a}{a+b}+\frac{3(a+b)}{2(a+b+c)}+\frac{3(a+b)}{2(a+b+c)}+6\right]$$

完全类似地，有

$$\sqrt[3]{\frac{6bc}{(a+b)(a+b+c)}} \leqslant \frac{1}{3}\left(\frac{2b}{a+b} + \frac{3c}{a+b+c} + 1\right)$$

所以

$$3\sqrt[9]{\frac{9a(a+b)}{2(a+b+c)^2}} + \sqrt[3]{\frac{6bc}{(a+b)(a+b+c)}}$$

$$\leqslant \frac{1}{3}\left[\frac{2a}{a+b} + \frac{3(a+b)}{2(a+b+c)} + \frac{3(a+b)}{2(a+b+c)} + 6\right] +$$

$$\frac{1}{3}\left(\frac{2b}{a+b} + \frac{3c}{a+b+c} + 1\right) = 4$$

23. 证明:首先证明 $k=\frac{1}{3}$ 时有

$$\frac{a}{\sqrt{a^2+8bc}} \geqslant \frac{a^{4k}}{a^{4k}+b^{4k}+c^{4k}}$$

由平均值不等式,有

$$(a^{4k}+b^{4k}+c^{4k})^2$$

$$\geqslant (a^{4k}+2b^{2k}c^{2k})^2$$

$$= a^{8k} + 4a^{4k}b^{2k}c^{2k} + 4b^{4k}c^{4k}$$

$$\geqslant a^{8k} + 8a^{2k}b^{3k}c^{3k}$$

$$= a^{2k}(a^{6k} + 8b^{3k}c^{3k})$$

$$= a^{2k}(a^2 + 8bc)$$

同理可得

$$\frac{b}{\sqrt{b^2+8ca}} \geqslant \frac{b^{4k}}{a^{4k}+b^{4k}+c^{4k}}$$

$$\frac{c}{\sqrt{c^2+8ab}} \geqslant \frac{c^{4k}}{a^{4k}+b^{4k}+c^{4k}}$$

将上述三式相加即得.

24. 证明:由平均值不等式,有 $\sqrt{a(b+c)} \leqslant \frac{a+b+c}{2}$,所以

$$\sqrt{\frac{a}{b+c}} = \frac{a}{\sqrt{a(b+c)}} \geqslant \frac{2a}{a+b+c}$$

同理可得

$$\sqrt{\frac{b}{c+a}} \geqslant \frac{2b}{a+b+c}$$

$$\sqrt{\frac{c}{a+b}} \geqslant \frac{2c}{a+b+c}$$

将上述三式相加,有

$$\sqrt{\frac{a}{b+c}} + \sqrt{\frac{b}{c+a}} + \sqrt{\frac{c}{a+b}} \geqslant 2$$

因为上面不等式当且仅当 $a=b+c, b=c+a, c=a+b$ 时都取等号,这对于 $a,b,c>0$ 是不可能的,因此等号取不到,故

$$\sqrt{\frac{a}{b+c}} + \sqrt{\frac{b}{c+a}} + \sqrt{\frac{c}{a+b}} > 2$$

25. 证明

$$\frac{a^2 b(b-c)}{a+b} + \frac{b^2 c(c-a)}{b+c} + \frac{c^2 a(a-b)}{c+a} \geqslant 0$$

$$\Leftrightarrow a^3 b^3 + b^3 c^3 + c^3 a^3 \geqslant a^3 b^2 c + b^3 c^2 a + c^3 a^2 b$$

由平均值不等式,有 $a^3 b^3 + a^3 b^3 + c^3 a^3 \geqslant 3a^3 b^2 c$, $b^3 c^3 + b^3 c^3 + a^3 b^3 \geqslant 3b^3 c^2 a$, $c^3 a^3 + c^3 a^3 + b^3 c^3 \geqslant 3c^3 a^2 b$. 将上述三式相加,再除以 3 即得.

26. 证明:注意到 $ab+bc+ca=3$,由平均值不等式,有 $3 = ab+bc+ca \geqslant 3\sqrt[3]{a^2 b^2 c^2} \Rightarrow abc \leqslant 1$. 于是

$$\frac{abc}{1+a^2(b+c)} + \frac{abc}{1+b^2(c+a)} + \frac{abc}{1+c^2(a+b)}$$

$$\leqslant \frac{abc}{abc+a^2(b+c)} + \frac{abc}{abc+b^2(c+a)} +$$

$$\frac{abc}{abc+c^2(a+b)}$$

$$= \frac{ab}{ab+bc+ca} + \frac{bc}{ab+bc+ca} + \frac{ca}{ab+bc+ca}$$

$$= 1 \leqslant \frac{1}{abc}$$

27. 证明：对于 $a > 0$,有

$$(a^5 - a^2 + 3) - (a^3 + 2)$$

$$= a^5 - a^2 - a^3 + 1$$

$$= (a^2 - 1)(a^3 - 1)$$

$$= (a-1)^2(a+1)(a^2 + a + 1) \geqslant 0$$

所以 $a^5 - a^2 + 3 \geqslant a^3 + 2$,同理,有

$$b^5 - b^2 + 3 \geqslant b^3 + 2$$

$$c^5 - c^2 + 3 \geqslant c^3 + 2$$

于是

$$(a^5 - a^2 + 3)(b^5 - b^2 + 3)(c^5 - c^2 + 3)$$

$$\geqslant (a^3 + 2)(b^3 + 2)(c^3 + 2)$$

又由 Hölder 不等式,有

$$(a^3 + 2)(b^3 + 2)(c^3 + 2)$$

$$= (a^3 + 1 + 1)(b^3 + 1 + 1)(c^3 + 1 + 1)$$

$$\geqslant (a + b + c)^3$$

所以

$$(a^5 - a^2 + 3)(b^5 - b^2 + 3)(c^5 - c^2 + 3)$$

$$\geqslant (a + b + c)^3$$

28. 证明：由幂平均不等式,有

$$\sqrt{\frac{a^2 + b^2}{2}} \geqslant \frac{a+b}{2}, \sqrt[3]{\frac{b^3 + c^3}{2}} \geqslant \frac{b+c}{2}$$

所以

$$\sqrt{\frac{a^2 + b^2}{2}} + 2\sqrt[3]{\frac{a^3 + b^3}{2}} \geqslant \frac{a+b}{2} + 2\frac{b+c}{2}$$

又由平均值不等式,有

$$\frac{a+b}{2}+2\,\frac{b+c}{2}=\frac{(a+2b)+(b+2c)}{2}$$

$$\geqslant\sqrt{(a+2b)(b+2c)}=3$$

所以 $\sqrt{\dfrac{a^2+b^2}{2}}+2\sqrt[3]{\dfrac{a^3+b^3}{2}}\geqslant 3.$

29. 证明：由平均值不等式，有

$$1=a^2+b^2+c^2\geqslant 3\sqrt[3]{a^2b^2c^2}\Rightarrow\frac{1}{abc}\geqslant 3\sqrt{3}$$

又由平均值不等式，有

$$3\sqrt[3]{abc}+\frac{1}{9abc}=\sqrt[3]{abc}+\sqrt[3]{abc}+\sqrt[3]{abc}+\frac{1}{9abc}$$

$$\geqslant 4\sqrt[4]{\sqrt[3]{abc}\,\sqrt[3]{abc}\,\sqrt[3]{abc}\,\frac{1}{9abc}}=\frac{4\sqrt{3}}{3}$$

所以

$$a+b+c+\frac{1}{abc}$$

$$\geqslant 3\sqrt[3]{abc}+\frac{1}{9abc}+\frac{8}{9abc}$$

$$\geqslant\frac{4\sqrt{3}}{3}+\frac{8}{9}\cdot 3\sqrt{3}\geqslant 4\sqrt{3}$$

30. 证明：由平均值不等式，有

$$\left(\frac{\sqrt[3]{\dfrac{1}{a}+6b}+\sqrt[3]{\dfrac{1}{b}+6c}+\sqrt[3]{\dfrac{1}{c}+6a}}{3}\right)^3$$

$$\leqslant\frac{\dfrac{1}{a}+6b+\dfrac{1}{b}+6c+\dfrac{1}{c}+6a}{3}$$

$$\sqrt[3]{\frac{1}{a}+6b}+\sqrt[3]{\frac{1}{b}+6c}+\sqrt[3]{\frac{1}{c}+6a}$$

$$\leqslant 3\sqrt[3]{\dfrac{\dfrac{1}{a}+6b+\dfrac{1}{b}+6c+\dfrac{1}{c}+6a}{3}}$$

因为 $1=(ab+bc+ca)^2\geqslant 3abc(a+b+c)$，所以

$$3abc\leqslant\dfrac{1}{ab+bc+ca}$$

又由平均值不等式，有

$$\dfrac{1}{a}+\dfrac{1}{b}+\dfrac{1}{c}+6(a+b+c)$$

$$=\dfrac{ab+bc+ca}{abc}+6(a+b+c)\leqslant\dfrac{3}{abc}$$

$$1=ab+bc+ca\geqslant 3\sqrt[3]{a^2b^2c^2}$$

得 $\dfrac{1}{a^2b^2c^2}\geqslant 27$，所以

$$\sqrt[3]{\dfrac{1}{a}+6b}+\sqrt[3]{\dfrac{1}{b}+6c}+\sqrt[3]{\dfrac{1}{c}+6a}$$

$$\leqslant 3\sqrt[3]{\dfrac{1}{abc}}=\sqrt[3]{\dfrac{27}{abc}}\leqslant\sqrt[3]{\dfrac{1}{(abc)^3}}=\dfrac{1}{abc}$$

31. 证明：先证左边的不等式，因为 $(x-1)^2(x+2)\geqslant 0$，所以 $2\geqslant 2x+x(3-x^2)$，所以 $1\geqslant x+x\dfrac{y^2+z^2}{2}$，于是 $1\geqslant x+xyz$，因此 $\dfrac{x}{1+yz}\geqslant x^2$. 同理可得，$\dfrac{y}{1+zx}\geqslant y^2$，$\dfrac{z}{1+xy}\geqslant z^2$.

将上述三式相加即得.

再证右边的不等式，不妨设 $x\geqslant y\geqslant z$，那么 $xy\geqslant zx\geqslant yz$，于是

$$\dfrac{x}{1+yz}+\dfrac{y}{1+zx}+\dfrac{z}{1+xy}\leqslant\dfrac{x+y+z}{1+yz}$$

从而只需证

$$x + y + z \leqslant \sqrt{2}(1 + yz)$$

事实上

$$\sqrt{2}(1 + yz) - (x + y + z)$$

$$= \sqrt{2} + \sqrt{2}\,\frac{x^2 + (y+z)^2 - 1}{2} - (x + y + z)$$

$$= \frac{\sqrt{2}}{2}\left[\left(x - \frac{\sqrt{2}}{2}\right)^2 + \left(y + z - \frac{\sqrt{2}}{2}\right)^2\right] \geqslant 0$$

因此右边不等式成立.

32. 证明

左边

$$= \left[\frac{a^2 + bc}{a(b+c)} + 1\right] + \left[\frac{b^2 + ca}{b(c+a)} + 1\right] +$$

$$\left[\frac{c^2 + ab}{c(a+b)} + 1\right] - 3$$

$$= \frac{(a+b)(a+c)}{a(b+c)} + \frac{(b+c)(b+a)}{b(c+a)} +$$

$$\frac{(c+a)(c+b)}{c(a+b)} - 3$$

$$\geqslant 3\sqrt[3]{\frac{(a+b)(a+c)}{a(b+c)} \cdot \frac{(b+c)(b+a)}{b(c+a)} \cdot \frac{(c+a)(c+b)}{c(a+b)}} - 3$$

$$= 3\sqrt[3]{\frac{(a+b)(b+c)(c+a)}{abc}} - 3$$

$$\geqslant 3\sqrt[3]{\frac{2\sqrt{ab} \cdot 2\sqrt{bc} \cdot 2\sqrt{ca}}{abc}} - 3$$

$$= 3 \times 2 - 3 = 3$$

33. 证明：显然所证不等式等价于 $\dfrac{1 + x_1 + x_1^2}{x_1(1 + x_1)} +$

$\dfrac{1 + x_2 + x_2^2}{x_2(1 + x_2)} + \cdots + \dfrac{1 + x_n + x_n^2}{x_n(1 + x_n)} \geqslant \dfrac{3n}{2}.$

注意到 $4(1 + x_i + x_i^2) \geqslant 3(1 + x_i)^2$，于是只需证

$$\frac{3}{4}\left(\frac{1+x_1}{x_1}+\frac{1+x_2}{x_2}+\cdots+\frac{1+x_n}{x_n}\right)\geqslant\frac{3n}{2}$$

$$\Leftrightarrow\frac{1+x_1}{x_1}+\frac{1+x_2}{x_2}+\cdots+\frac{1+x_n}{x_n}\geqslant 2n$$

$$\Leftrightarrow\frac{1}{x_1}+\frac{1}{x_2}+\cdots+\frac{1}{x_n}\geqslant n$$

由平均值不等式知上式显然成立.

34. 证明:因为

$$a(1+b-c)+b(1+c-a)+c(1+a-b)=1$$

所以

$$1=[a(1+b-c)+b(1+c-a)+c(1+a-b)]-$$
$$(a+b+c)(a+b+c)$$
$$\geqslant a\sqrt[3]{1+b-c}+b\sqrt[3]{1+c-a}+c\sqrt[3]{1+a-b}$$

故

$$a\sqrt[3]{1+b-c}+b\sqrt[3]{1+c-a}+c\sqrt[3]{1+a-b}\leqslant 1$$

35. 证明:注意到 $\dfrac{x(x+2)}{2x^2+1}=\dfrac{(2x+1)^2}{2(2x^2+1)}-\dfrac{1}{2}$ 等

式子,知所证不等式等价于

$$\frac{(2x+1)^2}{2x^2+1}+\frac{(2y+1)^2}{2y^2+1}+\frac{(2z+1)^2}{2z^2+1}\geqslant 3$$

由 Cauchy 不等式,有

$$2x^2=\frac{4}{3}x^2+\frac{2}{3}(y+z)^2$$

$$\leqslant\frac{4}{3}x^2+\frac{4}{3}(y^2+z^2)$$

$$=\frac{4}{3}(x^2+y^2+z^2)$$

所以

$$\frac{(2x+1)^2}{2x^2+1}+\frac{(2y+1)^2}{2y^2+1}+\frac{(2z+1)^2}{2z^2+1}$$

74

$$\geqslant \sum \frac{(2x+1)^2}{\dfrac{4}{3}(x^2+y^2+z^2)+1}$$

$$=3 \sum \frac{(2x+1)^2}{4(x^2+y^2+z^2)+3}=3$$

36. 证明:因为

$$a^5+a^4+a^3+a^2+a+1=(a^2+a+1)(a^3+1)$$

等三式,知

$$\prod (a^5+a^4+a^3+a^2+a+1)$$

$$=\prod (a^2+a+1)(a^3+1)$$

于是只需证

$$\prod (a^3+1) \geqslant 8$$

这是因为

$$\prod (a^3+1)=(a^3+1)(b^3+1)(c^3+1)$$

$$\geqslant (abc+1)^3=8$$

37. 解:因为

$$S^3 \leqslant [(a^2+2bc)+(b^2+2ca)+(c^2+2ab)] \cdot$$

$$(1+1+1)(1+1+1)$$

$$=9(a+b+c)^2=36 \times 9$$

所以 $S \leqslant 3\sqrt[3]{12}$. 当 $a=b=c=2$ 时, $S=3\sqrt[3]{12}$, 所以 S 的最大值为 $3\sqrt[3]{12}$.

38. 证明:因为 $a_1+a_2+\cdots+a_n=1$, 所以由平均值不等式可得

$$1+a_i=a_1+a_2+\cdots+a_n+a_i$$

$$\geqslant (n+1)(a_1 a_2 \cdots a_n a_i)^{\frac{1}{n+1}}$$

$$1-a_i=a_1+a_2+\cdots+a_n-a_i$$

$$\geqslant (n-1)\left(\frac{a_1 a_2 \cdots a_n}{a_i}\right)^{\frac{1}{n-1}}$$

取 $i=1,2,\cdots,n$，再累积后相乘可得

$$\prod_{i=1}^{n}(1-a_i^2) \geqslant (n^2-1)^n \prod_{i=1}^{n}a_i^2$$

于是

$$\left(\frac{1}{a_1^2}-1\right)\left(\frac{1}{a_2^2}-1\right)\cdots\left(\frac{1}{a_n^2}-1\right) \geqslant (n^2-1)^n$$

39. 证明

$$\left(\sqrt{bc}+\frac{1}{2a+\sqrt{bc}}\right)\left(\sqrt{ca}+\frac{1}{2b+\sqrt{ca}}\right)\cdot$$

$$\left(\sqrt{ab}+\frac{1}{2c+\sqrt{ab}}\right)$$

$$=\sqrt{bc}\left(1+\frac{1}{2a\sqrt{bc}+bc}\right)\cdot\sqrt{ca}\left(1+\frac{1}{2b\sqrt{ca}+ca}\right)\cdot$$

$$\sqrt{ab}\left(1+\frac{1}{2c\sqrt{ab}+ab}\right)$$

$$\geqslant abc\left(1+\frac{1}{ab+bc+ca}\right)\left(1+\frac{1}{ab+bc+ca}\right)\cdot$$

$$\left(1+\frac{1}{ab+bc+ca}\right)=8abc$$

40. 证明：因为

$$\frac{a^2-b^2}{a+bc}=\frac{a(a+bc)-abc-b^2}{a+bc}$$

$$=a-\frac{1+b^2}{a+bc}=a-a\frac{1+b^2}{1+a^2}$$

同理，有

$$\frac{b^2-c^2}{b+ca}=b-b\frac{1+c^2}{1+b^2}$$

$$\frac{c^2-a^2}{c+ab}=c-c\frac{1+a^2}{1+c^2}$$

由平均值不等式，有

76

$$a\frac{1+b^2}{1+a^2}+b\frac{1+c^2}{1+b^2}+c\frac{1+a^2}{1+c^2}$$

$$\geqslant 3\sqrt[3]{a\frac{1+b^2}{1+a^2}\cdot b\frac{1+c^2}{1+b^2}\cdot c\frac{1+a^2}{1+c^2}}=3$$

于是,有

$$\frac{a^2-b^2}{a+bc}+\frac{b^2-c^2}{b+ca}+\frac{c^2-a^2}{c+ab}$$

$$\leqslant a-a\frac{1+b^2}{1+a^2}+b-b\frac{1+c^2}{1+b^2}+c-c\frac{1+a^2}{1+c^2}$$

$$\leqslant a+b+c-3$$

41. 证明：由平均值不等式，有 $\dfrac{a^3}{a+\sqrt{bc}}+$

$\dfrac{a(a+\sqrt{bc})}{4}\geqslant a^2$,即

$$\frac{a^3}{a+\sqrt{bc}}\geqslant a^2-\frac{a(a+\sqrt{bc})}{4}$$

同理可得

$$\frac{b^3}{b+\sqrt{ca}}\geqslant b^2-\frac{b(b+\sqrt{ca})}{4}$$

$$\frac{c^3}{c+\sqrt{ab}}\geqslant c^2-\frac{c(c+\sqrt{ab})}{4}$$

于是

$$\frac{a^3}{a+\sqrt{bc}}+\frac{b^3}{b+\sqrt{ca}}+\frac{c^3}{c+\sqrt{ab}}$$

$$\geqslant a^2-\frac{a(a+\sqrt{bc})}{4}+b^2-\frac{b(b+\sqrt{ca})}{4}+$$

$$c^2-\frac{c(c+\sqrt{ab})}{4}$$

$$=\frac{3(a^2+b^2+c^2)}{4}-\frac{a\sqrt{bc}+b\sqrt{ca}+c\sqrt{ab}}{4}$$

$$\geqslant \frac{3(a^2+b^2+c^2)}{4} - \frac{ab+bc+ca}{4}$$

$$\geqslant \frac{ab+bc+ca}{2} = \frac{3}{2}$$

42. 证明:由平均值不等式,有

$$\frac{2\,000}{2\,017}a^{2\,017} + \frac{10}{2\,017}b^{2\,017} + \frac{7}{2\,017} \geqslant a^{2\,000}b^7$$

$$\frac{7}{2\,017}a^{2\,017} + \frac{2\,000}{2\,017}b^{2\,017} + \frac{10}{2\,017} \geqslant a^7 b^{2\,000}$$

$$\frac{10}{2\,017}a^{2\,017} + \frac{7}{2\,017}b^{2\,017} + \frac{2\,000}{2\,017} \geqslant a^{10}b^7$$

将上述三式相加即得.

43. 证明:由平均值不等式有

$$a^4 + b^4 + c^4 + d^4$$

$$\geqslant a^4 + b^4 + 2c^2d^2$$

$$= \frac{1}{2}(a-b)^2(a+b)^2 + \frac{1}{2}(a^2+b^2)^2 + 2c^2d^2$$

$$\geqslant 2ab(a-b)^2 + 2cd(a^2+b^2)$$

$$= 4abcd + 2ab(a-b)^2 + 2cd(a-b)^2$$

$$\geqslant 4abcd + 4(a-b)^2\sqrt{abcd}$$

44. 证明:由平均值不等式,有

$$2(a+b+c) + \frac{9}{(ab+bc+ca)^2}$$

$$\geqslant 7\sqrt[7]{\left(\frac{a+b+c}{3}\right)^6 \cdot \frac{9}{(ab+bc+ca)^2}}$$

$$\geqslant 7\sqrt[7]{\frac{(a+b+c)^2}{9}} \geqslant 7$$

45. 证明:由 $ab+bc+ca=3$ 知 $abc \leqslant 1, a+b+c \geqslant ab+bc+ca$,于是有

$$\frac{1}{1+a^2(b+c)}+\frac{1}{1+b^2(c+a)}+\frac{1}{1+c^2(a+b)}$$

$$\leqslant \frac{1}{abc+a^2(b+c)}+\frac{1}{abc+b^2(c+a)}+$$

$$\frac{1}{abc+c^2(a+b)}$$

$$=\frac{1}{3a}+\frac{1}{3b}+\frac{1}{3c}=\frac{ab+bc+ca}{3abc}$$

$$\leqslant \frac{a+b+c}{3abc}$$

46. 证明：假设 $a+b>1$，则 $ab(a+b)>a^3+b^3=(a+b)(a^2-ab+b^2)$，即 $a^2-2ab+b^2<0$，即 $(a-b)^2<0$，这与 $(a-b)^2\geqslant 0$ 矛盾，故 $a+b\leqslant 1$.

47. 证明

$$\sqrt[3]{\frac{1}{3a^2(8b+1)}}+\sqrt[3]{\frac{1}{3b^2(8c+1)}}+\sqrt[3]{\frac{1}{3c^2(8a+1)}}$$

$$\geqslant \frac{3}{\sqrt[9]{3^3a^2b^2c^2(8a+1)(8b+1)(8c+1)}}$$

$$\geqslant \frac{81}{9a+9a+9b+9b+9c+9c+(8a+1)+(8b+1)+(8c+1)}$$

$$=\frac{81}{26a+26b+26c+3}=1$$

48. 证明：由平均值不等式，有

$$a^2+7=a^2+ab+bc+ca+4$$

$$=(a+b)(a+c)+4$$

$$\geqslant 4\sqrt{(a+b)(a+c)}$$

于是

$$\frac{a}{a^2+7}+\frac{b}{b^2+7}+\frac{c}{c^2+7}$$

$$\leqslant \frac{a}{4\sqrt{(a+b)(a+c)}}+\frac{b}{4\sqrt{(b+a)(b+c)}}+$$

$$\frac{c}{4\sqrt{(c+a)(c+b)}}$$

$$\leqslant \frac{1}{4} \cdot \left[\frac{1}{2}\left(\frac{a}{a+b}+\frac{a}{a+c}\right) + \frac{1}{2}\left(\frac{b}{b+a}+\frac{b}{b+c}\right) + \right.$$

$$\left. \frac{1}{2}\left(\frac{c}{c+a}+\frac{c}{c+b}\right) \right] = \frac{3}{8}$$

49. 证明

$$\sum \frac{\sqrt{ab-1}}{b+c} \leqslant \frac{1}{2} \sum \sqrt{\frac{ab-1}{bc}}$$

$$= \frac{1}{2} \sum \sqrt{\left(a-\frac{1}{b}\right)\cdot\frac{1}{c}} \leqslant \frac{1}{4} \sum \left[\left(a-\frac{1}{b}\right)+\frac{1}{c}\right]$$

$$= \frac{a+b+c}{4}$$

50. 证明:由 AM－GM 不等式有

$$\frac{1}{a^2}+\frac{1}{b^2}+\frac{1}{c^2} = \frac{a^2b^2+b^2c^2+c^2a^2}{a^2b^2c^2}$$

$$\geqslant \frac{abc(a+b+c)}{a^2b^2c^2} = \frac{a+b+c}{abc}$$

$$\geqslant \frac{\sqrt{3(ab+bc+ca)}}{abc} \geqslant \frac{\sqrt{3}}{abc}$$

51. 证法 1:因为

$$a^3+b^3+1 \geqslant 3ab, b^3+c^3+1 \geqslant 3bc$$

$$c^3+a^3+1 \geqslant 3ca, a^3+1+1 \geqslant 3a$$

$$b^3+1+1 \geqslant 3b, c^3+1+1 \geqslant 3c$$

所以

$$4(a^3+b^3+c^3+3)$$

$$\geqslant 3abc+3(ab+bc+ca)+3(a+b+c)+3$$

$$= 3(a+1)(b+1)(c+1)$$

证法 2

$$4(a^3+1) = 4(a+1)(a^2-a+1)$$

$$\geqslant 2(a+1)(a^2+1)$$
$$\geqslant (a+1)^3$$

所以

$$4(a^3+b^3+c^3+3)$$
$$\geqslant (a+1)^3+(b+1)^3+(c+1)^3$$
$$\geqslant 3\sqrt[3]{(a+1)^3(b+1)^3(c+1)^3}$$
$$=3(a+1)(b+1)(c+1)$$

52. 证明：由 Hölder 不等式，有

$$\left(a_1^k+\frac{1}{a_1^k}\right)\left(a_2^k+\frac{1}{a_2^k}\right)\cdot\cdots\cdot\left(a_n^k+\frac{1}{a_n^k}\right)$$

$$=\left[(a_1^{\frac{k}{n}})^n+\left(\frac{1}{a_1^{\frac{k}{n}}}\right)^n\right]\cdot\left[(a_2^{\frac{k}{n}})^n+\left(\frac{1}{a_2^{\frac{k}{n}}}\right)^n\right]\cdot\cdots\cdot$$

$$\left[(a_n^{\frac{k}{n}})^n+\left(\frac{1}{a_n^{\frac{k}{n}}}\right)^n\right]$$

$$\geqslant\left[(a_1a_2\cdots a_n)^{\frac{k}{n}}+\left(\frac{1}{a_1a_2\cdots a_n}\right)^{\frac{k}{n}}\right]^n$$

由平均值不等式，有 $a_1+a_2+\cdots+a_n=1$，则 $(\sqrt[n]{a_1a_2\cdots a_n})^k\leqslant\dfrac{1}{n^k}<1$，又 $x+\dfrac{1}{x}$ 在区间 $(0,1]$ 单调递减，故

$$\left[(a_1a_2\cdots a_n)^{\frac{k}{n}}+\left(\frac{1}{a_1a_2\cdots a_n}\right)^{\frac{k}{n}}\right]^n\geqslant\left(n^k+\frac{1}{n^k}\right)^n$$

所证不等式成立.

53. 证明：由幂平均不等式，有

$$8\sqrt[3]{abc}+\sqrt[3]{\frac{a^3+b^3+c^3}{3}}$$

$$=9\ \frac{\sqrt[3]{abc}+\sqrt[3]{abc}+\cdots+\sqrt[3]{abc}+\sqrt[3]{\frac{a^3+b^3+c^3}{3}}}{9}$$

$$\leqslant 9\sqrt[3]{\frac{8abc+\dfrac{a^3+b^3+c^3}{3}}{9}}$$

于是只需证

$$9\sqrt[3]{\frac{8abc+\dfrac{a^3+b^3+c^3}{3}}{9}}\leqslant 3(a+b+c)$$

$$\Longleftrightarrow 24abc+a^3+b^3+c^3\leqslant 3(a+b+c)^3$$

$$\Longleftrightarrow 6abc\leqslant a^2(b+c)+b^2(c+a)+c^2(a+b)$$

最后一式由平均值不等式可得.

54. 证明:令 $a=b=c=d=\sqrt{3}$,可知 $k\geqslant 4$. 下面证明 $k=4$ 时不等式成立,那么 $k=4$ 为所求的最小的实数. 为此,先证明局部不等式

$$\sqrt{(a^2+1)(b^2+1)(c^2+1)}\geqslant(ab+bc+ca)-1$$

只需证明 $(a^2+1)(b^2+1)(c^2+1)\geqslant(ab+bc+ca-1)^2$,这等价于 $(abc-a-b-c)^2\geqslant 0$,显然成立. 利用此局部不等式立即得到

$$\sum\sqrt{(a^2+1)(b^2+1)(c^2+1)}$$
$$\geqslant 2(ab+bc+cd+da+ac+bd)-k$$

注:猜测 k 的值可以令 $a=b=c=d=x$ 转化为关于 x 的一元函数,利用求导算出 k.

55. 由平均值不等式立得.

56. 证明:因为 $a\geqslant b\geqslant c\geqslant 0$,所以 $(a-b)(b-c)(a-c)\geqslant 0$,即

$$a^2b+b^2c+c^2a\geqslant ab^2+bc^2+ca^2$$

从而只需证明 $a^2b+b^2c+c^2a+ab^2+bc^2+ca^2\leqslant\dfrac{27}{4}$,注意到 $a+b+c=3$,所以

$$a^2b + b^2c + c^2a + ab^2 + bc^2 + ca^2$$
$$= ab(3-c) + bc(3-a) + ca(3-b)$$
$$= 3(1-a)(1-b)(1-c) + 6$$

从而只需证明 $(1-a)(1-b)(1-c) \leqslant \dfrac{1}{4}$.

(1) 当 $b \geqslant 1$ 时,此时必有 $a \geqslant 1, c \leqslant 1$,因此

$$(1-a)(1-b)(1-c) = (a-1)(b-1)(1-c)$$

$$\leqslant (a-1)(b-1) \leqslant \left(\dfrac{a-1+b-1}{2}\right)^2$$

$$\leqslant \dfrac{1}{4}$$

(2) 当 $b < 1$ 时,此时必有 $a \geqslant 1, c \leqslant 1$,从而

$$(1-a)(1-b)(1-c) < 0 < \dfrac{1}{4}$$

从而原不等式得证,等号成立当且仅当 $a = b = \dfrac{3}{2}$, $c = 0$.

57. 证明:我们证明更强的不等式 $ab^2 + bc^2 + ca^2 + abc \leqslant 4$.

由轮换对称性,不妨设 b 为 a, b, c 中取值介于另外两者之间,则有

$$a(b-c)(b-a) \leqslant 0 \Rightarrow ab^2 + a^2c \leqslant a^2b + abc$$

从而

$$ab^2 + bc^2 + ca^2 + abc$$

$$\leqslant a^2b + abc + abc + bc^2$$

$$= \dfrac{2b(a+c)^2}{2}$$

$$\leqslant \dfrac{1}{2}\left[\dfrac{2b + (a+c) + (a+c)}{3}\right]^3 = 4$$

于是所证成立.

58. 证明:若 $a^3 + \dfrac{1}{b^3} - 1, b^3 + \dfrac{1}{c^3} - 1, c^3 + \dfrac{1}{a^3} - 1$ 中有一个小于 0,不妨设它是 $a^3 + \dfrac{1}{b^3} - 1$,则 $1 > a$ 且 $b > 1$,容易验证另外两个式子大于 0,所以此时不等式显然成立. 下面证明 $a^3 + \dfrac{1}{b^3} - 1, b^3 + \dfrac{1}{c^3} - 1, c^3 + \dfrac{1}{a^3} - 1$ 都大于 0 时也成立.

如果 $\quad \sum a^3 - 3abc \geqslant \sum (ab)^3 - 3(abc)^2$

于是

$$\sum (ab)^3 - \sum a^3 + 3 \leqslant 3(abc)^2 - 3abc + 3$$

此时不等式等价于

$$\prod (a^3 b^3 + 1 - b^3) \leqslant (a^2 b^2 c^2 + 1 - abc)^3$$

由平均值不等式,知

$$\prod (a^3 b^3 + 1 - b^3) \leqslant \left(\frac{\sum a^3 b^3 - \sum a^3 + 3}{3} \right)^3$$

而 $\dfrac{\sum a^3 b^3 - \sum a^3 + 3}{3} \leqslant a^2 b^2 c^2 - abc + 1$,所以不等式成立.

如果 $\sum a^3 - 3abc \leqslant \sum (ab)^3 - 3(abc)^2$,那么

$$\sum \frac{1}{(ab)^3} - \frac{3}{(abc)^2} \leqslant \sum \frac{1}{a^3} - \frac{3}{abc}$$

此时不等式等价于

$$\prod \left[\frac{1}{(ab)^3} - \frac{1}{a^3} + 1 \right] \leqslant \left[\frac{1}{(abc)^2} + 1 - \frac{1}{abc} \right]^3$$

由平均值不等式,有

$$\prod \left[\frac{1}{(ab)^3} - \frac{1}{a^3} + 1 \right] \leqslant \left[\frac{\sum \dfrac{1}{(ab)^3} - \sum \dfrac{1}{a^3} + 3}{3} \right]^3$$

84

由于 $\dfrac{\sum \dfrac{1}{(ab)^3} - \sum \dfrac{1}{a^3} + 3}{3} \leqslant \dfrac{1}{(abc)^2} + 1 - \dfrac{1}{abc}$,

所以所证不等式成立.

59. 证明:设 $a = x^2, b = y^2, c = z^2$,则 $x, y, z > 1$,

且 $x^2 + y^2 + z^2 = 9$,所证不等式等价于 $\sqrt{\sum x^2 y^2} \leqslant \sum x$. 齐次化等价于 $9 \sum x^2 y^2 \leqslant (\sum x)^2 \sum x^2$.

配方为 $\sum \left[\dfrac{1}{2}(x + y)^2 + 2xy - z^2 \right](x - y)^2 \geqslant 0$. 不妨设 $x \geqslant y \geqslant z$,则有 $x^2 \geqslant 3$,以及

$$\dfrac{1}{2}(x + y)^2 + 2xy - z^2 > 0$$

$$\dfrac{1}{2}(x + z)^2 + 2xz \geqslant 6 \geqslant y^2$$

所以只需证

$$\dfrac{1}{2}(x + z)^2 + 2xz - y^2 + \dfrac{1}{2}(y + z)^2 + 2yz - x^2 \geqslant 0$$

实际上有

$$8 > 9 - z^2 = x^2 + y^2$$

$$\dfrac{1}{2}(x + z)^2 + 2xz + \dfrac{1}{2}(y + z)^2 + 2yz \geqslant 8$$

知所证成立.

注:此不等式加强了常见的不等式

$$ab + bc + ca \leqslant a^2 + b^2 + c^2$$

事实上,有

$$\sqrt{ab + bc + ca} \leqslant \sqrt{a} + \sqrt{b} + \sqrt{c} \leqslant \sqrt{a^2 + b^2 + c^2}$$

60. 证明:因为

$$a^{2\,012} - a^{2\,010} + 3 - (a^2 + 2)$$

$$= a^{2\,012} - a^{2\,010} - a^2 + 1$$

$$= a^{2\,010}(a^2 - 1) - (a^2 - 1)$$
$$= (a^{2\,010} - 1)(a^2 - 1)$$
$$= (a - 1)(a^{2\,009} + a^{2\,008} + \cdots + 1)(a + 1)(a - 1)$$
$$= (a - 1)^2(a^{2\,009} + a^{2\,008} + \cdots + 1)(a + 1) \geqslant 0$$

所以

$$a^{2\,012} - a^{2\,010} + 3 \geqslant a^2 + 2$$

同理

$$b^{2\,012} - b^{2\,010} + 3 \geqslant b^2 + 2$$
$$c^{2\,012} - c^{2\,010} + 3 \geqslant c^2 + 2$$

于是只需证

$$(a^2 + 2)(b^2 + 2)(c^2 + 2) \geqslant 3(a + b + c)^2$$

下面先证:对任意正实数 a, b, c,有

$$(a^2 + 2)(b^2 + 2) \geqslant \frac{3}{2}\left[(a + b)^2 + 2\right]$$
$$\Leftrightarrow 2(a^2 b^2 + 2a^2 + 2b^2 + 4)$$
$$\geqslant 3(a^2 + b^2 + 2ab + 2)$$
$$\Leftrightarrow 2a^2 b^2 + a^2 + b^2 - 6ab + 2 \geqslant 0$$
$$\Leftrightarrow 2(ab - 1)^2 + (a - b)^2 \geqslant 0$$

显然成立.

又由 Cauchy 不等式有

$$(a^2 + 2)(b^2 + 2)(c^2 + 2)$$
$$\geqslant \frac{3}{2}\left[(a + b)^2 + 2\right](c^2 + 2)$$
$$\geqslant \frac{3}{2}\left[\sqrt{2}(a + b) + \sqrt{2}c\right]^2$$
$$= 3(a + b + c)^2$$

故

$$(a^{2\,012} - a^{2\,010} + 3)(b^{2\,012} - b^{2\,010} + 3) \cdot$$
$$(c^{2\,012} - c^{2\,010} + 3)$$

$$\geqslant 3(a+b+c)^2$$

61. 证明:因为

$$\frac{1}{1+a_1}+\frac{a_1}{(1+a_1)(1+a_2)}+\cdots+$$

$$\frac{a_1 a_2 \cdots a_{n-1}}{(1+a_1)(1+a_2)\cdots(1+a_n)}+$$

$$\frac{a_1 a_2 \cdots a_n}{(1+a_1)(1+a_2)\cdots(1+a_n)}=1$$

所以所证不等式成立.

62. 证明:由 Bernoulli 不等式,知 $x \in (-1, +\infty)$ 时有

$$\ln(1+x) \leqslant x$$

原不等式等价于

$$\ln\left(1+\frac{1}{3}\right)+\ln\left(1+\frac{1}{3^2}\right)+\cdots+\ln\left(1+\frac{1}{3^n}\right)<\ln 2$$

只需证 $\frac{1}{3}+\frac{1}{3^2}+\cdots+\frac{1}{3^n}<\ln 2$,因为 $\frac{1}{3}+\frac{1}{3^2}+\cdots+\frac{1}{3^n}<\frac{1}{2}$,故只需证 $\frac{1}{2}<\ln 2$,即 $2\ln 2>1$.

因为 $2\ln 2=\ln 4>\ln e=1$. 于是所证成立.

63. 证明

$$\frac{3a+1}{b+1}+\frac{3b+1}{a+1}=\frac{3a^2+a}{a+1}+\frac{3+a}{a(a+1)}$$

$$=\frac{3a^3+a^2+a+3}{a(a+1)}$$

$$=\frac{a^3+a^3+1+a^3+1+1+a^2+a}{a(a+1)}$$

$$\geqslant\frac{3a^2+3a+a^2+a}{a(a+1)}=4$$

64. 这里给出一些变式.

变式 1:已知正实数 a,b,c 满足 $a+b+c=6$,求证

$$\frac{a^3}{\sqrt{b^2+6bc+5c^2}}+\frac{b^3}{\sqrt{c^2+6ac+5a^2}}+$$

$$\frac{c^3}{\sqrt{a^2+6ab+5b^2}}\geqslant 2\sqrt{3}$$

证明:由 AM－GM 不等式,有

$$\frac{a^3}{\sqrt{b^2+6bc+5c^2}}=\frac{a^3}{\sqrt{(b+c)(b+5c)}}$$

$$=\frac{\sqrt{3}\,a^3}{\sqrt{(3b+3c)(b+5c)}}$$

$$\geqslant\frac{\sqrt{3}\,a^3}{\dfrac{(3b+3c)+(b+5c)}{2}}=\frac{\sqrt{3}\,a^3}{2b+4c}=\frac{\sqrt{3}\,a^4}{2ab+4ac}$$

由 Cauchy-Schwarz 不等式,有

$$\frac{a^3}{\sqrt{b^2+6bc+5c^2}}+\frac{b^3}{\sqrt{c^2+6ac+5a^2}}+$$

$$\frac{c^3}{\sqrt{a^2+6ab+5b^2}}$$

$$\geqslant\frac{\sqrt{3}\,a^4}{2ab+4ac}+\frac{\sqrt{3}\,b^4}{2bc+4ab}+\frac{\sqrt{3}\,c^4}{2ac+4bc}$$

$$\geqslant\frac{\sqrt{3}\,(a^2+b^2+c^2)^2}{2ab+4ac+2bc+4ab+2ac+4bc}$$

$$\geqslant\frac{\sqrt{3}\,(ab+bc+ca)(a^2+b^2+c^2)}{6(ab+bc+ca)}$$

$$\geqslant\frac{\sqrt{3}\,(a+b+c)^2}{18}=2\sqrt{3}$$

变式 2:已知正实数 a,b,c,求证

$$\frac{a}{\sqrt{b^2+6bc+5c^2}}+\frac{b}{\sqrt{c^2+6ac+5a^2}}+$$

$$\frac{c}{\sqrt{a^2+6ab+5b^2}}\geqslant\frac{\sqrt{3}}{2}$$

证明:由变式 1 的证明知

$$\frac{a}{\sqrt{b^2+6bc+5c^2}}+\frac{b}{\sqrt{c^2+6ac+5a^2}}+$$

$$\frac{c}{\sqrt{a^2+6ab+5b^2}}$$

$$\geqslant\frac{\sqrt{3}\,a}{2b+4c}+\frac{\sqrt{3}\,b}{2c+4a}+\frac{\sqrt{3}\,c}{2a+4b}$$

$$=\frac{\sqrt{3}\,a^2}{2ab+4ac}+\frac{\sqrt{3}\,b^2}{2bc+4ab}+\frac{\sqrt{3}\,c^2}{2ac+4bc}$$

$$\geqslant\frac{\sqrt{3}\,(a+b+c)^2}{6(ab+bc+ca)}$$

$$\geqslant\frac{3\sqrt{3}\,(ab+bc+ca)}{6(ab+bc+ca)}=\frac{\sqrt{3}}{2}$$

变式 3:已知正实数 a,b,c,求证

$$\frac{a}{\sqrt{a^2+6ab+5b^2}}+\frac{b}{\sqrt{b^2+6bc+5c^2}}+$$

$$\frac{c}{\sqrt{c^2+6ca+5a^2}}\geqslant\frac{\sqrt{3}}{2}$$

证明

$$\frac{a}{\sqrt{a^2+6ab+5b^2}}+\frac{b}{\sqrt{b^2+6bc+5c^2}}+$$

$$\frac{c}{\sqrt{c^2+6ca+5a^2}}$$

$$\geqslant\frac{\sqrt{3}\,a}{2a+4b}+\frac{\sqrt{3}\,b}{2b+4c}+\frac{\sqrt{3}\,c}{2c+4a}$$

$$= \frac{\sqrt{3}\,a^2}{2a^2+4ab} + \frac{\sqrt{3}\,b^2}{2b^2+4bc} + \frac{\sqrt{3}\,c^2}{2c^2+4ba}$$

$$\geqslant \frac{\sqrt{3}\,(a+b+c)^2}{2(a^2+b^2+c^2)+4(ab+bc+ca)}$$

$$= \frac{\sqrt{3}\,(a+b+c)^2}{2(a+b+c)^2} = \frac{\sqrt{3}}{2}$$

变式 4：已知正实数 a,b,c 满足 $a+b+c=1$，求证

$$\frac{a^2}{\sqrt{a^2+6ab+5b^2}} + \frac{b^2}{\sqrt{b^2+6bc+5c^2}} +$$

$$\frac{c^2}{\sqrt{c^2+6ac+5a^2}} \geqslant \frac{\sqrt{3}}{6}$$

65. 证明：因为

$$\sqrt{\frac{-a+b+c}{a}} = \sqrt{\frac{2(-a+b+c)}{2a}}$$

$$= \frac{\sqrt{2}\,(-a+b+c)}{\sqrt{2a(-a+b+c)}} \geqslant \frac{2\sqrt{2}\,(-a+b+c)}{2a+(-a+b+c)}$$

$$= \frac{2\sqrt{2}\,(-a+b+c)}{a+b+c}$$

同理，有

$$\sqrt{\frac{-b+c+a}{b}} \geqslant \frac{2\sqrt{2}\,(-b+c+a)}{a+b+c}$$

$$\sqrt{\frac{-c+a+b}{c}} \geqslant \frac{2\sqrt{2}\,(-c+a+b)}{a+b+c}$$

将上述三式相加，即得所证不等式.

完全类似地，可以证明 2020 波罗的海数学奥林匹克试题 2：

设 a,b,c 为正实数，满足 $abc=1$，求证

$$\frac{1}{a\sqrt{c^2+1}} + \frac{1}{b\sqrt{a^2+1}} + \frac{1}{c\sqrt{b^2+1}} \geqslant 2$$

证明:令 $a=\dfrac{x}{y}$,$b=\dfrac{y}{z}$,$c=\dfrac{z}{x}$,则

$$\frac{1}{a\sqrt{c^2+1}}=\sqrt{\frac{y^2}{z^2+x^2}}=\frac{y^2}{\sqrt{y^2(z^2+x^2)}}$$
$$\geqslant\frac{2y^2}{x^2+y^2+z^2}$$

同理,有

$$\frac{1}{b\sqrt{a^2+1}}\geqslant\frac{2z^2}{x^2+y^2+z^2}$$

$$\frac{1}{c\sqrt{b^2+1}}\geqslant\frac{2x^2}{x^2+y^2+z^2}$$

将上述三式相加即得(取不到等号).

用 Cauchy 不等式证明
数学奥林匹克不等式

第

2

章

2.1 Cauchy 不等式及其应用

Cauchy 不等式是指：设 $a_1, a_2, \cdots,$
$a_n, b_1, b_2, \cdots, b_n$ 为正实数，则

$$(a_1^2 + a_2^2 + \cdots + a_n^2)(b_1^2 + b_2^2 + \cdots + b_n^2)$$
$$\geqslant (a_1 b_1 + a_2 b_2 + \cdots + a_n b_n)^2$$

其中等号成立当且仅当

$$\frac{a_1}{b_1} = \frac{a_2}{b_2} = \cdots = \frac{a_n}{b_n}$$

Cauchy 不等式的变形及参数形式：

设 $a_1, a_2, \cdots, a_n, b_1, b_2, \cdots, b_n$ 为正实数，则有：

变式 1

$$\frac{a_1^2}{b_1} + \frac{a_2^2}{b_2} + \cdots + \frac{a_n^2}{b_n}$$
$$\geqslant \frac{(a_1 + a_2 + \cdots + a_n)^2}{b_1 + b_2 + \cdots + b_n}$$

变式 1 是权方和不等式：

设 $a_1, a_2, \cdots, a_n, b_1, b_2, \cdots, b_n$ 为正实数，m 为正整

数，则有 $\displaystyle\sum_{i=1}^{n} \frac{a_i^{m+1}}{b_i^m} \geqslant \dfrac{(\displaystyle\sum_{i=1}^{n} a_i)^{m+1}}{\displaystyle\sum_{i=1}^{n} b_i^m}$ 的特例.

变式 2

$$\frac{a_1}{b_1} + \frac{a_2}{b_2} + \cdots + \frac{a_n}{b_n}$$

$$\geqslant \frac{(a_1 + a_2 + \cdots + a_n)^2}{a_1 b_1 + a_2 b_2 + \cdots + a_n b_n}$$

参数形式：设正实数 $\lambda_1, \lambda_2, \cdots, \lambda_n$，则有

$$(\lambda_1 a_1^2 + \lambda_2 a_2^2 + \cdots + \lambda_n a_n^2) \cdot$$

$$\left(\frac{1}{\lambda_1} b_1^2 + \frac{1}{\lambda_2} b_2^2 + \cdots + \frac{1}{\lambda_n} b_n^2\right)$$

$$\geqslant (a_1 b_1 + a_2 b_2 + \cdots + a_n b_n)^2$$

由于 Cauchy 不等式的证明在各类竞赛教程中均能够找到，故不予证明.

例 1　（第 46 届 IMO 试题）正实数 x, y, z 满足 $xyz = 1$，证明

$$\frac{x^5 - x^2}{x^5 + y^2 + z^2} + \frac{y^5 - y^2}{y^5 + z^2 + x^2} + \frac{z^5 - z^2}{z^5 + x^2 + y^2} \geqslant 0$$

分析　不等式右边是非负数，不能直接利用 Cauchy 不等式，需要将左边进行变形，然后对分母应用 Cauchy 不等式，得到三个局部不等式.

证明　所证不等式等价于

$$\frac{x^2 + y^2 + z^2}{x^5 + y^2 + z^2} + \frac{x^2 + y^2 + z^2}{y^5 + z^2 + x^2} + \frac{x^2 + y^2 + z^2}{z^5 + x^2 + y^2} \leqslant 3$$

由 Cauchy 不等式，知

$$(x^5 + y^2 + z^2)(yz + y^2 + z^2)$$
$$\geqslant (\sqrt{x^5 yz} + y^2 + z^2)^2 = (x^2 + y^2 + z^2)^2$$

所以

$$\frac{x^2 + y^2 + z^2}{x^5 + y^2 + z^2} \leqslant \frac{yz + y^2 + z^2}{x^2 + y^2 + z^2}$$

同理

$$\frac{x^2 + y^2 + z^2}{y^5 + z^2 + x^2} \leqslant \frac{zx + x^2 + z^2}{x^2 + y^2 + z^2}$$

$$\frac{x^2 + y^2 + z^2}{z^5 + x^2 + y^2} \leqslant \frac{xy + x^2 + y^2}{x^2 + y^2 + z^2}$$

将上述三式相加得

$$\frac{x^2 + y^2 + z^2}{x^5 + y^2 + z^2} + \frac{x^2 + y^2 + z^2}{y^5 + z^2 + x^2} + \frac{x^2 + y^2 + z^2}{z^5 + x^2 + y^2}$$

$$\leqslant \frac{yz + y^2 + z^2 + zx + x^2 + z^2 + xy + x^2 + y^2}{x^2 + y^2 + z^2}$$

$$= \frac{2(x^2 + y^2 + z^2) + xy + yz + zx}{x^2 + y^2 + z^2} \leqslant 3$$

说明　对分母进行适当的放缩,是证明的核心.
下面给出本题的两个类似与推广.

类似 1　正实数 x, y, z 满足 $xyz \geqslant 1$,证明

$$\frac{x^3 - x^2}{x^3 + y^2 + z^2} + \frac{y^3 - y^2}{y^3 + z^2 + x^2} + \frac{z^3 - z^2}{z^3 + x^2 + y^2} \geqslant 0$$

证明　所证不等式等价于

$$\frac{x^2 + y^2 + z^2}{x^3 + y^2 + z^2} + \frac{x^2 + y^2 + z^2}{y^3 + z^2 + x^2} + \frac{x^2 + y^2 + z^2}{z^3 + x^2 + y^2} \leqslant 3$$

由 Cauchy 不等式,有

$$(x^3 + y^2 + z^2)(x + y^2 + z^2)$$
$$\geqslant (x^2 + y^2 + z^2)^2$$

所以

$$\frac{x^2 + y^2 + z^2}{x^3 + y^2 + z^2} \leqslant \frac{x + y^2 + z^2}{x^2 + y^2 + z^2}$$

同理

$$\frac{x^2 + y^2 + z^2}{y^3 + z^2 + x^2} \leqslant \frac{y + x^2 + z^2}{x^2 + y^2 + z^2}$$

$$\frac{x^2 + y^2 + z^2}{z^3 + x^2 + y^2} \leqslant \frac{z + x^2 + y^2}{x^2 + y^2 + z^2}$$

将上述三式相加得

$$\frac{x^2 + y^2 + z^2}{x^3 + y^2 + z^2} + \frac{x^2 + y^2 + z^2}{y^3 + z^2 + x^2} + \frac{x^2 + y^2 + z^2}{z^3 + x^2 + y^2}$$

$$\leqslant \frac{x + y^2 + z^2 + y + x^2 + z^2 + z + x^2 + y^2}{x^2 + y^2 + z^2}$$

$$= 2 + \frac{x + y + z}{x^2 + y^2 + z^2} \leqslant 2 + \frac{3(x + y + z)}{(x + y + z)^2}$$

$$= 2 + \frac{3}{x + y + z} \leqslant 2 + \frac{3}{3\sqrt[3]{xyz}} \leqslant 3$$

类似 2　正实数 x, y, z 满足 $xyz \geqslant 1$，证明

$$\frac{x^4 - x^2}{x^3 + y^2 + z^2} + \frac{y^4 - y^2}{y^3 + z^2 + x^2} + \frac{z^4 - z^2}{z^3 + x^2 + y^2} \geqslant 0$$

由例 1 可以完全类似地证明：

题 1　（2010 日本数学奥林匹克）设 x, y, z 为正实数，证明

$$\frac{1 + yz + zx}{(1 + x + y)^2} + \frac{1 + zx + xy}{(1 + z + y)^2} + \frac{1 + xy + yz}{(1 + z + x)^2} \geqslant 1$$

分析　如何对分母进行变形是解题的关键，可以对每一个式子利用 Cauchy 不等式适当放缩，得到三个局部不等式，相加得到.

证明　由 Cauchy 不等式有

$$\left[z(x + y) + 1 \right] \left(\frac{x + y}{z} + 1 \right) \geqslant (x + y + 1)^2$$

所以

$$\frac{1+yz+zx}{(x+y+1)^2} \geqslant \frac{z}{x+y+z}$$

同理

$$\frac{1+zx+xy}{(z+y+1)^2} \geqslant \frac{x}{x+y+z}$$

$$\frac{1+xy+yz}{(x+z+1)^2} \geqslant \frac{y}{x+y+z}$$

将上述三式相加即得.

题 2 （2008 乌克兰数学奥林匹克）设 x,y,z 为正实数且满足 $x^2+y^2+z^2=3$，求证

$$\frac{x}{\sqrt{x^2+y+z}} + \frac{y}{\sqrt{y^2+z+x}} + \frac{z}{\sqrt{z^2+x+y}} \leqslant \sqrt{3}$$

证明　由 Cauchy 不等式，有

$$(x^2+y+z)(1+y+z) \geqslant (x+y+z)^2$$

所以

$$\sqrt{x^2+y+z} \cdot \sqrt{1+y+z} \geqslant x+y+z$$

即

$$\frac{x}{\sqrt{x^2+y+z}} \leqslant \frac{x\sqrt{1+y+z}}{x+y+z}$$

同理，有

$$\frac{y}{\sqrt{y^2+z+x}} \leqslant \frac{y\sqrt{1+z+x}}{x+y+z}$$

$$\frac{z}{\sqrt{z^2+x+y}} \leqslant \frac{z\sqrt{1+x+y}}{x+y+z}$$

于是只需证

$$\frac{x}{\sqrt{x^2+y+z}} + \frac{y}{\sqrt{y^2+z+x}} + \frac{z}{\sqrt{z^2+x+y}}$$

$$\leqslant \frac{x\sqrt{1+y+z}+y\sqrt{1+x+z}+z\sqrt{1+y+x}}{x+y+z}$$

$$\leqslant \sqrt{3}$$

再次利用 Cauchy 不等式,有

$$x\sqrt{1+y+z}+y\sqrt{1+x+z}+z\sqrt{1+y+x}$$

$$=\sum \sqrt{x} \cdot \sqrt{x+xy+xz}$$

$$\leqslant \sqrt{(x+y+z)(x+y+z+2xy+2yz+2zx)}$$

$$\leqslant \sqrt{(x+y+z)(x^2+y^2+z^2+2xy+2yz+2zx)}$$

$$=(x+y+z)\sqrt{x+y+z}$$

所以

$$\frac{x}{\sqrt{x^2+y+z}}+\frac{y}{\sqrt{y^2+z+x}}+\frac{z}{\sqrt{z^2+x+y}}$$

$$\leqslant \frac{x\sqrt{1+y+z}+y\sqrt{1+x+z}+z\sqrt{1+y+x}}{x+y+z}$$

$$\leqslant \sqrt{x+y+z} \leqslant \sqrt{3(x^2+y^2+z^2)}=\sqrt{3}$$

说明　本题在证明 $x\sqrt{1+y+z}+y\sqrt{1+x+z}+z\sqrt{1+y+x}\leqslant\sqrt{3}$ 时,如果利用下面的过程,那么得不到所需的结论:

因为

$$x\sqrt{1+y+z}+y\sqrt{1+z+x}+z\sqrt{1+x+y}$$

$$\leqslant \sqrt{(x^2+y^2+z^2)[(1+y+z)+(1+z+x)+(1+x+y)]}$$

$$=\sqrt{3(3+2x+2y+2z)}$$

例 2　(2018 克罗地亚数学奥林匹克)已知正实数 a,b,c 满足 $a+b+c=2$,求证

$$\frac{(a-1)^2}{b} + \frac{(b-1)^2}{c} + \frac{(c-1)^2}{a}$$

$$\geqslant \frac{1}{4}\left(\frac{a^2+b^2}{a+b} + \frac{b^2+c^2}{b+c} + \frac{c^2+a^2}{c+a}\right)$$

证明 由 Cauchy 不等式,有

$$4\left[\frac{(a-1)^2}{b} + \frac{(b-1)^2}{c} + \frac{(c-1)^2}{a}\right]$$

$$=2\left[\frac{(a-1)^2}{b} + \frac{(b-1)^2}{c} + \frac{(b-1)^2}{c} + \right.$$

$$\left. \frac{(c-1)^2}{a} + \frac{(c-1)^2}{a} + \frac{(a-1)^2}{b}\right]$$

$$\geqslant 2\left[\frac{(a-1+b-1)^2}{b+c} + \frac{(b-1+c-1)^2}{c+a} + \right.$$

$$\left. \frac{(c-1+a-1)^2}{a+b}\right]$$

$$=\frac{2c^2}{b+c} + \frac{2a^2}{c+a} + \frac{2b^2}{a+b}$$

$$=\frac{a^2+b^2}{a+b} + \frac{b^2+c^2}{b+c} + \frac{c^2+a^2}{c+a}$$

最后一式成立是因为

$$\left(\frac{2c^2}{b+c} + \frac{2a^2}{c+a} + \frac{2b^2}{a+b}\right) -$$

$$\left(\frac{a^2+b^2}{a+b} + \frac{b^2+c^2}{b+c} + \frac{c^2+a^2}{c+a}\right)$$

$$=\frac{c^2-b^2}{b+c} + \frac{a^2-c^2}{c+a} + \frac{b^2-a^2}{a+b}$$

$$=c-b+a-c+b-a=0$$

故所证成立.

例 3 (2018 白俄罗斯数学奥林匹克)已知 a_1, $a_2,\cdots,a_n > 0 (n > 2)$,求证

$$\frac{1+a_1^2}{1+a_1a_2} + \frac{1+a_2^2}{1+a_2a_3} + \cdots + \frac{1+a_n^2}{1+a_na_1} \geqslant n$$

证法 1　由 Cauchy 不等式有

$$(1+a_1^2)(1+a_2^2) \geqslant (1+a_1a_2)^2$$

$$(1+a_2^2)(1+a_3^2) \geqslant (1+a_2a_3)^2$$

$$\vdots$$

$$(1+a_n^2)(1+a_1^2) \geqslant (1+a_na_1)^2$$

上述 n 个不等式相乘,有

$$(1+a_1^2)(1+a_2^2)\cdots(1+a_n^2)$$

$$\geqslant (1+a_1a_2)(1+a_2a_3)\cdots(1+a_na_1)$$

由平均值不等式,有

$$\frac{1+a_1^2}{1+a_1a_2} + \frac{1+a_2^2}{1+a_2a_3} + \cdots + \frac{1+a_n^2}{1+a_na_1}$$

$$\geqslant n\sqrt[n]{\frac{1+a_1^2}{1+a_1a_2} \cdot \frac{1+a_2^2}{1+a_2a_3} \cdot \cdots \cdot \frac{1+a_n^2}{1+a_na_1}} = n$$

证法 2　由 Cauchy 不等式,有

$$(1+a_1a_2) \leqslant \sqrt{1+a_1^2} \cdot \sqrt{1+a_2^2}$$

于是

$$\frac{1+a_1^2}{1+a_1a_2} \geqslant \sqrt{\frac{1+a_1^2}{1+a_2^2}}$$

完全类似的,有

$$\frac{1+a_2^2}{1+a_2a_3} \geqslant \sqrt{\frac{1+a_2^2}{1+a_3^2}}, \cdots, \frac{1+a_n^2}{1+a_na_1} \geqslant \sqrt{\frac{1+a_n^2}{1+a_1^2}}$$

从而

$$\frac{1+a_1^2}{1+a_1a_2} + \frac{1+a_2^2}{1+a_2a_3} + \cdots + \frac{1+a_n^2}{1+a_na_1}$$

$$\geqslant \sqrt{\frac{1+a_1^2}{1+a_2^2}} + \sqrt{\frac{1+a_2^2}{1+a_3^2}} + \cdots + \sqrt{\frac{1+a_n^2}{1+a_1^2}} \geqslant n$$

与此题类似的有:

题 3 （2018 波兰数学奥林匹克）已知 a_1，$a_2,\cdots,a_n > 0(n > 2)$，求证

$$\frac{1+a_1^2}{a_2+a_3} + \frac{1+a_2^2}{a_3+a_4} + \cdots + \frac{1+a_{n-1}^2}{a_n+a_1} + \frac{1+a_n^2}{a_1+a_2} \geqslant n$$

例 3 （2009 伊朗国家集训队试题）设 a,b,c 为正实数，且 $a+b+c=3$，证明

$$\frac{1}{2+a^2+b^2} + \frac{1}{2+b^2+c^2} + \frac{1}{2+c^2+a^2} \leqslant \frac{3}{4}$$

分析 本题利用前面的方法，对分母直接变形难以奏效，为此可对原不等式进行变形，转化为用"$\geqslant$"联结，然后应用 Cauchy 不等式.

证明 原不等式等价于

$$\frac{2}{2+a^2+b^2} + \frac{2}{2+b^2+c^2} + \frac{2}{2+c^2+a^2} \leqslant \frac{3}{2}$$

$$\Leftrightarrow 1 - \frac{a^2+b^2}{2+a^2+b^2} + 1 - \frac{b^2+c^2}{2+b^2+c^2} +$$

$$1 - \frac{c^2+a^2}{2+c^2+a^2} \leqslant \frac{3}{2}$$

$$\Leftrightarrow \frac{a^2+b^2}{2+a^2+b^2} + \frac{b^2+c^2}{2+b^2+c^2} + \frac{c^2+a^2}{2+c^2+a^2} \geqslant \frac{3}{2}$$

利用 Cauchy 不等式的变形 1 有

$$\frac{a^2+b^2}{2+a^2+b^2} + \frac{b^2+c^2}{2+b^2+c^2} + \frac{c^2+a^2}{2+c^2+a^2}$$

$$\geqslant \frac{(\sqrt{a^2+b^2} + \sqrt{b^2+c^2} + \sqrt{c^2+a^2})^2}{6+2(a^2+b^2+c^2)}$$

又由 Cauchy 不等式，有

$$(\sqrt{a^2+b^2} + \sqrt{b^2+c^2} + \sqrt{c^2+a^2})^2$$

$$= 2(a^2+b^2+c^2) + 2(\sqrt{a^2+b^2} \cdot \sqrt{b^2+c^2} +$$

$$\sqrt{b^2+c^2} \cdot \sqrt{c^2+a^2} + \sqrt{c^2+a^2} \cdot \sqrt{a^2+b^2})$$

$$\geqslant 2(a^2 + b^2 + c^2) +$$
$$2\left[(ac + b^2) + (ab + c^2) + (bc + a^2)\right]$$
$$= 3(a^2 + b^2 + c^2) + (a + b + c)^2$$

所以

$$\frac{a^2 + b^2}{2 + a^2 + b^2} + \frac{b^2 + c^2}{2 + b^2 + c^2} + \frac{c^2 + a^2}{2 + c^2 + a^2} \geqslant \frac{3}{2}$$

所以所证不等式成立.

说明 本题两次应用 Cauchy 不等式,如果按照下面的变形则无法得到需要的结论

$$\sqrt{a^2 + b^2} \cdot \sqrt{b^2 + c^2} + \sqrt{b^2 + c^2} \cdot \sqrt{c^2 + a^2} +$$
$$\sqrt{c^2 + a^2} \cdot \sqrt{a^2 + b^2}$$
$$\geqslant ab + bc + bc + ca + ca + ab = 2(ab + bc + ca)$$

例 4 (2006 罗马尼亚国家集训队试题) 设 a, b, c 为正实数,且 $a + b + c = 1$. 证明

$$\frac{a^2}{b} + \frac{b^2}{c} + \frac{c^2}{a} \geqslant 3(a^2 + b^2 + c^2)$$

分析 先利用已知条件将两段奇次化,再利用 Cauchy 不等式和均值不等式证之.

证明 因为 a, b, c 为正实数,且 $a + b + c = 1$. 所以原不等式等价于

$$(a + b + c)\left(\frac{a^2}{b} + \frac{b^2}{c} + \frac{c^2}{a}\right) \geqslant 3(a^2 + b^2 + c^2)$$

$$\Leftrightarrow \frac{a^2(a + c)}{b} + \frac{b^2(a + b)}{c} + \frac{c^2(b + c)}{a}$$

$$\geqslant 2(a^2 + b^2 + c^2)$$

由 Cauchy 不等式,有

$$\left[b(a + c) + c(a + b) + a(b + c)\right] \cdot$$
$$\left[\frac{a^2(a + c)}{b} + \frac{b^2(a + b)}{c} + \frac{c^2(b + c)}{a}\right]$$

$$\geqslant \left[a(a+c) + b(a+b) + c(b+c) \right]^2$$

故

$$2(ab + bc + ca) \cdot$$

$$\left[\frac{a^2(a+c)}{b} + \frac{b^2(a+b)}{c} + \frac{c^2(b+c)}{a} \right]$$

$$\geqslant (a^2 + b^2 + c^2 + ab + bc + ca)^2$$

由均值不等式,得

$$a^2 + b^2 + c^2 + ab + bc + ca$$

$$\geqslant 2\sqrt{(a^2 + b^2 + c^2)(ab + bc + ca)}$$

所以

$$(a^2 + b^2 + c^2 + ab + bc + ca)^2$$

$$\geqslant 4(a^2 + b^2 + c^2)(ab + bc + ca)$$

所以

$$\frac{a^2(a+c)}{b} + \frac{b^2(a+b)}{c} + \frac{c^2(b+c)}{a}$$

$$\geqslant 2(a^2 + b^2 + c^2)$$

说明　本题难度较大,Cauchy 不等式和均值不等式运用过程中元素的选取恰到好处,给人以美的享受.其一般形式是:

例 5　(2009 美国数学奥林匹克) 设 $n \geqslant 2$, a_1, $a_2, \cdots, a_n$ 是 n 个正实数,满足

$$(a_1 + a_2 + \cdots + a_n)\left(\frac{1}{a_1} + \frac{1}{a_2} + \cdots \frac{1}{a_n} \right) \leqslant \left(n + \frac{1}{2} \right)^2$$

证明 $\max \{a_1, a_2, \cdots, a_n\} \leqslant 4\min \{a_1, a_2, \cdots, a_n\}$.

分析　从 $n=2$ 入手,对 $n \geqslant 3$,将元素进行适当的排列,再利用 Cauchy 不等式进行化简.

证明　由对称性,不妨设 $m = a_1 \leqslant a_2 \leqslant \cdots \leqslant a_n = M$,要证明 $M \leqslant 4m$.

当 $n=2$ 时,条件为 $(m+M)\left(\dfrac{1}{m}+\dfrac{1}{M}\right)\leqslant\dfrac{25}{4}$,等价

于 $4(m+M)^2\leqslant 25mM$,即 $(4M-m)(M-4m)\leqslant 0$.

而 $4M-m\geqslant 3M>0$,所以 $M\leqslant 4m$.

当 $n\geqslant 3$ 时,利用 Cauchy 不等式得

$$\left(n+\frac{1}{2}\right)^2\geqslant(a_1+a_2+\cdots+a_n)\left(\frac{1}{a_1}+\frac{1}{a_2}+\cdots+\frac{1}{a_n}\right)$$

$$=(m+a_2+\cdots+a_{n-1}+M)\left(\frac{1}{M}+\frac{1}{a_2}+\cdots+\frac{1}{m}\right)$$

$$\geqslant\left(\sqrt{\frac{m}{M}}+1+\cdots+\sqrt{\frac{M}{m}}\right)^2$$

故 $n+\dfrac{1}{2}\geqslant\sqrt{\dfrac{m}{M}}+n-2+\sqrt{\dfrac{M}{m}}$,即 $\sqrt{\dfrac{m}{M}}+\sqrt{\dfrac{M}{m}}\leqslant\dfrac{5}{2}$,

即 $m+M\leqslant\dfrac{5}{2}\sqrt{mM}$.

同理 $n=2$,可得 $M\leqslant 4m$.

说明　$n=2$ 的情况比较重要,是解决问题的突破口.

例 6　(第 50 届 IMO 预选题)设 a,b,c 为正实数且满足:$ab+bc+ca\leqslant 3abc$.证明

$$\sqrt{\frac{a^2+b^2}{a+b}}+\sqrt{\frac{b^2+c^2}{b+c}}+\sqrt{\frac{c^2+a^2}{c+a}}+3$$

$$\leqslant\sqrt{2}(\sqrt{a+b}+\sqrt{b+c}+\sqrt{c+a})$$

分析　根据 Cauchy 不等式的特点,应该对右式进行变形,根据左边的结构,首先要分离出 $\sqrt{\dfrac{a^2+b^2}{a+b}}$,

$\sqrt{\dfrac{b^2+c^2}{b+c}}$,$\sqrt{\dfrac{c^2+a^2}{c+a}}$,这可由 Cauchy 不等式得到.

证明　注意到

$$\sqrt{2}\sqrt{a+b} = \sqrt{\frac{2(a+b)^2}{a+b}} = \sqrt{\frac{2(a^2+b^2+2ab)}{a+b}}$$

$$= \sqrt{2\left(\frac{a^2+b^2}{a+b} + \frac{2ab}{a+b}\right)}$$

由 Cauchy 不等式,有

$$2(x+y) \geqslant (\sqrt{x}+\sqrt{y})^2$$

$$\sqrt{2(x+y)} \geqslant \sqrt{x}+\sqrt{y}$$

$$\sqrt{2}\sqrt{a+b} = \sqrt{2\left(\frac{a^2+b^2}{a+b} + \frac{2ab}{a+b}\right)}$$

$$\geqslant \sqrt{\frac{a^2+b^2}{a+b}} + \sqrt{\frac{2ab}{a+b}}$$

同理,有

$$\sqrt{2}\sqrt{b+c} \geqslant \sqrt{\frac{2bc}{b+c}} + \sqrt{\frac{b^2+c^2}{b+c}}$$

$$\sqrt{2}\sqrt{c+a} \geqslant \sqrt{\frac{2ca}{c+a}} + \sqrt{\frac{c^2+a^2}{c+a}}$$

将上述三式相加,知只需证

$$\sqrt{\frac{2ab}{a+b}} + \sqrt{\frac{2bc}{b+c}} + \sqrt{\frac{2ca}{c+a}} \geqslant 3$$

由调和平均值不等式,有

$$\sqrt{\frac{2ab}{a+b}} + \sqrt{\frac{2bc}{b+c}} + \sqrt{\frac{2ca}{c+a}}$$

$$\geqslant \frac{9}{\sqrt{\dfrac{a+b}{2ab}} + \sqrt{\dfrac{b+c}{2bc}} + \sqrt{\dfrac{c+a}{2ca}}}$$

$$= \frac{9\sqrt{2abc}}{\sqrt{(a+b)c} + \sqrt{(b+c)a} + \sqrt{(c+a)b}}$$

$$\geqslant \frac{9\sqrt{2abc}}{\sqrt{3[(a+b)c + (b+c)a + (c+a)b]}}$$

$$= \frac{9\sqrt{abc}}{\sqrt{3(ab+bc+ca)}}$$

$$\geqslant \frac{9\sqrt{abc}}{\sqrt{3\times 3abc}}=3$$

例 7　（2005 全国高中数学联赛加赛第 2 题）设正实数 a,b,c,x,y,z 满足

$$cy+bz=a,\ az+cx=b,\ bx+ay=z$$

求函数 $f(x,y,z)=\dfrac{x^2}{1+x}+\dfrac{y^2}{1+y}+\dfrac{z^2}{1+z}$ 的最小值.

分析　首先把 x,y,z 用含 a,b,c 的关系式表示出来,再利用 Cauchy 不等式求解.

解　由已知易得

$$x=\frac{b^2+c^2-a^2}{2bc},\ y=\frac{c^2+a^2-b^2}{2ca},\ z=\frac{a^2+b^2-c^2}{2ab}$$

于是

$$f(x,y,z)=\frac{x^2}{1+x}+\frac{y^2}{1+y}+\frac{z^2}{1+z}$$

$$=\sum \frac{(b^2+c^2-a^2)^2}{4b^2c^2+2bc(b^2+c^2-a^2)}$$

$$\geqslant \frac{\left[\sum(b^2+c^2-a^2)\right]^2}{\sum 4b^2c^2+(b^2+c^2)(b^2+c^2-a^2)}$$

记

$$M=\sum 4b^2c^2+(b^2+c^2)(b^2+c^2-a^2)$$

$$=4\sum b^2c^2+\sum(b^2+c^2)^2-2\sum b^2c^2$$

$$=\sum(b^4+c^4+2b^2c^2)+2\sum b^2c^2$$

$$=2\left(\sum a^4+2\sum b^2c^2\right)=2\left(\sum a^2\right)^2$$

故

$$f(x,y,z) = \frac{x^2}{1+x} + \frac{y^2}{1+y} + \frac{z^2}{1+z} \geqslant \frac{1}{2}$$

说明　本题具有明显的几何背景,其实它是著名的 Garfunkel-Baukoff 不等式与 Kooi 不等式的等价形式.

Garfunkel-Baukoff 不等式:在 $\triangle ABC$ 中,有

$$\tan^2 \frac{A}{2} + \tan^2 \frac{B}{2} + \tan^2 \frac{C}{2}$$

$$\geqslant 2 - 8\sin \frac{A}{2} \cdot \sin \frac{B}{2} \cdot \sin \frac{C}{2}$$

Kooi 不等式:设 $\triangle ABC$ 的外接圆半径为 R,内切圆半径为 r,半周长为 s,则

$$s^2 \leqslant \frac{(4R+r)^2 R}{2(2R-r)}$$

Kooi 不等式又可变形为 $\dfrac{4R+r}{s} \geqslant \sqrt{4 - \dfrac{2r}{R}}$.

Kooi 不等式的上界为 $\dfrac{4R+r}{s} \leqslant \sqrt{1 + \dfrac{R}{r}}$.

实际上,上面几个式子等价,这是因为

$$\tan \frac{A}{2}\tan \frac{B}{2} + \tan \frac{B}{2}\tan \frac{C}{2} + \tan \frac{C}{2}\tan \frac{A}{2} = 1$$

$$\sin \frac{A}{2} \cdot \sin \frac{B}{2} \cdot \sin \frac{C}{2} = \frac{r}{4R}$$

$$\tan^2 \frac{A}{2} + \tan^2 \frac{B}{2} + \tan^2 \frac{C}{2}$$

$$\geqslant 2 - 8\sin \frac{A}{2} \cdot \sin \frac{B}{2} \cdot \sin \frac{C}{2}$$

$$\Leftrightarrow \left(\tan \frac{A}{2} + \tan \frac{B}{2} + \tan \frac{C}{2}\right)^2 - 2 \geqslant 2 - 8 \cdot \frac{r}{4R}$$

$$\Leftrightarrow \left(\tan \frac{A}{2} + \tan \frac{B}{2} + \tan \frac{C}{2}\right)^2 \geqslant 4 - \frac{r}{2R}$$

$$\Leftrightarrow \tan\frac{A}{2} + \tan\frac{B}{2} + \tan\frac{C}{2} \geqslant \sqrt{4 - \frac{r}{2R}}$$

$$\Leftrightarrow \frac{4R+r}{s} \geqslant \sqrt{4 - \frac{r}{2R}} \Leftrightarrow s^2 \leqslant \frac{(4R+r)^2 R}{2(2R-r)}$$

例 8　（2012 韩国数学奥林匹克）设 x, y, z 为正实数，证明

$$\frac{2x^2 + xy}{(y + \sqrt{zx} + z)^2} + \frac{2y^2 + yz}{(z + \sqrt{xy} + x)^2} +$$

$$\frac{2z^2 + zx}{(x + \sqrt{yz} + y)^2} \geqslant 1$$

证法 1　由 Cauchy 不等式有

$$(y + \sqrt{zx} + z)^2 \leqslant (y + z + x)(y + z + z)$$
$$= (x + y + z)(y + 2z)$$

所以

$$\frac{2x^2 + xy}{(y + \sqrt{zx} + z)^2} \geqslant \frac{2x^2 + xy}{(x + y + z)(y + 2z)}$$

同理

$$\frac{2y^2 + yz}{(z + \sqrt{xy} + x)^2} \geqslant \frac{2y^2 + yz}{(x + y + z)(z + 2x)}$$

$$\frac{2z^2 + zx}{(x + \sqrt{yz} + y)^2} \geqslant \frac{2z^2 + zx}{(x + y + z)(x + 2y)}$$

所以只需证 $\displaystyle\sum \frac{2x^2 + xy}{y + 2z} \geqslant \sum x$，即

$$\sum \frac{2x^2 + xy}{y + 2z} + \sum x \geqslant 2\sum x$$

此式等价于

$$\sum \frac{2x^2 + xy + xy + 2zx}{y + 2z} \geqslant 2\sum x$$

即 $\displaystyle\sum \frac{x}{y + 2z} \geqslant 1$，又等价于 $\displaystyle\sum \frac{x^2}{xy + 2zx} \geqslant 1$. 由

Cauchy 不等式的变式,有

$$\sum \frac{x^2}{xy+2zx} \geqslant \sum \frac{(x+y+z)^2}{3(xy+yz+zx)} \geqslant 1$$

故所证不等式成立.

证法 2 由 Cauchy 不等式有

$$(xy+x^2+x^2)\left(\frac{y}{x}+\frac{z}{x}+\frac{z^2}{x^2}\right) \geqslant (y+\sqrt{zx}+z)^2$$

所以

$$\frac{2x^2+xy}{(y+\sqrt{zx}+z)^2} \geqslant \frac{x^2}{xy+xz+z^2}$$

同理,有

$$\frac{2y^2+yz}{(x+\sqrt{xy}+z)^2} \geqslant \frac{y^2}{yz+yx+x^2}$$

$$\frac{2z^2+zx}{(x+\sqrt{yz}+y)^2} \geqslant \frac{z^2}{zx+zy+y^2}$$

由 Cauchy 不等式的变式,有

$$\frac{2x^2+xy}{(y+\sqrt{zx}+z)^2} + \frac{2y^2+yz}{(z+\sqrt{xy}+x)^2} +$$

$$\frac{2z^2+zx}{(x+\sqrt{yz}+y)^2}$$

$$\geqslant \frac{x^2}{xy+xz+z^2} + \frac{y^2}{yz+yx+x^2} + \frac{z^2}{zx+zy+y^2}$$

$$\geqslant \frac{(x+y+z)^2}{x^2+y^2+z^2+2(xy+yz+zx)} = 1$$

该不等式可推广为:

设 a,b,c,x,y,z 为正实数,且 $a+b \geqslant 2c$,有

$$\frac{(b+c)x^2+axy}{(ay+b\sqrt{zx}+cz)^2} + \frac{(b+c)y^2+ayz}{(az+b\sqrt{xy}+cx)^2} +$$

$$\frac{(b+c)z^2+azx}{(ax+b\sqrt{yz}+cy)^2} \geqslant \frac{2}{a+b}$$

证明　由 Cauchy 不等式有

$$(axy + bx^2 + cx^2)\left(\frac{ay}{x} + \frac{bz}{x} + \frac{cz^2}{x^2}\right)$$

$$\geqslant (ay + b\sqrt{zx} + cz)^2$$

所以 $\dfrac{(b+c)x^2 + axy}{(ay + b\sqrt{zx} + cz)^2} \geqslant \dfrac{x^2}{axy + bxz + cz^2}$. 同理, 有

$$\frac{(b+c)y^2 + ayz}{(az + b\sqrt{xy} + cx)^2} \geqslant \frac{y^2}{ayz + byx + cx^2}$$

$$\frac{(b+c)z^2 + azx}{(ax + b\sqrt{yz} + cy)^2} \geqslant \frac{z^2}{azx + bzy + cy^2}$$

所以

$$\frac{(b+c)x^2 + axy}{(ay + b\sqrt{zx} + cz)^2} + \frac{(b+c)y^2 + ayz}{(az + b\sqrt{xy} + cx)^2} +$$

$$\frac{(b+c)z^2 + azx}{(ax + b\sqrt{yz} + cy)^2}$$

$$\geqslant \frac{x^2}{axy + bxz + cz^2} + \frac{y^2}{ayz + byx + cx^2} +$$

$$\frac{z^2}{azx + bzy + cy^2}$$

$$\geqslant \frac{(x+y+z)^2}{c(x^2 + y^2 + z^2) + (a+b)(xy + yz + zx)}$$

$$\geqslant \frac{2(x+y+z)^2}{(a+b)(x^2 + y^2 + z^2 + 2xy + 2yz + 2zx)}$$

$$= \frac{2}{a+b}$$

提出下面的猜想:

设 a, b, c, x, y, z 为正实数, 且 $a + b \geqslant 2c$, 则

$$\frac{(b+c)x^2 + axy}{(ay + b\sqrt{zx} + cz)^2} + \frac{(b+c)y^2 + ayz}{(az + b\sqrt{xy} + cx)^2} +$$

$$\frac{(b+c)z^2 + azx}{(ax + b\sqrt{yz} + cy)^2} \geqslant \frac{3}{a+b+c}$$

109

例 9 （2008 摩尔多瓦数学奥林匹克）设 a_1，$a_2,\cdots,a_n$ 为正实数，且 $a_1 + a_2 + \cdots + a_n \leqslant \dfrac{n}{2}$，求

$\sqrt{a_1^2 + \dfrac{1}{a_1^2}} + \sqrt{a_2^2 + \dfrac{1}{a_2^2}} + \cdots + \sqrt{a_n^2 + \dfrac{1}{a_n^2}}$ 的最小值.

解法 1 记原式为 A，由 Minkowski（闵可夫斯基）不等式和 Cauchy-Schwartz 不等式，有

$$A \geqslant \sqrt{(a_1 + a_2 + \cdots + a_n)^2 + \left(\dfrac{1}{a_1} + \dfrac{1}{a_2} + \cdots + \dfrac{1}{a_n}\right)^2}$$

$$\geqslant \sqrt{(a_1 + a_2 + \cdots + a_n)^2 + \dfrac{n^4}{(a_1 + a_2 + \cdots + a_n)^2}}$$

记 $a_1 + a_2 + \cdots + a_n = s, f(s) = s^2 + \dfrac{n^4}{s^2}, s \in \left(0, \dfrac{n}{2}\right]$，则 $f'(s) = 2s - \dfrac{2n^4}{s^3} = \dfrac{2(s^4 - n^4)}{s^3} < 0$，所以 $f(s)$ 在 $\left(0, \dfrac{n}{2}\right]$ 上为减函数.

故当 $s = \dfrac{n}{2}$ 时，$f(s)$ 取最小值，且 $[f(s)]_{\min} = \dfrac{\sqrt{17}\,n}{2}$，故 $A \geqslant \dfrac{\sqrt{17}\,n}{2}$.

解法 2 首先证明

$$\sqrt{a_i^2 + \dfrac{1}{a_{i+1}^2}} \geqslant \dfrac{1}{\sqrt{17}}\left(a_i + \dfrac{4}{a_{i+1}}\right)$$

$$\Leftrightarrow 17\left(a_i^2 + \dfrac{1}{a_{i+1}^2}\right) \geqslant a_i^2 + \dfrac{16}{a_{i+1}^2} + \dfrac{8a_i}{a_{i+1}}$$

$$\Leftrightarrow 16a_i^2 - \dfrac{8a_i}{a_{i+1}} + \dfrac{1}{a_{i+1}^2} \geqslant 0 \Leftrightarrow \left(4a_i - \dfrac{1}{a_{i+1}}\right)^2 \geqslant 0$$

当 $i = 1, 2, \cdots, n$ 时，相加得到

$$A \geqslant \frac{1}{\sqrt{17}} \Big[(a_1 + a_2 + \cdots + a_n) +$$

$$4 \Big(\frac{1}{a_1} + \frac{1}{a_2} + \cdots + \frac{1}{a_n} \Big) \Big]$$

$$\geqslant \frac{1}{\sqrt{17}} \Big[(a_1 + a_2 + \cdots + a_n) +$$

$$4 \frac{n^2}{a_1 + a_2 + \cdots + a_n} \Big]$$

记 $a_1 + a_2 + \cdots + a_n = s$，$f(s) = s + 4 \dfrac{n^2}{s}$，$s \in$

$\Big(0, \dfrac{n}{2} \Big]$，则 $f'(s) = 1 + \dfrac{4n^2}{s^2} < 0$ 所以 $f(s)$ 在 $\Big(0, \dfrac{n}{2} \Big]$ 上

为减函数.

故当 $s = \dfrac{n}{2}$ 时，$f(s)$ 取最小值，且 $\big[f(s) \big]_{\min} =$

$\dfrac{\sqrt{17}\,n}{2}$，故 $A \geqslant \dfrac{\sqrt{17}\,n}{2}$.

例 10（2011 土耳其国家数学奥林匹克）设 x, y,
$z > 0$，且 $xyz = 1$，求证

$$\frac{1}{x + y^{20} + z^{11}} + \frac{1}{y + z^{20} + x^{11}} + \frac{1}{z + x^{20} + y^{11}} \leqslant 1$$

证明　先证明一个引理.

引理：设 $x, y, z > 0$，$xyz = 1$，n, m 为正整数且
$n > m$，则 $x^n + y^n + z^n \geqslant x^m + y^m + z^m$.

证明：由基本不等式，有

$$nx^{n+1} + y^{n+1} \geqslant (n+1) \sqrt[n+1]{(x^{n+1})^n y^{n+1}} = (n+1)x^n y$$

同理，有

$$ny^{n+1} + z^{n+1} \geqslant (n+1)y^n z$$

$$nz^{n+1} + x^{n+1} \geqslant (n+1)z^n x$$

将上述三式相加，有

$$x^{n+1} + y^{n+1} + z^{n+1} \geqslant x^n y + y^n z + z^n x$$

同理可得

$$x^{n+1} + y^{n+1} + z^{n+1} \geqslant xy^n + yz^n + zx^n$$

将两式相加,得到

$$2(x^{n+1} + y^{n+1} + z^{n+1})$$
$$\geqslant (y+z)x^n + (z+x)y^n + (x+y)z^n$$

所以

$$3(x^{n+1} + y^{n+1} + z^{n+1})$$
$$\geqslant (x+y+z)x^n + (x+y+z)y^n + (x+y+z)z^n$$
$$= (x+y+z)(x^n + y^n + z^n)$$
$$\geqslant 3\sqrt[3]{xyz}\,(x^n + y^n + z^n) = 3(x^n + y^n + z^n)$$

所以 $x^{n+1} + y^{n+1} + z^{n+1} \geqslant x^n + y^n + z^n$.

累次运用上述不等式,即得 $x^n + y^n + z^n \geqslant x^m + y^m + z^m$.

引理证毕. 下面证明原不等式. 由 Cauchy 不等式,有

$$(x + y^{20} + z^{11})(x^{13} + x^6 z^6 + z^3) \geqslant (x^7 + y^7 + z^7)^2$$

所以

$$\frac{1}{x + y^{20} + z^{11}} \leqslant \frac{x^{13} + x^6 z^6 + z^3}{(x^7 + y^7 + z^7)^2}$$

同理,有

$$\frac{1}{y + z^{20} + x^{11}} \leqslant \frac{y^{13} + x^6 y^6 + x^3}{(x^7 + y^7 + z^7)^2}$$

$$\frac{1}{z + x^{20} + y^{11}} \leqslant \frac{z^{13} + y^6 z^6 + y^3}{(x^7 + y^7 + z^7)^2}$$

将上述三式相加,有

$$\frac{1}{x + y^{20} + z^{11}} + \frac{1}{y + z^{20} + x^{11}} + \frac{1}{z + x^{20} + y^{11}}$$
$$\leqslant \frac{\sum x^{13} + \sum x^6 y^6 + \sum x^3}{(x^7 + x^7 + x^7)^2}$$

于是只需证

$$(x^7 + x^7 + x^7)^2 \geqslant \sum x^{13} + \sum x^6 y^6 + \sum x^3$$

即

$$\sum x^{14} + 2\sum x^7 y^7 \geqslant \sum x^{13} + \sum x^6 y^6 + \sum x^3$$

由引理知

$$\sum x^{14} \geqslant \sum x^{13}, \sum x^7 y^7 \geqslant \sum x^6 y^6$$

又 $x^6 y^6 + y^6 z^6 \geqslant 2y^3, y^6 z^6 + z^6 x^6 \geqslant 2z^3, z^6 x^6 + x^6 y^6 \geqslant 2x^3$，所以 $\sum x^6 y^6 \geqslant \sum x^3$.

将上述各式相加即得，当且仅当 $x=y=z=1$ 时等号成立.

结论 1　设 $x,y,z>0$，且 $xyz=1$，n 为正整数，则

$$\frac{1}{x+y^{2n}+z^{n+1}} + \frac{1}{y+z^{2n}+x^{n+1}} + \frac{1}{z+x^{2n}+y^{n+1}} \leqslant 1$$

证明　一定存在正整数 m 满足 $\dfrac{2n}{3} \leqslant m \leqslant n$，由 Cauchy 不等式，有

$$(x+y^{2n}+z^{n+1})(x^{2m-1}+y^{2m-2n}+z^{2m-1-n})$$
$$\geqslant (x^m+y^m+z^m)^2$$

所以 $\dfrac{1}{x+y^{2n}+z^{n+1}} \leqslant \dfrac{x^{2m-1}+y^{2m-2n}+z^{2m-1-n}}{(x^m+y^m+z^m)^2}$，同理

$$\frac{1}{y+z^{2n}+x^{n+1}} \leqslant \frac{y^{2m-1}+z^{2m-2n}+x^{2m-1-n}}{(x^m+y^m+z^m)^2}$$

$$\frac{1}{z+x^{2n}+y^{n+1}} \leqslant \frac{z^{2m-1}+x^{2m-2n}+y^{2m-1-n}}{(x^m+y^m+z^m)^2}$$

所以

$$\frac{1}{x+y^{2n}+z^{n+1}}+\frac{1}{y+z^{2n}+x^{n+1}}+\frac{1}{z+x^{2n}+y^{n+1}}$$

$$\leqslant \frac{\sum x^{2m-2n}+\sum x^{2m-1-n}+\sum x^{2m-1}}{(x^m+y^m+z^m)^2}$$

于是只需证

$$\sum x^{2m}+2\sum x^m y^m$$

$$\geqslant \sum x^{2m-2n}+\sum x^{2m-1-n}+\sum x^{2m-1} \qquad ①$$

因为 $xyz=1$，所以 $\sum x^{2m-2n}=\sum (xy)^{2n-2m}$，

$\sum x^{2m-1-n}=\sum (xy)^{n+1-2m}$.

因为 $2m > 2m-1$，由引理知

$$\sum x^{2m} \geqslant \sum x^{2m-1} \qquad ②$$

又因为 $\dfrac{2n}{3}\leqslant m\leqslant n$，所以 $m\geqslant 2n-2m$，$m\geqslant\dfrac{2n}{3}\geqslant$

$\dfrac{n+1}{3}$，$3m\geqslant n+1$，$m\geqslant n+1-2m$.

由引理，有

$$\sum x^m y^m \geqslant \sum x^{2n-2m}y^{2n-2m} \qquad ③$$

$$\sum x^m y^m \geqslant \sum x^{2m-n-1} \qquad ④$$

将 ②③④ 三式相加立得式 ①，因而结论 1 成立，当且仅当 $x=y=z=1$ 时等号成立.

完全类似地可以得到：

结论 2 设 $x,y,z>0$，且 $xyz=1$，n 为正整数，则

$$\frac{1}{x+y^{n+1}+z^{2n}}+\frac{1}{y+z^{n+1}+x^{2n}}+\frac{1}{z+x^{n+1}+y^{2n}}\leqslant 1$$

例 11 （2010 伊朗数学奥林匹克）已知 $a,b,c>0$，求证

$$\frac{1}{a^2} + \frac{1}{b^2} + \frac{1}{c^2} + \frac{1}{(a+b+c)^2}$$
$$\geqslant \frac{7}{25}\left(\frac{1}{a} + \frac{1}{b} + \frac{1}{c} + \frac{1}{a+b+c}\right)^2$$

证明　由 Cauchy 不等式,有

$$\left[\frac{1}{a^2} + \frac{1}{b^2} + \frac{1}{c^2} + \frac{1}{(a+b+c)^2}\right](9+9+9+1)$$
$$\geqslant \left(\frac{3}{a} + \frac{3}{b} + \frac{3}{c} + \frac{1}{a+b+c}\right)^2$$

于是只需证

$$\frac{1}{28}\left(\frac{3}{a} + \frac{3}{b} + \frac{3}{c} + \frac{1}{a+b+c}\right)^2$$
$$\geqslant \frac{7}{25}\left(\frac{1}{a} + \frac{1}{b} + \frac{1}{c} + \frac{1}{a+b+c}\right)^2$$
$$\Rightarrow 5\left(\frac{3}{a} + \frac{3}{b} + \frac{3}{c} + \frac{1}{a+b+c}\right)$$
$$\geqslant 14\left(\frac{1}{a} + \frac{1}{b} + \frac{1}{c} + \frac{1}{a+b+c}\right)$$

即 $\frac{1}{a} + \frac{1}{b} + \frac{1}{c} \geqslant \frac{9}{a+b+c}$. 这个不等式由平均值不等式显然可得.

此题的不等式可推广为:

题 4　已知 $a_1, a_2, \cdots, a_n > 0$,求证

$$\sum_{i=1}^{n} a_i^2 + \frac{1}{(a_1 + a_2 + \cdots + a_n)^2}$$
$$\geqslant \frac{n^3 + 1}{(n^2 + 1)^2}\left(\sum_{i=1}^{n} \frac{1}{a_i} + \frac{1}{a_1 + a_2 + \cdots + a_n}\right)^2$$

证明　由 Cauchy 不等式,有

$$\left[\sum_{i=1}^{n} a_i^2 + \frac{1}{(a_1 + a_2 + \cdots + a_n)^2}\right](n^2 + n^2 + \cdots + n^2 + 1)$$

$$\geqslant \Big(\sum_{i=1}^{n}\frac{n}{a_i}+\frac{1}{a_1+a_2+\cdots+a_n}\Big)^2$$

因此只需证

$$\frac{1}{n^3+1}\Big(\sum_{i=1}^{n}\frac{n}{a_i}+\frac{1}{a_1+a_2+\cdots+a_n}\Big)^2$$

$$\geqslant \frac{n^3+1}{(n^2+1)^2}\Big(\sum_{i=1}^{n}\frac{1}{a_i}+\frac{1}{a_1+a_2+\cdots+a_n}\Big)^2$$

$$\Leftrightarrow (n^2+1)\Big(\sum_{i=1}^{n}\frac{n}{a_i}+\frac{1}{a_1+a_2+\cdots+a_n}\Big)$$

$$\geqslant (n^3+1)\Big(\sum_{i=1}^{n}\frac{1}{a_i}+\frac{1}{a_1+a_2+\cdots+a_n}\Big)$$

$$\Leftrightarrow (n-1)\sum_{i=1}^{n}\frac{1}{a_i}\geqslant (n^3-n^2)\frac{1}{a_1+a_2+\cdots+a_n}$$

$$\Leftrightarrow \sum_{i=1}^{n}\frac{1}{a_i}\geqslant \frac{n^2}{a_1+a_2+\cdots+a_n}$$

由 Cauchy 不等式知最后一式成立,故所证成立.

例 12 （2007 罗马尼亚数学奥林匹克）已知正实数 a,b,c 满足 $\dfrac{1}{1+a+b}+\dfrac{1}{1+b+c}+\dfrac{1}{1+c+a}=1$,求证: $a+b+c\geqslant ab+bc+ca$.

证明 由已知可得

$$\frac{a+b}{1+a+b}+\frac{b+c}{1+b+c}+\frac{c+a}{1+c+a}=2$$

由 Cauchy 不等式,有

$$\Big(\frac{a+b}{1+a+b}+\frac{b+c}{1+b+c}+\frac{c+a}{1+c+a}\Big)\cdot$$

$$[(a+b)(1+a+b)+(b+c)(1+b+c)+$$

$$(c+a)(1+c+a)]$$

$$\geqslant [(a+b)+(b+c)+(c+a)]^2$$

于是,有

$$(a+b)(1+a+b)+(b+c)(1+b+c)+$$
$$(c+a)(1+c+a)$$
$$\geqslant 2(a+b+c)^2$$

化简即得.

完全类似地可以证明:

题 5　(1996 越南数学奥林匹克)已知 $a,b,c>0$,且 $\dfrac{1}{1+a}+\dfrac{1}{1+b}+\dfrac{1}{1+c}=2$,求证

$$a+b+c \geqslant 2(ab+bc+ca)$$

证明　由已知得 $\dfrac{a}{1+a}+\dfrac{b}{1+b}+\dfrac{c}{1+c}=1$,由权方和不等式,有

$$1=\frac{a}{1+a}+\frac{b}{1+b}+\frac{c}{1+c}$$
$$=\frac{a^2}{a+a^2}+\frac{b^2}{b+b^2}+\frac{c^2}{c+c^2}$$
$$\geqslant \frac{(a+b+c)^2}{a+b+c+a^2+b^2+c^2}$$
$$\Leftrightarrow a+b+c+a^2+b^2+c^2 \geqslant (a+b+c)^2$$
$$\Leftrightarrow a+b+c \geqslant 2(ab+bc+ca)$$

注　如果作代换 $a=\dfrac{x}{y+z}$, $b=\dfrac{y}{z+x}$, $c=\dfrac{z}{x+y}$, $x,y,z>0$,所证等价于 Schur(舒尔)不等式.

例 13　已知正实数 a,b,c 满足 $1+a+b+c=4abc$,求证

$$\frac{1}{1+a+b}+\frac{1}{1+b+c}+\frac{1}{1+c+a} \leqslant 1$$

证明　由已知得 $\dfrac{1}{2a+1}+\dfrac{1}{2b+1}+\dfrac{1}{2c+1}=1$,由

Cauchy 不等式,有

$$\frac{1}{2a+1}+\frac{1}{2b+1}\geqslant\frac{4}{2a+2b+2}=\frac{2}{a+b+1}$$

同理,有

$$\frac{1}{2b+1}+\frac{1}{2c+1}\geqslant\frac{2}{1+b+c}$$

$$\frac{1}{2c+1}+\frac{1}{2a+1}\geqslant\frac{2}{1+c+a}$$

于是有

$$1=\frac{1}{2}\left(\frac{2}{2a+1}+\frac{2}{2b+1}+\frac{2}{2c+1}\right)$$

$$=\frac{1}{2}\left(\frac{1}{2a+1}+\frac{1}{2b+1}\right)+$$

$$\frac{1}{2}\left(\frac{1}{2b+1}+\frac{1}{2c+1}\right)+\frac{1}{2}\left(\frac{1}{2c+1}+\frac{1}{2a+1}\right)$$

$$\geqslant\frac{1}{a+b+1}+\frac{1}{1+b+c}+\frac{1}{1+c+a}$$

完全类似地可以证明:

题 6 正实数 a,b,c 满足 $1+a+b+c\leqslant 4abc$,求证:对任意实数 x,y,z 都有

$$ax^2+by^2+cz^2\geqslant xy+yz+zx$$

证明 因为 $1+a+b+c\leqslant 4abc$,所以 $\dfrac{1}{2a+1}+\dfrac{1}{2b+1}+\dfrac{1}{2c+1}\leqslant 1$,由 Cauchy 不等式有

$$\sum_{cyc}x^2(1+2a)\sum_{cyc}\frac{1}{1+2a}\geqslant(x+y+z)^2$$

于是 $\displaystyle\sum_{cyc}x^2(1+2a)\geqslant(x+y+z)^2$. 化简即得.

题 7 已知正实数 a,b,c 满足 $abc=1$,求证:对任意实数 x,y,z,有

$$x^2(b+c) + y^2(c+a) + z^2(a+b)$$
$$\geqslant 2(xy + yz + zx)$$

证明　首先证明一个引理.

引理:设正实数 a,b,c 满足 $abc=1$,有

$$\frac{1}{1+a+b} + \frac{1}{1+b+c} + \frac{1}{1+c+a} \leqslant 1$$

证明:令 $A^3 = a$,$B^3 = b$,$C^3 = c$,则 $A^3 B^3 C^3 = 1$,引理变形为

$$\frac{1}{1+A^3+B^3} + \frac{1}{1+B^3+C^3} + \frac{1}{1+C^3+A^3} \leqslant 1$$

因为 $A^3 + A^3 + B^3 \geqslant 3A^2 B$,$A^3 + B^3 + B^3 \geqslant 3AB^2$,所以 $A^3 + B^3 \geqslant AB(A+B)$,于是

$$\frac{1}{1+A^3+B^3} \leqslant \frac{1}{1+AB(A+B)} = \frac{C}{A+B+C}$$

同理可得另外两式,于是有

$$\frac{1}{1+A^3+B^3} + \frac{1}{1+B^3+C^3} + \frac{1}{1+C^3+A^3}$$
$$\leqslant \frac{C}{A+B+C} + \frac{B}{A+B+C} + \frac{A}{A+B+C} = 1$$

由 Cauchy 不等式,有

$$\left[x^2(b+c) + y^2(c+a) + z^2(a+b)\right] \cdot$$
$$\left(\frac{1}{1+a+b} + \frac{1}{1+b+c} + \frac{1}{1+c+a}\right)$$
$$\geqslant (x+y+z)^2$$
$$= x^2 + y^2 + z^2 + 2(xy + yz + zx)$$
$$\geqslant 2(xy + yz + zx)$$

结合引理知所证成立.

例 14　(2021 中国台湾地区数学奥林匹克)对任意满足 $a^2 + b^2 + c^2 + d^2 = 4$ 的正实数 a,b,c,d,求证

$$\frac{a^3}{a+b}+\frac{b^3}{b+c}+\frac{c^3}{c+d}+\frac{d^3}{d+a}+4abcd\leqslant 6$$

证法 1　令 $x=(a+c)(b+d)$，则

$$x=\sum_{cyc}ab\leqslant\sum_{cyc}\frac{a^2+b^2}{2}=4$$

由 Cauchy-Schwarz 不等式，有

$$\sum_{cyc}\frac{a^3}{a+b}=\sum_{cyc}\left(a^2-\frac{a^2b}{a+b}\right)=\sum_{cyc}\left[a^2-\frac{a^2b^2}{b(a+b)}\right]$$

$$\leqslant 4-\frac{\left(\sum\limits_{cyc}ab\right)^2}{\sum\limits_{cyc}b(a+b)}=4-\frac{x^2}{4+x}=\frac{16+4x-x^2}{4+x}$$

又因为 $4abcd\leqslant 4\cdot\dfrac{(a+c)^2}{4}\cdot\dfrac{(b+d)^2}{4}=\dfrac{x^2}{4}$，所以

$$\frac{a^3}{a+b}+\frac{b^3}{b+c}+\frac{c^3}{c+d}+\frac{d^3}{d+a}+4abcd$$

$$\leqslant\frac{16+4x-x^2}{4+x}+\frac{x^2}{4}\leqslant 6$$

$$\Leftrightarrow\frac{(x-4)(x^2+4x+8)}{4+x}\leqslant 0$$

因为

$$x=(a+c)(b+d)=ab+bc+cd+da$$
$$\leqslant a^2+b^2+c^2+d^2=4$$

故待证不等式成立.

证法 2　待证不等式等价于

$$\sum\frac{a^2(a+b)-a^2b}{a+b}+4abcd\leqslant 6$$

$$\Leftrightarrow 4-\sum\frac{a^2b}{a+b}+4abcd\leqslant 6$$

$$\Leftrightarrow 2+\sum\frac{a^2b}{a+b}\geqslant 4abcd$$

$$\Leftrightarrow \sum b^2 + \sum \frac{a^2 b}{a+b} \geqslant 4abcd + 2$$

$$\Leftrightarrow \sum b \frac{(a+b)^2 - ab}{a+b} \geqslant 4abcd + 2$$

$$\Leftrightarrow 2 + \sum ab \geqslant \sum \frac{ab^2}{a+b} + 4abcd$$

因为

$$\sum ab = \frac{1}{4} \sum a^2 \sum ab \geqslant 4abcd$$

$$4 = \frac{1}{4} \left(\sum a^2 \right)^2 \geqslant \left(\sum a^2 \right) \frac{1}{4} \sum bc$$

$$\geqslant \left(\sum b^2 \right) \sum \frac{a^2 b^2}{(a+b)^2}$$

$$\geqslant \left(\sum \frac{ab^2}{a+b} \right)^2$$

所以

$$\sum \frac{ab^2}{a+b} \leqslant 2$$

将两式相加,即得.

证法 3 　因为 $a^2 + b^2 + c^2 + d^2 = 4$,所以 $4 \geqslant 4 \sqrt[4]{a^2 b^2 c^2 d^2}$,所以 $abcd \leqslant 1$.

因为 $ab + bc + cd + da \leqslant \dfrac{a^2 + b^2}{2} + \dfrac{b^2 + c^2}{2} + \dfrac{c^2 + d^2}{2} + \dfrac{d^2 + a^2}{2} = 4$,故

$$\frac{b^3}{a+b} + \frac{c^3}{b+c} + \frac{d^3}{c+d} + \frac{a^3}{d+a} + ab + bc + cd + da$$

$$\geqslant \frac{(b^2 + c^2 + d^2 + a^2)^2}{a^2 + b^2 + c^2 + d^2 + ab + bc + cd + da} +$$

$$ab + bc + cd + da$$

$$\geqslant \frac{(b^2 + c^2 + d^2 + a^2)^2}{2(b^2 + c^2 + d^2 + a^2)} + ab + bc + cd + da$$

$$\geqslant 2 + 4\sqrt[4]{ab \cdot bc \cdot cd \cdot da} = 2 + 4\sqrt{abcd}$$

$$\geqslant 2 + 4abcd$$

所以

$$\frac{a^3}{a+b} + \frac{b^3}{b+c} + \frac{c^3}{c+d} + \frac{d^3}{d+a} + 4abcd$$

$$= \frac{a^3 + b^3}{a+b} + \frac{b^3 + c^3}{b+c} + \frac{c^3 + d^3}{c+d} + \frac{d^3 + a^3}{d+a} +$$

$$\quad 4abcd - \frac{b^3}{a+b} - \frac{c^3}{b+c} - \frac{d^3}{c+d} - \frac{a^3}{d+a}$$

$$= 8 - ab - bc - cd - da + 4abcd -$$

$$\quad \frac{b^3}{a+b} - \frac{c^3}{b+c} - \frac{d^3}{c+d} - \frac{a^3}{d+a}$$

$$= 8 + 4abcd - \left(ab + bc + cd + da + \frac{b^3}{a+b} + \right.$$

$$\quad \left. \frac{c^3}{b+c} + \frac{d^3}{c+d} + \frac{a^3}{d+a}\right)$$

$$\leqslant 8 - (2 + 4abcd) = 6$$

证法 4 （廖蔡生）利用 Cauchy 反求术,有

$$\frac{a^3}{a+b} + \frac{b^3}{b+c} + \frac{c^3}{c+d} + \frac{d^3}{d+a} + 4abcd$$

$$= a^2 - \frac{a^2 b}{a+b} + b^2 - \frac{b^2 c}{b+c} + c^2 - \frac{c^2 d}{c+d} +$$

$$\quad d^2 - \frac{d^2 a}{d+a} + 4abcd$$

$$= 4 - \left(\frac{a^2 b}{a+b} + \frac{b^2 c}{b+c} + \frac{c^2 d}{c+d} + \frac{d^2 a}{d+a}\right) + 4abcd$$

$$= 4 - \left(\frac{a^2 b^2}{ab + b^2} + \frac{b^2 c^2}{bc + c^2} + \frac{c^2 d^2}{cd + d^2} + \right.$$

$$\quad \left. \frac{d^2 a^2}{da + a^2}\right) + 4abcd$$

$$= 4 - \frac{(ab + bc + cd + da)^2}{4 + (ab + bc + cd + da)} + 4abcd$$

$$= 4 - \frac{ab + bc + cd + da}{\dfrac{4}{ab + bc + cd + da} + 1} + 4abcd$$

$$\leqslant 4 - \frac{ab + bc + cd + da}{2} + 4abcd$$

$$\leqslant 4 - 2\sqrt{abcd} + 4abcd$$

$$\leqslant 4 - 2abcd + 4abcd = 4 + 2abcd \leqslant 6$$

说明　龚固老师把例 14 加强为:对任意满足 $a^2 + b^2 + c^2 + d^2 = 4$ 的正实数 a, b, c, d 求实数 x 的最小值,使 $\dfrac{a^3}{a+b} + \dfrac{b^3}{b+c} + \dfrac{c^3}{c+d} + \dfrac{d^3}{d+a} + xabcd \leqslant 2 + x$,实际上由证法 4 可以看出其加强式为 $\dfrac{a^3}{a+b} + \dfrac{b^3}{b+c} + \dfrac{c^3}{c+d} + \dfrac{d^3}{d+a} + 2abcd \leqslant 4$. 这里给出另外一种证法.

证明　令 $a \to 2, b, c, d \to 0$,由 $\dfrac{b^3}{b+c} < b^2$ 知 $\dfrac{b^3}{b+c} \to 0$,故 $4 \leqslant 2 + x$,所以 $x \geqslant 2$.

下面证明 $x = 2$ 时

$$\frac{a^3}{a+b} + \frac{b^3}{b+c} + \frac{c^3}{c+d} + \frac{d^3}{d+a} + 2abcd \leqslant 4$$

成立.

设 $t = ab + bc + cd + da$,则

$$t \leqslant \frac{a^2 + b^2}{2} + \frac{b^2 + c^2}{2} + \frac{c^2 + d^2}{2} + \frac{d^2 + a^2}{2} = 4$$

于是

$$\frac{b^3}{a+b} + \frac{c^3}{b+c} + \frac{d^3}{c+d} + \frac{a^3}{d+a} + t - 4$$

$$\geqslant \frac{(b^2 + c^2 + d^2 + a^2)^2}{a^2 + b^2 + c^2 + d^2 + ab + bc + cd + da} + t - 4$$

$$\geqslant \frac{16}{4+t} + t - 4$$

$$= \frac{t^2}{4+t} \geqslant \frac{t^2}{8}$$

$$\geqslant 2 \cdot \frac{(a+c)^2}{4} \cdot \frac{(b+d)^2}{4} \geqslant 2abcd$$

所以

$$\frac{a^3}{a+b} + \frac{b^3}{b+c} + \frac{c^3}{c+d} + \frac{d^3}{d+a} + 2abcd$$

$$= \frac{a^3+b^3}{a+b} + \frac{b^3+c^3}{b+c} + \frac{c^3+d^3}{c+d} + \frac{d^3+a^3}{d+a} +$$

$$2abcd - \frac{b^3}{a+b} - \frac{c^3}{b+c} - \frac{d^3}{c+d} - \frac{a^3}{d+a}$$

$$= 8 - ab - bc - cd - da + 2abcd -$$

$$\frac{b^3}{a+b} - \frac{c^3}{b+c} - \frac{d^3}{c+d} - \frac{a^3}{d+a}$$

$$= 8 + 2abcd - \left(\frac{b^3}{a+b} + \frac{c^3}{b+c} + \frac{d^3}{c+d} + \frac{a^3}{d+a} + t \right)$$

$$\geqslant 8 + 2abcd - (2abcd - t + 4 + t) = 4$$

从而可以得到：

命题 1 对任意满足 $a^2 + b^2 + c^2 + d^2 = 4$ 的正实数 a,b,c,d，有

$$\frac{a^3}{a+b} + \frac{b^3}{b+c} + \frac{c^3}{c+d} + \frac{d^3}{d+a} + 2abcd$$

$$\leqslant a^2 + b^2 + c^2 + d^2$$

在获得命题 1 后一个最自然的想法是能否把四元转化为三元，经探究得到：

命题 2 对任意满足 $a^2 + b^2 + c^2 = 3$ 的正实数 a,b,c，有

$$\frac{a^3}{a+b} + \frac{b^3}{b+c} + \frac{c^3}{c+a} + \frac{3}{2} \sqrt[3]{a^4 b^4 c^4} \leqslant 3$$

证明　令 $t = ab + bc + ca$，则

$$t \leqslant \frac{a^2 + b^2}{2} + \frac{b^2 + c^2}{2} + \frac{c^2 + a^2}{2} = 3$$

所以

$$\frac{b^3}{a+b} + \frac{c^3}{b+c} + \frac{a^3}{c+a} + t - 3$$

$$= \frac{b^4}{ab + b^2} + \frac{c^4}{bc + c^2} + \frac{a^4}{ca + a^2} + t - 3$$

$$\geqslant \frac{(a^2 + b^2 + c^2)^2}{ab + b^2 + bc + c^2 + ca + a^2} + t - 3$$

$$\geqslant \frac{9}{3+t} = \frac{t^2}{3+t}$$

$$\geqslant \frac{t^2}{6} = \frac{3}{2}\left(\frac{ab + bc + ca}{3}\right)^2$$

$$\geqslant \frac{3}{2}(\sqrt[3]{a^2 b^2 c^2})^2 = \frac{3}{2}\sqrt[3]{a^4 b^4 c^4}$$

所以

$$\frac{a^3 + b^3}{a+b} + \frac{b^3 + c^3}{b+c} + \frac{c^3 + a^3}{c+a} +$$

$$\frac{3}{2}\sqrt[3]{a^4 b^4 c^4} - \left(\frac{b^3}{a+b} + \frac{c^3}{b+c} + \frac{a^3}{c+a}\right)$$

$$= 2\sum a^2 - \sum ab + \frac{3}{2}\sqrt[3]{a^4 b^4 c^4} -$$

$$\left(\frac{b^3}{a+b} + \frac{c^3}{b+c} + \frac{a^3}{c+a}\right)$$

$$= 6 + \frac{3}{2}\sqrt[3]{a^4 b^4 c^4} - \left(\frac{b^3}{a+b} + \frac{c^3}{b+c} + \frac{a^3}{c+a} + \sum ab\right)$$

$$\geqslant 6 + \frac{3}{2}\sqrt[3]{a^4 b^4 c^4} - \left(3 + \frac{3}{2}\sqrt[3]{a^4 b^4 c^4}\right) = 3$$

推广到一般情况，有：

命题 3　设正实数 $a_1, a_2, \cdots, a_n$ 满足 $a_1^2 +$

$a_2^2 + \cdots + a_n^2 = n$（$n$ 为正整数且 $n \geq 4$），则有

$$\frac{a_1^3}{a_1 + a_2} + \frac{a_2^3}{a_2 + a_3} + \frac{a_3^3}{a_3 + a_4} + \cdots +$$

$$\frac{a_n^3}{a_n + a_1} + \frac{n}{2} a_1 a_2 \cdot \cdots \cdot a_n \leq n$$

证明　令 $t = a_1 a_2 + a_2 a_3 + \cdots + a_n a_1$，因为 $a_1^2 + a_2^2 + \cdots + a_n^2 = n$，所以

$$t \leq \frac{a_1^2 + a_2^2}{2} + \frac{a_2^2 + a_3^2}{2} + \cdots + \frac{a_n^2 + a_1^2}{2} = n$$

因为 $n \geq n \sqrt[n]{a_1^2 a_2^2 \cdot \cdots \cdot a_n^2}$，所以 $a_1 a_2 \cdot \cdots \cdot a_n \leq 1$，所以 $\sqrt[n]{a_1^2 a_2^2 \cdot \cdots \cdot a_n^2} \geq a_1 a_2 \cdot \cdots \cdot a_n$.

因为

$$\frac{a_2^3}{a_1 + a_2} + \frac{a_3^3}{a_2 + a_3} + \cdots +$$

$$\frac{a_n^3}{a_{n-1} + a_n} + \frac{a_1^3}{a_n + a_1} + t - n$$

$$\geq \frac{(a_1^2 + a_2^2 + \cdots + a_n^2)^2}{a_1^2 + a_1 a_2 + a_2^2 + a_2 a_3 + \cdots + a_n^2 + a_n a_1} + t - n$$

$$\geq \frac{n^2}{n + t} + t - n = \frac{t^2}{n + t}$$

$$\geq \frac{t^2}{2n} = \frac{n}{2}\left(\frac{t}{n}\right)^2 = \frac{n}{2}\left(\frac{a_1 a_2 + a_2 a_3 + \cdots + a_n a_1}{n}\right)^2$$

$$\geq \frac{n}{2} \sqrt[n]{a_1^2 a_2^2 \cdot \cdots \cdot a_n^2} \geq a_1 a_2 \cdot \cdots \cdot a_n$$

所以

$$\frac{a_1^3}{a_1 + a_2} + \frac{a_2^3}{a_2 + a_3} + \frac{a_3^3}{a_3 + a_4} + \cdots +$$

$$\frac{a_n^3}{a_n + a_1} + \frac{n}{2} a_1 a_2 \cdot \cdots \cdot a_n$$

$$= \frac{a_1^3 + a_2^3}{a_1 + a_2} + \frac{a_2^3 + a_3^3}{a_2 + a_3} + \frac{a_3^3 + a_4^3}{a_3 + a_4} + \cdots +$$

$$\frac{a_n^3 + a_1^3}{a_n + a_1} + \frac{n}{2} a_1 a_2 \cdot \cdots \cdot a_n -$$

$$\left(\frac{a_2^3}{a_1 + a_2} + \frac{a_3^3}{a_2 + a_3} + \cdots + \frac{a_n^3}{a_{n-1} + a_n} + \frac{a_1^3}{a_n + a_1} \right)$$

$$= 2(a_1^2 + a_2^2 + \cdots + a_n^2) + \frac{n}{2} a_1 a_2 \cdot \cdots \cdot a_n - t -$$

$$\left(\frac{a_2^3}{a_1 + a_2} + \frac{a_3^3}{a_2 + a_3} + \cdots + \frac{a_n^3}{a_{n-1} + a_n} + \frac{a_1^3}{a_n + a_1} \right)$$

$$= n + \frac{n}{2} a_1 a_2 \cdot \cdots \cdot a_n - \left(\frac{a_2^3}{a_1 + a_2} + \frac{a_3^3}{a_2 + a_3} + \cdots + \right.$$

$$\left. \frac{a_n^3}{a_{n-1} + a_n} + \frac{a_1^3}{a_n + a_1} + t - n \right) \geqslant n$$

2.2　权方和不等式及其应用

权方和不等式作为 Cauchy 不等式的特例,运用其可以简化证明过程.

例 15　(2019 斯洛文尼亚数学奥林匹克) 已知正实数 a,b,c 满足 $a^2 + b^2 + c^2 = 1$,求证

$$\sqrt{\frac{1}{a} - a} + \sqrt{\frac{1}{b} - b} + \sqrt{\frac{1}{c} - c}$$

$$\geqslant \sqrt{2a} + \sqrt{2b} + \sqrt{2c}$$

证明　因为

$$\sqrt{\frac{1}{a} - a} = \sqrt{\frac{1 - a^2}{a}} = \sqrt{\frac{b^2 + c^2}{a}} \geqslant \frac{b + c}{\sqrt{2a}}$$

同理,有

$$\sqrt{\frac{1}{b} - b} \geqslant \frac{c + a}{\sqrt{2b}}, \sqrt{\frac{1}{c} - c} \geqslant \frac{a + b}{\sqrt{2c}}$$

所以由权方和不等式,有

$$\sqrt{\frac{1}{a}-a}+\sqrt{\frac{1}{b}-b}+\sqrt{\frac{1}{c}-c}$$

$$\geqslant \frac{b+c}{\sqrt{2a}}+\frac{c+a}{\sqrt{2b}}+\frac{a+b}{\sqrt{2c}}$$

$$\geqslant \frac{2(\sqrt{a}+\sqrt{b}+\sqrt{c})^2}{\sqrt{2}(\sqrt{a}+\sqrt{b}+\sqrt{c})} \geqslant \sqrt{2a}+\sqrt{2b}+\sqrt{2c}$$

注 首先使用了不等式 $\sqrt{x^2+y^2} \geqslant \dfrac{x+y}{\sqrt{2}}$.

例 16 (2019 希腊数学奥林匹克) 已知 a,b,c 为正实数,求证

$$\frac{1}{ab(b+1)(c+1)}+\frac{1}{bc(c+1)(a+1)}+$$

$$\frac{1}{ca(a+1)(b+1)} \geqslant \frac{3}{(1+abc)^2}$$

证明 令 $a=k\dfrac{x}{y}, b=k\dfrac{y}{z}, c=k\dfrac{z}{x}, k,x,y,z>0$,则所证不等式等价于

$$\frac{z^2}{(ky+z)(kz+x)}+\frac{x^2}{(kz+x)(kx+y)}+$$

$$\frac{y^2}{(kx+y)(ky+z)} \geqslant \frac{3k^2}{(1+k^3)^2}$$

由权方和不等式,有

$$\frac{z^2}{(ky+z)(kz+x)}+\frac{x^2}{(kz+x)(kx+y)}+\frac{y^2}{(kx+y)(ky+z)}$$

$$\geqslant \frac{(x+y+z)^2}{(ky+z)(kz+x)+(kz+x)(kx+y)+(kx+y)(ky+z)}$$

于是只需证

$$\frac{(x+y+z)^2}{(ky+z)(kz+x)+(kz+x)(kx+y)+(kx+y)(ky+z)}$$

$$\geqslant \frac{3k^2}{(1+k^3)^2}$$

$$\Leftrightarrow \left[(1+k^3)^2-3k^3\right](x^2+y^2+z^2)$$

$$\geqslant \left[3k^2(k^2+k+1)-2(1+k^3)^2\right](xy+yz+zx)$$

因为 $x^2+y^2+z^2 \geqslant xy+yz+zx$, $(1+k^3)^2-3k^3 > 0$, 于是只需证

$$(1+k^3)^2-3k^3 \geqslant 3k^2(k^2+k+1)-2(1+k^3)^2$$

$$\Leftrightarrow (k-1)^2(k^2+1)(k+1)^2 \geqslant 0$$

最后一式显然成立, 故所证成立.

例 17　(2008 IZHO) 已知 $a,b,c > 0$, 且 $abc = 1$, 求证

$$\frac{1}{b(a+b)}+\frac{1}{c(b+c)}+\frac{1}{a(c+a)} \geqslant \frac{3}{2}$$

证明　不妨设 $a = \dfrac{x}{y}, b = \dfrac{y}{z}, c = \dfrac{z}{x}, x,y,z > 0$, 则原不等式转化为

$$\frac{x^2}{zx+y^2}+\frac{y^2}{yx+z^2}+\frac{z^2}{yz+x^2} \geqslant \frac{3}{2}$$

由权方和不等式有

$$\frac{x^2}{zx+y^2}+\frac{y^2}{yx+z^2}+\frac{z^2}{yz+x^2}$$

$$\geqslant \frac{(x^2+y^2+z^2)^2}{zx^3+x^2y^2+y^3x+y^2z^2+yz^3+z^2x^2}$$

于是只需证明

$$2(x^2+y^2+z^2)^2$$

$$\geqslant 3(zx^3+x^2y^2+y^3x+y^2z^2+yz^3+z^2x^2)$$

$$\Leftrightarrow 2(x^4+y^4+z^4+2x^2y^2+2y^2z^2+2z^2x^2)$$

$$\geqslant 3(zx^3+x^2y^2+y^3x+y^2z^2+yz^3+z^2x^2)$$

$$\Leftrightarrow 2(x^4 + y^4 + z^4) + x^2 y^2 + y^2 z^2 + z^2 x^2$$
$$\geqslant 3(y^3 x + yz^3 + zx^3)$$

而

$$(x^4 + z^2 x^2) + (y^4 + x^2 y^2) + (z^4 + z^2 x^2)$$
$$\geqslant 2(y^3 x + yz^3 + zx^3)$$
$$x^4 + 3y^4 \geqslant 4xy^3$$
$$y^4 + 3z^4 \geqslant 4yz^3$$
$$z^4 + 3x^4 \geqslant 4zx^3$$

所以

$$x^4 + y^4 + z^4 \geqslant xy^3 + yz^3 + zx^3$$

于是 $2(x^4 + y^4 + z^4) + x^2 y^2 + y^2 z^2 + z^2 x^2 \geqslant$ $3(y^3 x + yz^3 + zx^3)$ 成立.

例 18 （2004 中国台湾地区数学奥林匹克）已知 $a,b,c > 0$，且 $abc \geqslant 2^9$，求证

$$\frac{1}{\sqrt{1+a}} + \frac{1}{\sqrt{1+b}} + \frac{1}{\sqrt{1+c}} \geqslant \frac{1}{\sqrt{1+\sqrt[3]{abc}}}$$

证明 设 $abc = k^3$，则 $k \geqslant 8$，且存在正实数 x,y，z 满足 $a = k\dfrac{yz}{x^2}, b = k\dfrac{zx}{y^2}, c = k\dfrac{xy}{z^2}$，则原不等式转化为

$$\frac{x}{\sqrt{x^2+kyz}} + \frac{y}{\sqrt{y^2+kzx}} + \frac{z}{\sqrt{z^2+kxy}} \geqslant \frac{3}{\sqrt{1+k}}$$

由权方和不等式，有

$$\frac{x}{\sqrt{x^2+kyz}} + \frac{y}{\sqrt{y^2+kzx}} + \frac{z}{\sqrt{z^2+kxy}}$$
$$\geqslant \frac{(x+y+z)^2}{x\sqrt{x^2+kyz} + y\sqrt{y^2+kzx} + z\sqrt{z^2+kxy}}$$

于是只需证明

$$(1+k)(x+y+z)^4$$
$$\geqslant 9\{\sum x^4 + kxyz \sum x +$$
$$2\sum xy \sqrt{x^2+kyz}\,\sqrt{y^2+kzx}\,\}$$

由平均值不等式,有

$$2\sum xy \sqrt{x^2+kyz}\,\sqrt{y^2+kzx}$$
$$\leqslant \sum xy\big[(x^2+kyz)+(y^2+kzx)\big]$$

于是只需证明

$$(1+k)(x+y+z)^4$$
$$\geqslant 9(\sum x^4 + kxyz \sum x +$$
$$\sum xy\big[(x^2+kyz)+(y^2+kzx)\big])$$

恒等变形后为

$$(1+k-9)\sum x^4 + (4+4k-9)\sum xy(x^2+y^2) +$$
$$(6+6k)\sum x^2 y^2$$
$$\geqslant (15k-12)xyz \sum x$$

由平均值不等式有

$$\sum x^4 \geqslant \sum x^2 y^2 \geqslant xyz \sum x$$
$$\sum xy(x^2+y^2) \geqslant 2\sum x^2 y^2$$

由 $k \geqslant 8$ 可得 $1+k-9 \geqslant 0, 4+4k-9 > 0, 6+6k > 0$,于是有

$$(1+k-9)\sum x^4 + (4+4k-9)\sum xy(x^2+y^2) +$$
$$(6+6k)\sum x^2 y^2$$
$$\geqslant (1+k-9)xyz \sum x +$$
$$(8+8k-18)xyz \sum x + (6+6k)xyz \sum x$$

$$= (15k - 12)xyz \sum x$$

例 19 （2000 中国国家集训队试题）已知 $a, b,$ $c > 0$，求证

$$\frac{1}{a(1+b)} + \frac{1}{b(1+c)} + \frac{1}{c(1+a)} \geqslant \frac{3}{1+abc}$$

证明 我们证明一个更强的不等式

$$\frac{1}{a(1+b)} + \frac{1}{b(1+c)} + \frac{1}{c(1+a)}$$

$$\geqslant \frac{3}{\sqrt[3]{abc}\,(1 + \sqrt[3]{abc})}$$

令 $abc = k^3$，则存在正实数 x, y, z，使得 $a = k\dfrac{x}{y}$，

$b = k\dfrac{y}{z}, c = k\dfrac{z}{x}$，所证不等式等价于

$$\frac{y}{k(x+kz)} + \frac{z}{k(y+kx)} + \frac{x}{k(z+ky)}$$

$$\geqslant \frac{3}{k(1+k)}$$

$$\Leftrightarrow \frac{y}{x+kz} + \frac{z}{y+kx} + \frac{x}{z+ky} \geqslant \frac{3}{1+k}$$

由权方和不等式有

$$\frac{y}{x+kz} + \frac{z}{y+kx} + \frac{x}{z+ky}$$

$$\geqslant \frac{(x+y+z)^2}{(1+k)(xy+yz+zx)}$$

$$\geqslant \frac{3(xy+yz+zx)}{(1+k)(xy+yz+zx)}$$

$$= \frac{3}{1+k}$$

注 本题的一般形式是：已知 $a, b, c > 0$，求证

$$\frac{a}{b+kc}+\frac{b}{c+ka}+\frac{c}{a+kb}\geqslant\frac{3}{1+k}$$

证明:由权方和不等式,有

$$\frac{a}{b+kc}+\frac{b}{c+ka}+\frac{c}{a+kb}$$

$$\geqslant\frac{(a+b+c)^2}{ab+kac+bc+kab+ac+kbc}$$

$$=\frac{(a+b+c)^2}{(1+k)(ab+bc+ca)}\geqslant\frac{3}{1+k}$$

下面我们对对称问题进行深入讨论,即:

题 8　设 a,b,c 为正实数,k 为正的常数,求

$\dfrac{a}{a+kb}+\dfrac{b}{b+kc}+\dfrac{c}{c+ka}$ 的取值范围.

解　令 $f(a,b,c,k)=\dfrac{a}{a+kb}+\dfrac{b}{b+kc}+\dfrac{c}{c+ka}$,

注意到

$$3-f(a,b,c,k)=3-\left(\frac{a}{a+kb}+\frac{b}{b+kc}+\frac{c}{c+ka}\right)$$

$$=\frac{kb}{a+kb}+\frac{kc}{b+kc}+\frac{ka}{c+ka}$$

$$=\frac{b}{b+\frac{a}{k}}+\frac{c}{c+\frac{b}{k}}+\frac{a}{a+\frac{c}{k}}$$

$$=f\left(b,a,c,\frac{1}{k}\right)$$

当 $k\geqslant 2$ 时,由权方和不等式有

$$\frac{a}{a+kb}+\frac{b}{b+kc}+\frac{c}{c+ka}$$

$$\geqslant\frac{(a+b+c)^2}{a^2+b^2+c^2+kab+kbc+kca}$$

$$=\frac{(a+b+c)^2}{(a+b+c)^2+(k-2)(ab+bc+ca)}$$

133

$$= \frac{1}{1 + (k-2)\dfrac{(ab+bc+ca)}{(a+b+c)^2}}$$

$$\geqslant \frac{1}{1 + \dfrac{k-2}{3}} = \frac{3}{k+1} \qquad ①$$

当 $k < 2$ 时,由式 ① 有

$$\frac{a}{a+kb} + \frac{b}{b+kc} + \frac{c}{c+ka} > 1$$

综上所述:当 $k \geqslant 2$ 时

$$\frac{a}{a+kb} + \frac{b}{b+kc} + \frac{c}{c+ka} \geqslant \frac{3}{1+k}$$

$$\frac{a}{a+kb} + \frac{b}{b+kc} + \frac{c}{c+ka} = 3 - f\left(b,a,c,\frac{1}{k}\right) < 2$$

故 $\dfrac{a}{a+kb} + \dfrac{b}{b+kc} + \dfrac{c}{c+ka}$ 的取值范围为

$\left[\dfrac{3}{1+k}, 2\right)$;

当 $\dfrac{1}{2} < k < 2$ 时,$\dfrac{a}{a+kb} + \dfrac{b}{b+kc} + \dfrac{c}{c+ka}$ 的取值

范围为 $(1,2)$;

当 $k \leqslant \dfrac{1}{2}$ 时,$\dfrac{a}{a+kb} + \dfrac{b}{b+kc} + \dfrac{c}{c+ka}$ 的取值范围

为 $\left(1, \dfrac{3}{1+k}\right]$.

类似地可以得到:

题 9 设 a,b,c 为正实数,k 为正常数,求证

$$\frac{a}{\sqrt{a+kb}} + \frac{b}{\sqrt{b+kc}} + \frac{c}{\sqrt{c+ka}} \geqslant \begin{cases} 1 & (k<2) \\ \sqrt{\dfrac{3}{1+k}} & (k \geqslant 2) \end{cases}$$

其中 $k < 2$ 时等号不成立.

134

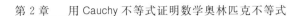

解　由 Hölder 不等式，有

$$\left(\sum_{cyc}\frac{a}{\sqrt{a+kb}}\right)^2\sum_{cyc}a(a+kb)\geqslant(a+b+c)^2$$

当 $k<2$ 时

$$\sum_{cyc}a(a+kb)=a^2+b^2+c^2+k(ab+bc+ca)$$

$$<(a+b+c)^2$$

所以 $\left(\displaystyle\sum_{cyc}\frac{a}{\sqrt{a+kb}}\right)^2>(a+b+c)^2=1.$ 所以

$$\sum_{cyc}\frac{a}{\sqrt{a+kb}}>1$$

当 $k\geqslant2$ 时

$$\sum_{cyc}a(a+kb)=a^2+b^2+c^2+k(ab+bc+ca)$$

$$=(a+b+c)^2+(k-2)(ab+bc+ca)$$

$$\leqslant(a+b+c)^2+\frac{k-2}{3}(a+b+c)^2$$

$$=\frac{k+1}{3}(a+b+c)^2$$

于是

$$\left(\sum_{cyc}\frac{a}{\sqrt{a+kb}}\right)^2\geqslant\frac{3(a+b+c)^2}{(k+1)(a+b+c)^2}=\frac{3}{k+1}$$

故

$$\sum_{cyc}\frac{a}{\sqrt{a+kb}}\geqslant\sqrt{\frac{3}{k+1}}$$

例 20　（2017 蒙古数学奥林匹克）已知正实数 a，b,c,d 满足 $a+b+c+d=4$，求证

$$a\sqrt{a+8}+b\sqrt{b+8}+c\sqrt{c+8}+$$

$$d\sqrt{d+8}\geqslant12$$

证明　由权方和不等式,有

$$a\sqrt{a+8}+b\sqrt{b+8}+c\sqrt{c+8}+d\sqrt{d+8}$$

$$=\frac{a^2+8a}{\sqrt{a+8}}+\frac{b^2+8b}{\sqrt{b+8}}+\frac{c^2+8c}{\sqrt{c+8}}+\frac{d^2+8d}{\sqrt{d+8}}$$

$$=\frac{a^2}{\sqrt{a+8}}+\frac{b^2}{\sqrt{b+8}}+\frac{c^2}{\sqrt{c+8}}+\frac{d^2}{\sqrt{d+8}}+$$

$$8\left(\frac{a^2}{a\sqrt{a+8}}+\frac{b^2}{b\sqrt{b+8}}+\frac{c^2}{c\sqrt{c+8}}+\frac{d^2}{d\sqrt{d+8}}\right)$$

$$\geqslant\frac{(a+b+c+d)^2}{\sqrt{a+8}+\sqrt{b+8}+\sqrt{c+8}+\sqrt{d+8}}+$$

$$8\cdot\frac{(a+b+c+d)^2}{a\sqrt{a+8}+b\sqrt{b+8}+c\sqrt{c+8}+d\sqrt{d+8}}$$

$$=\frac{16}{\sqrt{a+8}+\sqrt{b+8}+\sqrt{c+8}+\sqrt{d+8}}+$$

$$8\cdot\frac{16}{a\sqrt{a+8}+b\sqrt{b+8}+c\sqrt{c+8}+d\sqrt{d+8}}$$

$$\geqslant\frac{16}{\sqrt{4(a+8+b+8+c+8+d+8)}}+$$

$$8\cdot\frac{16}{a\sqrt{a+8}+b\sqrt{b+8}+c\sqrt{c+8}+d\sqrt{d+8}}$$

$$=\frac{4}{3}+8\cdot\frac{16}{a\sqrt{a+8}+b\sqrt{b+8}+c\sqrt{c+8}+d\sqrt{d+8}}$$

记 $a\sqrt{a+8}+b\sqrt{b+8}+c\sqrt{c+8}+d\sqrt{d+8}=m$,

则所证不等式转化为 $m\geqslant\dfrac{4}{3}+\dfrac{128}{m}$,即 $3m^2-4m-$

$24\times16\geqslant0$,即 $(3m+32)(m-12)\geqslant0$,所以 $m\geqslant12$.
故所证成立.

例 21　(2017 乌克兰数学奥林匹克) 对任意正实
数 a,b,c,求证

$$\frac{(a-b)^2}{ab}+\frac{(b-c)^2}{bc}+\frac{(c-a)^2}{ca}+\frac{c}{a}+\frac{a}{b}+\frac{b}{c}$$

$$\geqslant \frac{3bc+ac-ab}{2ab+ac}+\frac{3ca+ab-bc}{2bc+ab}+\frac{3ab+bc-ca}{2ca+bc}$$

证明　因为

$$\frac{(a-b)^2}{ab}+2=\frac{a^2+b^2}{ab}$$

$$\frac{3bc+ac-ab}{2ab+ac}+2=\frac{3(ab+bc+ca)}{2ab+ac}$$

由权方和不等式,有

$$\frac{(a-b)^2}{ab}+\frac{(b-c)^2}{bc}+\frac{(c-a)^2}{ca}+\frac{c}{a}+\frac{a}{b}+\frac{b}{c}$$

$$=\left(\frac{a^2+b^2}{ab}+\frac{c}{a}\right)+\left(\frac{b^2+c^2}{bc}+\frac{a}{b}\right)+$$

$$\left(\frac{c^2+a^2}{ca}+\frac{b}{c}\right)-6$$

$$\geqslant \left[\frac{(a+b)^2}{2ab}+\frac{c^2}{ac}\right]+\left[\frac{(b+c)^2}{2bc}+\frac{a^2}{ab}\right]+$$

$$\left[\frac{(c+a)^2}{2ca}+\frac{b^2}{bc}\right]-6$$

$$\geqslant \frac{(a+b+c)^2}{2ab+bc}+\frac{(a+b+c)^2}{2bc+ca}+\frac{(a+b+c)^2}{2ca+ab}-6$$

$$\geqslant \frac{3(ab+bc+ca)}{2ab+bc}+\frac{3(ab+bc+ca)}{2bc+ca}+$$

$$\frac{3(ab+bc+ca)}{2ca+ab}$$

$$=\frac{3bc+ac-ab}{2ab+ac}+\frac{3ca+ab-bc}{2bc+ab}+$$

$$\frac{3ab+bc-ca}{2ca+bc}-6$$

故所证成立.

例 22　(2019 罗马尼亚数学奥林匹克) 已知正实

数 a,b,c 满足 $a+b+c=3$,求证

$$\frac{a}{3a+bc+12}+\frac{b}{3b+ca+12}+\frac{c}{3c+ab+12}$$

$$\leqslant \frac{3}{16}$$

证明 由权方和不等式,有

$$\frac{1}{3a+bc}+\frac{3}{4}=\frac{1}{3a+bc}+\frac{1}{4}+\frac{1}{4}+\frac{1}{4}$$

$$\geqslant \frac{(1+1+1+1)^2}{3a+bc+4+4+4}=\frac{16}{3a+bc+12}$$

所以

$$\frac{16a}{3a+bc+12}\leqslant \frac{a}{3a+bc}+\frac{3}{4}a$$

同理,有

$$\frac{16b}{3b+ca+12}\leqslant \frac{b}{3b+ca}+\frac{3}{4}b$$

$$\frac{16c}{3c+ab+12}\leqslant \frac{c}{3c+ab}+\frac{3}{4}c$$

于是有

$$\frac{16a}{3a+bc+12}+\frac{16b}{3b+ca+12}+\frac{16c}{3c+ab+12}$$

$$\leqslant \frac{a}{(a+b)(a+c)}+\frac{b}{(b+c)(b+a)}+$$

$$\frac{c}{(c+a)(c+b)}+\frac{9}{4}$$

$$=\frac{a(b+c)+b(c+a)+c(a+b)}{(a+b)(b+c)(c+a)}+\frac{9}{4}$$

$$=\frac{2(ab+bc+ca)}{(a+b)(b+c)(c+a)}+\frac{9}{4}$$

$$\leqslant \frac{9(ab+bc+ca)}{4(a+b+c)(ab+bc+ca)}+\frac{9}{4}=3$$

例 23　（2021 POFM 综合训练题）对任意三个正实数 a,b,c，求证

$$\frac{a^3+5b^3}{3a+b}+\frac{b^3+5c^3}{3b+c}+\frac{c^3+5a^3}{3c+a} \geqslant \frac{3}{2}(a^2+b^2+c^2)$$

证明　因为

$$\frac{a^3}{3a+b}+\frac{b^3}{3b+c}+\frac{c^3}{3c+a}$$

$$=\frac{a^4}{3a^2+ab}+\frac{b^4}{3b^2+bc}+\frac{c^4}{3c^2+ca}$$

$$\geqslant \frac{(a^2+b^2+c^2)^2}{3(a^2+b^2+c^2)+ab+bc+ca}$$

$$=\frac{4(a^2+b^2+c^2)}{3(a^2+b^2+c^2)+ab+bc+ca} \cdot \frac{a^2+b^2+c^2}{4}$$

$$\geqslant \frac{a^2+b^2+c^2}{4}$$

$$\frac{b^3}{3a+b}+\frac{c^3}{3b+c}+\frac{a^3}{3c+a}$$

$$=\frac{b^4}{3ab+b^2}+\frac{c^4}{3bc+c^2}+\frac{a^4}{3ca+a^2}$$

$$\geqslant \frac{(a^2+b^2+c^2)^2}{3(ab+bc+ca)+(a^2+b^2+c^2)}$$

$$=\frac{4(a^2+b^2+c^2)}{3(ab+bc+ca)+(a^2+b^2+c^2)} \cdot \frac{a^2+b^2+c^2}{4}$$

$$\geqslant \frac{a^2+b^2+c^2}{4}$$

所以

$$\frac{a^3+5b^3}{3a+b}+\frac{b^3+5c^3}{3b+c}+\frac{c^3+5a^3}{3c+a}$$

$$=\frac{a^3}{3a+b}+\frac{b^3}{3b+c}+\frac{c^3}{3c+a}+$$

$$5\left(\frac{b^3}{3a+b}+\frac{c^3}{3b+c}+\frac{a^3}{3c+a}\right)$$

$$\geqslant \frac{a^2 + b^2 + c^2}{4} + 5\left(\frac{a^2 + b^2 + c^2}{4}\right)$$

$$= \frac{3}{2}(a^2 + b^2 + c^2)$$

例 24 （2021 POFM 代数训练题初中组）设三个正实数 a,b,c 满足 $a+b+c=3$，求证

$$\frac{abc + a^2c}{a^6 + b^2 + 4ac + 2} + \frac{abc + b^2a}{b^6 + c^2 + 4ab + 2} +$$

$$\frac{abc + c^2b}{c^6 + a^2 + 4bc + 2} \leqslant \frac{3}{4}$$

证明 因为 $a^6 + 2 = a^6 + 1 + 1 \geqslant 3a^2$，所以

$$a^6 + b^2 + 4ac + 2 \geqslant 3a^2 + b^2 + 4ac$$

$$\geqslant 2a^2 + 2ab + 4ac = 2a(a + b + 2c)$$

于是

$$\frac{abc + a^2c}{a^6 + b^2 + 4ac + 2} \leqslant \frac{ac(b + a)}{2a(a + b + 2c)}$$

$$= \frac{c(b + a)}{2(a + b + 2c)} = \frac{c(3 - c)}{2(3 + c)}$$

$$= \frac{c(3 + c - 2c)}{2(3 + c)} = \frac{c}{2} - \frac{c^2}{3 + c}$$

同理，有

$$\frac{abc + b^2a}{b^6 + c^2 + 4ab + 2} \leqslant \frac{a}{2} - \frac{a^2}{3 + a}$$

$$\frac{abc + c^2b}{c^6 + a^2 + 4bc + 2} \leqslant \frac{b}{2} - \frac{b^2}{3 + b}$$

将三式相加，由 Cauchy-Schwarz 不等式，有

$$\frac{abc + a^2c}{a^6 + b^2 + 4ac + 2} + \frac{abc + b^2a}{b^6 + c^2 + 4ab + 2} +$$

$$\frac{abc + c^2b}{c^6 + a^2 + 4bc + 2}$$

$$\leqslant \frac{a+b+c}{2} - \left(\frac{a^2}{3+a} + \frac{b^2}{3+b} + \frac{c^2}{3+c} \right)$$

$$\leqslant \frac{a+b+c}{2} - \frac{(a+b+c)^2}{3+a+3+b+3+c}$$

$$= \frac{3}{2} - \frac{3}{4} = \frac{3}{4}$$

2.3　练　习　题

1.（2009 塞尔维亚国家集训队试题）设 x,y,z 为正实数,且满足 $xy+yz+zx=x+y+z$. 证明

$$\frac{1}{x^2+y+1} + \frac{1}{y^2+z+1} + \frac{1}{z^2+x+1} \leqslant 1$$

2.（2010 第一届陈省身杯数学奥林匹克）设 a,b,c 满足 $a^3+b^3+c^3=3$,证明

$$\frac{1}{a^2+a+1} + \frac{1}{b^2+b+1} + \frac{1}{c^2+c+1} \geqslant 1$$

3.（2015 印度尼西亚数学奥林匹克）设 a,b,c 为正实数,求证

$$\sqrt{\frac{a}{b+c} + \frac{b}{c+a}} + \sqrt{\frac{b}{c+a} + \frac{c}{a+b}} +$$

$$\sqrt{\frac{c}{a+b} + \frac{a}{b+c}} \geqslant 3$$

4.（2000 中国香港数学奥林匹克）设 $a,b,c>0$,且 $abc=1$,求证

$$\frac{1+ab^2}{c^3} + \frac{1+bc^2}{a^3} + \frac{1+ca^2}{b^3} \geqslant \frac{18}{a^3+b^3+c^3}$$

5.（2019 法国数学奥林匹克）设 a,b,c 为正实数,满足 $a+b+c=1$,证明

$$\frac{5+2b+c^2}{1+a}+\frac{5+2c+a^2}{1+b}+\frac{5+2a+b^2}{1+c}\geqslant 13$$

6.（2009 克罗地亚国家集训队试题）设 a,b,c,d 是正实数，证明

$$\frac{a-b}{b+c}+\frac{b-c}{c+d}+\frac{c-d}{d+a}+\frac{d-a}{a+b}\geqslant 0$$

7.设 a,b,c 为非负实数，且满足 $\dfrac{1}{1+a}+\dfrac{1}{1+b}+\dfrac{1}{1+c}=2$，证明

$$\frac{1}{4a+1}+\frac{1}{4b+1}+\frac{1}{4c+1}\geqslant 1$$

8.（首届女子数学奥林匹克）设 $p_1,p_2,\cdots,p_n$ 是 $1,2,\cdots,n$ 的任意一个排列，求证

$$\frac{1}{p_1+p_2}+\frac{1}{p_2+p_3}+\cdots+\frac{1}{p_{n-1}+p_n}>\frac{n-1}{n+2}$$

9.（2012 波斯尼亚 — 黑塞哥维纳数学奥林匹克）已知正实数 a,b,c 满足 $a^2+b^2+c^2=1$，求证

$$\frac{a^3}{b^2+c}+\frac{b^3}{c^2+a}+\frac{c^3}{a^2+b}\geqslant \frac{\sqrt{3}}{1+\sqrt{3}}$$

10.（2012 伊朗数学奥林匹克）已知 a,b,c 是满足 $ab+bc+ca=1$ 的正数，求证

$$\sqrt{a}+\sqrt{b}+\sqrt{c}\leqslant \left(\frac{a\sqrt{a}}{bc}+\frac{b\sqrt{b}}{ca}+\frac{c\sqrt{c}}{ab}\right)\sqrt{\frac{ab+bc+ca}{3}}$$

11.（2011 乌克兰数学奥林匹克）已知正实数 x,y,z 满足 $xyz=1$.求证

$$(-x+y+z)(x-y+z)+$$
$$(x-y+z)(x+y-z)+$$
$$(x+y-z)(-x+y+z)\leqslant 3$$

12.（2012 巴尔干数学奥林匹克）已知 x,y,z 为正

实数,求证

$$\sum (x+y)\sqrt{(z+x)(z+y)} \geqslant 4(xy+yz+zx)$$

13.(2018 瑞士数学奥林匹克)对于实数 a,b,c,d,求证

$$(a^2-a+1)(b^2-b+1)(c^2-c+1)(d^2-d+1)$$
$$\geqslant \frac{9}{16}(a-b)(b-c)(c-d)(d-a)$$

14.(2008 越南数学奥林匹克)设 $a,b,c>0$,求证

$$\frac{a^2}{b^3+c^3}+\frac{b^2}{c^3+a^3}+\frac{c^2}{a^3+b^3} \geqslant \frac{3\sqrt{3}}{2\sqrt{a^2+b^2+c^2}}$$

15.设 $a,b,c \in \mathbf{R}^+$,且 $ab+bc+ca=3$,求证

$$\sum \frac{1}{1+a^2(b+c)} \leqslant \frac{3}{1+2abc}$$

16.(2008 北马其顿数学奥林匹克)设正实数 $a,b,$ c 满足 $(a+b)(b+c)(c+a)=8$,求证

$$\frac{a+b+c}{3} \geqslant \sqrt[27]{\frac{a^3+b^3+c^3}{3}}$$

17.已知 a,b,c 为正实数,且 $ab+bc+ca=1$,证明

$$\frac{1}{a^2+1}+\frac{1}{b^2+1}+\frac{1}{c^2+1} \leqslant \frac{9}{4}$$

18.(2010 美国数学奥林匹克)已知正实数 a,b,c 满足 $abc=1$,求证

$$\frac{1}{a^5(b+2c)}+\frac{1}{b^5(c+2a)}+\frac{1}{c^5(a+2b)} \geqslant \frac{1}{3}$$

19.(2006 中国集训队试题)已知 $x,y,z>0$,且 $x+y+z=1$,求证

$$\frac{xy}{\sqrt{xy+yz}}+\frac{yz}{\sqrt{yz+zx}}+\frac{zx}{\sqrt{zx+xy}} \leqslant \frac{\sqrt{2}}{2}$$

20.(2001 乌克兰数学奥林匹克)已知 $a,b,c,x,y,$

$z>0$,且 $x+y+z=1$,求证

$$ax+by+cz+2\sqrt{(xy+yz+zx)(ab+bc+ca)}$$
$$\leqslant a+b+c$$

21.(2010 西班牙数学奥林匹克)已知 $a,b,c>0$,求证

$$\frac{a+b+3c}{3a+3b+2c}+\frac{b+c+3a}{3b+3c+2a}+\frac{c+a+3b}{3c+3a+2b}\geqslant\frac{15}{8}$$

22.已知正实数 a,b,c,求证

$$\left(\frac{a}{b+c}\right)^2+\left(\frac{b}{c+a}\right)^2+\left(\frac{c}{a+b}\right)^2\geqslant\frac{3(a^2+b^2+c^2)}{4(ab+bc+ca)}$$

23.(2005 塞尔维亚数学奥林匹克)已知 $a,b,c>0$,且 $a+b+c=1$,求证

$$\frac{a}{\sqrt{1-a}}+\frac{b}{\sqrt{1-b}}+\frac{c}{\sqrt{1-c}}\geqslant\sqrt{\frac{3}{2}}$$

24.已知正实数 x,y,z 满足 $xyz=1$,求证

$$\frac{1}{x^2(y+1)+1}+\frac{1}{y^2(z+1)+1}+\frac{1}{z^2(x+1)+1}\geqslant1$$

25.已知 $a,b,c>0$,且满足 $\frac{1}{1+a+b}+\frac{1}{1+b+c}+\frac{1}{1+c+a}\geqslant1$,求证

$$a+b+c\geqslant ab+bc+ca$$

26.设正实数 a,b,c 满足 $a+b+c=3$,求证

$$\frac{a}{a+\sqrt{b^2+3}}+\frac{b}{b+\sqrt{c^2+3}}+\frac{c}{c+\sqrt{a^2+3}}\leqslant1$$

27.设正实数 a,b,c 满足 $a^2+b^2+c^2=1$,求证

$$\frac{a}{a^3+bc}+\frac{b}{b^3+ca}+\frac{c}{c^3+ab}\geqslant3$$

28.(2011 科索沃数学奥林匹克)已知 a,b,c 为正

实数,求证

$$\frac{\sqrt{a^3 + b^3}}{a^2 + b^2} + \frac{\sqrt{b^3 + c^3}}{b^2 + c^2} + \frac{\sqrt{c^3 + a^3}}{c^2 + a^2}$$
$$\geqslant \frac{6(ab + bc + ca)}{(a + b + c)\sqrt{(a+b)(b+c)(c+a)}}$$

29.(2011 土耳其数学奥林匹克)设正实数 a,b,c
满足 $a^2 + b^2 + c^2 \geqslant 3$,求证

$$\frac{(a+1)(b+2)}{(b+1)(b+5)} + \frac{(b+1)(c+2)}{(c+1)(c+5)} +$$
$$\frac{(c+1)(a+2)}{(a+1)(a+5)} \geqslant \frac{3}{2}$$

30.(2012 美国数学奥林匹克)已知 a,b,c 为正数,
求证

$$\frac{a^3 + 3b^3}{5a + b} + \frac{b^3 + 3c^3}{5b + c} + \frac{c^3 + 3a^3}{5c + a} \geqslant \frac{2}{3}(a^2 + b^2 + c^2)$$

31.(2014 波黑数学奥林匹克)设 a,b,c 为正实数,
且满足 $a + b + c = 1$,求证

$$\frac{1}{\sqrt{(a+2b)(b+2a)}} + \frac{1}{\sqrt{(b+2c)(c+2b)}} +$$
$$\frac{1}{\sqrt{(c+2a)(a+2c)}} \geqslant 3$$

32.(2005 国家集训队试题)设 $a,b,c > 0$,且 $ab + bc + ca = 1$,求证

$$\frac{1}{a^2 - bc + 1} + \frac{1}{b^2 - ca + 1} + \frac{1}{c^2 - ab + 1} \leqslant 3$$

33.(2011 克罗地亚数学奥林匹克)设正实数 $a,b,$
c 满足 $a + b + c = 3$,求证

$$\frac{a^2}{a + b^2} + \frac{b^2}{b + c^2} + \frac{c^2}{c + a^2} \geqslant \frac{3}{2}$$

34.(2014 江西预赛)设 $a,b,c > 0$,求证

$$\sqrt{a^2 + ab + b^2} + \sqrt{a^2 + ac + c^2}$$
$$\geqslant 4\sqrt{\left(\frac{ab}{a+b}\right)^2 + \left(\frac{ab}{a+b}\right)\left(\frac{ac}{a+c}\right) + \left(\frac{ac}{a+c}\right)^2}$$

35. (2014雅库特数学奥林匹克) 已知 a,b,c 是满足 $\frac{1}{a} + \frac{1}{b} + \frac{1}{c} = 3$ 的正实数, 求证

$$\frac{1}{\sqrt{a^3 + 1}} + \frac{1}{\sqrt{b^3 + 1}} + \frac{1}{\sqrt{c^3 + 1}} \leqslant \frac{3}{\sqrt{2}}$$

36. (2018新西兰数学奥林匹克训练营选拔赛) 设正实数 a,b,c 满足

$$\frac{1}{a + 2\,019} + \frac{1}{b + 2\,019} + \frac{1}{c + 2\,019} = \frac{1}{2\,019}$$

求证: $abc \geqslant 4\,038^3$

37. 设 $a,b,c > 0, abc = 1$, 求证

$$\sqrt{\frac{a}{b+8}} + \sqrt{\frac{b}{c+8}} + \sqrt{\frac{c}{a+8}} \geqslant 1$$

38. 设 $a,b,c > 0, abc = 1$, 求证

$$\sqrt{\frac{a}{b+k}} + \sqrt{\frac{b}{c+k}} + \sqrt{\frac{c}{a+k}} \geqslant \frac{3}{\sqrt{k+1}}$$

2.4　练习题参考答案

1. 证明: 由 Cauchy 不等式, 有
$$(x^2 + y + 1)(1 + y + z^2) \geqslant (x + y + z)^2$$
所以
$$\frac{1}{x^2 + y + 1} \leqslant \frac{1 + y + z^2}{(x + y + z)^2}$$
同理, 有

$$\frac{1}{y^2+z+1} \leqslant \frac{1+z+x^2}{(x+y+z)^2}$$

$$\frac{1}{z^2+x+1} \leqslant \frac{1+x+y^2}{(x+y+z)^2}$$

将以上三式相加知，只需证

$$\frac{1+y+z^2}{(x+y+z)^2} + \frac{1+z+x^2}{(x+y+z)^2} + \frac{1+x+y^2}{(x+y+z)^2} \leqslant 1$$

即

$$3+x^2+y^2+z^2+x+y+z \leqslant (x+y+z)^2$$

$$\Leftrightarrow 3+x^2+y^2+z^2+x+y+z$$

$$\leqslant x^2+y^2+z^2+2xy+2yz+2zx$$

$$\Leftrightarrow xy+yz+zx \geqslant 3$$

因为

$$xy+yz+zx = x+y+z$$

所以

$$(xy+yz+zx)^2 = (x+y+z)^2 \geqslant 3(xy+yz+zx)$$

所以

$$xy+yz+zx \geqslant 3$$

2. 证明：因为 $(a-1)^2(a+1) \geqslant 0$，所以 $a^2+a+1 \leqslant a^3+2$，所以

$$\frac{1}{a^2+a+1} \geqslant \frac{1}{a^3+2}$$

同理，$\dfrac{1}{b^2+b+1} \geqslant \dfrac{1}{b^3+2}$，$\dfrac{1}{c^2+c+1} \geqslant \dfrac{1}{c^3+2}$. 将上述三式相加，有

$$\frac{1}{a^2+a+1} + \frac{1}{b^2+b+1} + \frac{1}{c^2+c+1}$$

$$\geqslant \frac{1}{a^3+2} + \frac{1}{b^3+2} + \frac{1}{c^3+2}$$

$$\geqslant \frac{(1+1+1)^2}{a^3+2+b^3+2+c^3+2} = 1$$

也可以利用 Cauchy 不等式和幂平均不等式,有

$$\left(\frac{a^2+b^2+c^2}{3}\right)^{\frac{1}{2}} \leqslant \left(\frac{a^3+b^3+c^3}{3}\right)^{\frac{1}{3}}$$

$$\frac{a+b+c}{3} \leqslant \left(\frac{a^3+b^3+c^3}{3}\right)^{\frac{1}{3}}$$

所以 $a^2+b^2+c^2 \leqslant 3, a+b+c \leqslant 3$,所以

$$\frac{1}{a^2+a+1}+\frac{1}{b^2+b+1}+\frac{1}{c^2+c+1}$$

$$\geqslant \frac{9}{a^2+a+1+b^2+b+1+c^2+c+1} \geqslant 1$$

注　还可以利用函数的下凸性,由 Jensen(琴生)不等式获得.

3.证法 1:因为

$$\frac{a}{b+c}+\frac{b}{c+a}$$

$$=\left(\frac{1}{b+c}+\frac{1}{c+a}\right)(a+b+c)-2$$

$$\geqslant \frac{2(a+b+c)}{\sqrt{(b+c)(c+a)}}-2$$

$$=\frac{2(a+b+c)-2\sqrt{(b+c)(c+a)}}{\sqrt{(b+c)(c+a)}}$$

$$\geqslant \frac{2(a+b+c)-(a+b+2c)}{\sqrt{(b+c)(c+a)}}$$

$$=\frac{a+b}{\sqrt{(b+c)(c+a)}}$$

同理可得另两式,于是有

$$\sqrt{\frac{a}{b+c}+\frac{b}{c+a}}+\sqrt{\frac{b}{c+a}+\frac{c}{a+b}}+$$

$$\sqrt{\frac{c}{a+b}+\frac{a}{b+c}}$$

$$\geqslant \frac{a+b}{\sqrt{(b+c)(c+a)}} + \frac{b+c}{\sqrt{(c+a)(a+b)}} +$$

$$\frac{c+a}{\sqrt{(a+b)(b+c)}}$$

$$\geqslant 3\sqrt[3]{\frac{(a+b)(b+c)(c+a)}{(a+b)(b+c)(c+a)}} = 3$$

证法 2：由权方和不等式，有

$$\frac{a}{b+c} + \frac{b}{c+a} = \frac{a^2}{a(b+c)} + \frac{b^2}{b(c+a)}$$

$$\geqslant \frac{(a+b)^2}{2ab+bc+ca}$$

所以

$$\sqrt{\frac{a}{b+c} + \frac{b}{c+a}} \geqslant \frac{a+b}{\sqrt{2ab+bc+ca}}$$

同理可得另两式，于是，有

$$\sqrt{\frac{a}{b+c} + \frac{b}{c+a}} + \sqrt{\frac{b}{c+a} + \frac{c}{a+b}} + \sqrt{\frac{c}{a+b} + \frac{a}{b+c}}$$

$$\geqslant \frac{a+b}{\sqrt{2ab+ac+bc}} + \frac{b+c}{\sqrt{2bc+ca+ab}} + \frac{c+a}{\sqrt{2ca+ab+bc}}$$

$$= \frac{(a+b)^{\frac{3}{2}}}{\sqrt{ab(a+b)+c(a+b)^2}} + \frac{(b+c)^{\frac{3}{2}}}{\sqrt{bc(b+c)+a(b+c)^2}} +$$

$$\frac{(c+a)^{\frac{3}{2}}}{\sqrt{ca(c+a)+b(c+a)^2}}$$

$$\geqslant \frac{(2a+2b+2c)^{\frac{3}{2}}}{\sqrt{3(a+b)(b+c)(c+a)}} \geqslant 3$$

4. 证明：由于 $a,b,c > 0$，且 $abc = 1$，由平均值不等式，有

$$1 + ab^2 \geqslant 2\sqrt{ab^2}$$

$$1 + bc^2 \geqslant 2\sqrt{bc^2}$$

$$1 + ca^2 \geqslant 2\sqrt{ca^2}$$

$$\sqrt{1 + ab^2} + \sqrt{1 + bc^2} + \sqrt{1 + ca^2}$$

$$\geqslant \sqrt{2}\,(a^{\frac{1}{4}} b^{\frac{1}{2}} + b^{\frac{1}{4}} c^{\frac{1}{2}} + c^{\frac{1}{4}} a^{\frac{1}{2}})$$

$$\geqslant 3\sqrt{2}\,\sqrt[3]{a^{\frac{1}{4}} b^{\frac{1}{2}} \cdot b^{\frac{1}{4}} c^{\frac{1}{2}} \cdot c^{\frac{1}{4}} a^{\frac{1}{2}}} = 3\sqrt{2}$$

于是由权方和不等式,有

$$\frac{1 + ab^2}{c^3} + \frac{1 + bc^2}{a^3} + \frac{1 + ca^2}{b^3}$$

$$= \frac{(\sqrt{1 + ab^2})^2}{c^3} + \frac{(\sqrt{1 + bc^2})^2}{a^3} + \frac{(\sqrt{1 + ca^2})^2}{b^3}$$

$$\geqslant \frac{(\sqrt{1 + ab^2} + \sqrt{1 + bc^2} + \sqrt{1 + ca^2})^2}{a^3 + b^3 + c^3}$$

$$\geqslant \frac{18}{a^3 + b^3 + c^3}$$

5. 证明

$$\frac{5 + 2b + c^2}{1 + a} + \frac{5 + 2c + a^2}{1 + b} + \frac{5 + 2a + b^2}{1 + c}$$

$$= 5\left(\frac{1}{1 + a} + \frac{1}{1 + b} + \frac{1}{1 + c}\right) +$$

$$2\left(\frac{b}{1 + a} + \frac{c}{1 + b} + \frac{a}{1 + c}\right) +$$

$$\left(\frac{c^2}{1 + a} + \frac{a^2}{1 + b} + \frac{b^2}{1 + c}\right)$$

$$\geqslant 5 \cdot \frac{(1 + 1 + 1)^2}{(1 + a) + (1 + b) + (1 + c)} +$$

$$2 \cdot \frac{(b + c + a)^2}{b(1 + a) + c(1 + b) + a(1 + c)} +$$

$$\frac{(c + a + b)^2}{(1 + a) + (1 + b) + (1 + c)}$$

$$= \frac{45}{4} + \frac{2}{ab+bc+ca+1} + \frac{1}{4}$$

$$\geqslant \frac{45}{4} + \frac{2}{\dfrac{4}{3}} + \frac{1}{4} = 13$$

6. 证明:所证不等式等价于

$$\frac{a+c}{b+c} + \frac{b+d}{c+d} + \frac{c+a}{d+a} + \frac{d+b}{a+b} \geqslant 4$$

由 Cauchy 不等式得

$$\left(\frac{a+c}{b+c} + \frac{b+d}{c+d} + \frac{c+a}{d+a} + \frac{d+b}{a+b} \right) \cdot$$

$$[(a+c)(b+c) + (b+d)(c+d) +$$

$$(c+a)(d+a) + (d+b)(a+b)]$$

$$\geqslant [(a+c) + (b+d) + (c+a) + (d+b)]^2$$

$$= 4(a+b+c+d)^2$$

而

$$(a+c)(b+c) + (b+d)(c+d) +$$

$$(c+a)(d+a) + (d+b)(a+b)$$

$$= (a+b+c+d)^2$$

所以

$$\frac{a+c}{b+c} + \frac{b+d}{c+d} + \frac{c+a}{d+a} + \frac{d+b}{a+b} \geqslant 4$$

说明:也可以得到下面的证明

$$\frac{a+c}{b+c} + \frac{b+d}{c+d} + \frac{c+a}{d+a} + \frac{d+b}{a+b}$$

$$= (a+c)\left(\frac{1}{b+c} + \frac{1}{a+d} \right) + (b+d)\left(\frac{1}{a+b} + \frac{1}{c+d} \right)$$

$$\geqslant \frac{4(a+c)}{a+b+c+d} + \frac{4(b+d)}{a+b+c+d} = 4$$

7. 证明:令

$$\frac{1}{1+a} = \frac{2x}{x+y+z}$$

$$\frac{1}{1+b} = \frac{2y}{x+y+z}$$

$$\frac{1}{1+c} = \frac{2z}{x+y+z}$$

则

$$a + 1 = \frac{1}{2} + \frac{y+z}{2x}$$

$$b + 1 = \frac{1}{2} + \frac{z+x}{2y}$$

$$c + 1 = \frac{1}{2} + \frac{x+y}{2z}$$

所以

$$a = \frac{y+z}{2x} - \frac{1}{2}, b = \frac{z+x}{2y} - \frac{1}{2}, c = \frac{x+y}{2z} - \frac{1}{2}$$

所以

$$\frac{1}{4a+1} + \frac{1}{4b+1} + \frac{1}{4c+1}$$

$$= \frac{x}{2y+2z-x} + \frac{y}{2z+2x-y} + \frac{z}{2x+2y-z}$$

$$\geqslant \frac{(x+y+z)^2}{2xy+2xz-x^2+2yz+2xy-y^2+2zx+2zy-z^2}$$

$$= \frac{(x+y+z)^2}{4(xy+yz+zx)-(x^2+y^2+z^2)}$$

于是只需证

$$(x+y+z)^2 \geqslant 4(xy+yz+zx)-(x^2+y^2+z^2)$$

$$\Leftrightarrow x^2+y^2+z^2 \geqslant xy+yz+zx$$

最后一式显然成立.

8. 证明：根据 Cauchy 不等式,有

$$\left(\frac{1}{p_1 + p_2} + \frac{1}{p_2 + p_3} + \cdots + \frac{1}{p_{n-1} + p_n} \right) \cdot$$

$$\left[(p_1 + p_2) + (p_2 + p_3) + \cdots + (p_{n-1} + p_n) \right]$$

$$\geqslant (n-1)^2$$

所以

$$\frac{1}{p_1 + p_2} + \frac{1}{p_2 + p_3} + \cdots + \frac{1}{p_{n-1} + p_n}$$

$$\geqslant \frac{(n-1)^2}{2(p_1 + p_2 + \cdots + p_n) - p_1 - p_n}$$

$$\geqslant \frac{(n-1)^2}{n(n+1) - 3}$$

$$= \frac{(n-1)^2}{(n-1)(n+2) - 1}$$

$$> \frac{(n-1)^2}{(n-1)(n+2)}$$

$$= \frac{n-1}{n+2}$$

9. 证明:由 Cauchy 不等式,有

$$\frac{a^3}{b^2 + c} + \frac{b^3}{c^2 + a} + \frac{c^3}{a^2 + b}$$

$$= \frac{a^4}{ab^2 + ac} + \frac{b^4}{bc^2 + ab} + \frac{c^4}{ca^2 + bc}$$

$$\geqslant \frac{(a^2 + b^2 + c^2)^2}{ab^2 + bc^2 + ca^2 + ab + bc + ca}$$

$$= \frac{1}{ab^2 + bc^2 + ca^2 + ab + bc + ca}$$

于是只需证明

$$\frac{1}{ab^2 + bc^2 + ca^2 + ab + bc + ca} \geqslant \frac{\sqrt{3}}{1 + \sqrt{3}}$$

等价于

$$\sqrt{3}(ab^2 + bc^2 + ca^2 + ab + bc + ca) \leqslant 1 + \sqrt{3}$$

因为$\sqrt{3}(ab+bc+ca)\leqslant\sqrt{3}(a^2+b^2+c^2)=\sqrt{3}$，

所以

$$\sqrt{3}(ab^2+bc^2+ca^2)$$

$$\leqslant\sqrt{3}\sqrt{(a^2+b^2+c^2)(a^2b^2+b^2c^2+c^2a^2)}$$

$$=\sqrt{3(a^2b^2+b^2c^2+c^2a^2)}$$

$$=\sqrt{(a^2+b^2+c^2)^2}=1$$

将上述两式相加，即得$\sqrt{3}(ab^2+bc^2+ca^2+ab+bc+ca)\leqslant1+\sqrt{3}$．故所证不等式成立．

10. 证明：要证

$$\sqrt{a}+\sqrt{b}+\sqrt{c}\leqslant\left(\frac{a\sqrt{a}}{bc}+\frac{b\sqrt{b}}{ca}+\frac{c\sqrt{c}}{ab}\right)\sqrt{\frac{ab+bc+ca}{3}}$$

由 Cauchy 不等式、均值不等式可得

$$\left(\frac{a\sqrt{a}}{bc}+\frac{b\sqrt{b}}{ca}+\frac{c\sqrt{c}}{ab}\right)\sqrt{\frac{ab+bc+ca}{3}}$$

$$\geqslant\left(\frac{a\sqrt{a}}{bc}+\frac{b\sqrt{b}}{ca}+\frac{c\sqrt{c}}{ab}\right)\frac{\sqrt{ab}+\sqrt{bc}+\sqrt{ca}}{3}$$

$$=\left(\frac{a\sqrt{a}}{bc}+\frac{b\sqrt{b}}{ca}+\frac{c\sqrt{c}}{ab}\right)(\sqrt{a}bc+\sqrt{b}ca+\sqrt{c}ab)\frac{1}{3\sqrt{abc}}$$

$$\geqslant\frac{(a+b+c)^2}{3\sqrt{abc}}\geqslant\frac{ab+bc+ca}{\sqrt{abc}}$$

$$\geqslant\frac{\sqrt{a}bc+\sqrt{b}ca+\sqrt{c}ab}{\sqrt{abc}}$$

$$=\sqrt{a}+\sqrt{b}+\sqrt{c}$$

11. 证明：不失一般性，不妨设 $z=\min\{x,y,z\}$．所证不等式等价于 $4xy\leqslant3+(x+y-z)^2$，由于 $x+y-z\geqslant2\sqrt{xy}-z>0$，故 $(x+y-z)^2\geqslant(2\sqrt{xy}-$

$z)^2$. 于是只需证明 $3 + (2\sqrt{xy} - z)^2 \geqslant 4xy$，即 $3 +$ $\left(\dfrac{2}{\sqrt{z}} - z\right)^2 \geqslant \dfrac{4}{z}$. 展开得 $z^2 + 3 \geqslant 4\sqrt{z}$. 由平均值不等式，有 $z^2 + 3 = z^2 + 1 + 1 + 1 \geqslant 4\sqrt[4]{z^2 \cdot 1 \cdot 1 \cdot 1} = 4\sqrt{z}$. 所以所证成立.

12. 证明：由 Cauchy 不等式，有 $\sqrt{(z+x)(z+y)} \geqslant z + \sqrt{xy}$ 等三式，有

$$\sum (x+y)\sqrt{(z+x)(z+y)}$$
$$\geqslant \sum (x+y)(z+\sqrt{xy})$$
$$= 2\sum xy + \sum (x+y)\sqrt{xy}$$
$$\geqslant 2\sum xy + 2\sum xy$$
$$= 4(xy + yz + zx)$$

注：本题的背景是：

(1)2001 罗马尼亚数学奥林匹克试题，已知 a, b, c 为某三角形的三边长，求证

$$(-a+b+c)(-b+c+a) +$$
$$(-b+c+a)(-c+a+b) +$$
$$(-c+a+b)(-a+b+c)$$
$$\leqslant \sqrt{abc}\,(\sqrt{a} + \sqrt{b} + \sqrt{c})$$

证明：注意到恒等式

$$\sum (a+b-c)(a-b+c)$$
$$= (\sqrt{a} + \sqrt{b} + \sqrt{c})(\sqrt{a} + \sqrt{b} - \sqrt{c}) \cdot$$
$$(\sqrt{a} - \sqrt{b} + \sqrt{c})(-\sqrt{a} + \sqrt{b} + \sqrt{c})$$

又因为

$$(\sqrt{a}+\sqrt{b}-\sqrt{c})(\sqrt{a}-\sqrt{b}+\sqrt{c})$$

$$\leqslant\left(\frac{\sqrt{a}+\sqrt{b}-\sqrt{c}+\sqrt{a}-\sqrt{b}+\sqrt{c}}{2}\right)^2=a$$

同理,有

$$(\sqrt{a}-\sqrt{b}+\sqrt{c})(-\sqrt{a}+\sqrt{b}+\sqrt{c})\leqslant c$$

$$(\sqrt{a}+\sqrt{b}-\sqrt{c})(-\sqrt{a}+\sqrt{b}+\sqrt{c})\leqslant b$$

将以上三式相乘,有

$$(\sqrt{a}+\sqrt{b}-\sqrt{c})(\sqrt{a}-\sqrt{b}+\sqrt{c})(-\sqrt{a}+\sqrt{b}+\sqrt{c})$$

$$\leqslant\sqrt{abc}$$

于是所证不等式成立.

说明

$$\sum(a+b-c)(a-b+c)$$

$$=(\sqrt{a}+\sqrt{b}+\sqrt{c})(\sqrt{a}+\sqrt{b}-\sqrt{c})\cdot$$

$$(\sqrt{a}-\sqrt{b}+\sqrt{c})(-\sqrt{a}+\sqrt{b}+\sqrt{c})$$

的得到是因为 Heron 公式

$$S=\frac{1}{4}\sqrt{(a+b+c)(-a+b+c)(a-b+c)(a+b-c)}$$

$$=\frac{1}{4}\sqrt{2(a^2b^2+b^2c^2+c^2a^2)-(a^4+b^4+c^4)}$$

由此可知,正实数 a,b,c 能成为一个三角形三边长的充分必要条件是

$$2(a^2b^2+b^2c^2+c^2a^2)-(a^4+b^4+c^4)>0$$

在上式中,应用变换 $a=y+z,b=z+x,c=x+y$,即得.

（2）Euler 不等式 $R\geqslant 2r$.

13. 证明:由 Cauchy 不等式,有

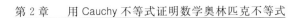

$$(a^2 - a + 1)(b^2 - b + 1)$$

$$= \left[\left(a - \frac{1}{2} \right)^2 + \frac{3}{4} \right] \left[\left(\frac{1}{2} - b \right)^2 + \frac{3}{4} \right]$$

$$\geqslant \left[\frac{\sqrt{3}}{2} \left(a - \frac{1}{2} \right) + \frac{\sqrt{3}}{2} \left(\frac{1}{2} - b \right) \right]^2 = \frac{3}{4} (a - b)^2$$

类似地,有

$$(b^2 - b + 1)(c^2 - c + 1) \geqslant \frac{3}{4} (b - c)^2$$

$$(c^2 - c + 1)(d^2 - d + 1) \geqslant \frac{3}{4} (c - d)^2$$

$$(d^2 - d + 1)(a^2 - a + 1) \geqslant \frac{3}{4} (d - a)^2$$

将上述四式相乘,并开平方,有

$$(a^2 - a + 1)(b^2 - b + 1)(c^2 - c + 1)(d^2 - d + 1)$$

$$\geqslant \frac{9}{16} \mid (a - b)(b - c)(c - d)(d - a) \mid$$

$$\geqslant \frac{9}{16} (a - b)(b - c)(c - d)(d - a)$$

14. 证明:令 $a^2 + b^2 + c^2 = 3$,则所证不等式等价于

$$\frac{a^2}{b^3 + c^3} + \frac{b^2}{c^3 + a^3} + \frac{c^2}{a^3 + b^3} \geqslant \frac{3}{2}$$

注意到

$$\sum_{cyc} \frac{a^2}{b^3 + c^3} = \sum_{cyc} \frac{a^4}{b^3 a^2 + c^3 a^2}$$

$$\geqslant \frac{\left(\sum\limits_{cyc} a^2 \right)^2}{\sum\limits_{cyc} (b^3 a^2 + c^3 a^2)}$$

$$= \frac{9}{\sum\limits_{cyc} (b^3 a^2 + c^3 a^2)}$$

于是所证不等式等价于 $\sum\limits_{cyc} (a^3 b^2 + a^3 c^2) \leqslant 6$,但

$$\sum_{cyc}(a^3b^2+a^3c^2)$$

$$\leqslant 6\sum_{cyc}a^3(3-a^2)\leqslant 6$$

$$\Leftrightarrow \sum_{cyc}(a^5-3a^3+2)\geqslant 0$$

$$\Leftrightarrow \sum_{cyc}a^2(a+2)(a-1)^2\geqslant 0$$

故所证不等式成立.

15. 证明:所证不等式等价于

$$(1+2abc)\big[3+2\sum a^2(b+c)+$$

$$\sum a^2b^2(c+a)(c+b)\big]$$

$$\leqslant 3\big[1+a^2(b+c)\big]\big[1+b^2(c+a)\big]\big[1+c^2(a+b)\big]$$

$$\Leftrightarrow 3+2\sum a^2(b+c)+$$

$$\sum a^2b^2(c+a)(c+b)+6abc+$$

$$4abc\sum a^2(b+c)+2abc\sum a^2b^2(c+a)(c+b)$$

$$\leqslant 3\big[1+\sum a^2(b+c)+\sum a^2b^2(c+a)(c+b)+$$

$$a^2b^2c^2(c+a)(a+b)(b+c)\big]$$

$$\Leftrightarrow 6abc+4abc\sum a^2(b+c)+$$

$$2abc\sum a^2b^2(c+a)(c+b)$$

$$\leqslant \sum a^2(b+c)+2\sum a^2b^2(c+a)(c+b)+$$

$$3a^2b^2c^2(c+a)(a+b)(b+c)$$

由

$$2abc\sum a^2b^2(c+a)(c+b)$$

$$=2abc\sum a^3b^3+6a^3b^3c^3+2a^2b^2c^2\sum a^2(b+c)$$

$$2\sum a^2b^2(c+a)(c+b)$$

$$= 2\sum a^3 b^3 + 6a^2 b^2 c^2 + 2abc\sum a^2(b+c)$$

$$3a^2 b^2 c^2(c+a)(a+b)(b+c)$$

$$= 3abc\Big[\sum a^2(b+c) + 2abc\Big]$$

$$\Leftrightarrow 6abc + 2abc\sum a^2(b+c) + 2abc\sum a^3 b^3$$

$$\leqslant \sum a^2(b+c) + 2\sum a^3 b^3 +$$

$$6a^2 b^2 c^2 + a^2 b^2 c^2 \sum a^2(b+c)$$

$$\Leftrightarrow (1-abc)\Big[(1-abc)\sum a^2(b+c) +$$

$$2\sum a^3 b^3 - 6abc\Big] \geqslant 0（因为 abc \leqslant 1）$$

$$\Leftrightarrow (1-abc)\sum a^2(b+c) + 2\sum a^3 b^3 - 6abc \geqslant 0$$

设 $a+b+c = s, abc = t, ab+bc+ca = 3$,则

$$\sum a^2(b+c) = 3s - 3t,\quad \sum a^3 b^3 = 27 - 9st + 3t^2$$

$$\Leftrightarrow (1-t)(3s-3t) + 2(27 - 9st + 3t^2) - 6t \geqslant 0$$

$$\Leftrightarrow 3(s-3t)(1-t) + 18(3-st) \geqslant 0$$

由于 $(ab+bc+ca)(a+b+c) \geqslant 3abc$,所以 $s \geqslant 3t$,易知 $t \leqslant 1$.

由 $abc(a+b+c) = ab \cdot bc + bc \cdot ac + ac \cdot ab \leqslant \dfrac{(ab+bc+ca)^2}{3} = 3$,得 $st \leqslant 34$.

所以 $3(s-3t)(1-t) + 18(3-st) \geqslant 0$ 成立,即原不等式成立.

16. 证明:由

$$(a+b+c)^3 = a^3 + b^3 + c^3 + 3(a+b)(b+c)(c+a)$$
$$= a^3 + b^3 + c^3 + 24$$

得

$$(a+b+c)^3 = a^3 + b^3 + c^3 + 24$$

$$= a^3 + b^3 + c^3 + 3 + 3 + \cdots + 3$$

$$\geqslant 9 \sqrt[9]{(a^3 + b^3 + c^3) 3^8}$$

所以

$$[(a+b+c)^3]^9 \geqslant 9^9 \cdot (a^3 + b^3 + c^3) \cdot 3^8$$

$$= 3^{26}(a^3 + b^3 + c^3)$$

即 $(a+b+c)^{27} \geqslant 3^{26}(a^3 + b^3 + c^3)$，故

$$\frac{a+b+c}{3} \geqslant \sqrt[27]{\frac{a^3 + b^3 + c^3}{3}}$$

17. 证法 1：原不等式等价于 $\dfrac{a^2}{a^2+1} + \dfrac{b^2}{b^2+1} + \dfrac{c^2}{c^2+1} \geq \dfrac{3}{4}$. 由 Cauchy 不等式，可得

$$\frac{a^2}{a^2+1} + \frac{b^2}{b^2+1} + \frac{c^2}{c^2+1}$$

$$\geqslant \frac{(a+b+c)^2}{a^2+1+b^2+1+c^2+1}$$

$$= \frac{(a+b+c)^2}{a^2+b^2+c^2+3(ab+bc+ca)}$$

$$= \frac{(a+b+c)^2}{(a+b+c)^2+(ab+bc+ca)}$$

$$\geqslant \frac{(a+b+c)^2}{(a+b+c)^2+\frac{1}{3}(a+b+c)^2} = \frac{3}{4}$$

证法 2

$$\frac{a^2}{a^2+1} + \frac{b^2}{b^2+1} + \frac{c^2}{c^2+1} \geqslant \frac{3}{4}$$

$$\Leftrightarrow \frac{a^2}{(a+b)(a+c)} + \frac{b^2}{(b+c)(b+a)} +$$

$$\frac{c^2}{(c+a)(c+b)} \geqslant \frac{3}{4}$$

由 Cauchy 不等式，可得

$$\frac{a^2}{(a+b)(a+c)} + \frac{b^2}{(b+c)(b+a)}$$

$$\geqslant \frac{(a+b)^2}{(a+b)(a+c)+(b+c)(b+a)}$$

$$= \frac{a+b}{(a+c)+(b+c)}$$

$$\frac{b^2}{(b+c)(b+a)} + \frac{c^2}{(c+a)(c+b)}$$

$$\geqslant \frac{b+c}{(c+a)+(a+b)}$$

$$\frac{c^2}{(c+a)(c+b)} + \frac{a^2}{(a+b)(a+c)}$$

$$\geqslant \frac{c+a}{(b+c)+(a+b)}$$

为此只需证明

$$\frac{a+b}{(c+a)+(b+c)} + \frac{b+c}{(c+a)+(a+b)} +$$

$$\frac{c+a}{(a+b)+(b+c)} \geqslant \frac{3}{2}$$

这显然成立.

证法 3:由 Cauchy 不等式和权方和不等式,可得

$$\sum \frac{a^2}{(a+b)(a+c)}$$

$$\geqslant \frac{(a+b+c)^2}{(a+b)(a+c)+(b+c)(b+a)+(c+a)(c+b)}$$

$$\geqslant \frac{(a+b+c)^2}{\frac{1}{3}\left[(a+b)+(b+c)+(a+c)\right]^2}$$

$$= \frac{3}{4}$$

18. 证明:令 $x = \frac{1}{a}, y = \frac{1}{b}, z = \frac{1}{c}, xyz = 1, x, y,$

$z > 0$，所证不等式等价于

$$\frac{x^3}{(2y+z)^2} + \frac{y^3}{(2z+x)^2} + \frac{z^3}{(2x+y)^2} \geqslant \frac{1}{3}$$

由 Cauchy 不等式和权方和不等式，有

$$\left[\frac{x^3}{(2y+z)^2} + \frac{y^3}{(2z+x)^2} + \frac{z^3}{(2x+y)^2}\right](x+y+z)$$

$$\geqslant \left(\frac{x^2}{2y+z} + \frac{y^2}{2z+x} + \frac{z^2}{2x+y}\right)^2$$

$$\frac{x^2}{2y+z} + \frac{y^2}{2z+x} + \frac{z^2}{2x+y}$$

$$\geqslant \frac{(x+y+z)^2}{3(x+y+z)} \geqslant \frac{1}{3}(x+y+z)$$

所以

$$\left[\frac{x^3}{(2y+z)^2} + \frac{y^3}{(2z+x)^2} + \frac{z^3}{(2x+y)^2}\right]$$

$$\geqslant \frac{\left(\dfrac{x^2}{2y+z} + \dfrac{y^2}{2z+x} + \dfrac{z^2}{2x+y}\right)^2}{x+y+z}$$

$$\geqslant \frac{(x+y+z)^2}{9(x+y+z)} = \frac{x+y+z}{9}$$

$$\geqslant \frac{3\sqrt[3]{xyz}}{9} = \frac{1}{3}$$

19. 证明：由 Cauchy 不等式知，只需证明

$$(xy+yz+zx)\left(\frac{xy}{xy+yz} + \frac{yz}{yz+zx} + \frac{zx}{zx+xy}\right) \leqslant \frac{1}{2}$$

$$\Leftrightarrow \frac{x}{x+z} + \frac{y}{y+x} + \frac{z}{z+y} \leqslant \frac{1}{2(xy+yz+zx)}$$

$$\Leftrightarrow \frac{z}{x+z} + \frac{x}{y+x} + \frac{y}{z+y}$$

$$\geqslant 3 - \frac{1}{2(xy+yz+zx)}$$

由 Cauchy 不等式有

$$\left(\frac{z}{x+z}+\frac{x}{y+x}+\frac{y}{z+y}\right)\left[z(x+z)+x(y+x)+y(z+y)\right]$$

$$\geqslant (x+y+z)^2=1$$

$$\Leftrightarrow \frac{1}{z(x+z)+x(y+x)+y(z+y)}+\frac{1}{2(xy+yz+zx)}\geqslant 3$$

$$\frac{1}{z(x+z)+x(y+x)+y(z+y)}+\frac{1}{2(xy+yz+zx)}$$

$$=2+\frac{xy+yz+zx}{x^2+y^2+z^2+xy+yz+zx}+\frac{x^2+y^2+z^2}{2(xy+yz+zx)}$$

$$\geqslant 2+2\sqrt{\frac{xy+yz+zx}{x^2+y^2+z^2+xy+yz+zx}\cdot\frac{x^2+y^2+z^2}{2(xy+yz+zx)}}$$

$$=2+\sqrt{\frac{2(x^2+y^2+z^2)}{x^2+y^2+z^2+xy+yz+zx}}\geqslant 2+1=3$$

于是所证不等式成立.

20. 证明:由 Cauchy 不等式,有

$$(a+b+c)=(a+b+c)(x+y+z)$$

$$=\sqrt{\left[a^2+b^2+c^2+2(ab+bc+ca)\right]}\cdot$$

$$\sqrt{\left[x^2+y^2+z^2+2(xy+yz+zx)\right]}$$

$$\geqslant ax+by+cz+22\sqrt{(xy+yz+zx)(ab+bc+ca)}$$

21. 证明:因为

$$\left(\frac{a+b+3c}{3a+3b+2c}+2\right)+\left(\frac{b+c+3a}{3b+3c+2a}+2\right)+$$

$$\left(\frac{c+a+3b}{3c+3a+2b}+2\right)$$

$$=\frac{7(a+b+c)}{3a+3b+2c}+\frac{7(a+b+c)}{3b+3c+2a}+\frac{7(a+b+c)}{3c+3a+2b}$$

所以原不等式等价于

$$(a+b+c)\left(\frac{1}{3a+3b+2c}+\frac{1}{3b+3c+2a}+\right.$$

$$\left.\frac{1}{3c+3a+2b}\right)\geqslant\frac{9}{8}$$

由 Cauchy 不等式, 知

$$(a+b+c)\cdot$$

$$\left(\frac{1}{3a+3b+2c}+\frac{1}{3b+3c+2a}+\frac{1}{3c+3a+2b}\right)$$

$$\geqslant(a+b+c)\cdot$$

$$\frac{9}{(3a+3b+2c)+(3b+3c+2a)+(3c+3a+2b)}$$

$$=\frac{9}{8}$$

22. 证明: 由 Cauchy 不等式, 有

$$\sum\left(\frac{a}{b+c}\right)^2\sum a^2(b+c)^2\geqslant\left(\sum a^2\right)^2$$

于是只需证明

$$\frac{\left(\sum a^2\right)^2}{\sum a^2(b+c)^2}\geqslant\frac{3\left(\sum a^2\right)}{4\sum ab}$$

$$\Leftrightarrow 4\left(\sum a^2\right)\sum ab\geqslant 3\sum a^2(b+c)^2$$

$$\Leftrightarrow 4\sum ab(a^2+b^2)+4abc\sum a\geqslant 6\sum a^2+6abc\sum a$$

$$\Leftrightarrow 2\sum ab(a^2+b^2)\geqslant 3\sum a^2b^2+abc\sum a$$

由平均值不等式有

$$2\sum ab(a^2+b^2) \geqslant 4\sum a^2 b^2$$

$$=3\sum a^2 b^2 + \sum a^2 b^2$$

$$\geqslant 3\sum a^2 b^2 + abc\sum a$$

23. 证明：由 Cauchy 不等式有

$$\sum_{cyc}\frac{a}{\sqrt{1-a}}\sum_{cyc}a\sqrt{1-a} \geqslant \left(\sum_{cyc}a\right)^2 = 1$$

于是只需证明

$$a\sqrt{1-a}+b\sqrt{1-b}+c\sqrt{1-c} \leqslant \sqrt{\frac{2}{3}}$$

$$a\sqrt{1-a}+b\sqrt{1-b}+c\sqrt{1-c}$$

$$\leqslant \sqrt{[a(1-a)+b(1-b)+c(1-c)](a+b+c)}$$

$$=\sqrt{1-a^2-b^2-c^2}=\sqrt{2(ab+bc+ca)}$$

$$\leqslant \sqrt{\frac{2}{3}(a+b+c)^2}=\sqrt{\frac{2}{3}}$$

24. 证明：由已知 $xyz=1$ 知原不等式等价于

$$\sum_{cyc}\frac{yz}{xy+x+yz} \geqslant 1$$

由权方和不等式有

$$\sum_{cyc}\frac{yz}{xy+x+yz}$$

$$\geqslant \frac{(yz+zx+xy)^2}{y+1+y^2 z^2 + z+1+z^2 x^2 + x+1+x^2 y^2}$$

只需证明

$$(yz+zx+xy)^2 \geqslant y+1+y^2 z^2 + z+1+$$
$$z^2 x^2 + x+1+x^2 y^2$$

$$\Leftrightarrow x+y+z \geqslant 3$$

由平均值不等式,有 $x+y+z \geqslant 3\sqrt[3]{xyz}=3$. 故所证不等式成立.

25. 证明:因为

$$\frac{1}{1+a+b}+\frac{1}{1+b+c}+\frac{1}{1+c+a} \geqslant 1$$

所以 $\dfrac{a+b}{1+a+b}+\dfrac{b+c}{1+b+c}+\dfrac{c+a}{1+c+a} \leqslant 2$. 由权方和不等式,有

$$\left(\frac{a+b}{1+a+b}+\frac{b+c}{1+b+c}+\frac{c+a}{1+c+a}\right) \cdot$$
$$[(a+b)(1+a+b)+(b+c)(1+b+c)+$$
$$(c+a)(1+c+a)]$$
$$\geqslant [(a+b)+(b+c)+(c+a)]^2$$

于是有

$$2 \geqslant \frac{a+b}{1+a+b}+\frac{b+c}{1+b+c}+\frac{c+a}{1+c+a}$$
$$\geqslant \frac{4(a+b+c)^2}{(a+b)(1+a+b)+(b+c)(1+b+c)+(c+a)(1+c+a)}$$

因此有

$$(a+b)(1+a+b)+(b+c)(1+b+c)+$$
$$(c+a)(1+c+a) \geqslant 2(a+b+c)^2$$

化简即得.

26. 证明:由 Cauchy 不等式有 $\sqrt{b^2+3} \geqslant \dfrac{b+3}{2}$,于是只需证明

$$\frac{a}{a+\dfrac{b+3}{2}}+\frac{b}{b+\dfrac{c+3}{2}}+\frac{c}{c+\dfrac{a+3}{2}} \leqslant 1$$

即

$$\frac{b+3}{2a+b+3}+\frac{c+3}{2b+c+3}+\frac{a+3}{2c+a+3} \geqslant 2$$

由权方和不等式,有

$$\frac{b+3}{2a+b+3}+\frac{c+3}{2b+c+3}+\frac{a+3}{2c+a+3}$$

$$\geqslant \frac{(b+3+c+3+a+3)^2}{(b+3)(2a+b+3)+(c+3)(2b+c+3)+(a+3)(2c+a+3)}$$

$$=\frac{144}{(b+3)(2a+b+3)+(c+3)(2b+c+3)+(a+3)(2c+a+3)}$$

而

$$(b+3)(2a+b+3)+(c+3)(2b+c+3)+$$
$$(a+3)(2c+a+3)$$

$$=a^2+b^2+c^2+2ab+2bc+2ca+$$
$$12(a+b+c)+27$$

$$=(a+b+c)^2+12(a+b+c)+27=72$$

所以

$$\frac{b+3}{2a+b+3}+\frac{c+3}{2b+c+3}+\frac{a+3}{2c+a+3}\geqslant 2$$

27. 证明:如果不等式左边三项中的每一项都不小于 1,此不等式显然成立. 现在设 $\dfrac{a}{a^3+bc}<1$,则 $a^4+abc>a^2$,由 Cauchy 不等式有

$$\frac{b}{b^3+ca}+\frac{c}{c^3+ab}$$

$$=\frac{1}{b^2+\dfrac{ca}{b}}+\frac{1}{c^2+\dfrac{ab}{c}}$$

$$\geqslant \frac{4}{b^2+\dfrac{ca}{b}+c^2+\dfrac{ab}{c}}$$

令 $x=\dfrac{a}{a^3+bc}$,$y=b^2+\dfrac{ca}{b}+c^2+\dfrac{ab}{c}-1$,则只需

证明 $x + \dfrac{4}{y+1} \geqslant 3$, 因为

$$y + \frac{4}{y+1} \geqslant 2\sqrt{(y+1)\frac{4}{y+1}} - 1 = 3$$

从而只需证明 $x \geqslant y$, 事实上有

$$\frac{a}{a^3+bc} \geqslant b^2 + \frac{ca}{b} + c^2 + \frac{ab}{c} - 1$$

$$\Leftrightarrow \frac{a}{a^3+bc} \geqslant \frac{ca}{b} + \frac{ab}{c} - a^2$$

$$\Leftrightarrow \frac{1}{a^3+bc} \geqslant \frac{c}{b} + \frac{b}{c} - a$$

$$\Leftrightarrow \frac{bc}{a^3+bc} \geqslant b^2 + c^2 - abc$$

$$\Leftrightarrow \frac{bc}{a^3+bc} \geqslant 1 - a^2 - abc$$

$$\Leftrightarrow \frac{a^3}{a^3+bc} \leqslant a^2 + abc$$

$$\Leftrightarrow \frac{a^2}{a^3+bc} \leqslant a + bc$$

$$\Leftrightarrow a^2 \leqslant a^4 + abc + (a^3bc + b^2c^2)$$

由前面 $a^4 + abc > a^2$ 知结论成立, 从而原不等式成立.

28. 证明: 由 Cauchy 不等式有 $\sqrt{(a^3+b^3)(a+b)} \geqslant a^2 + b^2$, 于是只需证明

$$\sum \frac{1}{\sqrt{a+b}} \geqslant \frac{6(ab+bc+ca)}{(a+b+c)\sqrt{(a+b)(b+c)(c+a)}}$$

$$\Leftrightarrow (a+b+c)\sum \sqrt{(b+c)(c+a)}$$

$$\geqslant 6(ab+bc+ca)$$

再由 Cauchy 不等式有

$$\sqrt{(b+c)(c+a)} \geqslant c + \sqrt{ab}$$

于是又只需证明

$$(a+b+c)\sum(a+\sqrt{bc}) \geqslant 6(ab+bc+ca)$$

即

$$\sum(a^2+a\sqrt{bc})+\sum\sqrt{bc}(b+c) \geqslant 4(ab+bc+ca)$$

由 Schur 不等式,有

$$\sum a(\sqrt{a}-\sqrt{b})(\sqrt{a}-\sqrt{c}) \geqslant 0$$

$$\Rightarrow \sum(a^2+a\sqrt{bc}) \geqslant \sum\sqrt{bc}(b+c)$$

因此

$$\sum(a^2+a\sqrt{bc})+\sum\sqrt{bc}(b+c)$$

$$\geqslant 2\sum\sqrt{bc}(b+c) \geqslant 4(ab+bc+ca)$$

29.证明:注意到这样一个不等式 $3(x+1)(x+5) \leqslant 4(x+2)^2$,于是只需证明

$$\frac{a+1}{b+2}+\frac{b+1}{c+2}+\frac{c+1}{a+2} \geqslant 2$$

由权方和不等式,有

$$\frac{a+1}{b+2}+\frac{b+1}{c+2}+\frac{c+1}{a+2}$$

$$\geqslant \frac{(a+b+c+3)^2}{(a+1)(b+2)+(b+1)(c+2)+(c+1)(a+2)}$$

$$= \frac{(a+b+c+3)^2}{ab+bc+ca+3(a+b+c)+6}$$

$$= \frac{(a+b+c)^2+6(a+b+c)+9}{ab+bc+ca+3(a+b+c)+6}$$

$$= \frac{a^2+b^2+c^2+2(ab+bc+ca)+6(a+b+c)+9}{ab+bc+ca+3(a+b+c)+6}$$

$$\geqslant \frac{2(ab+bc+ca)+6(a+b+c)+12}{ab+bc+ca+3(a+b+c)+6}=2$$

30.证明:由权方和不等式,有

$$\frac{a^3 + 3b^3}{5a + b} + \frac{b^3 + 3c^3}{5b + c} + \frac{c^3 + 3a^3}{5c + a}$$

$$= \sum \frac{a^3}{5a + b} + \sum \frac{3b^3}{5a + b}$$

$$= \sum \frac{a^4}{5a^2 + ab} + 3 \sum \frac{b^4}{5ab + b^2}$$

$$\geqslant \frac{\left(\sum a^2\right)^2}{5 \sum a^2 + \sum ab} + \frac{3\left(\sum a^2\right)^2}{\sum a^2 + 5 \sum ab}$$

$$\geqslant \frac{\left(\sum a^2\right)^2}{6 \sum a^2} + \frac{3\left(\sum a^2\right)^2}{6 \sum a^2}$$

$$= \frac{2}{3}(a^2 + b^2 + c^2)$$

31. 证明：由权方和不等式和平均值不等式,有

$$\frac{1}{\sqrt{(a+2b)(b+2a)}} + \frac{1}{\sqrt{(b+2c)(c+2b)}} + \frac{1}{\sqrt{(c+2a)(a+2c)}}$$

$$\geqslant \frac{9}{\sqrt{(a+2b)(b+2a)} + \sqrt{(b+2c)(c+2b)} + \sqrt{(c+2a)(a+2c)}}$$

$$\geqslant \frac{9}{\frac{(a+2b)+(b+2a)}{2} + \frac{(b+2c)+(c+2b)}{2} + \frac{(c+2a)+(a+2c)}{2}}$$

$$= \frac{18}{6(a+b+c)} = 3$$

32. 证明：原不等式等价于

$$\frac{9}{2} - \left(\frac{1}{a^2 - bc + 1} + \frac{1}{b^2 - ca + 1} + \frac{1}{c^2 - ab + 1}\right) \geqslant \frac{3}{2}$$

即

$$\left(\frac{3}{2} - \frac{1}{a^2 - bc + 1}\right) + \left(\frac{3}{2} - \frac{1}{b^2 - ca + 1}\right) +$$

$$\left(\frac{3}{2} - \frac{1}{c^2 - ab + 1}\right) \geqslant \frac{3}{2}$$

$$\Leftrightarrow \frac{a(a+b+c)}{a^2-bc+1} + \frac{b(a+b+c)}{b^2-ca+1} + \frac{c(a+b+c)}{c^2-ab+1} \geqslant 1$$

$$\Leftrightarrow \frac{a}{a^2-bc+1} + \frac{b}{b^2-ca+1} + \frac{c}{c^2-ab+1}$$

$$\geqslant \frac{1}{a+b+c}$$

由权方和不等式,有

$$\frac{a}{a^2-bc+1} + \frac{b}{b^2-ca+1} + \frac{c}{c^2-ab+1}$$

$$\geqslant \frac{(a+b+c)^2}{a(a^2-bc+1)+b(b^2-ca+1)+c(c^2-ab+1)}$$

而

$$a(a^2-bc+1)+b(b^2-ca+1)+c(c^2-ab+1)$$

$$= a^3+b^3+c^3-3abc+a+b+c$$

$$= a^3+b^3+c^3-3abc+(a+b+c)(ab+bc+ca)$$

$$= a^3+b^3+c^3+ab(a+b)+bc(b+c)+ca(c+a)$$

$$= (a+b+c)^3$$

所以

$$\frac{a}{a^2-bc+1} + \frac{b}{b^2-ca+1} + \frac{c}{c^2-ab+1}$$

$$\geqslant \frac{(a+b+c)^2}{a(a^2-bc+1)+b(b^2-ca+1)+c(c^2-ab+1)}$$

$$= \frac{(a+b+c)^2}{(a+b+c)^3}$$

$$= \frac{1}{a+b+c}$$

33. 证明:由权方和不等式有

$$\frac{a^2}{a+b^2} + \frac{b^2}{b+c^2} + \frac{c^2}{c+a^2}$$

$$\geqslant \frac{(a^2+b^2+c^2)^2}{a^3+a^2b^2+b^3+b^2c^2+c^3+c^2a^2}$$

于是只需证明

$$2(a^4 + b^4 + c^4) + (a^2b^2 + b^2c^2 + c^2a^2)$$
$$\geqslant 3(a^3 + b^3 + c^3)$$

因为 $a + b + c = 3$,上式变形为

$$2(a^4 + b^4 + c^4) + (a^2b^2 + b^2c^2 + c^2a^2)$$
$$\geqslant (a^3 + b^3 + c^3)(a + b + c)$$
$$\Leftrightarrow (a^4 + b^4 + c^4) + (a^2b^2 + b^2c^2 + c^2a^2)$$
$$\geqslant a^3(b + c) + b^3(c + a) + c^3(a + b)$$

因为

$$a^4 + a^2b^2 \geqslant 2a^3b, a^4 + c^2a^2 \geqslant 2a^3c$$

所以

$$2a^4 + a^2b^2 + c^2a^2 \geqslant 2a^3b + 2a^3c$$

同理可得

$$2b^4 + a^2b^2 + b^2c^2 \geqslant 2ab^3 + 2cb^3$$
$$2c^4 + b^2c^2 + c^2a^2 \geqslant 2bc^3 + 2ac^3$$

将上述三式相加即得.

34. 证明

$$\sqrt{a^2 + ab + b^2} + \sqrt{a^2 + ac + c^2}$$
$$\geqslant 2\sqrt{\sqrt{(a^2 + ab + b^2)(a^2 + ac + c^2)}}$$
$$\geqslant 2\sqrt{\sqrt{(ab + ac + \sqrt{ab}\ \sqrt{ac})^2}}$$
$$= 2\sqrt{ab + ac + \sqrt{ab}\ \sqrt{ac}}$$
$$\geqslant 2\sqrt{\sqrt{\left(\dfrac{2}{\dfrac{1}{a} + \dfrac{1}{b}}\right)^2 + \left(\dfrac{2}{\dfrac{1}{a} + \dfrac{1}{b}}\right)\left(\dfrac{2}{\dfrac{1}{a} + \dfrac{1}{c}}\right) + \left(\dfrac{2}{\dfrac{1}{a} + \dfrac{1}{c}}\right)^2}}$$
$$= 4\sqrt{\left(\dfrac{ab}{a+b}\right)^2 + \left(\dfrac{ab}{a+b}\right)\left(\dfrac{ac}{a+c}\right) + \left(\dfrac{ac}{a+c}\right)^2}$$

35. 证法 1:利用 Cauchy 不等式,有

$$\frac{1}{\sqrt{a^3+1}}+\frac{1}{\sqrt{b^3+1}}+\frac{1}{\sqrt{c^3+1}}$$

$$=\frac{1}{\sqrt{a}}\cdot\sqrt{\frac{a}{a^3+1}}+\frac{1}{\sqrt{b}}\cdot\sqrt{\frac{b}{b^3+1}}+\frac{1}{\sqrt{c}}\cdot\sqrt{\frac{c}{c^3+1}}$$

$$\leqslant\sqrt{\left(\frac{1}{a}+\frac{1}{b}+\frac{1}{c}\right)\left(\frac{a}{a^3+1}+\frac{b}{b^3+1}+\frac{c}{c^3+1}\right)}$$

$$\leqslant\sqrt{3\left(\frac{a}{2\sqrt{a^3}}+\frac{b}{2\sqrt{b^3}}+\frac{c}{2\sqrt{c^3}}\right)}$$

$$=\sqrt{\frac{3}{2}\left(\frac{1}{\sqrt{a}}+\frac{1}{\sqrt{b}}+\frac{1}{\sqrt{c}}\right)}$$

$$\leqslant\sqrt{\frac{3}{2}\sqrt{3\left(\frac{1}{a}+\frac{1}{b}+\frac{1}{c}\right)}}=\frac{3}{\sqrt{2}}$$

证法 2:利用 Cauchy 不等式,有

$$\frac{1}{\sqrt{a^3+1}}+\frac{1}{\sqrt{b^3+1}}+\frac{1}{\sqrt{c^3+1}}$$

$$\leqslant\frac{1}{\sqrt{2\sqrt{a^3}}}+\frac{1}{\sqrt{2\sqrt{b^3}}}+\frac{1}{\sqrt{2\sqrt{c^3}}}$$

$$=\frac{1}{\sqrt{2}}\left(\frac{1}{\sqrt[4]{a^3}}+\frac{1}{\sqrt[4]{b^3}}+\frac{1}{\sqrt[4]{c^3}}\right)$$

$$=\frac{1}{\sqrt{2}}\left(\frac{1}{\sqrt{a}}\cdot\frac{1}{\sqrt[4]{a}}+\frac{1}{\sqrt{b}}\cdot\frac{1}{\sqrt[4]{b}}+\frac{1}{\sqrt{c}}\cdot\frac{1}{\sqrt[4]{c}}\right)$$

$$\leqslant\frac{1}{\sqrt{2}}\sqrt{\left(\frac{1}{a}+\frac{1}{b}+\frac{1}{c}\right)\left(\frac{1}{\sqrt{a}}+\frac{1}{\sqrt{b}}+\frac{1}{\sqrt{c}}\right)}$$

$$\leqslant\frac{1}{\sqrt{2}}\sqrt{\left(\frac{1}{a}+\frac{1}{b}+\frac{1}{c}\right)\sqrt{3\left(\frac{1}{a}+\frac{1}{b}+\frac{1}{c}\right)}}=\frac{3}{\sqrt{2}}$$

36. 证明:由权方和不等式有

$$\frac{1}{2\,019} = \frac{1}{a+2\,019} + \frac{1}{b+2\,019} + \frac{1}{c+2\,019}$$

$$\geqslant \frac{(1+1+1)^2}{a+2\,019+b+2\,019+c+2\,019}$$

$$= \frac{9}{a+b+c+3\times2\,019}$$

所以 $a+b+c \geqslant 6\times2\,019$.

又由 $\dfrac{1}{a+2\,019} + \dfrac{1}{b+2\,019} + \dfrac{1}{c+2\,019} = \dfrac{1}{2\,019}$ 得

$$\frac{a}{a+2\,019} + \frac{b}{b+2\,019} + \frac{c}{c+2\,019} = 2$$

即

$$a(b+2\,019)(c+2\,019) +$$
$$b(c+2\,019)(a+2\,019) +$$
$$c(a+2\,019)(b+2\,019)$$
$$= 2(a+2\,019)(b+2\,019)(c+2\,019)$$

化简得

$$abc = 2\,019^2(a+b+c) + 2\times2\,019^3$$
$$\geqslant 6\times2\,019^3 + 2\times2\,019^3 = 4\,038^3$$

37. 证明:设 $a=x^3, b=y^3, c=z^3$,则 $xyz=1$,所证不等式等价于

$$\sqrt{\frac{x^3}{y^3+8}} + \sqrt{\frac{y^3}{z^3+8}} + \sqrt{\frac{z^3}{x^3+8}} \geqslant 1$$ 这等价于

$$\frac{x}{\sqrt{9xy(y^2+8xz)}} + \frac{y}{\sqrt{9yz(z^2+8xy)}} +$$

$$\frac{z}{\sqrt{9zx(z^2+yz)}} \geqslant \frac{1}{3}$$

由平均值不等式,有

$$\frac{x^2}{\sqrt{9xy(y^2+8xz)}}+\frac{y^2}{\sqrt{9yz(z^2+8xy)}}+$$

$$\frac{z^2}{\sqrt{9zx(x^2+yz)}}$$

$$\geqslant \frac{2 \cdot x^2}{9xy+(y^2+8xz)}+\frac{2y^2}{9yz+(z^2+8xy)}+$$

$$\frac{2z^2}{9zx+(x^2+yz)}$$

$$\geqslant \frac{2(x+y+z)^2}{x^2+y^2+z^2+17xy+17yz+17zx}$$

于是只需证明 $5(x^2+y^2+z^2)\geqslant 5(xy+yz+zx)$, 即 $x^2+y^2+z^2\geqslant xy+yz+zx$.

38. 证明:设 $a=x^3, b=y^3, c=z^3$, 则 $xyz=1$, 所证不等式等价于

$$\sqrt{\frac{x^3}{y^3+k}}+\sqrt{\frac{y^3}{z^3+k}}+\sqrt{\frac{z^3}{x^3+k}}\geqslant \frac{3}{\sqrt{k+1}}$$

这等价于

$$\frac{x^2}{\sqrt{(k+1)xy(y^2+kxz)}}+$$

$$\frac{y^2}{\sqrt{(k+1)yz(z^2+kxy)}}+$$

$$\frac{z^2}{\sqrt{(k+1)zx(x^2+kyz)}}$$

$$\geqslant \frac{3}{k+1}$$

由平均值不等式,有

$$\frac{x^2}{\sqrt{(k+1)xy(y^2+kxz)}}+$$

$$\frac{y^2}{\sqrt{(k+1)yz(z^2+kxy)}}+$$

$$\frac{z^2}{\sqrt{(k+1)zx\,(x^2+kyz)}}$$

$$\geqslant \frac{2x^2}{(k+1)xy+(y^2+kxz)}+$$

$$\frac{2y^2}{(k+1)yz+(z^2+kxy)}+$$

$$\frac{2z^2}{(k+1)zx+(x^2+kyz)}$$

$$\geqslant \frac{2(x+y+z)^2}{(2k+1)(xy+yz+zx)+(x^2+y^2+z^2)}$$

$$=\frac{2(x+y+z)^2}{(x+y+z)^2+(2k-1)(xy+yz+zx)}$$

$$\geqslant \frac{2(x+y+z)^2}{(x+y+z)^2+\dfrac{2k-1}{3}(x+y+z)^2}$$

$$=\frac{2}{1+\dfrac{2k-1}{3}}=\frac{3}{k+1}$$

176

用 Schur 不等式证明数学奥林匹克不等式

3.1 Schur 不等式及其应用

Schur 不等式是指:已知 a,b,c 为正实数,n 为正整数,则有

$$a^n(a-b)(a-c)+b^n(b-c)(b-a)+c^n(c-a)(c-b) \geqslant 0$$

证明 因为已知不等式为轮换不等式,所以不妨设 $a \geqslant b \geqslant c$,于是有

$$a^n(a-b)(a-c)+b^n(b-c)(b-a)+c^n(c-a)(c-b)$$

$$=a^n(a-b)(a-c)+b^n(b-a)(b-a+a-c)+c^n(c-a)(c-b)$$

$$=a^n(a-b)(a-c)+b^n(b-a)^2+b^n(b-a)(a-c)+c^n(c-a)(c-b)$$

$$=(a^n-b^n)(a-b)(a-c)+$$

$$b^n(b-a)^2 + c^n(c-a)(c-b)$$
$$= (a-b)^2(a-c)(a^{n-1} + a^{n-2}b + \cdots + b^{n-1}) +$$
$$b^n(b-a)^2 + c^n(c-a)(c-b) \geqslant 0$$

设 a,b,c 为正实数.

(1) 当 $n=0$ 时,有

$$a^2 + b^2 + c^2 \geqslant ab + bc + ca \qquad ①$$

(2) 当 $n=1$ 时,有

$$a^3 + b^3 + c^3 + 3abc \geqslant a^2b + b^2c + c^2a + ab^2 + bc^2 + ca^2 \qquad ②$$

式 ② 等价于

$$abc \geqslant (b+c-a)(c+a-b)(a+b-c) \qquad ③$$

式 ③ 又等价于

$$(a+b+c)^2 + \frac{9abc}{a+b+c} \geqslant 4(ab+bc+ca) \qquad ④$$

设 $\triangle ABC$ 的外接圆和内切圆半径分别为 R 和 r,则有 Euler(欧拉) 不等式 $R \geqslant 2r$,此不等式等价于

$$\frac{abc}{\sqrt{(a+b+c)(b+c-a)(c+a-b)(a+b-c)}}$$
$$\geqslant \sqrt{\frac{(b+c-a)(c+a-b)(a+b-c)}{(a+b+c)}} \qquad ⑤$$

式 ⑤ 和式 ④ 等价.

设 $\triangle ABC$ 的半周长,外接圆和内切圆半径分别为 s,R 和 r,则有 Gerretsen(格雷森) 不等式

$$16Rr - 5r^2 \leqslant s^2 \leqslant 4R^2 + 4Rr + 3r^2$$

其中

$$s^2 - (16Rr - 5r^2) \geqslant 0$$
$$\Leftrightarrow \sum x(x-y)(x-z) \geqslant 0$$
$$4R^2 + 4Rr + 3r^2 - s^2 \geqslant 0$$
$$\Leftrightarrow \sum x^4(y-z)^2 + 2\sum p(p-q)(p-r) \geqslant 0$$

这里 $a=x+y,b=y+z,c=z+x,x,y,z>0$,且
$p=xy,q=yz,r=zx$.

当 $n=2$ 时,有
$$a^4+b^4+c^4+abc(a+b+c)$$
$$\geqslant a^3b+b^3c+c^3a+ab^3+bc^3+ca^3$$

Schur 不等式的四次式又等价于
$$(a+b+c)(a^3+b^3+c^3+3abc)$$
$$\geqslant 2(a^2+b^2+c^2)(ab+bc+ca)$$

Schur 不等式的三次式又等价于
$$\frac{a}{b+c}+\frac{b}{c+a}+\frac{c}{a+b}+$$
$$\frac{4abc}{(a+b)(b+c)(c+a)}\geqslant 2$$

对于正实数 a,b,c ,满足 $abc=1$,有
$$(a-1)\left(\frac{1}{b}-1\right)+(b-1)\left(\frac{1}{c}-1\right)+$$
$$(c-1)\left(\frac{1}{a}-1\right)\geqslant 0$$

(令 $a=\frac{x}{y}$ 等,三式转化为 $n=0$ 的形式.)

Schur 不等式的三次式又等价于
$$(a^2+b^2+c^2)(a+b+c)+9abc$$
$$\geqslant 2(a+b+c)(ab+bc+ca)$$

Schur 不等式的三次式的加强
$$a^3+b^3+c^3+3abc$$
$$\geqslant \sum_{cyc}ab(a+b)+\frac{\sum_{cyc}ab(a-b)^2}{a+b+c}$$

Schur 不等式的四次式又等价于

$$a^2 + b^2 + c^2 + \frac{6abc(a+b+c)}{a^2+b^2+c^2+ab+bc+ca}$$
$$\geqslant 2(ab+bc+ca)$$

$$\left(\frac{a}{b+c}\right)^2 + \left(\frac{b}{c+a}\right)^2 + \left(\frac{c}{a+b}\right)^2 +$$

$$\frac{10abc}{(a+b)(b+c)(c+a)} \geqslant 2 \text{(D. Duc Lam)}$$

$$\frac{a^2+b^2+c^2}{ab+bc+ca} + \frac{8abc}{(a+b)(b+c)(c+a)} \geqslant 2$$

$$a^2 + b^2 + c^2 + \frac{6abc}{a+b+c} + \frac{(a+b+c)abc}{a^2+b^2+c^2}$$
$$\geqslant 2(ab+bc+ca)$$

由 $\sum a(a-b)(a-c) \geqslant 0$ 不难得到

$$abc \geqslant (a+b-c)(b+c-a)(c+a-b)$$

例 1 （1992 波兰数学奥林匹克）设 $a,b,c \in \mathbf{R}$，求证

$$(a+b-c)^2(b+c-a)^2(c+a-b)^2$$
$$\geqslant (a^2+b^2-c^2)(b^2+c^2-a^2)(c^2+a^2-b^2)$$

证明 令 $x=a+b-c, y=b+c-a, z=c+a-b$，则所证不等式变形为

$$x^2 y^2 z^2$$
$$\geqslant (xy+yz-zx)(yz+zx-xy)(zx+xy-yz)$$

再令 $xy=u, yz=v, zx=w$，则上式变形为

$$uvw \geqslant (u+v-w)(v+w-u)(w+u-v)$$

而最后一式即为背景不等式，由于其等价于 Schur 不等式，故所证不等式成立.

例 2 （2008 伊朗数学奥林匹克）设 $a,b,c>0$，且 $ab+bc+ca=1$，求证

$$\sqrt{a^3+a} + \sqrt{b^3+b} + \sqrt{c^3+c} \geqslant 2\sqrt{a+b+c}$$

证明 所证不等式等价于

$$\sum \sqrt{a(a+b)(a+c)}$$

$$\geqslant 2\sqrt{(a+b+c)(ab+bc+ca)}$$

$$\Leftrightarrow \sum a(a+b)(a+c) +$$

$$2\sum (a+b)\sqrt{ab(a+b)(a+c)}$$

$$\geqslant 4\sum ab(a+b) + 12abc$$

$$\Leftrightarrow \sum a^3 + \sum (a+b)\sqrt{ab(a+b)(a+c)}$$

$$\geqslant 3\sum ab(a+b) + 9abc$$

由 Cauchy 不等式知

$$ab(a+b)(a+c) = (ab+bc)(ab+ac)$$

$$\geqslant (ab + \sqrt{ab} \cdot c)^2$$

于是只需证

$$\sum a^3 + 2\sum (a+b)(ab + \sqrt{ab} \cdot c)$$

$$\geqslant 3\sum ab(a+b) + 9abc$$

$$\Leftrightarrow \sum a^3 + 2\sum ab(a+b) + 2\sum (a+b)\sqrt{ab} \cdot c$$

$$\geqslant 3\sum ab(a+b) + 9abc$$

$$\Leftrightarrow \sum a^3 + 2\sum (a+b)\sqrt{ab} \cdot c$$

$$\geqslant \sum ab(a+b) + 9abc$$

因为 $a+b \geqslant 2\sqrt{ab}$,故只需证

$$\sum a^3 + 12abc \geqslant \sum ab(a+b) + 9abc$$

$$\Leftrightarrow \sum a^3 - \sum ab(a+b) + 3abc \geqslant 0$$

$$\Leftrightarrow \sum a(a-b)(a-c) \geqslant 0$$

由 Schur 不等式知最后一式成立,故所证得证.

例 3 （2007 美国数学奥林匹）设 $a,b,c \in \left(0,\frac{\pi}{2}\right)$，求证

$$\frac{\sin a \cdot \sin (a-b)\sin (a-c)}{\sin (b+c)} +$$

$$\frac{\sin b \cdot \sin (b-c)\sin (b-a)}{\sin (c+a)} +$$

$$\frac{\sin c \cdot \sin (c-a)\sin (c-b)}{\sin (a+b)} \geqslant 0$$

证明 由于 $a,b,c \in \left(0,\frac{\pi}{2}\right)$ 则

$$\sin (b+c),\sin (c+a),\sin (a+b) > 0$$

所证不等式等价于

$$\sum \sin a\sin (a-b) \cdot$$

$$\sin (a-c)\sin (a+b)\sin (a+c) \geqslant 0 \qquad ①$$

由于

$$\sin (a-b)\sin (a+b) = \frac{1}{2}(\cos 2b - \cos 2a)$$

$$= (\sin^2 a - \sin^2 b)$$

同理,有

$$\sin (a-c)\sin (a+c) = \sin^2 a - \sin^2 c$$

于是所证不等式又等价于

$$\sum \sin a(\sin^2 a - \sin^2 b)(\sin^2 a - \sin^2 c) \geqslant 0$$

令 $\sin a = x,\sin b = y,\sin c = z$,则上式又等价于

$$\sum x(x^2 - y^2)(x^2 - z^2) \geqslant 0,此即 Schur 不等式.$$

说明 由例 3 可得:

推论 1 若 A,B,C 是 $\triangle ABC$ 的三个内角,则有

$$\sin (A-B)\sin (A-C) + \sin (B-A)\sin (B-C) +$$

$$\sin (C-A)\sin (C-B) \geqslant 0$$

化简上式,又得到:

推论 2　若 A,B,C 是 $\triangle ABC$ 的三个内角,则有

$$\sum \sin \frac{3A}{2} \leqslant \cos \frac{A-B}{2}.$$

例 4　设 a,b,c 是正实数,则有

$$\frac{(a-b)^2}{(b+c)(c+a)} + \frac{(b-c)^2}{(c+a)(a+b)} + \frac{(c-a)^2}{(b+c)(a+b)}$$

$$\geqslant \frac{(a-b)(a-c)}{(a+b)(a+c)} + \frac{(b-c)(b-a)}{(b+c)(b+a)} + \frac{(c-a)(c-b)}{(c+a)(c+b)}$$

证明

$$\frac{a}{b+c} + \frac{b}{c+a} + \frac{c}{a+b} - \frac{3}{2}$$

$$= \frac{1}{2}\left[\frac{(a-b)^2}{(b+c)(c+a)} + \frac{(b-c)^2}{(c+a)(a+b)} + \frac{(c-a)^2}{(b+c)(a+b)}\right]$$

又

$$\frac{1}{2} - \frac{4abc}{(a+b)(b+c)(c+a)}$$

$$= \frac{1}{2}\left[1 - \frac{8abc}{(a+b)(b+c)(c+a)}\right]$$

$$= \frac{[(a+b)(b+c)(c+a) - 8abc]}{2(a+b)(b+c)(c+a)}$$

$$= \frac{[(b+c)(a-b)(a-c) + (c+a)(b-c)(b-a) + (a+b)(c-a)(c-b)]}{2(a+b)(b+c)(c+a)}$$

$$= \frac{1}{2}\left[\frac{(a-b)(a-c)}{(a+b)(a+c)} + \frac{(b-c)(b-a)}{(b+c)(b+a)} + \frac{(c-a)(c-b)}{(c+a)(c+b)}\right]$$

所以所证不等式等价于

$$\sum \frac{a}{b+c} - \frac{3}{2} \geqslant \frac{1}{2} - \frac{4abc}{(a+b)(b+c)(c+a)}$$

即

183

$$\sum \frac{a}{b+c} + \frac{4abc}{(a+b)(b+c)(c+a)} \geqslant 2$$

$$\Leftrightarrow \frac{a^3+b^3+c^3+5abc}{(a+b)(b+c)(c+a)} \geqslant 1$$

$$\Leftrightarrow a^3+b^3+c^3+5abc \geqslant (a+b)(b+c)(c+a)$$

$$\Leftrightarrow a^3+b^3+c^3+5abc \geqslant \sum ab(a+b)+2abc$$

$$\Leftrightarrow \sum a^3 - \sum ab(a+b) + 3abc \geqslant 0$$

$$\Leftrightarrow \sum a(a-b)(a-c) \geqslant 0$$

由 Schur 不等式知最后一式显然成立.

例5 （2008 伊朗数学奥林匹克）设 $a,b,c>0$,且 $ab+bc+ca=1$,求证

$$\sqrt{a^3+a}+\sqrt{b^3+b}+$$
$$\sqrt{c^3+c} \geqslant 2\sqrt{a+b+c}$$

证明 所证不等式等价于

$$\sum \sqrt{a(a+b)(a+c)}$$

$$\geqslant 2\sqrt{(a+b+c)(ab+bc+ca)}$$

$$\Leftrightarrow \sum a(a+b)(a+c)+$$

$$2\sum (a+b)\sqrt{ab(a+b)(a+c)}$$

$$\geqslant 4\sum ab(a+b)+12abc$$

$$\Leftrightarrow \sum a^3 + \sum (a+b)\sqrt{ab(a+b)(a+c)}$$

$$\geqslant 3\sum ab(a+b)+9abc$$

由 Cauchy 不等式知

$$ab(a+b)(a+c)=(ab+bc)(ab+ac)$$

$$\geqslant (ab+\sqrt{ab}\cdot c)^2$$

于是只需证

184

$$\sum a^3 + 2\sum (a+b)(ab + \sqrt{ab} \cdot c)$$

$$\geqslant 3\sum ab(a+b) + 9abc$$

$$\Leftrightarrow \sum a^3 + 2\sum ab(a+b) + 2\sum (a+b)\sqrt{ab} \cdot c$$

$$\geqslant 3\sum ab(a+b) + 9abc$$

$$\Leftrightarrow \sum a^3 + 2\sum (a+b)\sqrt{ab} \cdot c$$

$$\geqslant \sum ab(a+b) + 9abc$$

因为 $a+b \geqslant 2\sqrt{ab}$,故只需证

$$\sum a^3 + 12abc \geqslant \sum ab(a+b) + 9abc$$

$$\Leftrightarrow \sum a^3 - \sum ab(a+b) + 3abc \geqslant 0$$

$$\Leftrightarrow \sum a(a-b)(a-c) \geqslant 0$$

由 Schur 不等式知最后一式成立,故所证不等式成立.

例 6　（2008 北马其顿数学奥林匹克）如果 a,b,c 是正实数,求证

$$\left(1 + \frac{4a}{b+c}\right)\left(1 + \frac{4b}{c+a}\right)\left(1 + \frac{4c}{a+b}\right) > 25$$

证明　所证不等式等价于

$$(b+c+4a)(c+a+4b)(a+b+4c)$$

$$> 25(a+b)(b+c)(c+a)$$

令 $a+b+c=s$,则上式又等价于

$$(s+3a)(s+3b)(s+3c)$$

$$> 25(s-a)(s-b)(s-c)$$

$$\Leftrightarrow 4s^3 + 9s\sum ab + 27abc > 25(s\sum ab - abc)$$

$$\Leftrightarrow s^3 + 13abc > 4s\sum ab$$

因为

$$s^3 = (a+b+c)^3 = \sum a^3 + 3\sum ab(a+b) + 6abc$$

$$s\sum ab = \sum ab(a+b) + 3abc$$

$$\Leftrightarrow \sum a^3 + 3\sum ab(a+b) + 6abc + 13abc$$

$$> 4\left[\sum ab(a+b) + 3abc\right]$$

$$\Leftrightarrow \sum a^3 - \sum ab(a+b) + 7abc > 0$$

$$\Leftrightarrow \sum a(a-b)(a-c) + 4abc > 0$$

由 Schur 不等式知最后一式成立,故所证不等式成立.

例 7 (2008 塞尔维亚数学奥林匹克) 已知 a,b,c 是正数,且 $a+b+c=1$,证明

$$\sum \frac{1}{bc + a + \dfrac{1}{a}} \leqslant \frac{27}{31}$$

证明 原式等价于 $\sum \dfrac{9a^2 + 9abc + 9 - 31a}{a^2 + abc + 1} \geqslant$

0. 不妨设 $a \geqslant b \geqslant c$,显然有 $9(a+b) < 31$ 等,所以容易证明

$$9a^2 + 9abc + 9 - 31a \leqslant 9b^2 + 9abc + 9 - 31b$$
$$\leqslant 9c^2 + 9abc + 9 - 31c$$

$$\frac{1}{a^2 + abc + 1} \leqslant \frac{1}{b^2 + abc + 1} \leqslant \frac{1}{c^2 + abc + 1}$$

因此,由 Chebyshev(切比雪夫) 不等式有

$$3\sum \frac{9a^2 + 9abc + 9 - 31a}{a^2 + abc + 1}$$

$$\geqslant \sum (9a^2 + 9abc + 9 - 31a) \cdot \sum \frac{1}{a^2 + abc + 1}$$

于是只要证明 $\sum (9a^2 + 9abc + 9 - 31a) \geqslant 0$,它等价于

$$9\sum a^2 + 27abc + 27 - 31\sum a \geqslant 0$$

因为 $a+b+c=1$，所以只要证明 $9\sum a^2 + 27abc - 4 \geqslant 0$，即

$$9\sum a \sum a^2 + 27abc - 4\left(\sum a\right)^3 \geqslant 0 \qquad ①$$

而

$$\sum a \sum a^2 = \sum a^3 + \sum ab(a+b)$$

$$\left(\sum a\right)^3 = \sum a^3 + 3\sum ab(a+b) + 6abc$$

于是式 ① 等价于

$$9\left[\sum a^3 + \sum ab(a+b)\right] + 27abc -$$

$$4\left[\sum a^3 + 3\sum ab(a+b) + 6abc\right] \geqslant 0$$

$$\Leftrightarrow 5\sum a^3 - 3\sum ab(a+b) + 3abc \geqslant 0$$

$$\Leftrightarrow 3\sum a(a-b)(a-c) + 2\left(\sum a^3 - 3abc\right) \geqslant 0$$

由 Schur 不等式和 $\sum a^2 \geqslant 3abc$ 知最后一式成立，故所证不等式得证.

例 8　（2019 罗马尼亚数学奥林匹克）已知正实数 a,b,c 满足 $a+b+c=3$，求证

$$\frac{a}{3a+bc+12} + \frac{b}{3b+ca+12} + \frac{c}{3c+ab+12} \leqslant \frac{3}{16}$$

证明　由已知得原不等式等价于

$$3\prod(3a+bc+12) \geqslant 16\sum a(3a+bc+12)$$

$$\Leftrightarrow -7abc\sum a^2 - 69\sum a^2b^2 +$$

$$36abc\sum a - 84\sum a^2(b+c) -$$

$$396\sum ab - 1\,008\sum a + 3a^2b^2c^2 -$$

$$351abc + 5\,184 \geqslant 0$$

$$-7r(p^2-2q)-69q^2+138pr+36pr-84pq+$$
$$252r-396q-1\,008p+3r^2-351r+5\,184\geqslant 0$$
$$\Leftrightarrow f(r)=3r^2+(14q+360)r-$$
$$69q^2-648q+2\,160\geqslant 0$$

其中 $p=\sum a=3,q=\sum ab\leqslant 3,r=abc$.

当 $0<q\leqslant\dfrac{9}{4}$ 时, $f(r)>f(0)=3(q+12)(60-23q)>0$;

当 $\dfrac{9}{4}<q\leqslant 3$ 时, 由 Schur 不等式得 $p^3-4pq+9r\geqslant 0$, 有 $r\geqslant\dfrac{4q-9}{3}$, 所以

$$f(r)>f\Big(\dfrac{4q-9}{3}\Big)=9(5q+41)(3-q)\geqslant 0$$

例 9 (2019 乌克兰数学奥林匹克) 已知正实数 x,y,z 满足 $\dfrac{1}{x}+\dfrac{1}{y}+\dfrac{1}{z}=3$, 求证

$$(x-1)(y-1)(z-1)\leqslant\dfrac{1}{4}(xyz-1)$$

证明 由已知得 $xy+yz+zx=3xyz$, 则
$$(x-1)(y-1)(z-1)$$
$$=(xyz-1)+(x+y+z-xy-yz-zx)$$
$$=(xyz-1)+(x+y+z-3xyz)$$
$$=x+y+z-1-2xyz$$
于是只需证
$$x+y+z-1-2xyz\leqslant\dfrac{1}{4}(xyz-1)$$
即
$$x+y+z\leqslant\dfrac{9}{4}xyz+\dfrac{3}{4} \qquad\qquad ①$$

设 $\dfrac{1}{x} = \dfrac{3a}{a+b+c}$, $\dfrac{1}{y} = \dfrac{3b}{a+b+c}$, $\dfrac{1}{z} = \dfrac{3c}{a+b+c}$,

其中 a,b,c 为正实数,则

$$① \Leftrightarrow \frac{1}{3}(a+b+c)\left(\frac{1}{a}+\frac{1}{b}+\frac{1}{c}\right)$$

$$\leqslant \frac{9}{4} \cdot \frac{(a+b+c)^3}{27abc} + \frac{3}{4}$$

$$\Leftrightarrow (a+b+c)^3 - 4(a+b+c)(ab+bc+ca) +$$

$$9abc \geqslant 0$$

$$\Leftrightarrow a(a-b)(a-c) + b(b-c)(b-a) +$$

$$c(c-a)(c-b) \geqslant 0 \qquad\qquad ②$$

式 ② 为 Schur 不等式.

3.2　练　习　题

1.(2000 IMO 预选题)设正实数 a,b,c,求证

$$\left(a+\frac{1}{b}-c\right)\left(b+\frac{1}{c}-a\right)+$$

$$\left(b+\frac{1}{c}-a\right)\left(c+\frac{1}{a}-b\right)+$$

$$\left(c+\frac{1}{a}-b\right)\left(a+\frac{1}{b}-c\right) \geqslant 3$$

2.(2008 加拿大数学奥林匹克试题)正实数 a,b,c
满足 $a+b+c=1$,求证

$$\frac{a-bc}{a+bc}+\frac{b-ca}{b+ca}+\frac{c-ab}{c+ab} \leqslant \frac{3}{2}$$

3.(2005 江西省高中数学联合竞赛)$\triangle ABC$ 的三
条边长分别为 a,b,c,证明

$$\frac{|a^2-b^2|}{c}+\frac{|b^2-c^2|}{a} \geqslant \frac{|c^2-a^2|}{b}$$

4.（2020 法国数学奥林匹克）已知正实数 a,b,c 满足 $a+b+c=3$，求证

$$a^{12}+b^{12}+c^{12}+8(ab+bc+ca) \geqslant 27$$

5.（2020 OTJ 数学奥林匹克）正实数 a,b,c 满足 $abc=1$，求证

$$\frac{(a+b+c)^2}{a(b+c)(b^3+c^3)}+\frac{(a+b+c)^2}{b(c+a)(c^3+a^3)}+$$

$$\frac{(a+b+c)^2}{c(a+b)(a^3+b^3)}$$

$$\leqslant 3(a^3+b^3+c^3)-\frac{9}{4}$$

3.3　练习题参考答案

1. 证明：令 $a=\dfrac{x}{y}$，$b=\dfrac{y}{z}$，$c=\dfrac{z}{x}$，则所证不等式等价于

$$\sum\left(\frac{x}{y}+\frac{z}{y}-1\right)\left(\frac{y}{z}+\frac{x}{z}-1\right) \geqslant 3$$

$$\Leftrightarrow \sum \frac{(x+z-y)(x+y-z)}{yz} \geqslant 3$$

$$\Leftrightarrow \sum x(x+z-y)(x+y-z) \geqslant 3xyz$$

$$\Leftrightarrow \sum x[x^2-(y-z)^2] \geqslant 3xyz$$

$$\Leftrightarrow \sum x^3 - \sum x(y-z)^2 \geqslant 3xyz$$

$$\Leftrightarrow \sum x^3 - \sum x(y^2+z^2-2yz) \geqslant 3xyz$$

$$\Leftrightarrow \sum x^3 - \sum xy(x+y)+3xyz \geqslant 0$$

$$\Leftrightarrow \sum x(x-y)(x-z) \geqslant 0$$

此即 Schur 不等式.

注　在题中令 $x+z-y=2p$, $x+y-z=2q$, $y+z-x=2r$, $x=p+q$, $y=q+r$, $z=r+p$, 则原式又等价于 $\sum \dfrac{2p \cdot 2q}{(p+r)(q+r)} \geqslant 3$, 即 $\sum \dfrac{pq}{(p+r)(q+r)} \geqslant \dfrac{3}{4}$.

2. 证明：原不等式等价于

$$3 - \left(\frac{bc}{a+bc} + \frac{ca}{b+ca} + \frac{ab}{c+ab} \right) \leqslant \frac{3}{2}$$

$$\Leftrightarrow \frac{ab}{c+ab} + \frac{bc}{a+bc} + \frac{ca}{b+ca} \geqslant \frac{3}{4}$$

$$\Leftrightarrow \frac{ab}{(1-a)(1-b)} + \frac{bc}{(1-b)(1-c)} + \frac{ca}{(1-c)(1-a)} \geqslant \frac{3}{4}$$

$$\Leftrightarrow \frac{ab}{(b+c)(c+a)} + \frac{bc}{(c+a)(a+b)} + \frac{ca}{(a+b)(b+c)} \geqslant \frac{3}{4}$$

3. 证明：由于 $a = 2R\sin A$, $b = 2R\sin B$, $c = 2R\sin C$, 故只要证

$$\frac{|\sin^2 A - \sin^2 B|}{\sin C} + \frac{|\sin^2 B - \sin^2 C|}{\sin A}$$

$$\geqslant \frac{|\sin^2 C - \sin^2 A|}{\sin B}$$

注意到

$$\sin^2 A - \sin^2 B$$
$$= (\sin^2 A - \sin^2 A \sin^2 B) - (\sin^2 B - \sin^2 A \sin^2 B)$$
$$= \sin^2 A \cos^2 B - \sin^2 B \cos^2 A$$

$$= (\sin A\cos B + \sin B\cos A) \cdot$$
$$(\sin A\cos B - \sin B\cos A)$$
$$= \sin (A+B)\sin (A-B)$$
$$= \sin C \cdot \sin (A-B)$$

于是只需证

$$|\sin (A-B)| + |\sin (B-C)| \geqslant |\sin (C-A)|$$

因为

$$|\sin (C-A)| = |\sin [(A-B)+(B-C)]|$$
$$= |\cos (A-B)\sin (B-C) +$$
$$\cos (A-B)\sin (B-C)|$$
$$\leqslant |\sin (A-B)\cos (B-C)| +$$
$$|\cos (A-B)\sin (B-C)|$$
$$\leqslant |\sin (A-B)| + |\sin (B-C)|$$

当且仅当 $A=B=C$ 时等号成立,此时 $\triangle ABC$ 为等边三角形.

4. 证明:由平均值不等式,有 $a^{12}+1+1+1 \geqslant 4a^3$,所以 $a^{12} \geqslant 4a^3 - 3$.

同理,有 $b^{12} \geqslant 4b^3 - 3, c^{12} \geqslant 4c^3 - 3$.

所以 $a^{12}+b^{12}+c^{12} \geqslant 4(a^3+b^3+c^3) - 9$,于是只需证

$$4\sum a^3 - 9 + \frac{8}{3}\sum ab \sum a \geqslant \left(\sum a\right)^3$$

$$\Leftrightarrow 12\sum a^3 + 8\sum ab \sum a \geqslant 4\left(\sum a\right)^3$$

$$\Leftrightarrow 2\sum a^3 \geqslant \sum ab(a+b)$$

因为 $\sum a^3 \geqslant 3abc$,于是只需证明

$$2\sum a^3 \geqslant \sum a^3 + 3abc \geqslant \sum ab(a+b)$$

最后一式为 Schur 不等式.

5. 证明：由平均值不等式，有

$$\frac{(a+b+c)^2}{a(b+c)(b^3+c^3)} \leqslant \frac{(a+b+c)^2}{a \cdot 2\sqrt{bc} \cdot 2\sqrt{b^3 c^3}}$$

$$= \frac{(a+b+c)^2}{4ab^2 c^2} = \frac{a(a+b+c)^2}{4a^2 b^2 c^2}$$

$$= \frac{a(a+b+c)^2}{4}$$

同理，有

$$\frac{(a+b+c)^2}{b(c+a)(c^3+a^3)} \leqslant \frac{b(a+b+c)^2}{4}$$

$$\frac{(a+b+c)^2}{c(a+b)(a^3+b^3)} \leqslant \frac{c(a+b+c)^2}{4}$$

将以上三式相加，有

$$\frac{(a+b+c)^2}{a(b+c)(b^3+c^3)} + \frac{(a+b+c)^2}{b(c+a)(c^3+a^3)} + $$

$$\frac{(a+b+c)^2}{c(a+b)(a^3+b^3)} \leqslant \frac{(a+b+c)^3}{4}$$

于是只需证明

$$\frac{(a+b+c)^3}{4} \leqslant 3(a^3+b^3+c^3) - \frac{9}{4}$$

$$\Leftrightarrow (a+b+c)^3 + 9abc \leqslant 12(a^3+b^3+c^3)$$

$$\Leftrightarrow a^3+b^3+c^3 + 3\sum(a^2 b + ab^2) + 6abc + 9abc$$

$$\leqslant 12(a^3+b^3+c^3)$$

$$\Leftrightarrow 11(a^3+b^3+c^3) \geqslant 3\sum(a^2 b + ab^2) + 15abc$$

由 Schur 不等式，有

$$\sum a^3 + 3abc \geqslant \sum ab(a+b)$$

即

$$\sum a^3 \geqslant \sum ab(a+b) - 3abc$$

193

于是

$$11\sum a^3 \geqslant 11\sum ab(a+b) - 33abc$$

$$\geqslant 3\sum ab(a+b) + 15abc$$

$$\Leftrightarrow \sum ab(a+b) \geqslant 6abc$$

由平均值不等式,知最后一式显然成立,故所证不等式成立.

构造局部不等式证明
数学奥林匹克不等式

第 4 章

4.1　构造局部不等式证明
数学奥林匹克不等式

　　有一些不等式竞赛题,直接证明往往无法下手,为此可以通过平均值不等式,Cauchy 不等式或反求术,以曲代直的方法构建局部不等式,再利用局部不等式使问题获得简洁的证明.

1. 用平均值不等式构造局部不等式

例 1　(2020 爱尔兰数学奥林匹克)设 $a,b,c>0$,求证

$$\sqrt[7]{\frac{a}{b+c}+\frac{b}{c+a}}+\sqrt[7]{\frac{b}{c+a}+\frac{c}{a+b}}+$$

$$\sqrt[7]{\frac{c}{a+b}+\frac{a}{b+c}}\geqslant 3$$

　　证明　由平均值不等式,有

$$\sqrt[7]{\frac{a}{b+c}+\frac{b}{c+a}}+\sqrt[7]{\frac{b}{c+a}+\frac{c}{a+b}}+\sqrt[7]{\frac{c}{a+b}+\frac{a}{b+c}}$$

$$\geqslant 3\sqrt[21]{\left(\frac{a}{b+c}+\frac{b}{c+a}\right)\left(\frac{b}{c+a}+\frac{c}{a+b}\right)\left(\frac{c}{a+b}+\frac{a}{b+c}\right)}$$

于是,只需证明

$$\left(\frac{a}{b+c}+\frac{b}{c+a}\right)\left(\frac{b}{c+a}+\frac{c}{a+b}\right)\left(\frac{c}{a+b}+\frac{a}{b+c}\right)\geqslant 1$$

首先证明一个局部不等式

$$\frac{a}{b+c}+\frac{b}{c+a}\geqslant\frac{a+b}{2}\left(\frac{1}{b+c}+\frac{1}{c+a}\right)$$

$$\Leftrightarrow \frac{a}{b+c}+\frac{b}{c+a}-\frac{a+b}{2}\left(\frac{1}{b+c}+\frac{1}{c+a}\right)\geqslant 0$$

$$\Leftrightarrow \frac{1}{b+c}\left(a-\frac{a+b}{2}\right)+\frac{1}{c+a}\left(b-\frac{a+b}{2}\right)\geqslant 0$$

$$\Leftrightarrow \frac{1}{b+c}\cdot\frac{a-b}{2}-\frac{1}{c+a}\cdot\frac{a-b}{2}\geqslant 0$$

$$\Leftrightarrow \frac{(a-b)^2}{2(b+c)(c+a)}\geqslant 0$$

于是

$$\frac{a}{b+c}+\frac{b}{c+a}\geqslant\frac{a+b}{2}\left(\frac{1}{b+c}+\frac{1}{c+a}\right)$$

$$\geqslant\frac{a+b}{\sqrt{(b+c)(c+a)}}$$

即

$$\frac{a}{b+c}+\frac{b}{c+a}\geqslant\frac{a+b}{\sqrt{(b+c)(c+a)}}$$

同理,有

$$\frac{b}{c+a}+\frac{c}{a+b}\geqslant\frac{b+c}{\sqrt{(c+a)(a+b)}}$$

$$\frac{c}{a+b}+\frac{a}{b+c}\geqslant\frac{c+a}{\sqrt{(a+b)(b+c)}}$$

将上述三式相乘,即得

$$\left(\frac{a}{b+c}+\frac{b}{c+a}\right)\left(\frac{b}{c+a}+\frac{c}{a+b}\right)\left(\frac{c}{a+b}+\frac{a}{b+c}\right)\geqslant 1$$

于是所证不等式成立.

说明　1.利用本题的局部不等式 $\dfrac{a}{b+c}+\dfrac{b}{c+a}\geqslant$

$\dfrac{a+b}{2}\left(\dfrac{1}{b+c}+\dfrac{1}{c+a}\right)$,可以证明 Nesbitt 不等式的一

个加强式:设 $a,b,c>0$,求证

$$\frac{a}{b+c}+\frac{b}{c+a}+\sqrt{\frac{2c}{a+b}}\geqslant 2$$

证明:由已知可知

$$\frac{a}{b+c}+\frac{b}{c+a}+\sqrt{\frac{2c}{a+b}}$$

$$\geqslant \frac{a+b}{2}\left(\frac{1}{b+c}+\frac{1}{c+a}\right)+\sqrt{\frac{2c}{a+b}}$$

$$\geqslant \frac{a+b}{2}\cdot\frac{4}{b+c+c+a}+\frac{2c}{\dfrac{2c+a+b}{2}}$$

$$=\frac{2a+2b+4c}{a+b+2c}=2$$

2.例 1 是 2015 年印度尼西亚数学奥林匹克试题:设 a,b,c 为正实数,求证

$$\sqrt{\frac{a}{b+c}+\frac{b}{c+a}}+\sqrt{\frac{b}{c+a}+\frac{c}{a+b}}+$$

$$\sqrt{\frac{c}{a+b}+\frac{a}{b+c}}\geqslant 3$$

的推广.

例 2　(2020 OTJ 数学奥林匹克)正实数 a,b,c 满足 $abc=1$,求证

$$\frac{(a+b+c)^2}{a(b+c)(b^3+c^3)} + \frac{(a+b+c)^2}{b(c+a)(c^3+a^3)} +$$

$$\frac{(a+b+c)^2}{c(a+b)(a^3+b^3)} \leqslant 3(a^3+b^3+c^3) - \frac{9}{4}$$

证明　由平均值不等式,有

$$\frac{(a+b+c)^2}{a(b+c)(b^3+c^3)} \leqslant \frac{(a+b+c)^2}{a \cdot 2\sqrt{bc} \cdot 2\sqrt{b^3 c^3}}$$

$$= \frac{(a+b+c)^2}{4ab^2 c^2} = \frac{a(a+b+c)^2}{4a^2 b^2 c^2}$$

$$= \frac{a(a+b+c)^2}{4}$$

同理,有

$$\frac{(a+b+c)^2}{b(c+a)(c^3+a^3)} \leqslant \frac{b(a+b+c)^2}{4}$$

$$\frac{(a+b+c)^2}{c(a+b)(a^3+b^3)} \leqslant \frac{c(a+b+c)^2}{4}$$

将以上三式相加,有

$$\frac{(a+b+c)^2}{a(b+c)(b^3+c^3)} + \frac{(a+b+c)^2}{b(c+a)(c^3+a^3)} +$$

$$\frac{(a+b+c)^2}{c(a+b)(a^3+b^3)} \leqslant \frac{(a+b+c)^3}{4}$$

于是只需证明

$$\frac{(a+b+c)^3}{4} \leqslant 3(a^3+b^3+c^3) - \frac{9}{4}$$

$$\Leftrightarrow (a+b+c)^3 + 9abc \leqslant 12(a^3+b^3+c^3)$$

$$\Leftrightarrow a^3+b^3+c^3 + 3\sum(a^2 b + ab^2) + 6abc + 9abc$$

$$\leqslant 12(a^3+b^3+c^3)$$

$$\Leftrightarrow 11(a^3+b^3+c^3)$$

$$\geqslant 3\sum(a^2 b + ab^2) + 15abc$$

因为 $a^3 + a^3 + b^3 \geqslant 3a^2 b, a^3 + b^3 + b^3 \geqslant 3ab^2$,所

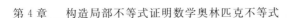

以 $a^3 + b^3 \geqslant a^2 b + ab^2$

于是,有 $6(a^3 + b^3 + c^3) \geqslant 3\sum(a^2 b + ab^2)$,又因为 $5(a^3 + b^3 + c^3) \geqslant 15abc$,将上述两式相加,知 $11(a^3 + b^3 + c^3) \geqslant 3\sum(a^2 b + ab^2) + 15abc$ 成立,故所证成立.

例 3　(CRUX[①]2020(12)问题 B71)设 a,b,c 为正实数,满足 $a + b + c = 3$,求证

$$\frac{a}{\sqrt{2(b^4 + c^4)} + 7bc} + \frac{b}{\sqrt{2(c^4 + a^4)} + 7ca} +$$

$$\frac{c}{\sqrt{2(a^4 + b^4)} + 7ab} \geqslant \frac{1}{3}$$

证明　因为

$$\sqrt{2}(b^2 + c^2) = \sqrt{(1+1)(b^4 + c^4 + 2b^2 c^2)}$$
$$\geqslant \sqrt{b^4 + c^4} + \sqrt{2}\, bc$$

所以 $\sqrt{2(b^4 + c^4)} \leqslant 2(b^2 + c^2 - bc)$,于是

$$\frac{a}{\sqrt{2(b^4 + c^4)} + 7bc} \geqslant \frac{a}{2(b^2 + c^2 - bc) + 7bc}$$

$$= \frac{a}{2(b+c)^2 + bc} = \frac{a^2}{2a(b+c)^2 + abc}$$

$$\geqslant \frac{a^2}{\left(\dfrac{2a + b + c + b + c}{3}\right)^3 + 1} = \frac{a^2}{9}$$

同理,有

$$\frac{b}{\sqrt{2(c^4 + a^4)} + 7ca} \geqslant \frac{b^2}{9}$$

____

① 　加拿大数学杂志 *Crux Mathematicorm* 的简称.

$$\frac{c}{\sqrt{2(a^4+b^4)}+7ab} \geqslant \frac{c^2}{9}$$

故

$$\frac{a}{\sqrt{2(b^4+c^4)}+7bc} + \frac{b}{\sqrt{2(c^4+a^4)}+7ca} +$$

$$\frac{c}{\sqrt{2(a^4+b^4)}+7ab}$$

$$\geqslant \frac{a^2+b^2+c^2}{9} \geqslant \frac{(a+b+c)^2}{27} = \frac{1}{3}$$

说明 本题也可以构造局部不等式,设 x,y 为正实数,则有 $x+y \geqslant \sqrt{xy} + \sqrt{\dfrac{x^2+y^2}{2}}$,将上式两边平方,它等价于

$$x^2+y^2+2xy \geqslant xy + \frac{x^2+y^2}{2} + 2\sqrt{xy} \cdot \sqrt{\frac{x^2+y^2}{2}}$$

即为

$$\frac{x^2+y^2}{2} - 2\sqrt{xy} \cdot \sqrt{\frac{x^2+y^2}{2}} + xy \geqslant 0$$

化简为 $\left(\sqrt{\dfrac{x^2+y^2}{2}} - xy\right)^2 \geqslant 0$,故所证不等式成立.

例 4 (2019 印度数学奥林匹克)已知 a,b,c 是正实数,且满足 $a+b+c=1$,求证

$$\frac{a}{a^2+b^3+c^3} + \frac{b}{b^2+c^3+a^3} +$$

$$\frac{c}{c^2+a^3+b^3} \leqslant \frac{1}{5abc}$$

证明 所证不等式等价于

$$\frac{5a^2bc}{a^2+b^3+c^3} + \frac{5ab^2c}{b^2+c^3+a^3} + \frac{5abc^2}{c^2+a^3+b^3} \leqslant 1$$

因为

$$\frac{5a^2bc}{a^2+b^3+c^3}=\frac{5a^2bc}{a^2(a+b+c)+b^3+c^3}$$

$$\frac{5a^2bc}{a^3+a^2b+a^2c+b^3+c^3}$$

$$\leqslant\frac{5a^2bc}{5\sqrt[5]{a^3\cdot a^2b\cdot a^2c\cdot b^3\cdot c^3}}$$

$$=\frac{a^2bc}{\sqrt[5]{a^7b^4c^4}}=\sqrt[5]{\frac{a^{10}b^5c^5}{a^7b^4c^4}}$$

$$=\sqrt[5]{a^3bc}\leqslant\frac{3a+b+c}{5}$$

同理,有

$$\frac{5ab^2c}{b^2+c^3+a^3}\leqslant\frac{3b+c+a}{5}$$

$$\frac{5abc^2}{c^2+a^3+b^3}\leqslant\frac{3c+a+b}{5}$$

将上述三式相加,即得.

例 5　（2021 中国香港数学奥林匹克）设 a,b,c 为正实数,且满足 $abc=1$,求证

$$\frac{1}{a^3+2b^2+2b+4}+\frac{1}{b^3+2c^2+2c+4}+$$

$$\frac{1}{c^3+2a^2+2a+4}\leqslant\frac{1}{3}$$

证明　因为

$$a^3+2b^2+2b+4=a^3+b^2+b+(b^2+1)+b+3$$

$$\geqslant 3ab+b+2b+3$$

$$=3ab+3b+3=3(ab+b+1)$$

所以

$$\frac{1}{a^3+2b^2+2b+4}\leqslant\frac{1}{3(ab+b+1)}$$

同理,有

$$\frac{1}{b^3 + 2c^2 + 2c + 4} \leqslant \frac{1}{3(bc + c + 1)}$$

$$\frac{1}{c^3 + 2a^2 + 2a + 4} \leqslant \frac{1}{3(ca + a + 1)}$$

将上述三式相加,有

$$\frac{1}{a^3 + 2b^2 + 2b + 4} + \frac{1}{b^3 + 2c^2 + 2c + 4} +$$

$$\frac{1}{c^3 + 2a^2 + 2a + 4}$$

$$\leqslant \frac{1}{3}\left(\frac{1}{ab + b + 1} + \frac{1}{bc + c + 1} + \frac{1}{ca + a + 1}\right)$$

$$= \frac{1}{3}\left(\frac{1}{ab + b + 1} + \frac{ab}{b + 1 + ab} + \frac{b}{1 + ab + b}\right) = \frac{1}{3}$$

2. 利用 Cauchy 不等式或反求术构造局部不等式

例 6 (2018 克罗地亚数学奥林匹克)已知正实数 a,b,c 满足 $a + b + c = 2$,求证

$$\frac{(a - 1)^2}{b} + \frac{(b - 1)^2}{c} + \frac{(c - 1)^2}{a}$$

$$\geqslant \frac{1}{4}\left(\frac{a^2 + b^2}{a + b} + \frac{b^2 + c^2}{b + c} + \frac{c^2 + a^2}{c + a}\right)$$

证明 由 Cauchy 不等式,有

$$\frac{(a - 1)^2}{b} + \frac{(b - 1)^2}{c} \geqslant \frac{(a - 1 + b - 1)^2}{b + c}$$

$$= \frac{c^2}{b + c} = \frac{b^2 + c^2}{2(b + c)} + \frac{c - b}{2}$$

同理,有

$$\frac{(b - 1)^2}{c} + \frac{(c - 1)^2}{a} \geqslant \frac{c^2 + a^2}{2(c + a)} + \frac{a - c}{2}$$

$$\frac{(c - 1)^2}{a} + \frac{(a - 1)^2}{b} \geqslant \frac{a^2 + b^2}{2(a + b)} + \frac{b - a}{2}$$

将上述三式相加即得.

例 7　(2019 印度数学奥林匹克) 已知正实数 a,b, c 满足 $a+b+c=18$, 求证

$$\frac{a}{b^2+36}+\frac{b}{c^2+36}+\frac{c}{a^2+36}\geqslant\frac{1}{4}$$

证明　因为

$$\frac{a}{b^2+36}=\frac{1}{36}\left(a-\frac{ab^2}{b^2+36}\right)\geqslant\frac{1}{36}\left(a-\frac{ab^2}{12b}\right)$$

$$=\frac{1}{36}\left(a-\frac{ab}{12}\right)$$

同理, 有

$$\frac{b}{c^2+36}\geqslant\frac{1}{36}\left(b-\frac{bc}{12}\right),\frac{c}{a^2+36}\geqslant\frac{1}{36}\left(c-\frac{ca}{12}\right)$$

将上述三式相加, 有

$$\frac{a}{b^2+36}+\frac{b}{c^2+36}+\frac{c}{a^2+36}$$

$$\geqslant\frac{1}{36}(a+b+c)-\frac{1}{432}(ab+bc+ca)$$

$$\geqslant\frac{1}{2}-\frac{1}{432}\times\frac{1}{3}(a+b+c)^2=\frac{1}{4}$$

3. 利用化曲为直构造局部不等式

例 8　(2021 美国第二届圣诞数学奥林匹克) 正实数 a,b,c 满足 $a+b+c=6$, 求证

$$\frac{a^2-4}{4a^2-9a+6}+\frac{b^2-4}{4b^2-9b+6}+\frac{c^2-4}{4c^2-9c+6}\leqslant0$$

证明　首先证明下面的不等式

$$\frac{x^2-4}{4x^2-9x+6}\leqslant x-2\Leftrightarrow(x-2)^2(2x-1)\geqslant0$$

$$\frac{x^2-4}{4x^2-9x+6}\leqslant\frac{1}{15}x+\frac{2}{15}\Leftrightarrow(x-3)^2(x+2)\geqslant0$$

$$\frac{x^2-4}{4x^2-9x+6}\leqslant\frac{1}{15}x-\frac{2}{3}\Leftrightarrow x(x^2-16x+24)\geqslant0$$

如果 $a,b,c \geqslant \dfrac{1}{2}$，那么

$$\dfrac{a^2-4}{4a^2-9a+6}+\dfrac{b^2-4}{4b^2-9b+6}+$$

$$\dfrac{c^2-4}{4c^2-9c+6} \leqslant a-2+b-2+c-2=0$$

如果 a,b,c 中有一个小于 $\dfrac{1}{2}$，不妨设 $a<\dfrac{1}{2}$，则 $a^2-16a+24>0$，因此，有

$$\dfrac{a^2-4}{4a^2-9a+6}+\dfrac{b^2-4}{4b^2-9b+6}+\dfrac{c^2-4}{4c^2-9c+6} \leqslant 0$$

等号成立当且仅当 $(a,b,c)=(2,2,2)$ 或 $(0,3,3)$.

例 9 （2011 伊朗国家选拔赛）设正实数 a,b,c 满足 $a+b+c=3$. 求证

$$\dfrac{a}{1+(b+c)^2}+\dfrac{b}{1+(c+a)^2}+$$

$$\dfrac{c}{1+(a+b)^2} \leqslant \dfrac{3(a^2+b^2+c^2)}{a^2+b^2+c^2+12abc}$$

首先给出该题的证明及一个下界估计.

证明 因为 $a+b+c=3$，两边分别减去 3，得到原不等式等价于

$$\dfrac{a(b+c)^2}{1+(b+c)^2}+\dfrac{b(c+a)^2}{1+(c+a)^2}+$$

$$\dfrac{c(a+b)^2}{1+(a+b)^2} \geqslant \dfrac{36abc}{a^2+b^2+c^2+12abc}$$

注意到 $f(x)=\dfrac{x}{1+x}$ 在 $x>0$ 时为增函数，同时 $(b+c)^2 \geqslant 4bc$，所以只需证明

$$\dfrac{4abc}{1+4bc}+\dfrac{4abc}{1+4ca}+\dfrac{4abc}{1+4ab} \geqslant$$

$$\frac{36abc}{a^2 + b^2 + c^2 + 12abc}$$

$$\Leftrightarrow \frac{1}{1 + 4bc} + \frac{1}{1 + 4ca} + \frac{1}{1 + 4ab}$$

$$\geqslant \frac{9}{a^2 + b^2 + c^2 + 12abc}$$

因为 $a + b + c = 3$,所以

$$12abc = 4abc(a + b + c)$$
$$= a^2 \cdot 4bc + b^2 \cdot 4ca + c^2 \cdot 4ab$$

由 Cauchy 不等式,有

$$\left(\frac{1}{1 + 4bc} + \frac{1}{1 + 4ca} + \frac{1}{1 + 4ab} \right) \cdot$$

$$(a^2 + b^2 + c^2 + 12abc)$$

$$= \left(\frac{1}{1 + 4bc} + \frac{1}{1 + 4ca} + \frac{1}{1 + 4ab} \right) \cdot$$

$$(a^2 + b^2 + c^2 + a^2 \cdot 4bc + b^2 \cdot 4ca + c^2 \cdot 4ab)$$

$$= \left(\frac{1}{1 + 4bc} + \frac{1}{1 + 4ca} + \frac{1}{1 + 4ab} \right) \cdot$$

$$\left[(a^2 + a^2 \cdot 4bc) + (b^2 + b^2 \cdot 4ca) + (c^2 + c^2 \cdot 4ab) \right]$$

$$= \left(\frac{1}{1 + 4bc} + \frac{1}{1 + 4ca} + \frac{1}{1 + 4ab} \right) \cdot$$

$$\left[a^2(1 + 4bc) + b^2(1 + 4ca) + c^2(1 + 4ab) \right]$$

$$\geqslant (a + b + c)^2 = 9$$

所以

$$\frac{1}{1 + 4bc} + \frac{1}{1 + 4ca} + \frac{1}{1 + 4ab} \geqslant \frac{9}{a^2 + b^2 + c^2 + 12abc}$$

故所证成立.

在探究证明的过程中,发现有

$$\frac{3}{5} \leqslant \frac{a}{1 + (b + c)^2} + \frac{b}{1 + (c + a)^2} + \frac{c}{1 + (a + b)^2}$$

$$\leqslant \frac{3(a^2 + b^2 + c^2)}{a^2 + b^2 + c^2 + 12abc}$$

证明　采用化曲为直的方法，由 $a + b + c = 3$ 得

$$\frac{a}{1 + (b + c)^2} = \frac{a}{1 + (3 - a)^2} = \frac{a}{a^2 - 6a + 10}$$

构造函数 $f(x) = \dfrac{x}{x^2 - 6x + 10}$，则

$$f'(x) = \left(\frac{x}{x^2 - 6x + 10}\right)' = \frac{-x^2 + 10}{x^2 - 6x + 10}$$

所以 $f(1) = \dfrac{1}{5}$，$f'(1) = \dfrac{9}{25}$．下面证明

$$\frac{x}{x^2 - 6x + 10} - \frac{1}{5} \geqslant \frac{9}{25}(x - 1)$$

$$\Leftrightarrow \frac{x}{x^2 - 6x + 10} \geqslant \frac{9x - 4}{25}$$

$$\Leftrightarrow 25x \geqslant (9x - 4)(x^2 - 6x + 10)$$

$$\Leftrightarrow (x - 1)^2 (9x - 40) \leqslant 0$$

最后一式显然成立，于是有

$$\frac{a}{1 + (b + c)^2} = \frac{a}{a^2 - 6a + 10} \geqslant \frac{9 - 4a}{25}$$

同理，有

$$\frac{b}{1 + (c + a)^2} = \frac{b}{b^2 - 6b + 10} \geqslant \frac{9 - 4b}{25}$$

$$\frac{c}{1 + (a + b)^2} = \frac{c}{c^2 - 6c + 10} \geqslant \frac{9 - 4c}{25}$$

将上述三式相加，有

$$\frac{a}{1 + (b + c)^2} + \frac{b}{1 + (c + a)^2} + \frac{c}{1 + (a + b)^2}$$

$$\geqslant \frac{(9 - 4a) + (9 - 4b) + (9 - 4c)}{25} = \frac{3}{5}$$

故所证不等式，成立.

例 10　（2017 蒙古数学奥林匹克）已知正实数 a，b，c，d 满足 $a+b+c+d=4$，求证

$$a\sqrt{a+8}+b\sqrt{b+8}+c\sqrt{c+8}+d\sqrt{d+8}\geqslant 12$$

证明　因为 $x>0$ 时，可以证明一个局部不等式

$$x\sqrt{x+8}\geqslant \frac{19}{6}x-\frac{1}{6}$$

$$\Leftrightarrow 6x\sqrt{x+8}+1\geqslant 19x$$

而 $6x\sqrt{x+8}+1=6x\sqrt{x+1+\cdots+1}+1\geqslant 18x^{\frac{19}{18}}+1\geqslant 19x$，于是有

$$a\sqrt{a+8}+b\sqrt{b+8}+c\sqrt{c+8}+d\sqrt{d+8}$$

$$\geqslant \frac{19}{6}(a+b+c+d)-\frac{4}{6}=\frac{76}{6}-\frac{4}{6}=12$$

例 11　设 $a,b,c>0$，求证

$$\frac{b+c}{\sqrt{a(b+c+10a)}}+\frac{c+a}{\sqrt{b(c+a+10b)}}+\frac{a+b}{\sqrt{c(a+b+10c)}}\geqslant \sqrt{3}$$

证明　由于齐次，不妨设 $a+b+c=3$，则

$$\frac{b+c}{\sqrt{a(b+c+10a)}}=\frac{3-a}{\sqrt{a(3+9a)}}$$

$$=\frac{\sqrt{3}}{3}\cdot\frac{4(3-a)}{2\sqrt{4(1+3a)}}\geqslant \frac{\sqrt{3}}{3}\cdot\frac{4(3-a)}{1+7a}$$

$$=\frac{4\sqrt{3}}{21}\left(\frac{22}{1+7a}-1\right)$$

从而

$$\frac{b+c}{\sqrt{a(b+c+10a)}}+\frac{c+a}{\sqrt{b(c+a+10b)}}+\frac{a+b}{\sqrt{c(a+b+10c)}}$$

$$\geqslant \frac{4\sqrt{3}}{21}\left(\frac{22}{1+7a}+\frac{22}{1+7b}+\frac{22}{1+7c}-3\right)$$

$$\geqslant \frac{4\sqrt{3}}{21}\cdot\left[\frac{22(1+1+1)^2}{1+7a+1+7b+1+7c}-3\right]$$

$$=\frac{4\sqrt{3}}{21}\cdot\left(\frac{22\times 9}{24}-3\right)=\sqrt{3}$$

例 11 可以加强为：设 $a,b,c>0$，求证

$$\frac{(b+c)^2}{a(b+c+10a)}+\frac{(c+a)^2}{b(c+a+10b)}+$$

$$\frac{(a+b)^2}{c(a+b+10c)}\geqslant 1$$

证明：由于齐次，不妨设 $a+b+c=3$，则

$$\frac{(b+c)^2}{a(b+c+10a)}=\frac{(3-a)^2}{a(3+9a)}\geqslant\frac{15-11a}{12}$$

$$\Leftrightarrow 12(3-a)^2\geqslant a(3+9a)(15-11a)$$

$$\Leftrightarrow 33a^3+36\geqslant 30a^2+39a$$

$$\Leftrightarrow (a-1)^2(11a+12)\geqslant 0$$

从而

$$\frac{(b+c)^2}{a(b+c+10a)}+\frac{(c+a)^2}{b(c+a+10b)}+\frac{(a+b)^2}{c(a+b+10c)}$$

$$\geqslant \frac{15-11a}{12}+\frac{15-11b}{12}+\frac{15-11c}{12}=1$$

注 $\dfrac{(b+c)^2}{a(b+c+10a)}=\dfrac{(3-a)^2}{a(3+9a)}\geqslant\dfrac{15-11a}{12}$ 可以由切线的性质得到.

例 12 （2003 美国数学奥林匹克）设 a,b,c 是正实数，求证

$$\frac{(2a+b+c)^2}{2a^2+(b+c)^2}+\frac{(a+2b+c)^2}{2b^2+(a+c)^2}+$$

$$\frac{(a+b+2c)^2}{2c^2+(b+a)^2}\leqslant 8$$

证明　为了证明此题,我们注意到以下事实,将 a,b,c 换成 $\dfrac{a}{a+b+c},\dfrac{b}{a+b+c},\dfrac{c}{a+b+c}$ 不等式不变,所以可设 $0<a,b,c<1,a+b+c=1$,则

$$\frac{(2a+b+c)^2}{2a^2+(b+c)^2}=\frac{(a+1)^2}{2a^2+(1-a)^2}=\frac{(a+1)^2}{3a^2-2a+1}$$

设 $f(x)=\dfrac{(x+1)^2}{3x^2-2x+1},0<x<1$,在点 $x=\dfrac{1}{3}$ 处的切线为

$$g(x)=\frac{12x+4}{3}$$

$$f(x)-g(x)=\frac{-36x^3+15x^2+2x-1}{3(3x^2-2x+1)}$$

$$=\frac{-(3x-1)^2(4x+1)}{3(3x^2-2x+1)}\leqslant 0$$

所以

$$\frac{(2a+b+c)^2}{2a^2+(b+c)^2}\leqslant\frac{12a+4}{3}$$

同理,有

$$\frac{(a+2b+c)^2}{2b^2+(a+c)^2}\leqslant\frac{12b+4}{3}$$

$$\frac{(a+b+2c)^2}{2c^2+(b+a)^2}\leqslant\frac{12c+4}{3}$$

将上述三式相加有

$$\frac{(2a+b+c)^2}{2a^2+(b+c)^2}+\frac{(a+2b+c)^2}{2b^2+(a+c)^2}+$$

$$\frac{(a+b+2c)^2}{2c^2+(b+a)^2}\leqslant\frac{12(a+b+c)+3\times 4}{3}=8$$

例 13　(2006 第 2 届北方数学奥林匹克)已知正数 a,b,c 满足 $a+b+c=3$,求证

$$\frac{a^2+9}{2a^2+(b+c)^2}+\frac{b^2+9}{2b^2+(a+c)^2}+$$

$$\frac{c^2+9}{2c^2+(b+a)^2}\leqslant 5$$

证明　设 $f(x)=\dfrac{x^2+9}{2x^2+(3-x)^2}$，$0<x<3$，即

$f(x)=\dfrac{x^2+9}{3x^2-6x+9}$ 在 $x=1$ 处的切线为 $g(x)=$

$\dfrac{1}{3}x+\dfrac{4}{3}$，下面证明当 $0<x<3$ 时，$f(x)\leqslant g(x)$，即

$$\frac{x^2+9}{3x^2-6x+9}\leqslant \frac{1}{3}x+\frac{4}{3}$$

此式等价于

$$3(x^2+9)\leqslant (x+4)(3x^2-6x+9)$$
$$\Leftrightarrow x^3+x^2-5x+3\geqslant 0$$
$$\Leftrightarrow (x+3)(x-1)^2\geqslant 0$$

显然成立. 所以

$$\frac{a^2+3}{2a^2+(3-a)^2}\leqslant \frac{1}{3}a+\frac{4}{3}$$

即

$$\frac{a^2+3}{2a^2+(b+c)^2}\leqslant \frac{1}{3}a+\frac{4}{3}$$

同理,有

$$\frac{b^2+3}{2b^2+(a+c)^2}\leqslant \frac{1}{3}b+\frac{4}{3}$$
$$\frac{c^2+3}{2c^2+(a+b)^2}\leqslant \frac{1}{3}c+\frac{4}{3}$$

将上述式子相加便得

$$\frac{a^2+9}{2a^2+(b+c)^2}+\frac{b^2+9}{2b^2+(a+c)^2}+$$

$$\frac{c^2+9}{2c^2+(b+a)^2}\leqslant \frac{1}{3}(a+b+c)+4=5$$

例 14　已知非负实数 x,y,z 满足 $x+y+z \geqslant 6$，求 $x^2+y^2+z^2+\dfrac{x}{y^2+z+1}+\dfrac{y}{z^2+x+1}+\dfrac{z}{x^2+y+1}$ 的最小值.

解　由平均值不等式，有

$$\frac{x}{y^2+z+1}+\frac{2(y^2+z+1)}{49}+\frac{x^2}{14} \geqslant \frac{3x}{7}$$

于是

$$\frac{x}{y^2+z+1} \geqslant \frac{3x}{7}-\frac{2(y^2+z+1)}{49}-\frac{x^2}{14}$$

同理，有

$$\frac{y}{z^2+x+1} \geqslant \frac{3y}{7}-\frac{2(z^2+x+1)}{49}-\frac{y^2}{14}$$

$$\frac{z}{x^2+y+1} \geqslant \frac{3z}{7}-\frac{2(x^2+y+1)}{49}-\frac{z^2}{14}$$

将上述三式相加，有

$$x^2+y^2+z^2+\frac{x}{y^2+z+1}+\frac{y}{z^2+x+1}+$$

$$\frac{z}{x^2+y+1}$$

$$\geqslant \sum x^2+\sum\left[\frac{3x}{7}-\frac{2(y^2+z+1)}{49}-\frac{x^2}{14}\right]$$

$$=\frac{87}{98}\sum x^2+\frac{19}{49}\sum x-\frac{6}{49}$$

$$\geqslant \frac{87}{98}\times 12+\frac{19}{49}\times 6-\frac{6}{49}=\frac{90}{7}$$

易知 $x=y=z=2$ 时，原式取最小值，且最小值为 $\dfrac{90}{7}$.

例 15　（2008 波斯尼亚和摩尔多瓦数学奥林匹克）如果 a,b,c 是正实数，且满足 $a^2+b^2+c^2=1$，求证

$$\frac{a^5+b^5}{ab(a+b)}+\frac{b^5+c^5}{bc(b+c)}+\frac{c^5+a^5}{ca(c+a)}$$

$$\geqslant 3(ab+bc+ca)-2$$

证明 由 $a^5+b^5 \geqslant ab(a^3+b^3)$,得到

$$\frac{a^5+b^5}{ab(a+b)} \geqslant \frac{ab(a^3+b^3)}{ab(a+b)}=a^2-ab+b^2$$

同理,有

$$\frac{b^5+c^5}{bc(b+c)} \geqslant b^2-bc+c^2$$

$$\frac{c^5+a^5}{ca(c+a)} \geqslant c^2-ca+a^2$$

将以上三式相加得到

$$\frac{a^5+b^5}{ab(a+b)}+\frac{b^5+c^5}{bc(b+c)}+\frac{c^5+a^5}{ca(c+a)}$$

$$\geqslant 2(a^2+b^2+c^2)-(ab+bc+ca)$$

于是只需证

$$2(a^2+b^2+c^2)-(ab+bc+ca)$$

$$\geqslant 3(ab+bc+ca)-2$$

$$\Leftrightarrow 4(a^2+b^2+c^2) \geqslant 4(ab+bc+ca)$$

$$\Leftrightarrow a^2+b^2+c^2 \geqslant ab+bc+ca$$

最后一式显然成立,所证不等式得证.

例 16 (2011 美国数学奥林匹克) 设 $a,b,c>0$,且 $a^2+b^2+c^2+(a+b+c)^2 \leqslant 4$. 求证

$$\frac{ab+1}{(a+b)^2}+\frac{bc+1}{(b+c)^2}+\frac{ca+1}{(c+a)^2} \geqslant 3$$

证明 由已知

$$a^2+b^2+c^2+(a+b+c)^2 \leqslant 4$$

得

$$a^2+b^2+c^2+ab+bc+ca \leqslant 2$$

于是

$$\frac{ab+1}{(a+b)^2} = \frac{2ab+2}{2(a+b)^2}$$

$$\geqslant \frac{a^2+b^2+c^2+3ab+bc+ca}{2(a+b)^2}$$

$$= \frac{(a+b)^2+c^2+ab+bc+ca}{2(a+b)^2}$$

$$= \frac{1}{2} + \frac{(c+a)(c+b)}{2(a+b)^2}$$

同理，有

$$\frac{bc+1}{(b+c)^2} \geqslant \frac{1}{2} + \frac{(c+a)(a+b)}{2(b+c)^2}$$

$$\frac{ca+1}{(c+a)^2} \geqslant \frac{1}{2} + \frac{(c+b)(a+b)}{2(c+a)^2}$$

将上述三式相加，有

$$\frac{ab+1}{(a+b)^2} + \frac{bc+1}{(b+c)^2} + \frac{ca+1}{(c+a)^2}$$

$$\geqslant \frac{3}{2} + \frac{1}{2}\left[\frac{(a+c)(b+c)}{(a+b)^2} + \frac{(c+a)(a+b)}{(b+c)^2} + \frac{(c+b)(a+b)}{(c+a)^2}\right]$$

$$\geqslant \frac{3}{2} + \frac{3}{2}\sqrt[3]{\frac{(a+c)(b+c)}{(a+b)^2} \cdot \frac{(c+a)(a+b)}{(b+c)^2} \cdot \frac{(c+b)(a+b)}{(c+a)^2}}$$

$$= 3$$

4.2　练　习　题

1. 已知正实数 a,b,c 满足 $a+b+c=3$. 求证

$$\frac{a}{b^2+1} + \frac{b}{c^2+1} + \frac{c}{a^2+1} \geqslant \frac{3}{2}$$

2. 设 $x,y,z > 0$. 求证

$$\frac{x}{y^2+z^2}+\frac{y}{z^2+x^2}+\frac{z}{x^2+y^2}\geqslant\frac{3\sqrt{3}}{2\sqrt{x^2+y^2+z^2}}$$

3.（2010 美国数学奥林匹克）正实数 a,b,c 满足 $abc=1$. 求证

$$\frac{1}{a^5(b+2c)^2}+\frac{1}{b^5(c+2a)^2}+\frac{1}{c^5(a+2b)^2}\geqslant\frac{1}{3}$$

4.（2010 印度尼西亚数学奥林匹克）已知 $a,b,c\geqslant 0,x,y,z>0$，且 $a+b+c=x+y+z$. 求证

$$\frac{a^3}{x^2}+\frac{b^3}{y^2}+\frac{c^3}{z^2}\geqslant a+b+c$$

5.（2010 瑞士数学奥林匹克）已知 $x,y,z>0$，且 $xyz=1$. 求证

$$\frac{(x+y-1)^2}{z}+\frac{(y+z-1)^2}{x}+\frac{(z+x-1)^2}{y}$$
$$\geqslant x+y+z$$

6. 已知正实数 a,b,c 满足 $a+b+c=3$. 求证

$$\frac{a}{b^2+1}+\frac{b}{c^2+1}+\frac{c}{a^2+1}\geqslant\frac{3}{2}$$

7. 设 $x,y,z>0$. 求证

$$\frac{x}{y^2+z^2}+\frac{y}{z^2+x^2}+\frac{z}{x^2+y^2}\geqslant\frac{3\sqrt{3}}{2\sqrt{x^2+y^2+z^2}}$$

8.（2007 西部数学奥林匹克）设 a,b,c 是实数，且满足 $a+b+c=3$. 证明

$$\frac{1}{5a^2-4a+11}+\frac{1}{5b^2-4b+11}+\frac{1}{5c^2-4c+11}\leqslant\frac{1}{4}$$

9.（2003 湖南省数学竞赛题）设 x,y,z 均是正实数，且 $x+y+z=1$，求三元函数

$$f(x,y,z)=\frac{3x^2-x}{1+x^2}+\frac{3y^2-y}{1+y^2}+\frac{3z^2-z}{1+z^2}$$

的最小值,并给出证明.

10.(2005 第 8 届中国香港数学奥林匹克) 设 $a,b,$ $c,d>0$,且 $a+b+c+d=1$,证明

$$6(a^3+b^3+c^3+d^3) \geqslant a^2+b^2+c^2+d^2+\frac{1}{8}$$

11.(2003 中国西部数学奥林匹克) 设 $x_i>0(i=1,2,3,4,5)$,且 $\sum_{i=1}^{n} \frac{1}{1+x_i}=1$,求证: $\sum_{i=1}^{5} \frac{x_i}{4+x_i^2} \leqslant 1.$

12.(2018 克罗地亚数学奥林匹克) 已知正实数 $a,$ b,c 满足 $a+b+c=2$,求证

$$\frac{(a-1)^2}{b}+\frac{(b-1)^2}{c}+\frac{(c-1)^2}{a}$$

$$\geqslant \frac{1}{4}\left(\frac{a^2+b^2}{a+b}+\frac{b^2+c^2}{b+c}+\frac{c^2+a^2}{c+a}\right)$$

13.设正实数 a,b,c 满足 $a^2+b^2+c^2=3$,求证

$$\frac{1}{4-a}+\frac{1}{4-b}+\frac{1}{4-c} \leqslant 1$$

14.(2011 韩国奥林匹克) 如果 a,b,c 为非负实数,且 $a+b+c=1$,求

$$\frac{1}{a^2-4a+9}+\frac{1}{b^2-4b+9}+\frac{1}{c^2-4c+9}$$

的最大值.

4.3　参　考　答　案

1.证明:由

$$\frac{a}{b^2+1}=a\left(1-\frac{b^2}{b^2+1}\right) \geqslant a\left(1-\frac{b}{2}\right)=a-\frac{ab}{2}$$

等三式,有

$$\frac{a}{b^2+1}+\frac{b}{c^2+1}+\frac{c}{a^2+1}$$

$$\geqslant a+b+c-\frac{1}{2}(ab+bc+ca)$$

$$\geqslant 3-\frac{(a+b+c)^2}{6}=\frac{3}{2}$$

2. 证明：由齐次化，不妨设 $x^2+y^2+z^2=1$，由平均值不等式有

$$2x^2(1-x^2)^2\leqslant\left[\frac{2x^2+(1-x^2)+(1-x^2)}{3}\right]^3=\frac{8}{27}$$

所以 $\dfrac{1}{x(1-x^2)}\geqslant\dfrac{3\sqrt{3}}{2}$，同理可得另两式，于是

$$\frac{x}{y^2+z^2}+\frac{y}{z^2+x^2}+\frac{z}{x^2+y^2}$$

$$=\sum\frac{x^2}{x(y^2+z^2)}=\sum\frac{x^2}{x(1-x^2)}$$

$$\geqslant\frac{3\sqrt{3}}{2}\sum x^2=\frac{3\sqrt{3}}{2}$$

$$=\frac{3\sqrt{3}}{2\sqrt{x^2+y^2+z^2}}$$

3. 证明：因为

$$\frac{1}{a^5(b+2c)^2}=\frac{b^3c^3}{(ab+2ac)^2}$$

$$=\frac{b^3c^3}{(ab+2ac)^2}+\frac{ab+2ac}{27}+\frac{ab+2ac}{27}-2\left(\frac{ab+2ac}{27}\right)$$

$$\geqslant 3\sqrt[3]{\frac{b^3c^3}{(ab+2ac)^2}\cdot\frac{ab+2ac}{27}\cdot\frac{ab+2ac}{27}}-2\left(\frac{ab+2ac}{27}\right)$$

$$=\frac{bc}{3}-2\left(\frac{ab+2ac}{27}\right)$$

同理，有

$$\frac{1}{b^5(c+2a)^2} \geqslant \frac{ac}{3} - \frac{2(bc+2ab)}{27}$$

$$\frac{1}{c^5(a+2b)^2} \geqslant \frac{ab}{3} - \frac{2(ac+2bc)}{27}$$

所以

$$\frac{b^3c^3}{(ab+2ac)^2} + \frac{c^3a^3}{(bc+2ab)^2} + \frac{a^3b^3}{(ca+2cb)^2}$$

$$\geqslant \frac{1}{3}(ab+bc+ca) - \frac{2}{27}(ab+bc+ca) -$$

$$\frac{4}{27}(ab+bc+ca)$$

$$= \frac{1}{9}(ab+bc+ca) \geqslant \frac{1}{9} \cdot 3\sqrt[3]{a^2b^2c^2} = \frac{1}{3}$$

4.证明:由平均值不等式,有

$$\frac{a^3}{x^2} + x + x \geqslant 3\sqrt[3]{\frac{a^3}{x^2} \cdot x \cdot x} = 3a$$

同理,有

$$\frac{b^3}{y^2} + y + y \geqslant 3b, \frac{c^3}{z^2} + z + z \geqslant 3c$$

将上述三式相加,有

$$\frac{a^3}{x^2} + \frac{b^3}{y^2} + \frac{c^3}{z^2} \geqslant 3(a+b+c) - 2(x+y+z)$$

因为 $a+b+c=x+y+z$,所以

$$\frac{a^3}{x^2} + \frac{b^3}{y^2} + \frac{c^3}{z^2} \geqslant a+b+c$$

5. 证明:由平均值不等式,有 $x+y+z \geqslant 3\sqrt[3]{xyz} = 3$,又由平均值不等式,有

$$\frac{(x+y-1)^2}{z} + z \geqslant 2(x+y-1)$$

$$\frac{(y+z-1)^2}{x} + x \geqslant 2(y+z-1)$$

$$\frac{(z+x-1)^2}{y}+y \geqslant 2(z+x-1)$$

将上述三式相加,利用 $x+y+z \geqslant 3$,得

$$\frac{(x+y-1)^2}{z}+\frac{(y+z-1)^2}{x}+\frac{(z+x-1)^2}{y}$$

$$\geqslant \sum 2(x+y-1)-(x+y+z)$$

$$=3(x+y+z)-6 \geqslant x+y+z$$

6. 证明:由

$$\frac{a}{b^2+1}=a\left(1-\frac{b^2}{b^2+1}\right) \geqslant a\left(1-\frac{b}{2}\right)=a-\frac{ab}{2}$$

等三式,有

$$\frac{a}{b^2+1}+\frac{b}{c^2+1}+\frac{c}{a^2+1}$$

$$\geqslant a+b+c-\frac{1}{2}(ab+bc+ca)$$

$$\geqslant 3-\frac{(a+b+c)^2}{6}=\frac{3}{2}$$

7. 证明:由齐次化,不妨设 $x^2+y^2+z^2=1$,由平均值不等式有

$$2x^2(1-x^2)^2 \leqslant \left[\frac{2x^2+(1-x^2)+(1-x^2)}{3}\right]^3=\frac{8}{27}$$

所以 $\dfrac{1}{x(1-x^2)} \geqslant \dfrac{3\sqrt{3}}{2}$,同理可得另两式. 于是

$$\frac{x}{y^2+z^2}+\frac{y}{z^2+x^2}+\frac{z}{x^2+y^2}$$

$$=\sum \frac{x^2}{x(y^2+z^2)}=\sum \frac{x^2}{x(1-x^2)}$$

$$\geqslant \frac{3\sqrt{3}}{2}\sum x^2=\frac{3\sqrt{3}}{2}=\frac{3\sqrt{3}}{2\sqrt{x^2+y^2+z^2}}$$

8. 不妨设 $a=\max\{a,b,c\}$,我们先证明当 $x \leqslant \dfrac{9}{5}$

时有

$$\frac{1}{5x^2-4x+11}\leqslant\frac{1}{24}(x-3)\Leftrightarrow(9-5x)(x-1)^2\geqslant 0$$

下面分情况讨论：

（1）若 $a\leqslant\frac{9}{5}$，则

$$\sum\frac{1}{5a^2-4a+11}\leqslant\sum\frac{1}{24}(a-3)=\frac{1}{4}$$

（2）若 $a>\frac{9}{5}$，则 $\frac{1}{5a^2-4a+11}<\frac{1}{20}$.

因为 $5t^2-4t+11=5\left(t-\frac{2}{5}\right)^2+\frac{51}{5}\geqslant\frac{51}{5}$，所以

$$\frac{1}{5b^2-4b+11}+\frac{1}{5c^2-4c+11}\leqslant\frac{10}{51}$$

所以

$$\frac{1}{5a^2-4a+11}+\frac{1}{5b^2-4b+11}+\frac{1}{5c^2-4c+11}$$

$$<\frac{1}{20}+\frac{10}{51}<\frac{1}{4}$$

9. 解：对于 $0<x<1$，我们先证明

$$\frac{3x^2-x}{1+x^2}\geqslant\frac{9x-3}{10} \qquad ①$$

此式等价于

$$9x^3-33x^2+19x-3\leqslant 0\Leftrightarrow(3x-1)^2(x-3)\leqslant 0$$

此式显然成立.

同理，有

$$\frac{3y^2-y}{1+y^2}\geqslant\frac{9y-3}{10} \qquad ②$$

$$\frac{3z^2-z}{1+z^2}\geqslant\frac{9z-3}{10} \qquad ③$$

将以上三式相加得

$$f(x,y,z) = \frac{3x^2 - x}{1 + x^2} + \frac{3y^2 - y}{1 + y^2} + \frac{3z^2 - z}{1 + z^2}$$

$$\geqslant \frac{9(x + y + z) - 9}{10} = 0$$

当且仅当 $x = y = z = \dfrac{1}{3}$ 时, $f(x,y,z) = 0$, 故所求不等式的最小值为 0.

10. 证明: 设 $f(x) = 6x^3 - x^2, 0 < x < 1$, 原不等式即为 $f(a) + f(b) + f(c) + f(d) \geqslant \dfrac{1}{8}$, 其中 $a, b, c, d > 0$, 且 $a + b + c + d = 1$. $f(x) = 6x^3 - x^2$ 在 $x = \dfrac{1}{4}$ 处的切线为 $y = \dfrac{5}{8}x - \dfrac{1}{8}$, 下面证明 $f(x) \geqslant \dfrac{5}{8}x - \dfrac{1}{8}$, 即 $6x^3 - x^2 \geqslant \dfrac{5}{8}x - \dfrac{1}{8}$. 此式等价于 $(4x - 1)^2(3x + 1) \geqslant 0$, 显然成立.

所以

$$f(a) \geqslant \frac{5}{8}a - \frac{1}{8}, f(b) \geqslant \frac{5}{8}b - \frac{1}{8}$$

$$f(c) \geqslant \frac{5}{8}c - \frac{1}{8}, f(d) \geqslant \frac{5}{8}d - \frac{1}{8}$$

所以

$$f(a) + f(b) + f(c) + f(d)$$

$$\geqslant \frac{5(a + b + c + d) - 4}{8} = \frac{1}{8}$$

这证明了所需的结论.

通过以上的证明经验, 我们可以发现在证明形如 $\displaystyle\sum_{i=1}^{n} f(x_i) \geqslant M$(或 $\leqslant M$), 且满足 $\displaystyle\sum_{i=1}^{n} X_i = S$ 的对称不

等式时，可以构造在 X_i 的均值点 $x = \dfrac{s}{n}$ 处的切线 $g(x)$，即用 $g(x)$ 来估计 $f(x)$ 的值，然后比较 $g(x)$ 与 $f(x)$ 的大小，从而获得不等式的证明.

11. 证明：应用变换 $\dfrac{1}{1+x_i} = a_i$，且 $\sum\limits_{i=1}^{n} a_i = 1 (i = 1, 2, 3, 4, 5)$，则原不等式转化为

$$\sum_{i=1}^{5} \frac{\dfrac{1}{a_i} - 1}{4 + \left(\dfrac{1}{a_i} - 1\right)^2} \leqslant 1, \text{即} \sum_{i=1}^{5} \frac{-a_i^2 + a_i}{5a_i^2 - 2a_i + 1} \leqslant 1$$

设 $f(x) = \dfrac{-x^2 + x}{5x^2 - 2x + 1}$，计算 $f(x)$ 在 $x = \dfrac{1}{5}$ 处的切线为 $g(x) = \dfrac{3}{4}x + \dfrac{1}{20}$，下面证明 $f(x) \leqslant g(x)$，即 $\dfrac{-x^2 + x}{5x^2 - 2x + 1} \leqslant \dfrac{3}{4}x + \dfrac{1}{20}$，因为 $5x^2 - 2x + 1 > 0$，所以此式等价于

$$20(-x^2 + x) \leqslant (15x + 1)(5x^2 - 2x + 1)$$
$$\Leftrightarrow 75x^3 - 5x^2 - 7x + 1 \geqslant 0$$
$$\Leftrightarrow (3x + 1)(5x - 1)^2 \geqslant 0$$

这显然成立.

所以

$$\sum_{i=1}^{5} \frac{-a_i^2 + a_i}{5a_i^2 - 2a_i + 1} \leqslant \sum_{i=1}^{5} \left(\frac{3}{4}a_i + \frac{1}{20}\right) = \frac{3}{4} + \frac{1}{4} = 1$$

12. 证明：由 Cauchy 不等式，有

$$\frac{(a-1)^2}{b} + \frac{(b-1)^2}{c} \geqslant \frac{(a-1+b-1)^2}{b+c} = \frac{c^2}{b+c}$$
$$= \frac{b^2 + c^2}{2(b+c)} + \frac{c-b}{2}$$

同理，有

$$\frac{(b-1)^2}{c}+\frac{(c-1)^2}{a}\geqslant\frac{c^2+a^2}{2(c+a)}+\frac{a-c}{2}$$

$$\frac{(c-1)^2}{a}+\frac{(a-1)^2}{b}\geqslant\frac{a^2+b^2}{2(a+b)}+\frac{b-a}{2}$$

将上述三式相加即得.

13. 证明:首先证明局部不等式

$$\frac{1}{4-x}\leqslant\frac{x^2+5}{18}\Leftrightarrow(4-x)(x^2+5)\geqslant18$$

$$\Leftrightarrow(x-1)^2(x-2)\leqslant0$$

这显然成立. 于是有

$$\frac{1}{4-a}+\frac{1}{4-b}+\frac{1}{4-c}$$

$$\leqslant\frac{a^2+5}{18}+\frac{b^2+5}{18}+\frac{c^2+5}{18}=1$$

14. 解:首先证明局部不等式

$$\frac{1}{a^2-4a+9}\leqslant\frac{a+2}{18}$$

$$\Leftrightarrow(a^2-4a+9)(a+2)\geqslant18$$

$$\Leftrightarrow a(a-1)^2\geqslant0$$

显然成立. 于是有

$$\frac{1}{a^2-4a+9}+\frac{1}{b^2-4b+9}+\frac{1}{c^2-4c+9}$$

$$\leqslant\frac{a+2}{18}+\frac{b+2}{18}+\frac{c+2}{18}=\frac{7}{18}$$

故 $\dfrac{1}{a^2-4a+9}+\dfrac{1}{b^2-4b+9}+\dfrac{1}{c^2-4c+9}$ 的最大值为

$\dfrac{7}{18}$.

222

用代换法证明数学奥林匹克不等式

5.1 用代数代换法证明数学奥林匹克不等式

数学竞赛中的不等式问题形式多样,结构复杂,往往证明方法独特,灵活多变.用变量代换法,将一个复杂的式子视为一个整体,用一个字母去代换它,可使复杂的问题简单化.

1.整体代换

(1)结构整体代换

例 1 (2000 奥地利、波兰数学竞赛)对任意满足 $a+b+c=1$ 的非负实数 a,b,c,证明:不等式 $2 \geqslant (1-a^2)^2 + (1-b^2)^2 + (1-c^2)^2 \geqslant (1+a)(1+b)(1+c)$ 成立,并求符合成立的条件.

证明　记 $ab + bc + ca = u, abc = v$，则

$$(x - a)(x - b)(x - c) = x^3 - x^2 - ux - v \qquad ①$$

$$\sum a^4 = \sum a^3 - u \sum a^2 + v \sum a$$

$$= (1 - 3u + 3v) - u(1 - 2u) + v$$

$$= 1 + 2u^2 - 4u + 4v \qquad ②$$

（这里记 $\sum f(a) = f(a) + f(b) + f(c)$；$f(a)$ 是关于 a 的代数式）. 注意到式 ① 在左边 $x = a, b, c$ 时均为零，所以

$$a^3 - a^2 + ua - v = 0$$

$$b^3 - b^2 + ub - v = 0$$

$$c^3 - c^2 + uc - v = 0$$

于是

$$\sum a^3 = \sum a^2 - u \sum a + 3v$$

$$= \left(\sum a\right)^2 - 2u - u + 3v$$

$$= 1 - 3u + 3v$$

对前面的三个式子分别乘以 a, b, c 可知

$$\sum a^4 = \sum a^3 - u \sum a^2 + v \sum a$$

$$= (1 - 3u + 3v) - u(1 - 2u) + v$$

$$= 1 + 2u^2 - 4u + 4v$$

利用上述表示可知

$$\sum (1 - a^2)^2 = \sum a^4 - 2 \sum a^2 + 3$$

$$= 1 + 2u^2 - 4u + 2v - 2(1 - 2u) + 3$$

$$= 2 + 2u^2 + 4v$$

由 $u \geqslant 0, v \geqslant 0$，可知 $\sum (1 - a^2)^2 \geqslant 0$，等号当且仅当 $u = v = 0$ 时取到.

另外

$$(1+a)(1+b)(1+c) = 1 + \sum a + \sum ab + 2bc$$
$$= 2 + u + v$$

所以为证右边的不等式, 只需证明 $2u^2 + 3v \leqslant u$, 由于

$$u - 2u^2 = u(1 - 2u) = u\left[\left(\sum a\right)^2 - 2u\right] = u\sum a^2$$

而

$$u\sum a^2 \geqslant \frac{1}{3}u\left(\sum a\right)^2$$

$$= \frac{1}{3}(ab + bc + ca)(a + b + c)$$

$$\geqslant \frac{1}{3} \cdot 3^3\sqrt{a^2b^2c^2} \cdot 3^3\sqrt{abc} = 3abc = 3v$$

所以式 ② 成立, 并且易知式 ② 当且仅当 $a = b = c$ 或者 $u = v = 0$ 时成立. 故命题成立, 左边等号成立的条件为 a, b, c 中有两个为 0, 而另一个为 1; 右边等号成立的条件为 $a = b = c$ 或者 a, b, c 中有两个为 0, 而另一个为 1.

（2）整体作和代换

例 2　（第 31 届 IMO 预选题）设 a, b, c, d 是满足 $ab + bc + ca + ad = 1$ 的非负数, 试证

$$\frac{a^3}{b + c + d} + \frac{b^3}{c + d + a} + \frac{c^3}{d + a + b} +$$

$$\frac{d^3}{a + b + c} \geqslant \frac{1}{3}$$

证明　记 $a + b + c + d = s$, $\sum$ 为循环和, 由 Cauchy 不等式, 知

$$\sum a(s - a) \cdot \sum \frac{a^3}{s - a} \geqslant \left(\sum a^2\right)^2$$

因而

$$\sum \frac{a^3}{b + c + d} = \sum \frac{a^3}{s - a} \geqslant \frac{\left(\sum a^2\right)^2}{\sum a(s - a)} = \frac{\left(\sum a^2\right)^2}{s^2 - \sum a^2}$$

$$= \frac{(\sum a^2)^2}{2(ab + ac + ad + bc + bd + cd)}$$

而

$$a^2 + b^2 \geqslant 2ab, b^2 + c^2 \geqslant 2bc$$
$$c^2 + d^2 \geqslant 2cd, d^2 + a^2 \geqslant 2ad$$
$$a^2 + c^2 \geqslant 2ac, b^2 + d^2 \geqslant 2bd$$

将以上各式相加,有

$$\sum a^2 \geqslant \frac{2}{3}(ab + ac + ad + bc + bd + cd)$$

于是

$$\sum \frac{a^3}{s - a} \geqslant \frac{1}{3} \sum a^2$$
$$= \frac{1}{3}(ab + bc + cd + da) = \frac{1}{3}$$

(3) 整体式子代换

当分母含有根式或分母比较复杂时,可对分母或整个式子进行代换,简化运算.

例 3 (2001 第 42 届 IMO 试题) 对所有正实数 a, b, c, 证明

$$\frac{a}{\sqrt{a^2 + 8bc}} + \frac{b}{\sqrt{b^2 + 8ca}} + \frac{c}{\sqrt{c^2 + 8ab}} \geqslant 1$$

证明 记

$$\frac{a}{\sqrt{a^2 + 8bc}} = x, \frac{b}{\sqrt{b^2 + 8ca}} = y, \frac{c}{\sqrt{c^2 + 8ab}} = z$$

则 $x, y, z \in (0, +\infty)$, 且 $xyz = 1$. 从而有

$$x^2 = \frac{a^2}{a^2 + 8bc}, y^2 = \frac{b^2}{b^2 + 8ca}, z^2 = \frac{c^2}{c^2 + 8ab}$$

于是

$$\left(\frac{1}{x^2} - 1\right)\left(\frac{1}{y^2} - 1\right)\left(\frac{1}{z^2} - 1\right) = 512$$

若 $x+y+z<1$,则 $0<x<1,0<y<1,0<z<1$

$$\left(\frac{1}{x^2}-1\right)\left(\frac{1}{y^2}-1\right)\left(\frac{1}{z^2}-1\right)=\frac{(1-x^2)(1-y^2)(1-z^2)}{x^2y^2z^2}$$

$$>\frac{[(x+y+z)^2-x^2][(x+y+z)^2-y^2][(x+y+z)^2-z^2]}{x^2y^2z^2}$$

$$=\frac{(y+z)(2x+y+z)(x+z)(x+2y+z)(x+y)(x+y+2z)}{x^2y^2z^2}$$

$$\geqslant 512$$

故 $x+y+z\geqslant 1$,即

$$\frac{a}{\sqrt{a^2+8bc}}+\frac{b}{\sqrt{b^2+8ca}}+\frac{c}{\sqrt{c^2+8ab}}\geqslant 1$$

例 4　(1999 上海市高中数学竞赛改编)设 a,b,c,d 是四个不同的实数,使得 $\dfrac{a}{b}+\dfrac{b}{c}+\dfrac{c}{d}+\dfrac{d}{a}=4$,且 $ac=bd$,求证:$\dfrac{a}{c}+\dfrac{b}{d}+\dfrac{c}{a}+\dfrac{d}{b}\leqslant -12$.

证明　设 $x=\dfrac{a}{b},y=\dfrac{b}{c}$,则由 $ac=bd$ 知 $\dfrac{c}{d}=\dfrac{b}{a}=\dfrac{1}{x},\dfrac{d}{a}=\dfrac{c}{b}=\dfrac{1}{y}$,于是问题转化为在约束条件 $x\neq 1,y\neq 1,x+y+\dfrac{1}{x}+\dfrac{1}{y}=4$ 下,求证:$xy+\dfrac{y}{x}+\dfrac{1}{xy}+\dfrac{x}{y}\geqslant -12$. 设 $x+\dfrac{1}{x}=e,y+\dfrac{1}{y}=f$,则 $xy+\dfrac{y}{x}+\dfrac{1}{xy}+\dfrac{x}{y}=ef$. 当 $t>0$ 时,$\dfrac{1}{t}+t\geqslant 2$;当 $t\leqslant 0$ 时,$t+\dfrac{1}{t}\leqslant -2$. 由 $\dfrac{1}{x}+\dfrac{1}{y}+x+y=4$ 知 x,y 不能都是负数,也不能都是正数(否则导致 $x=y=1$),不妨设 $x>0,y>0$,则 $f\leqslant -2,e=4=f\geqslant 6$,所以 $ef\leqslant -12$. 故

$$\frac{a}{c}+\frac{b}{d}+\frac{c}{a}+\frac{d}{b}\leqslant -12$$

当且仅当 $y=-1,x=3+2\sqrt{2}$ 时等号成立. 特别地取 $a=3+2\sqrt{2},b=1,c=1,d=-(3+2\sqrt{2})$ 时等号成立.

（4）整体分子代换

例 5 （2003 第 23 届美国数学奥林匹克）正实数 $a>0,b>0,c>0$,求证

$$\frac{(2a+b+c)^2}{2a^2+(b+c)^2}+\frac{(2b+c+a)^2}{2b^2+(c+a)^2}+$$

$$\frac{(2c+a+b)^2}{2c^2+(a+b)^2}\leqslant 8$$

证明 令 $a+b+c=s$,则所证不等式等价于

$$\frac{(s+a)^2}{2a^2+(s-a)^2}+\frac{(s+b)^2}{2b^2+(s-b)^2}+$$

$$\frac{(s+c)^2}{2c^2+(s-c)^2}\leqslant 8$$

又

$$\frac{(s+a)^2}{2a^2+(s-a)^2}=\frac{s^2+2as+a^2}{3a^2+s^2-2as}$$

$$=\frac{1}{3}\cdot\frac{3s^2+6as+3a^2}{3a^2-2as+s^2}$$

$$=\frac{1}{3}\left[1+\frac{8as+2s^2}{\frac{2}{3}s^2+3\left(a-\frac{1}{3}s\right)^2}\right]$$

$$\leqslant\frac{1}{3}\left[1+\frac{3(4a+s)}{s}\right]=\frac{4}{3}+\frac{4a}{s}$$

即

$$\frac{(s+a)^2}{2a^2+(s-a)^2}\leqslant\frac{4}{3}+\frac{4a}{s}$$

同理

$$\frac{(s+b)^2}{2b^2+(s-b)^2} \leqslant \frac{4}{3}+\frac{4b}{s}$$

$$\frac{(s+c)^2}{2c^2+(s-c)^2} \leqslant \frac{4}{3}+\frac{4c}{s}$$

将以上三式相加有

$$\frac{(s+a)^2}{2a^2+(s-a)^2}+\frac{(s+b)^2}{2b^2+(s-b)^2}+\frac{(s+c)^2}{2c^2+(s-c)^2}$$

$$\leqslant 4+\frac{4(a+b+c)}{s}=8$$

故所证不等式成立.

2. 部分代换

（1）分母代换

例 6　（2005 湖南省高中数学竞赛题改编）若正数

a,b,c 满足 $\dfrac{a}{b+c}=\dfrac{c}{a+b}$，求证：$\dfrac{b}{a+c} \geqslant \dfrac{\sqrt{17}-1}{4}$.

证明　由已知条件，令 $a+b=x, b+c=y, c+a=z$，则

$$\frac{b}{a+c}=\frac{a}{b+c}+\frac{c}{a+b}$$

$$a=\frac{1}{2}(x+z-y)$$

$$b=\frac{1}{2}(x+y-z)$$

$$c=\frac{1}{2}(y+z-x)$$

从而原条件式变为

$$\frac{x+y-z}{2z}=\frac{x+z-y}{2y}+\frac{y+z-x}{2x}$$

即

$$\frac{x+y}{z}=\frac{y+z}{x}+\frac{z+x}{y}-1=\frac{y}{x}+\frac{x}{y}+\frac{z}{x}+\frac{z}{y}-1$$

$$\geqslant 2 + \frac{z}{x} + \frac{z}{y} - 1 = \frac{z}{x} + \frac{z}{y} + 1$$

$$\geqslant \frac{4z}{x+y} + 1$$

又令 $\dfrac{x+y}{z} = t$，则 $t \geqslant \dfrac{4}{t} - 1$. 进一步得 $t \geqslant$

$\dfrac{1+\sqrt{17}}{2z}$ 或 $t \leqslant \dfrac{1-\sqrt{17}}{2}$，故

$$\frac{b}{a+c} = \frac{x+y-z}{2z} = \frac{t}{2} - \frac{1}{2}$$

$$\geqslant \frac{1+\sqrt{17}}{4} - \frac{1}{2} = \frac{\sqrt{17}-1}{4}$$

例 7　（2003 第 7 届巴尔干地区数学奥林匹克）设 x, y, z 是大于 -1 的实数，证明

$$\frac{1+x^2}{1+y+z^2} + \frac{1+y^2}{1+z+x^2} + \frac{1+z^2}{1+x+y^2} \geqslant 2$$

证明

$$\frac{1+x^2}{1+y+z^2} + \frac{1+y^2}{1+z+x^2} + \frac{1+z^2}{1+x+y^2}$$

$$\geqslant \frac{1+x^2}{1+z^2+\dfrac{1+y^2}{2}} + \frac{1+y^2}{1+x^2+\dfrac{1+z^2}{2}} +$$

$$\frac{1+z^2}{1+y^2+\dfrac{1+x^2}{2}}$$

$$= \frac{2a}{2c+b} + \frac{2b}{2a+c} + \frac{2c}{2b+a} \geqslant 2$$

其中 $a = \dfrac{1+x^2}{2}, b = \dfrac{1+y^2}{2}, c = \dfrac{1+z^2}{2}$，再令 $b+2c=m$，

$c+2a=n, a+2b=k$，则

$$a = \frac{4n + k - 2m}{9}$$

$$b = \frac{4k + m - 2n}{9}$$

$$c = \frac{4m + n - 2k}{9}$$

$$\frac{1 + x^2}{1 + y + z^2} + \frac{1 + y^2}{1 + z + x^2} + \frac{1 + z^2}{1 + x + y^2}$$

$$= 2\left(\frac{4n + k - 2m}{9m} + \frac{4k + m - 2n}{9n} + \frac{4m + n - 2k}{9k}\right)$$

$$= 2\left(\frac{4n}{9m} + \frac{k}{9m} + \frac{4k}{9n} + \frac{m}{9n} + \frac{4m}{9k} + \frac{n}{9k} - \frac{2}{3}\right)$$

$$= 2\left[\frac{4}{9}\left(\frac{n}{m} + \frac{k}{n} + \frac{m}{k}\right) + \frac{1}{9}\left(\frac{k}{m} + \frac{m}{n} + \frac{n}{k}\right) - \frac{2}{3}\right]$$

$$\geqslant 2 \cdot \left[\frac{4}{9} \times 3^3 \sqrt{\frac{n}{m} \cdot \frac{k}{n} \cdot \frac{m}{k}} + \right.$$

$$\left. \frac{1}{9} \times 3^3 \sqrt{\frac{k}{m} \cdot \frac{m}{n} \cdot \frac{n}{k}} - \frac{2}{3}\right]$$

（2）作商代换

例 8　（2004 西部数学奥林匹克）求证：对任意正数 a, b, c 都有

$$1 < \frac{a}{\sqrt{a^2 + b^2}} + \frac{b}{\sqrt{b^2 + c^2}} + \frac{c}{\sqrt{c^2 + a^2}} \leqslant \frac{3\sqrt{2}}{2}$$

证明　令 $x = \frac{b^2}{a^2}, y = \frac{c^2}{b^2}, z = \frac{a^2}{c^2}$，则 $x, y, z \in \mathbf{R}^+$，$xyz = 1$，于是只需证明

$$1 < \frac{1}{\sqrt{1 + x}} + \frac{1}{\sqrt{1 + y}} + \frac{1}{\sqrt{1 + z}} \leqslant \frac{3\sqrt{2}}{2}$$

不妨设 $x \leqslant y \leqslant z$，令 $A = xy$，则 $z = \frac{1}{A}, A \leqslant 1$，故

$$\frac{1}{\sqrt{1+x}} + \frac{1}{\sqrt{1+y}} + \frac{1}{\sqrt{1+z}}$$

$$> \frac{1}{\sqrt{1+x}} + \frac{1}{\sqrt{1+\dfrac{1}{x}}}$$

$$= \frac{1+\sqrt{x}}{\sqrt{1+x}} > 1$$

设 $u = \dfrac{1}{\sqrt{1+A+x+\dfrac{A}{x}}}$，则 $u \in \left(0, \dfrac{1}{1+\sqrt{A}}\right)$，当且仅

当 $x = \sqrt{A}$ 时，$u = \dfrac{1}{1+\sqrt{A}}$. 于是

$$\left(\frac{1}{\sqrt{1+x}} + \frac{1}{\sqrt{1+y}}\right)^2 = \left[\frac{1}{\sqrt{1+x}} + \frac{1}{\sqrt{1+\dfrac{A}{x}}}\right]^2$$

$$= \frac{1}{1+x} + \frac{1}{1+\dfrac{A}{x}} + \frac{2}{\sqrt{1+A+x+\dfrac{A}{x}}}$$

$$= \frac{2+x+\dfrac{A}{x}}{1+A+x+\dfrac{A}{x}} + \frac{2}{\sqrt{1+A+x+\dfrac{A}{x}}}$$

$$= 1 + (1-A)u^2 + 2u$$

令 $f(u) = (1-A)u^2 + 2u + 1$，则 $f(u)$ 在 $u \in$

$\left(0, \dfrac{1}{1+\sqrt{A}}\right)$ 上是增函数，所以

$$\frac{1}{\sqrt{1+x}} + \frac{1}{\sqrt{1+y}} \leqslant \sqrt{f\left(\frac{1}{1+\sqrt{A}}\right)} = \frac{2}{\sqrt{1+\dfrac{1}{A}}}$$

令 $\sqrt{A} = V$，则

$$\frac{1}{\sqrt{1+x}} + \frac{1}{\sqrt{1+y}} + \frac{1}{\sqrt{1+z}} \leqslant \frac{2}{\sqrt{1+A}} + \frac{1}{\sqrt{1+\dfrac{1}{A}}}$$

$$= \frac{2}{\sqrt{1+v}} + \frac{\sqrt{2}v}{2(1+v^2)}$$

$$\leqslant \frac{2}{\sqrt{1+v}} + \frac{\sqrt{2}v}{1+v} = \frac{2}{\sqrt{1+v}} + \sqrt{2} - \frac{\sqrt{2}}{1+v}$$

$$= -\sqrt{2}\left[\frac{1}{\sqrt{1+v}} - \frac{\sqrt{2}}{2}\right]^2 + \frac{3\sqrt{2}}{2} \leqslant \frac{3\sqrt{2}}{2}$$

例 9　（2004 全国高中数学联赛吉林赛区初赛）设 $a,b,c \in \mathbf{R}^+$，且 $abc = 1$，求证

$$\frac{1}{1+2a} + \frac{1}{1+2b} + \frac{1}{1+2c} \geqslant 1$$

证明　设 $a = \dfrac{x}{y}, b = \dfrac{y}{z}, c = \dfrac{z}{x}, x, y, z \in \mathbf{R}^+$，则所证不等式等价于

$$\frac{y}{y+2x} + \frac{z}{z+2y} + \frac{x}{x+2z} \geqslant 1$$

$$\Leftrightarrow \frac{y^2}{y^2+2xy} + \frac{z^2}{z^2+2yz} + \frac{x^2}{x^2+2zx} \geqslant 1$$

由权方和不等式知

$$\frac{y^2}{y^2+2xy} + \frac{z^2}{z^2+2yz} + \frac{x^2}{x^2+2zx}$$

$$\geqslant \frac{(x+y+z)^2}{y^2+2xy+z^2+2yz+x^2+2zx}$$

$$= \frac{(x+y+z)^2}{(x+y+z)^2} = 1$$

（3）作积代换

例 10　（1996 第 37 届 IMO 试题）已知 a, b, c 为正实数，且 $abc = 1$，求证

233

$$\frac{bc}{a^5+c^5+bc}+\frac{ca}{c^5+a^5+ca}+$$

$$\frac{ab}{a^5+b^5+ab}\leqslant 1$$

证明 $a=xy,b=zx,c=zx$，则 $xyz=1$. 由

$$x^5+y^5\geqslant x^2y^2(x+y)$$

知

$$\frac{bc}{b^5+c^5+bc}=\frac{z}{z^5(x^5+y^5)+z}$$

$$\leqslant\frac{1}{x^2y^2z^4(x+y)+1}$$

$$=\frac{1}{(x+y)z^2+1}=\frac{xy}{xy+yz+zx}$$

即

$$\frac{bc}{b^5+c^5+bc}\leqslant\frac{xy}{xy+yz+zx}$$

同理，有

$$\frac{ca}{c^5+a^5+ca}\leqslant\frac{yz}{xy+yz+zx}$$

$$\frac{ab}{a^5+b^5+ab}\leqslant\frac{zx}{xy+yz+zx}$$

将上述三式相加，知所证不等式成立.

例 11 （2001 爱尔兰高中数学竞赛）设实数 a,b 满足 $ab>0$，求证：$3\sqrt{\dfrac{a^2b^2(a+b)^2}{4}}\leqslant\dfrac{a^2+10ab+b^2}{12}$. 并确定等号成立的条件. 一般地，对任意实数 a,b，求证：$3\sqrt{\dfrac{a^2b^2(a+b)^2}{4}}\leqslant\dfrac{a^2+ab+b^2}{3}$.

证明 （1）设 $ab=x>0,a+b=y$，则 $y^2\geqslant 4x$，因此

$$\frac{a^2+10ab+b^2}{12}=\frac{y^2+8x}{12}=\frac{y^2}{12}+\frac{x}{3}+\frac{x}{3}$$

$$\geqslant 3\cdot 3\sqrt{\frac{x^2y^2}{12\times 3^2}}=3\sqrt{\frac{x^2y^2}{4}}$$

当且仅当 $a=b$ 时等号成立.

（2）当 $x\geqslant 0$ 时 $\frac{y^2+8x}{12}\leqslant\frac{y^2-x}{3}$，结论仍成立，此时等号成立，当且仅当 $a=b$；当 $x<0$ 时，$-x>0$

$$\frac{a^2+ab+b^2}{3}=\frac{y^2-x}{3}=\frac{y^2}{3}-\frac{x}{6}-\frac{x}{6}$$

$$\geqslant 3^3\sqrt{\frac{y^2}{3}\cdot\left(-\frac{x}{6}\right)^2}=3\sqrt{\frac{x^2y^2}{4}}$$

所以不等式也成立，此时等号当 $b=-2a$ 或 $a=-2b$ 时取到.

（4）升次代换

例 12 （2002 第 28 届俄罗斯数学奥林匹克）已知 a,b,c 为正实数，$a+b+c=3$. 求证

$$\sqrt{a}+\sqrt{b}+\sqrt{c}\geqslant ab+bc+ca$$

证明　令 $\sqrt{a}=x,\sqrt{b}=y,\sqrt{c}=z$，则 $x^2+y^2+z^2=3$，则待证不等式等价于

$$x+y+z\geqslant x^2+y^2z^2+z^2x^2 \qquad ①$$

而

$$9=(x^2+y^2+z^2)^2$$
$$=x^4+y^4+z^4+2(x^2+y^2+y^2z^2+z^2+x^2)$$

则

$$2(x^2y^2+y^2z^2+z^2x^2)=9-(x^2+y^4+z^4)$$

于是式 ① 又等价于

$$2(x+y+z)\geqslant 9-(x^4+y^4+z^4)$$
$$\Leftrightarrow x^4+y^4+z^4+2(x+y+z)\geqslant 9 \qquad ②$$

235

因为

$$x^4 + 2x = x^4 + x + x \geqslant 3x^2$$
$$y^4 + 2y \geqslant 3y^2, z^4 + 2z \geqslant 3z^2$$

将上述三式相加,知式 ② 显然成立,故式 ① 成立,所证得证.

例 13 设 $a, b, c \in \mathbf{R}^*$,且 $abc = 1$,求证

$$\frac{1}{1+a+b} + \frac{1}{1+b+c} + \frac{1}{1+c+a} \leqslant 1$$

证明 令 $a = x^3, b = y^3, c = z^3, x, y, z \in \mathbf{R}^+$, $xyz = 1$. 又 $x^3 + y^3 \geqslant x^2 y + xy^2$,有

$$\frac{1}{1+a+b} = \frac{1}{1+x^3+y^3}$$

$$\leqslant \frac{1}{1+x^2 y + xy^2} = \frac{z}{z+x+y}$$

同理,有

$$\frac{1}{1+b+c} \leqslant \frac{x}{x+y+z}$$

$$\frac{1}{1+c+a} \leqslant \frac{y}{x+y+z}$$

将以上三式相加立知所证不等式成立.

(5) 作差代换

例 14 (2006 第 26 届俄罗斯数学奥林匹克)设 $-1 < x_1 < x_2 < \cdots < x_n < 1$,且 $x_1^{13} + x_2^{13} + \cdots + x_n^{13} = x_1 + x_2 + \cdots + x_n$. 证明:若 $y_1 < y_2 < \cdots < y_n$,则 $x_1^{13} y_1 + x_2^{13} y_2 + \cdots + x_n^{13} y_n < x_1 y_1 + x_2 y_2 + \cdots + x_n y_n$.

证明 令 $t_i = x_i^{13} - x_i$,当 $-1 < x_i \leqslant 0$ 时,有 $t_i \geqslant 0$;当 $0 < x_i < 1$ 时,有 $t_i < 0$,所要证的不等式即为 $\sum_{i=1}^{n} t_i y_i < 0$.

236

不失一般性，可设 $y_1 > 0$（这是因为 $\sum(y_i + c)t_i = \sum y_i t_i + c\sum t_i = \sum y_i t_i$）.

设 k 使 $x_k \leqslant 0, x_k + 1 > 0$，于是 $t_1, t_2, \cdots, t_k$ 非负，$t_{k+1}, \cdots, t_n$ 小于 0，有

$$\sum_{i=1}^{n} t_i y_i = \sum_{i=1}^{k} t_i y_i + \sum_{j=k+1}^{n} t_i y_i$$

$$\leqslant y\sum_{i=1}^{k} t_i + y_{k+1}\sum_{i=1}^{n} t_i < y_{k+1}\sum_{i=1}^{n} t_i = 0$$

原不等式获证.

例 15　（2002 第 5 届中国香港数学奥林匹克）已知 $a \geqslant b \geqslant c > 0$，且 $a + b + c = 3$，求证：$ab^2 + bc^2 + ca^2 \leqslant \dfrac{27}{8}$，并确定等号成立的条件.

证明　令 $x = \dfrac{c}{3}, y = \dfrac{b-c}{3}, z = \dfrac{a-b}{3}$，则 $x + y + z = \dfrac{a}{3}, x + y = \dfrac{b}{3}, x = \dfrac{c}{3}$，且 $3x + 2y + z = 1, a = \dfrac{3(x+y+z)}{3x+2y+z}, b = \dfrac{3(x+y)}{3x+2y+z}, c = \dfrac{3x}{3x+2y+z}$.

将 a, b, c 代入所证不等式，得

$$3x^3 + z^3 + bx^2y + 4xy^2 + 3x^2z +$$
$$4y^2z + 6yz^2 + 4xyz \geqslant 0$$

由 $x \geqslant 0, y \geqslant 0, z \geqslant 0$，且 x, y, z 不全为零，所以等号成立当且仅当 $x = z = 0, c = 0, a = b = \dfrac{3}{2}$.

（6）倒数代换

例 16　（2003 西部数学奥林匹克）设非负实数 x_1, x_2, x_3, x_4, x_5 满足 $\displaystyle\sum_{i=1}^{5} \dfrac{1}{1+x_i} = 1$，求证

$$\sum_{i=1}^{5} \frac{x_i}{4 + x_i^2} \leqslant 1$$

证明　令 $y_i = \dfrac{1}{1+x_i}, i = 1, 2, \cdots, 5$, 则 $x_i = \dfrac{1-y_i}{y_i}, i = 1, 2, \cdots, 5$, 且 $\sum\limits_{i=1}^{5} y_i = 1$, 于是

$$\sum_{i=1}^{5} \frac{x_i}{4 + x_i^2} \leqslant 1$$

$$\Leftrightarrow \sum \frac{-y_i^2 + y_i}{5y_i^2 - 2y_i + 1} \leqslant 1$$

$$\Leftrightarrow \frac{3y_i + 1}{5y_i^2 - 2y_i + 1} \sum_{i=1}^{5} \left(-1 + \frac{3y_i + 1}{5y_i^2 - 2y_i + 1} \right) \leqslant 5$$

$$\Leftrightarrow \sum_{i=1}^{5} \frac{3y_i + 1}{5\left(y_i - \dfrac{1}{5} \right)^2 + \dfrac{4}{5}} \leqslant 10$$

而

$$\sum_{i=1}^{5} \frac{3y_i + 1}{5\left(y_i - \dfrac{1}{5} \right)^2 + \dfrac{4}{5}} \leqslant \sum_{i=1}^{5} \frac{3y_i + 1}{\dfrac{4}{5}}$$

$$= \frac{5}{4} \sum_{i=1}^{5} (3y_i + 1) = \frac{5}{4} \times (3 + 5) = 10$$

故所证成立.

例 17　(2002 乌克兰数学奥林匹克) 设 $a_1, a_2, \cdots, a_n$ 为大于或等于 1 的整数. $A = 1 + a_1 + a_2 + \cdots + a_n, x_0 = 0, x_k = \dfrac{1}{1 + a_k a_{k-1}}, 1 \leqslant k \leqslant n$. 求证

$$x_1 + x_2 + \cdots + x_n > \frac{n^2 A}{n^2 + A^2}$$

证明　设 $y_k = \dfrac{1}{x_k}$, 从而 $\dfrac{1}{y_k} = \dfrac{1}{1 + \dfrac{a_k}{y_{k-1}}} \Leftrightarrow y_k = 1 +$

$\dfrac{a_k}{y_{k-1}}$. 由 $y_{k-1} \geqslant 1, a_k \geqslant 1$ 可得

$$\left(\frac{1}{y_{k-1}} - 1\right)(a_k - 1) \leqslant 0$$

$$1 + \frac{a_k}{y_{k-1}} \leqslant a_k + \frac{1}{y_{k-1}}\left(\frac{1}{y_{k-1}} - 1\right)(a_k - 1) \leqslant 0$$

$$\Leftrightarrow 1 + \frac{1}{y_{k-1}} \leqslant a_k + \frac{1}{y_{k-1}}$$

所以

$$y_k = 1 + \frac{a_k}{y_{k-1}} \leqslant a_k + \frac{1}{y_{k-1}}$$

故

$$\sum_{k=1}^{n} y_k \leqslant \sum_{k=1}^{n} a_k + \sum_{k=1}^{n} \frac{1}{y_{k-1}} = \sum_{k=1}^{n} a_k + \frac{1}{y_0} + \sum_{k=1}^{n} \frac{1}{y_k}$$

$$= \sum_{k=1}^{n} \frac{1}{y_k} A + \sum_{k=1}^{n-1} \frac{1}{y_k} < A_0$$

令 $t = \sum_{k=1}^{n} \dfrac{1}{y_k}$, 则 $t^2 + At - n \sum_{k=1}^{n} \dfrac{1}{y_k}$, 由 Cauchy 不

等式, 有 $\sum_{k=1}^{n} y_k \geqslant \dfrac{n^2}{t}$.

因此, 对 $t > 0$, 有 $\dfrac{n^2}{t} < A + 2 > 0$. 所以

$$t > \frac{-A + \sqrt{A^2 + 4n^2}}{2} = \frac{2n^2}{A + \sqrt{A^2 + 4n^2}}$$

$$\geqslant \frac{2n^2}{A + A + \dfrac{2n^2}{A}} = \frac{n^2 A}{n^2 + A^2}$$

故 $x_1 + x_2 + \cdots + x_n > \dfrac{n^2 A}{n^2 + A^2}$.

5.2　三角与代数的代换

1. 代数不等式问题的三角代换

例 1　（2005 全国高中数学联赛）设正数 a,b,c, x,y,z 满足

$$cy + bz = a, ax + cz = b, bx + ay = c$$

求函数 $f(x,y,z) = \dfrac{x^2}{1+x} + \dfrac{y^2}{1+y} + \dfrac{z^2}{1+z}$ 的最小值.

解　由条件,得

$$b(ax + cz - b) + c(bx + ay - c) - (cy + bz - a) = 0$$

即 $2bcz + a^2 - b^2 - c^2 = 0$,解得

$$x = \frac{b^2 + c^2 - a^2}{2bc}$$

同理,有

$$y = \frac{c^2 + a^2 - b^2}{2ca}, z = \frac{a^2 + b^2 - c^2}{2ab}$$

故以 a,b,c 为边长可构成一个锐角 $\triangle ABC$,则 $x = \cos A, y = \cos B, z = \cos C$,于是问题转化为:在锐角 $\triangle ABC$ 中,求函数

$$F(\cos A, \cos B, \cos C)$$
$$= \frac{\cos^2 A}{1 + \cos A} + \frac{\cos^2 B}{1 + \cos B} + \frac{\cos^2 C}{1 + \cos C}$$

的最小值.

令 $u = \cot A, v = \cot B, w = \cot C$,则 $u,v,w \in \mathbf{R}^+$,且

$$uv + vw + wu = 1$$

$$u^2 + 1 = (u+v)(u+w)$$

$$v^2 + 1 = (v+u)(v+w)$$

$$w^2 + 1 = (w+u)(w+v)$$

故

$$\frac{u^2(\sqrt{u^2+1}-u)}{\sqrt{u^2+1}} = u^2 - \frac{u^3}{\sqrt{u^2+1}}$$

$$\frac{\cos^2 A}{1+\cos A} = \frac{\dfrac{u^2}{u^2+1}}{1+\dfrac{u}{\sqrt{u^2+1}}} = \frac{u^2}{\sqrt{u^2+1}\,(\sqrt{u^2}+u)}$$

$$u^2 - \frac{u^3}{\sqrt{(u+v)(u+w)}}$$

$$\geqslant u^2 - \frac{u^3}{2}\left(\frac{1}{u+v} + \frac{1}{v+w}\right)$$

同理，有

$$\frac{\cos^2 B}{1+\cos B} \geqslant v^2 - \frac{v^3}{2}\left(\frac{1}{v+u} + \frac{1}{v+w}\right)$$

$$\frac{\cos^2 C}{1+\cos C} \geqslant w^2 - \frac{w^3}{2}\left(\frac{1}{w+u} + \frac{1}{v+w}\right)$$

$$f \geqslant u^2 + v^2 + w^2 -$$

$$\frac{1}{2}\left(\frac{u^3+v^3}{u+v} + \frac{v^3+w^3}{v+w} + \frac{w^3+u^3}{w+u}\right)$$

$$\geqslant u^2 + v^2 + w^2 - \frac{1}{2}(u^2+v^2-uv+v^2+$$

$$w^2 - vw + w^2 + u^2 - wu)$$

$$= \frac{1}{2}(uv+vw+wu)$$

$$= \frac{1}{2}$$

等号成立当且仅当 $a=b=c, x=y=z=\dfrac{1}{2}$. 故

$$[f(x,y,z)]_{\min}=\frac{1}{2}$$

例 2 （2002—2003 第 20 届伊朗数学奥林匹克）已知 a,b,c 为正实数,证明

$$a^2+b^2+c^2+abc=4\Rightarrow a+b+c\leqslant 3$$

证明　　显然 a,b,c 在 $0\leqslant x\leqslant 2$ 时,$\alpha,\beta\in\left[0,\frac{\pi}{2}\right]$.

令 $a=2\cos\alpha,b=2\cos\beta,\alpha,\beta$ 满足当 c 为正数时,$a^2+b^2+c^2+abc$ 为增函数,因此,对任意的实数 a,b,c 至多有一个正实数满足 $a^2+b^2+c^2+abc=4$.

下面证明

$$2\cos(\pi-\alpha-\beta)=-2\cos(\alpha+\beta)$$
$$\cos^2\alpha+\cos\beta-2\cos\alpha\cos\beta\cos(\alpha+\beta)$$
$$=\cos^2\alpha+\cos^2\beta+\cos^2\alpha\cos^2\beta+\sin^2\alpha\sin^2\beta$$
$$=2\cos\alpha\cos\beta\sin\alpha\sin\beta$$
$$=2\cos^2\alpha\cos^2\beta+2\cos\alpha\cos\beta\sin\alpha\sin\beta$$
$$=\cos^2\alpha+\cos^2\beta-\cos^2\alpha\cos^2\beta+\sin^2\alpha\sin^2\beta$$
$$=\cos^2\alpha\cdot\sin^2\beta+1-\cos^2\alpha\sin^2\beta=1$$
$$\Rightarrow a^2+b^2+c^2+abc=4$$

若 $\alpha+\beta>90°$,则 $-2\cos(\alpha+\beta)>0$ 是满足 c 的唯一值,下面证明,若 $\alpha+\beta<90°$,则不存在满足条件的 c.假设 c_1,c_2 是方程

$$c^2+4\cos\alpha\cos\beta\cdot c+4(\cos^2\alpha+\cos^2\beta-1)=0$$

的两个根,则

$$c_1+c_2=-4\cos\alpha\cos\beta\leqslant 0$$
$$c_1c_2=4(\cos^2\alpha+\cos^2\beta-1)>0$$

所以 $c_1<0,c_2<0$,故 c 无解,因此 $a=2\cos\alpha$,$b=2\cos\beta,c=2\cos\gamma$,其中 α,β,γ 是一个锐角三角形

的内角. 故

$$a + b + c = 2(\cos\alpha + \cos\beta + \cos\gamma) = 2\frac{3}{2} = 3$$

例23 (1999 越南数学奥林匹克) 设 a, b, c 是正实数, 且 $abc + a + c = b$, 试确定 $p = \dfrac{2}{a^2 + 1} - \dfrac{2}{b^2 + 1} + \dfrac{3}{c^2 + 1}$ 的最大值.

解 由已知条件, 有 $a + c = (1 - ac)b$, 显然 $1 - ac \neq 0$, 故 $b = \dfrac{a + c}{1 - ac}$.

令 $\alpha = \arctan a, \beta = \arctan c, \alpha, \beta, \gamma \in \left(0, \dfrac{\pi}{2}\right)$, 则

$$\tan\beta = \frac{\tan\alpha + \tan\gamma}{1 - \tan\alpha \cdot \tan\gamma} = \tan(\alpha + \gamma)$$

又 $\beta, \alpha, \gamma \in (0, \pi)$, 所以 $\beta = \alpha + \gamma$, 从而

$$p = \frac{2}{1 + \tan^2\alpha} - \frac{2}{1 + \tan^2\beta} + \frac{3}{1 + \tan^2\gamma}$$

$$= 2\cos^2\alpha - 2\cos^2(\alpha + \gamma) + 3\cos^2\gamma$$

$$= (\cos^2\alpha + 1) - [\cos(2\alpha + 2\gamma) + 1] + 3\cos^2\gamma$$

$$= \cos^2\alpha - [\cos 2(\alpha + \gamma) + 1] + 3\cos^2\gamma$$

$$= 2\sin\gamma\sin(2\alpha + \gamma) + 3\cos^2\gamma \leqslant 2\sin\gamma + 3\cos^2\gamma$$

$$= 2\sin\gamma + 3(1 - \sin^2\gamma) = \frac{10}{3} - 3\left(\sin\gamma - \frac{1}{3}\right)^2 \leqslant \frac{10}{3}$$

且在 $2\alpha + \gamma = \dfrac{\pi}{2}, \sin\gamma = \dfrac{1}{3}$, 即 $a = \dfrac{\sqrt{2}}{2}, b = \sqrt{2}, c = \dfrac{\sqrt{2}}{4}$ 时上式取等号, 故 $p_{\max} = \dfrac{10}{3}$.

例4 (2005 江西省高中数学联合竞赛) $\triangle ABC$ 的三条边长分别为 a, b, c, 证明

243

$$\frac{|a^2-b^2|}{c}+\frac{|b^2-c^2|}{a}\geqslant\frac{|c^2-a^2|}{b}$$

证明　由于 $a=2R\sin A, b=2R\sin B, c=2R\sin C$，故只要证

$$\frac{|\sin^2 A-\sin^2 B|}{\sin C}+\frac{|\sin^2 B-\sin^2 C|}{\sin A}$$

$$\geqslant\frac{|\sin^2 C-\sin^2 A|}{\sin B}\qquad\qquad ①$$

注意到

$$\sin^2 A-\sin^2 B$$
$$=(\sin^2 A-\sin^2 A\sin^2 B)-$$
$$(\sin^2 B-\sin^2 A\sin^2 B)$$
$$=\sin^2 A\cos^2 B-\sin^2 B\cos^2 A$$
$$=(\sin A\cos B+\sin B\cos A)\cdot$$
$$(\sin A\cos B-\sin B\cos A)$$
$$=\sin(A+B)\sin(A-B)$$
$$=\sin C\sin(A-B)$$

故由式 ①，只需证

$$|\sin(A-B)|+|\sin(B-C)|\geqslant|\sin(C-A)|$$
$$②$$

因为

$$|\sin(C-A)|=|\sin[(A-B)+(B-C)]|$$
$$=|\cos(A-B)\sin(B-C)+$$
$$\cos(A-B)\sin(B-C)|$$
$$\leqslant|\sin(A-B)\cos(B-C)|+$$
$$|\cos(A-B)\sin(B-C)|$$
$$\leqslant|\sin(A-B)|+|\sin(B-C)|$$

当且仅当 $A=B=C$ 时式 ② 取等号，此时 $\triangle ABC$ 是等边对角线，即 $a=b=c$.

244

例 5　已知 $a,b,c>0$,且满足 $\dfrac{a^2}{1+a^2}+\dfrac{b^2}{1+b^2}+$

$\dfrac{c^2}{1+c^2}=1$. 求证: $abc \leqslant \dfrac{\sqrt{2}}{4}$.

证法 1　令 $x=\dfrac{a^2}{1+a^2}$, $y=\dfrac{b^2}{1+b^2}$, $z=\dfrac{c^2}{1+c^2}$, 则

$0<x,y,z<1$, 且 $x+y+z=1$, 则

$$a^2=\frac{x}{1-x}, b^2=\frac{y}{1-y}, c^2=\frac{z}{1-z}$$

$$a^2 b^2 c^2=\frac{xy^2}{(1-x)(1-y)(1-z)}$$

于是问题转化为证明

$$\frac{xyz}{(1-x)(1-y)(1-z)} \leqslant \frac{1}{8}$$

$$\Leftrightarrow \frac{xyz}{(y+z)(z+x)(x+y)} \leqslant \frac{1}{8}$$

此式显然成立.

证法 2　令 $a=\tan\alpha, b=\tan\beta, c=\tan\gamma, \alpha,\beta,$

$\gamma \in \left(0,\dfrac{\pi}{2}\right)$, 则 $\dfrac{a^2}{1+a^2}=\sin^2\alpha, \dfrac{b^2}{1+b^2}=\sin^2\beta, \dfrac{c^2}{1+c^2}=$

$\sin^2\gamma$, 且 $\sin^2\alpha+\sin^2\beta+\sin^2\gamma=1$.

所证不等式等价于

$$\tan\alpha\tan\beta\tan\gamma \leqslant \frac{\sqrt{2}}{4}$$

$$\Leftrightarrow \tan^2\alpha\tan^2\beta\tan^2\gamma \leqslant \frac{1}{8}$$

$$\Leftrightarrow 8\sin^2\alpha\sin^2\beta\sin^2\gamma \leqslant \cos^2\alpha\cos^2\beta\cos^2\gamma$$

$$\Leftrightarrow 8\sin^2\alpha\sin^2\beta\sin^2\gamma$$

$$\leqslant (1-\sin^2\alpha)(1-\sin^2\beta)(1-\sin^2\gamma)$$

$$\Leftrightarrow 8\sin^2\alpha\sin^2\beta\sin^2\gamma$$

$$\leqslant (\sin^2\beta + \sin^2\gamma)(\sin^2\gamma + \sin^2\alpha)(\sin^2\alpha + \sin^2\beta)$$

由基本不等式知

$$\sin^2\beta + \sin^2\gamma \geqslant 2\sin\beta\sin\gamma$$

$$\sin^2\gamma + \sin^2\alpha \geqslant 2\sin\alpha\sin\gamma$$

$$\sin^2\alpha + \sin^2\beta \geqslant 2\sin\alpha\sin\beta$$

将上述三式相乘立得待证不等式成立,从而所证成立.

例 6 设 $a,b,c \in \mathbf{R}^+$.求证

$$a\sqrt{\frac{1+a^2}{1+b^2}} + b\sqrt{\frac{1+b^2}{1+a^2}} \geqslant a+b$$

证明 由于 $a,b,c \in \mathbf{R}^+$,于是令 $a = \tan\alpha, b = \tan\beta, \alpha, \beta \in \left(0, \dfrac{\pi}{2}\right)$,则所证不等式等价于

$$\tan\alpha \cdot \sqrt{\frac{1+\tan^2\alpha}{1+\tan^2\beta}} +$$

$$\tan\beta\sqrt{\frac{1+\tan^2\beta}{1+\tan^2\alpha}} \geqslant \tan\alpha + \tan\beta$$

$$\Leftrightarrow \tan\alpha\left(\frac{\cos\beta}{\cos\alpha} - 1\right) + \tan\beta\left(\frac{\cos\alpha}{\cos\beta} - 1\right) \geqslant 0$$

$$\Leftrightarrow \tan\alpha\frac{\cos\beta - \cos\alpha}{\cos\alpha} + \tan\beta\frac{\cos\alpha - \cos\beta}{\cos\beta} \geqslant 0$$

$$\Leftrightarrow (\cos\alpha - \cos\beta)\left(\frac{\tan\alpha}{\cos\alpha}\right) \geqslant 0$$

$$\Leftrightarrow (\cos\alpha - \cos\beta)\left(\frac{\sin\beta}{\cos^2\beta} - \frac{\sin\alpha}{\cos\alpha}\right) \geqslant 0$$

$$\Leftrightarrow (\cos\alpha - \cos\beta)(\sin\beta\cos^2\alpha - \sin\alpha\cos^2\beta) \geqslant 0$$

$$\Leftrightarrow (\cos\alpha - \cos\beta)[(1 - \sin^2\alpha)\sin\beta - \sin\alpha(1 - \sin^2\beta)] \geqslant 0$$

$$\Leftrightarrow (\cos\alpha - \cos\beta)(\sin\beta - \sin\alpha)(1 + \sin\alpha\sin\beta) \geqslant 0$$

$$\Leftrightarrow \tan\alpha\frac{\cos\beta}{\cos\alpha} + \tan\beta\frac{\cos\alpha}{\cos\beta} \geqslant \tan\alpha + \tan\beta$$

$$\Leftrightarrow \tan\alpha\left(\frac{\cos\beta}{\cos\alpha}-1\right)+\tan\beta\left(\frac{\cos\alpha}{\cos\beta}-1\right)\geqslant 0$$

$$\Leftrightarrow \tan\alpha\cdot\frac{\cos\beta-\cos\alpha}{\cos\alpha}+\tan\beta\cdot\frac{\cos\alpha-\cos\beta}{\cos\beta}\geqslant 0$$

$$\Leftrightarrow (\cos\alpha-\cos\beta)\left(\frac{\tan\alpha}{\cos\alpha}\right)\geqslant 0$$

$$\Leftrightarrow (\cos\alpha-\cos\beta)\left(\frac{\sin\beta}{\cos^2\beta}-\frac{\sin\alpha}{\cos^2\alpha}\right)\geqslant 0$$

$$\Leftrightarrow (\cos\alpha-\cos\beta)(\sin\beta\cos^2\alpha-\sin\alpha\cos^2\beta)\geqslant 0$$

$$\Leftrightarrow (\cos\alpha-\cos\beta)\big[(1-\sin^2\alpha)\sin\beta-$$

$$\sin\alpha(1-\sin^2\beta)\big]\geqslant 0$$

$$\Leftrightarrow (\cos\alpha-\cos\beta)(\sin\beta-\sin\alpha)(1+\sin\alpha\sin\beta)\geqslant 0$$

$$\Leftrightarrow (\cos\alpha-\cos\beta)(\sin\beta-\sin\alpha)\geqslant 0$$

由于 $\cos x,\sin x$ 在 $\left(0,\dfrac{\pi}{2}\right)$ 上的单调性相反,故上式成立.

2. 三角不等式问题的代数代换

例 7　(第二届中国东南地区数学奥林匹克)设 $0<\alpha,\beta,\gamma<\dfrac{\pi}{2}$,且 $\sin^3\alpha+\sin^3\beta+\sin^3\gamma=1$,求证

$$\tan^2\alpha+\tan^2\beta+\tan^2\gamma\geqslant\frac{3\sqrt{3}}{2}$$

证明　设 $a=\sin\alpha,b=\sin\beta,c=\sin\gamma$,则 $a,b,c\in(0,1)$,且 $a^3+b^3+c^3=1$,又

$$a-a^3=\frac{\sqrt{2}}{2}\sqrt{2a^2(1-a^2)^2}$$

$$\leqslant\frac{\sqrt{2}}{2}\times\sqrt[3]{\left(\frac{2a^3+1-a^2+1-a^2}{3}\right)}=\frac{2\sqrt{3}}{9}$$

同理,有

$$b - b^3 \leqslant \frac{2\sqrt{3}}{9}, c - c^3 \leqslant \frac{2\sqrt{3}}{9}$$

故

$$\frac{a^2}{1-a^2} + \frac{b^2}{1-b^2} + \frac{c^2}{1-c^2}$$

$$= \frac{a^3}{a-a^3} + \frac{b^3}{b-b^3} + \frac{c^3}{c-c^3}$$

$$\geqslant \frac{3\sqrt{3}}{2}(a^3 + b^3 + c^3) = \frac{3\sqrt{3}}{2}$$

注意到

$$\tan^2\alpha = \frac{\sin^2\alpha}{1-\sin^2\alpha} = \frac{a^2}{1-a^2}$$

$$\tan^2\beta = \frac{b^2}{1-b^2}, \tan^2\gamma = \frac{c^2}{1-c^2}$$

所以

$$\tan^2\alpha + \tan^2\beta + \tan^2\gamma \geqslant \frac{3\sqrt{3}}{2}$$

注 易知等号不能成立.

例 8 （2005 北方数学奥林匹克数学邀请赛）设

$0 \leqslant \alpha, \beta, \gamma \leqslant \frac{\pi}{2}, \cos^2\alpha + \cos^2\beta + \cos^2\gamma = 1.$ 求证

$$2 \leqslant (1+\cos^2\alpha)^2 \sin^4\alpha + (1+\cos^2\beta)^2 \sin^4\beta +$$
$$(1+\cos^2\gamma)^2 \sin^4\gamma$$
$$\leqslant (1+\cos^2\alpha)(1+\cos^2\beta)(1+\cos^2\gamma)$$

证明 设 $a = \cos^2\alpha, b = \cos^2\beta, c = \cos^2\gamma,$ 则 $0 \leqslant a,$
$b, c \leqslant 1,$ 且 $a + b + c = 1,$ 则所证不等式等价于

$$0 \leqslant a^4 + b^4 + c^4 - (a^2 + b^2 + c^2) + 1$$
$$\leqslant ab + bc + ca + abc \qquad \qquad ①$$

令 $ab + bc + ca = u, abc = v,$ 于是,式 ① 等价于

$$0 \leqslant 2u^2 + 4v \leqslant u + v \qquad \qquad ②$$

因为 $u \geqslant 0, v \geqslant 0$，所以式②左边显然成立，即 α, β, γ 两个取 $\dfrac{\pi}{2}$，一个取 0 时等号成立.

另外，式②右边的不等式等价于 $-2u^2 \geqslant 3v$，而

$$u - 2u^2 = u(1 - 2u) = (ab + bc + ca)(a^2 + b^2 + c^2)$$

$$= \frac{1}{3}(a + b + c)^2 = \frac{1}{3} \times 3\sqrt[3]{a^2 b^2 c^2} \, 3\sqrt[3]{abc}$$

$$= 3abc = 3v$$

所以，式②右边成立，即式②成立，从而式①成立.

故原不等式成立.

例 9　（2005 咸阳市数学青年教师基本功技能大赛）设 α, β, γ 为锐角，且 $\sin^2\alpha + \sin^2\beta + \sin^2\gamma = 1$，求证

$$\frac{1}{\cos^2\alpha + \cos^2\beta} + \frac{1}{\cos^2\beta + \cos^2\gamma} + \frac{1}{\cos^2\gamma + \cos^2\alpha}$$

$$\leqslant \frac{1}{4}\left(\frac{1}{\sin\alpha\sin\beta} + \frac{1}{\sin\beta\sin\gamma} + \frac{1}{\sin\gamma\sin\alpha}\right)$$

证明　应用二元均值不等式和四元均值不等式，得

$$\frac{1}{\cos^2\alpha + \cos^2\beta} = \frac{1}{2 - (\sin^2\alpha + \sin^2\beta)}$$

$$= \frac{1}{\sin^2\alpha + \sin^2\beta + 2\sin^2\gamma}$$

$$\leqslant \frac{1}{4\sqrt[4]{\sin^2\alpha \sin^2\beta \sin^4\gamma}} = \frac{1}{4\sqrt{\sin\alpha\sin\beta\sin^2\gamma}}$$

同理，有

$$\frac{1}{\cos^2\beta + \cos^2\gamma} \leqslant \frac{1}{4\sqrt{\sin\beta\sin\gamma\sin^2\alpha}}$$

$$\frac{1}{\cos^2\gamma + \cos^2\alpha} \leqslant \frac{1}{4\sqrt{\sin\gamma\sin\alpha\sin^2\beta}}$$

于是应用二元均值不等式，有

$$\frac{1}{\cos^2\alpha + \cos^2\beta} + \frac{1}{\cos^2\beta + \cos^2\gamma} + \frac{1}{\cos^2\gamma + \cos^2\alpha}$$

$$\leqslant \frac{1}{4\sqrt{\sin\alpha\sin\beta\sin^2\gamma}} + \frac{1}{4\sqrt{\sin\beta\sin\gamma\sin^2\alpha}} +$$

$$\frac{1}{4\sqrt{\sin\gamma\sin\alpha\sin^2\beta}}$$

$$= \frac{1}{4}\left(\frac{1}{\sin\alpha\sin\beta} + \frac{1}{\sin\beta\sin\gamma} + \frac{1}{\sin\gamma\sin\alpha}\right)$$

$$\leqslant \frac{1}{4\sin\alpha\sin\beta\sin\gamma} \cdot$$

$$\left(\frac{\sin\alpha + \sin\beta}{2} + \frac{\sin\beta + \sin\gamma}{2} + \frac{\sin\gamma + \sin\alpha}{2}\right)$$

$$= \frac{1}{4\sin\alpha\sin\beta\sin\gamma} \cdot$$

$$(\sqrt{\sin\alpha\sin\beta} + \sqrt{\sin\beta\sin\gamma} + \sqrt{\sin\gamma\sin\alpha})$$

$$= \frac{\sin\alpha + \sin\beta + \sin\gamma}{4\sin\alpha\sin\beta\sin\gamma}$$

证法 2 $\sin\alpha = \dfrac{a}{\sqrt{a^2 + b^2 + c^2}}$

$$\sin\beta = \frac{b}{\sqrt{a^2 + b^2 + c^2}}, \sin\gamma = \frac{c}{\sqrt{a^2 + b^2 + c^2}}$$

则

$$\sin^2\alpha = \frac{a^2}{a^2 + b^2 + c^2}$$

$$\sin^2\beta = \frac{b^2}{a^2 + b^2 + c^2}$$

$$\sin^2\gamma = \frac{c^2}{a^2 + b^2 + c^2}$$

则

$$\cos^2\alpha = \frac{b^2 + c^2}{a^2 + b^2 + c^2}$$

$$\cos^2\beta = \frac{c^2 + a^2}{a^2 + b^2 + c^2}$$

$$\cos^2\gamma = \frac{a^2 + b^2}{a^2 + b^2 + c^2}$$

$$\sum \frac{1}{\cos^2\alpha + \cos^2\beta} = \sum \frac{a^2 + b^2 + c^2}{a^2 + b^2 + 2c^2}$$

$$= (a^2 + b^2 + c^2) \sum \frac{1}{a^2 + b^2 + 2c^2}$$

$$\leqslant (a^2 + b^2 + c^2) \sum \frac{1}{4\sqrt[4]{a^2 + b^2 + c^2}}$$

$$= (a^2 + b^2 + c^2) \sum \frac{1}{4\sqrt{abc^2}}$$

$$= \frac{a^2 + b^2 + c^2}{4abc} \sum \sqrt{ab}$$

$$\leqslant \frac{a^2 + b^2 + c^2}{4abc} \sum \frac{a+b}{2}$$

$$= \frac{a^2 + b^2 + c^2}{4abc} \left(\frac{1}{bc} + \frac{1}{ca} + \frac{1}{ab} \right)$$

$$= \frac{1}{4} \sum \frac{1}{\sin\alpha\sin\beta}$$

5.3　练　习　题

1. (George Apostolopoulos 供题加拿大数学杂志 *CRUX* 2020 年 2 月问题 4451) 设 a,b,c 为正实数, 证明

$$\frac{(2a+b)\sqrt{\dfrac{a}{b}} + (2b+c)\sqrt{\dfrac{b}{c}} + (2c+a)\sqrt{\dfrac{c}{a}}}{a+b+c} \geqslant 3$$

2. (2020 中国台湾地区数学奥林匹克) 令 a,b,c 为正实数, 且 k 为

$$\frac{13a+13b+2c}{a+b}+\frac{24a-b+13c}{b+c}+\frac{-a+24b+13c}{c+a}$$

的最小值.

(1) 试求 k；

(2) 若最小值发生于 $(a,b,b)=(a_0,b_0,c_0)$，试求 $\frac{b_0}{a_0}+\frac{c_0}{b_0}$.

3.（安振平问题 5477）已知 $a,b,c>0$，求证

$$(2a-b)\sqrt{\frac{a}{b}}+(2b-c)\sqrt{\frac{b}{c}}+(2c-a)\sqrt{\frac{c}{a}}$$
$$\geqslant a+b+c$$

4.（安振平问题 5478）已知 $a,b,c>0$，求证

$$a(2a+b)\sqrt{\frac{a}{b}}+b(2b+c)\sqrt{\frac{b}{c}}+c(2c+a)\sqrt{\frac{c}{a}}$$
$$\geqslant 3(a^2+b^2+c^2)$$

5.（安振平问题 5479）已知 $a,b,c>0$，求证

$$a(2b+c)\sqrt{\frac{b}{c}}+b(2c+a)\sqrt{\frac{c}{a}}+c(2a+b)\sqrt{\frac{a}{b}}$$
$$\geqslant 3(ab+bc+ca)$$

6.（安振平问题 5480）已知 $a,b,c>0$，求证

$$(2a+b)\sqrt{\frac{a+c}{b+c}}+(2b+c)\sqrt{\frac{b+a}{c+a}}+$$
$$(2c+a)\sqrt{\frac{c+b}{a+b}}$$
$$\geqslant 3(a+b+c)$$

7.（2020 摩尔多瓦数学奥林匹克）设 $a,b,c>0$，求证

$$\frac{a}{\sqrt{7a^2+b^2+c^2}}+\frac{b}{\sqrt{a^2+7b^2+c^2}}+$$

$$\frac{c}{\sqrt{a^2+b^2+7c^2}}\leqslant 1$$

8.（2020 年 3 月 15 日不等式研究会中学群网友贵桂提出）已知正实数 a,b,c 满足 $abc=1$，求证

$$a^3+b^3+c^3+(ab)^3+(bc)^3+(ca)^3$$
$$\geqslant 2(a^2b+b^2c+c^2a)$$

9.（Leonard Giugiuc 供题）已知 a,b,c 为满足 $abc=1$ 的正实数，求证

$$(a+b+c)(ab+bc+ca)+3\geqslant 4(a+b+c)$$

10.（Titu Andresscu 供题 *Mathematica Reflections* 2(2020) 题 S515）设 a,b,c 为正实数，满足 $abc=1$，求证

$$(\sqrt[3]{a}+\sqrt[3]{b}+\sqrt[3]{c})^6\geqslant 27(a+2)(b+2)(c+2)$$

11.（2008 西部数学奥林匹克）设 $x,y,z\in(0,1)$，满足 $\sqrt{\dfrac{1-x}{yz}}+\sqrt{\dfrac{1-y}{zx}}+\sqrt{\dfrac{1-z}{xy}}=2$，求 xyz 的最大值.

5.4　练习题参考答案

1.证明:原不等式等价于 $(2a+b)\sqrt{\dfrac{a}{b}}+(2b+c)\cdot$

$\sqrt{\dfrac{b}{c}}+(2c+a)\cdot\sqrt{\dfrac{c}{a}}\geqslant 3(a+b+c)$，令 $x=\sqrt{a}$，$y=\sqrt{b}$，$z=\sqrt{c}$，则原式变形为

$$\frac{2x^3}{y}+\frac{2y^3}{z}+\frac{2z^3}{x}+xy+yz+zx\geqslant 3(x^2+y^2+z^2)$$

因为

$$\frac{x^3}{y} + xy \geqslant 2x^2, \frac{y^3}{z} + yz \geqslant 2y^2, \frac{z^3}{x} + zx \geqslant 2z^2$$

将这三式相加，有

$$\frac{x^3}{y} + \frac{y^3}{z} + \frac{z^3}{x} \geqslant 2(x^2 + y^2 + z^2) - (xy + yz + zx)$$

于是

$$\frac{2x^3}{y} + \frac{2y^3}{z} + \frac{2z^3}{x} + xy + yz + zx$$

$$\geqslant 4(x^2 + y^2 + z^2) - (xy + yz + zx)$$

$$= 3(x^2 + y^2 + z^2) +$$

$$\frac{1}{2} \big[(x - y)^2 + (y - z)^2 + (z - x)^2 \big]$$

$$\geqslant 3(x^2 + y^2 + z^2)$$

2. 解：(1) 作代换 $a + b = 2z, b + c = 2y, c + a = 2x$，则 $x, y, z > 0$，且 $a + b + c = x + y + z$，有 $a = y + z - x, b = z + x - y, c = x + y - z$，所以

$$\frac{13a + 13b + 2c}{a + b} + \frac{24a - b + 13c}{b + c} + \frac{-a + 24b + 13c}{c + a}$$

$$= 13 + \frac{2c}{a + b} + 13 + \frac{24a - 14b}{b + c} + 13 + \frac{24b - 14a}{c + a}$$

$$= 39 + \frac{2(x + y - z)}{2z} +$$

$$\frac{24(y + z - x) - 14(z + x - y)}{2x} +$$

$$\frac{24(z + x - y) - 14(y + z - x)}{2y}$$

$$= \frac{x}{z} + \frac{y}{z} + 19\left(\frac{y}{x} + \frac{x}{y}\right) + 5\left(\frac{z}{x} + \frac{z}{y}\right)$$

$$= 19\left(\frac{y}{x} + \frac{x}{y}\right) + \left(\frac{x}{z} + \frac{5z}{x}\right) + \left(\frac{y}{z} + \frac{5z}{y}\right)$$

$$\geqslant 19 \times 2\sqrt{\frac{y}{x} \cdot \frac{x}{y}} + 2\sqrt{\frac{x}{z} \cdot \frac{5z}{x}} +$$

$$2\sqrt{\frac{y}{z} \cdot \frac{5z}{y}} = 38 + 4\sqrt{5}$$

所以 $k = 38 + 4\sqrt{5}$；

（2）由（1）知等号成立的条件为 $x = y = \sqrt{5}\,z$，所以 $a = b = \sqrt{5}\,c$，于是有 $a = b, c = (2\sqrt{5} - 1)a$，所以

$$\frac{b_0}{a_0} + \frac{c_0}{b_0} = 1 + 2\sqrt{5} - 1 = 2\sqrt{5}$$

3. 证明：令 $\sqrt{a} = x, \sqrt{b} = y, \sqrt{c} = z$，则 $a = x^2, b = y^2$，$c = z^2$. 所证不等式变形为

$$(2x^2 - y^2)\frac{x}{y} + (2y^2 - z^2)\frac{y}{z} + (2z^2 - x^2)\frac{y}{z}$$

$$\geqslant x^2 + y^2 + z^2$$

化简，得

$$2\left(\frac{x^3}{y} + \frac{y^3}{z} + \frac{z^3}{x}\right) - (xy + yz + zx) \geqslant x^2 + y^2 + z^2$$

$$①$$

由平均值不等式，有

$$\frac{x^3}{y} + yx \geqslant 2x^2, \frac{y^3}{z} + yz \geqslant 2y^2, \frac{z^3}{x} + xz \geqslant 2z^2$$

将以上三式相加，有 $\dfrac{x^3}{y} + \dfrac{y^3}{z} + \dfrac{z^3}{x} \geqslant 2(x^2 + y^2 + z^2) - (xy + yz + zx)$，所以

$$2\left(\frac{x^3}{y} + \frac{y^3}{z} + \frac{z^3}{x}\right) - (xy + yz + zx) -$$

$$(x^2 + y^2 + z^2)$$

$$\geqslant 3(x^2 + y^2 + z^2) - 3(xy + yz + zx) \geqslant 0$$

故式 ① 成立.

4. 证明:令 $\sqrt{a}=x$, $\sqrt{b}=y$, $\sqrt{c}=z$, 则 $a=x^2$, $b=y^2$, $c=z^2$. 所证不等式变形为

$$x^2(2x^2+y^2)\frac{x}{y}+y^2(2y^2+z^2)\frac{y}{z}+$$

$$z^2(2z^2+x^2)\frac{z}{x} \geqslant 3(x^4+y^4+z^4)$$

化简得

$$2\left(\frac{x^5}{y}+\frac{y^5}{z}+\frac{z^5}{x}\right)+x^3y+y^3z+z^3x$$

$$\geqslant 3(x^4+y^4+z^4)$$

由平均值不等式,有

$$\frac{x^5}{y}+x^3y \geqslant 2x^4, \frac{y^5}{z}+y^3z \geqslant 2y^4, \frac{z^5}{x}+z^3x \geqslant 2z^4$$

所以 $\dfrac{x^5}{y}+\dfrac{y^5}{z}+\dfrac{z^5}{x} \geqslant 2(x^4+y^4+z^4)$, 又由平均值不等式, 有 $x^4+x^4+x^4+y^4 \geqslant 4x^3y$ 等三式, 于是有

$$x^4+y^4+z^4 \geqslant x^3y+y^3z+z^3x$$

所以

$$2\left(\frac{x^5}{y}+\frac{y^5}{z}+\frac{z^5}{x}\right)-(x^3y+y^3z+z^3x)$$

$$\geqslant 4(x^4+y^4+z^4)-(x^3y+y^3z+z^3x)$$

$$=3(x^4+y^4+z^4)+(x^4+y^4+z^4)-$$

$$(x^3y+y^3z+z^3x)$$

$$\geqslant 3(x^4+y^4+z^4)$$

5. 证明:令 $\sqrt{a}=x$, $\sqrt{b}=y$, $\sqrt{c}=z$, 则 $a=x^2$, $b=y^2$, $c=z^2$. 所证不等式变形为

$$x^2(2y^2+z^2)\frac{y}{z}+y^2(2z^2+x^2)\frac{z}{x}+$$

$$z^2(2x^2+y^2)\frac{x}{y}$$

$$\geqslant 3(x^2y^2+y^2z^2+z^2x^2)$$

化简为

$$2\left(\frac{x^2y^3}{z}+\frac{y^2z^3}{x}+\frac{z^2x^3}{y}\right)+x^2yz+xy^2z+xyz^2$$

$$\geqslant 3(x^2y^2+y^2z^2+z^2x^2)$$

由 $\dfrac{x^2y^3}{z}+x^2yz\geqslant 2x^2y^2$ 等三式,有

$$\frac{x^2y^3}{z}+\frac{y^2z^3}{x}+\frac{z^2x^3}{y}$$

$$\geqslant 2(x^2y^2+y^2z^2+z^2x^2)-xyz(x+y+z)$$

又由平均值不等式,有

$$x^2y^2+y^2z^2+z^2x^2\geqslant x^2yz+xy^2z+xyz^2$$

于是,有

$$2\left(\frac{x^2y^3}{z}+\frac{y^2z^3}{x}+\frac{z^2x^3}{y}\right)+x^2yz+xy^2z+xyz^2$$

$$\geqslant 4(x^2y^2+y^2z^2+z^2x^2)-$$

$$2xyz(x+y+z)+xyz(x+y+z)$$

$$=3(x^2y^2+y^2z^2+z^2x^2)+(x^2y^2+y^2z^2+z^2x^2)-$$

$$xyz(x+y+z)$$

$$\geqslant 3(x^2y^2+y^2z^2+z^2x^2)$$

6. 证明:令 $b+c=x^2, c+a=y^2, a+b=z^2$,则

$$a+b+c=\frac{x^2+y^2+z^2}{2}$$

所证不等式变形为

$$\frac{x^2+y^2+z^2}{2}\left(\frac{y}{x}+\frac{z}{y}+\frac{x}{z}\right)+\frac{xy^2}{z}+\frac{yz^2}{x}+\frac{zx^2}{y}-$$

$$(xy+yz+zx)\geqslant\frac{3}{2}(x^2+y^2+z^2)$$

由平均值不等式,有

$$\frac{y}{x}+\frac{z}{y}+\frac{x}{z}\geqslant 3$$

$$\frac{xy^2}{z} + \frac{yz^2}{x} + \frac{zx^2}{y} - (xy + yz + zx)$$

$$= \frac{xy^2}{z} + xz + \frac{yz^2}{x} + xy + \frac{zx^2}{y} + yz -$$

$$2(xy + yz + zx)$$

$$\geqslant 2(xy + yz + zx) - 2(xy + yz + zx) = 0$$

所以

$$\frac{x^2 + y^2 + z^2}{2}\left(\frac{y}{x} + \frac{z}{y} + \frac{x}{z}\right) + \frac{xy^2}{z} + \frac{yz^2}{x} +$$

$$\frac{zx^2}{y} - (xy + yz + zx)$$

$$\geqslant \frac{3}{2}(x^2 + y^2 + z^2)$$

7. 证明:证其加强式

$$\frac{a^2}{7a^2 + b^2 + c^2} + \frac{b^2}{a^2 + 7b^2 + c^2} + \frac{c^2}{a^2 + b^2 + 7c^2} \leqslant \frac{1}{3}$$

①

作变换 $7a^2 + b^2 + c^2 = x$, $a^2 + 7b^2 + c^2 = y$, $a^2 + b^2 + 7c^2 = z$, 则

$$a^2 = \frac{8x - y - z}{54}, b^2 = \frac{8y - x - z}{54}, c^2 = \frac{8z - x - y}{54}$$

于是式 ① 等价于 $\sum \dfrac{8x - y - z}{54x} \leqslant \dfrac{1}{3}$, 等价于

$\sum \dfrac{y + z}{x} \geqslant 6$, 由 AM－GM 不等式知显然成立.

又由 Cauchy-Schwarz 不等式知

$$\frac{a}{\sqrt{7a^2 + b^2 + c^2}} + \frac{b}{\sqrt{a^2 + 7b^2 + c^2}} + \frac{c}{\sqrt{a^2 + b^2 + 7c^2}}$$

$$\leqslant \sqrt{3\left(\frac{a^2}{7a^2 + b^2 + c^2} + \frac{b^2}{a^2 + 7b^2 + c^2} + \frac{c^2}{a^2 + b^2 + 7c^2}\right)}$$

$$\leqslant 1$$

8.证明:设 $a=\dfrac{x}{y},b=\dfrac{y}{z},c=\dfrac{z}{x}$,所证不等式等

价于

$$\frac{x^3}{y^3}+\frac{y^3}{z^3}+\frac{z^3}{x^3}+\frac{y^3}{x^3}+\frac{z^3}{y^3}+\frac{x^3}{z^3}\geqslant 2\left(\frac{x^2}{yz}+\frac{y^2}{zx}+\frac{z^2}{xy}\right)$$

因为

$$\frac{x^3}{y^3}+\frac{x^3}{z^3}+1\geqslant\frac{3x^2}{yz}$$

$$\frac{y^3}{z^3}+\frac{y^3}{x^3}+1\geqslant\frac{3y^2}{zx}$$

$$\frac{z^3}{x^3}+\frac{z^3}{y^3}+1\geqslant\frac{3z^2}{xy}$$

将这三式相加,有

$$\frac{x^3}{y^3}+\frac{y^3}{z^3}+\frac{z^3}{x^3}+\frac{y^3}{x^3}+\frac{z^3}{y^3}+\frac{x^3}{z^3}$$

$$\geqslant 3\left(\frac{x^2}{yz}+\frac{y^2}{zx}+\frac{z^2}{xy}\right)-3$$

$$=2\left(\frac{x^2}{yz}+\frac{y^2}{zx}+\frac{z^2}{xy}\right)+\frac{x^2}{yz}+\frac{y^2}{zx}+\frac{z^2}{xy}-3$$

$$\geqslant 2\left(\frac{x^2}{yz}+\frac{y^2}{zx}+\frac{z^2}{xy}\right)$$

所以所证不等式成立.

说明:由证明过程可知,原式可加强为

$$a^3+b^3+c^3+(ab)^3+(bc)^3+(ca)^3+3$$

$$\geqslant 3(a^2b+b^2c+c^2a) \qquad\qquad ②$$

式 ② 等价于

$$\frac{x^3}{y^3}+\frac{y^3}{z^3}+\frac{z^3}{x^3}+\frac{y^3}{x^3}+\frac{z^3}{y^3}+\frac{x^3}{z^3}+3$$

$$\geqslant 3\left(\frac{x^2}{yz}+\frac{y^2}{zx}+\frac{z^2}{xy}\right) \qquad\qquad ③$$

式 ③ 还可以加强为

$$\frac{x^3}{y^3} + \frac{y^3}{z^3} + \frac{z^3}{x^3} + \frac{y^3}{x^3} + \frac{z^3}{y^3} + \frac{x^3}{z^3} + 6$$

$$\geqslant 4\left(\frac{x^2}{yz} + \frac{y^2}{zx} + \frac{z^2}{xy}\right) \qquad ④$$

在式 ④ 中令 $a = \dfrac{x^2}{yz}, b = \dfrac{y^2}{zx}, c = \dfrac{z^2}{xy}$，可转化为加拿大杂志 $CRUX$ 2020 年 2 月问题 4456.

9. 证明：由 $AM - GM$ 不等式，有 $(ab + bc + ca)^2 \geqslant 3abc(a+b+c) = 3(a+b+c)$，所以

$$(a + b + c)(ab + bc + ca) + 3$$

$$= 3 \cdot \frac{(a+b+c)(ab+bc+ca)}{3} + 3$$

$$\geqslant 4\sqrt[4]{\left[\frac{(a+b+c)(ab+bc+ca)}{3}\right]^3 \cdot 3}$$

$$= 4\sqrt[4]{\frac{(a+b+c)^3(ab+bc+ca)^3}{9}}$$

$$\geqslant 4\sqrt[4]{\frac{(a+b+c)^3(a+b+c)(ab+bc+ca)}{3}}$$

$$= 4(a+b+c)\sqrt[4]{\frac{ab+bc+ca}{3}}$$

$$\geqslant 4(a+b+c)\sqrt[3]{\frac{3(abc)^{\frac{2}{3}}}{3}}$$

$$= 4(a+b+c)$$

10. 证明（褚小光先生给出）：设 $x, y, z > 0$，令 $a = \dfrac{x^2}{yz}, b = \dfrac{y^2}{zx}, c = \dfrac{z^2}{xy}$，则

$$(\sqrt[3]{a} + \sqrt[3]{b} + \sqrt[3]{c})^6 = \left(\sqrt[3]{\frac{x^2}{yz}} + \sqrt[3]{\frac{y^2}{zx}} + \sqrt[3]{\frac{z^2}{xy}}\right)^6$$

$$= \frac{(x+y+z)^6}{x^2y^2z^2}$$

$$(a+2)(b+2)(c+2)$$

$$= \left(\frac{x^2}{yz}+2\right)\left(\frac{y^2}{zx}+2\right)\left(\frac{z^2}{xy}+2\right)$$

$$= \frac{(x^2+2yz)(y^2+2zx)(z^2+2xy)}{x^2y^2z^2}$$

于是待证不等式转化为

$$(x+y+z)^6$$

$$\geqslant 27(x^2+2yz)(y^2+2zx)(z^2+2xy)$$

由均值不等式,有

$$(x+y+z)^6 = (x^2+2yz+y^2+2zx+z^2+2xy)^3$$

$$\geqslant 27(x^2+2yz)(y^2+2zx)(z^2+2xy)$$

故所证得证.

受褚先生思路的启发,可得到下面的类似结论:

推论 1   正实数 a,b,c 满足 $abc=1$. 求证

$$3(a+b+c)^2 \geqslant (a+2)(b+2)(c+2) \qquad ①$$

证明   设 $x,y,z>0$,令 $a=\dfrac{x^2}{yz}, b=\dfrac{y^2}{zx}, c=\dfrac{z^2}{xy}$,

则式 ① 等价于

$$3(x^3+y^3+z^3)^2$$

$$\geqslant 27(x^2+2yz)(y^2+2zx)(z^2+2xy)$$

由幂平均不等式 $\dfrac{x^3+y^3+z^3}{3} \geqslant \left(\dfrac{x+y+z}{3}\right)^3$,

结合题 10,即知式 ① 成立.

推论 2   正实数 a,b,c 满足 $abc=1$. 求证

$$9(a^2+b^2+c^2) \geqslant (a+2)(b+2)(c+2) \qquad ②$$

证明   因为 $9(a^2+b^2+c^2) \geqslant 3(a+b+c)^2$,结合题 10 即知式 ② 成立.

推论 3   正实数 a,b,c 满足 $abc=1$. 求证

$$(\sqrt{a}+\sqrt{b}+\sqrt{c})^4 \geqslant 3(a+2)(b+2)(c+2) \qquad ③$$

简证 设 $x,y,z>0$，令 $a=\dfrac{x^4}{y^2z^2}$，$b=\dfrac{y^4}{z^2x^2}$，$c=$

$\dfrac{z^4}{x^2y^2}$，则

$$(\sqrt{a}+\sqrt{b}+\sqrt{c})^4=\frac{(x^3+y^3+z^3)^4}{x^4y^4z^4}$$

$$(\sqrt[3]{a}+\sqrt[3]{b}+\sqrt[3]{c})^6=\frac{(x^2+y^2+z^2)^6}{x^4y^4z^4}$$

由幂平均不等式

$$\left(\frac{x^3+y^3+z^3}{3}\right)^2\geqslant\left(\frac{x^2+y^2+z^2}{3}\right)^3$$

即知式 ③ 成立.

11. 证明：记 $u=\sqrt[6]{xyz}$，则由条件和平均值不等式有

$$2u^3=2\sqrt{xyz}=\frac{1}{\sqrt{3}}\sum\sqrt{x(3-3x)}$$

$$\leqslant\frac{1}{\sqrt{3}}\sum\frac{x+3-3x}{2}=\frac{3\sqrt{3}}{2}-\frac{1}{\sqrt{3}}\sum x$$

$$\leqslant\frac{3\sqrt{3}}{2}-\sqrt{3}\sqrt[3]{xyz}=\frac{3\sqrt{3}}{2}-\sqrt{3}u^2$$

故 $4u^3+2\sqrt{3}u^2-3\sqrt{3}\leqslant0$. 即

$$(2u-\sqrt{3})(2u^2+2\sqrt{3}u+3)\leqslant0$$

因为 $2u^2+2\sqrt{3}u+3>0$，所以 $u\leqslant\dfrac{\sqrt{3}}{2}$. 于是 $xyz\leqslant\dfrac{27}{64}$.

Nesbitt 不等式的加强、变式 与类比

6.1 Nesbitt 不等式的加强及其应用

1. Nesbitt 不等式的加强与证明

Nesbitt 不等式是指：

设 a,b,c 是正实数,则有

$$\frac{a}{b+c}+\frac{b}{c+a}+\frac{c}{a+b}\geqslant\frac{3}{2} \quad ①$$

本书把上述著名的不等式加强为：

定理 1 设 a,b,c 是正实数,则有

$$\frac{a}{b+c}+\frac{b}{c+a}+\frac{c}{a+b}$$

$$\geqslant\frac{3}{2}+\frac{(a-b)^2+(b-c)^2+(c-a)^2}{(a+b+c)^2}$$

$$②$$

证明

$$\frac{a}{b+c}+\frac{b}{c+a}+\frac{c}{a+b}-\frac{3}{2}-$$

$$\frac{(a-b)^2+(b-c)^2+(c-a)^2}{(a+b+c)^2}$$

$$=\frac{2\sum a^3-\sum a^2(b+c)}{2\prod(a+b)}-$$

$$\frac{(a-b)^2+(b-c)^2+(c-a)^2}{(a+b+c)^2}$$

$$=\frac{\sum(b+c)(b-c)^2}{2\prod(a+b)}-$$

$$\frac{(a-b)^2+(b-c)^2+(c-a)^2}{(a+b+c)^2}$$

$$=\sum\left[\frac{1}{2(a+b)(a+c)}-\frac{1}{(\sum a)^2}\right](b-c)^2$$

$$=\sum\frac{(-a^2+b^2+c^2)(b-c)^2}{2(a+b)(a+c)(\sum a)^2}$$

只需证

$$\sum(b+c)(-a^2+b^2+c^2)(b-c)^2\geqslant 0 \qquad ③$$

由对称性,不妨设 $a\geqslant b\geqslant c$,则

$$\sum(b+c)(-a^2+b^2+c^2)(b-c)^2$$

$$\geqslant(b+c)(-a^2+b^2+c^2)(b-c)^2+$$

$$(a+c)(a^2-b^2+c^2)(a-b+b-c)^2$$

$$\geqslant(b+c)(-a^2+b^2+c^2)(b-c)^2+$$

$$(b+c)(a^2-b^2+c^2)(b-c)^2$$

$$=2(b+c)c^2(b-c)^2\geqslant 0$$

故式 ③ 成立,从而式 ② 成立.

　　说明　　定理由笔者在中国初等数学研究会论坛上提出,杨学枝老师给出证明.

　　2. 四道奥林匹克不等式试题的改进

　　应用定理 1 可以把下面四道数学奥林匹克试题进行改进.

　　例 1　（2011 西班牙数学奥林匹克）设 a,b,c 是正实数,求证

$$\frac{a}{b+c}+\frac{b}{c+a}+\frac{c}{a+b}+\sqrt{\frac{ab+bc+ca}{a^2+b^2+c^2}} \geqslant \frac{5}{2} \quad ①$$

　　可改进为

$$\frac{a}{b+c}+\frac{b}{c+a}+\frac{c}{a+b}+\frac{4}{3}\sqrt{\frac{ab+bc+ca}{a^2+b^2+c^2}} \geqslant \frac{17}{6} \quad ②$$

　　证明　因为

$$1-\sqrt{\frac{ab+bc+ca}{a^2+b^2+c^2}}=\frac{\sqrt{a^2+b^2+c^2}-\sqrt{ab+bc+ca}}{\sqrt{a^2+b^2+c^2}}$$

$$=\frac{a^2+b^2+c^2-(ab+bc+ca)}{\sqrt{a^2+b^2+c^2}(\sqrt{a^2+b^2+c^2}+\sqrt{ab+bc+ca})}$$

$$=\frac{(a-b)^2+(b-c)^2+(c-a)^2}{2\sqrt{a^2+b^2+c^2}(\sqrt{a^2+b^2+c^2}+\sqrt{ab+bc+ca})}$$

$$=\frac{(a-b)^2+(b-c)^2+(c-a)^2}{2(a^2+b^2+c^2+\sqrt{a^2+b^2+c^2}\cdot\sqrt{ab+bc+ca})}$$

$$\leqslant\frac{(a-b)^2+(b-c)^2+(c-a)^2}{2(a^2+b^2+c^2+ab+bc+ca)}$$

$$=\frac{(a-b)^2+(b-c)^2+(c-a)^2}{a^2+b^2+c^2+(a^2+b^2+c^2+2ab+2bc+2ca)}$$

$$=\frac{(a-b)^2+(b-c)^2+(c-a)^2}{a^2+b^2+c^2+(a+b+c)^2}$$

$$\leqslant\frac{3[(a-b)^2+(b-c)^2+(c-a)^2]}{4(a+b+c)^2}$$

又由定理 1,有

$$\frac{a}{b+c}+\frac{b}{c+a}+\frac{c}{a+b}$$

$$\geqslant \frac{3}{2}+\frac{(a-b)^2+(b-c)^2+(c-a)^2}{(a+b+c)^2}$$

于是只需证

$$\frac{a}{b+c}+\frac{b}{c+a}+\frac{c}{a+b}-\frac{3}{2}$$

$$\geqslant \frac{4}{3}\left(1-\sqrt{\frac{ab+bc+ca}{a^2+b^2+c^2}}\right)$$

化简即得.

例 2 （2011 中国西部数学奥林匹克）设 $a,b,c>0$,求证

$$\frac{(a-b)^2}{(c+a)(c+b)}+\frac{(b-c)^2}{(a+b)(a+c)}+\frac{(c-a)^2}{(b+c)(b+a)}$$

$$\geqslant \frac{(a-b)^2}{a^2+b^2+c^2} \qquad\qquad ①$$

可改进为

$$\frac{(a-b)^2}{(c+a)(c+b)}+\frac{(b-c)^2}{(a+b)(a+c)}+\frac{(c-a)^2}{(b+c)(b+a)}$$

$$\geqslant \frac{2[(a-b)^2+(b-c)^2+(c-a)^2]}{(a+b+c)^2} \qquad\qquad ②$$

证明 因为

$$\frac{a}{b+c}+\frac{b}{c+a}+\frac{c}{a+b}-\frac{3}{2}$$

$$=\left(\frac{a}{b+c}-\frac{1}{2}\right)+\left(\frac{b}{c+a}-\frac{1}{2}\right)+\left(\frac{c}{a+b}-\frac{1}{2}\right)$$

$$=\frac{1}{2}\left(\frac{a-b}{b+c}+\frac{a-c}{b+c}\right)+\frac{1}{2}\left(\frac{b-c}{c+a}+\frac{b-a}{c+a}\right)+$$

$$\quad \frac{1}{2}\left(\frac{c-a}{a+b}+\frac{c-b}{a+b}\right)$$

$$= \frac{1}{2}\left(\frac{a-b}{b+c} + \frac{b-a}{c+a}\right) + \frac{1}{2}\left(\frac{b-c}{c+a} + \frac{c-b}{a+b}\right) +$$

$$\frac{1}{2}\left(\frac{c-a}{a+b} + \frac{a-c}{b+c}\right)$$

$$= \frac{1}{2}\left[\frac{(a-b)^2}{(b+c)(c+a)} + \frac{(b-c)^2}{(c+a)(a+b)} +\right.$$

$$\left.\frac{(c-a)^2}{(b+c)(a+b)}\right]$$

由定理 1 知

$$\frac{a}{b+c} + \frac{b}{c+a} + \frac{c}{a+b} - \frac{3}{2}$$

$$\geqslant \frac{(a-b)^2 + (b-c)^2 + (c-a)^2}{(a+b+c)^2}$$

所以式 ② 成立.

由 Cauchy 不等式有

$$2[(b-c)^2 + (c-a)^2] \geqslant (b-c+c-a)^2 = (a-b)^2$$

$$3(a^2 + b^2 + c^2) \geqslant (a+b+c)^2$$

所以

$$\frac{2[(a-b)^2 + (b-c)^2 + (c-a)^2]}{(a+b+c)^2}$$

$$\geqslant \frac{3(a-b)^2}{(a+b+c)^2} \geqslant \frac{(a-b)^2}{a^2 + b^2 + c^2}$$

故

$$\frac{(a-b)^2}{(c+a)(c+b)} + \frac{(b-c)^2}{(a+b)(a+c)} + \frac{(c-a)^2}{(b+c)(b+a)}$$

$$\geqslant \frac{2[(a-b)^2 + (b-c)^2 + (c-a)^2]}{(a+b+c)^2}$$

从而式 ② 是式 ① 的加强.

例 3　（2009 罗马数学奥林匹克）对满足 $a+b+c=3$ 的非负实数 a,b,c，求证

267

$$\frac{a+3}{3a+bc} + \frac{b+3}{3b+ca} + \frac{c+3}{3c+ab} \geqslant 3 \qquad ①$$

可改进为

$$\frac{a+3}{3a+bc} + \frac{b+3}{3b+ca} + \frac{c+3}{3c+ab}$$

$$\geqslant 3 + \frac{2}{27}\left[(a-b)^2 + (b-c)^2 + (c-a)^2\right] \qquad ②$$

证明　因为

$$\frac{a+3}{3a+bc} = \frac{a+a+b+c}{3(3-b-c)+bc}$$

$$= \frac{(a+b)+(a+c)}{(3-b)(3-c)} = \frac{(a+b)+(a+c)}{(a+b)\cdot(a+c)}$$

$$= \frac{1}{a+b} + \frac{1}{a+c}$$

同理,有

$$\frac{b+3}{3b+ac} = \frac{1}{a+b} + \frac{1}{b+c}$$

$$\frac{c+3}{3c+ab} = \frac{1}{b+c} + \frac{1}{a+c}$$

将上述三式相加并由定理 1 可得到

$$\frac{a+3}{3a+bc} + \frac{b+3}{3b+ca} + \frac{c+3}{3c+ab}$$

$$= 2\left(\frac{1}{a+b} + \frac{1}{b+c} + \frac{1}{c+a}\right)$$

$$= \frac{2}{3}\cdot\left(\frac{a+b+c}{a+b} + \frac{a+b+c}{b+c} + \frac{a+b+c}{c+a}\right)$$

$$= \frac{2}{3}\cdot\left(3 + \frac{c}{a+b} + \frac{a}{b+c} + \frac{b}{c+a}\right)$$

$$\geqslant 2 + \frac{2}{3}\cdot\left[\frac{3}{2} + \frac{(a-b)^2+(b-c)^2+(c-a)^2}{(a+b+c)^2}\right]$$

$$= 3 + \frac{2}{27}\cdot\frac{(a-b)^2+(b-c)^2+(c-a)^2}{(a+b+c)^2}$$

例 4　（2006 白俄罗斯数学奥林匹克）已知 a,b,c 是正实数,证明

$$\frac{a^3-2a+2}{b+c}+\frac{b^3-2b+2}{c+a}+\frac{c^3-2c+2}{a+b}\geqslant\frac{3}{2}\quad\text{①}$$

可改进为

$$\frac{a^3-2a+2}{b+c}+\frac{b^3-2b+2}{c+a}+\frac{c^3-2c+2}{a+b}$$

$$\geqslant\frac{3}{2}+\frac{(a-b)^2+(b-c)^2+(c-a)^2}{(a+b+c)^2}\quad\text{②}$$

证明　因为 $a^3-2a+2=(a^3+1+1)-2a\geqslant3a-2a=a$,所以 $\dfrac{a^3-2a+2}{b+c}\geqslant\dfrac{a}{b+c}$.

同理,有 $\dfrac{b^3-2b+2}{c+a}\geqslant\dfrac{b}{c+a}$,$\dfrac{c^3-2c+2}{a+b}\geqslant\dfrac{c}{a+b}$.

由定理 1 知

$$\frac{a^3-2a+2}{b+c}+\frac{b^3-2b+2}{c+a}+\frac{c^3-2c+2}{a+b}$$

$$\geqslant\frac{a}{b+c}+\frac{b}{c+a}+\frac{c}{a+b}$$

$$\geqslant\frac{3}{2}+\frac{(a-b)^2+(b-c)^2+(c-a)^2}{(a+b+c)^2}$$

3. 几个推论

推论 1　设 a,b,c 是正实数,则有

$$\sum\frac{a}{b+c}+\frac{2(ab+bc+ca)}{a^2+b^2+c^2}\geqslant\frac{13}{6}\quad\text{③}$$

证明　由定理 1 有

$$\frac{a}{b+c}+\frac{b}{c+a}+\frac{c}{a+b}$$

$$\geqslant\frac{3}{2}+\frac{(a-b)^2+(b-c)^2+(c-a)^2}{(a+b+c)^2}$$

又由 $3(a^2+b^2+c^2)\geqslant(a+b+c)^2$,所以

$$\frac{a}{b+c}+\frac{b}{c+a}+\frac{c}{a+b}-\frac{3}{2}$$

$$\geqslant \frac{(a-b)^2+(b-c)^2+(c-a)^2}{3(a^2+b^2+c^2)}$$

因为

$$1-\frac{ab+bc+ca}{a^2+b^2+c^2}=\frac{(a-b)^2+(b-c)^2+(c-a)^2}{2(a^2+b^2+c^2)}$$

所以

$$\frac{a}{b+c}+\frac{b}{c+a}+\frac{c}{a+b}-\frac{3}{2}\geqslant 2\left(1-\frac{ab+bc+ca}{a^2+b^2+c^2}\right)$$

化简即得式 ③.

推论 2 设 a,b,c 是正实数,则有

$$\frac{(a-b)^2}{(b+c)(c+a)}+\frac{(b-c)^2}{(c+a)(a+b)}+\frac{(c-a)^2}{(b+c)(a+b)}$$

$$\geqslant \frac{2[(a-b)^2+(b-c)^2+(c-a)^2]}{(a+b+c)^2} \tag{④}$$

证明 由例 2 的证明过程显然可得.

推论 3 设 a,b,c 是正实数,则有

$$\frac{a^3+b^3+c^3+abc}{(a+b)(b+c)(c+a)}+\frac{6(ab+bc+ca)}{(a+b+c)^2}\geqslant \frac{5}{2} \tag{⑤}$$

证明 因为

$$\frac{a}{b+c}+\frac{b}{c+a}+\frac{c}{a+b}$$

$$\geqslant \frac{3}{2}+\frac{(a-b)^2+(b-c)^2+(c-a)^2}{(a+b+c)^2}$$

$$\Leftrightarrow \sum \frac{a}{b+c}-\frac{3}{2}\geqslant \frac{2(a^2+b^2+c^2-ab-bc-ca)}{(a+b+c)^2}$$

$$\Leftrightarrow \frac{\sum a(a+b)(a+c)}{(a+b)(b+c)(c+a)}-\frac{3}{2}$$

$$\geqslant \frac{2(a^2+b^2+c^2-ab-bc-ca)}{(a+b+c)^2}$$

270

$$\Leftrightarrow \frac{a^3+b^3+c^3+\sum ab(a+b)+3abc}{(a+b)(b+c)(c+a)}-\frac{3}{2}$$

$$\geqslant \frac{2(a^2+b^2+c^2-ab-bc-ca)}{(a+b+c)^2}$$

$$\Leftrightarrow \frac{a^3+b^3+c^3+abc}{(a+b)(b+c)(c+a)}-\frac{1}{2}$$

$$\geqslant 2-\frac{6(ab+bc+ca)}{(a+b+c)^2}$$

$$\Leftrightarrow \frac{a^3+b^3+c^3+abc}{(a+b)(b+c)(c+a)}+\frac{6(ab+bc+ca)}{(a+b+c)^2}\geqslant \frac{5}{2}$$

推论 4　设 a,b,c 是正实数,则有

$$\frac{a^3+b^3+c^3+abc}{(a+b)(b+c)(c+a)}+\frac{2(ab+bc+ca)}{a^2+b^2+c^2}\geqslant \frac{5}{2} \quad ⑥$$

证明　由 $3(a^2+b^2+c^2)\geqslant (a+b+c)^2$ 和推论
3 立得.

推论 5　设 a,b,c 是正实数,则有

$$\frac{(a-b)^2}{(b+c)(c+a)}+\frac{(b-c)^2}{(c+a)(a+b)}+\frac{(c-a)^2}{(b+c)(a+b)}$$

$$\geqslant \frac{(a-b)(a-c)}{(a+b)(a+c)}+\frac{(b-c)(b-a)}{(b+c)(b+a)}+\frac{(c-a)(c-b)}{(c+a)(c+b)}$$

$$⑦$$

证明　由例 2 的证明知

$$\frac{a}{b+c}+\frac{b}{c+a}+\frac{c}{a+b}-\frac{3}{2}$$

$$=\frac{1}{2}\left[\frac{(a-b)^2}{(b+c)(c+a)}+\frac{(b-c)^2}{(c+a)(a+b)}+\right.$$

$$\left.\frac{(c-a)^2}{(b+c)(a+b)}\right]$$

又

$$\frac{1}{2}-\frac{4abc}{(a+b)(b+c)(c+a)}$$

$$= \frac{1}{2}\left[1 - \frac{8abc}{(a+b)(b+c)(c+a)}\right]$$

$$= \frac{[(a+b)(b+c)(c+a) - 8abc]}{2(a+b)(b+c)(c+a)}$$

$$= \frac{[(b+c)(a-b)(a-c) + (c+a)(b-c)(b-a) + (a+b)(c-a)(c-b)]}{2(a+b)(b+c)(c+a)}$$

$$= \frac{1}{2}\left[\frac{(a-b)(a-c)}{(a+b)(a+c)} + \frac{(b-c)(b-a)}{(b+c)(b+a)} + \frac{(c-a)(c-b)}{(c+a)(c+b)}\right]$$

所以所证不等式等价于

$$\sum \frac{a}{b+c} - \frac{3}{2} \geqslant \frac{1}{2} - \frac{4abc}{(a+b)(b+c)(c+a)}$$

即

$$\sum \frac{a}{b+c} + \frac{4abc}{(a+b)(b+c)(c+a)} \geqslant 2$$

$$\Leftrightarrow \frac{a^3 + b^3 + c^3 + 5abc}{(a+b)(b+c)(c+a)} \geqslant 1$$

$$\Leftrightarrow a^3 + b^3 + c^3 + 5abc \geqslant (a+b)(b+c)(c+a)$$

$$\Leftrightarrow a^3 + b^3 + c^3 + 5abc \geqslant \sum ab(a+b) + 2abc$$

$$\Leftrightarrow \sum a^3 - \sum ab(a+b) + 3abc \geqslant 0$$

$$\Leftrightarrow \sum a(a-b)(a-c) \geqslant 0$$

由 Schur 不等式知最后一式显然成立.

推论 6 设 a, b, c 是正实数,则有

$$\frac{a^3 + b^3 + c^3 + 3abc}{(a+b)(b+c)(c+a)} + \frac{(a+b+c)^2}{6(a^2+b^2+c^2)} \geqslant \frac{5}{4} \qquad ⑧$$

证明 由推论 5 的证明有

$$\frac{1}{2}\sum \frac{a}{b+c} + \frac{2abc}{(a+b)(b+c)(c+a)} \geqslant 1 \qquad ⑨$$

由推论 1,有

$$\frac{1}{2}\sum \frac{a}{b+c} + \frac{ab+bc+ca}{a^2+b^2+c^2} \geqslant \frac{13}{12} \qquad ⑩$$

将式 ⑨ 和 ⑩ 相加即得.

6.2　再谈 Nesbitt 不等式加强式的运用

Nesbitt 不等式的加强式是指：设 a,b,c 是正实数，则有

$$\frac{a}{b+c}+\frac{b}{c+a}+\frac{c}{a+b}$$

$$\geqslant \frac{3}{2}+\frac{(a-b)^2+(b-c)^2+(c-a)^2}{(a+b+c)^2} \qquad ①$$

推论 1　设 a,b,c 是正实数，则有

$$\frac{a^2}{b+c}+\frac{b^2}{c+a}+\frac{c^2}{a+b}$$

$$\geqslant \frac{a+b+c}{2}+\frac{(a-b)^2+(b-c)^2+(c-a)^2}{a+b+c} \qquad ②$$

证明　因为

$$\frac{a^2}{b+c}=\frac{a(a+b+c)}{b+c}-a$$

$$=(a+b+c)\cdot\frac{a}{b+c}-a$$

同理，有

$$\frac{b^2}{c+a}=(a+b+c)\cdot\frac{b}{c+a}-b$$

$$\frac{c^2}{a+b}=(a+b+c)\cdot\frac{c}{a+b}-c$$

所以

$$\frac{a^2}{b+c}+\frac{b^2}{c+a}+\frac{c^2}{a+b}$$

$$=(a+b+c)\left(\frac{a}{b+c}+\frac{b}{c+a}+\frac{c}{a+b}\right)-(a+b+c)$$

273

$$\geqslant (a+b+c)\left[\frac{3}{2}+\frac{(a-b)^2+(b-c)^2+(c-a)^2}{(a+b+c)^2}\right]-$$
$$(a+b+c)$$
$$=\frac{a+b+c}{2}+\frac{(a-b)^2+(b-c)^2+(c-a)^2}{a+b+c}$$

注 1 推论 1 是 2005 年第 19 届北欧数学竞赛试题：设 a,b,c 是正实数，求证：$\dfrac{2a^2}{b+c}+\dfrac{2b^2}{c+a}+\dfrac{2c^2}{a+b}\geqslant a+b+c$ 和 1988 年第 2 界"友谊杯"竞赛试题：设 a,b,c 是正实数，求证：$\dfrac{a^2}{b+c}+\dfrac{b^2}{c+a}+\dfrac{c^2}{a+b}\geqslant\dfrac{a+b+c}{2}$ 的加强.

注 2 在式 ② 中作替换 $a\to bc,b\to ca,c\to ab$，则有

$$\frac{b^2c^2}{ca+ab}+\frac{c^2a^2}{ab+bc}+\frac{a^2b^2}{bc+ca}$$
$$\geqslant\frac{1}{2}(ab+bc+ca)+\frac{\sum(ab-bc)^2}{ab+bc+ca}\qquad ③$$

在式 ③ 中，若 $abc=1$，则得到

$$\frac{1}{a^3(b+c)}+\frac{1}{b^3(c+a)}+\frac{1}{c^3(a+b)}$$
$$\geqslant\frac{1}{2}(bc+ca+ab)+\frac{\sum(ab-bc)^2}{ab+bc+ca}\qquad ④$$

式 ④ 是第 36 届 IMO 试题：

设 $a,b,c\in\mathbf{R}^+$，且 $abc=1$，求证：$\dfrac{1}{a^3(b+c)}+\dfrac{1}{b^3(c+a)}+\dfrac{1}{c^3(a+b)}\geqslant\dfrac{3}{2}$ 的加强.

注 3 在式 ② 中作变换 $a\to\dfrac{1}{a},b\to\dfrac{1}{b},c\to\dfrac{1}{c}$，

则有

$$\frac{\dfrac{1}{c^2}}{\dfrac{1}{a}+\dfrac{1}{b}}+\frac{\dfrac{1}{a^2}}{\dfrac{1}{b}+\dfrac{1}{c}}+\frac{\dfrac{1}{b^2}}{\dfrac{1}{c}+\dfrac{1}{a}}$$

$$\geqslant \frac{1}{2}\left(\frac{1}{a}+\frac{1}{b}+\frac{1}{c}\right)+$$

$$\frac{\left(\dfrac{1}{a}-\dfrac{1}{b}\right)^2+\left(\dfrac{1}{b}-\dfrac{1}{c}\right)^2+\left(\dfrac{1}{c}-\dfrac{1}{a}\right)^2}{\dfrac{1}{a}+\dfrac{1}{b}+\dfrac{1}{c}} \qquad ⑤$$

由式 ⑤ 可把 2005 年罗马尼亚数学奥林匹克试题：

已知 a,b,c 是正实数．求证：

$$\frac{a+b}{c^2}+\frac{b+c}{a^2}+\frac{c+a}{b^2} \geqslant 2\left(\frac{1}{a}+\frac{1}{b}+\frac{1}{c}\right)$$

加强为

$$\frac{a+b}{c^2}+\frac{b+c}{a^2}+\frac{c+a}{b^2}$$

$$\geqslant 2\left(\frac{1}{a}+\frac{1}{b}+\frac{1}{c}\right)+\frac{4\sum\left(\dfrac{1}{a}-\dfrac{1}{b}\right)^2}{\dfrac{1}{a}+\dfrac{1}{b}+\dfrac{1}{c}} \qquad ⑥$$

证明　由基本不等式有

$$\frac{a+b}{c^2}=\frac{1}{c^2}(a+b) \geqslant \frac{1}{c^2}\cdot\frac{4}{\dfrac{1}{a}+\dfrac{1}{b}}=\frac{\dfrac{4}{c^2}}{\dfrac{1}{a}+\dfrac{1}{b}}$$

同理，有

$$\frac{b+c}{a^2} \geqslant \frac{\dfrac{4}{a^2}}{\dfrac{1}{b}+\dfrac{1}{c}},\frac{c+a}{b^2} \geqslant \frac{\dfrac{4}{b^2}}{\dfrac{1}{c}+\dfrac{1}{a}}$$

275

将上述三式相加并由式 ⑤,得到

$$\frac{a+b}{c^2}+\frac{b+c}{a^2}+\frac{c+a}{b^2}$$

$$\geqslant 4\left(\frac{\dfrac{1}{c^2}}{\dfrac{1}{a}+\dfrac{1}{b}}+\frac{\dfrac{1}{a^2}}{\dfrac{1}{b}+\dfrac{1}{c}}+\frac{\dfrac{1}{b^2}}{\dfrac{1}{c}+\dfrac{1}{a}}\right)$$

$$\geqslant 2\left(\frac{1}{a}+\frac{1}{b}+\frac{1}{c}\right)+\frac{4\sum\left(\dfrac{1}{a}-\dfrac{1}{b}\right)^2}{\dfrac{1}{a}+\dfrac{1}{b}+\dfrac{1}{c}}$$

推论 2　设 a,b,c 是正实数,则

$$\sum\frac{b+c}{a}\geqslant 6+\frac{8\sum(a-b)^2}{(a+b+c)^2} \qquad ⑦$$

证明　对式 ① 作变换 $b+c=2x,c+a=2y,$
$a+b=2z$,则

$$a=y+z-x,b=z+x-y,c=x+y-z$$

式 ① 等价于

$$\sum\frac{y+z-x}{2x}\geqslant\frac{3}{2}+\frac{4\sum(x-y)^2}{(x+y+z)^2}$$

即

$$\sum\frac{y+z-x}{x}\geqslant 3+\frac{8\sum(x-y)^2}{(x+y+z)^2}$$

所以

$$\sum\frac{y+z}{x}\geqslant 6+\frac{8\sum(x-y)^2}{(x+y+z)^2}$$

对式 ④ 作替换 $x\to a,y\to b,z\to c$,则得式 ③.

推论 3　设 a,b,c 是正实数,则

$$(a+b+c)\left(\frac{1}{a}+\frac{1}{b}+\frac{1}{c}\right)$$

$$\geqslant 9 + \frac{8\left[(a-b)^2 + (b-c)^2 + (c-a)^2\right]}{(a+b+c)^2} \qquad ⑧$$

证明　由式 ③ 有

$$\sum \frac{a+b+c}{a} = 3 + \sum \frac{b+c}{a} \geqslant 9 + \frac{8\sum (a-b)^2}{(a+b+c)^2}$$

推论 4　设 a,b,c 是 $\triangle ABC$ 的三边长,则有

$$\frac{a^2}{b+c-a} + \frac{b^2}{c+a-b} + \frac{c^2}{a+b-c}$$

$$\geqslant a+b+c + \frac{8\left[(a-b)^2 + (b-c)^2 + (c-a)^2\right]}{a+b+c}$$

$$⑨$$

证明　令 $b+c-a = x+y, c+a-b = y+z,$ $a+b-c = z+x$, 则 $a = \dfrac{x+y+2z}{2}, b = \dfrac{y+z+2x}{2},$ $c = \dfrac{z+x+2y}{2}$, 由式 ②, 有

$$\frac{a^2}{b+c-a} + \frac{b^2}{c+a-b} + \frac{c^2}{a+b-c}$$

$$= \sum \frac{(x+y+2z)^2}{4(x+y)}$$

$$= \sum \frac{(x+y)^2 + 4(x+y)z + 4z^2}{4(x+y)}$$

$$= \sum \frac{x+y}{4} + \sum x + \sum \frac{x^2}{y+z}$$

$$\geqslant \frac{3\sum x}{2} + \frac{1}{2}\sum x + \frac{(x-y)^2 + (y-z)^2 + (z-x)^2}{x+y+z}$$

$$= 2\sum x + \frac{(x-y)^2 + (y-z)^2 + (z-x)^2}{x+y+z}$$

$$= a+b+c + \frac{8\left[(a-b)^2 + (b-c)^2 + (c-a)^2\right]}{a+b+c}$$

注　式 ⑥ 是《数学教学》1996 年第 1 期问题 384:

设 a,b,c 是 $\triangle ABC$ 的三边长，则有 $\dfrac{a^2}{b+c-a}+$ $\dfrac{b^2}{c+a-b}+\dfrac{c^2}{a+b-c}\geqslant a+b+c$ 的加强.

推论 5 设 a,b,c 是正实数，且 $a\geqslant b\geqslant c$，则

$$\frac{b}{a}+\frac{c}{b}+\frac{a}{c}\geqslant 3+\frac{4\sum(a-b)^2}{a+b+c} \qquad ⑩$$

证明 因为 $a\geqslant b\geqslant c$，所以

$$\frac{b}{a}+\frac{c}{b}+\frac{a}{c}-\left(\frac{a}{b}+\frac{b}{c}+\frac{c}{a}\right)$$

$$=\frac{a^2b+b^2c+c^2a-(ab^2+bc^2+ca^2)}{abc}$$

$$=\frac{(a-b)(a-c)(b-c)}{abc}\geqslant 0$$

所以 $\dfrac{b}{a}+\dfrac{c}{b}+\dfrac{a}{c}\geqslant \dfrac{a}{b}+\dfrac{b}{c}+\dfrac{c}{a}$，所以

$$2\left(\frac{b}{a}+\frac{c}{b}+\frac{a}{c}\right)\geqslant\left(\frac{b}{a}+\frac{c}{b}+\frac{a}{c}\right)+\left(\frac{a}{b}+\frac{b}{c}+\frac{c}{a}\right)$$

$$=\frac{b+c}{a}+\frac{c+a}{b}+\frac{a+b}{c}$$

由式 ⑦ 知 $2\left(\dfrac{b}{a}+\dfrac{c}{b}+\dfrac{a}{c}\right)\geqslant 6+\dfrac{8\sum(a-b)^2}{a+b+c}$，

化简即得.

推论 6 设 a,b,c 是正实数，则

$$\frac{a^3}{b+c}+\frac{b^3}{c+a}+\frac{c^3}{a+b}+ab+bc+ca$$

$$\geqslant\frac{3}{2}(a^2+b^2+c^2) \qquad ⑪$$

证明 因为

$$\frac{a^3}{b+c}=\frac{a^2(a+b+c-b-c)}{b+c}$$

278

$$= (a+b+c)\,\frac{a^2}{b+c} - a^2$$

所以由式 ②,有

$$\frac{a^3}{b+c} + \frac{b^3}{c+a} + \frac{c^3}{a+b}$$

$$= (a+b+c)\left(\frac{a^2}{b+c} + \frac{b^2}{c+a} + \frac{c^2}{a+b}\right) - (a^2+b^2+c^2)$$

$$\geqslant (a+b+c)\left[\frac{1}{2}(a+b+c) + \right.$$

$$\left. \frac{(a-b)^2 + (b-c)^2 + (c-a)^2}{a+b+c}\right] - (a^2+b^2+c^2)$$

$$= \frac{1}{2}(a+b+c)^2 + (a-b)^2 + (b-c)^2 +$$

$$(c-a)^2 - (a^2+b^2+c^2)$$

$$= \frac{1}{2}(a^2+b^2+c^2+2ab+2bc+2ca) +$$

$$2(a^2+b^2+c^2-2ab-2bc-2ca) - (a^2+b^2+c^2)$$

$$= \frac{3}{2}(a^2+b^2+c^2) - (ab+bc+ca)$$

故式 ⑪ 成立.

6.3　由 Nesbitt 不等式的加强式的等价形式建立的几个不等式

本节给出 Nesbitt 不等式的加强式的一个等价形式,在此基础上建立几个新颖的不等式. Nesbitt 不等式是指:设 a,b,c 是正实数,则有

$$\frac{a}{b+c} + \frac{b}{c+a} + \frac{c}{a+b} \geqslant \frac{3}{2} \qquad ①$$

设 a,b,c 是正实数,则有

$$\frac{a}{b+c}+\frac{b}{c+a}+\frac{c}{a+b}$$

$$\geqslant \frac{3}{2}+\frac{(a-b)^2+(b-c)^2+(c-a)^2}{(a+b+c)^2} \qquad ②$$

这里给出式 ② 的等价变形形式,在此基础上建立几个有趣的不等式.

命题 1 设 a,b,c 是正实数,则有

$$\frac{a}{b+c}+\frac{b}{c+a}+\frac{c}{a+b}\geqslant \frac{7}{2}-\frac{6(ab+bc+ca)}{(a+b+c)^2} \qquad ③$$

证明 由式 ②,有

$$\frac{a}{b+c}+\frac{b}{c+a}+\frac{c}{a+b}$$

$$\geqslant \frac{3}{2}+\frac{(a-b)^2+(b-c)^2+(c-a)^2}{(a+b+c)^2}$$

$$= \frac{3}{2}+\frac{2(a^2+b^2+c^2-ab-bc-ca)}{(a+b+c)^2}$$

$$= \frac{3}{2}+\frac{2\big[(a+b+c)^2-3(ab+bc+ca)\big]}{(a+b+c)^2}$$

$$= \frac{7}{2}-\frac{6(ab+bc+ca)}{(a+b+c)^2}$$

所以式 ③ 成立.

推论 1 设 a,b,c 为正实数,满足 $a+b+c=1$,则有

$$\frac{1}{a+b}+\frac{1}{b+c}+\frac{1}{c+a}+6(ab+bc+ca)\geqslant \frac{13}{2} \qquad ④$$

证明 由式 ③,再结合已知条件,有

$$\frac{1}{a+b}+\frac{1}{b+c}+\frac{1}{c+a}=3+\frac{c}{a+b}+\frac{a}{b+c}+\frac{b}{c+a}$$

$$\geqslant 3+\frac{7}{2}-\frac{6(ab+bc+ca)}{(a+b+c)^2}=\frac{13}{2}-\frac{6(ab+bc+ca)}{(a+b+c)^2}$$

移项即得.

命题 2　设 a,b,c 是正实数,则有

$$\frac{a^2}{b+c}+\frac{b^2}{c+a}+\frac{c^2}{a+b}+\frac{6(ab+bc+ca)}{a+b+c}$$

$$\geqslant \frac{5(a+b+c)}{2} \qquad ⑤$$

证明　因为

$$\frac{a^2}{b+c}=\frac{a(a+b+c)}{b+c}-a=(a+b+c)\cdot\frac{a}{b+c}-a$$

同理,有

$$\frac{b^2}{c+a}=(a+b+c)\cdot\frac{b}{c+a}-b$$

$$\frac{c^2}{a+b}=(a+b+c)\cdot\frac{c}{a+b}-c$$

所以

$$\frac{a^2}{b+c}+\frac{b^2}{c+a}+\frac{c^2}{a+b}$$

$$=(a+b+c)\left(\frac{a}{b+c}+\frac{b}{c+a}+\frac{c}{a+b}\right)-(a+b+c)$$

$$\geqslant (a+b+c)\left[\frac{7}{2}-\frac{6(ab+bc+ca)}{(a+b+c)^2}\right]-(a+b+c)$$

$$=\frac{5}{2}(a+b+c)-\frac{6(ab+bc+ca)}{a+b+c}$$

移项知式 ⑤ 成立.

推论 2　设 a,b,c 是正实数,则有

$$\frac{a+b}{c^2}+\frac{b+c}{a^2}+\frac{c+a}{b^2}+\frac{24(a+b+c)}{ab+bc+ca}$$

$$\geqslant 10\left(\frac{1}{a}+\frac{1}{b}+\frac{1}{c}\right) \qquad ⑥$$

证明　由式 ⑤ 有

$$\frac{a^2}{b+c}+\frac{b^2}{c+a}+\frac{c^2}{a+b}$$

$$\geqslant \frac{5(a+b+c)}{2}-\frac{6(ab+bc+ca)}{a+b+c}$$

由基本不等式有

$$\frac{a+b}{c^2}=\frac{1}{c^2}(a+b)\geqslant \frac{1}{c^2}\cdot \frac{4}{\frac{1}{a}+\frac{1}{b}}=\frac{\frac{4}{c^2}}{\frac{1}{a}+\frac{1}{b}}$$

同理,有$\dfrac{b+c}{a^2}\geqslant \dfrac{\frac{4}{a^2}}{\frac{1}{b}+\frac{1}{c}}$,$\dfrac{c+a}{b^2}\geqslant \dfrac{\frac{4}{b^2}}{\frac{1}{c}+\frac{1}{a}}$.将上

述三式相加并由式 ⑤,得到

$$\frac{a+b}{c^2}+\frac{b+c}{a^2}+\frac{c+a}{b^2}$$

$$\geqslant 4\left(\frac{\frac{1}{c^2}}{\frac{1}{a}+\frac{1}{b}}+\frac{\frac{1}{a^2}}{\frac{1}{b}+\frac{1}{c}}+\frac{\frac{1}{b^2}}{\frac{1}{c}+\frac{1}{a}}\right)$$

$$\geqslant 4\left[\frac{5}{2}\left(\frac{1}{a}+\frac{1}{b}+\frac{1}{c}\right)-\frac{6\left(\frac{1}{ab}+\frac{1}{bc}+\frac{1}{ca}\right)}{\frac{1}{a}+\frac{1}{b}+\frac{1}{c}}\right]$$

$$=10\left(\frac{1}{a}+\frac{1}{b}+\frac{1}{c}\right)-\frac{24(a+b+c)}{ab+bc+ca}$$

命题 3　设 a,b,c 是正实数,则

$$\frac{a^3}{b+c}+\frac{b^3}{c+a}+\frac{c^3}{a+b}+ab+bc+ca$$

$$\geqslant \frac{3}{2}(a^2+b^2+c^2) \qquad ⑦$$

证明　因为

$$\frac{a^3}{b+c} = \frac{a^2(a+b+c-b-c)}{b+c}$$

$$= (a+b+c)\frac{a^2}{b+c} - a^2$$

所以由式 ⑤,有

$$\frac{a^2}{b+c} + \frac{b^2}{c+a} + \frac{c^2}{a+b}$$

$$\geqslant \frac{5}{2}(a+b+c) - \frac{6(ab+bc+ca)}{a+b+c}$$

所以

$$\frac{a^3}{b+c} + \frac{b^3}{c+a} + \frac{c^3}{a+b}$$

$$= (a+b+c)\left(\frac{a^2}{b+c} + \frac{b^2}{c+a} + \frac{c^2}{a+b}\right) - (a^2+b^2+c^2)$$

$$\geqslant (a+b+c)\left[\frac{5}{2}(a+b+c) - \frac{6(ab+bc+ca)}{a+b+c}\right] -$$

$$(a^2+b^2+c^2)$$

$$= \frac{5}{2}(a+b+c)^2 - 6(ab+bc+ca) - (a^2+b^2+c^2)$$

$$= \frac{3}{2}(a+b+c)^2 - 4(ab+bc+ca)$$

$$= \frac{3}{2}(a^2+b^2+c^2) - (ab+bc+ca)$$

命题 4　设 a,b,c 是正实数,则

$$\frac{a^4}{b+c} + \frac{b^4}{c+a} + \frac{c^4}{a+b} + 3abc$$

$$\geqslant \frac{1}{2}(a+b+c)(a^2+b^2+c^2) \qquad ⑧$$

证明　因为

$$\frac{a^4}{b+c} = \frac{a^3(a+b+c) - a^3(b+c)}{b+c}$$

$$= (a + b + c) \cdot \frac{a^3}{b + c} - a^3$$

同理，有

$$\frac{b^4}{c + a} = (a + b + c) \cdot \frac{b^3}{c + a} - b^3$$

$$\frac{c^4}{a + b} = (a + b + c) \cdot \frac{c^3}{a + b} - c^3$$

结合式 ⑦，有

$$\frac{a^4}{b + c} = (a + b + c) \cdot \left(\frac{a^3}{b + c} + \frac{b^3}{c + a} + \frac{c^3}{a + b} \right) - (a^3 + b^3 + c^3)$$

$$\geqslant (a + b + c) \left[\frac{3}{2} (a^2 + b^2 + c^2) - (ab + bc + ca) \right] - (a^3 + b^3 + c^3)$$

$$= \frac{3}{2} (a + b + c)(a^2 + b^2 + c^2) - (a + b + c)(ab + bc + ca) - (a^3 + b^3 + c^3)$$

$$= \frac{3}{2} \left(\sum a^3 + \sum a^2 b + \sum ab^2 \right) - \left(\sum a^2 b + \sum ab^2 + 3abc \right) - (a^3 + b^3 + c^3)$$

$$= \frac{1}{2} \left(\sum a^3 + \sum a^2 b + \sum ab^2 \right) - 3abc$$

$$= \frac{1}{2} (a + b + c)(a^2 + b^2 + c^2) - 3abc$$

故式 ⑧ 成立.

命题 5 已知 $a, b, c > 0$，则

$$\frac{a}{b + c} + \frac{b}{c + a} + \frac{c}{a + b} + \frac{2}{3} \cdot \frac{abc}{a^3 + b^3 + c^3} \geqslant \frac{31}{18} \quad ⑨$$

证明 由式 ①，有

$$\frac{a}{b+c} + \frac{b}{c+a} + \frac{c}{a+b}$$

$$\geqslant \frac{3}{2} + \frac{(a-b)^2 + (b-c)^2 + (c-a)^2}{(a+b+c)^2}$$

$$= \frac{3}{2} + \frac{2(a^2 + b^2 + c^2 - ab - bc - ca)}{(a+b+c)^2}$$

$$= \frac{3}{2} + \frac{2\left[(a+b+c)^2 - 3(ab+bc+ca)\right]}{(a+b+c)^2}$$

$$= \frac{7}{2} - \frac{6(ab+bc+ca)}{(a+b+c)^2}$$

于是只需证明

$$\frac{7}{2} - \frac{6(ab+bc+ca)}{(a+b+c)^2} + \frac{2}{3} \cdot \frac{abc}{a^3+b^3+c^3} \geqslant \frac{31}{18}$$

即

$$\frac{16}{9} - \frac{6(ab+bc+ca)}{(a+b+c)^2} + \frac{2}{9} \cdot \frac{3abc}{a^3+b^3+c^3} \geqslant 0$$

变形,得

$$2\left[1 - \frac{3(ab+bc+ca)}{(a+b+c)^2}\right] \geqslant \frac{2}{9}\left(1 - \frac{3abc}{a^3+b^3+c^3}\right)$$

即

$$\frac{(a-b)^2 + (b-c)^2 + (c-a)^2}{(a+b+c)^2}$$

$$\geqslant \frac{(a+b+c)\left[(a-b)^2 + (b-c)^2 + (c-a)^2\right]}{9(a^3+b^3+c^3)}$$

只需证 $9(a^3+b^3+c^3) \geqslant (a+b+c)^3$,由平均值不等式知此式显然成立,故式 ⑨ 成立.

说明　命题 5 是安振平老师问题 5493:已知 $a,b,c > 0$,求证

$$\frac{5a}{b+c} + \frac{5b}{c+a} + \frac{5c}{a+b} + \frac{3abc}{a^3+b^3+c^3} \geqslant \frac{17}{2} \qquad ⑩$$

的加强.

式 ⑩ 可变形为

$$\frac{a}{b+c}+\frac{b}{c+a}+\frac{c}{a+b}+\frac{1}{5}\cdot\frac{3abc}{a^3+b^3+c^3}\geqslant\frac{17}{10} \quad ⑪$$

要证式 ⑩ 强于式 ⑪,只需证明

$$\frac{31}{18}-\frac{2}{3}\cdot\frac{abc}{a^3+b^3+c^3}\geqslant\frac{17}{10}-\frac{1}{5}\cdot\frac{3abc}{a^3+b^3+c^3}$$

从而只需证明 $a^3+b^3+c^3\geqslant 3abc$,此式由平均值不等式知显然成立,故证式 ⑪ 强于式 ⑩.

由式 ⑩ 可以得到

$$\frac{a}{b+c}+\frac{b}{c+a}+\frac{c}{a+b}\geqslant\frac{31}{18}-\frac{2}{3}\cdot\frac{abc}{a^3+b^3+c^3} \quad ⑫$$

由式 ⑫ 可以推导一些有意义的不等式.

题 1 设 a,b,c 为正实数,满足 $a+b+c=1$,则有

$$\frac{1}{a+b}+\frac{1}{b+c}+\frac{1}{c+a}+\frac{2}{3}\cdot\frac{abc}{a^3+b^3+c^3}\geqslant\frac{85}{18} \quad ⑬$$

证明 由式 ⑫ 结合已知条件,有

$$\frac{1}{a+b}+\frac{1}{b+c}+\frac{1}{c+a}=3+\frac{c}{a+b}+\frac{a}{b+c}+\frac{b}{c+a}$$

$$\geqslant 3+\frac{31}{18}-\frac{2}{3}\cdot\frac{abc}{a^3+b^3+c^3}=\frac{85}{18}-\frac{2}{3}\cdot\frac{abc}{a^3+b^3+c^3}$$

移项即得.

题 2 设 a,b,c 是正实数,则有

$$\frac{a^2}{b+c}+\frac{b^2}{c+a}+\frac{c^2}{a+b}+\frac{2}{3}\cdot\frac{(a+b+c)abc}{a^3+b^3+c^3}$$

$$\geqslant\frac{13(a+b+c)}{18} \quad ⑭$$

证明 因为

$$\frac{a^2}{b+c}=\frac{a(a+b+c)}{b+c}-a=(a+b+c)\cdot\frac{a}{b+c}-a$$

同理,有

$$\frac{b^2}{c+a} = (a+b+c) \cdot \frac{b}{c+a} - b$$

$$\frac{c^2}{a+b} = (a+b+c) \cdot \frac{c}{a+b} - c$$

所以

$$\frac{a^2}{b+c} + \frac{b^2}{c+a} + \frac{c^2}{a+b}$$

$$= (a+b+c)\left(\frac{a}{b+c} + \frac{b}{c+a} + \frac{c}{a+b}\right) - (a+b+c)$$

$$\geqslant (a+b+c)\left(\frac{31}{18} - \frac{2}{3} \cdot \frac{abc}{a^3+b^3+c^3}\right) - (a+b+c)$$

$$\geqslant \frac{13(a+b+c)}{18} - \frac{2}{3} \cdot \frac{(a+b+c)abc}{a^3+b^3+c^3}$$

移项知即得.

题 3　设 a, b, c 是正实数,则

$$\frac{a^3}{b+c} + \frac{b^3}{c+a} + \frac{c^3}{a+b} + \frac{2}{3} \cdot \frac{(a+b+c)^2 abc}{a^3+b^3+c^3}$$

$$\geqslant \frac{5(a+b+c)^2}{18} \qquad\qquad ⑮$$

证明　由式 ⑭,有

$$\frac{a^2}{b+c} + \frac{b^2}{c+a} + \frac{c^2}{a+b}$$

$$\geqslant \frac{13(a+b+c)}{18} - \frac{2}{3} \cdot \frac{(a+b+c)abc}{a^3+b^3+c^3}$$

因为

$$\frac{a^3}{b+c} = \frac{a^2(a+b+c-b-c)}{b+c}$$

$$= (a+b+c)\frac{a^2}{b+c} - a^2$$

所以

$$\frac{a^3}{b+c} + \frac{b^3}{c+a} + \frac{c^3}{a+b}$$

$$= (a+b+c)\left(\frac{a^2}{b+c} + \frac{b^2}{c+a} + \frac{c^2}{a+b}\right) -$$

$$(a^2 + b^2 + c^2)$$

$$\geqslant (a+b+c)\left[\frac{13(a+b+c)}{18} - \right.$$

$$\left. \frac{2}{3} \cdot \frac{(a+b+c)abc}{a^3+b^3+c^3}\right] -$$

$$(a^2 + b^2 + c^2)$$

$$= \frac{5(a+b+c)^2}{18} - \frac{2}{3} \cdot \frac{(a+b+c)^2 abc}{a^3+b^3+c^3}$$

6.4 Nesbitt 不等式的加强式的变式研究

1. 问题呈现

证明:对于所有正实数 a,b,c,均有

$$\frac{a}{b+c} + \frac{b}{c+a} + \frac{c}{a+b} + \sqrt{\frac{ab+bc+ca}{a^2+b^2+c^2}} \geqslant \frac{5}{2}$$

本题也曾作为 2011 年西班牙数学奥林匹克竞赛试题.

2. 问题的证明

证法 1 由 Cauchy 不等式的变形,有

$$\frac{a}{b+c} + \frac{b}{c+a} + \frac{c}{a+b}$$

$$= \frac{a^2}{a(b+c)} + \frac{b^2}{b(c+a)} + \frac{c^2}{c(a+b)}$$

$$\geqslant \frac{(a+b+c)^2}{2(ab+bc+ca)}$$

$$= \frac{a^2+b^2+c^2+2(ab+bc+ca)}{2(ab+bc+ca)}$$

288

$$= 1 + \frac{a^2 + b^2 + c^2}{2(ab + bc + ca)}$$

所以

$$\frac{a}{b+c} + \frac{b}{c+a} + \frac{c}{a+b} + \sqrt{\frac{ab+bc+ca}{a^2+b^2+c^2}}$$

$$\geqslant 1 + \frac{a^2+b^2+c^2}{2(ab+bc+ca)} + \sqrt{\frac{ab+bc+ca}{a^2+b^2+c^2}}$$

$$= 1 + \frac{1}{2}\left(\frac{a^2+b^2+c^2}{ab+bc+ca} + 2\sqrt{\frac{ab+bc+ca}{a^2+b^2+c^2}} \right)$$

$$\geqslant 1 + \frac{1}{2} \cdot$$

$$\sqrt[3]{\left(\frac{a^2+b^2+c^2}{ab+bc+ca} \right) \cdot \sqrt{\frac{ab+bc+ca}{a^2+b^2+c^2}} \cdot \sqrt{\frac{ab+bc+ca}{a^2+b^2+c^2}}}$$

$$= 1 + \frac{3}{2} = \frac{5}{2}$$

证法 2　因为

$$\frac{a}{b+c} + \frac{9}{4} \cdot \frac{a(b+c)}{(a+b+c)^2} \geqslant \frac{3a}{a+b+c}$$

$$\frac{b}{c+a} + \frac{9}{4} \cdot \frac{b(c+a)}{(a+b+c)^2} \geqslant \frac{3b}{a+b+c}$$

$$\frac{c}{a+b} + \frac{9}{4} \cdot \frac{c(a+b)}{(a+b+c)^2} \geqslant \frac{3c}{a+b+c}$$

将上述三式相加得

$$\frac{a}{b+c} + \frac{b}{c+a} + \frac{c}{a+b}$$

$$\geqslant 3 - \frac{9}{4} \cdot \frac{[a(b+c) + b(c+a) + c(a+b)]}{(a+b+c)^2}$$

$$= \frac{3}{2} + \frac{3(a+b+c)^2}{2(a+b+c)^2} - \frac{9[a(b+c) + b(c+a) + c(a+b)]}{4(a+b+c)^2}$$

$$= \frac{3}{2} + \frac{6(a+b+c)^2 - 9[a(b+c) + b(c+a) + c(a+b)]}{4(a+b+c)^2}$$

$$= \frac{3}{2} + \frac{6(a^2 + b^2 + c^2 + 2ab + 2bc + 2ca) - 18(ab + bc + ca)}{4(a + b + c)^2}$$

$$= \frac{3}{2} + \frac{3\left[(a - b)^2 + (b - c)^2 + (c - a)^2\right]}{4(a + b + c)^2}$$

所以

$$\frac{a}{b + c} + \frac{b}{c + a} + \frac{c}{a + b} - \frac{3}{2}$$

$$\geqslant \frac{3\left[(a - b)^2 + (b - c)^2 + (c - a)^2\right]}{4(a + b + c)^2}$$

又

$$1 - \sqrt{\frac{ab + bc + ca}{a^2 + b^2 + c^2}} = \frac{\sqrt{a^2 + b^2 + c^2} - \sqrt{ab + bc + ca}}{\sqrt{a^2 + b^2 + c^2}}$$

$$= \frac{a^2 + b^2 + c^2 - (ab + bc + ca)}{\sqrt{a^2 + b^2 + c^2}(\sqrt{a^2 + b^2 + c^2} + \sqrt{ab + bc + ca})}$$

$$= \frac{(a - b)^2 + (b - c)^2 + (c - a)^2}{2\sqrt{a^2 + b^2 + c^2}(\sqrt{a^2 + b^2 + c^2} + \sqrt{ab + bc + ca})}$$

$$= \frac{(a - b)^2 + (b - c)^2 + (c - a)^2}{2(a^2 + b^2 + c^2 + \sqrt{a^2 + b^2 + c^2} \cdot \sqrt{ab + bc + ca})}$$

$$\leqslant \frac{(a - b)^2 + (b - c)^2 + (c - a)^2}{2(a^2 + b^2 + c^2 + ab + bc + ca)}$$

$$= \frac{(a - b)^2 + (b - c)^2 + (c - a)^2}{a^2 + b^2 + c^2 + (a^2 + b^2 + c^2 + 2ab + 2bc + 2ca)}$$

$$= \frac{(a - b)^2 + (b - c)^2 + (c - a)^2}{a^2 + b^2 + c^2 + (a + b + c)^2}$$

$$\leqslant \frac{3\left[(a - b)^2 + (b - c)^2 + (c - a)^2\right]}{4(a + b + c)^2}$$

所以

$$\frac{a}{b + c} + \frac{b}{c + a} + \frac{c}{a + b} - \frac{3}{2} \geqslant 1 - \sqrt{\frac{ab + bc + ca}{a^2 + b^2 + c^2}}$$

故

$$\frac{a}{b+c}+\frac{b}{c+a}+\frac{c}{a+b}+\sqrt{\frac{ab+bc+ca}{a^2+b^2+c^2}}\geqslant\frac{5}{2}$$

证法 3　因为

$$\frac{a}{b+c}+\frac{b}{c+a}+\frac{c}{a+b}-\frac{3}{2}$$

$$=\left(\frac{a}{b+c}-\frac{1}{2}\right)+\left(\frac{b}{c+a}-\frac{1}{2}\right)+\left(\frac{c}{a+b}-\frac{1}{2}\right)$$

$$=\frac{1}{2}\left(\frac{a-b}{b+c}+\frac{a-c}{b+c}\right)+\frac{1}{2}\left(\frac{b-c}{c+a}+\frac{b-a}{c+a}\right)+$$

$$\qquad\frac{1}{2}\left(\frac{c-a}{a+b}+\frac{c-b}{a+b}\right)$$

$$=\frac{1}{2}\left(\frac{a-b}{b+c}+\frac{b-a}{c+a}\right)+\frac{1}{2}\left(\frac{b-c}{c+a}+\frac{c-b}{a+b}\right)+$$

$$\qquad\frac{1}{2}\left(\frac{c-a}{a+b}+\frac{a-c}{b+c}\right)$$

$$=\frac{1}{2}\left[\frac{(a-b)^2}{(b+c)(c+a)}+\frac{(b-c)^2}{(c+a)(a+b)}+\frac{(c-a)^2}{(b+c)(a+b)}\right]$$

又由证法 2 知

$$1-\sqrt{\frac{ab+bc+ca}{a^2+b^2+c^2}}\leqslant\frac{(a-b)^2+(b-c)^2+(c-a)^2}{2(a^2+b^2+c^2+ab+bc+ca)}$$

因为

$$a^2+b^2+c^2+ab+bc+ca$$

$$>(a+b)(a+c),(b+c)(b+a),(c+a)(c+b)$$

所以

$$\frac{a}{b+c}+\frac{b}{c+a}+\frac{c}{a+b}-\frac{3}{2}\geqslant1-\sqrt{\frac{ab+bc+ca}{a^2+b^2+c^2}}$$

故

$$\frac{a}{b+c}+\frac{b}{c+a}+\frac{c}{a+b}+\sqrt{\frac{ab+bc+ca}{a^2+b^2+c^2}}\geqslant\frac{5}{2}$$

3. 问题的变式

将问题弱化,将根式变成分式,有:

变式 1 对于所有正实数 a,b,c,有

$$\frac{a}{b+c}+\frac{b}{c+a}+\frac{c}{a+b}+\frac{ab+bc+ca}{2(a^2+b^2+c^2)}\geqslant 2$$

证明 由 Cauchy 不等式,有

$$\frac{a}{b+c}+\frac{b}{c+a}+\frac{c}{a+b}$$

$$\geqslant \frac{(a+b+c)^2}{a(b+c)+b(c+a)+c(a+b)}$$

$$=\frac{a^2+b^2+c^2+2(ab+bc+ca)}{2(ab+bc+ca)}$$

$$=1+\frac{a^2+b^2+c^2}{2(ab+bc+ca)}$$

于是

$$\frac{a}{b+c}+\frac{b}{c+a}+\frac{c}{a+b}+\frac{ab+bc+ca}{2(a^2+b^2+c^2)}$$

$$\geqslant 1+2\sqrt{\frac{a^2+b^2+c^2}{2(ab+bc+ca)}\cdot\frac{ab+bc+ca}{2(a^2+b^2+c^2)}}=2$$

对变式 1 作逆向思考,有:

变式 2 设 $\triangle ABC$ 的三边长为 a,b,c,有

$$\frac{a}{b+c}+\frac{b}{c+a}+\frac{c}{a+b}+\frac{ab+bc+ca}{a^2+b^2+c^2}\leqslant \frac{5}{2}$$

证明 所证不等式等价于

$$\frac{b+c-a}{b+c}+\frac{c+a-b}{c+a}+\frac{a+b-c}{a+b}\geqslant \frac{(a+b+c)^2}{2(a^2+b^2+c^2)}$$

由 Cauchy-Schwarz 不等式,有

$$\frac{b+c-a}{b+c}+\frac{c+a-b}{c+a}+\frac{a+b-c}{a+b}$$

$$=\frac{(b+c-a)^2}{(b+c)(b+c-a)}+\frac{(c+a-b)^2}{(c+a)(c+a-b)}+$$

$$\frac{(a+b-c)^2}{(a+b)(a+b-c)}$$

$$\geqslant \frac{(b+c-a+c+a-b+a+b-c)}{(b+c)(b+c-a)+(c+a)(c+a-b)+(a+b)(a+b-c)}$$

$$= \frac{(a+b+c)^2}{2(a^2+b^2+c^2)}$$

变式 3　设 $\triangle ABC$ 的三边长为 a,b,c,证明

$$\frac{a^2}{b+c}+\frac{b^2}{c+a}+\frac{c^2}{a+b}+\frac{(a+b+c)(ab+bc+ca)}{a^2+b^2+c^2}$$

$$\leqslant \frac{3}{2}(a+b+c)$$

证明　由变式 1,有

$$\frac{a^2}{b+c}+\frac{b^2}{c+a}+\frac{c^2}{a+b}+\frac{(a+b+c)(ab+bc+ca)}{a^2+b^2+c^2}$$

$$= \frac{a^2}{b+c}+a+\frac{b^2}{c+a}+b+\frac{c^2}{a+b}+c+$$

$$\frac{(a+b+c)(ab+bc+ca)}{a^2+b^2+c^2}-(a+b+c)$$

$$= \frac{a(a+b+c)}{b+c}+\frac{b(a+b+c)}{c+a}+\frac{c(a+b+c)}{a+b}+$$

$$\frac{(a+b+c)(ab+bc+ca)}{a^2+b^2+c^2}-(a+b+c)$$

$$= (a+b+c)\left(\frac{a}{b+c}+\frac{b}{c+a}+\frac{c}{a+b}+\right.$$

$$\left.\frac{ab+bc+ca}{a^2+b^2+c^2}-1\right)$$

$$\leqslant \frac{3}{2}(a+b+c)$$

变式 4　设 a,b,c 为正实数,则有

$$\frac{b+c}{a}+\frac{c+a}{b}+\frac{a+b}{c}+4\sqrt{\frac{ab+bc+ca}{a^2+b^2+c^2}}\geqslant 10$$

证明

$$\frac{b+c}{a}+\frac{c+a}{b}+\frac{a+b}{c}+4\sqrt{\frac{ab+bc+ca}{a^2+b^2+c^2}}$$

$$= \frac{(b+c)^2}{a(b+c)} + \frac{(c+a)^2}{b(c+a)} + \frac{(a+b)^2}{c(a+b)} +$$

$$4\sqrt{\frac{ab+bc+ca}{a^2+b^2+c^2}}$$

$$\geq \frac{(b+c+c+a+a+b)^2}{a(b+c)+b(c+a)+c(a+b)} +$$

$$4\sqrt{\frac{ab+bc+ca}{a^2+b^2+c^2}}$$

$$= \frac{2(a+b+c)^2}{ab+bc+ca} + 4\sqrt{\frac{ab+bc+ca}{a^2+b^2+c^2}}$$

$$= 4 + \frac{2(a^2+b^2+c^2)}{ab+bc+ca} + 4\sqrt{\frac{ab+bc+ca}{a^2+b^2+c^2}}$$

$$= 4 + 2\left(\frac{a^2+b^2+c^2}{ab+bc+ca} + \sqrt{\frac{ab+bc+ca}{a^2+b^2+c^2}} + \right.$$

$$\left. \sqrt{\frac{ab+bc+ca}{a^2+b^2+c^2}} \right)$$

$$\geq 4 + 2 \times 3\sqrt[3]{\frac{a^2+b^2+c^2}{ab+bc+ca} \cdot \left(\sqrt{\frac{ab+bc+ca}{a^2+b^2+c^2}}\right)^2} = 10$$

变式 5 设 a,b,c 为正实数,则有

$$\frac{a^3+b^3+c^3}{3abc} + 4\sqrt{\frac{ab+bc+ca}{a^2+b^2+c^2}} \geq 5$$

证明

$$\frac{a^3+b^3+c^3}{3abc} + 4\sqrt{\frac{ab+bc+ca}{a^2+b^2+c^2}}$$

$$= \frac{(a^3+b^3+c^3)(a+b+c)}{3abc(a+b+c)} + 4\sqrt{\frac{ab+bc+ca}{a^2+b^2+c^2}}$$

$$\geq \frac{(a^2+b^2+c^2)^2}{(ab+bc+ca)^2} + 4\sqrt{\frac{ab+bc+ca}{a^2+b^2+c^2}}$$

$$= \frac{(a^2+b^2+c^2)^2}{(ab+bc+ca)^2} + \sqrt{\frac{ab+bc+ca}{a^2+b^2+c^2}} +$$

$$\sqrt{\frac{ab+bc+ca}{a^2+b^2+c^2}}+$$

$$\sqrt{\frac{ab+bc+ca}{a^2+b^2+c^2}}+\sqrt{\frac{ab+bc+ca}{a^2+b^2+c^2}}$$

$$\geq 5\sqrt[5]{\frac{(a^2+b^2+c^2)^2}{(ab+bc+ca)^2}\cdot\left(\sqrt{\frac{ab+bc+ca}{a^2+b^2+c^2}}\right)^4}=5$$

变式 6　设 a,b,c 为正实数,则有

$$2\sqrt{1+\frac{a^3+b^3+c^3}{abc}}+\frac{3(ab+bc+ca)}{a^2+b^2+c^2}\geq 7$$

证明　设 a,b,c,d 为正实数,则

$$a+b+c+d\geq\frac{(\sqrt{a}+\sqrt{b}+\sqrt{c}+\sqrt{d})^2}{4}$$

所以

$$2\sqrt{a+b+c+d}\geq\sqrt{a}+\sqrt{b}+\sqrt{c}+\sqrt{d}$$

于是

$$2\sqrt{1+\frac{a^3+b^3+c^3}{abc}}+\frac{ab+bc+ca}{a^2+b^2+c^2}$$

$$=2\sqrt{1+\frac{a^3+b^3+c^3}{3abc}+\frac{a^3+b^3+c^3}{3abc}+\frac{a^3+b^3+c^3}{3abc}+}$$

$$\frac{3(ab+bc+ca)}{a^2+b^2+c^2}$$

$$\geq 1+\sqrt{\frac{a^3+b^3+c^3}{3abc}}+\sqrt{\frac{a^3+b^3+c^3}{3abc}}+$$

$$\sqrt{\frac{a^3+b^3+c^3}{3abc}}+\frac{3(ab+bc+ca)}{a^2+b^2+c^2}$$

$$=1+3\sqrt{\frac{a^3+b^3+c^3}{3abc}}+\frac{3(ab+bc+ca)}{a^2+b^2+c^2}$$

$$=1+3\sqrt{\frac{(a^3+b^3+c^3)(a+b+c)}{3abc(a+b+c)}}+$$

$$\frac{3(ab + bc + ca)}{a^2 + b^2 + c^2}$$

$$\geqslant 1 + 3\sqrt{\frac{(a^2 + b^2 + c^2)^2}{(ab + bc + ca)^2}} + \frac{3(ab + bc + ca)}{a^2 + b^2 + c^2}$$

$$= 1 + \frac{3(a^2 + b^2 + c^2)}{ab + bc + ca} + \frac{3(ab + bc + ca)}{a^2 + b^2 + c^2}$$

$$\geqslant 1 + 3 \times 2\sqrt{\frac{a^2 + b^2 + c^2}{ab + bc + ca} \cdot \frac{ab + bc + ca}{a^2 + b^2 + c^2}} = 7$$

变式 7 （2015 年越南《数学与青年》杂志）设 $\triangle ABC$ 的三边长为 a, b, c，求证

$$\frac{3(a^2 + b^2 + c^2)}{(a + b + c)^2} + \frac{ab + bc + ca}{a^2 + b^2 + c^2} \leqslant 2$$

证明 因为

$$\frac{3(a^2 + b^2 + c^2)}{(a + b + c)^2} + \frac{ab + bc + ca}{a^2 + b^2 + c^2} - 2$$

$$= \left[\frac{3(a^2 + b^2 + c^2)}{(a + b + c)^2} - 1\right] - \left(1 - \frac{ab + bc + ca}{a^2 + b^2 + c^2}\right)$$

$$= \frac{2(a^2 + b^2 + c^2 - ab - bc - ca)}{(a + b + c)^2} -$$

$$\frac{a^2 + b^2 + c^2 - ab - bc - ca}{a^2 + b^2 + c^2}$$

$$= \frac{(a - b)^2 + (b - c)^2 + (c - a)^2}{(a + b + c)^2} -$$

$$\frac{(a - b)^2 + (b - c)^2 + (c - a)^2}{2(a^2 + b^2 + c^2)}$$

$$= \left[(a - b)^2 + (b - c)^2 + (c - a)^2\right] \cdot$$

$$\frac{2(a^2 + b^2 + c^2) - (a + b + c)^2}{2(a + b + c)^2(a^2 + b^2 + c^2)}$$

$$= \frac{(a - b)^2 + (b - c)^2 + (c - a)^2}{2(a + b + c)^2(a^2 + b^2 + c^2)} \cdot$$

$$(a^2 + b^2 + c^2 - 2ab - 2bc - 2ca)$$

$$= -\frac{(a-b)^2 + (b-c)^2 + (c-a)^2}{2(a+b+c)^2(a^2+b^2+c^2)} \cdot$$

$$[a(b+c-a) + b(c+a-b) + c(a+b-c)] \leqslant 0$$

所以所证不等式成立.

变式 8　（安振平问题 6444）已知 $a,b,c>0$，求证

$$\frac{a}{b+c} + \frac{b}{c+a} + \frac{c}{a+b} + \frac{2(ab+bc+ca)}{a^2+b^2+c^2} \geqslant 3$$

证明　由 Cauchy-Schwarz 不等式，有

$$\frac{a}{b+c} + \frac{b}{c+a} + \frac{c}{a+b} + \frac{2(ab+bc+ca)}{a^2+b^2+c^2}$$

$$= \frac{a^2}{ab+ac} + \frac{b^2}{bc+ab} + \frac{c^2}{ca+cb} + \frac{2(ab+bc+ca)}{a^2+b^2+c^2}$$

$$\geqslant \frac{(a+b+c)^2}{2(ab+bc+ca)} + \frac{2(ab+bc+ca)}{a^2+b^2+c^2}$$

$$= 1 + \frac{a^2+b^2+c^2}{2(ab+bc+ca)} + \frac{2(ab+bc+ca)}{a^2+b^2+c^2}$$

$$\geqslant 1 + 2\sqrt{\frac{a^2+b^2+c^2}{2(ab+bc+ca)} \cdot \frac{2(ab+bc+ca)}{a^2+b^2+c^2}} = 3$$

等号成立当且仅当 $a^2+b^2+c^2 = 2(ab+bc+ca)$.

变式 9　（安振平问题 6445）已知 $a,b,c \geqslant 0$，求证

$$\frac{a}{b+c} + \frac{b}{c+a} + \frac{c}{a+b} + \frac{3abc}{a^3+b^3+c^3} \geqslant 2$$

证明　不妨设 $a \geqslant b \geqslant c \geqslant 0$，记 $f(a,b,c) =$
$\frac{a}{b+c} + \frac{b}{c+a} + \frac{c}{a+b} + \frac{3abc}{a^3+b^3+c^3}$，则

$$f(a,b,c) - f(a,b+c,0)$$

$$= \frac{a}{b+c} + \frac{b}{c+a} + \frac{c}{a+b} + \frac{3abc}{a^3+b^3+c^3} -$$

$$\left[\frac{a}{b+c} + \frac{b+c}{a} + \frac{0}{a+b} + \frac{0}{a^3+(b+c)^3} \right]$$

$$= \frac{b}{c+a} + \frac{c}{a+b} + \frac{3abc}{a^3+b^3+c^3} - \frac{b+c}{a}$$

$$= \left(\frac{b}{c+a} - \frac{b}{a}\right) + \left(\frac{c}{a+b} - \frac{c}{a}\right) + \frac{3abc}{a^3+b^3+c^3}$$

$$= \frac{3abc}{a^3+b^3+c^3} - \frac{bc}{a(a+c)} - \frac{bc}{a(a+b)}$$

$$= bc\left[\frac{3a}{a^3+b^3+c^3} - \frac{1}{a(a+c)} - \frac{1}{a(a+b)}\right]$$

$$= bc\left[\frac{3a^2(a+b)(a+c) - (a^3+b^3+c^3)(2a+b+c)}{a(a+b)(a+c)(a^3+b^3+c^3)}\right]$$

$$= bc \cdot \frac{3a^2bc - a(a^3+b^3+c^3) + 3a^3(a+b+c) - (a+b+c)(a^3+b^3+c^3)}{a(a+b)(a+c)(a^3+b^3+c^3)}$$

$$= \frac{bc\left[-a(a+b+c)(a^2+b^2+c^2-ab-bc-ca) + 3a^3(a+b+c) - (a+b+c)(a^3+b^3+c^3)\right]}{a(a+b)(a+c)(a^3+b^3+c^3)}$$

$$= \frac{bc(a+b+c)^2(a^2+bc-b^2-c^2)}{a(a+b)(a+c)(a^3+b^3+c^3)}$$

$$= \frac{bc(a+b+c)^2\left[(a+b)(a-b)+c(b-c)\right]}{a(a+b)(a+c)(a^3+b^3+c^3)} \geqslant 0$$

故 $f(a,b,c) - f(a,b+c,0) \geqslant 0$，于是

$$f(a,b,c) \geqslant f(a,b+c,0) \geqslant f(a,b,0) = \frac{a}{b} + \frac{b}{a} \geqslant 2$$

变式 10 （安振平问题 6446）已知 $a,b,c \geqslant 0$，求证

$$\sqrt{\frac{b}{c+a}} + \sqrt{\frac{c}{a+b}} + \frac{4\sqrt{ab+bc+ca}}{b+c} \geqslant 4$$

证明 （杨志明提供）由权方和不等式，有

$$\sqrt{\frac{b}{c+a}} + \sqrt{\frac{c}{a+b}} + \frac{4\sqrt{ab+bc+ca}}{b+c}$$

$$= \frac{b^{\frac{3}{2}}}{\sqrt{b^2(c+a)}} + \frac{c^{\frac{3}{2}}}{\sqrt{c^2(a+b)}} + \frac{4\sqrt{ab+bc+ca}}{b+c}$$

$$\geqslant \frac{(b+c)^{\frac{3}{2}}}{\sqrt{b^2(c+a)+c^2(a+b)}}+\frac{4\sqrt{ab+bc+ca}}{b+c}$$

$$\geqslant 2\sqrt{\frac{(b+c)^{\frac{3}{2}}}{\sqrt{b^2(c+a)+c^2(a+b)}}\cdot\frac{4\sqrt{ab+bc+ca}}{b+c}}$$

$$=4\sqrt[4]{\frac{(b+c)(ab+bc+ca)}{b^2(c+a)+c^2(a+b)}}$$

$$=4\sqrt[4]{\frac{b^2(c+a)+c^2(a+b)+2abc}{b^2(c+a)+c^2(a+b)}}\geqslant 4$$

变式 11　（安振平问题 6442）已知 $a,b,c>0,a+b+c=3$，求证

$$\frac{2a}{b+c}+\frac{2b}{c+a}+\frac{2c}{a+b}+abc\geqslant 4$$

证明　记 $p=a+b+c=3,q=ab+bc+ca$，$r=abc$，所证不等式等价于

$$\frac{2a}{b+c}+\frac{2b}{c+a}+\frac{2c}{a+b}+\frac{27abc}{(a+b+c)^3}\geqslant 4$$

$$\Leftrightarrow\frac{2\sum a(p-b)(p-c)}{(p-a)(p-b)(p-c)}+\frac{27r}{p^3}\geqslant 4$$

$$\Leftrightarrow\frac{2\sum a(p^2-bp-cp+bc)}{pq-r}+\frac{27r}{p^3}\geqslant 4$$

$$\Leftrightarrow\frac{2p^2\sum a-4p\sum bc+6abc}{pq-r}+\frac{27r}{p^3}\geqslant 4$$

$$\Leftrightarrow\frac{2p^3-4pq+6r}{pq-r}+\frac{27r}{p^3}\geqslant 4$$

$$\Leftrightarrow f(r)=-27r^2+10(p^3+27pq)r-8p^4q\geqslant 0$$

由平均值不等式知

$$pq=(a+b+c)(ab+bc+ca)\geqslant 9r$$

即 $r\leqslant\dfrac{1}{9}pq$.

由 Schur 不等式 $\sum a(a-b)(a-c) \geqslant 0$，知

$$9abc \geqslant 4(a+b+c)(ab+bc+ca)-(a+b+c)^3$$

即

$$r \geqslant \frac{1}{9}(4pq-p^3)$$

由 Schur 不等式 $\sum a^2(a-b)(a-c) \geqslant 0$，知

$$p^4-5p^2q+4q^2+6pr \geqslant 0$$

即

$$r \geqslant \frac{1}{6p}(5p^2q-p^4-4q^2)$$

$$\frac{1}{6p}(5p^2q-p^4-4q^2)-\frac{1}{9}(4pq-p^3)$$

$$=-\frac{1}{18p}(p^4-7p^2q+12q^2)$$

$$=-\frac{1}{18p}(p^2-3q)(p^2-4q)$$

当 $3q \leqslant p^2 \leqslant 4q$ 时

$$r \geqslant \frac{1}{6p}(5p^2q-p^4-4q^2) \geqslant \frac{1}{9}(4pq-p^3)$$

由于 $f(r)$ 是关于 r 的二次函数，且开口向下，要证 $f(r) \geqslant 0$ 在 $\frac{1}{6p}(5p^2q-p^4-4q^2) \leqslant r \leqslant \frac{1}{9}pq$ 时成立，只需证明 $f\left[\frac{1}{6p}(5p^2q-p^4-4q^2)\right] \geqslant 0$，且 $f\left(\frac{1}{9}pq\right) \geqslant 0$，而

$$f\left[\frac{1}{6p}(5p^2q-p^4-4q^2)\right]$$

$$=-\frac{5p^8-40p^6q+107p^4q^2-144p^2q^3+144q^4}{12p^2}$$

$$=-\frac{(p^2-3q)(p^2-4q)(5p^4-5p^2q+12q^2)}{12p^2}$$

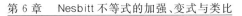

$$= -\frac{(p^2-3q)(p^2-4q)\left[5p^2(p^2-3q)+10p^2q+12q^2\right]}{12p^2}$$

$$\geqslant 0$$

$$f\left(\frac{1}{9}pq\right) = \frac{8}{3}p^2q^2 - \frac{62}{9}p^3q + 2p^6$$

$$= \frac{2}{3}p^2(p^2-3q)(9p^2-4q)$$

$$= \frac{2}{3}p^2(p^2-3q)\left[9(p^2-3q)+23q\right] \geqslant 0$$

当 $p^2 \geqslant 4q$ 时

$$r \geqslant \frac{1}{9}(4pq-p^3) \geqslant \frac{1}{6p}(5p^2q-p^4-4q^2)$$

由于 $f(r)$ 是关于 r 的二次函数,且开口向下,要证 $f(r) \geqslant 0$ 在 $\frac{1}{9}(4pq-p^3) \leqslant r \leqslant \frac{1}{9}pq$ 时成立,只需证明

$$f\left[\frac{1}{9}(4pq-p^3)\right] \geqslant 0, f\left(\frac{1}{9}pq\right) \geqslant 0$$

而

$$f\left[\frac{1}{9}(4pq-p^3)\right] = \frac{20p^2q^2-35p^4q+5p^6}{9}$$

$$= \frac{5p^2(p^2-3q)(p^2-4q)}{9} \geqslant 0$$

$$f\left(\frac{1}{9}pq\right) = \frac{8}{3}p^2q^2 - \frac{62}{9}p^3q + 2p^6$$

$$= \frac{2}{3}p^2(p^2-3q)(9p^2-4q)$$

$$= \frac{2}{3}p^2(p^2-3q)\left[9(p^2-3q)+23q\right] \geqslant 0$$

综上知所证不等式成立.

6.5 一个局部不等式在证明不等式中的应用

定理 1 设 a,b,c 为正实数,则有

$$\frac{a}{b+c}+\frac{b}{c+a}\geqslant\frac{a+b}{2}\left(\frac{1}{b+c}+\frac{1}{c+a}\right) \qquad ①$$

证明 因为

$$\frac{a}{b+c}+\frac{b}{c+a}-\frac{a+b}{2}\left(\frac{1}{b+c}+\frac{1}{c+a}\right)$$

$$=\frac{1}{b+c}\left(a-\frac{a+b}{2}\right)+\frac{1}{c+a}\left(b-\frac{a+b}{2}\right)$$

$$\frac{1}{b+c}\cdot\frac{a-b}{2}-\frac{1}{c+a}\cdot\frac{a-b}{2}$$

$$=\frac{(a-b)^2}{2(b+c)(c+a)}\geqslant 0$$

所以

$$\frac{a}{b+c}+\frac{b}{c+a}\geqslant\frac{a+b}{2}\left(\frac{1}{b+c}+\frac{1}{c+a}\right)$$

说明 由式 ① 可以得到

$$\frac{a}{b+c}+\frac{b}{c+a}\geqslant\frac{a+b}{2}\left(\frac{1}{b+c}+\frac{1}{c+a}\right)$$

$$\geqslant\frac{a+b}{2}\cdot\frac{4}{2c+a+b}=\frac{2(a+b)}{2c+a+b}$$

即

$$\frac{a}{b+c}+\frac{b}{c+a}\geqslant\frac{2(a+b)}{2c+a+b} \qquad ②$$

例 1 (宋庆老师博客问题)设 a,b,c 为正实数,求证

$$\frac{a}{b+c}+\sqrt{\frac{b}{c+a}+\frac{c}{a+b}}\geqslant\frac{3}{\sqrt[3]{4}}-\frac{1}{2} \qquad ①$$

$$\frac{a}{b+c} + 2\sqrt{\frac{b}{c+a} + \frac{c}{a+b}} \geqslant \frac{5}{2} \qquad ②$$

证明　由定理 1 式 ②,有

$$\sqrt{\frac{b}{c+a} + \frac{c}{a+b}} \geqslant \sqrt{\frac{b+c}{2}\left(\frac{1}{c+a} + \frac{1}{a+b}\right)}$$

$$\geqslant \sqrt{\frac{b+c}{2} \cdot \frac{4}{c+a+a+b}} = \sqrt{\frac{2(b+c)}{2a+b+c}}$$

所以

$$\frac{a}{b+c} + \frac{1}{2} + \sqrt{\frac{b}{c+a} + \frac{c}{a+b}}$$

$$= \frac{2a+b+c}{2(b+c)} + \sqrt{\frac{b}{c+a} + \frac{c}{a+b}}$$

$$\geqslant \frac{2a+b+c}{2(b+c)} + \sqrt{\frac{2(b+c)}{2a+b+c}}$$

$$= \frac{2a+b+c}{2(b+c)} + \frac{1}{2} \cdot \sqrt{\frac{2(b+c)}{2a+b+c}} + \frac{1}{2}\sqrt{\frac{2(b+c)}{2a+b+c}}$$

$$\geqslant 3\sqrt[3]{\frac{2a+b+c}{2(b+c)} \cdot \frac{1}{2} \cdot \sqrt{\frac{2(b+c)}{2a+b+c}} \cdot \frac{1}{2} \cdot \sqrt{\frac{2(b+c)}{2a+b+c}}}$$

$$= \frac{3}{\sqrt[3]{4}}$$

移项即得式 ①.

由定理 1 式 ②,有

$$\frac{a}{b+c} + \frac{1}{2} + 2\sqrt{\frac{b}{c+a} + \frac{c}{a+b}}$$

$$\geqslant \frac{2a+b+c}{b+c} + 2\sqrt{\frac{2(b+c)}{2a+b+c}}$$

$$= \frac{2a+b+c}{2(b+c)} + \sqrt{\frac{2(b+c)}{2a+b+c}} + \sqrt{\frac{2(b+c)}{2a+b+c}}$$

303

$$\geqslant 3\sqrt[3]{\frac{2a+b+c}{2(b+c)} \cdot \sqrt{\frac{2(b+c)}{2a+b+c}} \cdot \sqrt{\frac{2(b+c)}{2a+b+c}}} = 3$$

移项即得式 ②.

说明 例 1 可推广为:

定理 2 设 a,b,c,k 为正实数,则有

$$\frac{a}{b+c} + k\sqrt{\frac{b}{c+a} + \frac{c}{a+b}}$$

$$\geqslant \frac{2a+b+c}{2(b+c)} + k\sqrt{\frac{2(b+c)}{2a+b+c}}$$

$$\geqslant 3\sqrt[3]{\frac{k^2}{4} - \frac{1}{2}}$$

证明 由定理 1 式 ②,有

$$\frac{a}{b+c} + \frac{1}{2} + k\sqrt{\frac{b}{c+a} + \frac{c}{a+b}}$$

$$\geqslant \frac{2a+b+c}{2(b+c)} + k\sqrt{\frac{2(b+c)}{2a+b+c}}$$

$$= \frac{2a+b+c}{2(b+c)} + \frac{k}{2}\sqrt{\frac{2(b+c)}{2a+b+c}} + \frac{k}{2}\sqrt{\frac{2(b+c)}{2a+b+c}}$$

$$\geqslant 3\sqrt[3]{\frac{2a+b+c}{2(b+c)} \cdot \frac{k}{2}\sqrt{\frac{2(b+c)}{2a+b+c}} \cdot \frac{k}{2}\sqrt{\frac{2(b+c)}{2a+b+c}}}$$

$$= 3\sqrt[3]{\frac{k^2}{4}}$$

移项即得.

例 2 (宋庆老师新浪博客问题)设 a,b,c 为正实数,求证

$$\frac{a}{b+c} + \frac{b}{c+a} + \sqrt{\frac{c}{a+b} + \frac{1}{2}} \geqslant \frac{3}{\sqrt[3]{4}} \qquad ①$$

$$\frac{a}{b+c} + \frac{b}{c+a} + \sqrt{1 + \frac{2c}{a+b}} \geqslant \frac{3}{\sqrt[3]{2}} \qquad ②$$

$$\frac{a}{b+c}+\frac{b}{c+a}+\sqrt{\frac{3}{2}+\frac{3c}{a+b}}\geqslant\frac{3\sqrt[3]{6}}{2} \qquad ③$$

证明　（1）由定理 1 式 ②，有

$$\frac{a}{b+c}+\frac{b}{c+a}+\sqrt{\frac{c}{a+b}+\frac{1}{2}}$$

$$\geqslant\frac{2(a+b)}{2c+b+a}+\sqrt{\frac{2c+b+a}{2(a+b)}}$$

$$=\frac{2(a+b)}{2c+b+a}+\frac{1}{2}\sqrt{\frac{2c+b+a}{2(a+b)}}+\frac{1}{2}\sqrt{\frac{2c+b+a}{2(a+b)}}$$

$$\geqslant 3\sqrt[3]{\frac{2(a+b)}{2c+b+a}\cdot\frac{1}{2}\sqrt{\frac{2c+b+a}{2(a+b)}}\cdot\frac{1}{2}\sqrt{\frac{2c+b+a}{2(a+b)}}}$$

$$=\frac{3}{\sqrt[3]{4}}$$

（2）由定理 1 式 ②，有

$$\frac{a}{b+c}+\frac{b}{c+a}+\sqrt{1+\frac{2c}{a+b}}$$

$$\geqslant\frac{2(a+b)}{2c+a+b}+\sqrt{\frac{2c+a+b}{a+b}}$$

$$=\frac{2(a+b)}{2c+a+b}+\frac{1}{2}\sqrt{\frac{2c+a+b}{a+b}}+\frac{1}{2}\sqrt{\frac{2c+a+b}{a+b}}$$

$$\geqslant 3\sqrt[3]{\frac{2(a+b)}{2c+a+b}\cdot\frac{1}{2}\sqrt{\frac{2c+a+b}{a+b}}\cdot\frac{1}{2}\sqrt{\frac{2c+a+b}{a+b}}}$$

$$=\frac{3}{\sqrt[3]{2}}$$

（3）由定理 1 式 ②，有

$$\frac{a}{b+c}+\frac{b}{c+a}+\sqrt{\frac{3}{2}+\frac{3c}{a+b}}$$

$$\geqslant\frac{2(a+b)}{2c+a+b}+\sqrt{\frac{3(a+b+2c)}{2(a+b)}}$$

$$= \frac{2(a+b)}{2c+a+b} + \frac{1}{2}\sqrt{\frac{3(a+b+2c)}{2(a+b)}} + \frac{1}{2}\sqrt{\frac{3(a+b+2c)}{2(a+b)}}$$

$$\geqslant 3\sqrt[3]{\frac{2(a+b)}{2c+a+b} \cdot \frac{1}{2}\sqrt{\frac{3(a+b+2c)}{2(a+b)}} \cdot \frac{1}{2}\sqrt{\frac{3(a+b+2c)}{2(a+b)}}}$$

$$= \frac{3\sqrt[3]{6}}{2}$$

例 2 可推广为：

定理 3　设 a,b,c,k 为正实数，则有

$$\frac{a}{b+c} + \frac{b}{c+a} + \sqrt{k\left(\frac{c}{a+b} + \frac{1}{2}\right)} \geqslant 3\sqrt[3]{\frac{k}{4}}$$

证明　由定理 1 式 ②，有

$$\frac{a}{b+c} + \frac{b}{c+a} + \sqrt{k\left(\frac{c}{a+b} + \frac{1}{2}\right)}$$

$$\geqslant \frac{2(a+b)}{2c+a+b} + \sqrt{k \cdot \frac{2c+a+b}{2(a+b)}}$$

$$= \frac{2(a+b)}{2c+a+b} + \frac{1}{2}\sqrt{k \cdot \frac{2c+a+b}{2(a+b)}} + \frac{1}{2}\sqrt{k \cdot \frac{2c+a+b}{2(a+b)}}$$

$$\geqslant 3\sqrt[3]{\frac{2(a+b)}{2c+a+b} \cdot \frac{1}{2}\sqrt{k \cdot \frac{2c+a+b}{2(a+b)}} \cdot \frac{1}{2}\sqrt{k \cdot \frac{2c+a+b}{2(a+b)}}}$$

$$= 3\sqrt[3]{\frac{k}{4}}$$

例 3　（宋庆老师问题）设 a,b,c 为正实数，求证

$$\frac{a}{b+c} + \frac{b}{c+a} + \sqrt{\frac{c}{a+b} + 1} > 2$$

证明　令 $\sqrt{\frac{c}{a+b} + 1} = x$，则 $\frac{c}{a+b} = x^2 - 1$，由定理 1 式 ②，有

$$\frac{a}{b+c}+\frac{b}{c+a}+\sqrt{\frac{c}{a+b}+1}$$

$$\geqslant \frac{2(a+b)}{2c+a+b}+\sqrt{\frac{c}{a+b}+1}$$

$$=\frac{2c}{\dfrac{2c}{a+b}+1}+\sqrt{\frac{c}{a+b}+1}$$

$$=\frac{2}{2(x^2-1)+1}+x=\frac{2}{2x^2-1}+x$$

所证不等式等价于

$$\frac{2}{2x^2-1}+x>2\Leftrightarrow f(x)=2x^3-4x^2-x+4>0$$

而 $f'(x)=6x^2-8x-1=0$，解得 $x=\dfrac{4+\sqrt{22}}{6}$.

当 $1<x<\dfrac{4+\sqrt{22}}{6}$ 时，$f'(x)<0$；当 $x>$

$\dfrac{4+\sqrt{22}}{6}$ 时，$f'(x)>0$，所以 $f(x)>f\left(\dfrac{4+\sqrt{22}}{6}\right)=$

$\dfrac{58-11\sqrt{22}}{27}>0$，故 $\dfrac{a}{b+c}+\dfrac{b}{c+a}+\sqrt{\dfrac{c}{a+b}+1}>2$.

例 4　（宋庆老师问题）设 a,b,c 为正实数，求证

$$\sqrt{\frac{a}{b+c}}+\frac{2b}{c+a}+\frac{2c}{a+b}>2$$

证明　令 $\sqrt{\dfrac{c}{a+b}}=x$，则 $\dfrac{c}{a+b}=x^2$，由定理 1 式
②，有

$$\sqrt{\frac{a}{b+c}}+\frac{2b}{c+a}+\frac{2c}{a+b}\geqslant \sqrt{\frac{a}{b+c}}+\frac{4(b+c)}{2a+b+c}$$

$$=\sqrt{\frac{a}{b+c}}+\frac{4}{\dfrac{2a}{b+c}+1}=x+\frac{4}{2x^2+1}$$

于是只需证明 $x + \dfrac{4}{2x^2+1} > 2 \Leftrightarrow f(x) = 2x^3 - 4x^2 + x + 2 > 0$，求导得 $f'(x) = 6x^2 - 8x + 1$. 当 $x_1 = \dfrac{4-\sqrt{10}}{6}, x_2 = \dfrac{4+\sqrt{10}}{6}$ 时，$f'(x) = 0$. 所以当 $0 < x < \dfrac{4-\sqrt{10}}{6}$ 或 $x > \dfrac{4+\sqrt{10}}{6}$ 时，$f'(x) > 0$，$f(x)$ 为增函数；当 $\dfrac{4-\sqrt{10}}{6} < x < \dfrac{4+\sqrt{10}}{6}$ 时，$f'(x) < 0$，$f(x)$ 为减函数.

所以 $f(x) \geqslant f\left(\dfrac{4+\sqrt{10}}{6}\right) = 2\left(\dfrac{4+\sqrt{10}}{6}\right)^3 - 4\left(\dfrac{4+\sqrt{10}}{6}\right)^2 + \left(\dfrac{4+\sqrt{10}}{6}\right) + 2 = \dfrac{40-10\sqrt{10}}{27} > 0$. 故所证成立.

例 5 （宋庆老师问题）设 a, b, c 为正实数，求证

$$\sqrt{\dfrac{a}{b+c}} + \dfrac{3b}{c+a} + \dfrac{3c}{a+b} > \dfrac{5}{2}$$

证明 令 $\sqrt{\dfrac{c}{a+b}} = x$，则 $\dfrac{c}{a+b} = x^2$，由定理 1 式②，有

$$\sqrt{\dfrac{a}{b+c}} + \dfrac{3b}{c+a} + \dfrac{3c}{a+b} \geqslant \sqrt{\dfrac{a}{b+c}} + \dfrac{6(b+c)}{2a+b+c}$$

$$= \sqrt{\dfrac{a}{b+c}} + \dfrac{6}{2\dfrac{a}{b+c}+1} = x + \dfrac{6}{2x^2+1}$$

于是只需证明 $x + \dfrac{6}{2x^2+1} > \dfrac{5}{2}$，即

$$f(x) = 4x^3 - 10x^2 + 2x + 7 > 0$$

而

$$f'(x) = 12x^2 - 20x + 2 = 2(6x^2 - 10x + 1)$$

当 $x_1 = \dfrac{5 - \sqrt{19}}{6}, x_2 = \dfrac{5 + \sqrt{19}}{6}$ 时，$f'(x) = 0$，所以当 $\dfrac{5 - \sqrt{19}}{6} < x < \dfrac{5 + \sqrt{19}}{6}$ 时，$f'(x) < 0$，$f(x)$ 为减函数；当 $0 < x < \dfrac{5 - \sqrt{19}}{6}$ 或 $x > \dfrac{5 + \sqrt{19}}{6}$ 时，$f'(x) > 0$，$f(x)$ 为增函数.

所以

$$f(x) \geqslant f\left(\frac{5 + \sqrt{19}}{6}\right)$$

$$= 4\left(\frac{5 + \sqrt{19}}{6}\right)^3 - 10\left(\frac{5 + \sqrt{19}}{6}\right)^2 + 2\left(\frac{5 + \sqrt{19}}{6}\right) + 7$$

$$= \frac{109 - 19\sqrt{19}}{27} > 0$$

故

$$\sqrt{\frac{a}{b + c}} + \frac{3b}{c + a} + \frac{3c}{a + b} > \frac{5}{2}$$

例 6　设 $a, b, c > 0$，求证

$$\frac{a}{b + c} + \frac{b}{c + a} + \sqrt{\frac{2c}{a + b}} \geqslant 2$$

证明　由定理 1 式 ② 知

$$\frac{a}{b + c} + \frac{b}{c + a} + \sqrt{\frac{2c}{a + b}}$$

$$\geqslant \frac{2(a + b)}{2c + a + b} + \frac{2c}{\sqrt{2c(a + b)}}$$

$$\geqslant \frac{2(a + b)}{2c + a + b} + \frac{4c}{2c + a + b} = 2$$

由例 4 可以得到两个类似的不等式

$$\frac{b}{c+a}+\frac{c}{a+b}+\sqrt{\frac{2a}{b+c}}\geqslant 2$$

$$\frac{c}{a+b}+\frac{a}{b+c}+\sqrt{\frac{2b}{c+a}}\geqslant 2$$

将以上三式相加,有

$$\frac{2a}{b+c}+\frac{2b}{c+a}+\frac{2c}{a+b}+$$

$$\sqrt{2}\left(\sqrt{\frac{a}{b+c}}+\sqrt{\frac{b}{c+a}}+\sqrt{\frac{c}{a+b}}\right)\geqslant 6 \qquad ①$$

其实式 ① 可以加强为:

设 $a,b,c>0$,求证

$$\frac{a}{b+c}+\frac{b}{c+a}+\frac{c}{a+b}+$$

$$\sqrt{2}\left(\sqrt{\frac{a}{b+c}}+\sqrt{\frac{b}{c+a}}+\sqrt{\frac{c}{a+b}}\right)\geqslant \frac{9}{2} \qquad ②$$

证明　因为

$$\frac{a}{b+c}+\sqrt{\frac{2a}{b+c}}=\frac{a}{b+c}+\frac{2a}{\sqrt{2a(b+c)}}$$

$$\geqslant \frac{a}{b+c}+\frac{4a}{2a+b+c}$$

$$\geqslant \frac{a(1+2)^{2}}{b+c+2a+b+c}=\frac{9a}{2(a+b+c)}$$

同理,有

$$\frac{b}{c+a}+\sqrt{\frac{2b}{c+a}}\geqslant \frac{9b}{2(a+b+c)}$$

$$\frac{c}{a+b}+\sqrt{\frac{2c}{a+b}}\geqslant \frac{9c}{2(a+b+c)}$$

将以上三式相加,即得.

由 Nesbitt 不等式:$\frac{a}{b+c}+\frac{b}{c+a}+\frac{c}{a+b}\geqslant \frac{3}{2}$,显

然式 ② 是式 ① 的加强.

例 7　（自编）设 a,b,c 为正实数，求证

$$\sqrt[2\,021]{\frac{a}{b+c}+\frac{b}{c+a}}+\sqrt[2\,021]{\frac{c}{a+b}+\frac{1}{2}}\geqslant 2$$

证明　由定理 1 式 ①，有

$$\left(\frac{a}{b+c}+\frac{b}{c+a}\right)\left(\frac{c}{a+b}+\frac{1}{2}\right)$$

$$\geqslant \frac{a+b}{\sqrt{(b+c)(c+a)}}\cdot\frac{c+a+c+b}{2(a+b)}$$

$$\geqslant \frac{a+b}{\sqrt{(b+c)(c+a)}}\cdot\frac{2\sqrt{(b+c)(c+a)}}{2(a+b)}=1$$

所以

$$\sqrt[2\,021]{\frac{a}{b+c}+\frac{b}{c+a}}+\sqrt[2\,021]{\frac{c}{a+b}+\frac{1}{2}}$$

$$\geqslant 2\sqrt[2\,021]{\left(\frac{a}{b+c}+\frac{b}{c+a}\right)\left(\frac{c}{a+b}+\frac{1}{2}\right)}=2$$

说明　完全类似地可以得到

$$\left(\frac{b}{c+a}+\frac{c}{a+b}\right)\left(\frac{a}{b+c}+\frac{1}{2}\right)\geqslant 1$$

$$\left(\frac{c}{a+b}+\frac{a}{b+c}\right)\left(\frac{b}{c+a}+\frac{1}{2}\right)\geqslant 1$$

例 8　（自编）设 a,b,c 为正实数，求证

$$\left(\frac{b}{c+a}+\frac{c}{a+b}+4\right)\left(\frac{a}{b+c}+\frac{9}{2}\right)\geqslant 25$$

证明　由例 5 的结论，有

$$\left(\frac{b}{c+a}+\frac{c}{a+b}+4\right)\left(\frac{a}{b+c}+\frac{9}{2}\right)$$

$$=\left(\frac{b}{c+a}+\frac{c}{a+b}+4\right)\left(\frac{a}{b+c}+\frac{1}{2}+4\right)$$

$$\geqslant 5\sqrt[5]{\left(\frac{b}{c+a}+\frac{c}{a+b}\right)}\cdot 5\sqrt[5]{\left(\frac{a}{b+c}+\frac{1}{2}\right)}$$

$$= 25 \sqrt[5]{\left(\frac{b}{c+a} + \frac{c}{a+b}\right)\left(\frac{a}{b+c} + \frac{1}{2}\right)} \geqslant 25$$

例 6 可推广为：

定理 4 设 a,b,c 为正实数，k 为正整数，则有

$$\left(\frac{b}{c+a} + \frac{c}{a+b} + k\right)\left(\frac{a}{b+c} + \frac{1}{2} + k\right) \geqslant (k+1)^2$$

证明

$$\left(\frac{b}{c+a} + \frac{c}{a+b} + k\right)\left(\frac{a}{b+c} + \frac{1}{2} + k\right)$$

$$\geqslant (k+1)\sqrt[k+1]{\left(\frac{b}{c+a} + \frac{c}{a+b}\right)} \cdot (k+1)\sqrt[k+1]{\left(\frac{a}{b+c} + \frac{1}{2}\right)}$$

$$= (k+1)^2 \sqrt[k+1]{\left(\frac{b}{c+a} + \frac{c}{a+b}\right)\left(\frac{a}{b+c} + \frac{1}{2}\right)}$$

$$\geqslant (k+1)^2$$

6.6 Nesbitt 不等式的类似不等式

例 1 （加拿大数学难题杂志 *Crux Mathematicorum* 2021 年 9 月问题 4670　Proposed by Nguyen Viet Hung）设 a,b,c 为实数，且 $(a+b)(b+c)(c+a) \neq 0$，求证

$$\left(\frac{a}{a+b}\right)^2 + \left(\frac{b}{b+c}\right)^2 + \left(\frac{c}{c+a}\right)^2 +$$

$$\frac{4abc}{(a+b)(b+c)(c+a)} \geqslant 1$$

证明 设 $\dfrac{a}{a+b} = x, \dfrac{b}{b+c} = y, \dfrac{c}{c+a} = z$，则

$$\frac{1}{x} = \frac{a+b}{a} = 1 + \frac{b}{a}$$

于是有 $\dfrac{b}{a}=\dfrac{1}{x}-1=\dfrac{1-x}{x}$,同理有

$$\frac{c}{b}=\frac{1-y}{y},\frac{a}{c}=\frac{1-z}{z}$$

于是有 $\dfrac{1-x}{x}\cdot\dfrac{1-y}{y}\cdot\dfrac{1-z}{z}=1$. 化简,得

$$1-\sum x+\sum xy-xyz=xyz$$

即 $2xyz=1-\sum x+\sum xy$. 从而

$$\left(\frac{a}{a+b}\right)^2+\left(\frac{b}{b+c}\right)^2+\left(\frac{c}{c+a}\right)^2+$$

$$\frac{4abc}{(a+b)(b+c)(c+a)}$$

$$=x^2+y^2+z^2+4xyz$$

$$=x^2+y^2+z^2+2-2\sum x+2\sum xy$$

$$=(x+y+z)^2-2(x+y+z)+1+1$$

$$=(x+y+z-1)^2+1\geqslant 1$$

例 2　设 $a,b,c>0$,求证

$$\sqrt{\frac{a}{a+b}}+\sqrt{\frac{b}{b+c}}+\sqrt{\frac{c}{c+a}}\leqslant\frac{3}{\sqrt{2}}$$

证明　(褚小光先生给出)因为

$$\frac{9}{2}\geqslant\frac{4(a+b+c)(ab+bc+ca)}{(a+b)(b+c)(c+a)}$$

$$=[a(b+c)+b(c+a)+c(a+b)]\cdot$$

$$\left[\frac{1}{(b+c)(c+a)}+\frac{1}{(c+a)(a+b)}+\right.$$

$$\left.\frac{1}{(a+b)(b+c)}\right]$$

$$\geqslant\left(\sqrt{\frac{a}{b+c}}+\sqrt{\frac{b}{c+a}}+\sqrt{\frac{c}{a+b}}\right)^2$$

开方即得.

说明　例 2 等价于：设正实数 x,y,z 满足 $xyz=1$，求证：$\sqrt{\dfrac{2}{1+x}}+\sqrt{\dfrac{2}{1+y}}+\sqrt{\dfrac{2}{1+z}}\leqslant 3$.

例 3　设非负实数 a,b,c 至多一个为零，求证

$$\sqrt{\frac{a}{b+c}}+\sqrt{\frac{b}{c+a}}+\sqrt{\frac{c}{a+b}}$$

$$\geqslant 2\sqrt{1+\frac{9abc}{8(a+b)(b+c)(c+a)}}$$

证明　（褚小光先生给出）由 Cauchy 不等式得

$$\sqrt{\frac{bc}{(c+a)(a+b)}}=\frac{\sqrt{bc(b+c)^2(c+a)(a+b)}}{(b+c)(c+a)(a+b)}$$

$$=\frac{\sqrt{bc[b(a+b+c)+ca][c(a+b+c)+ab]}}{(b+c)(c+a)(a+b)}$$

$$=\frac{\sqrt{[b^2(a+b+c)+abc][c^2(a+b+c)+abc]}}{(b+c)(c+a)(a+b)}$$

$$\geqslant\frac{bc(a+b+c)+abc}{(b+c)(c+a)(a+b)}$$

于是

$$\left(\sqrt{\frac{a}{b+c}}+\sqrt{\frac{b}{c+a}}+\sqrt{\frac{c}{a+b}}\right)^2$$

$$\geqslant\frac{a}{b+c}+\frac{b}{c+a}+\frac{c}{a+b}+$$

$$\frac{2(ab+bc+ca)(a+b+c)+6abc}{(b+c)(c+a)(a+b)}$$

$$=\frac{a^3+b^3+c^3+3(ab+bc+ca)(a+b+c)+6abc}{(b+c)(c+a)(a+b)}$$

$$=3+\frac{a^3+b^3+c^3+9abc}{(b+c)(c+a)(a+b)}$$

$$=4+\frac{a^3+b^3+c^3+7abc-a^2(b+c)-b^2(c+a)-c^2(a+b)}{(b+c)(c+a)(a+b)}$$

故只需证

$$2(a+b+c)(ab+bc+ca)\big[a^3+b^3+c^3+$$
$$3abc-a^2(b+c)-b^2(c+a)-c^2(a+b)\big]$$
$$\geqslant 9abc(b+c)(c+a)(a+b)-$$
$$8abc(a+b+c)(ab+bc+ca)$$

上式可整理为

$$2\sum a^5(b+c)-4\sum b^3c^3+2abc\sum a^3-$$
$$3abc\sum a^2(b+c)+12a^2b^2c^2\geqslant 0$$

上式可分拆为

$$2(bc+ca+ab)\big[\sum a^4-\sum a^3(b+c)+$$
$$abc(a+b+c)\big]+2(a-b)^2(b-c)^2(c-a)^2+$$
$$abc\big[\sum a^2(b+c)-6abc\big]+$$
$$8abc\big[\sum a^3+3abc-\sum a^2(b+c)\big]\geqslant 0$$

说明　在例 3 中令 $\dfrac{a}{b+c}=x$，$\dfrac{b}{c+a}=y$，$\dfrac{c}{a+b}=z$，

则 $\dfrac{1}{x+1}+\dfrac{1}{y+1}+\dfrac{1}{z+1}=2$，于是例 3 等价于：设非负

实数 x,y,z 中最多只有一个零，且 $\dfrac{1}{x+1}+\dfrac{1}{y+1}+$

$\dfrac{1}{z+1}=2$，求证

$$\sqrt{x}+\sqrt{y}+\sqrt{z}\geqslant 2\sqrt{1+\dfrac{9}{8}xyz}$$

例 4　设 $a,b,c>0$，求证

$$\left(\dfrac{a}{a+b}\right)^2+\left(\dfrac{b}{b+c}\right)^2+\left(\dfrac{c}{c+a}\right)^2$$
$$\geqslant \dfrac{3}{4}+\dfrac{a^2b+b^2c+c^2a-3abc}{(a+b)(b+c)(c+a)}$$

证明 因为 $\dfrac{a^2}{(a+b)^2}=\dfrac{a}{a+b}-\dfrac{ab}{(a+b)^2}$ 等三式,以及

$$\frac{a}{a+b}+\frac{b}{b+c}+\frac{c}{c+a}$$

$$=1+\frac{a^2b+b^2c+c^2a+abc}{(a+b)(b+c)(c+a)}$$

所证不等式等价于

$$\frac{1}{4}+\frac{4abc}{(a+b)(b+c)(c+a)}$$

$$\geqslant\frac{ab}{(a+b)^2}+\frac{bc}{(b+c)^2}+\frac{ca}{(c+a)^2}$$

$$\Leftrightarrow\left(\frac{a-b}{a+b}\right)^2+\left(\frac{b-c}{b+c}\right)^2+\left(\frac{c-a}{c+a}\right)^2$$

$$\geqslant 2-\frac{16abc}{(a+b)(b+c)(c+a)}$$

注意到

$$2-\frac{16abc}{(a+b)(b+c)(c+a)}$$

$$=\frac{2[(a+b)(b+c)(c+a)-8abc]}{(a+b)(b+c)(c+a)}$$

$$=\frac{1}{(a+b)(b+c)(c+a)}\{2[(b+c)(a-b)(a-c)+$$

$$(c+a)(b-c)(b-a)+(a+b)(c-a)(c-b)]\}$$

$$=2\left[\frac{(a-b)(a-c)}{(a+b)(a+c)}+\frac{(b-c)(b-a)}{(b+c)(b+a)}+\right.$$

$$\left.\frac{(c-a)(c-b)}{(c+a)(c+b)}\right]$$

于是只需证

$$\left(\frac{a-b}{a+b}\right)^2+\left(\frac{b-c}{b+c}\right)^2+\left(\frac{c-a}{c+a}\right)^2$$

$$\geqslant 2\left[\frac{(a-b)(a-c)}{(a+b)(a+c)}+\frac{(b-c)(b-a)}{(b+c)(b+a)}+\frac{(c-a)(c-b)}{(c+a)(c+b)}\right]$$

$$\Leftrightarrow \left(\frac{a-b}{a+b} + \frac{b-c}{b+c} + \frac{c-a}{c+a} \right)^2 \geqslant 0$$

最后一式显然成立,故所证成立.

说明　例 4 等价于:设正实数 x,y,z 满足 $xyz = 1$,求证

$$\frac{1}{(1+x)^2} + \frac{1}{(1+y)^2} + \frac{1}{(1+z)^2}$$
$$\geqslant \frac{3}{4} + \frac{x+y+z-3}{(1+x)(1+y)(1+z)}$$

例 5　设 $a,b,c > 0$,求证

$$\left(\frac{a}{a+b} \right)^2 + \left(\frac{b}{b+c} \right)^2 + \left(\frac{c}{c+a} \right)^2 +$$

$$\frac{2abc}{(a+b)(b+c)(c+a)} \geqslant 1$$

证明　作代换 $\frac{b}{a} = x, \frac{c}{b} = y, \frac{a}{c} = z$,其中 $xyz = 1$,所证不等式等价于

$$\frac{1}{(1+x)^2} + \frac{1}{(1+y)^2} + \frac{1}{(1+z)^2} +$$

$$\frac{2}{(1+x)(1+y)(1+z)} \geqslant 1$$

$$\Leftrightarrow \sum \frac{(1+y)(1+z)}{(1+x)} + 2$$

$$\geqslant (1+x)(1+y)(1+z)$$

$$= 1 + \sum x + \sum xy + xyz$$

$$\Leftrightarrow \sum \frac{y+z}{1+x} + \sum \frac{1+yz}{1+x} \geqslant \sum x + \sum xy$$

因为 $\frac{1+yz}{1+x} = \frac{x+xyz}{x(1+x)} = \frac{1+x}{x(1+x)} = \frac{1}{x} = yz$,所以 $\sum \frac{1+yz}{1+x} \geqslant \sum xy$. 于是只需证明

$$\sum \frac{y+z}{1+x} \geqslant \sum x$$

$$\Leftrightarrow \sum (y+z)(1+y)(1+z)$$

$$\geqslant (1+x)(1+y)(1+z)\sum x$$

$$\Leftrightarrow \sum x^2 \geqslant 3$$

由 AM－GM 不等式知最后一式成立.

例 6 已知 $a,b,c>0$,求证

$$\left(\frac{a}{b+c}\right)^2 + \left(\frac{b}{c+a}\right)^2 + \left(\frac{c}{a+b}\right)^2 \geqslant \frac{3(a^2+b^2+c^2)}{4(ab+bc+ca)}$$

证明 由 Cauchy 不等式,有

$$\left(\frac{a}{b+c}\right)^2 + \left(\frac{b}{c+a}\right)^2 + \left(\frac{c}{a+b}\right)^2$$

$$= \sum \frac{a^4}{a^2(b+c)^2} \geqslant \frac{(\sum a^2)^2}{\sum a^2(b+c)^2}$$

于是只需证明

$$\frac{(\sum a^2)^2}{\sum a^2(b+c)^2} \geqslant \frac{3(a^2+b^2+c^2)}{4(ab+bc+ca)}$$

$$\Leftrightarrow 4\left(\sum a^2\right)(ab+bc+ca) \geqslant 3\sum a^2(b+c)^2$$

$$\Leftrightarrow 4\sum ab(a^2+b^2) + 4abc\sum a$$

$$\geqslant 6\sum a^2b^2 + 6abc\sum a$$

$$\Leftrightarrow 2\sum ab(a^2+b^2) \geqslant 3\sum a^2b^2 + abc\sum a$$

由 AM－GM 不等式,有

$$2\sum ab(a^2+b^2) \geqslant 4\sum a^2b^2$$

$$= 3\sum a^2b^2 + \sum a^2b^2$$

$$\geqslant 3\sum a^2b^2 + abc\sum a$$

例 7　已知 $a,b,c>0$，求证

$$\frac{a}{a+b}+\frac{b}{b+c}+\frac{c}{c+a}\geqslant 1+\sqrt{\frac{2abc}{(a+b)(b+c)(c+a)}}$$

证明　两边平方，知所证不等式等价于

$$\sum\left(\frac{a}{a+b}\right)^2+2\sum\frac{ab}{(a+b)(b+c)}$$

$$\geqslant 1+\frac{2abc}{(a+b)(b+c)(c+a)}+$$

$$2\sqrt{\frac{2abc}{(a+b)(b+c)(c+a)}}$$

由例 5 知

$$\left(\frac{a}{a+b}\right)^2+\left(\frac{b}{b+c}\right)^2+\left(\frac{c}{c+a}\right)^2+$$

$$\frac{2abc}{(a+b)(b+c)(c+a)}\geqslant 1$$

于是只需证明

$$\sum\frac{ab}{(a+b)(b+c)}\geqslant\frac{2abc}{(a+b)(b+c)(c+a)}+$$

$$\sqrt{\frac{2abc}{(a+b)(b+c)(c+a)}}$$

等价于

$$\sum ab(a+c)\geqslant 2abc+\sqrt{2abc(a+b)(b+c)(c+a)}$$

等价于

$$\sum a^2b+abc\geqslant\sqrt{2abc(a+b)(b+c)(c+a)}$$

作代换 $\frac{b}{a}=x,\frac{c}{b}=y,\frac{a}{c}=z$，其中 $xyz=1$，则上式

等价于

$$\sum x+1\geqslant\sqrt{2(x+1)(y+1)(z+1)}$$

两边平方，知等价于

$$\left(\sum x\right)^2 + 2\sum x + 1 \geqslant 2(x+1)(y+1)(z+1)$$
$$= 4 + 2\sum x + 2\sum xy$$

等价于 $\sum x^2 \geqslant 3$, 由平均值不等式知此式显然成立, 故所证不等式成立.

说明 令 $\dfrac{b}{a}=x, \dfrac{c}{b}=y, \dfrac{a}{c}=z$, 其中 $xyz=1$, 则

例 7 等价于:

设 $x, y, z > 0$, 求证

$$\frac{1}{1+x} + \frac{1}{1+y} + \frac{1}{1+z}$$
$$\geqslant 1 + \sqrt{\frac{2}{(1+x)(1+y)(1+z)}}$$

例 8 已知 $a, b, c > 0$, 求证

$$\frac{(a^2+b^2)(b^2+c^2)(c^2+a^2)}{8a^2b^2c^2} \geqslant \left(\frac{a^2+b^2+c^2}{ab+bc+ca}\right)^2$$

证明 作代换 $a=\dfrac{1}{x}, b=\dfrac{1}{y}, c=\dfrac{1}{z}$, 则所证不等式等价于

$$(x^2+y^2)(y^2+z^2)(z^2+x^2)(x+y+z)^2$$
$$\geqslant 8(x^2y^2+y^2z^2+z^2x^2)^2$$

因为

$$(x^2+y^2)(y^2+z^2)(z^2+x^2)$$
$$= (x^2+y^2+z^2)(x^2y^2+y^2z^2+z^2x^2) - x^2y^2z^2$$

于是只需证明

$$(x^2+y^2+z^2)(x^2y^2+y^2z^2+z^2x^2)(x+y+z)^2 -$$
$$x^2y^2z^2(x+y+z)^2$$
$$\geqslant 8(x^2y^2+y^2z^2+z^2x^2)^2$$

等价于证明

$$\sum x^2 (\sum x)^2 \sum x^2 y^2 - 8 (\sum x^2 y^2)^2$$
$$\geqslant x^2 y^2 z^2 (x + y + z)^2$$

因为 $\sum x^2 (\sum x)^2 - 8 \sum x^2 y^2 \geqslant xyz \sum x$，于是只需证明 $\sum x \sum x^2 y^2 \geqslant xyz (\sum x)^2$.

即 $\sum x^2 y^2 \geqslant xyz (\sum x)$，由平均值不等式知此式显然成立.

例 9　已知 $a,b,c > 0$，求证

$$\frac{a^2 + b^2 + c^2}{ab + bc + ca} + \frac{8abc}{(a+b)(b+c)(c+a)} \geqslant 2$$

证明 1　所证不等式等价于

$$a^2 + b^2 + c^2 +$$
$$\frac{8abc(ab + bc + ca)}{(a+b)(b+c)(c+a)}$$
$$\geqslant 2(ab + bc + ca)$$

注意到

$$\frac{8abc(ab + bc + ca)}{(a+b)(b+c)(c+a)}$$
$$\geqslant \frac{6abc(ab + bc + ca)}{a^2 + b^2 + c^2 + ab + bc + ca}$$
$$\Leftrightarrow \sum ab(a - b)^2 \geqslant 0$$

注意到

$$a^2 + b^2 + c^2 +$$
$$\frac{6abc(ab + bc + ca)}{a^2 + b^2 + c^2 + ab + bc + ca} \geqslant 2(ab + bc + ca)$$
$$\Leftrightarrow \sum a^2 (a - b)(a - c) \geqslant 0$$

证明 2　所证不等式等价于

$$\frac{a^2+b^2+c^2}{ab+bc+ca}-1 \geqslant 1-\frac{8abc}{(a+b)(b+c)(c+a)}$$

$$\Leftrightarrow \frac{\sum(a-b)^2}{2(ab+bc+ca)} \geqslant \frac{\sum c(a-b)^2}{(a+b)(b+c)(c+a)}$$

$$\Leftrightarrow \sum [(a+b)(b+c)(c+a)-$$

$$2c(ab+bc+ca)](a-b)^2 \geqslant 0$$

$$\Leftrightarrow S_c(a-b)^2+S_a(b-c)^2+S_b(c-a)^2 \geqslant 0$$

其中

$$S_a = b^2(c+a)+c^2(a+b)-a^2(b+c)$$

$$S_b = c^2(a+b)+a^2(b+c)-b^2(c+a)$$

$$S_c = a^2(b+c)+b^2(c+a)-c^2(a+b)$$

不妨设 $a \geqslant b \geqslant c$，则 $S_c \geqslant 0, S_a+S_b \geqslant 0$，所以所证不等式成立.

数学奥林匹克不等式试题的统一证明

章

7.1 活跃在数学奥林匹克中一个简单不等式的应用

本章通过对一个不等式变形得到一个简单的不等式,并说明其在证明不等式中的应用.

命题 1 设 a,b,c 为正实数,则有

$$(a+b)(b+c)(c+a)$$
$$\geqslant \frac{8}{9}(a+b+c)(ab+bc+ca) \qquad ①$$

证明 由 $(a+b)(b+c)(c+a) = (a+b+c)(ab+bc+ca) - abc$ 和 $(a+b+c)(ab+bc+ca) \geqslant 9abc$,有

323

$$(a+b)(b+c)(c+a)$$
$$\geqslant (a+b+c)(ab+bc+ca) -$$
$$\frac{(a+b+c)(ab+bc+ca)}{9}$$
$$=\frac{8(a+b+c)(ab+bc+ca)}{9}$$

不等式 ① 在证明若干不等式方面应用非常广泛,下面举例说明.

1. 证明数学奥林匹克不等式试题

例 1 (2019 江苏省数学奥林匹克夏令营测试题)已知正实数 a,b,c 满足 $\frac{1}{a}+\frac{1}{b}+\frac{1}{c}=a+b+c$,求证

$$\frac{1}{(2a+b+c)^2}+\frac{1}{(2b+c+a)^2}+\frac{1}{(2c+a+b)^2}\leqslant\frac{3}{16}$$

证明 由平均值不等式,有

$$(2a+b+c)^2=[(a+b)+(a+c)]^2$$
$$\geqslant 4(a+b)(a+c)$$

于是有

$$\frac{1}{(2a+b+c)^2}+\frac{1}{(2b+c+a)^2}+\frac{1}{(2c+a+b)^2}$$
$$\leqslant\frac{2(a+b+c)}{4(a+b)(b+c)(c+a)}$$
$$=\frac{a+b+c}{2(a+b)(b+c)(c+a)}$$

从而只需证明:$\frac{a+b+c}{2(a+b)(b+c)(c+a)}\leqslant\frac{3}{16}$,即

$$\frac{a+b+c}{(a+b)(b+c)(c+a)}\leqslant\frac{3}{8}$$

由命题知

$$\frac{a+b+c}{(a+b)(b+c)(c+a)}\leqslant\frac{9(a+b+c)}{8(a+b+c)(ab+bc+ca)}$$

$$= \frac{9}{8(ab + bc + ca)}$$

由已知 $\frac{1}{a} + \frac{1}{b} + \frac{1}{c} = a + b + c$，有

$$abc(a + b + c) = ab + bc + ca$$

从而

$$(abc)^2(a + b + c)^2$$
$$= (ab + bc + ca)^2$$
$$\geqslant 3abc(a + b + c)$$

所以 $abc(a + b + c) \geqslant 3, ab + bc + ca \geqslant 3$，于是

$$\frac{a + b + c}{(a + b)(b + c)(c + a)} \leqslant \frac{9}{8 \times 3} = \frac{3}{8}$$

例 2　（2019 罗马尼亚数学奥林匹克）已知正实数 a, b, c 满足 $a + b + c = 3$，求证

$$\frac{a}{3a + bc + 12} + \frac{b}{3b + ca + 12} + \frac{c}{3c + ab + 12} \leqslant \frac{3}{16}$$

证明　由权方和不等式，有

$$\frac{1}{3a + bc} + \frac{3}{4} = \frac{1}{3a + bc} + \frac{1}{4} + \frac{1}{4} + \frac{1}{4}$$
$$\geqslant \frac{(1 + 1 + 1 + 1)^2}{3a + bc + 4 + 4 + 4} = \frac{16}{3a + bc + 12}$$

所以

$$\frac{16a}{3a + bc + 12} \leqslant \frac{a}{3a + bc} + \frac{3}{4}a$$

同理，有

$$\frac{16b}{3b + ca + 12} \leqslant \frac{b}{3b + ca} + \frac{3}{4}b$$

$$\frac{16c}{3c + ab + 12} \leqslant \frac{c}{3c + ab} + \frac{3}{4}c$$

于是结合命题 1 有

$$\frac{16a}{3a+bc+12}+\frac{16b}{3b+ca+12}+\frac{16c}{3c+ab+12}$$

$$\leqslant \frac{a}{(a+b)(a+c)}+\frac{b}{(b+c)(b+a)}+$$

$$\frac{c}{(c+a)(c+b)}+\frac{9}{4}$$

$$=\frac{a(b+c)+b(c+a)+c(a+b)}{(a+b)(b+c)(c+a)}+\frac{9}{4}$$

$$=\frac{2(ab+bc+ca)}{(a+b)(b+c)(c+a)}+\frac{9}{4}$$

$$\leqslant \frac{9(ab+bc+ca)}{4(a+b+c)(ab+bc+ca)}+\frac{9}{4}=3$$

例 3 （2019 加拿大数学奥林匹克）已知 a,b,c 为正实数，且满足 $a+b+c=ab+bc+ca$，求证

$$\sqrt{(a^2-a+1)(b^2-b+1)(c^2-c+1)}\geqslant \frac{a+b+c}{3}$$

证明 因为

$$2(a^2-a+1)=(a^2-2a+1)+(a^2+1)\geqslant (a^2+1)$$

结合命题 1 有

$$(a^2-a+1)(b^2-b+1)(c^2-c+1)$$

$$\geqslant \frac{1}{8}(a^2+1)(b^2+1)(c^2+1)$$

$$=\frac{1}{8}\sqrt{[(a^2+1)(b^2+1)][(b^2+1)(c^2+1)][(c^2+1)(a^2+1)]}$$

$$\geqslant \frac{1}{8}(a+b)(b+c)(c+a)\geqslant \frac{(a+b+c)(ab+bc+ca)}{9}$$

$$=\frac{(a+b+c)^2}{9}$$

故

$$\sqrt{(a^2-a+1)(b^2-b+1)(c^2-c+1)}$$

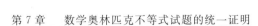

$$\geqslant \frac{a+b+c}{3}$$

例 4　（2012 土耳其数学奥林匹克）已知 a,b,c 是正数，且满足 $ab+bc+ca \leqslant 1$，求证

$$a+b+c+\sqrt{3} \geqslant 8abc\left(\frac{1}{a^2+1}+\frac{1}{b^2+1}+\frac{1}{c^2+1}\right)$$

证明　因 $ab+bc+ca \leqslant 1$，故

$$a^2+ab+bc+ca \leqslant a^2+1$$

所以 $\dfrac{1}{a^2+1} \leqslant \dfrac{1}{(a+b)(a+c)}$，于是

$$8abc\left(\frac{1}{a^2+1}+\frac{1}{b^2+1}+\frac{1}{c^2+1}\right)$$

$$\leqslant 8abc \cdot \frac{2(a+b+c)}{(a+b)(b+c)(c+a)}$$

由命题 1，有

$$\frac{18abc}{ab+bc+ca} \geqslant \frac{16abc(a+b+c)}{(a+b)(b+c)(c+a)}$$

因此，要证原不等式，只要证

$$a+b+c+\sqrt{3} \geqslant \frac{18abc}{ab+bc+ca}$$

$$\Leftrightarrow (a+b+c)(ab+bc+ca)+\sqrt{3}\,ab+bc+ca$$

$$\geqslant 18abc$$

因为 $(a+b+c)(ab+bc+ca) \geqslant 9abc$，故只要证

$\sqrt{3}(ab+bc+ca) \geqslant 9abc$.

又因 $ab+bc+ca \geqslant 3\sqrt[3]{a^2b^2c^2}$，故只要证 $\sqrt{3} \geqslant 3\sqrt[3]{abc}$.

因为 $1 \geqslant ab+bc+ca \geqslant 3\sqrt[3]{a^2b^2c^2}$，所以 $\sqrt{3} \geqslant 3\sqrt[3]{abc}$. 故所证不等式成立.

例 5　（2007 乌克兰数学奥林匹克）设 x,y,z 为正

实数,求证

$$(x + y + z)^2 (xy + yz + zx)^2$$
$$\leqslant 3(y^2 + yz + z^2)(z^2 + zx + x^2)(x^2 + xy + y^2)$$

证明 首先证明

$$4(x^2 + xy + y^2) \geqslant 3(x + y)^2 \qquad ①$$

上式等价于

$$4x^2 + 4xy + 4y^2 \geqslant 3x^2 + 6xy + 3y^2$$
$$\Leftrightarrow x^2 - 2xy + y^2 \geqslant 0$$
$$\Leftrightarrow (x - y)^2 \geqslant 0$$

结合命题 1,有

$$3(y^2 + yz + z^2)(z^2 + zx + x^2)(x^2 + xy + y^2)$$
$$\geqslant \frac{3^4}{4^3}(x + y)^2(y + z)^2(z + x)^2$$
$$= \frac{3^4}{4^3}[(x + y)(y + z)(z + x)]^2$$
$$\geqslant \frac{3^4}{4^3}\left[\frac{8}{9}(x + y + z)(xy + yz + zx)\right]^2$$
$$= (x + y + z)^2(xy + yz + zx)^2$$

例 6 (第 31 届 IMO 预选题) 设 a, b, c 为正实数,求证

$$(a^2 + ab + b^2)(b^2 + bc + c^2)(c^2 + ca + a^2)$$
$$\geqslant (ab + bc + ca)^3$$

证明 由例 5 和命题 1 知

$$(a^2 + ab + b^2)(b^2 + bc + c^2)(c^2 + ca + a^2)$$
$$\geqslant \frac{27}{64}[(a + b)(b + c)(c + a)]^2$$
$$\geqslant \frac{27}{64}\left[\frac{8}{9}(a + b + c)(ab + bc + ca)\right]^2$$
$$= \frac{1}{3}(a + b + c)^2(ab + bc + ca)^2 \geqslant (ab + bc + ca)^3$$

例 7　（2020 爱尔兰数学奥林匹克）设 $a,b,c>0$，求证

$$\sqrt[7]{\frac{a}{b+c}+\frac{b}{c+a}}+\sqrt[7]{\frac{b}{c+a}+\frac{c}{a+b}}+$$

$$\sqrt[7]{\frac{c}{a+b}+\frac{a}{b+c}}\geqslant 3$$

证明　由平均值不等式，有

$$\sqrt[7]{\frac{a}{b+c}+\frac{b}{c+a}}+\sqrt[7]{\frac{b}{c+a}+\frac{c}{a+b}}+\sqrt[7]{\frac{c}{a+b}+\frac{a}{b+c}}$$

$$\geqslant 3\sqrt[21]{\left(\frac{a}{b+c}+\frac{b}{c+a}\right)\left(\frac{b}{c+a}+\frac{c}{a+b}\right)\left(\frac{c}{a+b}+\frac{a}{b+c}\right)}$$

于是，只需证明

$$\left(\frac{a}{b+c}+\frac{b}{c+a}\right)\left(\frac{b}{c+a}+\frac{c}{a+b}\right)\left(\frac{c}{a+b}+\frac{a}{b+c}\right)\geqslant 1$$

①

由不等式

$$(x+y)(y+z)(z+x)$$

$$\geqslant\frac{8}{9}(x+y+z)(xy+yz+zx)$$

有

$$\left(\frac{a}{b+c}+\frac{b}{c+a}\right)\left(\frac{b}{c+a}+\frac{c}{a+b}\right)\left(\frac{c}{a+b}+\frac{a}{b+c}\right)$$

$$\geqslant\frac{8}{9}\left(\frac{a}{b+c}+\frac{b}{c+a}+\frac{c}{a+b}\right)\cdot$$

$$\left[\frac{ab}{(b+c)(c+a)}+\frac{bc}{(c+a)(a+b)}+\frac{ca}{(a+b)(b+c)}\right]$$

由 Nesbitt 不等式：设 $a,b,c>0$，则

$$\frac{a}{b+c}+\frac{b}{c+a}+\frac{c}{a+b}\geqslant\frac{3}{2}$$

和

$$\frac{ab}{(b+c)(c+a)}+\frac{bc}{(c+a)(a+b)}+$$

$$\frac{ca}{(a+b)(b+c)}\geqslant\frac{3}{4}$$

知式 ① 成立,于是所证不等式成立.

例 8 (2006 澳大利亚数学奥林匹克)设 a,b,c 为正实数,且 $(a+b)(b+c)(c+a)=1$,求证

$$ab+bc+ca\leqslant\frac{3}{4}$$

证明　由式 ① 得到

$$1\geqslant\frac{8}{9}(a+b+c)(ab+bc+ca)$$

$$\geqslant\frac{8}{9}\sqrt{3(ab+bc+ca)}\cdot(ab+bc+ca)$$

所以 $\left(\frac{9}{8}\right)^2\geqslant3(ab+bc+ca)^3$. 于是

$$ab+bc+ca\leqslant\frac{3}{4}$$

例 9 (2008 伊朗数学奥林匹克)求最小的实数 k 使得对任意正实数 x,y,z,下面的不等式成立

$$x\sqrt{y}+y\sqrt{z}+z\sqrt{x}\leqslant k\sqrt{(x+y)(y+z)(z+x)}$$

解　由 Cauchy-Schwarz 不等式和命题有

$$x\sqrt{y}+y\sqrt{z}+z\sqrt{x}$$

$$=\sqrt{x}\cdot\sqrt{xy}+\sqrt{y}\cdot\sqrt{yz}+\sqrt{z}\cdot\sqrt{zx}$$

$$\leqslant\sqrt{(x+y+z)(xy+yz+zx)}$$

$$\leqslant\sqrt{\frac{9}{8}(x+y)(y+z)(z+x)}$$

$$=\frac{3\sqrt{2}}{4}\sqrt{(x+y)(y+z)(z+x)}$$

故 $k_{\min} = \dfrac{3\sqrt{2}}{4}$.

例 10　（2009 乌克兰数学奥林匹克）设 a,b,c 为正实数,求证

$$\frac{a}{2a^2 + b^2 + c^2} + \frac{b}{a^2 + 2b^2 + c^2} + \frac{c}{a^2 + b^2 + 2c^2}$$
$$\leqslant \frac{9}{4(a + b + c)}$$

证明　由平均值不等式有

$$a^2 + b^2 + c^2 \geqslant ab + bc + ca$$

故

$$2a^2 + b^2 + c^2 \geqslant a^2 + ab + bc + ca = (a + b)(a + c)$$

所以

$$\frac{a}{2a^2 + b^2 + c^2} \leqslant \frac{a}{(a + b)(a + c)}$$
$$= \frac{a(b + c)}{(a + b)(a + c)(b + c)}$$
$$= \frac{ab + ac}{(a + b)(b + c)(a + c)}$$

同理,有

$$\frac{b}{a^2 + 2b^2 + c^2} \leqslant \frac{bc + ba}{(a + b)(b + c)(a + c)}$$
$$\frac{c}{a^2 + b^2 + 2c^2} \leqslant \frac{ca + cb}{(a + b)(b + c)(a + c)}$$

将上述三式相加得

$$\frac{a}{2a^2 + b^2 + c^2} + \frac{b}{a^2 + 2b^2 + c^2} + \frac{c}{a^2 + b^2 + 2c^2}$$
$$\leqslant \frac{2(ab + bc + ca)}{(a + b)(b + c)(c + a)}$$

由命题 1 即得.

2. 证明新编不等式

例 11 设正实数 a,b,c 满足 $ab+bc+ca=3$,证明:$(a+b)(b+c)(c+a)\geqslant 8$.

证明 因为

$$(a+b)(b+c)(c+a)\geqslant \frac{8}{9}(a+b+c)(ab+bc+ca)$$

$$\geqslant \frac{8}{3}(a+b+c)$$

又因为 $(a+b+c)^2\geqslant 3(ab+bc+ca)=9$,有 $a+b+c\geqslant 3$.

于是 $(a+b)(b+c)(c+a)\geqslant 8$.

例 12 (自编)设正实数 a,b,c 满足 $(a^2+b^2)(b^2+c^2)(c^2+a^2)=8$,证明

$$abc(a+b+c)^3\leqslant 27$$

证明 因为 $x^2+y^2\geqslant \dfrac{(x+y)^2}{2}$,有

$$8=(a^2+b^2)(b^2+c^2)(c^2+a^2)$$

$$\geqslant \frac{\left[(a+b)(b+c)(c+a)\right]^2}{8}$$

$$\geqslant \frac{\frac{64}{81}(a+b+c)^2(ab+bc+ca)^2}{8}$$

$$\geqslant \frac{8(a+b+c)^2\cdot 3abc(a+b+c)}{81}$$

所以所证不等式成立.

例 13 (自编)设正实数 a,b,c 满足 $ab+bc+ca=3$,证明

$$(2a+b+c)(a+2b+c)(a+b+2c)\geqslant 64$$

证明 因为 $(a+b+c)^2\geqslant 3(ab+bc+ca)=9$,所以 $a+b+c\geqslant 3$.所以

$$(2a+b+c)(a+2b+c)(a+b+2c)$$

$$=[(a+b)+(a+c)][(a+b)+(b+c)]+$$

$$[(a+c)+(b+c)]$$

$$\geqslant 2\sqrt{(a+b)(a+c)} \cdot 2\sqrt{(a+b)(b+c)} \cdot$$

$$2\sqrt{(a+c)(b+c)}$$

$$=8(a+b)(b+c)(c+a)$$

$$\geqslant \frac{64}{9}(a+b+c)(ab+bc+ca) \geqslant 64$$

例 14　（自编）设 m,n,p 为正整数,且正实数 x, y,z 满足 $\dfrac{1}{x}+\dfrac{1}{y}+\dfrac{1}{z}=1$,证明

$$[(m+p)x+(m+n)y+(p+n)z] \cdot$$

$$[(m+p)y+(m+n)z+(p+n)x] \cdot$$

$$[(m+p)z+(m+n)x+(p+n)y] \cdot$$

$$\geqslant \frac{8}{9}(m+n+p)^3 \cdot xyz(x+y+z)$$

证明

$$[(m+p)x+(m+n)y+(p+n)z] \cdot$$

$$[(m+p)y+(m+n)z+(p+n)x] \cdot$$

$$[(m+p)z+(m+n)x+(p+n)y]$$

$$=[m(x+y)+n(y+z)+p(z+x)] \cdot$$

$$[m(y+z)+n(z+x)+p(x+y)] \cdot$$

$$[m(z+x)+n(x+y)+p(y+z)]$$

$$\geqslant (m+n+p)^{m+n+p}\sqrt{(x+y)^m(y+z)^n(z+x)^p} \cdot$$

$$(m+n+p)^{m+n+p}\sqrt{(y+z)^m(z+x)^n(x+y)^p} \cdot$$

$$(m+n+p)^{m+n+p}\sqrt{(z+x)^m(x+y)^n(y+z)^p}$$

$$=(m+n+p)^3 \cdot (x+y)(y+z)(z+x)$$

$$\geqslant (m+n+p)^3 \cdot \frac{8}{9}(x+y+z)(xy+yz+zx)$$

$$= \frac{8}{9}(m+n+p)^3 \cdot xyz(x+y+z) \cdot \frac{(xy+yz+zx)}{xyz}$$

$$= \frac{8}{9}(m+n+p)^3 \cdot xyz(x+y+z)\left(\frac{1}{x}+\frac{1}{y}+\frac{1}{z}\right)$$

$$= \frac{8}{9}(m+n+p)^3 \cdot xyz(x+y+z)$$

例 15 （自编）设正实数 a,b,c 满足 $ab+bc+ca=3$，证明：$\dfrac{a}{a^2+3}+\dfrac{b}{b^2+3}+\dfrac{c}{c^2+3} \leqslant \dfrac{3}{4}$.

证明 因为 $ab+bc+ca=3$，所以

$$a^2+3 = a^2+ab+bc+ca = (a+b)(a+c)$$
$$(a+b+c)^2 \geqslant 3(ab+bc+ca) = 9$$

有 $a+b+c \geqslant 3$，于是有

$$\frac{a}{a^2+3}+\frac{b}{b^2+3}+\frac{c}{c^2+3}$$

$$= \frac{a}{(a+b)(a+c)}+\frac{b}{(b+c)(b+a)}+\frac{c}{(c+a)(c+b)}$$

$$= \frac{a(b+c)+b(c+a)+c(a+b)}{(a+b)(b+c)(c+a)}$$

$$= \frac{2(ab+bc+ca)}{(a+b)(b+c)(c+a)}$$

$$\leqslant \frac{9(ab+bc+ca)}{4(a+b+c)(ab+bc+ca)}$$

$$= \frac{9}{4(a+b+c)} \leqslant \frac{3}{4}$$

例 16 设正实数 a,b,c 满足 $ab+bc+ca=3$，证明

$$\frac{a^3+b^3}{b^2-bc+c^2}+\frac{b^3+c^3}{c^2-ca+a^2}+\frac{c^3+a^3}{a^2-ab+b^2} \geqslant 6$$

证明 由平均值不等式，有

334

$$\frac{a^3+b^3}{b^2-bc+c^2}+\frac{b^3+c^3}{c^2-ca+a^2}+\frac{c^3+a^3}{a^2-ab+b^2}$$

$$\geqslant 3\sqrt[3]{\frac{a^3+b^3}{b^2-bc+c^2}\cdot\frac{b^3+c^3}{c^2-ca+a^2}\cdot\frac{c^3+a^3}{a^2-ab+b^2}}$$

$$=3\sqrt[3]{(a+b)(b+c)(c+a)}$$

$$\geqslant 3\cdot\sqrt[3]{\frac{8(a+b+c)(ab+bc+ca)}{9}}$$

$$\geqslant 3\cdot\sqrt[3]{\frac{8\times\sqrt{3(ab+bc+ca)}\cdot(ab+bc+ca)}{9}}=6$$

例 17　（自编）设正实数 a,b,c 满足 $(a+b)(b+c)(c+a)=8$，证明

$$\frac{a}{b(b+2c)^2}+\frac{b}{c(c+2a)^2}+\frac{c}{a(a+2b)^2}\geqslant\frac{1}{3}$$

证明　因为

$$\frac{a}{b+2c}+\frac{b}{c+2a}+\frac{c}{a+2b}$$

$$=\frac{a^2}{a(b+2c)}+\frac{b^2}{b(c+2a)}+\frac{c^2}{c(a+2b)}$$

$$\geqslant\frac{(a+b+c)^2}{a(b+2c)+b(c+2a)+c(a+2b)}$$

$$=\frac{(a+b+c)^2}{3(ab+bc+ca)}\geqslant 1$$

由 Cauchy 不等式，有

$$\frac{a}{b(b+2c)^2}+\frac{b}{c(c+2a)^2}+\frac{c}{a(a+2b)^2}$$

$$=\frac{\left(\dfrac{a}{b+2c}\right)^2}{ab}+\frac{\left(\dfrac{b}{c+2a}\right)^2}{bc}+\frac{\left(\dfrac{c}{a+2b}\right)^2}{ca}$$

$$\geqslant\frac{\left(\dfrac{a}{b+2c}+\dfrac{b}{c+2a}+\dfrac{c}{a+2b}\right)^2}{ab+bc+ca}$$

$$\geqslant \frac{1}{ab + bc + ca}$$

因为

$$8 = (a + b)(b + c)(c + a)$$

$$\geqslant \frac{8(a + b + c)(ab + bc + ca)}{9}$$

$$\geqslant \frac{8 \times \sqrt{3(ab + bc + ca)} \cdot (ab + bc + ca)}{9}$$

所以 $9^2 \geqslant 3(ab + bc + ca)^3$，于是

$$ab + bc + ca \leqslant 3$$

故

$$\frac{a}{b(b + 2c)^2} + \frac{b}{c(c + 2a)^2} + \frac{c}{a(a + 2b)^2}$$

$$\geqslant \frac{1}{ab + bc + ca} \geqslant \frac{1}{3}$$

例 18 （自编）设正实数 x, y, z 满足 $(2x + y + z)(2y + z + x)(2z + x + y) = 64$，证明

$$\frac{x}{y(z + 1)(y + z)^2} + \frac{y}{z(x + 1)(x + z)^2} +$$

$$\frac{z}{x(y + 1)(x + y)^2} \geqslant \frac{3}{8}$$

证明 由 Nesbitt 不等式，有

$$\frac{x}{y + z} + \frac{y}{z + x} + \frac{z}{x + y} \geqslant \frac{3}{2}$$

于是

$$\frac{x}{y(z + 1)(y + z)^2} + \frac{y}{z(x + 1)(x + z)^2} +$$

$$\frac{z}{x(y + 1)(x + y)^2}$$

$$= \frac{\left(\dfrac{x}{y + z}\right)^2}{xy(z + 1)} + \frac{\left(\dfrac{y}{z + x}\right)^2}{yz(x + 1)} + \frac{\left(\dfrac{z}{x + y}\right)^2}{zx(y + 1)}$$

$$\geqslant \frac{\left(\dfrac{x}{y+z}+\dfrac{y}{z+x}+\dfrac{z}{x+y}\right)^2}{xy(z+1)+yz(x+1)+zx(y+1)}$$

$$\geqslant \frac{9}{4(3xyz+xy+yz+zx)}$$

由已知,有

$$64=(2x+y+z)(2y+z+x)(2z+x+y)$$

$$=[(x+y)+(x+z)][(y+z)+(x+y)] \cdot$$

$$[(z+x)+(y+z)]$$

$$\geqslant 2\sqrt{(x+y)(x+z)} \cdot 2\sqrt{(y+z)(x+y)} \cdot$$

$$2\sqrt{(z+x)(y+z)}$$

$$=8(x+y)(y+z)(z+x)$$

于是

$$8 \geqslant (x+y)(y+z)(z+x)$$

$$\geqslant \frac{8}{9}(x+y+z)(xy+yz+zx)$$

$$\geqslant \frac{8}{9}\sqrt{3(xy+yz+zx)}\,(xy+yz+zx)$$

故 $xy+yz+zx \leqslant 3$. 又

$$8 \geqslant (x+y)(y+z)(z+x)$$

$$\geqslant 2\sqrt{xy} \cdot 2\sqrt{yz} \cdot 2\sqrt{zx}=8xyz$$

有 $xyz \leqslant 1$. 于是,有

$$\frac{x}{y(z+1)(y+z)^2}+\frac{y}{z(x+1)(x+z)^2}+$$

$$\frac{z}{x(y+1)(x+y)^2}$$

$$\geqslant \frac{9}{4(3xyz+xy+yz+zx)}$$

$$\geqslant \frac{9}{4 \times (3+3)}=\frac{3}{8}$$

例 19 （自编）设正实数 a,b,c 满足 $(a+b)(b+c)(c+a)=8$，证明

$$\frac{a}{(b+c)(a+2b)^2}+\frac{b}{(c+a)(b+2c)^2}+$$

$$\frac{c}{(a+b)(c+2a)^2}\geqslant\frac{1}{6}$$

证明 因为

$$\frac{a}{a+2b}+\frac{b}{b+2c}+\frac{c}{c+2a}$$

$$=\frac{a^2}{a(a+2b)}+\frac{b^2}{b(b+2c)}+\frac{c^2}{c(c+2a)}$$

$$\geqslant\frac{(a+b+c)^2}{a(a+2b)+b(b+2c)+c(c+2a)}$$

$$=\frac{(a+b+c)^2}{(a+b+c)^2}=1$$

由已知 $(a+b)(b+c)(c+a)=8$，有

$$8=(a+b)(b+c)(c+a)$$

$$\geqslant\frac{8(a+b+c)(ab+bc+ca)}{9}$$

$$\geqslant\frac{8\sqrt{3(ab+bc+ca)}(ab+bc+ca)}{9}$$

所以 $ab+bc+ca\leqslant3$. 所以

$$\frac{a}{(b+c)(a+2b)^2}+\frac{b}{(c+a)(b+2c)^2}+$$

$$\frac{c}{(a+b)(c+2a)^2}$$

$$=\frac{\left(\dfrac{a}{a+2b}\right)^2}{a(b+c)}+\frac{\left(\dfrac{b}{b+2c}\right)^2}{b(c+a)}+\frac{\left(\dfrac{c}{c+2a}\right)^2}{c(a+b)}$$

$$\geqslant\frac{\left(\dfrac{a}{a+2b}+\dfrac{b}{b+2c}+\dfrac{c}{c+2a}\right)^2}{a(b+c)+b(c+a)+c(a+b)}$$

338

$$= \frac{1}{2(ab + bc + ca)} \geqslant \frac{1}{6}$$

例 20 （自编）设正实数 a,b,c 满足 $(a+b)(b+c)(c+a)=1$，证明

$$\frac{1}{a+b+c} + \frac{1}{ab+bc+ca} \geqslant 2$$

证明　由已知，有

$$1 = (a+b)(b+c)(c+a)$$

$$\geqslant \frac{8}{9}(a+b+c)(ab+bc+ca)$$

所以 $(a+b+c)(ab+bc+ca) \leqslant \frac{9}{8}$，于是

$$\frac{9}{8} \geqslant (a+b+c)(ab+bc+ca)$$

$$\geqslant \sqrt{3(ab+bc+ca)}(ab+bc+ca)$$

有 $ab+bc+ca \leqslant \frac{3}{4}$. 所以

$$\frac{1}{a+b+c} + \frac{1}{ab+bc+ca}$$

$$= \frac{(a+b+c)+(ab+bc+ca)}{(a+b+c)(ab+bc+ca)}$$

$$= \frac{\dfrac{a+b+c}{2} + \dfrac{a+b+c}{2} + (ab+bc+ca)}{(a+b+c)(ab+bc+ca)}$$

$$\geqslant \frac{3\sqrt[3]{\left(\dfrac{a+b+c}{2}\right)^2 (ab+bc+ca)}}{(a+b+c)(ab+bc+ca)}$$

$$= 3\sqrt[3]{\frac{1}{4(a+b+c)^2(ab+bc+ca)}}$$

$$\geqslant 3\sqrt[3]{4 \times \frac{9}{8}(ab+bc+ca)}$$

$$\geqslant 3\sqrt[3]{\dfrac{1}{\dfrac{9}{2}\times\dfrac{3}{4}}}=2$$

例 21 （杨先义《数学通报》2019 年 12 期数学问题 2516）设 x,y,z 为正实数，求证

$$8(x+y+z)\sqrt{xyz(x+y+z)}$$
$$\leqslant 3\sqrt{3}(x+y)(y+z)(z+x)$$

证明 因为

$$(xy+yz+zx)^2$$
$$=x^2y^2+y^2z^2+z^2x^2+2xyz(x+y+z)$$
$$\geqslant xyz(x+y+z)+2xyz(x+y+z)$$
$$=3xyz(x+y+z)$$

所以 $xy+yz+zx\geqslant\sqrt{3xyz(x+y+z)}$. 所以

$$3\sqrt{3}(x+y)(y+z)(z+x)$$
$$\geqslant 3\sqrt{3}\cdot\dfrac{8}{9}\cdot(x+y+z)(xy+yz+zx)$$
$$\geqslant 3\sqrt{3}\cdot\dfrac{8}{9}\cdot(x+y+z)\cdot\sqrt{3xyz(x+y+z)}$$
$$=8(x+y+z)\sqrt{xyz(x+y+z)}$$

例 22 （安振平数学问题 5461）设正实数 a,b,c 满足 $(a+b)(b+c)(c+a)=1$，求证

$$ab+bc+ca+2abc\leqslant 1$$
$$\leqslant a^2+b^2+c^2+2abc$$

证明 因为

$$1=(a+b)(b+c)(c+a)$$
$$\geqslant 2\sqrt{ab}\cdot 2\sqrt{bc}\cdot 2\sqrt{ca}$$
$$=8abc$$

所以 $abc \leqslant \dfrac{1}{8}$. 又

$$1 = (a+b)(b+c)(c+a) \geqslant \frac{8}{9} \sum a \sum ab$$

$$\geqslant \frac{8}{9} \sum ab \sqrt{3 \sum ab}$$

有 $\sum ab \leqslant \dfrac{3}{4}$. 所以

$$ab + bc + ca + 2abc \leqslant \frac{3}{4} + 2 \times \frac{1}{8} = 1$$

又

$$1 = (a+b)(b+c)(c+a)$$

$$\leqslant \left(\frac{a+b+b+c+c+a}{3} \right)^{3}$$

$$= \frac{8(a+b+c)^{3}}{27}$$

有

$$a+b+c \geqslant \frac{3}{2}$$

于是 $a^{2} + b^{2} + c^{2} + 2abc \geqslant 1$ 等价于

$$\left(\sum a \right)^{2} - 2 \sum bc + 2abc$$

$$\geqslant \left(\sum a \right) \left(\sum bc \right) - abc$$

$$\Leftrightarrow \left(\sum a \right)^{2} - \left(\sum a \right) \left(\sum bc \right) + 3abc - 2 \sum bc \geqslant 0$$

由 $\sum ab \leqslant \dfrac{3}{4}$ 知

$$\sum a = \frac{4}{3} \sum a \cdot \frac{3}{4} \geqslant \frac{4}{3} \sum a \cdot \sum ab$$

$$\geqslant \frac{4}{3} \times \frac{3}{2} \sum ab = 2 \sum ab$$

所以

$$\left(\sum a\right)^3 - \left(\sum a\right)^2 \sum bc +$$

$$3abc\sum a - 2\sum a\sum bc$$

$$\geqslant \left(\sum a\right)^3 - \frac{\left(\sum a\right)^3}{2} + \frac{9abc}{2} - 2\sum a\sum bc$$

$$= \frac{1}{2}\left[\left(\sum a\right)^3 - 4\sum a\sum bc + 9abc\right]$$

$$= \frac{1}{2}\sum a(a-b)(a-c) \geqslant 0$$

说明 最后一个不等式是 Schur 不等式. 故

$$\left(\sum a\right)^2 - \sum a\sum bc + 3abc - 2\sum bc \geqslant 0$$

成立,从而 $a^2 + b^2 + c^2 + 2abc \geqslant 1$ 成立.

例 23 (Carlson 不等式) 设 a,b,c 为正实数,求证

$$\sqrt[3]{\frac{(a+b)(b+c)(c+a)}{8}} \geqslant \sqrt{\frac{ab+bc+ca}{3}}$$

证明 所证不等式等价于

$$\left[\frac{(a+b)(b+c)(c+a)}{8}\right]^2 \geqslant \left(\frac{ab+bc+ca}{3}\right)^3$$

由命题 1 知

$$\left[\frac{(a+b)(b+c)(c+a)}{8}\right]^2$$

$$\geqslant \left[\frac{(a+b+c)(ab+bc+ca)}{9}\right]^2$$

于是只需证

$$\frac{(a+b+c)^2(ab+bc+ca)^2}{81} \geqslant \frac{(ab+bc+ca)^3}{27}$$

即 $(a+b+c)^2 \geqslant 3(ab+bc+ca)$ 由平均值不等式知其成立,故所证成立.

7.2　一类有趣的条件不等式的统一证明

1. 问题的呈现

《数学教学》2020 年第 10 期问题 1104 是由安振平老师提供的一道最值问题,题目为:设实数 a,b,c 满足 $a^2+ab+b^2=3$,求 $(a^2-a+1)(b^2-b+1)$ 的最小值.

当 $a=b=1$ 时,知 $(a^2-a+1)(b^2-b+1)=1$,于是 $(a^2-a+1)(b^2-b+1)$ 的最小值为 1,从而得到本题等价于:

问题 1　设实数 a,b,c 满足 $a^2+ab+b^2=3$,求证
$$(a^2-a+1)(b^2-b+1) \geqslant 1$$

问题 1 的证明引起了广东广雅中学杨志明老师,四川成都华西中学张云华老师以及网友"关中狂人"的兴趣,他们分别给出了不同的证明.本节介绍问题 1104 的题源,从共性的角度,证明一个局部不等式,应用该式给出相关问题的解答,借助证法 4 的证明过程获得一个新的不等式,并说明其应用.

2. 问题的题源

问题 1 来源于:

问题 2　($Mathematical\ Reflections$ 2(2020) 问题 J514) 设 a,b,c 为非负实数,满足 $(a^2-a+1)(b^2-b+1)(c^2-c+1)=1$,证明
$$(a^2+ab+b^2)(b^2+bc+c^2) \cdot$$
$$(c^2+ca+a^2) \leqslant 27$$

安振平老师给出了问题 2 的一个证明,并提出了一个新的问题:

问题 3 （安振平问题 5545）设 a,b,c 是正实数，$ab+bc+ca=3$，求证

$$\sqrt{a^2-a+1}+\sqrt{b^2-b+1}+\sqrt{c^2-c+1}$$
$$\geq a+b+c$$

证明问题 $1\sim 3$ 的核心步骤是证明下面的局部不等式：

设 a,b,c 是正实数，证明

$$3(a^2-a+1)(b^2-b+1)\geq a^2+ab+b^2 \qquad ①$$

3. 局部不等式 ① 的证明

问题 1 和问题 2 引起了读者广泛的兴趣，产生了多种证法，即给出了式 ① 的多种证明方法.

证法 1 （安振平给出）式 ① 等价于

$$3a^2b^2+2(a^2+ab+b^2)+ab+3$$
$$\geq 3(a^2b+ab^2)+3(a+b) \qquad ②$$

首先证明：设 a,b,c 是正实数，求证

$$a^2+ab+b^2+3\geq 3(a+b) \qquad ③$$

因为

$$3a^2b^2+2(a^2+ab+b^2)+ab+3$$
$$\geq 3(a^2b+ab^2)+3(a+b)$$
$$a^2+ab+b^2+3-3(a+b)$$
$$=a^2+(b-3)a+b^2-3b+3$$
$$=\left(a+\frac{b-3}{2}\right)^2-\left(\frac{b-3}{2}\right)^2+b^2-3b+3$$
$$=\left(a+\frac{b-3}{2}\right)^2+\frac{3}{4}(b-1)^2\geq 0$$

所以式 ③ 成立.

再证：设 a,b,c 是正实数，求证

$$3a^2b^2+a^2+ab+b^2\geq 3(a^2b+ab^2) \qquad ④$$

344

事实上, 式 ④ 代数变形后得到关于 a 的一元二次不等式

$$(3b^2 - 3b + 1)a^2 + (b - 3b^2)a + b^2 \geqslant 0$$

因为

$$3b^2 - 3b + 1 = 3\left(b - \frac{1}{2}\right)^2 + \frac{1}{4} > 0$$

$$\Delta = (b - 3b^2)^2 - 4(3b^2 - 3b + 1)b^2$$
$$= -3b^2(b - 1)^2 \leqslant 0$$

所以式 ④ 成立.

将式 ③ 和 ④ 相加知式 ① 成立.

证法 2　(西班牙 Danicl Lasaosa, Pamplona): 式 ① 等价于

$$(3b^2 - 3b + 2)a^2 - (3b^2 - 2b + 3)a +$$
$$2b^2 - 3b + 3 \geqslant 0 \tag{⑤}$$

因为 $3b^2 - 3b + 2 = 3\left(b - \frac{1}{2}\right)^2 + \frac{5}{4} > 0$, 又式 ⑤

的判别式

$$\Delta = [-(3b^2 - 2b + 3)]^2 -$$
$$4(3b^2 - 3b + 2)(2b^2 - 3b + 3)$$
$$= 9b^4 + 4b^2 + 9 - 12b^3 + 18b^2 - 12b -$$
$$4(6b^4 - 9b^3 + 9b^2 - 6b^3 + 9b^2 - 9b + 4b^2 - 6b + 6)$$
$$= -(15b^4 - 48b^3 + 66b^2 - 48b + 15)$$
$$= -[9(b - 1)^4 + 6(b^2 + 1)(b - 1)^2] \leqslant 0$$

所以式 ⑤ 成立, 从而式 ① 成立.

证法 3　(美国 Polyahelra, Polk 大学) 因为

$$3(a^2 - a + 1) - (a^2 + a + 1) = 2(a - 1)^2 \geqslant 0$$

所以 $3(a^2 - a + 1) \geqslant a^2 + a + 1$. 所以

$$a^4 + a^2 + 1 = (a^2 + a + 1)(a^2 - a + 1)$$
$$\leqslant 3(a^2 - a + 1)^2$$

又由 Cauchy-Schwarz 不等式,知

$$a^2 + ab + b^2 = a^2 \cdot 1 + a \cdot b + 1 \cdot b^2$$
$$\leqslant \sqrt{(a^4 + a^2 + 1)(1 + b^2 + b^4)}$$
$$\leqslant 3(a^2 - a + 1)(b^2 - b + 1)$$

所以式 ① 成立.

证法 4 因为 $2(a^2 - a + 1)^2 - (1 + a^4) = (a - 1)^4 \geqslant 0$,所以 $2(a^2 - a + 1)^2 \geqslant 1 + a^4$.

于是,有 $a^2 - a + 1 \geqslant \sqrt{\dfrac{1 + a^4}{2}}$.同理,有

$$b^2 - b + 1 \geqslant \sqrt{\frac{1 + b^4}{2}}$$

又由 Cauchy-Schwarz 不等式,知

$$(a^2 - a + 1)(b^2 - b + 1) \geqslant \sqrt{\frac{1 + a^4}{2}} \cdot \sqrt{\frac{1 + b^4}{2}}$$

$$= \frac{\sqrt{(1 + a^4)(1 + b^4)}}{2} \geqslant \frac{a^2 + b^2}{2}$$

$$= \frac{3a^2 + 3b^2}{6} = \frac{2(a^2 + b^2) + (a^2 + b^2)}{6}$$

$$\geqslant \frac{2(a^2 + b^2) + 2ab}{6} = \frac{a^2 + b^2 + ab}{3}$$

说明 由证法 4 可以得到式 ① 的加强不等式,即:设正实数 a, b, c,则有

$$(a^2 - a + 1)(b^2 - b + 1) \geqslant \frac{a^2 + b^2}{2} \qquad ⑥$$

由式 ⑥ 可以把问题 2 加强为:

问题 4 a, b, c 为非负实数,满足 $(a^2 - a + 1)(b^2 - b + 1)(c^2 - c + 1) = 1$,证明

$$(a^2 + b^2)(b^2 + c^2)(c^2 + a^2) \leqslant 8 \qquad ⑦$$

应用不等式 ① 除了可以直接证明问题 1,还可以

证明问题 2 和问题 3.

4. 问题 2 的证明

证明　由式 ①,有
$$3(a^2 - a + 1)(b^2 - b + 1) \geqslant a^2 + ab + b^2$$
同理,有
$$3(b^2 - b + 1)(c^2 - c + 1) \geqslant b^2 + bc + c^2$$
$$3(c^2 - c + 1)(a^2 - a + 1) \geqslant c^2 + ca + a^2$$

将上述三式相乘,有
$$27(a^2 - a + 1)^2(b^2 - b + 1)^2(c^2 - c + 1)^2$$
$$\geqslant (a^2 + ab + b^2)(b^2 + bc + c^2)(c^2 + ca + a^2)$$
故
$$(a^2 + ab + b^2)(b^2 + bc + c^2)(c^2 + ca + a^2) \leqslant 27$$

5. 问题 3 的证明

证明　因为
$$4(a^2 + ab + b^2) - 3(a + b)^2 = (a - b)^2 \geqslant 0$$
所以
$$4(a^2 + ab + b^2) \geqslant 3(a + b)^2$$
因为 $ab + bc + ca = 3$,所以
$$(a + b + c)^2 \geqslant 3(ab + bc + ca) = 9$$
有 $a + b + c \geqslant 3$. 于是
$$(\sqrt{a^2 - a + 1} + \sqrt{b^2 - b + 1} + \sqrt{c^2 - c + 1})^2$$
$$= a^2 - a + 1 + b^2 - b + 1 + c^2 - c + 1 +$$
$$2 \sum \sqrt{a^2 - a + 1} \cdot \sqrt{b^2 - b + 1}$$

在近期的数学杂志和网络上出现了一类含有 $(a^2 - a + 1)(b^2 - b + 1)(c^2 - c + 1)$ 的条件不等式的证明题,这里通过证明一个局部不等式,给出此类不等式的统一证明.

命题 1　设 x 为正实数,则有

$$x^2 - x + 1 \geqslant \sqrt{\frac{1+x^4}{2}}$$

证明 因为

$$2(x^2 - x + 1)^2 - (1 + x^4) = (x-1)^4 \geqslant 0$$

所以

$$2(x^2 - x + 1)^2 \geqslant 1 + x^4$$

于是,有 $x^2 - x + 1 \geqslant \sqrt{\dfrac{1+x^4}{2}}$.

例 1 (*Mathematical Reflections* 2(2020) 问题 J514) 设 a,b,c 为非负实数,满足 $(a^2 - a + 1)(b^2 - b + 1)(c^2 - c + 1) = 1$,证明

$$(a^2 + ab + b^2)(b^2 + bc + c^2)(c^2 + ca + a^2) \leqslant 27$$

证明 由上文式 ① 的证法 1 知

$$3(a^2 - a + 1)(b^2 - b + 1) \geqslant a^2 + ab + b^2$$

同理,有

$$3(b^2 - b + 1)(c^2 - c + 1) \geqslant b^2 + bc + c^2$$

$$3(c^2 - c + 1)(a^2 - a + 1) \geqslant c^2 + ca + a^2$$

将上述三式相乘,有

$$27(a^2 - a + 1)^2(b^2 - b + 1)^2(c^2 - c + 1)^2$$
$$\geqslant (a^2 + ab + b^2)(b^2 + bc + c^2)(c^2 + ca + a^2)$$

故

$$(a^2 + ab + b^2)(b^2 + bc + c^2)(c^2 + ca + a^2) \leqslant 27$$

说明 由问题 2 可把例 1 加强为:设 a,b,c 为非负实数,且满足 $(a^2 - a + 1)(b^2 - b + 1)(c^2 - c + 1) = 1$,证明:$(a^2 + b^2)(b^2 + c^2)(c^2 + a^2) \leqslant 8$.

例 2 (安振平问题 5545) 设 a,b,c 是正实数,且满足 $ab + bc + ca = 3$,求证

$$\sqrt{a^2 - a + 1} + \sqrt{b^2 - b + 1} + \sqrt{c^2 - c + 1}$$
$$\geqslant a + b + c$$

证明　因为

$$4(a^2 + ab + b^2) - 3(a+b)^2 = (a-b)^2 \geqslant 0$$

所以

$$4(a^2 + ab + b^2) \geqslant 3(a+b)^2$$

因为 $ab + bc + ca = 3$，所以

$$(a+b+c)^2 \geqslant 3(ab + bc + ca) = 9$$

有 $a + b + c \geqslant 3$.

由例 1 的结论，有

$$(\sqrt{a^2 - a + 1} + \sqrt{b^2 - b + 1} + \sqrt{c^2 - c + 1})^2$$

$$= a^2 - a + 1 + b^2 - b + 1 + c^2 - c + 1 +$$

$$2\sum \sqrt{a^2 - a + 1} \cdot \sqrt{b^2 - b + 1}$$

$$\geqslant a^2 + b^2 + c^2 - a - b - c + 3 + 2\sum \sqrt{\frac{a^2 + ab + b^2}{3}}$$

$$\geqslant a^2 + b^2 + c^2 - a - b -$$

$$c + 3 + \sum \sqrt{\frac{4(a^2 + ab + b^2)}{3}}$$

$$\geqslant a^2 + b^2 + c^2 - a - b - c + 3 + \sum (a+b)$$

$$= a^2 + b^2 + c^2 + 3 + a + b + c \geqslant a^2 + b^2 + c^2 + 6$$

$$= a^2 + b^2 + c^2 + 2(ab + bc + ca) = (a+b+c)^2$$

故

$$\sqrt{a^2 - a + 1} + \sqrt{b^2 - b + 1} + \sqrt{c^2 - c + 1}$$

$$\geqslant a + b + c$$

例 2 的一个变式是：

例 3　已知正实数 $a, b, c, ab + bc + ca = 3$，求证

$$(a^2 - a + 1)(b^2 - b + 1)(c^2 - c + 1) \geqslant 1$$

证明　由问题 2，有

$$(a^2 - a + 1)^2 (b^2 - b + 1)^2 (c^2 - c + 1)^2$$

$$\geqslant \frac{1 + a^4}{2} \cdot \frac{1 + b^4}{2} \cdot \frac{1 + c^4}{2}$$

$$= \frac{1}{8} \sqrt{(1 + a^4)(1 + b^4)} \cdot \sqrt{(1 + b^4)(1 + c^4)} \cdot$$

$$\sqrt{(1 + c^4)(1 + a^4)}$$

$$\geqslant \frac{1}{8} (a^2 + b^2)(b^2 + c^2)(c^2 + a^2)$$

$$\geqslant \frac{(a + b)^2 (b + c)^2 (c + a)^2}{64}$$

所以

$$(a^2 - a + 1)(b^2 - b + 1)(c^2 - c + 1)$$

$$\geqslant \frac{(a + b)(b + c)(c + a)}{8}$$

$$= \frac{(a + b + c)(ab + bc + ca) - abc}{8}$$

$$\geqslant \frac{(a + b + c)(ab + bc + ca) - \dfrac{(a + b + c)(ab + bc + ca)}{9}}{8}$$

$$= \frac{(a + b + c)(ab + bc + ca)}{9} = \frac{a + b + c}{3}$$

因为 $(a + b + c)^2 \geqslant 3(ab + bc + ca) = 9$，所以 $a + b + c \geqslant 3$，于是

$$(a^2 - a + 1)(b^2 - b + 1)(c^2 - c + 1)$$

$$\geqslant \frac{a + b + c}{3} \geqslant 1$$

说明 由问题 2 可把例 3 进行加强，得到：

例 4 （2019 巴尔干数学奥林匹克试题）设 a, b, c 为正实数，满足 $a^2 b^2 + b^2 c^2 + c^2 a^2 = 3$，证明

$$(a^2 - a + 1)(b^2 - b + 1)(c^2 - c + 1) \geqslant 1$$

证明　由例 3 的证明,知

$$(a^2-a+1)^2(b^2-b+1)^2(c^2-c+1)^2$$

$$\geqslant \frac{1}{8}(a^2+b^2)(b^2+c^2)(c^2+a^2)$$

$$\geqslant \frac{1}{9}(a^2+b^2+c^2)(a^2b^2+b^2c^2+c^2a^2)$$

$$=\frac{a^2+b^2+c^2}{3}$$

$$=\frac{\sqrt{(a^2+b^2+c^2)^2}}{3}$$

$$=\frac{\sqrt{a^4+b^4+c^4+2(a^2b^2+b^2c^2+c^2a^2)}}{3}$$

$$\geqslant \frac{\sqrt{3(a^2b^2+b^2c^2+c^2a^2)}}{3}=1$$

例 5　(宋庆老师给出) 设 $a,b,c>0$,求证

$$4(1-a+a^2)(1-b+b^2)(1-c+c^2)$$

$$\geqslant 1+2abc+a^2b^2c^2$$

证明　因为

$$2(a^2-a+1)=(a^2-2a+1)+(a^2+1)\geqslant a^2+1$$

所以 $a^2-a+1\geqslant \dfrac{a^2+1}{2}$.

结合问题 2,有

$$4(a^2-a+1)^3\geqslant (a^4+1)(a^2+1)$$

$$=a^6+a^4+a^2+1\geqslant a^6+2a^3+1$$

$$=(a^3+1)^2$$

同理,有

$$4(b^2-b+1)^3\geqslant (b^3+1)^2$$

$$4(c^2-c+1)^3\geqslant (c^3+1)^2$$

由 Hölder 不等式,有

351

$$4^3(a^2-a+1)^3(b^2-b+1)^3(c^2-c+1)^3$$

$$\geqslant (a^3+1)^2(b^3+1)^2(c^3+1)^2$$

$$\geqslant \left[(\sqrt[3]{a^3b^3c^3}+1)^3 \right]^2 = (abc+1)^6$$

开立方即得

$$4(1-a+a^2)(1-b+b^2)(1-c+c^2)$$

$$\geqslant (abc+1)^2 = 1+2abc+a^2b^2c^2$$

例 6 已知正实数 a,b,c,d,求证

$$(a^2-a+1)(b^2-b+1)(c^2-c+1)(d^2-d+1)$$

$$\geqslant \left(\frac{1+abcd}{2} \right)^2$$

证明 由问题 2,结合 Hölder 不等式有

$$16(a^2-a+1)^2(b^2-b+1)^2(c^2-c+1)^2 \cdot$$

$$(d^2-d+1)^2$$

$$\geqslant (a^4+1)(b^4+1)(c^4+1)(d^4+1)$$

$$\geqslant (1+abcd)^4$$

两边开平方即得.

例 7 (2019 加拿大数学奥林匹克)已知 a,b,c 为正实数,且满足 $a+b+c=ab+bc+ca$,求证

$$\sqrt{(a^2-a+1)(b^2-b+1)(c^2-c+1)} \geqslant \frac{a+b+c}{3}$$

证明 由问题 2,有

$$(a^2-a+1)^2(b^2-b+1)^2(c^2-c+1)^2$$

$$\geqslant \frac{1+a^4}{2} \cdot \frac{1+b^4}{2} \cdot \frac{1+c^4}{2}$$

$$= \frac{1}{8} \sqrt{(1+a^4)(1+b^4)} \cdot \sqrt{(1+b^4)(1+c^4)} \cdot$$

$$\sqrt{(1+c^4)(1+a^4)}$$

$$\geqslant \frac{1}{8}(a^2+b^2)(b^2+c^2)(c^2+a^2)$$

$$\geqslant \frac{(a+b)^2(b+c)^2(c+a)^2}{64}$$

所以

$$(a^2 - a + 1)(b^2 - b + 1)(c^2 - c + 1)$$

$$\geqslant \frac{(a+b)(b+c)(c+a)}{8}$$

$$= \frac{(a+b+c)(ab+bc+ca) - abc}{8}$$

$$\geqslant \frac{(a+b+c)(ab+bc+ca) - \dfrac{(a+b+c)(ab+bc+ca)}{9}}{8}$$

$$= \frac{(a+b+c)(ab+bc+ca)}{9}$$

$$= \frac{(a+b+c)^2}{9}$$

故

$$\sqrt{(a^2 - a + 1)(b^2 - b + 1)(c^2 - c + 1)}$$

$$\geqslant \frac{a+b+c}{3}$$

例 8　（安振平问题 5967）已知 $a,b,c \in \mathbf{R}, a^2 + ab + b^2 \geqslant 3$，证明

$$(a^2 - ac + c^2)(b^2 - bc + c^2) \geqslant c^2$$

证明　因为

$$2(a^2 - ac + c^2)^2 - (a^4 + c^4) = (a-c)^4 \geqslant 0$$

即

$$a^2 - ac + c^2 \geqslant \sqrt{\frac{a^4 + c^4}{2}}$$

同理，有 $b^2 - bc + c^2 \geqslant \sqrt{\dfrac{b^4 + c^4}{2}}$.

因为

$$\frac{a^2 + b^2}{2} = \frac{2(a^2 + b^2) + a^2 + b^2}{6}$$

$$\geqslant \frac{2(a^2 + b^2) + 2ab}{6}$$

$$\geqslant \frac{a^2 + b^2 + ab}{3} \geqslant 1$$

于是,有

$$(a^2 - ac + c^2)(b^2 - bc + c^2)$$

$$\geqslant \sqrt{\frac{a^4 + c^4}{2}} \cdot \sqrt{\frac{b^4 + c^4}{2}}$$

$$\geqslant \frac{a^2 c^2 + b^2 c^2}{2}$$

$$= \frac{(a^2 + b^2)c^2}{2} \geqslant c^2$$

例 9 (2018 瑞士数学奥林匹克) 对于实数 a,b,c,d,求证

$$(a^2 - a + 1)(b^2 - b + 1)(c^2 - c + 1)(d^2 - d + 1)$$

$$\geqslant \frac{9}{16}(a - b)(b - c)(c - d)(d - a)$$

证明 由 Cauchy 不等式,有

$$(a^2 - a + 1)(b^2 - b + 1)$$

$$= \left[\left(a - \frac{1}{2} \right)^2 + \frac{3}{4} \right] \left[\left(\frac{1}{2} - b \right)^2 + \frac{3}{4} \right]$$

$$\geqslant \left[\frac{\sqrt{3}}{2} \left(a - \frac{1}{2} \right) + \frac{\sqrt{3}}{2} \left(\frac{1}{2} - b \right) \right]^2 = \frac{3}{4}(a - b)^2$$

类似地,有

$$(b^2 - b + 1)(c^2 - c + 1) \geqslant \frac{3}{4}(b - c)^2$$

$$(c^2 - c + 1)(d^2 - d + 1) \geqslant \frac{3}{4}(c - d)^2$$

$$(d^2 - d + 1)(a^2 - a + 1) \geqslant \frac{3}{4}(d - a)^2$$

将上述四式相乘,并开平方,有

$$(a^2 - a + 1)(b^2 - b + 1)(c^2 - c + 1)(d^2 - d + 1)$$

$$\geqslant \frac{9}{16} \mid (a - b)(b - c)(c - d)(d - a) \mid$$

$$\geqslant \frac{9}{16}(a - b)(b - c)(c - d)(d - a)$$

例 10 （安振平问题 6154）已知 $a, b, c \geqslant 0, ab + bc + ca = 3$,求证

$$a + b + c \leqslant \sqrt{a^2 - a + 1} + \sqrt{b^2 - b + 1} +$$
$$\sqrt{c^2 - c + 1}$$
$$\leqslant \sqrt{3(a^2 + b^2 + c^2)}$$

证明 左边不等式的证明见文[1],下面证明右边的不等式.

因为 $ab + bc + ca = 3, (a + b + c)^2 \geqslant 3(ab + bc + ca) \geqslant 3$,所以 $a + b + c \geqslant 3$,所以

$$\sqrt{a^2 - a + 1} + \sqrt{b^2 - b + 1} + \sqrt{c^2 - c + 1}$$
$$\leqslant \sqrt{3(a^2 - a + 1 + b^2 - b + 1 + c^2 - c + 1)}$$
$$\leqslant \sqrt{3(a^2 + b^2 + c^2)}$$

例 11 （安振平问题 6155）已知 $a, b > 0, ab = 1$,求证

$$a + b \leqslant \sqrt{a^2 - a + 1} + \sqrt{b^2 - b + 1}$$
$$\leqslant \sqrt{2(a^2 + b^2)}$$

证明 先来看一个引理.

引理[1]:设 x 为正实数,则有

$$x^2 - x + 1 \geqslant \sqrt{\frac{1 + x^4}{2}}$$

先证明左边的不等式. 由引理知

$$(\sqrt{a^2-a+1}+\sqrt{b^2-b+1})^2$$
$$=a^2-a+1+b^2-b+1+$$
$$2\sqrt{(a^2-a+1)(b^2-b+1)}$$
$$\geqslant (a+b)^2-(a+b)+2\sqrt{\sqrt{\frac{a^4+1}{2}}\cdot\sqrt{\frac{b^4+1}{2}}}$$
$$\geqslant (a+b)^2-(a+b)+2\sqrt{\frac{a^2+b^2}{2}}$$
$$\geqslant (a+b)^2-(a+b)+(a+b)=(a+b)^2$$

所以左边不等式成立.

再证右边不等式.

由 Cauchy-Schwarz 不等式，并由 $a+b\geqslant 2\sqrt{ab}=2$，有

$$\sqrt{a^2-a+1}+\sqrt{b^2-b+1}$$
$$\leqslant \sqrt{2(a^2-a+1+b^2-b+1)}$$
$$\leqslant \sqrt{2(a^2+b^2)}$$

故所证得证.

7.3 一个含双参不等式及其
对一类分式不等式的证明

定理 1 设实数 x,y,z 满足 $xy+yz+zx=\lambda(x+y+z)+\mu$，则有

$$(x-k)^2+(y-k)^2+(z-k)^2$$
$$\geqslant 2k^2-2\mu-2\lambda k-\lambda^2 \qquad \text{①}$$

证明

$$(x-k)^2 + (y-k)^2 + (z-k)^2$$
$$= x^2 + y^2 + z^2 - 2k(x+y+z) + 3k^2$$
$$= (x+y+z)^2 - 2(xy+yz+zx) -$$
$$\quad 2k(x+y+z) + 3k^2$$
$$= (x+y+z)^2 - 2\lambda(x+y+z) -$$
$$\quad 2k(x+y+z) + 3k^2 - 2\mu$$
$$= (x+y+z)^2 - 2(\lambda+k)(x+y+z) + 3k^2 - 2\mu$$
$$= (x+y+z-\lambda-k)^2 + 2k^2 - 2\mu - 2\lambda k - \lambda^2$$
$$\geqslant 2k^2 - 2\mu - 2\lambda k - \lambda^2$$

在式 ① 中取 $\lambda=0,\lambda=1,\lambda=-1$，可以得到：

推论 1　设实数 x,y,z 满足 $xy+yz+zx=\mu$，则有

$$(x-k)^2 + (y-k)^2 + (z-k)^2 \geqslant 2k^2 - 2\mu$$

推论 2　设实数 x,y,z 满足 $xy+yz+zx=x+y+z+\mu$，则有

$$(x-k)^2 + (y-k)^2 + (z-k)^2 \geqslant 2k^2 - 2\mu - 2k - 1$$

推论 3　设实数 x,y,z 满足 $xy+yz+zx=-(x+y+z)+\mu$，则有

$$(x-k)^2 + (y-k)^2 + (z-k)^2 \geqslant 2k^2 - 2\mu + 2k - 1$$

下面举例说明定理 1 和三个推论的应用.

例 1　（第 49 届 IMO 第 2 题）(1) 设实数 x,y,z 都不等于 1，且满足 $xyz=1$，求证

$$\frac{x^2}{(x-1)^2} + \frac{y^2}{(y-1)^2} + \frac{z^2}{(z-1)^2} \geqslant 1$$

(2) 证明：存在无穷多组三元有理数组 (x,y,z)，x,y,z 都不等于 1，且 $xyz=1$，使得上述不等式成立.

证明　令 $\dfrac{x}{x-1}=a,\dfrac{y}{y-1}=b,\dfrac{z}{z-1}=c$，则

$x=\dfrac{a}{a-1}, y=\dfrac{b}{b-1}, z=\dfrac{c}{c-1}$. 由

$$xyz=1\Rightarrow abc=(a-1)(b-1)(c-1)$$

$$\Rightarrow ab+bc+ca=a+b+c-1$$

在推论 2 中取 $k=0, \mu=-1$, 得到

$$a^2+b^2+c^2\geqslant 1$$

所以 $\dfrac{x^2}{(x-1)^2}+\dfrac{y^2}{(y-1)^2}+\dfrac{z^2}{(z-1)^2}\geqslant 1$.

例 2 （2004 泰国数学奥林匹克）设 a, b, c 是不同的实数，求证

$$\left(\frac{2a-b}{a-b}\right)^2+\left(\frac{2b-c}{b-c}\right)^2+\left(\frac{2c-a}{c-a}\right)^2\geqslant 5$$

证明 所证不等式等价于

$$\left(\frac{a}{a-b}+1\right)^2+\left(\frac{b}{b-c}+1\right)^2+\left(\frac{c}{c-a}+1\right)^2\geqslant 5$$

令 $x=\dfrac{a}{a-b}, y=\dfrac{b}{b-c}, z=\dfrac{c}{c-a}$, 则

$$(x-1)(y-1)(z-1)=xyz$$

$$\Rightarrow xy+yz+zx=x+y+z-1$$

在推论 2 中取 $k=-1, \mu=-1$, 则

$$(x-1)^2+(y-1)^2+(z-1)^2\geqslant 5$$

故

$$\left(\frac{2a-b}{a-b}\right)^2+\left(\frac{2b-c}{b-c}\right)^2+\left(\frac{2c-a}{c-a}\right)^2\geqslant 5$$

例 3 若 a, b, c 是互不相同的实数，则有

$$\left(\frac{c-a}{a-b}\right)^2+\left(\frac{a-b}{b-c}\right)^2+\left(\frac{b-c}{c-a}\right)^2\geqslant 5$$

证明 令 $x=\dfrac{c-a}{a-b}, y=\dfrac{a-b}{b-c}, z=\dfrac{b-c}{c-a}$, 则

$$xyz=1, (x+1)(y+1)(z+1)=-1$$

$$\Rightarrow xy+yz+zx=-(x+y+z)-3$$

在推论 3 中取 $\mu = -3$, 有 $x^2 + y^2 + z^2 \geqslant 5$. 故

$$\left(\frac{c-a}{a-b}\right)^2 + \left(\frac{a-b}{b-c}\right)^2 + \left(\frac{b-c}{c-a}\right)^2 \geqslant 5$$

例 4　若 a, b, c 是互不相同的实数, 则有

$$\left(\frac{a}{b-c}\right)^2 + \left(\frac{b}{c-a}\right)^2 + \left(\frac{c}{a-b}\right)^2 \geqslant 2$$

证明　令 $x = \dfrac{a}{b-c}, y = \dfrac{b}{c-a}, z = \dfrac{c}{a-b}$, 则

$$(x-1)(y-1)(z-1) = (x+1)(y+1)(z+1)$$
$$\Rightarrow xy + yz + zx = -1$$

在推论 1 中取 $k = 0, \mu = -1$, 得到 $x^2 + y^2 + z^2 \geqslant 2$.

故 $\left(\dfrac{a}{b-c}\right)^2 + \left(\dfrac{b}{c-a}\right)^2 + \left(\dfrac{c}{a-b}\right)^2 \geqslant 2$.

例 5　若 a, b, c 是互不相同的实数, 则有

$$\left(\frac{a+b}{a-b}\right)^2 + \left(\frac{b+c}{b-c}\right)^2 + \left(\frac{c+a}{c-a}\right)^2 \geqslant 2$$

证明　令 $x = \dfrac{a+b}{a-b}, y = \dfrac{b+c}{b-c}, z = \dfrac{c+a}{c-a}$ 则

$$(x-1)(y-1)(z-1) = (x+1)(y+1)(z+1)$$
$$\Rightarrow xy + yz + zx = -1$$

在推论 1 中取 $k = 0, \mu = -1$, 得到 $x^2 + y^2 + z^2 \geqslant 2$. 故

$$\left(\frac{a+b}{a-b}\right)^2 + \left(\frac{b+c}{b-c}\right)^2 + \left(\frac{c+a}{c-a}\right)^2 \geqslant 2$$

例 6　若 a, b, c 是互不相同的实数, 则有

$$\left(\frac{a}{a-b}\right)^2 + \left(\frac{b}{b-c}\right)^2 + \left(\frac{c}{c-a}\right)^2 \geqslant 1$$

证明　令 $x = \dfrac{a}{a-b}, y = \dfrac{b}{b-c}, z = \dfrac{c}{c-a}$ 则

$$(x-1)(y-1)(z-1) = xyz$$
$$\Rightarrow xy + yz + zx = x + y + z - 1$$

在推论 2 中取 $k=0,\mu=-1$,得到 $x^2+y^2+z^2\geqslant 1$.故

$$\left(\frac{a}{a-b}\right)^2+\left(\frac{b}{b-c}\right)^2+\left(\frac{c}{c-a}\right)^2\geqslant 1$$

例 7 设实数 x,y,z 都不等于 1,满足 $xyz=1$,求证:$\dfrac{1}{(x-1)^2}+\dfrac{1}{(y-1)^2}+\dfrac{1}{(z-1)^2}\geqslant 1$.

证明 令 $x=\dfrac{b}{a},y=\dfrac{c}{b},z=\dfrac{a}{c}$,则所证不等式等价于

$$\left(\frac{a}{a-b}\right)^2+\left(\frac{b}{b-c}\right)^2+\left(\frac{c}{c-a}\right)^2\geqslant 1$$

注 例 7 可以看作是第 49 届 IMO 第 2 题的姊妹不等式.

7.4 一类奥林匹克不等式试题的共同背景

通过对一些数学奥林匹克竞赛试题中出现的不等式进行分析,发现一些不等式都有着共同的背景知识,即在 p,q,r 为正实数,且 $p^2+q^2+r^2+2pqr=1$ 的条件下证明某个不等式,经研究得到该条件下的若干性质,据此可以证明一类不等式.

结论 1 设 p,q,r 为正实数,且 $p^2+q^2+r^2+2pqr=1$,则

$$\frac{pq}{r}+\frac{qr}{p}+\frac{pr}{q}\geqslant 2(p^2+q^2+r^2)$$

证明 因为 $p^2+q^2+r^2+2pqr=1$,令

$$p=\sqrt{\frac{ab}{(b+c)(c+a)}}$$

$$q = \sqrt{\frac{bc}{(c+a)(a+b)}}$$

$$r = \sqrt{\frac{ca}{(a+b)(b+c)}}$$

则所证不等式等价于

$$\sum \frac{a}{b+c} \geqslant 2 \sum \frac{ab}{(b+c)(c+a)}$$

$$\Leftrightarrow \sum a(a+b)(a+c) \geqslant 2 \sum ab(a+b)$$

$$\Leftrightarrow \sum a(a-b)(a-c) \geqslant 0$$

最后一式为 Schur 不等式.

例 1　（第 48 届国家集训队测试题）设正实数 u,v,w 满足 $u+v+w+\sqrt{uvw}=4$. 求证

$$\sqrt{\frac{uv}{w}} + \sqrt{\frac{vw}{u}} + \sqrt{\frac{wu}{v}} \geqslant u+v+w$$

证明　令 $u=4p^2$,$v=4q^2$,$w=4r^2$,已知条件变形为 $p^2+q^2+r^2+2pqr=1$,所证不等式等价于 $\frac{pq}{r}+\frac{qr}{p}+\frac{pr}{q} \geqslant 2(p^2+q^2+r^2)$,此即结论 1.

例 2　（1996 越南数学奥林匹克）设正实数 x,y,z 满足 $xy+yz+zx+xyz=4$,求证:$x+y+z \geqslant xy+yz+zx$.

证明　令 $xy=4p^2$,$yz=4q^2$,$zx=4r^2$,则已知条件变形为 $p^2+q^2+r^2+2pqr=1$,所证不等式等价于

$$\frac{pq}{r}+\frac{qr}{p}+\frac{pr}{q} \geqslant 2(p^2+q^2+r^2)$$

此即结论 1.

例 3　设 a,b,c 为正实数,且 $\frac{a}{1+a}+\frac{b}{1+b}+$

$\dfrac{c}{1+c}=1$，求证：$a+b+c \geqslant 2(ab+bc+ca)$.

证明 由已知得 $\dfrac{1}{1+a}+\dfrac{1}{1+b}+\dfrac{1}{1+c}=2$，化简得 $ab+bc+ca+2abc=1$，令 $ab=p^2$，$bc=q^2$，$ca=r^2$，已知条件变形为 $p^2+q^2+r^2+2pqr=1$，所证不等式等价于 $\dfrac{pq}{r}+\dfrac{qr}{p}+\dfrac{pr}{q} \geqslant 2(p^2+q^2+r^2)$，此即结论 1.

结论 2 设 p,q,r 为正实数，且 $p^2+q^2+r^2+2pqr=1$，则 $p+q+r \leqslant \dfrac{3}{2}$.

证明 因为 $p^2+q^2+r^2+2pqr=1$，所以令

$$p=\sqrt{\dfrac{uv}{(v+w)(w+u)}}$$

$$q=\sqrt{\dfrac{vw}{(w+u)(u+v)}}$$

$$r=\sqrt{\dfrac{wu}{(u+v)(v+w)}}$$

所以

$$p+q+r=\sqrt{\dfrac{uv}{(v+w)(w+u)}}+$$

$$\sqrt{\dfrac{vw}{(w+u)(u+v)}}+\sqrt{\dfrac{wu}{(u+v)(v+w)}}$$

$$\leqslant \dfrac{1}{2}\left(\dfrac{v}{v+w}+\dfrac{u}{w+u}+\dfrac{w}{w+u}+\right.$$

$$\left.\dfrac{v}{u+v}+\dfrac{u}{u+v}+\dfrac{w}{w+v}\right)=\dfrac{3}{2}$$

例 4 （2011 全国高中数学联赛加试 B 卷第三题）设 $a,b,c \geqslant 1$，且满足 $abc+2a^2+2b^2+2c^2+ca-cb-$

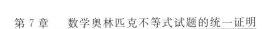

$4a + 4b - c = 28$，求 $a + b + c$ 的最大值.

解　由已知可得

$$(a-1)^2 + (b+1)^2 + c^2 + \frac{1}{2}(a-1)(b+1)c = 16$$

令 $a - 1 = a'$，$b + 1 = b'$，则已知条件变形为 $a'^2 + b'^2 + c^2 + \frac{1}{2}a'b'c = 16$，令 $a' = 4p$，$b' = 4q$，$c = 4r$，则已知条件又变形为

$$p^2 + q^2 + r^2 + 2pqr = 1$$

由结论 2 知 $p + q + r \leqslant \frac{3}{2}$，所以

$$a + b + c = a' + 1 + b' - 1 + c = a' + b' + c =$$
$$4(p + q + r) \leqslant 6$$

故 $a + b + c$ 的最大值是 6.

例 5　（2007 美国国家集训队，2005 伊朗数学奥林匹克试题）设 x, y, z 为正实数，且 $\dfrac{1}{x^2 + 1} + \dfrac{1}{y^2 + 1} + \dfrac{1}{z^2 + 1} = 2$，证明：$xy + yz + zx \leqslant \dfrac{3}{2}$.

证明　已知条件转化为 $x^2y^2 + y^2z^2 + z^2x^2 + 2x^2y^2z^2 = 1$，令 $xy = p$，$yz = q$，$zx = r$，则已知条件变形为 $p^2 + q^2 + r^2 + 2pqr = 1$，所证不等式等价于 $p + q + r \leqslant \dfrac{3}{2}$，此即结论 2.

例 6　（1998 伊朗数学奥林匹克试题）设 $x, y, z \geqslant 1$，且 $\dfrac{1}{x} + \dfrac{1}{y} + \dfrac{1}{z} = 2$，证明

$$\sqrt{x + y + z} \geqslant \sqrt{x - 1} + \sqrt{y - 1} + \sqrt{z - 1}$$

证明　令 $\sqrt{x - 1} = a$，$\sqrt{y - 1} = b$，$\sqrt{z - 1} = c$，结

合 $\dfrac{1}{x}+\dfrac{1}{y}+\dfrac{1}{z}=1$ 得

$$\frac{1}{a^2+1}+\frac{1}{b^2+1}+\frac{1}{c^2+1}=2$$

所证不等式等价于

$$\sqrt{a^2+b^2+c^2+3}\geqslant a+b+c$$

即 $ab+bc+ca\leqslant\dfrac{3}{2}$，此即例 5.

例 7 （第 20 届伊朗数学奥林匹克）设 x,y,z 为正实数，满足 $x^2+y^2+z^2+xyz=4$，证明：$x+y+z\leqslant 3$.

证明 令 $x=2p,y=2q,z=2r$，则 $p^2+q^2+r^2+2pqr=1$，所证不等式等价于 $p+q+r\leqslant\dfrac{3}{2}$，此即结论 2.

结论 3 设 p,q,r 为正实数，且 $p^2+q^2+r^2+2pqr=1$，则

$$p+q+r\geqslant 2(pq+qr+rp)$$

证明 由已知令 $p=\sqrt{\dfrac{xy}{(y+z)(z+x)}}$，$q=\sqrt{\dfrac{yz}{(z+x)(x+y)}}$，$r=\sqrt{\dfrac{zx}{(x+y)(y+z)}}$，则所证不等式等价于

$$\sum\sqrt{\frac{xy}{(y+z)(z+x)}}$$

$$\geqslant 2\sum\sqrt{\frac{xy}{(y+z)(z+x)}\cdot\frac{yz}{(z+x)(x+y)}}$$

$$\Leftrightarrow\sum\sqrt{\frac{y+z}{x}}\geqslant 2\sum\sqrt{\frac{x}{y+z}}$$

$$\Leftrightarrow\sum\sqrt{\frac{y+z}{2x}}\geqslant\sum\sqrt{\frac{2x}{y+z}}$$

$$\Leftrightarrow \sum \left(\sqrt{\frac{y+z}{2x}} - \sqrt{\frac{2x}{y+z}} \right) \geqslant 0$$

$$\Leftrightarrow \sum \left(\frac{y+z-2x}{\sqrt{(y+z)x}} \right) \geqslant 0$$

$$\Leftrightarrow \sum \left(\frac{y-x}{\sqrt{(y+z)x}} + \frac{x-y}{\sqrt{(x+z)y}} \right) \geqslant 0$$

因为

$$\sum \left(\frac{y-x}{\sqrt{(y+z)x}} + \frac{x-y}{\sqrt{(x+z)y}} \right)$$

$$= \sum (x-y) \left[\frac{1}{\sqrt{y(z+x)}} - \frac{1}{\sqrt{x(y+z)}} \right]$$

$$= \sum \frac{z(x-y)^2}{\left[\sqrt{y(z+x)} + \sqrt{x(y+z)} \right] \sqrt{xy(z+x)(z+y)}}$$

$$\geqslant 0$$

所以结论 3 成立.

例 8　（2011 中欧数学奥林匹克试题）设 a,b,c 满足 $\dfrac{a}{a+1} + \dfrac{b}{b+1} + \dfrac{c}{c+1} = 2$，求证

$$\frac{\sqrt{a} + \sqrt{b} + \sqrt{c}}{2} \geqslant \frac{1}{\sqrt{a}} + \frac{1}{\sqrt{b}} + \frac{1}{\sqrt{c}}$$

证明　已知条件可变形为 $abc = a+b+c+2$，即

$$\frac{1}{ab} + \frac{1}{bc} + \frac{1}{ca} + \frac{2}{abc} = 1$$

令 $p^2 = \dfrac{1}{bc}, q^2 = \dfrac{1}{ca}, r^2 = \dfrac{1}{ab}$，则

$$p^2 + q^2 + r^2 + 2pqr = 1$$

且 $a = \dfrac{p}{qr}, b = \dfrac{q}{pr}, c = \dfrac{r}{pq}$.

于是所证不等式等价于

$$\sqrt{\frac{p}{qr}} + \sqrt{\frac{q}{rp}} + \sqrt{\frac{r}{pq}} \geqslant 2\left(\sqrt{\frac{qr}{p}} + \sqrt{\frac{rp}{q}} + \sqrt{\frac{pq}{r}}\right)$$

即 $p+q+r \geqslant 2(pq+qr+rp)$，此即结论 3.

结论 4 设 p,q,r 为正实数，且 $p^2+q^2+r^2+2pqr=1$，则

$$pq+qr+rp \leqslant 2pqr + \frac{1}{2}$$

证明 由已知条件知所证不等式等价于

$$p^2+q^2+r^2+pq+qr+rp \leqslant \frac{3}{2}$$

令 $p = \sqrt{\dfrac{ab}{(b+c)(c+a)}}$, $q = \sqrt{\dfrac{bc}{(c+a)(a+b)}}$,

$r = \sqrt{\dfrac{ca}{(a+b)(b+c)}}$，则所证不等式等价于

$$\frac{ab}{(b+c)(c+a)} + \frac{bc}{(c+a)(a+b)} +$$

$$\frac{ca}{(a+b)(b+c)} + \sum \frac{a}{b+c}\sqrt{\frac{bc}{(c+a)(a+b)}} \leqslant \frac{3}{2}$$

由平均值不等式有

$$\frac{2ab}{(b+c)(c+a)} + \frac{2bc}{(c+a)(a+b)} +$$

$$\frac{2ca}{(a+b)(b+c)} + \sum \frac{2a}{b+c}\sqrt{\frac{bc}{(c+a)(a+b)}}$$

$$\leqslant \frac{2ab}{(b+c)(c+a)} + \frac{2bc}{(c+a)(a+b)} +$$

$$\frac{2ca}{(a+b)(b+c)} + \sum \frac{a}{b+c}\left(\frac{c}{b+a} + \frac{b}{a+c}\right)$$

$$= \sum \frac{2ab+ac+bc}{(b+c)(c+a)} = \sum \frac{(b+c)(c+a)+ab-c^2}{(b+c)(c+a)}$$

$$= 3 + \sum \frac{ab-c^2}{(b+c)(c+a)}$$

$$= 3 + \frac{\sum (a+b)(ab-c^2)}{(b+c)(c+a)(a+b)} = 3$$

所以结论 3 成立.

例 9 (2009 江苏省集训队训练题) 设 $x, y, z > 0, x^2 + y^2 + z^2 + 2xyz = 1.$ 证明

$$\frac{1}{2} + 2xyz \geqslant xy + yz + zx$$

证明 由结论 4 立得.

例 10 (第 30 届美国数学奥林匹克) 设非负数 x, y, z 满足 $x^2 + y^2 + z^2 + xyz = 4,$ 证明:$xy + yz + zx - xyz \leqslant 2.$

证明 令 $x = 2p, y = 2q, z = 2r,$ 则已知变形为 $p^2 + q^2 + r^2 + 2pqr = 1,$ 所证不等式等价于 $pq + qr + rp \leqslant 2pqr + \frac{1}{2},$ 此即结论 4.

结论 5 设 p, q, r 为正实数, 且 $p^2 + q^2 + r^2 + 2pqr = 1,$ 则

$$1 + 4pqr \leqslant p + q + r \leqslant \frac{7}{4} - 2pqr$$

证明 由条件 $p^2 + q^2 + r^2 + 2pqr = 1,$ 可作变换 $p = \cos A, q = \cos B, r = \cos C,$ 这里 A, B, C 为锐角 $\triangle ABC$ 的三个内角, 则所证不等式等价于在锐角 $\triangle ABC$ 中

$$1 + 4\cos A \cdot \cos B \cdot \cos C$$
$$\leqslant \cos A + \cos B + \cos C$$
$$\leqslant \frac{7}{4} - 2\cos A \cdot \cos B \cdot \cos C$$

因为

$$\cos A + \cos B + \cos C \leqslant \frac{3}{2}$$

$$\cos A \cdot \cos B \cdot \cos C \leqslant \frac{1}{8}$$

所以

$$\cos A + \cos B + \cos C + 2\cos A \cdot \cos B \cdot \cos C$$

$$\leqslant \frac{3}{2} + \frac{1}{4} = \frac{7}{4}$$

而 $\cos A + \cos B + \cos C \geqslant 1 + 4\cos A \cdot \cos B \cdot \cos C$ 等价于

$$1 + \frac{r}{R} \geqslant 1 + 4\cos A \cdot \cos B \cdot \cos C$$

（这里 R, r 分别为三角形的外接圆、内切圆半径且

$$\cos A + \cos B + \cos C = 1 + \frac{r}{R}）$$

$$\Leftrightarrow \frac{r}{4R} \geqslant \cos A \cdot \cos B \cdot \cos C$$

$$\Leftrightarrow \sin \frac{A}{2} \cdot \sin \frac{B}{2} \cdot \sin \frac{C}{2}$$

$$\geqslant \cos A \cdot \cos B \cdot \cos C$$

$$\left（因为 \sin \frac{A}{2} \cdot \sin \frac{B}{2} \cdot \sin \frac{C}{2} = \frac{r}{4R}\right）$$

因为

$$\cos A \cdot \cos B = \frac{1}{2}\big[\cos(A+B) + \cos(A-B)\big]$$

$$\leqslant \frac{1}{2}\big[\cos(A+B) + 1\big]$$

$$= \frac{1}{2}(1 - \cos C) = \sin^2 \frac{C}{2}$$

同理,有

$$\cos B \cdot \cos C \leqslant \sin^2 \frac{A}{2}, \cos C \cdot \cos A \leqslant \sin^2 \frac{B}{2}$$

将上述三式相乘有

$$\sin \frac{A}{2} \cdot \sin \frac{B}{2} \cdot \sin \frac{C}{2} \geqslant \cos A \cdot \cos B \cdot \cos C$$

故结论 5 成立.

例 11 （2004 全国高中数学联赛河南省预赛）已知三个正实数 x, y, z 满足 $x + y + z + \frac{1}{2}\sqrt{xyz} = 16$，求证：

(1) $\sqrt{x} + \sqrt{y} + \sqrt{z} + \frac{1}{8}\sqrt{xyz} \leqslant 7$；

(2) $\sqrt{x} + \sqrt{y} + \sqrt{z} \geqslant 4 + \frac{1}{4}\sqrt{xyz}$.

证明 已知条件可以作变换：$x = 16p^2, y = 16q^2, z = 16r^2$，则已知和求证分别变形为：设 p, q, r 为正实数，且 $p^2 + q^2 + r^2 + 2pqr = 1$，求证：

$$1 + 4pqr \leqslant p + q + r \leqslant \frac{7}{4} - 2pqr$$

此即结论 5.

结论 6 正实数 a, b, c 满足 $ab + bc + ca + abc = 4$，对任意实数 k，有

$$a^{2k+1} + b^{2k+1} + c^{2k+1}$$
$$\geqslant a^{k+1}b^{k+1} + b^{k+1}c^{k+1} + c^{k+1}a^{k+1}$$

证明 由 $ab + bc + ca + abc = 4$ 知

$$\frac{1}{a+2} + \frac{1}{b+2} + \frac{1}{c+2} = 1$$

$$\frac{a}{a+2} + \frac{b}{b+2} + \frac{c}{c+2} = 1$$

由 Cauchy 不等式有

$$\sum \frac{a}{a+2} \sum a^{2k+1}(a+2) \geqslant \left(\sum a^{k+1}\right)^2$$

即

$$\sum a^{2k+1}(a+2) \geqslant \left(\sum a^{k+1}\right)^2$$

展开后即得

$$a^{2k+1} + b^{2k+1} + c^{2k+1} \geqslant a^{k+1}b^{k+1} + b^{k+1}c^{k+1} + c^{k+1}a^{k+1}$$

取 $k=4$,有:

推论 1 正实数 a,b,c 满足 $ab + bc + ca + abc = 4$,则有 $a^9 + b^9 + c^9 \geqslant a^5b^5 + b^5c^5 + c^5a^5$.

结论 7 正实数 a,b,c 满足 $ab + bc + ca + abc = 4$,则有

$$a^2b + b^2c + c^2a + a^2 + b^2 + c^2 + 2abc \geqslant 8$$

证明 由已知有 $\dfrac{1}{a+2} + \dfrac{1}{b+2} + \dfrac{1}{c+2} = 1$,所以

$$\sum \frac{1}{2+a} \sum c^2(2+a) \geqslant (a+b+c)^2$$

即

$$\sum c^2(2+a) \geqslant (a+b+c)^2$$

即

$$\sum a^2b + \sum a^2 \geqslant 2\sum ab$$

所以

$$a^2b + b^2c + c^2a + a^2 + b^2 + c^2 + 2abc \geqslant 8$$

结论 8 正实数 a,b,c 满足 $ab + bc + ca + abc = 4$,则有

$$a^7b^8 + b^7c^8 + c^7a^8 \geqslant a^4b^4c^4(a^4 + b^4 + c^4)$$

结论 9 正实数 a,b,c 满足 $a + b + c + 1 \leqslant abc$,对任意实数 x,y,z,有

$$ax^2 + by^2 + cz^2 \geqslant xy + yz + zx$$

证明 因为 $a + b + c + 1 \leqslant abc$,所以 $\dfrac{1}{1+2a} + \dfrac{1}{1+2b} + \dfrac{1}{1+2c} \leqslant 1$,由 Cauchy 不等式,有

370

$$\sum x^2(1+2a)\sum \frac{1}{1+2a} \geqslant (x+y+z)^2$$

因此

$$x^2(1+2a)+y^2(1+2b)+z^2(1+2c)$$
$$\geqslant (x+y+z)^2$$

于是得

$$ax^2+by^2+cz^2 \geqslant xy+yz+zx$$

7.5　一道江苏省集训队不等式
测试题的等价形式及其他

1. 题目及证明

2009 年江苏省集训队有这样一个测试题:设 $x,y,$ $z>0,x^2+y^2+z^2+2xyz=1$. 证明: $\frac{1}{2}+2xyz \geqslant$ $xy+yz+zx$.

证明　注意到在任意三角形中均有恒等式
$$\cos^2 A+\cos^2 B+\cos^2 C+$$
$$2\cos A\cos B\cos C=1 \qquad ①$$

令 $x=\cos A, y=\cos B, z=\cos C$. 这里 A,B,C 为锐角 $\triangle ABC$ 的三个内角,上式等价于

$$1+4\cos A\cos B\cos C$$
$$\geqslant 2(\cos A\cos B+\cos B\cos C+\cos C\cos A) \qquad ②$$

证法 1　(褚小光提供)由余弦定理可以得到上式等价于

$$-\sum a^6+\sum a^5(b+c)+\sum a^4(b^2+c^2)-$$
$$2\sum b^3c^3-abc\sum a^3 \geqslant 0$$

$$\Leftrightarrow (a^2 + b^2 - c^2)(a^2 + c^2 - b^2)(b - c)^2 +$$
$$(a^2 + b^2 - c^2)(b^2 + c^2 - a^2)(c - a)^2 +$$
$$(a^2 + c^2 - b^2)(b^2 + c^2 - a^2)(a - b)^2 \geqslant 0$$

最后一式显然成立,故所证不等式成立.

证法 2 由于式②关于 $\cos A, \cos B, \cos C$ 对称,

不妨设 $\dfrac{\pi}{3} \leqslant A < \dfrac{\pi}{2}$,则

$$2\cos B\cos C$$
$$= \cos(B - C) + \cos(B + C) \leqslant 1 - \cos A$$
$$\cos A\cos B + \cos B\cos C +$$
$$\cos C\cos A - 2\cos A\cos B\cos C$$
$$= \cos A(\cos B + \cos C) + \cos B\cos C(1 - 2\cos A)$$
$$\leqslant \cos A\left(\dfrac{3}{2} - \cos A\right) + \dfrac{1 - \cos A}{2}(1 - 2\cos A)$$
$$= \dfrac{1}{2}\left(\cos A + \cos B + \cos C \leqslant \dfrac{3}{2}\right)$$

故所证不等式成立.

2. 等价形式

设 R, r, s 分别为锐角 $\triangle ABC$ 的外接圆半径、内切圆半径和半周长,注意到在三角形中有恒等式

$$\cos A\cos B + \cos B\cos C + \cos C\cos A$$
$$= \dfrac{s^2 - 4R^2 + r^2}{4R^2}$$
$$\cos A\cos B\cos C = \dfrac{s^2 - (2R + r)^2}{4R^2}$$

于是所证不等式等价于

$$1 + 4 \cdot \dfrac{s^2 - (2R + r)^2}{4R^2} \geqslant 2 \cdot \dfrac{s^2 - 4R^2 + r^2}{4R^2}$$

即 $s^2 \geqslant 2R^2 + 8Rr + 3r^2$.

因此得到锐角三角形中的一个新颖的不等式:

推论 1　设 R, r, s 分别为锐角 $\triangle ABC$ 的外接圆半径、内切圆半径和半周长,则有

$$s^2 \geqslant 2R^2 + 8Rr + 3r^2 \qquad ③$$

由式 ③ 得到

$$2\cos A\cos B\cos C$$
$$= 1 - (\cos^2 A + \cos^2 B + \cos^2 C)$$

代入式 ② 有

$$1 + 2 - 2(\cos^2 A + \cos^2 B + \cos^2 C)$$
$$\geqslant 2(\cos A\cos B + \cos B\cos C + \cos C\cos A)$$
$$\Leftrightarrow (\cos A + \cos B)^2 + (\cos B + \cos C)^2 +$$
$$(\cos C + \cos A)^2 \leqslant 3$$

于是有:

推论 2　若 $\triangle ABC$ 为锐角三角形,则有

$$(\cos A + \cos B)^2 + (\cos B + \cos C)^2 +$$
$$(\cos C + \cos A)^2 \leqslant 3 \qquad ④$$

式 ④ 为《数学通报》2005 年 8 月问题 1569,式 ④ 等价于:

推论 3　若 $\triangle ABC$ 为锐角三角形,则有

$$(\cos A + \cos B + \cos C)^2$$
$$\leqslant \sin^2 A + \sin^2 B + \sin^2 C \qquad ⑤$$

继续研究还能发现:

设锐角 $\triangle ABC$ 的外心为 O,作 $OD \perp BC, OE \perp CA, OF \perp AB$,则有 $OD = R\cos A, OE = R\cos B, OF = R\cos C$,于是有:

推论 4　设锐角 $\triangle ABC$ 的外心为 O, O 到边 BC, CA, AB 的距离分别为 OD, OE, OF,则

$$(OD + OE)^2 + (OF + OE)^2 + (OD + OF)^2 \leqslant 3R^2$$
$$⑥$$

设 $\triangle ABC$ 的旁切圆、外接圆、内切圆半径分别为 r_a, r_b, r_c, R, r，由

$$\cos A = \frac{r_b + r_c - 2R}{2R}$$

$$\cos B = \frac{r_c + r_a - 2R}{2R}$$

$$\cos C = \frac{r_a + r_b - 2R}{2R}$$

和 $r_a + r_b + r_c = 4R + r$ 知

$$\cos B + \cos C = \frac{(r_a + r_b + r_c) + r_a - 4R}{2R}$$

$$= \frac{4R + r + r_a - 4R}{2R}$$

$$= \frac{r + r_a}{2R}$$

同理，有

$$\cos C + \cos A = \frac{r + r_b}{2R}$$

$$\cos A + \cos B = \frac{r + r_c}{2R}$$

于是式 ③ 又等价于：

推论 5 设 $\triangle ABC$ 的旁切圆、外接圆、内切圆半径分别为 r_a, r_b, r_c, R, r，则有

$$(r + r_a)^2 + (r + r_b)^2 + (r + r_c)^2 \leqslant 12R^2 \qquad ⑦$$

由证法一可知式 ① 对任意非钝角三角形都成立. 于是原题可拓展为：

设 $x, y, z \geqslant 0, x^2 + y^2 + z^2 + 2xyz = 1$，则

$$\frac{1}{2} + 2xyz \geqslant xy + yz + zx \qquad ⑧$$

于是式 ② 对任意非钝角三角形都成立.

3. 相关结论及其运用

由换元法的过程还可以得到:

推论 6　设 $x,y,z>0,x^2+y^2+z^2+2xyz=1.$ 则有:

（ⅰ）$xyz\leqslant\dfrac{1}{8}$;

（ⅱ）$x+y+z\leqslant\dfrac{3}{2}$;

（ⅲ）$xy+yz+zx\leqslant\dfrac{3}{4}$;

（ⅳ）$x^2+y^2+z^2\geqslant\dfrac{3}{4}.$

证明十分简单,略.

例 1　（2001 美国数学奥林匹克试题）设 a,b,c 为非负实数,且满足 $a^2+b^2+c^2+abc=4$,求证

$$ab+bc+ca-2abc\leqslant 2$$

证明　令 $a=2x,b=2y,c=2z$,则 $x,y,z\geqslant 0.$ 即为原题.

例 2　（1998 伊朗数学奥林匹克）设 $x,y,z>1$,且满足 $\dfrac{1}{x}+\dfrac{1}{y}+\dfrac{1}{z}=2$,求证

$$\sqrt{x+y+z}\geqslant\sqrt{x-1}+\sqrt{y-1}+\sqrt{z-1}$$

证明　令 $a=\sqrt{x-1},b=\sqrt{y-1},c=\sqrt{z-1}$,则 $\dfrac{1}{x}+\dfrac{1}{y}+\dfrac{1}{z}=2$ 变形为

$$\frac{1}{1+a^2}+\frac{1}{1+b^2}+\frac{1}{1+c^2}=2$$

$$\Leftrightarrow a^2b^2+b^2c^2+c^2a^2+2a^2b^2c^2=1$$

令 $p=ab,q=bc,r=ca$,则上式变形为 $p^2+q^2+r^2+2pqr=1.$ 所证不等式等价于

$$\sqrt{a^2+b^2+c^2+3} \geqslant a+b+c$$

$$\Leftrightarrow ab+bc+ca \leqslant \frac{3}{2}$$

$$\Leftrightarrow p+q+r \leqslant \frac{3}{2}$$

由推论 6（ⅱ）知最后一式显然成立.

注 由例 2 的证明过程可以得到 2007 年美国国家集训队试题：

设 a,b,c 为非负实数,且满足 $\dfrac{1}{a^2+1}+\dfrac{1}{b^2+1}+\dfrac{1}{c^2+1}=2$. 求证：$ab+bc+ca \leqslant \dfrac{3}{2}$.

第 20 届伊朗数学奥林匹克试题：已知 a,b,c 为正实数,证明

$$a^2+b^2+c^2+abc=4 \Rightarrow a+b+c \leqslant 3$$

证明：令 $a=2p,b=2q,c=2r$,则已知条件等价于

$$p^2+q^2+r^2+2pqr=1$$

所证不等式等价于 $p+q+r \leqslant \dfrac{3}{2}$. 此即推论 6（ⅱ）.

若 a,b,c 为正实数,且 $\dfrac{a^2}{a^2+1}+\dfrac{b^2}{b^2+1}+\dfrac{c^2}{c^2+1}=$

1. 求证：$abc \leqslant \dfrac{\sqrt{2}}{4}$.

证明：已知条件可转化为

$$a^2b^2+b^2c^2+c^2a^2+2a^2b^2c^2=1$$

令 $p=ab,q=bc,r=ca$,则上式变形为

$$p^2+q^2+r^2+2pqr=1$$

由推论 6（ⅰ）知 $pqr \leqslant \dfrac{1}{8}$,即 $a^2b^2c^2 \leqslant \dfrac{1}{8}$,所以

$$abc \leqslant \frac{\sqrt{2}}{4}.$$

例 3　（2006 全国高中数学联赛河南省预赛）已知正实数 x,y,z 满足 $x + y + z + \frac{1}{2}\sqrt{xyz} = 1$，求证：

$$\sqrt{x} + \sqrt{y} + \sqrt{z} + \frac{1}{8}\sqrt{xyz} \leqslant 7.$$

证明　令 $x = 16p^2, y = 16q^2, z = 16r^2$，则已知条件转化为 $p^2 + q^2 + r^2 + 2pqr = 1$.

所证不等式等价于 $p + q + r + 2pqr \leqslant \frac{7}{4}$.

由 $p + q + r \leqslant \frac{3}{2}$ 和 $pqr \leqslant \frac{1}{8}$，立知最后一式成立.

7.6　一道第 48 届国家集训队测试题的研究

第 48 届国家集训队测试题有这样一题：

设正实数 u, v, w 满足 $u + v + w + \sqrt{uvw} = 4$. 求证：$\sqrt{\dfrac{uv}{w}} + \sqrt{\dfrac{vw}{u}} + \sqrt{\dfrac{wu}{v}} \geqslant u + v + w$.

1. 证明

证明　在已知条件中作变换 $u = 4pq, v = 4qr$，$w = 4rp$，则已知和所证分别变形为：

已知 $pq + qr + rp + 2pqr = 1$，求证：$p + q + r \geqslant 2(pq + qr + rp)$.

已知可作变换 $p = \dfrac{a}{b+c}, q = \dfrac{b}{c+a}, r = \dfrac{c}{a+b}$ 这是因为：$1 + p = \dfrac{a+b+c}{b+c}$，$\dfrac{1}{1+p} = \dfrac{b+c}{a+b+c}$，$\dfrac{p}{1+p} = $

$$\frac{a}{a+b+c}.$$

同理,有 $\dfrac{q}{1+q}=\dfrac{b}{a+b+c}$,$\dfrac{r}{1+r}=\dfrac{c}{a+b+c}$,所以

$$\frac{p}{1+p}+\frac{q}{1+q}+\frac{r}{1+r}=1$$

化简即得 $pq+qr+rp+2pqr=1.$ 于是所证不等式等价于

$$\frac{a}{b+c}+\frac{b}{c+a}+\frac{c}{a+b}$$

$$\geqslant 2\left[\frac{ab}{(b+c)(c+a)}+\frac{bc}{(c+a)(a+b)}+\right.$$

$$\left.\frac{ca}{(a+b)(b+c)}\right]$$

上式等价于

$$\sum a(a+b)(a+c)\geqslant 2\sum ab(a+b)$$

$$\Leftrightarrow \sum a^3+\sum a(ab+bc+ca)$$

$$\geqslant 2\sum ab(a+b+c)-6abc$$

$$\Leftrightarrow \sum a^3+6abc\geqslant \sum a\sum ab$$

$$\Leftrightarrow \sum a(a-b)(a-c)\geqslant 0$$

最后一式为 Schur 不等式,故所证不等式成立.

说明　本题的一个等价形式为 1996 年越南数学奥林匹克试题[1]:

设正实数 x,y,z 满足 $xy+yz+zx+xyz=4$,求证:$x+y+z\geqslant xy+yz+zx$.

2. 由一个条件等式得到的不等式

设 x,y,z 为正实数,满足 $xy+yz+zx+2xyz=1$,我们可以得到下面的不等式.

结论 1　设 x, y, z 为正实数,满足 $xy + yz + zx + 2xyz = 1$,则

$$x + y + z \geqslant 2(xy + yz + zx) \geqslant \frac{3}{2}$$

证明　由已知得

$$1 - 2xyz = xy + yz + zx \geqslant 3\sqrt[3]{x^2 y^2 z^2}$$

则 $1 - 2t^3 \geqslant 3t^2$,所以 $(t+1)^2(2t-1) \leqslant 0$,所以 $t \leqslant \frac{1}{2}$,

所以 $xyz \leqslant \frac{1}{8}$. 所以

$$xy + yz + zx \geqslant 1 - 2 \times \frac{1}{8} = \frac{3}{4}$$

由所作变换知 $x + y + z \geqslant 2(xy + yz + zx) \geqslant \frac{3}{2}$

例 1　(2009 越南数学奥林匹克)已知 $a, b, c > 0$,

且 $k \geqslant \dfrac{\sqrt{5}-1}{4}$ 或 $k \leqslant \dfrac{-1-\sqrt{5}}{4}$,证明

$$\left(k + \frac{a}{b+c}\right)\left(k + \frac{b}{c+a}\right)\left(k + \frac{c}{a+b}\right)$$

$$\geqslant \left(k + \frac{1}{2}\right)^3$$

证明　令 $x = \dfrac{a}{b+c}, y = \dfrac{b}{c+a}, z = \dfrac{c}{a+b}$,则

$$xy + yz + zx + 2xyz = 1$$

由结论 1 知

左边 $= (k+x)(k+y)(k+z)$

$= k^3 + k^2(x+y+z) + k(xy+yz+zx) + xyz$

$\geqslant k^3 + 2k^2(xy+yz+zx) + k(xy+yz+zx) +$

$\qquad \dfrac{1}{2} - \dfrac{1}{2}(xy+yz+zx)$

$$= k^3 + \left(2k^2 + k - \frac{1}{2}\right)(xy + yz + zx) + \frac{1}{2}$$

$$\geqslant k^3 + \frac{3}{4}\left(2k^2 + k - \frac{1}{2}\right) + \frac{1}{2}$$

$$= \left(k + \frac{1}{2}\right)^3$$

（因为 $k \geqslant \dfrac{\sqrt{5}-1}{4}$ 或 $k \leqslant \dfrac{-1-\sqrt{5}}{4}$，所以 $2k^2 + k - \dfrac{1}{2} > 0$）.

所以所证不等式成立.

例 2 设 x, y, z 为正实数，且 $x + y + z + \sqrt{xyz} = 4$，证明

$$\frac{x^2}{4+x} + \frac{y^2}{4+y} + \frac{z^2}{4+z} \geqslant \frac{3}{5}$$

证明 由已知令 $x = 4pq, y = 4qr, z = 4rp$，则已知变形为 $pq + qr + rp + 2pqr = 1$，所证不等式由权方和不等式有

$$\frac{x^2}{4+x} + \frac{y^2}{4+y} + \frac{z^2}{4+z} \geqslant \frac{(x+y+z)^2}{4+x+4+y+4+z}$$

$$= \frac{(x+y+z)^2}{12+x+y+z}$$

于是只需证明 $\dfrac{(x+y+z)^2}{12+x+y+z} \geqslant \dfrac{3}{5}$，即只需证 $x + y + z \geqslant 3$，等价于 $pq + qr + rp \geqslant \dfrac{3}{4}$，此为结论 1.

结论 2 设 x, y, z 为正实数，满足 $xy + yz + zx + 2xyz = 1$，则 $\sqrt{xy} + \sqrt{yz} + \sqrt{zx} \leqslant \dfrac{3}{2}$.

证明 令 $x = \dfrac{a}{b+c}, y = \dfrac{b}{c+a}, z = \dfrac{c}{a+b}$，则所证

不等式等价于

$$\sum \sqrt{\frac{ab}{(a+c)(b+c)}} \leqslant \frac{3}{2}$$

由基本不等式有

$$\sqrt{\frac{ab}{(a+c)(b+c)}} \leqslant \frac{1}{2}\left(\frac{a}{a+c} + \frac{b}{b+c}\right)$$

$$\sqrt{\frac{bc}{(b+a)(c+a)}} \leqslant \frac{1}{2}\left(\frac{b}{b+a} + \frac{c}{c+a}\right)$$

$$\sqrt{\frac{ca}{(a+b)(c+b)}} \leqslant \frac{1}{2}\left(\frac{c}{c+b} + \frac{a}{a+b}\right)$$

将上述三式相加,即得.

例 3　(2007 美国国家集训队,2005 伊朗数学奥林匹克试题) 设 x,y,z 为正实数,且 $\dfrac{1}{x^2+1} + \dfrac{1}{y^2+1} + \dfrac{1}{z^2+1} = 2$,证明:$xy + yz + zx \leqslant \dfrac{3}{2}$.

证明　已知条件可转化为 $x^2 y^2 + y^2 z^2 + z^2 x^2 + 2x^2 y^2 z^2 = 1$,令 $x^2 y^2 = uv, y^2 z^2 = vw, z^2 x^2 = wu$,则 $xy = \sqrt{uv}, yz = \sqrt{vw}, zx = \sqrt{wu}$,原题等价于:设 u,v,w 为正实数,且 $uv + vw + wu + 2uvw = 1$,证明:$\sqrt{uv} + \sqrt{vw} + \sqrt{wu} \leqslant \dfrac{3}{2}$,此即结论 2.

例 4　(1998 伊朗数学奥林匹克试题) 设 $x,y,z \geqslant 1$,且 $\dfrac{1}{x} + \dfrac{1}{y} + \dfrac{1}{z} = 1$,证明

$$\sqrt{x+y+z} \geqslant \sqrt{x-1} + \sqrt{y-1} + \sqrt{z-1}$$

证明　令 $\sqrt{x-1} = a, \sqrt{y-1} = b, \sqrt{z-1} = c$,结合 $\dfrac{1}{x} + \dfrac{1}{y} + \dfrac{1}{z} = 1$,得 $\dfrac{1}{a^2+1} + \dfrac{1}{b^2+1} + \dfrac{1}{c^2+1} = 2$,所

证不等式等价于 $\sqrt{a^2+b^2+c^2+3} \geqslant a+b+c$，即 $ab+bc+ca \leqslant \dfrac{3}{2}$，此即结论 2.

例 5 （第 20 届伊朗数学奥林匹克）设 x,y,z 为正实数，满足 $x^2+y^2+z^2+xyz=4$，证明：$x+y+z \leqslant 3$.

证明 令 $x^2 y^2=4uv$，$y^2 z^2=4vw$，$z^2 x^2=4wu$，则 $xy=2\sqrt{uv}$，$yz=2\sqrt{vw}$，$zx=2\sqrt{wu}$，所证不等式等价于：$\sqrt{uv}+\sqrt{vw}+\sqrt{wu} \leqslant \dfrac{3}{2}$，此即结论 2.

例 6 （文[1]新题 1）设 x,y,z 为正实数，且 $xyz=x+y+z+2$，证明：$2(\sqrt{x}+\sqrt{y}+\sqrt{z}) \leqslant 3\sqrt{xyz}$.

证明 已知不等式变形为 $\dfrac{1}{xy}+\dfrac{1}{yz}+\dfrac{1}{zx}+\dfrac{2}{xyz}=1$，令 $\dfrac{1}{xy}=pq$，$\dfrac{1}{yz}=qr$，$\dfrac{1}{zx}=rp$，则 $x=\dfrac{1}{p}$，$y=\dfrac{1}{q}$，$z=\dfrac{1}{r}$，已知条件变为 $pq+qr+rp+2pqr=1$，于是所证不等式等价于 $2\left(\sqrt{\dfrac{1}{p}}+\sqrt{\dfrac{1}{q}}+\sqrt{\dfrac{1}{r}}\right) \leqslant 3\sqrt{\dfrac{1}{pqr}} \Leftrightarrow \sqrt{pq}+\sqrt{qr}+\sqrt{rp} \leqslant \dfrac{3}{2}$. 此即结论 2.

结论 3 设 x,y,z 为正实数，满足 $xy+yz+zx+2xyz=1$，则

$$xy+yz+zx+\sqrt{xyz}(\sqrt{x}+\sqrt{y}+\sqrt{z}) \leqslant \dfrac{3}{2}$$

证明 令 $x=\dfrac{a}{b+c}$，$y=\dfrac{b}{c+a}$，$z=\dfrac{c}{a+b}$，则结论 3 等价于

$$\frac{ab}{(b+c)(c+a)}+\frac{bc}{(c+a)(a+b)}+\frac{ca}{(a+b)(b+c)}+$$

$$\sum\frac{a}{b+c}\sqrt{\frac{bc}{(c+a)(a+b)}}\leqslant\frac{3}{2}$$

由平均值不等式有

$$\frac{2ab}{(b+c)(c+a)}+\frac{2bc}{(c+a)(a+b)}+$$

$$\frac{2ca}{(a+b)(b+c)}+\sum\frac{2a}{b+c}\sqrt{\frac{bc}{(c+a)(a+b)}}$$

$$\leqslant\frac{2ab}{(b+c)(c+a)}+\frac{2bc}{(c+a)(a+b)}+$$

$$\frac{2ca}{(a+b)(b+c)}+\sum\frac{a}{b+c}\Big(\frac{c}{c+a}+\frac{b}{a+b}\Big)$$

$$=\sum\frac{2ab+ac+bc}{(b+c)(c+a)}=\sum\frac{(b+c)(c+a)+ab-c^2}{(b+c)(c+a)}$$

$$=3+\sum\frac{ab-c^2}{(b+c)(c+a)}$$

$$=3+\frac{\sum(a+b)(ab-c^2)}{(b+c)(c+a)(a+b)}=3$$

所以结论 3 成立.

例 7（2009 江苏省集训队训练题）设 $x,y,z>0,x^2+y^2+z^2+2xyz=1$.证明

$$\frac{1}{2}+2xyz\geqslant xy+yz+zx$$

证明   令 $x^2=pq,y^2=qr,z^2=rp$，则 $pq+qr+rp+2pqr=1$,所证不等式等价于

$$\sqrt{pqr}(\sqrt{p}+\sqrt{q}+\sqrt{r})\leqslant\frac{1}{2}+2pqr$$

由已知得 $pq+qr+rp=1-2pqr$ 和结论 3,有

$$\sqrt{pqr}\left(\sqrt{p}+\sqrt{q}+\sqrt{r}\right) \leqslant \frac{3}{2}-\left(pq+qr+rp\right)$$

$$=\frac{3}{2}-\left(1-2pqr\right)=\frac{1}{2}+2pqr$$

例 8 （第 30 届美国数学奥林匹克）设非负数 x, y,z 满足 $x^2+y^2+z^2+xyz=4$，证明：$xy+yz+zx-xyz \leqslant 2$.

证明 令 $x^2=4pq$，$y^2=4qr$，$z^2=4rp$，则 $pq+qr+rp+2pqr=1$，所证不等式等价于

$$4\sqrt{pqr}\left(\sqrt{p}+\sqrt{q}+\sqrt{r}\right)-8pqr \leqslant 2$$

$$\Leftrightarrow \sqrt{pqr}\left(\sqrt{p}+\sqrt{q}+\sqrt{r}\right)-2pqr \leqslant \frac{1}{2}$$

$$\Leftrightarrow \sqrt{pqr}\left(\sqrt{p}+\sqrt{q}+\sqrt{r}\right) \leqslant \frac{1}{2}+2pqr$$

此即为结论 3.

例 9 设 x,y,z 为正实数，且 $\dfrac{1}{x^2+1}+\dfrac{1}{y^2+1}+\dfrac{1}{z^2+1}=2$，求证

$$x+y+z \leqslant \frac{1}{2xyz}+2xyz$$

证明 由已知得

$$x^2y^2+y^2z^2+z^2x^2+2x^2y^2z^2=1$$

令 $x^2y^2=uv$，$y^2z^2=vw$，$z^2x^2=wu$，则 $x=\sqrt{u}$，$y=\sqrt{v}$，$z=\sqrt{w}$，所证不等式等价于设 u,v,w 为正实数，且 $uv+vw+wu+2uvw=1$，求证：$\sqrt{uvw}\left(\sqrt{u}+\sqrt{v}+\sqrt{w}\right) \leqslant \dfrac{1}{2}+2uvw$. 此为结论 3.

结论 4 设 x,y,z 为正实数，且满足 $xy+yz+zx+2xyz=1$，则

$$xy + yz + zx + \sqrt{xyz}(\sqrt{x} + \sqrt{y} + \sqrt{z})$$
$$\geqslant \sqrt{xy} + \sqrt{yz} + \sqrt{zx}$$

证明　由已知,作变换 $x \to \dfrac{x}{y+z}, y \to \dfrac{y}{z+x}$,

$z \to \dfrac{z}{x+y}$,则所证不等式等价于

$$\sum \frac{xy}{(y+z)(z+x)} +$$
$$\sqrt{\frac{xyz}{(x+y)(y+z)(z+x)}} \sum \sqrt{\frac{x}{y+z}}$$
$$\geqslant \sum \sqrt{\frac{xy}{(y+z)(z+x)}}$$

设 a,b,c 为 $\triangle ABC$ 的三边长,$p = \dfrac{1}{2}(a+b+c)$,

R, r 分别为 $\triangle ABC$ 的外接圆、内切圆半径,作变换 $x = p - a, y = p - b, z = p - c$,则 $a = y+z, b = z+x, c = x+y$. 上式等价于

$$\sum \frac{(p-b)(p-c)}{bc} + \sum \sqrt{\frac{(p-b)(p-c)}{bc}} \cdot$$
$$\sqrt{\frac{(p-c)(p-a)}{ca}} \geqslant \sum \sqrt{\frac{(p-c)(p-a)}{ca}}$$

$$\Leftrightarrow \sum \sin^2 \frac{A}{2} + \sum \sin \frac{A}{2} \sin \frac{B}{2} \geqslant \sum \sin \frac{A}{2}$$

$$\Leftrightarrow 2 \sum \sin^2 \frac{A}{2} + 2 \sum \sin \frac{A}{2} \sin \frac{B}{2} \geqslant 2 \sum \sin \frac{A}{2}$$

$$\Leftrightarrow \sum \sin^2 \frac{A}{2} + 2 \sum \sin \frac{A}{2} \sin \frac{B}{2} -$$
$$2 \sum \sin \frac{A}{2} + 1 \geqslant 1 - \sum \sin^2 \frac{A}{2}$$

$$\Leftrightarrow \left(\sum \sin \frac{A}{2} - 1\right)^2 \geqslant \frac{r}{2R} \Leftrightarrow \sum \sin \frac{A}{2} \geqslant 1 + \sqrt{\frac{r}{2R}}$$

最后一式为一个已知的不等式,见文[2],故结论 6 得证.

结论 5 设 x, y, z 为正实数,满足 $xy + yz + zx + 2xyz = 1$,则 $\dfrac{1}{4x+1} + \dfrac{1}{4y+1} + \dfrac{1}{4z+1} \geqslant 1$.

证明 令 $x = \dfrac{a}{b+c}, y = \dfrac{b}{c+a}, z = \dfrac{c}{a+b}$,则上式等价于

$$\frac{b+c}{4a+b+c} + \frac{c+a}{4b+c+a} + \frac{a+b}{4c+a+b}$$

$$= \sum \frac{(b+c)^2}{(b+c)(4a+b+c)}$$

由权方和不等式有

$$\sum \frac{(b+c)^2}{(b+c)(4a+b+c)}$$

$$\geqslant \frac{(b+c+c+a+a+b)^2}{\sum(b+c)(4a+b+c)} = \frac{4(a+b+c)^2}{\sum(b+c)^2 + 8\sum ab}$$

$$= \frac{4(a+b+c)^2}{2\sum a^2 + 10\sum ab} = \frac{2(a+b+c)^2}{\sum a^2 + 5\sum ab}$$

$$= \frac{2\sum a^2 + 4\sum ab}{\sum a^2 + 5\sum ab} \geqslant 1$$

说明 结论 5 实际为 2005 年摩洛哥数学奥林匹克试题,由此可以证明:

例 10 (2004 地中海地区数学奥林匹克试题)设 x, y, z 为正实数,满足 $xy + yz + zx + 2xyz = 1$,证明: $2(x+y+z) + 1 \geqslant 32xyz$.

证明 将结论 5 变形即得.

数学奥林匹克不等式问题的研究方法

8.1　数学奥林匹克试题的加强

本章给出几个国际数学奥林匹克不等式问题的加强.

例 1　（美国大学生数学竞赛）给定正实数 a,b,c,d，证明

$$\frac{a^3+b^3+c^3}{a+b+c}+\frac{b^3+c^3+d^3}{b+c+d}+$$

$$\frac{c^3+d^3+a^3}{c+d+a}+\frac{d^3+a^3+b^3}{d+a+b}$$

$$\geqslant a^2+b^2+c^2+d^2 \qquad ①$$

上式可加强为

$$\frac{a^3+b^3+c^3}{a+b+c}+\frac{b^3+c^3+d^3}{b+c+d}+$$

$$\frac{c^3+d^3+a^3}{c+d+a}+\frac{d^3+a^3+b^3}{d+a+b}$$

$$\geqslant a^2+b^2+c^2+d^2+$$

$$\frac{2}{9}\big[(a-b)^2+(a-c)^2+(a-d)^2+$$

$$(b-c)^2+(b-d)^2+(c-d)^2\big] \qquad ②$$

下面把式 ② 再加强为

$$\frac{a^3+b^3+c^3}{a+b+c}+\frac{b^3+c^3+d^3}{b+c+d}+\frac{c^3+d^3+a^3}{c+d+a}+$$

$$\frac{d^3+a^3+b^3}{d+a+b}\geqslant a^2+b^2+c^2+d^2+$$

$$\frac{1}{3}\big[(a-b)^2+(a-c)^2+(a-d)^2+$$

$$(b-c)^2+(b-d)^2+(c-d)^2\big] \qquad ③$$

引理 1 设 x,y,z 为非负数,则有

$$2\sum x(\sum x^2)+9xyz\geqslant(\sum x)^3$$

证明 由立方公式,知

$$\sum a^3=\sum a(\sum a^2-\sum ab)+3abc$$

于是

$$\frac{\sum a^3}{\sum a}=\sum a^2-\sum ab+\frac{3abc}{\sum a}$$

又由已知 $9abc\geqslant(\sum a)^3-2\sum a(\sum a^2)$,所以

$$\frac{3abc}{a+b+c}\geqslant\frac{1}{3}(\sum a)^2-\frac{2}{3}\sum a^2,\text{而}$$

$$\frac{\sum a^3}{\sum a}\geqslant\sum a^2-\sum ab+\frac{1}{3}(\sum a)^2-\frac{2}{3}\sum a^2$$

$$=\frac{1}{3}\sum a^2-\sum ab+\frac{1}{3}(\sum a^2+2\sum ab)$$

$$=\frac{2}{3}\sum a^2-\frac{1}{3}\sum ab$$

$$=\frac{1}{3}\sum a^2+\frac{1}{6}(2\sum a^2-2\sum ab)$$

$$=\frac{1}{3}(a^2+b^2+c^2)+$$

$$\frac{1}{6}\left[(a-b)^2+(b-c)^2+(c-a)^2\right]$$

即

$$\frac{a^3+b^3+c^3}{a+b+c} \geqslant \frac{1}{3}(a^2+b^2+c^2)+$$

$$\frac{1}{6}\left[(a-b)^2+(b-c)^2+(c-a)^2\right]$$

同理,有

$$\frac{b^3+c^3+d^3}{b+c+d}$$

$$\geqslant \frac{1}{3}(b^2+c^2+d^2)+$$

$$\frac{1}{6}\left[(b-c)^2+(b-d)^2+(c-d)^2\right]$$

$$\frac{c^3+d^3+a^3}{c+d+a}$$

$$\geqslant \frac{1}{3}(c^2+d^2+a^2)+$$

$$\frac{1}{6}\left[(c-d)^2+(d-a)^2+(c-a)^2\right]$$

$$\frac{d^3+a^3+b^3}{d+a+b}$$

$$\geqslant \frac{1}{3}(d^2+a^2+b^2)+$$

$$\frac{1}{6}\left[(d-a)^2+(a-b)^2+(d-b)^2\right]$$

将上述四式相加立知式 ② 成立.

例 2　(2006 第三届东南地区数学奥林匹克试题改编)求证:对于满足条件 $a+b+c=1$ 的任意正实数 a,b,c 都有

$$27(a^3+b^3+c^3) \geqslant 6(a^2+b^2+c^2)+1 \qquad ①$$

加强为

$$27(a^3 + b^3 + c^3) + 1 \geqslant 12(a^2 + b^2 + c^2) \qquad ②$$

证明 式 ② 等价于

$$27\sum a^3 + (\sum a)^3 \geqslant 12(\sum a^2)(\sum a)$$

因为

$$(\sum a)^3 = \sum a^3 + 3\sum ab(a+b) + 6abc$$

$$(\sum a^2)(\sum a) = \sum a^3 + \sum ab(a+b)$$

于是上式等价于

$$27\sum a^3 + \sum a^3 + 3\sum ab(a+b) + 6abc$$

$$\geqslant 12\sum a^3 + 12\sum ab(a+b)$$

$$\Leftrightarrow 16\sum a^3 + 6abc \geqslant 9\sum ab(a+b) \qquad ③$$

由 Schur 不等式知 $\sum a^3 \geqslant \sum ab(a+b) - 3abc$，故要证式 ③ 只需证

$$16\sum ab(a+b) - 48abc + 6abc \geqslant 9\sum ab(a+b)$$

$$\Leftrightarrow \sum ab(a+b) \geqslant 6abc \Leftrightarrow \sum(a^2+b^2)c \geqslant 6abc$$

最后一式显然成立，故式 ② 成立. 因为

$$12(a^2 + b^2 + c^2) - 1 \geqslant 6(a^2 + b^2 + c^2) + 1$$

$$\Leftrightarrow 3(a^2 + b^2 + c^2) \geqslant 1$$

$$\Leftrightarrow (1+1+1)(a^2 + b^2 + c^2) \geqslant (a+b+c)^2$$

由 Cauchy 不等式知上式成立，故式 ② 是式 ① 的加强.

例 3 (2007 希腊数学奥林匹克) 设 a, b, c 为一个三角形的三边长，求证

$$\frac{(c+a-b)^4}{a(a+b-c)} + \frac{(a+b-c)^4}{b(b+c-a)} +$$

$$\frac{(b+c-a)^4}{c(c+a-b)} \geqslant ab+bc+ca \qquad ①$$

可加强为

$$\frac{(c+a-b)^4}{a(a+b-c)} + \frac{(a+b-c)^4}{b(b+c-a)} +$$

$$\frac{(b+c-a)^4}{c(c+a-b)} \geqslant a^2+b^2+c^2 \qquad ②$$

证明　由权方和不等式知

$$\frac{(c+a-b)^4}{a(a+b-c)} + \frac{(a+b-c)^4}{b(b+c-a)} + \frac{(b+c-a)^4}{c(c+a-b)}$$

$$\geqslant \frac{\left[(c+a-b)^2+(a+b-c)^2+(b+c-a)^2\right]^2}{a(a+b-c)+b(b+c-a)+c(c+a-b)}$$

$$= \frac{(3a^2+3b^2+3c^2-2ab-2bc-2ca)^2}{a^2+b^2+c^2}$$

$$\geqslant \frac{(a^2+b^2+c^2)^2}{a^2+b^2+c^2}$$

$$= a^2+b^2+c^2$$

由 $a^2+b^2+c^2 \geqslant ab+bc+ca$ 知式 ② 是式 ① 的加强.

例 4　(2004 第 16 届亚太地区数学奥林匹克)证明:对任意正实数 a,b,c 均有

$$(a^2+2)(b^2+2)(c^2+2) \geqslant 9(ab+bc+ca) \qquad ①$$

可加强为

$$(a^2+2)(b^2+2)(c^2+2) \geqslant 3(a+b+c)^2 \qquad ②$$

证明　先证:对任意正实数 a,b,c,有

$$(a^2+2)(b^2+2) \geqslant \frac{3}{2}\left[(a+b)^2+2\right]$$

$$\Leftrightarrow 2(a^2b^2+2a^2+2b^2+4) \geqslant 3(a^2+b^2+2ab+2)$$

$$\Leftrightarrow 2a^2b^2+a^2+b^2-6ab+2 \geqslant 0$$

$$\Leftrightarrow 2(ab-1)^2+(a-b)^2 \geqslant 0 \qquad ③$$

上式显然成立，故式 ② 得证. 又由 Cauchy 不等式有

$$(a^2 + 2)(b^2 + 2)(c^2 + 2)$$

$$\geqslant \frac{3}{2}\big[(a+b)^2 + 2\big](c^2 + 2)$$

$$\geqslant \frac{3}{2}\big[\sqrt{2}(a+b) + \sqrt{2}c\big]^2 = 3(a+b+c)^2$$

由 $(a+b+c)^2 \geqslant 3(ab+bc+ca)$ 知式 ② 是式 ① 的加强.

例 5 （2005 第 18 届爱尔兰数学奥林匹克）设 a, b, c 是非负实数，证明

$$\frac{1}{3}\big[(a-b)^2 + (b-c)^2 + (c-a)^2\big]$$

$$\leqslant a^2 + b^2 + c^2 - 3\sqrt[3]{a^2 b^2 c^2}$$

$$\leqslant (a-b)^2 + (b-c)^2 + (c-a)^2$$

可加强为

$$\frac{1}{2}\big[(a-b)^2 + (b-c)^2 + (c-a)^2\big]$$

$$\leqslant a^2 + b^2 + c^2 - 3\sqrt[3]{a^2 b^2 c^2}$$

$$\leqslant (a-b)^2 + (b-c)^2 + (c-a)^2$$

证明 由于 $a^2 + b^2 + c^2 - 3\sqrt[3]{a^2 b^2 c^2} \geqslant 0$，所以

$$\frac{1}{2}\big[(a-b)^2 + (b-c)^2 + (c-a)^2\big]$$

$$= a^2 + b^2 + c^2 - ab - bc - ca$$

$$\leqslant a^2 + b^2 + c^2 - 3\sqrt[3]{a^2 b^2 c^2}$$

又由引理 1 知 $\sum x^3 + xyz = \sum (x^2 y + xy^2)$，令

$$x = \sqrt[3]{a^2}, y = \sqrt[3]{b^2}, z = \sqrt[3]{c^2}$$

则

$$\sum a^2 + 3\sqrt[3]{a^2 b^2 c^2} \geqslant \sum (\sqrt[3]{a^4 b^2} + \sqrt[3]{a^2 b^4})$$

$$(a-b)^2 + (b-c)^2 + (c-a)^2 -$$

$$(a^2 + b^2 + c^2 - 3\sqrt[3]{a^2 b^2 c^2})$$

$$= \sum a^2 + 3\sqrt[3]{a^2 b^2 c^2} - 2\sum ab$$

$$\geqslant \sum (\sqrt[3]{a^4 b^2} + \sqrt[3]{a^2 b^4}) - 2\sum ab$$

$$\geqslant 2\sum ab - 2\sum ab = 0$$

例 6　设 $a,b,c > 0$. 求证

$$(a^{2\,020} - a^{2\,018} + 3)(b^{2\,020} - b^{2\,018} + 3) \cdot$$

$$(c^{2\,020} - c^{2\,018} + 3) \geqslant 9(a^2 + b^2 + c^2)$$

说明　本题是作者编制的一道题目, 在第三届数学奥林匹克命题大赛中获二等奖.

证明　记 $x = a^2, y = b^2, z = c^2$, 故待证不等式转化为

$$(x^{1\,010} - x^{1\,009} + 3)(y^{1\,010} - y^{1\,009} + 3) \cdot$$

$$(z^{1\,010} - z^{1\,009} + 3) \geqslant 9(x + y + z)$$

因为

$$x(x^{1\,008} - 1)(x - 1) \geqslant 0$$

$$\Rightarrow x^{1\,010} - x^{1\,009} + 3 \geqslant x^2 - x + 3 \geqslant \frac{1}{2}(x^2 + 5)$$

故只需证

$$(x^2 + 5)(y^2 + 5)(z^2 + 5) \geqslant 72(x + y + z)$$

又因为

$$(y^2 + 5)(z^2 + 5) - 3[(y + z)^2 + 8]$$

$$= (yz - 1)^2 + 2(y - z)^2 \geqslant 0$$

据此, 由均值不等式和 Cauchy 不等式, 得

$$(x^2 + 5)(y^2 + 5)(z^2 + 5)$$

$$\geqslant 3(x^2 + 5)[(y + z)^2 + 8]$$

$$= 3(x^2 + 2 + 3)[2 + (y + z)^2 + 6]$$
$$\geqslant 6(x + y + z + 3)^2 \geqslant 72(x + y + z)$$

《数学通报》2008 年 10 月问题 1760 为：锐角 $\triangle ABC$ 的外接圆圆心为 O，半径为 R，直线 AO，BO，CO 分别交对边于点 D，E，F，求证：$OD + OE + OF \geqslant \dfrac{3}{2}R.$

这是笔者提供的问题，通过研究笔者发现该问题可以加强为

$$OD \cdot OE + OE \cdot OF + OF \cdot OD \geqslant \dfrac{3}{4}R^2$$

证明　因为

$$\frac{S_{\triangle ABO}}{S_{\triangle ABD}} = \frac{S_{\triangle ACO}}{S_{\triangle ACD}} = \frac{AO}{AD}$$

所以

$$\frac{AO}{AD} = \frac{S_{\triangle ABO} + S_{\triangle ACO}}{S_{\triangle ABD} + S_{\triangle ACD}} = \frac{S_{\triangle ABO} + S_{\triangle ACO}}{S_{\triangle ABC}}$$

同理，有

$$\frac{BO}{BE} = \frac{S_{\triangle ABO} + S_{\triangle BOC}}{S_{\triangle ABC}}, \frac{CO}{CF} = \frac{S_{\triangle AOC} + S_{\triangle BOC}}{S_{\triangle ABC}}$$

所以

$$\frac{AO}{AD} + \frac{BO}{BE} + \frac{CO}{CF} = \frac{2(S_{\triangle ABO} + S_{\triangle BOC} + S_{\triangle AOC})}{S_{\triangle ABC}} = 2$$

因为 $OA = OB = OC = R$，所以

$$\frac{R}{AD} + \frac{R}{BE} + \frac{R}{CF} = 2$$

设 $OD = x$，$OE = y$，$OF = z$，则

$$\frac{R}{R + x} + \frac{R}{R + y} + \frac{R}{R + z} = 2$$

化简得

$$\sum (x+R)(y+R)R = 2(x+R)(y+R)(z+R)$$

即 $R^3 = 2xyz + R(\sum xy)$.

令 $xy + yz + zx = 3t^2$, 由基本不等式有

$$xyz = \sqrt{(xy)(yz)(zx)} \leqslant \sqrt{\left(\frac{xy+yz+zx}{3}\right)^3} = t^3$$

所以 $R^3 \leqslant 2t^3 + 3Rt^2$, 即 $(2t-R)(t+R)^2 \geqslant 0$, 所以 $t \geqslant \dfrac{R}{2}$.

所以

$$OD \cdot OE + OE \cdot OF + OF \cdot OD = xy + yz + zx$$
$$= 3t^2 \geqslant \frac{3}{4}R^2$$

证毕.

因为

$$(OD + OE + OF)^2 = (x+y+z)^2$$
$$\geqslant 3(xy+yz+zx) \geqslant \frac{9R^2}{4}$$

所以 $OD + OE + OF \geqslant \dfrac{3}{2}R$.

从而式 ② 是式 ① 的加强.

例 7　（2009 印度数学奥林匹克）设 a,b,c 为正实数, 且满足 $a^3 + b^3 = c^3$, 求证

$$a^2 + b^2 - c^2 > 6(c-a)(c-b) \qquad ①$$

下面给出式 ① 的改进, 得到

$$a^2 + b^2 - c^2 \geqslant (2 + \sqrt[3]{4} + 2\sqrt[3]{2})(c-a)(c-b) \qquad ②$$

证明　由立方差公式 $x^3 - y^3 = (x-y)(x^2 + xy + y^2)$, 知 $x - y = \dfrac{x^3 - y^3}{x^2 + xy + y^2}$.

于是式 ② 等价于

$$(a^2 + b^2 - c^2)(c^2 + a^2 + ca)(c^2 + b^2 + bc)$$
$$\geqslant (2 + \sqrt[3]{4} + 2\sqrt[3]{2})a^3 b^3 \qquad ③$$

因为

$$(a^2 + b^2 - c^2)(c^2 + a^2 + ca)$$
$$= a^2 c^2 + a^4 + a^3 c + b^2 c^2 + a^2 b^2 +$$
$$ab^2 c - c^4 - a^2 c^2 - ac^3$$
$$= a(a^3 - c^3) + c(a^3 - c^3) +$$
$$b^2 c^2 + a^2 b^2 + ab^2 c$$
$$= -ab^3 - cb^3 + b^2 c^2 + a^2 b^2 + ab^2 c$$
$$= b^2(-ab - bc + a^2 + ac + c^2)$$

记式 ③ 左端为 f,则

$$f = b^2(-ab - bc + a^2 + ac + c^2)(c^2 + b^2 + bc)$$

又记

$$g = (-ab - bc + a^2 + ac + c^2)(c^2 + b^2 + bc)$$
$$= -ab^3 - abc^2 - ab^2 c - b^3 c - bc^3 - b^2 c^2 +$$
$$a^2 b^2 + a^2 c^2 + a^2 bc + b^2 c^2 +$$
$$c^4 + bc^3 + ab^2 c + ac^3 + abc^2$$
$$= -ab^3 - b^3 c + a^2 b^2 + a^2 c^2 + a^2 bc + c^4 + ac^3$$
$$= a(c^3 - b^3) + c(c^3 - b^3) + a^2 b^2 + a^2 c^2 + a^2 bc$$
$$= a^4 + ca^3 + a^2 b^2 + a^2 c^2 + a^2 bc$$
$$= a^2(a^2 + b^2) + a^2 c^2 + a^2(a + b)c$$
$$\geqslant 2a^3 b + a^2 c^2 + 2a^2\sqrt{ab} \cdot c$$

由已知得 $c^3 \geqslant 2\sqrt{a^3 b^3}$,所以 $c \geqslant \sqrt[3]{2ab}$, $c^2 \geqslant \sqrt[3]{4}ab$,于是

$$g \geqslant 2a^3 b + \sqrt[3]{4}a^3 b + 2\sqrt[3]{2}a^3 b = (2 + \sqrt[3]{4} + 2\sqrt[3]{2})a^3 b$$

所以 $f = (a^2 + b^2 - c^2)(c^2 + a^2 + ca)(c^2 + b^2 + bc) \geqslant (2 + \sqrt[3]{4} + 2\sqrt[3]{2})a^3 b^3$.

故式 ③ 成立,从而式 ② 成立.

显然 $(2 + \sqrt[3]{4} + 2\sqrt[3]{2}) > 6$,因而式 ② 是式 ① 的改进,且式 ② 等号成立当且仅当 $a = b$.

例 8　(2020 摩尔多瓦数学奥林匹克)设 $a, b, c > 0$,求证

$$\frac{a}{\sqrt{7a^2 + b^2 + c^2}} + \frac{b}{\sqrt{a^2 + 7b^2 + c^2}} +$$

$$\frac{c}{\sqrt{a^2 + b^2 + 7c^2}} \leqslant 1$$

下面给出多种证法.

证法 1　证其加强式

$$\frac{a^2}{7a^2 + b^2 + c^2} + \frac{b^2}{a^2 + 7b^2 + c^2} +$$

$$\frac{c^2}{a^2 + b^2 + 7c^2} \leqslant \frac{1}{3} \qquad ①$$

作变换 $7a^2 + b^2 + c^2 = x, a^2 + 7b^2 + c^2 = y, a^2 + b^2 + 7c^2 = z$, 则 $a^2 = \dfrac{8x - y - z}{54}, b^2 = \dfrac{8y - x - z}{54}$,

$c^2 = \dfrac{8z - x - y}{54}$,于是式 ① 等价于 $\sum \dfrac{8x - y - z}{54x} \leqslant$

$\dfrac{1}{3}$,等价于 $\sum \dfrac{y + z}{x} \geqslant 6$,由 AM - GM 知显然成立.

又由 Cauchy-Schwarz 不等式知

$$\frac{a}{\sqrt{7a^2 + b^2 + c^2}} + \frac{b}{\sqrt{a^2 + 7b^2 + c^2}} + \frac{c}{\sqrt{a^2 + b^2 + 7c^2}}$$

$$\leqslant \sqrt{3\left(\frac{a^2}{7a^2 + b^2 + c^2} + \frac{b^2}{a^2 + 7b^2 + c^2} + \frac{c^2}{a^2 + b^2 + 7c^2} \right)}$$

$$\leqslant 1$$

证法 2　令 $a^2 + b^2 + c^2 = 3, f(x) = \sqrt{\dfrac{x}{6x + 3}}$,则

$f(x)$ 为凹函数,由 Jensen 不等式,有

$$\frac{a}{\sqrt{7a^2+b^2+c^2}}+\frac{b}{\sqrt{a^2+7b^2+c^2}}+\frac{c}{\sqrt{a^2+b^2+7c^2}}$$

$$=\sqrt{\frac{a^2}{6a^2+3}}+\sqrt{\frac{b^2}{6b^2+3}}+\sqrt{\frac{c^2}{6c^2+3}}$$

$$\leqslant 3\sqrt{\frac{a^2+b^2+c^2}{6(a^2+b^2+c^2)+9}}=1$$

证法 3　由 Cauchy-Schwarz 不等式知

$$(7+1+1)(7a^2+b^2+c^2)\geqslant (7a+b+c)^2$$

所以 $\dfrac{a}{\sqrt{7a^2+b^2+c^2}}\leqslant\dfrac{3a}{7a+b+c}$,同理

$$\frac{b}{\sqrt{a^2+7b^2+c^2}}\leqslant\frac{3b}{a+7b+c}$$

$$\frac{c}{\sqrt{a^2+b^2+7c^2}}\leqslant\frac{3c}{a+b+7c}$$

于是只需证

$$\frac{3a}{7a+b+c}+\frac{3b}{a+7b+c}+\frac{3c}{a+b+7c}\leqslant 1$$

$$\Leftrightarrow \frac{7a}{7a+b+c}+\frac{7b}{a+7b+c}+\frac{7c}{a+b+7c}\leqslant\frac{7}{3}$$

$$\Leftrightarrow \frac{b+c}{7a+b+c}+\frac{c+a}{a+7b+c}+\frac{a+b}{a+b+7c}\geqslant\frac{2}{3}$$

只需证

$$\frac{b}{7a+b+c}+\frac{c}{a+7b+c}+\frac{a}{a+b+7c}\geqslant\frac{1}{3}$$

$$\frac{c}{7a+b+c}+\frac{a}{a+7b+c}+\frac{b}{a+b+7c}\geqslant\frac{1}{3}$$

由 Cauchy-Schwarz 不等式知

$$\frac{b}{7a+b+c}+\frac{c}{a+7b+c}+\frac{a}{a+b+7c}$$

$$\geqslant \frac{(a+b+c)^2}{8(ab+bc+ca)+(a^2+b^2+c^2)}$$

同理,有 $\dfrac{c}{7a+b+c}+\dfrac{a}{a+7b+c}+\dfrac{b}{a+b+7c}\geqslant\dfrac{1}{3}$ 成立,将两式相加即得.

证法 4　由 Cauchy-Schwarz 不等式知

$$\left(\sum\frac{a}{\sqrt{7a^2+b^2+c^2}}\right)^2$$

$$\leqslant 3\sum\frac{a^2}{7a^2+b^2+c^2}$$

$$=\frac{3}{7}\sum\frac{7a^2}{7a^2+b^2+c^2}$$

$$=\frac{3}{7}\sum\left(1-\frac{b^2+c^2}{7a^2+b^2+c^2}\right)$$

于是,只需证 $\sum\dfrac{b^2+c^2}{7a^2+b^2+c^2}\geqslant\dfrac{2}{3}$.

由 Cauchy-Schwarz 不等式知

$$\sum\frac{b^2+c^2}{7a^2+b^2+c^2}=\sum\frac{(b^2+c^2)^2}{(7a^2+b^2+c^2)(b^2+c^2)}$$

$$\geqslant\frac{4(a^2+b^2+c^2)^2}{\sum(7a^2+b^2+c^2)(b^2+c^2)}$$

$$=\frac{4(a^2+b^2+c^2)^2}{2\sum a^4+16\sum b^2c^2}=\frac{4(a^2+b^2+c^2)^2}{2(\sum a^2)^2+12\sum b^2c^2}$$

$$\geqslant\frac{4(a^2+b^2+c^2)^2}{2(\sum a^2)^2+4(\sum a^2)^2}=\frac{2}{3}$$

证法 5　由 Cauchy-Schwarz 不等式知

$$\left(\sum\frac{a}{\sqrt{7a^2+b^2+c^2}}\right)^2\leqslant 3\sum\frac{a^2}{7a^2+b^2+c^2}$$

$$=\frac{1}{3}\sum\frac{9a^2}{6a^2+(a^2+b^2+c^2)}$$

$$= \frac{1}{3} \sum \frac{(2+1)^2 a^2}{6a^2 + (a^2 + b^2 + c^2)}$$

$$\leqslant \frac{1}{3} \sum \left(\frac{2}{3} + \frac{a^2}{a^2 + b^2 + c^2} \right) = 1$$

说明 我们可以得到该不等式的一个反向不等式,即

$$\frac{a}{\sqrt{7a^2 + b^2 + c^2}} + \frac{b}{\sqrt{a^2 + 7b^2 + c^2}} +$$

$$\frac{c}{\sqrt{a^2 + b^2 + 7c^2}} \geqslant \frac{1}{3} \left[1 + \frac{2(ab + bc + ca)}{a^2 + b^2 + c^2} \right]$$

证明:因为

$$\sum \frac{a}{\sqrt{7a^2 + b^2 + c^2}} = \sum \frac{6a^2}{2 \cdot 3a \cdot \sqrt{7a^2 + b^2 + c^2}}$$

$$\geqslant \sum \frac{6a^2}{16a^2 + b^2 + c^2}$$

$$\geqslant \frac{6(a + b + c)^2}{18(a^2 + b^2 + c^2)}$$

$$= \frac{(a + b + c)^2}{3(a^2 + b^2 + c^2)}$$

$$= \frac{1}{3} \left[1 + \frac{2(ab + bc + ca)}{a^2 + b^2 + c^2} \right]$$

上面的不等式可弱化为

$$\frac{a}{\sqrt{7a^2 + b^2 + c^2}} + \frac{b}{\sqrt{a^2 + 7b^2 + c^2}} +$$

$$\frac{c}{\sqrt{a^2 + b^2 + 7c^2}} \geqslant \frac{ab + bc + ca}{a^2 + b^2 + c^2}$$

变式 1 已知 $a, b, c > 0$,求证

$$\frac{1}{a} + \frac{1}{b} + \frac{1}{c} \geqslant \frac{2a + b}{a^2 + 2ab} + \frac{2b + c}{b^2 + 2bc} + \frac{2c + a}{c^2 + 2ca}$$

证明 运用 AM－GM 不等式,有

400

$$(a+2b)^2 = \left(\frac{2a+b}{2} + \frac{3b}{2}\right)^2$$

$$\geqslant 4 \cdot \frac{2a+b}{2} \cdot \frac{3b}{2} = 3b(2a+b)$$

于是,有

$$\frac{2}{a} + \frac{1}{b} \geqslant \frac{3(2a+b)}{a(a+2b)} = \frac{3(2a+b)}{a^2+2ab}$$

同理可得

$$\frac{2}{b} + \frac{1}{c} \geqslant \frac{3(2b+c)}{b^2+2bc}, \frac{2}{c} + \frac{1}{a} \geqslant \frac{3(2c+a)}{c^2+2ca}$$

将上述三式相加,即得.

变式 2　已知 $a,b,c>0$,且 $a^4+b^4+c^4=3$,求证

$$\frac{a^4}{a^2(2a+b)(2a+c)+1} + \frac{b^4}{b^2(2b+c)(2b+a)+1} +$$

$$\frac{c^4}{c^2(2c+a)(2c+b)} \leqslant \frac{3}{10}$$

证明　由 Cauchy-Schwarz 不等式知

$$\frac{a^4}{a^2(2a+b)(2a+c)+1}$$

$$= \frac{(9+1)^2 a^4}{100\left[a^2(2a+b)(2a+c)+1\right]}$$

$$\leqslant \frac{a^4}{100}\left[\frac{9^2}{a^2(2a+b)(2a+c)} + 1\right]$$

$$= \frac{81a^2}{100(2a+b)(2a+c)} + \frac{a^4}{100}$$

于是只需证

$$\frac{a^2}{(2a+b)(2a+c)} + \frac{b^2}{(2b+a)(2b+c)} +$$

$$\frac{c^2}{(2c+a)(2c+b)} \leqslant \frac{1}{3} \tag{$*$}$$

由平均值不等式,有

$$\frac{9}{(2a+b)(2a+c)}$$

$$=\frac{9}{2a(a+b+c)+2a^2+bc}$$

$$\leqslant \frac{4}{2a(a+b+c)}+\frac{1}{2a^2+bc}$$

于是

$$\frac{9a^2}{(2a+b)(2a+c)}\leqslant \frac{2a}{a+b+c}+\frac{a^2}{2a^2+bc}$$

于是式(*)等价于

$$\frac{9a^2}{(2a+b)(2a+c)}$$

$$\leqslant \sum \frac{2a}{a+b+c}+\sum \frac{a^2}{2a^2+bc}\leqslant 3$$

等价于 $\sum \dfrac{a^2}{2a^2+bc}\leqslant 1$,又等价于 $\sum \dfrac{bc}{2a^2+bc}\geqslant 1$.

由 Cauchy-Schwarz 不等式,有

$$\sum \frac{bc}{2a^2+bc}=\sum \frac{b^2c^2}{2a^2bc+b^2c^2}$$

$$\geqslant \frac{(bc+ca+ab)^2}{b^2c^2+c^2a^2+a^2b^2+2abc(a+b+c)}\geqslant 1$$

故式(*)成立.

类似地可以得到:

变式 3 已知 $a,b,c>0$,求证

$$\frac{a}{(2a+b)(2a+c)}+\frac{b}{(2b+a)(2b+c)}+$$

$$\frac{c}{(2c+a)(2c+b)}\leqslant \frac{1}{a+b+c}$$

证明 因为

$$(2a+b)(2a+c)=4a^2+2ab+2ac+bc$$

$$=2a(a+b+c)+(2a^2+bc)$$

由 Cauchy-Schwarz 不等式,有

$$\frac{9a}{(2a+b)(2a+c)} = \frac{(2+1)^2 a}{2a(a+b+c)+(2a^2+bc)}$$

$$\leqslant \frac{4a}{2a(a+b+c)} + \frac{a}{2a^2+bc}$$

完全类似地得到另两式,于是,有

$$\frac{9a}{(2a+b)(2a+c)} + \frac{9b}{(2b+a)(2b+c)} +$$

$$\frac{9c}{(2c+a)(2c+b)}$$

$$\leqslant \frac{6}{a+b+c} + \frac{a}{2a^2+bc} + \frac{b}{2b^2+ca} + \frac{c}{2c^2+ab}$$

于是只需证

$$\frac{a}{2a^2+bc} + \frac{b}{2b^2+ca} + \frac{c}{2c^2+ab} \leqslant \frac{3}{a+b+c}$$

因为

$$\frac{a}{2a^2+bc} \leqslant \frac{a}{3\sqrt[3]{a^4 bc}} = \frac{1}{3\sqrt[3]{abc}} \leqslant \frac{1}{a+b+c}$$

同理,有

$$\frac{b}{2b^2+ca} \leqslant \frac{1}{a+b+c}, \frac{c}{2c^2+ab} \leqslant \frac{1}{a+b+c}$$

三式相加即得.

变式 4　(安振平问题 5504)已知 $a,b,c > 0$,求证

$$\frac{a}{(2a+b)(2a+c)} + \frac{b}{(2b+a)(2b+c)} +$$

$$\frac{c}{(2c+a)(2c+b)} \leqslant \frac{a+b+c}{3(ab+bc+ca)}$$

证明　由前面的证法 1 知

$$\frac{ab+bc+ca}{(2a+b)(2a+c)} = \frac{b}{2(2a+b)} + \frac{c}{2(2a+c)}$$

于是

$$\frac{a(ab+bc+ca)}{(2a+b)(2a+c)} = \frac{ab}{2(2a+b)} + \frac{ac}{2(2a+c)}$$

于是所证不等式等价于

$$\sum \left(\frac{ab}{2a+b} + \frac{ab}{2b+a} \right) \leqslant \frac{2}{3}(a+b+c)$$

因为

$$\frac{ab}{2a+b} + \frac{ab}{2b+a} = \frac{3ab(a+b)}{(2a+b)(2b+a)}$$

$$= \frac{3ab(a+b)}{2a^2+2b^2+5ab} \leqslant \frac{3ab(a+b)}{9ab} = \frac{a+b}{3}$$

同理可得另两式,将这三式相加即得.

变式 4 的类似形式为:

变式 5 (2017 土耳其国家集训队试题) 已知 $a,b,$ $c > 0$,且 $a+b+c=1$,求证

$$\frac{1}{ab+2c^2+2c} + \frac{1}{bc+2a^2+2a} +$$

$$\frac{1}{ac+2b^2+2b} \geqslant \frac{1}{ab+bc+ca}$$

证明 因为

$$\frac{1}{ab+2c^2+2c} = \frac{1}{ab+2c^2+2c(a+b+c)}$$

$$= \frac{1}{4c^2+2ca+2cb+ab} = \frac{1}{(2c+a)(2c+b)}$$

同理,有

$$\frac{1}{bc+2a^2+2a} = \frac{1}{(2a+b)(2a+c)}$$

$$\frac{1}{ac+2b^2+2b} = \frac{1}{(2b+a)(2b+c)}$$

因为

$$\frac{ab+bc+ca}{(2a+b)(2a+c)} = \frac{b(2a+c)+c(2a+b)}{2(2a+b)(2a+c)}$$

$$= \frac{b}{2(2a+b)} + \frac{c}{2(2a+c)}$$

同理,有

$$\frac{1}{(2b+a)(2b+c)} = \frac{a}{2(2b+a)} + \frac{c}{2(2b+c)}$$

$$\frac{1}{(2c+a)(2c+b)} = \frac{a}{2(2c+a)} + \frac{b}{2(2c+b)}$$

将上述三式相加,有

$$\frac{ab+bc+ca}{(2a+b)(2a+c)} + \frac{ab+bc+ca}{(2b+a)(2b+c)} +$$

$$\frac{ab+bc+ca}{(2c+a)(2c+b)}$$

$$= \frac{1}{2}\left(\frac{b}{2a+b} + \frac{c}{2a+c} + \frac{a}{2b+a} + \frac{c}{2b+c} + \right.$$

$$\left. \frac{a}{2c+a} + \frac{b}{2c+b} \right)$$

$$\geqslant \frac{1}{2}\left[\frac{(a+b+c)^2}{2ab+b^2+2ac+c^2+2ab+a^2} + \right.$$

$$\left. \frac{(a+b+c)^2}{2ab+b^2+2ac+c^2+2ab+a^2} \right] = 1$$

所以原式成立.

变式 6　已知 $a,b,c > 0$,求证

$$\frac{a}{\sqrt{5a^2+(b+c)^2}} + \frac{b}{\sqrt{5b^2+(c+a)^2}} +$$

$$\frac{c}{\sqrt{5c^2+(a+b)^2}} \leqslant 1$$

证明　由平均值不等式知

$$\frac{a}{\sqrt{5a^2+(b+c)^2}} + \frac{b}{\sqrt{5b^2+(c+a)^2}} + \frac{c}{\sqrt{5c^2+(a+b)^2}}$$

$$\leqslant \sqrt{3\left[\frac{a^2}{5a^2+(b+c)^2} + \frac{b^2}{5b^2+(c+a)^2} + \frac{c^2}{5c^2+(a+b)^2} \right]}$$

于是只需证

$$\frac{a^2}{5a^2+(b+c)^2}+\frac{b^2}{5b^2+(c+a)^2}+$$

$$\frac{c^2}{5c^2+(a+b)^2}\leqslant\frac{1}{3}$$

而

$$\frac{9a^2}{5a^2+(b+c)^2}=\frac{9a^2}{5a^2+b^2+c^2+2bc}$$

$$=\frac{9a^2}{(a^2+b^2+c^2)+2(2a^2+bc)}$$

$$=\frac{(2+1)^2a^2}{(a^2+b^2+c^2)+2(2a^2+bc)}$$

$$\leqslant\frac{a^2}{a^2+b^2+c^2}+\frac{4a^2}{2(2a^2+bc)}$$

$$=\frac{a^2}{a^2+b^2+c^2}+\frac{2a^2}{2a^2+bc}$$

同理,有

$$\frac{9b^2}{5b^2+(c+a)^2}\leqslant\frac{b^2}{a^2+b^2+c^2}+\frac{2b^2}{2b^2+ca}$$

$$\frac{9c^2}{5c^2+(a+b)^2}\leqslant\frac{c^2}{a^2+b^2+c^2}+\frac{2c^2}{2c^2+ab}$$

将以上三式相加,有

$$\frac{9a^2}{5a^2+(b+c)^2}+\frac{9b^2}{5b^2+(c+a)^2}+\frac{9c^2}{5c^2+(a+b)^2}$$

$$\leqslant1+\frac{2a^2}{2a^2+bc}+\frac{2b^2}{2b^2+ca}+\frac{2c^2}{2c^2+ab}$$

于是只需证

$$\frac{2a^2}{2a^2+bc}+\frac{2b^2}{2b^2+ca}+\frac{2c^2}{2c^2+ab}\leqslant2$$

$$\Leftrightarrow\frac{bc}{2a^2+bc}+\frac{ca}{2b^2+ca}+\frac{ab}{2c^2+ab}\geqslant1$$

由变式 2 知上式成立.

变式 7　已知 $a,b,c > 0$，且 $a+b+c=1$，求证

$$\frac{1}{a^2+b^2+c^2+a} + \frac{1}{a^2+b^2+c^2+b} +$$

$$\frac{1}{a^2+b^2+c^2+c} \leqslant \frac{9}{2}$$

证明　因为

$$a^2+b^2+c^2+a = a^2+b^2+c^2+a(a+b+c)$$
$$= 2a^2+b(a+b)+c(a+c)$$

所以

$$\frac{1}{a^2+b^2+c^2+a} + \frac{1}{a^2+b^2+c^2+b} +$$

$$\frac{1}{a^2+b^2+c^2+c}$$

$$= \sum \frac{(a+b+c)^2}{2a^2+b(a+b)+c(a+c)}$$

$$\leqslant \sum \left[\frac{a^2}{2a^2} + \frac{b^2}{b(a+b)} + \frac{c^2}{c(a+c)}\right] = \frac{3}{2} + 3 = \frac{9}{2}$$

8.2　若干涉及三角形边长的不等式的加强

1. 引言

关于三角形三边长的不等式，深受研究者的青睐，如加拿大数学杂志 *CRUX* 上有一些涉及三角形三边长的不等式，再比如安振平先生的一些涉及三角形边长的不等式，形式简洁，但内涵深刻，本节给出其中若干此类不等式的加强和安先生对一个不等式弱化的证明.

问题 1 （CRUX 2020 年 1 月问题 4502，Proposed by George Apostopoulos）设 a,b,c 是 $\triangle ABC$ 的三边长，r,R 分别是其内切圆和外接圆半径，求证

$$\frac{3}{2}\cdot\frac{r}{R}\leqslant\sum_{cyc}\frac{a}{2a+b+c}\leqslant\frac{3}{8}\cdot\frac{R}{r}$$

问题 2 （CRUX 问题 4212）设 $\triangle ABC$ 的三边长为 a,b,c，内切圆和外接圆半径分别为 r,R，求证

$$\sum\frac{a}{b+c}\leqslant 2-\frac{r}{R}$$

本节给出问题 1 和问题 2 的加强．

问题 3 （CRUX 2020 年 12 月问题 4596）设 $\triangle ABC$ 的三边长为 a,b,c，内切圆和外接圆半径分别为 r,R，求证

$$\sum\frac{a}{b+c}\leqslant\frac{R}{r}-\frac{1}{2}$$

由 Euler 不等式 $R\geqslant 2r$，知问题 2 强于问题 3．

问题 4 （CRUX 2020 年 2 月问题 4462）设 $\triangle ABC$ 的三边长为 a,b,c，内切圆和外接圆半径分别为 r,R，求证

$$\frac{a^2}{b+c}+\frac{b^2}{c+a}+\frac{c^2}{a+b}\leqslant\frac{3\sqrt{6}R}{4r}\sqrt{R(R-r)}$$

问题 5 （安振平问题 5537）在 $\triangle ABC$ 中，求证

$$\frac{\cos A}{\sin^2 B+\sin^2 C}+\frac{\cos B}{\sin^2 C+\sin^2 A}+\frac{\cos C}{\sin^2 A+\sin^2 B}$$
$$\leqslant\frac{1}{2}+\frac{R}{4r}$$

笔者证明问题 5 未果，但获得一个较弱的不等式．

2. 主要结论

定理 1 设 a,b,c 是 $\triangle ABC$ 的三边长，r,R 分别是

其内切圆和外接圆半径,则有

$$\sum_{cyc} \frac{a}{2a+b+c} \leqslant \frac{3}{4}$$

$$\sum_{cyc} \frac{a}{2a+b+c} \geqslant \frac{36R^2 + 71Rr + 2r^2}{54R^2 + 84Rr}$$

定理 2　设 $\triangle ABC$ 的三边长为 a,b,c,内切圆和外接圆半径分别为 r,R,则

$$\sum \frac{a}{b+c} \leqslant 2 - \frac{3Rr + 2r^2}{2R^2 + 4Rr}$$

定理 3　设 $\triangle ABC$ 的三边长为 a,b,c,内切圆和外接圆半径分别为 r,R,则

$$\sum \frac{a^2}{b+c} \leqslant \frac{3\sqrt{3}R}{2} \cdot \frac{2R^2 + Rr - 2r^2}{R^2 + 2Rr}$$

$$= \frac{3\sqrt{3}}{2} \cdot \frac{2R^2 + Rr - 2r^2}{R + 2r}$$

定理 4　在 $\triangle ABC$ 中,有

$$\frac{\cos A}{\sin^2 B + \sin^2 C} + \frac{\cos B}{\sin^2 C + \sin^2 A} +$$

$$\frac{\cos C}{\sin^2 A + \sin^2 B} \leqslant \frac{R}{2r}$$

3. 几个引理

引理 1[27]　在 $\triangle ABC$ 中,有 $\sum ab = s^2 + 4Rr + r^2$.

引理 2[38]　在 $\triangle ABC$ 中,有

$$s^2 \leqslant \frac{2(2R^2 + r^2)(R+r)}{R}$$

引理 3[1]　在 $\triangle ABC$ 中,有 $s^2 \geqslant 3(4Rr + r^2)$.

4. 定理的证明

(1) 定理 1 的证明.

证明　定理 1 中第一式等价于

$$\sum \frac{b+c}{2a+b+c} \geqslant \frac{3}{2}$$

由 Cauchy 不等式,有

$$\sum \frac{b}{2a+b+c} = \sum \frac{b^2}{2ab+b^2+bc}$$

$$\geqslant \frac{(a+b+c)^2}{a^2+b^2+c^2+3(ab+bc+ca)}$$

$$= \frac{(a+b+c)^2}{(a+b+c)^2+(ab+bc+ca)}$$

$$\geqslant \frac{(a+b+c)^2}{(a+b+c)^2+\frac{1}{3}(a+b+c)^2} = \frac{3}{4}$$

同理 $\sum \dfrac{c}{2a+b+c} \geqslant \dfrac{3}{4}$.

将以上两式相加,知定理 1 第一式得证.

下面证明定理 1 第二式.

因为

$$(2s+a)(2s+b)(2s+c)$$

$$= 18s^3+12Rrs+2sr^2$$

$$= 2s(9s^2+6Rr+r^2)$$

$$\sum_{cyc} a(2s+b)(2s+c)$$

$$= 4s^2 \sum_{cyc} a + 4s \sum_{cyc} ab + 3abc$$

$$= 8s^3 + 4s(s^2+4Rr+r^2)+12sRr$$

$$= 2s(6s^2+14Rr+2r^2)$$

所以

$$\sum_{cyc} \frac{a}{2a+b+c} = \frac{2s(6s^2+14Rr+2r^2)}{2s(9s^2+6Rr+r^2)}$$

$$= \frac{6s^2+14Rr+2r^2}{9s^2+6Rr+r^2}$$

$$= \frac{2}{3} \cdot \frac{9s^2 + 21Rr + 3r^2}{9s^2 + 6Rr + r^2}$$

$$= \frac{2}{3} \cdot \left(1 + \frac{15Rr + 2r^2}{9s^2 + 6Rr + r^2}\right)$$

由引理 3 和 Euler 不等式 $R \geqslant 2r$，有

$$\sum_{cyc} \frac{a}{2a + b + c}$$

$$\geqslant \frac{2}{3} \left[1 + \frac{15Rr + 2r^2}{9 \dfrac{2(2R^2 + r^2)(R + r)}{R} + 6Rr + r^2}\right]$$

$$= \frac{2}{3} \left[1 + \frac{15R^2 r + 2Rr^2}{18(2R^2 + r^2)(R + r) + R(6Rr + r^2)}\right]$$

$$= \frac{2}{3} \left[1 + \frac{15R^2 r + 2Rr^2}{36R^3 + 42R^2 r + 19Rr^2 + 18r^3}\right]$$

$$\geqslant \frac{2}{3} \left[1 + \frac{15R^2 r + 2Rr^2}{36R^3 + 42R^2 r + 19Rr^2 + 9Rr^2}\right]$$

$$= \frac{2}{3} \left[1 + \frac{15R + 2r}{\dfrac{36R^2}{r} + 42R + 19r + 9r}\right]$$

$$= \frac{2}{3} \left[1 + \frac{15R + 2r}{\dfrac{36R^2}{r} + 42R + 28r}\right]$$

$$= \frac{2}{3} \left(1 + \frac{15Rr + 2r^2}{36R^2 + 42Rr + 28r^2}\right)$$

$$\geqslant \frac{2}{3} \cdot \left(1 + \frac{15Rr + 2r^2}{36R^2 + 56Rr}\right)$$

$$= \frac{2}{3} \cdot \frac{36R^2 + 71Rr + 2r^2}{36R^2 + 56Rr}$$

$$= \frac{36R^2 + 71Rr + 2r^2}{54R^2 + 84Rr}$$

说明　由 Euler 不等式 $R \geqslant 2r$ 立知定理 1 第一式
强于问题 1 右边不等式，要证定理 1 第二式强于问题 1

411

左边不等式,只需证明

$$\frac{36R^2 + 71Rr + 2r^2}{54R^2 + 84Rr} \geqslant \frac{3r}{2R} \qquad (*)$$

等价于

$$36R^2 + 71Rr + 2r^2 \geqslant 81Rr + 126r^2$$

等价于 $36R^2 \geqslant 10Rr + 124r^2$,由 Euler 不等式 $R \geqslant 2r$,有

$$36R^2 = 5R^2 + 31R^2 \geqslant 10Rr + 124r^2$$

故式(*)得证.

(2) 定理 2 的证明.

证明　因为

$$\sum a(a+b)(a+c) = \sum a(a^2 + ab + ac + bc)$$

$$= \sum a^3 + \sum a \sum ab$$

$$= 2s(s^2 - 6Rr - 3r^2) + 2s(s^2 + 4Rr + r^2)$$

$$= 2s(2s^2 - 2Rr - 2r^2) = 4s(s^2 - Rr - r^2)$$

又因为

$$(a+b)(b+c)(c+a)$$

$$= (a+b+c)(ab+bc+ca) - abc$$

$$= 2s(s^2 + 4Rr + r^2) - 4Rrs = 2s(s^2 + 2Rr + r^2)$$

所以

$$\sum \frac{a}{b+c} = \frac{4s(s^2 - Rr - r^2)}{2s(s^2 + 2Rr + r^2)}$$

$$= \frac{2(s^2 - Rr - r^2)}{s^2 + 2Rr + r^2}$$

$$= 2\left(1 - \frac{3Rr + 2r^2}{s^2 + 2Rr + r^2}\right)$$

由引理 2,有

412

$$\sum \frac{a}{b+c} \leqslant 2\left[1 - \frac{3Rr + 2r^2}{\dfrac{2(2R^2 + r^2)(R+r)}{R} + 2Rr + r^2}\right]$$

$$= 2\left[1 - \frac{3R^2 r + 2Rr^2}{2(2R^2 + r^2)(R+r) + R(2Rr + r^2)}\right]$$

$$= 2\left[1 - \frac{3R^2 r + 2Rr^2}{4R^3 + 6R^2 r + 3Rr^2 + 2r^3}\right]$$

$$= 2 - \frac{3R^2 r + 2Rr^2}{2R^3 + 3R^2 r + \dfrac{3}{2}Rr^2 + r^3}$$

$$\leqslant 2 - \frac{3R^2 r + 2Rr}{2R^3 + 3R^2 r + 2Rr^2} = 2 - \frac{3R + 2r}{2\dfrac{R^2}{r} + 3R + 2r}$$

$$\leqslant 2 - \frac{3R + 2r}{\dfrac{2R^2}{r} + 3R + R} = 2 - \frac{3Rr + 2r^2}{2R^2 + 4Rr}$$

说明　1.要证定理 2 强于问题 2,只需证明

$$2 - \frac{3Rr + 2r^2}{2R^2 + 4Rr} \leqslant 2 - \frac{r}{R}$$

$$\Leftrightarrow \frac{3Rr + 2r^2}{2R^2 + 4Rr} \geqslant \frac{r}{R} \Leftrightarrow \frac{3R + 2r}{2R + 4r} \geqslant 1 \Leftrightarrow R \geqslant 2r$$

由 Euler 不等式 $R \geqslant 2r$,知最后一式成立,故定理 2 强于问题 2.

2.定理 2 可以看成是问题 3 的加强,这是因为要证问题 3,只需证明

$$2 - \frac{3Rr + 2r^2}{2R^2 + 4Rr} \leqslant \frac{R}{r} - \frac{1}{2}$$

等价于

$$\frac{(3Rr + 2r^2)r + 2R(R^2 + 2Rr)}{2(R^2 + 2Rr)r} \geqslant \frac{5}{2}$$

即

$$2R^3 + 4R^2 r + 3Rr^2 + 2r^3 \geqslant 5R^2 r + 10Rr^2$$

等价于
$$2R^3 + 2r^3 \geqslant R^2 r + 7Rr^2$$

由 Euler 不等式 $R \geqslant 2r$,知

$$2R^3 + 2r^3 \geqslant R^2 r + 3R^2 r + 2r^3 \geqslant R^2 r + 7Rr^2$$

于是只需证明

$$3R^2 r - 7Rr^2 + 2r^3 \geqslant 0$$

即

$$3R^2 - 7Rr + 2r^2 \geqslant 0$$

此即 $(3R - r)(R - 2r) \geqslant 0$,由 Euler 不等式 $R \geqslant 2r$,知该不等式显然成立,故问题 3 成立.

(3) 定理 3 的证明.

证明 因为

$$2s \sum \frac{a}{b+c} = \sum (a+b+c) \frac{a}{b+c}$$
$$= \sum \frac{a^2}{b+c} + a + b + c$$

所以

$$\sum \frac{a^2}{b+c} = 2s \sum \frac{a}{b+c} - 2s = 2s \left(\sum \frac{a}{b+c} - 1 \right)$$

$$\sum \frac{a^2}{b+c} \leqslant 2s \left(2 - \frac{3Rr + 2r^2}{2R^2 + 4Rr} - 1 \right)$$

$$= 2s \left(1 - \frac{3Rr + 2r^2}{2R^2 + 4Rr} \right)$$

$$= 2s \cdot \frac{2R^2 + Rr - 2r^2}{2R^2 + 4Rr} \leqslant s \cdot \frac{2R^2 + Rr - 2r^2}{R^2 + 2Rr}$$

因为 $s \leqslant \dfrac{3\sqrt{3}R}{2}$,于是 $\sum \dfrac{a^2}{b+c} \leqslant \dfrac{3\sqrt{3}R}{2} \cdot$

$\dfrac{2R^2 + Rr - 2r^2}{R^2 + 2Rr} = \dfrac{3\sqrt{3}}{2} \cdot \dfrac{2R^2 + Rr - 2r^2}{R + 2r}$.

说明 要证定理 3 强于问题 4,结合定理 1 第二

式,有 $2 - \dfrac{3Rr + 2r^2}{2R^2 + 4Rr} \leqslant \dfrac{R}{r} - \dfrac{1}{2}$,于是只需证明

$$3\sqrt{3}\,(R - r) \leqslant \dfrac{3\sqrt{6}\,R}{4r}\sqrt{R(R - r)}$$

$$\Leftrightarrow 4(R - r)r \leqslant \sqrt{2}\,R\sqrt{R(R - r)}$$

$$\Leftrightarrow 2r\sqrt{2(R - r)} \leqslant R\sqrt{R} \Leftrightarrow R^3 + 8r^3 \geqslant 8Rr^2$$

因为 $R^3 + 8r^3 \geqslant 2R^2 r + 8r^3 = 2r(R^2 + 4r^2) \geqslant 8Rr^2$,故定理 3 强于问题 4.

（4）定理 4 的证明.

证明　因为 $a = 2R\sin A$, $\cos A = \dfrac{b^2 + c^2 - a^2}{2bc}$ 等三式,有

$$\dfrac{\cos A}{\sin^2 B + \sin^2 C} + \dfrac{\cos B}{\sin^2 C + \sin^2 A} + \dfrac{\cos C}{\sin^2 A + \sin^2 B}$$

$$= \sum \dfrac{4R^2(b^2 + c^2 - a^2)}{2bc(b^2 + c^2)} = \sum \dfrac{4R^2 a(b^2 + c^2 - a^2)}{2abc(b^2 + c^2)}$$

$$= \sum \dfrac{4R^2 a(b^2 + c^2 - a^2)}{8Rrs(b^2 + c^2)}$$

$$= \dfrac{R}{2rs}\sum a - \dfrac{R}{2rs}\sum \dfrac{a^3}{b^2 + c^2}$$

$$= \dfrac{R}{2rs} \cdot 2s - \dfrac{R}{2rs}\sum \dfrac{a^3}{b^2 + c^2}$$

$$= \dfrac{R}{r} - \dfrac{R}{2rs}\sum \dfrac{a^3}{b^2 + c^2}$$

即

$$\dfrac{\cos A}{\sin^2 B + \sin^2 C} + \dfrac{\cos B}{\sin^2 C + \sin^2 A} + \dfrac{\cos C}{\sin^2 A + \sin^2 B}$$

$$= \dfrac{R}{r} - \dfrac{R}{2rs}\sum \dfrac{a^3}{b^2 + c^2} \tag{$**$}$$

由 Cauchy 不等式,有

$$\sum \frac{a^3}{b^2 + c^2} = \sum \frac{a^4}{ab^2 + ac^2}$$

$$\geqslant \frac{(a^2 + b^2 + c^2)^2}{\sum ab(a + b)}$$

$$= \frac{(a^2 + b^2 + c^2)^2}{2s \sum ab - 3abc}$$

$$= \frac{4(s^2 - 4Rr - r^2)^2}{2s(s^2 + 4Rr + r^2) - 12Rrs} = \frac{2(s^2 - 4Rr - r^2)^2}{s(s^2 - 2Rr + r^2)}$$

$$= 2s \cdot \frac{s^2 - 4Rr - r^2}{s^2} \cdot \frac{s^2 - 4Rr - r^2}{s^2 - 2Rr + r^2}$$

$$= 2s \cdot \left(1 - \frac{4Rr + r^2}{s^2}\right)\left(1 - \frac{2Rr + 2r^2}{s^2 - 2Rr + r^2}\right)$$

由不等式 $s^2 \geqslant 3(4Rr + r^2)$ 知

$$1 - \frac{4Rr + r^2}{s^2} \geqslant 1 - \frac{4Rr + r^2}{3(4Rr + r^2)} = \frac{2}{3}$$

$$1 - \frac{2Rr + 2r^2}{s^2 - 2Rr + r^2} \geqslant 1 - \frac{2Rr + 2r^2}{3(4Rr + r^2) - 2Rr + r^2}$$

$$= 1 - \frac{R + r}{5R + 2r} = \frac{4R + r}{5R + 2r}$$

将以上两式相乘,得到

$$\left(1 - \frac{4Rr + r^2}{s^2}\right)\left(1 - \frac{2Rr + 2r^2}{s^2 - 2Rr + r^2}\right)$$

$$\geqslant \frac{8R + 2r}{15R + 6r}$$

于是

$$\sum \frac{a^3}{b^2 + c^2} \geqslant \frac{8R + 2r}{15R + 6r} 2s$$

结合式(∗ ∗),有

$$\frac{\cos A}{\sin^2 B + \sin^2 C} + \frac{\cos B}{\sin^2 C + \sin^2 A} +$$

$$\frac{\cos C}{\sin^2 A + \sin^2 B} = \frac{R}{r} - \frac{R}{2rs}\sum \frac{a^3}{b^2 + c^2}$$

$$\leqslant \frac{R}{r} - \frac{R}{2rs} \cdot \frac{8R+2r}{15R+6r}2s = \frac{R}{r} - \frac{R}{r} \cdot \frac{8R+2r}{15R+6r}$$

$$= \frac{R}{r}\left(1 - \frac{8R+2r}{15R+6r}\right) = \frac{R}{r} \cdot \frac{7R+4r}{15R+6r}$$

$$= \frac{R}{2r} \cdot \frac{14R+8r}{15R+6r} \leqslant \frac{R}{2r}$$

8.3　数学奥林匹克试题的推广

1. 设 x,y,z 为正实数,证明:$\dfrac{2x^2+xy}{(y+\sqrt{zx}+z)^2} +$

$\dfrac{2y^2+yz}{(z+\sqrt{xy}+x)^2} + \dfrac{2z^2+zx}{(x+\sqrt{yz}+y)^2} \geqslant 1.$

证法 1　由 Cauchy 不等式有

$$(y+\sqrt{zx}+z)^2 \leqslant (y+z+x)(y+z+z)$$
$$= (x+y+z)(y+2z)$$

所以

$$\frac{2x^2+xy}{(y+\sqrt{zx}+z)^2} \geqslant \frac{2x^2+xy}{(x+y+z)(y+2z)}$$

同理,有

$$\frac{2y^2+yz}{(z+\sqrt{xy}+x)^2} \geqslant \frac{2y^2+yz}{(x+y+z)(z+2x)}$$

$$\frac{2z^2+zx}{(x+\sqrt{yz}+y)^2} \geqslant \frac{2y^2+yz}{(x+y+z)(x+2y)}$$

所以只需证 $\displaystyle\sum \frac{2x^2+xy}{y+2z} \geqslant \sum x$,即

$$\sum \frac{2x^2 + xy}{y + 2z} + \sum x \geqslant 2 \sum x$$

此式等价于

$$\sum \frac{2x^2 + xy + xy + 2zx}{y + 2z} \geqslant 2 \sum x$$

即 $\sum \dfrac{x}{y + 2z} \geqslant 1$，又等价于 $\sum \dfrac{x^2}{xy + 2zx} \geqslant 1$.

由 Cauchy 不等式的变式，有 $\sum \dfrac{x^2}{xy + 2zx} \geqslant$

$\sum \dfrac{(x + y + z)^2}{3(xy + yz + zx)} \geqslant 1$，故所证不等式成立.

证法 2 由 Cauchy 不等式有

$$(xy + x^2 + x^2)\left(\frac{y}{x} + \frac{z}{x} + \frac{z^2}{x^2}\right) \geqslant (y + \sqrt{zx} + z)^2$$

所以

$$\frac{2x^2 + xy}{(y + \sqrt{zx} + z)^2} \geqslant \frac{x^2}{xy + xz + z^2}$$

同理,有

$$\frac{2y^2 + xy}{(x + \sqrt{zx} + z)^2} \geqslant \frac{y^2}{yz + yx + x^2}$$

$$\frac{2z^2 + zx}{(x + \sqrt{yz} + y)^2} \geqslant \frac{z^2}{zx + zy + y^2}$$

由 Cauchy 不等式的变式,有

$$\frac{2x^2 + xy}{(y + \sqrt{zx} + z)^2} + \frac{2y^2 + yz}{(z + \sqrt{xy} + x)^2} +$$

$$\frac{2z^2 + zx}{(x + \sqrt{yz} + y)^2}$$

$$\geqslant \frac{x^2}{xy + xz + z^2} + \frac{y^2}{yz + yx + x^2} + \frac{z^2}{zx + zy + y^2}$$

$$\geqslant \frac{(x + y + z)^2}{x^2 + y^2 + z^2 + 2(xy + yz + zx)} = 1$$

该不等式可推广为：

定理 1　设 a,b,c,x,y,z 为正实数，且 $a+b\geqslant 2c$，有

$$\frac{(b+c)x^2+axy}{(ay+b\sqrt{zx}+cz)^2}+\frac{(b+c)y^2+ayz}{(az+b\sqrt{xy}+cx)^2}+$$

$$\frac{(b+c)z^2+azx}{(ax+b\sqrt{yz}+cy)^2}\geqslant\frac{2}{a+b}$$

证明　由 Cauchy 不等式有

$$(axy+bx^2+cx^2)\left(\frac{ay}{x}+\frac{bz}{x}+\frac{cz^2}{x^2}\right)$$

$$\geqslant(ay+b\sqrt{zx}+cz)^2$$

所以

$$\frac{(b+c)x^2+axy}{(ay+b\sqrt{zx}+cz)^2}\geqslant\frac{x^2}{axy+bxz+cz^2}$$

同理，有

$$\frac{(b+c)y^2+ayz}{(az+b\sqrt{xy}+cx)^2}\geqslant\frac{y^2}{ayz+byx+cx^2}$$

$$\frac{(b+c)z^2+azx}{(ax+b\sqrt{yz}+cy)^2}\geqslant\frac{z^2}{azx+bzy+cy^2}$$

所以

$$\frac{(b+c)x^2+axy}{(ay+b\sqrt{zx}+cz)^2}+\frac{(b+c)y^2+ayz}{(az+b\sqrt{xy}+cx)^2}+$$

$$\frac{(b+c)z^2+azx}{(ax+b\sqrt{yz}+cy)^2}$$

$$\geqslant\frac{x^2}{axy+bxz+cz^2}+\frac{y^2}{ayz+byx+cx^2}+$$

$$\frac{z^2}{azx+bzy+cy^2}$$

$$\geqslant\frac{(x+y+z)^2}{c(x^2+y^2+z^2)+(a+b)(xy+yz+zx)}$$

419

$$\geqslant \frac{2(x+y+z)^2}{(a+b)(x^2+y^2+z^2+2xy+2yz+2zx)}$$

$$=\frac{2}{a+b}$$

最后提出下面的猜想:设 a,b,c,x,y,z 为正实数,且 $a+b\geqslant 2c$,则

$$\frac{(b+c)x^2+axy}{(ay+b\sqrt{zx}+cz)^2}+\frac{(b+c)y^2+ayz}{(az+b\sqrt{xy}+cx)^2}+$$

$$\frac{(b+c)z^2+azx}{(ax+b\sqrt{yz}+cy)^2}\geqslant\frac{3}{a+b+c}$$

2.联杯网络数学奥林匹克(高二)有这样一道试题:设 $x,y,z>0$,且满足 $xyz=1$,证明

$$\frac{9}{x^2(x+y+z)+1}+$$

$$6\left[\frac{1}{y^2(x+y+z)+1}+\frac{1}{z^2(x+y+z)+1}\right]\geqslant 5$$

推广该不等式得到:

定理 2　设 $x,y,z>0$,且满足 $xyz=1,\lambda>0$,则

$$\frac{(\lambda+1)^2}{x^2(x+y+z)+1}+$$

$$2(\lambda+1)\left[\frac{1}{y^2(x+y+z)+1}+\frac{1}{z^2(x+y+z)+1}\right]$$

$$\geqslant 2\lambda+1$$

证明　所证不等式等价于

$$\frac{(\lambda+1)^2yz}{(y+x)(z+x)}+\frac{2(\lambda+1)zx}{(z+y)(x+y)}+$$

$$\frac{2(\lambda+1)xy}{(z+x)(z+y)}\geqslant 2\lambda+1$$

$$\Leftrightarrow(\lambda+1)^2yz(y+z)+2(\lambda+1)zx(z+x)+$$

$$2(\lambda+1)xy(x+y)$$

$$\geqslant (2\lambda+1)(x+y)(y+z)(z+x)$$

$$\Leftrightarrow \lambda^2 yz(y+z)+xy(x+y)+zx(z+x)$$

$$\geqslant 2(2\lambda+1)$$

$$\Leftrightarrow \frac{\lambda^2(y+z)}{x}+\frac{x+y}{z}+\frac{z+x}{y} \geqslant 2(2\lambda+1)$$

$$\Leftrightarrow \left(\frac{x}{z}+\frac{\lambda^2 z}{x}\right)+\left(\frac{x}{y}+\frac{\lambda^2 y}{x}\right)+\left(\frac{y}{z}+\frac{z}{y}\right) \geqslant 4\lambda+2$$

因为

$$\frac{x}{z}+\frac{\lambda^2 z}{x} \geqslant 2\sqrt{\frac{x}{z}\cdot\frac{\lambda^2 z}{x}}=2\lambda$$

$$\frac{x}{y}+\frac{\lambda^2 y}{x} \geqslant 2\lambda, \frac{y}{z}+\frac{z}{y} \geqslant 2$$

所以所证不等式得证. 由证明过程知当且仅当 $x=\lambda y=\lambda z$ 时等号成立.

定理 3　设 $x,y,z>0$,且满足 $xyz=m^3,\lambda>0$,则

$$\frac{(\lambda+1)^2 m^3}{x^2(x+y+z)+m^3}+$$

$$2(\lambda+1)\left[\frac{m^3}{y^2(x+y+z)+m^3}+\right.$$

$$\left.\frac{m^3}{z^2(x+y+z)+m^3}\right]$$

$$\geqslant 2\lambda+1$$

和定理 3 完全类似可证,故略.

3. 宋庆先生提出的猜想 1 是:若 a,b,c 为满足 $a+b+c=1$ 的正数,则

$$\sqrt{a+\frac{1}{b}}+\sqrt{b+\frac{1}{c}}+\sqrt{c+\frac{1}{a}} \geqslant \sqrt{30} \qquad ①$$

可以证明:若 a,b,c 为正数,且 $a+b+c=1$,则

$$\sqrt{a+\frac{1}{a}}+\sqrt{b+\frac{1}{b}}+\sqrt{c+\frac{1}{c}} \geqslant \sqrt{30} \qquad ②$$

可以证明式 ① 是正确的,且可以推广为:

推广 1 设 $a_i > 0 (i = 1, 2, \cdots, n)$, $\sum\limits_{i=1}^{n} a_i = m \leqslant 1$, $k \in \mathbf{N}, \alpha > 0, a_{n+1} = a_1$, 则

$$\sum_{i=1}^{n} \left(a_i^k + \frac{1}{a_{i+1}^k} \right)^{\alpha} \geqslant n \left[\left(\frac{n}{m} \right)^k + \left(\frac{m}{n} \right)^k \right]^{\alpha} \qquad ③$$

引理 1 设 $a_{ij} > 0 (i = 1, 2, \cdots, n; j = 1, 2, \cdots, m)$ 则

$$(a_{11} + a_{12} + \cdots + a_{1m})(a_{21} + a_{22} + \cdots + a_{2m}) \cdots$$

$$(a_{n1} + a_{n2} + \cdots + a_{nm})$$

$$\geqslant \left[(a_{11} a_{21} \cdots a_{n1})^{\frac{1}{n}} + (a_{12} a_{22} \cdots a_{n2})^{\frac{1}{n}} + \cdots + \right.$$

$$\left. (a_{1m} a_{2m} \cdots a_{nm})^{\frac{1}{n}} \right]^n$$

证明 由引理 1 知

$$\left(a_1^k + \frac{1}{a_2^k} \right) \left(a_2^k + \frac{1}{a_3^k} \right) \cdots \left(a_n^k + \frac{1}{a_1^k} \right)$$

$$\geqslant \left[(a_1^k a_2^k \cdots a_n^k)^{\frac{1}{n}} + \left(\frac{1}{a_2^k} \frac{1}{a_3^k} \cdots \frac{1}{a_n^k} \frac{1}{a_1^k} \right)^{\frac{1}{n}} \right]^n$$

$$= \left[(a_1 a_2 \cdots a_n)^{\frac{k}{n}} + \left(\frac{1}{a_1 a_2 \cdots a_n} \right)^{\frac{k}{n}} \right]^n$$

而 $(a_1 a_2 \cdots a_n)^{\frac{1}{n}} \leqslant \frac{1}{n} \sum\limits_{i=1}^{n} a_i = \frac{m}{n} < 1$, 且 $k > 0$, 知

$(a_1 a_2 \cdots a_n)^{\frac{k}{n}} \leqslant \left(\frac{m}{n} \right)^k < 1$, 由 $f(x) = x + \frac{1}{x}$ 在 $(0, 1)$

内是减函数,有

$$(a_1 a_2 \cdots a_n)^{\frac{k}{n}} + \left(\frac{1}{a_1 a_2 \cdots a_n} \right)^{\frac{k}{n}} \geqslant \left(\frac{m}{n} \right)^k + \left(\frac{n}{m} \right)^k$$

于是得到

$$\left(a_1^k + \frac{1}{a_2^k} \right) \left(a_2^k + \frac{1}{a_3^k} \right) \cdots \left(a_n^k + \frac{1}{a_1^k} \right)$$

$$\geqslant \left[\left(\frac{m}{n} \right)^k + \left(\frac{n}{m} \right)^k \right]^n$$

又由平均值不等式有

$$\sum_{i=1}^{n}\left(a_i^k+\frac{1}{a_{i+1}^k}\right)^\alpha$$

$$\geqslant n\sqrt[n]{\left(a_1^k+\frac{1}{a_2^k}\right)^\alpha\left(a_2^k+\frac{1}{a_3^k}\right)^\alpha\cdots\left(a_n^k+\frac{1}{a_1^k}\right)^\alpha}$$

$$=n\sqrt[\frac{n}{\alpha}]{\left(a_1^k+\frac{1}{a_2^k}\right)\left(a_2^k+\frac{1}{a_3^k}\right)\cdots\left(a_n^k+\frac{1}{a_1^k}\right)}$$

$$\geqslant n\sqrt[\frac{n}{\alpha}]{\left[\left(\frac{m}{n}\right)^k+\left(\frac{n}{m}\right)^k\right]^n}=n\left[\left(\frac{m}{n}\right)^k+\left(\frac{n}{m}\right)^k\right]^\alpha$$

推广 2　设 $a_i>0(i=1,2,\cdots,n)$，$\sum\limits_{i=1}^{n}a_i=m\leqslant 1$，$p,q\in\mathbf{N},\alpha>0,a_{n+1}=a_1,p\leqslant q$，则

$$\sum_{i=1}^{n}\left(a_i^p+\frac{1}{a_{i+1}^q}\right)^\alpha\geqslant n\left[\left(\frac{m}{n}\right)^p+\left(\frac{n}{m}\right)^q\right]^\alpha$$

证明　由引理 1 知

$$\left(a_1^p+\frac{1}{a_2^q}\right)\left(a_2^p+\frac{1}{a_3^q}\right)\cdots\left(a_n^p+\frac{1}{a_1^q}\right)$$

$$\geqslant\left[\left(a_1^p a_2^p\cdots a_n^p\right)^{\frac{1}{n}}+\left(\frac{1}{a_2^q}\frac{1}{a_3^q}\cdots\frac{1}{a_n^q}\frac{1}{a_1^q}\right)^{\frac{1}{n}}\right]^n$$

$$=\left[\left(a_1 a_2\cdots a_n\right)^{\frac{p}{n}}+\left(\frac{1}{a_1 a_2\cdots a_n}\right)^{\frac{q}{n}}\right]^n$$

而 $(a_1 a_2\cdots a_n)^{\frac{1}{n}}\leqslant\dfrac{1}{n}\sum\limits_{i=1}^{n}a_i=\dfrac{m}{n}<1$，且 $k>0$，知

$(a_1 a_2\cdots a_n)^{\frac{p}{n}}\leqslant\left(\dfrac{m}{n}\right)^p<1$，由 $f(x)=x^p+x^q$ 知

$$f'(x)=px^{p-1}-qx^{-q-1}$$

$$=px^{p-1}-\frac{q}{x^{q+1}}=\frac{px^{p+q}-q}{x^{q+1}}$$

$$\leqslant\frac{px^p-p}{x^{q+1}}=\frac{p(x^{p+q}-1)}{x^{q+1}}<0$$

所以 $f(x) = x^p + x^q$ 为减函数,所以

$$(a_1 a_2 \cdots a_n)^{\frac{p}{n}} + \left(\frac{1}{a_1 a_2 \cdots a_n}\right)^{\frac{q}{n}} \geqslant \left(\frac{m}{n}\right)^p + \left(\frac{n}{m}\right)^q$$

于是有

$$\left(a_1^p + \frac{1}{a_2^q}\right)\left(a_2^p + \frac{1}{a_3^q}\right) \cdots \left(a_n^p + \frac{1}{a_1^q}\right)$$

$$\geqslant \left[\left(\frac{m}{n}\right)^p + \left(\frac{n}{m}\right)^q\right]^n$$

又由平均值不等式得到

$$\sum_{i=1}^{n} \left(a_i^p + \frac{1}{a_{i+1}^q}\right)^{\alpha}$$

$$\geqslant n \sqrt[n]{\left(a_1^p + \frac{1}{a_2^q}\right)^{\alpha}\left(a_2^p + \frac{1}{a_3^q}\right)^{\alpha} \cdots \left(a_n^p + \frac{1}{a_1^q}\right)^{\alpha}}$$

$$= n \sqrt[\frac{n}{\alpha}]{\left(a_1^p + \frac{1}{a_2^q}\right)\left(a_2^p + \frac{1}{a_3^q}\right) \cdots \left(a_n^p + \frac{1}{a_1^q}\right)}$$

$$\geqslant n \sqrt[\frac{n}{\alpha}]{\left[\left(\frac{m}{n}\right)^p + \left(\frac{n}{m}\right)^q\right]^n} = n \left[\left(\frac{m}{n}\right)^p + \left(\frac{n}{m}\right)^q\right]^{\alpha}$$

4.《数学通报》2009 年 5 月问题 1794:设 $a, b,$ $c > 0, a+b+c = 1, n$ 为正整数,求证

$$\frac{na^2 - (n-1)b}{b+c} + \frac{nb^2 - (n-1)c}{c+a} +$$

$$\frac{nc^2 - (n-1)a}{a+b} \geqslant \frac{3-2n}{2}$$

1. 推广

定理 4　设正实数 a, b, c 满足 $a+b+c = 1, m \geqslant$ $n > 0$ 则

$$\frac{ma^2 - nb}{b+c} + \frac{mb^2 - nc}{c+a} + \frac{mc^2 - na}{a+b} \geqslant \frac{m-3n}{2}$$

证明　由已知得 $a = 1-b-c$,则

$$ma^2 - nb = ma(1-b-c) - nb$$

$$= (ma - nb) - ma(b + c)$$

所以

$$\frac{ma^2 - nb}{b + c} = \frac{(ma - nb) - ma(b + c)}{b + c}$$

$$= \frac{ma - nb}{b + c} - ma$$

所以

$$\frac{ma^2 - nb}{b + c} + \frac{mb^2 - nc}{c + a} + \frac{mc^2 - na}{a + b}$$

$$= \frac{ma - nb}{b + c} + \frac{mb - nc}{c + a} + \frac{mc - na}{a + b} -$$

$$(ma + mb + mc)$$

$$= \frac{ma - nb}{b + c} + \frac{mb - nc}{c + a} + \frac{mc - na}{a + b} - m$$

令 $b + c = 2x, c + a = 2y, a + b = 2z$,则

$$a = y + z - x, b = z + x - y, c = x + y - z$$

所以

$$\frac{ma - nb}{b + c} = \frac{m(y + z - x) - n(z + x - y)}{2x}$$

$$= \frac{(m + n)y - (m + n)x + (m - n)z}{2x}$$

$$= \frac{m + n}{2} \cdot \frac{y}{x} + \frac{m - n}{2} \cdot \frac{z}{x} - \frac{m + n}{2}$$

同理可得另两式,于是有

$$\frac{ma^2 - nb}{b + c} + \frac{mb^2 - nc}{c + a} + \frac{mc^2 - na}{a + b}$$

$$= \frac{ma - nb}{b + c} + \frac{mb - nc}{c + a} + \frac{mc - na}{a + b} - m$$

$$= \frac{m + n}{2} \cdot \left(\frac{y}{x} + \frac{z}{y} + \frac{x}{z} \right) + \frac{m - n}{2} \cdot$$

$$\left(\frac{z}{x} + \frac{x}{y} + \frac{y}{z} \right) - \frac{3(m + n)}{2} - m$$

$$\geqslant \frac{3(m+n)}{2} + \frac{3(m-n)}{2} - \frac{3(m+n)}{2} - m$$

（因为 $m \geqslant n > 0$）

$$= \frac{m-3n}{2}$$

注　当 $n = m-1$ 时，并令 $n \to m$，得到《数学通报》2009 年 5 月问题 1794.

当 $m = n = 1$ 时，得到：

推论 1　设正实数 a, b, c 满足 $a+b+c=1$，则

$$\frac{a^2-b}{b+c} + \frac{b^2-c}{c+a} + \frac{c^2-a}{a+b} \geqslant -1$$

上式是一个新的不等式.

2. 推广的加强

定理 5　设正实数 a, b, c 满足 $a+b+c=1, m \geqslant n > 0$，则

$$\frac{ma^2-nb}{b+c} + \frac{mb^2-nc}{c+a} + \frac{mc^2-na}{a+b}$$

$$\geqslant \frac{m-3n}{2} + \frac{3(2m-n)}{8} \cdot$$

$$\left[(a-b)^2 + (b-c)^2 + (c-a)^2\right]$$

引理 2　设 a, b, c 为正实数，则有

$$\frac{a}{b+c} + \frac{b}{c+a} + \frac{c}{a+b}$$

$$\geqslant \frac{3}{2} + \frac{3}{4} \cdot \frac{(a-b)^2 + (b-c)^2 + (c-a)^2}{(a+b+c)^2}$$

证明　因为

$$\frac{a}{b+c} + \frac{9}{4} \cdot \frac{a(b+c)}{(a+b+c)^2} \geqslant \frac{3a}{a+b+c}$$

$$\frac{b}{c+a} + \frac{9}{4} \cdot \frac{b(c+a)}{(a+b+c)^2} \geqslant \frac{3b}{a+b+c}$$

$$\frac{c}{a+b}+\frac{9}{4}\cdot\frac{c(a+b)}{(a+b+c)^2}\geqslant\frac{3c}{a+b+c}$$

所以将上述三式相加得

$$\frac{a}{b+c}+\frac{b}{c+a}+\frac{c}{a+b}$$

$$\geqslant 3-\frac{9}{4}\cdot\frac{[a(b+c)+b(c+a)+c(a+b)]}{(a+b+c)^2}$$

$$=\frac{3}{2}+\frac{3(a+b+c)^2}{2(a+b+c)^2}-$$

$$\frac{9[a(b+c)+b(c+a)+c(a+b)]}{4(a+b+c)^2}$$

$$=\frac{3}{2}+$$

$$\frac{6(a+b+c)^2-9[a(b+c)+b(c+a)+c(a+b)]}{4(a+b+c)^2}$$

$$=\frac{3}{2}+$$

$$\frac{6(a^2+b^2+c^2+2ab+2bc+2ca)-18(ab+bc+ca)}{4(a+b+c)^2}$$

$$=\frac{3}{2}+\frac{3[(a-b)^2+(b-c)^2+(c-a)^2]}{4(a+b+c)^2}$$

特别地,当 $a+b+c=1$ 时,有:

推论 2　设 a,b,c 为正实数,且 $a+b+c=1$,则有

$$\frac{a}{b+c}+\frac{b}{c+a}+\frac{c}{a+b}$$

$$\geqslant\frac{3}{2}+\frac{3}{4}[(a-b)^2+(b-c)^2+(c-a)^2]$$

注　推论 1 是 Nesbitt 不等式 $\dfrac{a}{b+c}+\dfrac{b}{c+a}+\dfrac{c}{a+b}\geqslant\dfrac{3}{2}$ 的加强.

引理 3　设 a,b,c 为正实数,则有

$$\frac{a+c}{b+c}+\frac{b+a}{c+a}+\frac{c+b}{a+b}$$

$$\geqslant 3+\frac{3}{8}\cdot\frac{(a-b)^2+(b-c)^2+(c-a)^2}{(a+b+c)^2}$$

证明 因为

$$\frac{a+c}{b+c}+\frac{9(a+c)(b+c)}{4(a+b+c)^2}\geqslant\frac{3(a+c)}{a+b+c}$$

同理,有

$$\frac{b+a}{c+a}+\frac{9(b+a)(c+a)}{4(a+b+c)^2}\geqslant\frac{3(b+a)}{a+b+c}$$

$$\frac{c+b}{a+b}+\frac{9(c+b)(a+b)}{4(a+b+c)^2}\geqslant\frac{3(c+b)}{a+b+c}$$

将上述三式相加有

$$\frac{a+b}{b+c}+\frac{b+c}{c+a}+\frac{c+a}{a+b}$$

$$\geqslant 6-$$

$$\frac{9(a+c)(b+c)+9(b+a)(c+a)+9(c+b)(a+b)}{4(a+b+c)^2}$$

$$=3+$$

$$\frac{12(a+b+c)^2-9(a^2+b^2+c^2+3ab+3bc+3ca)}{4(a+b+c)^2}$$

$$=3+\frac{3(a^2+b^2+c^2-ab-bc-ca)}{4(a+b+c)^2}$$

$$-3+\frac{3\lceil(a-b)^2+(b-c)^2+(c-a)^2\rceil}{8(a+b+c)^2}$$

特别地,当 $a+b+c=1$ 时,有:

推论3 设 a,b,c 为正实数,且 $a+b+c=1$,则有

$$\frac{a+b}{b+c}+\frac{b+c}{c+a}+\frac{c+a}{a+b}$$

$$\geqslant 3+\frac{3}{8}[(a-b)^2+(b-c)^2+(c-a)^2]$$

引理 4　设 a,b,c 为正实数，$m \geqslant n \geqslant 0$，则有

$$\frac{ma+nc}{b+c}+\frac{mb+na}{c+a}+\frac{mc+nb}{a+b}$$

$$\geqslant \frac{3(m+n)}{2}+\frac{3(2m-n)}{8} \cdot$$

$$\frac{(a-b)^2+(b-c)^2+(c-a)^2}{(a+b+c)^2}$$

证明　由引理 2 和引理 3 知

$$\frac{ma+nc}{b+c}+\frac{mb+na}{c+a}+\frac{mc+nb}{a+b}$$

$$=\frac{n(a+c)+(m-n)a}{b+c}+\frac{n(b+a)+(m-n)b}{c+a}+$$

$$\frac{n(c+b)+(m-n)c}{a+b}$$

$$=n\left(\frac{a+c}{b+c}+\frac{b+a}{c+a}+\frac{c+b}{a+b}\right)+$$

$$(m-n)\left(\frac{a}{b+c}+\frac{b}{c+a}+\frac{c}{a+b}\right)$$

$$\geqslant n\left[3+\frac{3}{8}\cdot\frac{(a-b)^2+(b-c)^2+(c-a)^2}{(a+b+c)^2}\right]+$$

$$(m-n)\left[\frac{3}{2}+\frac{3}{4}\cdot\frac{(a-b)^2+(b-c)^2+(c-a)^2}{(a+b+c)^2}\right]$$

$$=\frac{3(m+n)}{2}+\frac{3(2m-n)}{8} \cdot$$

$$\frac{(a-b)^2+(b-c)^2+(c-a)^2}{(a+b+c)^2}$$

在引理 4 中取 $a+b+c=1$，则有：

推论 4　设 a,b,c 为正实数，且 $a+b+c=1$，$m \geqslant n \geqslant 0$，则有

$$\frac{ma+nc}{b+c}+\frac{mb+na}{c+a}+\frac{mc+nb}{a+b}$$

$$\geqslant \frac{3(m+n)}{2} + \frac{3(2m-n)}{8} \cdot$$
$$[(a-b)^2 + (b-c)^2 + (c-a)^2]$$

定理 5 的证明　由已知得 $a=1-b-c$,结合引理 4,则

$$ma^2 - nb = ma(1-b-c) - nb$$
$$= (ma - nb) - ma(b+c)$$

所以

$$\frac{ma^2 - nb}{b+c} = \frac{(ma-nb) - ma(b+c)}{b+c}$$
$$= \frac{ma - nb}{b+c} - ma$$

同理可得另两式,将这三式相加,得

$$\frac{ma^2 - nb}{b+c} + \frac{mb^2 - nc}{c+a} + \frac{mc^2 - na}{a+b}$$
$$= \frac{ma - nb}{b+c} + \frac{mb - nc}{c+a} + \frac{mc - na}{a+b} -$$
$$(ma + mb + mc)$$
$$= \frac{ma - nb}{b+c} + \frac{mb - nc}{c+a} + \frac{mc - na}{a+b} - m$$
$$= \frac{ma + nc - n(b+c)}{b+c} + \frac{mb + na - n(a+c)}{c+a} +$$
$$\frac{mc + nb - n(a+b)}{a+b} - m$$
$$= \frac{ma + nc}{b+c} + \frac{mb + na}{c+a} + \frac{mc + nb}{a+b} - 3n - m$$
$$\geqslant \frac{3(m+n)}{2} + \frac{3(2m-n)}{8} \cdot [(a-b)^2 +$$
$$(b-c)^2 + (c-a)^2] - 3n - m$$
$$= \frac{m - 3n}{2} + \frac{3(2m-n)}{8} \cdot$$
$$[(a-b)^2 + (b-c)^2 + (c-a)^2]$$

注　当 $n = m - 1$ 时,并令 $n \to m$,得到《数学通报》2009 年 5 月问题 1794 的加强式

$$\frac{na^2 - (n-1)b}{b+c} + \frac{nb^2 - (n-1)c}{c+a} +$$

$$\frac{nc^2 - (n-1)a}{a+b}$$

$$\geqslant \frac{3-2n}{2} + \frac{3(m+1)}{8} \cdot \left[(a-b)^2 + \right.$$

$$(b-c)^2 + (c-a)^2 \Big]$$

当 $m = n = 1$ 时,得到推论 1 的加强:

设正实数 a, b, c 满足 $a + b + c = 1$,则

$$\frac{a^2 - b}{b+c} + \frac{b^2 - c}{c+a} + \frac{c^2 - a}{a+b}$$

$$\geqslant -1 + \frac{3}{8} \Big[(a-b)^2 + (b-c)^2 + (c-a)^2 \Big]$$

这是一个很强的不等式.

可以得到一个类似不等式:

定理 6　设正实数 a, b, c 满足 $a + b + c = 1, m \geqslant n > 0$,则

$$\frac{ma - nb^2}{b+c} + \frac{mb - nc^2}{c+a} + \frac{mc - na^2}{a+b} \geqslant \frac{3m-n}{2}$$

证明　因为

$$\frac{a - b^2}{b+c} = \frac{1 - (b+c) - b^2}{b+c} = \frac{1 - b^2}{b+c} - 1$$

$$= \frac{(1+b)(1-b)}{b+c} - 1$$

$$= \frac{(a+b+c+b)(a+c)}{b+c} - 1$$

$$= \frac{(a+b)(a+c) + (b+c)(a+c)}{b+c} - 1$$

431

$$= \frac{(a+b)(a+c)}{b+c} + a + c - 1$$

$$= \frac{(a+b)(a+c)}{b+c} - b$$

同理可得另两式,于是有

$$\frac{a-b^2}{b+c} + \frac{b-c^2}{c+a} + \frac{c-a^2}{a+b}$$

$$= \frac{(a+b)(a+c)}{b+c} + \frac{(b+c)(b+a)}{c+a} +$$

$$\frac{(c+a)(c+b)}{a+b} - a - b - c$$

令 $a+b=x, b+c=y, c+a=z$ 则

$$\frac{(a+b)(a+c)}{b+c} + \frac{(b+c)(b+a)}{c+a} +$$

$$\frac{(c+a)(c+b)}{a+b}$$

$$= \frac{xz}{y} + \frac{xy}{z} + \frac{yz}{x} = \frac{(zx)^2 + (xy)^2 + (yz)^2}{xyz}$$

$$\geqslant \frac{xyz(x+y+z)}{xyz} = x + y + z = 2$$

所以 $\dfrac{a-b^2}{b+c} + \dfrac{b-c^2}{c+a} + \dfrac{c-a^2}{a+b} \geqslant 2 - 1 = 1.$ 于是有

$$\frac{ma - nb^2}{b+c} + \frac{mb - nc^2}{c+a} + \frac{mc - na^2}{a+b}$$

$$= \sum \frac{(m-n)a + n(a-b^2)}{b+c}$$

$$= (m-n) \sum \frac{a}{b+c} + n \sum \frac{a-b^2}{b+c}$$

$$\geqslant \frac{3(m-n)}{2} + n = \frac{3m-n}{2} (因为 \sum \frac{a}{b+c} \geqslant \frac{3}{2})$$

注 在证明过程中得到这样一个不等式:设正实

数 a, b, c 满足 $a + b + c = 1, m \geqslant n > 0$ 则

$$\frac{a - b^2}{b + c} + \frac{b - c^2}{c + a} + \frac{c - a^2}{a + b} \geqslant 1$$

这是一个新的不等式.

几何不等式

9.1　关于三角形面积的几个不等式

定理 1　已知 $\triangle ABC$，D，E 分别是 AC，AB 边上的点，BD 与 CE 相交于点 P，且 $S_{\text{四边形}BCDE}=\lambda S_{\triangle BPC}$，则

$$\frac{S_{\triangle DEP}}{S_{\triangle ABC}}\leqslant\frac{(2-\sqrt{\lambda})(\sqrt{\lambda}-1)^{2}}{\sqrt{\lambda}}$$

证明　设 $\dfrac{AE}{AB}=x$，$\dfrac{AD}{AC}=y$，则

$\dfrac{S_{\triangle AED}}{S_{\triangle ABC}}=\dfrac{AE\cdot AD}{AB\cdot AC}=xy$. 不妨设 $S_{\triangle ABC}=1$，则 $S_{\triangle ADE}=xy$，$S_{\text{四边形}BCDE}=1-xy$. 在 $\triangle ABD$ 中由 Menelaus（梅涅劳斯）定理，得

$$\frac{BP}{PD}\cdot\frac{DC}{CA}\cdot\frac{AE}{EB}=1$$

则

$$\frac{BP}{PD} = \frac{CA}{DC} \cdot \frac{EB}{AE} = \frac{1}{1-y} \cdot \frac{1-x}{x} = \frac{1-x}{x(1-y)} \quad ①$$

同理，有

$$\frac{S_{\triangle DEP}}{S_{\triangle BPC}} = \frac{PD \cdot PE}{PB \cdot PC} = \frac{x(1-y)}{1-x} \cdot \frac{y(1-x)}{1-y} = xy$$

同时，由式 ① 得 $\dfrac{BP}{BD} = \dfrac{BP}{BP + PD} = \dfrac{1-x}{1-xy}$，故

$$S_{\triangle BPC} = \frac{BP}{BD} S_{\triangle BCD} = \frac{1-x}{1-xy} \cdot \frac{CD}{CA} S_{\triangle ABC}$$

$$= \frac{(1-x)(1-y)}{1-xy} \quad ②$$

由题意知

$$1 - xy = \frac{\lambda(1-x)(1-y)}{1-xy} \quad ③$$

由式 ③ 有

$$(1-xy)^2 = \lambda(1-x-y+xy)$$
$$\leqslant \lambda(1 - 2\sqrt{xy} + xy)$$
$$= \lambda(1-\sqrt{xy})^2$$

所以 $(1+\sqrt{xy})^2 \leqslant \lambda$，$\sqrt{xy} \leqslant \sqrt{\lambda} - 1$. 令 $xy = u$，则 $u \leqslant (\sqrt{\lambda} - 1)^2$.

由式 ②③ 有

$$S_{\triangle DEP} = xy S_{\triangle BPC} = xy \frac{(1-x)(1-y)}{1-xy}$$

$$= \frac{1}{\lambda} xy(1-xy) = \frac{1}{\lambda} u(1-u)$$

$$= \frac{1}{\lambda} \left[-\left(u - \frac{1}{2}\right)^2 + \frac{1}{4} \right]$$

所以

$$S_{\triangle DEP} \leqslant \frac{1}{\lambda}(\sqrt{\lambda}-1)^2[1-(\sqrt{\lambda}-1)^2]$$

$$=\frac{(2-\sqrt{\lambda})(\sqrt{\lambda}-1)^2}{\sqrt{\lambda}}$$

故 $\dfrac{S_{\triangle DEP}}{S_{\triangle ABC}} \leqslant \dfrac{(2-\sqrt{\lambda})(\sqrt{\lambda}-1)^2}{\sqrt{\lambda}}$. 其中等号成立当且仅当 $x=y=\sqrt{\lambda}-1$.

注 1. 定理 1 中 λ 的取值范围是 $1 < \lambda < 4$,这是因为

$$\lambda = \frac{S_{四边形 BCDE}}{S_{\triangle BPC}} = \frac{1-xy}{(1-x)(1-y)} = \frac{(1-xy)^2}{(1-x)(1-y)}$$

$$=\frac{(1-xy)^2}{1-x-y+xy} \geqslant \frac{(1-xy)^2}{1-2\sqrt{xy}+xy}$$

$$=\frac{(1-xy)^2}{(1-\sqrt{xy})^2} = (1+\sqrt{xy})^2 > 1$$

又由定理 1 知 $2-\sqrt{\lambda} > 0$,则 $\lambda < 4$,故 $1 < \lambda < 4$.

2. 在定理 1 中取 $S_{\triangle ABC} = 1, \lambda = \dfrac{16}{9}$, 则有 $(S_{\triangle DEP})_{\max} = \dfrac{1}{18}$,此为 2004 年(宇振杯)上海市初中数学竞赛试题.

取 $S_{\triangle ABC} = 1, \lambda = 2$ 有 $(S_{\triangle DEP})_{\max} = 5\sqrt{2} - 7$.

定理 2 过 $\triangle ABC$ 的重心 G 作直线 DE 交 AC, AD 于点 D, E, BD, CE 相交于点 P,则有:

(ⅰ) $S_{\triangle DEP} \leqslant \dfrac{4}{45} S_{\triangle ABC}$;

(ⅱ) $S_{\triangle BPE} + S_{\triangle DPC} \geqslant \dfrac{4}{15} S_{\triangle ABC}$;

(ⅲ) $S_{\triangle BPE} + S_{\triangle DPC} \geqslant S_{\triangle DEP}$.

先证明一个引理.

引理 1　过 $\triangle ABC$ 的重心 G 作直线 DE 交 AC，

AD 于点 D，E，设 $\dfrac{AE}{AB}=x$，$\dfrac{AD}{AC}=y$，则 $\dfrac{1}{x}+\dfrac{1}{y}=3$.

证明　过点 B 作 $BM \ /\!/ \ DE$，过点 C 作 $CN \ /\!/ \ DE$

分别交直线 AK 于点 M，N，则 $\dfrac{AB}{AE}=\dfrac{AM}{AG}$，$\dfrac{AC}{AD}=\dfrac{AN}{AG}$.

易证 $\triangle BMK \cong \triangle CNK$，有 $MK=NK$，所以

$$\frac{AB}{AE}+\frac{AC}{AD}=\frac{AM}{AG}+\frac{AN}{AG}=\frac{AM+AN}{AG}$$

$$=\frac{AM+MK+AK-NK}{AG}=\frac{2AG}{AG}$$

因为 G 为 $\triangle ABC$ 的重心，则 $AK=\dfrac{3}{2}AG$，于是有

$\dfrac{AB}{AE}+\dfrac{AC}{AD}=3$. 即 $\dfrac{1}{x}+\dfrac{1}{y}=3$.

下面证明定理 2，先证（ⅰ）.

设 $\dfrac{AE}{AB}=x$，$\dfrac{AE}{AC}=y$，在 $\triangle ABD$ 中由 Menelaus 定理

有 $\dfrac{BP}{PD} \cdot \dfrac{DC}{CA} \cdot \dfrac{AE}{EB}=1$. 所以

$$\frac{BP}{PD}=\frac{CA}{DC} \cdot \frac{EB}{AE}=\frac{1}{1-y} \cdot \frac{1-x}{x}=\frac{1-x}{x(1-y)}$$

同理，有 $\dfrac{CP}{PE}=\dfrac{1-y}{y(1-x)}$.

而 $\dfrac{S_{\triangle BPC}}{S_{\triangle BCD}}=\dfrac{BP}{BD}=\dfrac{1-x}{1-xy}$，$\dfrac{S_{\triangle BCD}}{S_{\triangle ABC}}=\dfrac{CD}{AC}=xy$，则

$\dfrac{S_{\triangle BPC}}{S_{\triangle ABC}}=\dfrac{(1-x)(1-y)}{1-xy}$.

又 $\dfrac{S_{\triangle DEP}}{S_{\triangle BPC}}=\dfrac{PD}{PB} \cdot \dfrac{PE}{PC}=\dfrac{x(1-y)}{1-x} \cdot \dfrac{y(1-x)}{1-y}=$

$1 - y$. 从而

$$\frac{S_{\triangle DEP}}{S_{\triangle ABC}} = \frac{(1-x)(1-y)}{1-xy} \cdot xy = \frac{xy(1-x-y+xy)}{1-xy}$$

因为 $x, y > 0, x + y \geqslant 2\sqrt{xy}$，故

$$\frac{S_{\triangle DEP}}{S_{\triangle ABC}} \leqslant \frac{xy(1 - 2\sqrt{xy} + xy)}{1 - xy} = \frac{xy(1 - \sqrt{xy})}{1 + \sqrt{xy}}$$

由引理 1 有 $3 = \frac{1}{x} + \frac{1}{y} \geqslant 2\sqrt{\frac{1}{xy}}$，所以 $\sqrt{xy} \geqslant \frac{2}{3}$，

又 $\frac{2}{3} \leqslant \sqrt{xy} < 1$，记 $\sqrt{xy} = u$，则 $\frac{2}{3} < u < 1$. 令

$$\frac{S_{\triangle DEP}}{S_{\triangle ABC}} = f(u) = \frac{u^2(1-u)}{1+u}$$

则

$$f(u) = -u^2 + 2u - 2 + \frac{2}{1+u} = -(u-1)^2 - 1$$

$$f'(u) = \frac{-2u(u^2 + u - 1)}{(1+u)^2}$$

又 $\frac{2}{3} < u < 1$. 则

$$g(u) = u^2 + u - 1 = \left(u + \frac{1}{2}\right)^2 - \frac{5}{4}$$

$$\geqslant g\left(\frac{2}{3}\right) = \frac{1}{9} > 0$$

所以 $f'(u) < 0$，即 $f(u)$ 为减函数，故 $f(u) \leqslant$ $f\left(\frac{2}{3}\right) = \frac{4}{45}$. 是故 $\frac{S_{\triangle DEP}}{S_{\triangle ABC}} \leqslant \frac{4}{45}$.

（ⅱ）由（ⅰ）知

$$\frac{PE}{CE} = \frac{PE}{PE + PC} = \frac{y(1-x)}{1-xy}, \frac{BE}{AB} = 1 - x$$

又

$$\frac{S_{\triangle BPE}}{S_{\triangle ABC}}=\frac{PE}{CE},\frac{S_{\triangle BCE}}{S_{\triangle ABC}}=\frac{BE}{AB}$$

所以

$$\frac{S_{\triangle BPE}}{S_{\triangle ABC}}=\frac{S_{\triangle BPE}}{S_{\triangle BCE}}\cdot\frac{S_{\triangle BCE}}{S_{\triangle ABC}}=\frac{PE}{CE}\cdot\frac{BE}{AB}$$

$$=\frac{y(1-x)}{1-xy}(1-x)=\frac{y(1-x)^2}{1-xy}$$

同理,有 $\dfrac{S_{\triangle CPD}}{S_{\triangle ABC}}=\dfrac{x(1-y)^2}{1-xy}$. 所以

$$\frac{S_{\triangle BPE}+S_{\triangle CPD}}{S_{\triangle ABC}}=\frac{y(1-x)^2+x(1-y)^2}{1-xy}$$

$$=\frac{x+y-4xy+xy(x+y)}{1-xy}$$

$$=\frac{3xy-4xy+xy\cdot 3xy}{1-xy}$$

$$=\frac{3x^2y^2-xy}{1-xy}$$

$$=\frac{3u^2-u}{1-u}\quad(u=xy)$$

令 $m(u)=-3u^2-2+\dfrac{2}{1-u}$,则

$$m'(u)=-3+\frac{2}{(1-u)^2}\geqslant -3+\frac{2}{\left(1-\dfrac{4}{9}\right)^2}>0$$

所以 $m(u)$ 为增函数,是故 $m(u)\geqslant m\left(\dfrac{4}{9}\right)=\dfrac{4}{15}$. 于是

$\dfrac{S_{\triangle BPE}+S_{\triangle CPD}}{S_{\triangle ABC}}\geqslant\dfrac{4}{15}$,故 $S_{\triangle BPE}+S_{\triangle CPD}\geqslant\dfrac{4}{15}S_{\triangle ABC}$.

（ⅲ）由（ⅰ）（ⅱ）知（ⅲ）显然成立.

改进定理 2,我们得到:

定理 3　已知 $\triangle ABC$,D,E 分别是 AC,AB 边上的点,BD 与 CE 相交于点 P,则

$$S_{\triangle DEP} \leqslant \frac{5\sqrt{5}-11}{2} S_{\triangle ABC}.$$

证明   如定理 1,设 $\dfrac{AE}{AB}=x$,$\dfrac{AD}{AC}=y$,则 $0<x<$

$1,0<y<1$,在 $\triangle ABD$ 中由 Menelaus 定理有 $\dfrac{BP}{PD} \cdot$

$\dfrac{DC}{CA} \cdot \dfrac{AE}{EB}=1.$ 所以 $\dfrac{BP}{PD}=\dfrac{CA}{DC} \cdot \dfrac{EB}{AE}=\dfrac{1}{1-y} \cdot \dfrac{1-x}{x}=$

$\dfrac{1-x}{x(1-y)}$,于是 $\dfrac{BP}{BD}=\dfrac{BP}{BP+PD}=\dfrac{1-x}{1-xy}$,同理 $\dfrac{CP}{PE}=$

$\dfrac{1-y}{1-xy}.$

而 $\dfrac{S_{\triangle DEP}}{S_{\triangle BPC}}=\dfrac{PD}{PB} \cdot \dfrac{PE}{PC}=\dfrac{x(1-y)}{1-x} \cdot \dfrac{y(1-x)}{1-y}=$

$1-y.$ 所以 $\dfrac{S_{\triangle BPC}}{S_{\triangle ABC}}=\dfrac{(1-x)(1-y)}{1-xy}.$

又

$$\frac{S_{\triangle DEP}}{S_{\triangle BPC}}=\frac{PD \cdot PE}{PB \cdot PC}=\frac{x(1-y)}{1-x} \cdot \frac{y(1-x)}{1-y}=xy$$

所以

$$\frac{S_{\triangle DEP}}{S_{\triangle ABC}}=\frac{(1-x)(1-y)}{1-xy} \cdot xy$$

$$=\frac{xy(1-x-y+xy)}{1-xy}$$

从而

$$\frac{S_{\triangle DEP}}{S_{\triangle ABC}} \leqslant \frac{xy(1-2\sqrt{xy}+xy)}{1-xy}$$

$$=\frac{xy\left(1-\sqrt{xy}\right)^2}{(1+\sqrt{xy})(1-\sqrt{xy})}=\frac{xy(1-\sqrt{xy})}{1+\sqrt{xy}}$$

令 $\sqrt{xy} = u$，则 $\dfrac{S_{\triangle DEP}}{S_{\triangle ABC}} \leqslant f(u) = \dfrac{u^2(1-u)}{1+u} =$

$\dfrac{u^2 - u^3}{1+u}$，而

$$f'(u) = \frac{(2u - 3u^2)(1+u) - (u^2 - u^3)}{(1+u)^2}$$

$$= \frac{-2u(u^2 + u - 1)}{(1+u)^2}$$

$$= \frac{-2u\left(u + \dfrac{\sqrt{5}+1}{2}\right)\left(u - \dfrac{\sqrt{5}-1}{2}\right)}{(1+u)^2}$$

当 $u > \dfrac{\sqrt{5}-1}{2}$ 时，$f'(u) < 0$，$f(u)$ 为减函数；当 $0 <$

$u < \dfrac{\sqrt{5}-1}{2}$ 时，$f'(u) > 0$，$f(u)$ 为增函数；$f(t)$ 有最

大值. 故当 $u = \dfrac{\sqrt{5}-1}{2}$ 时，$f'(u) = 0$，$f(u)$ 有最大值

$$[f(u)]_{\max} = f\left(\frac{\sqrt{5}-1}{2}\right) = \frac{\left(\dfrac{\sqrt{5}-1}{2}\right)^2 \left(1 - \dfrac{\sqrt{5}-1}{2}\right)}{1 + \dfrac{\sqrt{5}-1}{2}}$$

$$= \frac{5\sqrt{5}-11}{2}$$

所以 $S_{\triangle DEP} \leqslant \dfrac{5\sqrt{5}-11}{2} S_{\triangle ABC}$. 其中等号成立的条件为

$x = y = u = \dfrac{\sqrt{5}-1}{2}$.

4. 已知 G 是 $\triangle ABC$ 内任一点，BG，CG 分别交 AC，AB 于点 E，F，求使不等式 $S_{\triangle BGF} S_{\triangle CGE} \leqslant k S_{\triangle ABC}^2$ 恒成立的 k 的最小值，可以证明 $S_{\triangle BGF} S_{\triangle CGE} \leqslant (17 -$

$12\sqrt{2}\,)S_{\triangle ABC}^2.$

加强上式,得到:

定理 4　设 G 为 $\triangle ABC$ 内一点,BG,CG 分别交 AC,AB 于点 E,F,则

$$S_{\triangle BGF} + S_{\triangle CGE} \leqslant (6 - 4\sqrt{2}\,)S_{\triangle ABC}$$

证明　设 $\dfrac{AF}{AB} = x$,$\dfrac{AE}{AC} = y$,则 $0 < x,y < 1$,在

$\triangle ABE$ 中由 Menelaus 定理有 $\dfrac{BG}{GE} \cdot \dfrac{EC}{CA} \cdot \dfrac{AF}{FB} = 1.$ 所以

$$\frac{BG}{GE} = \frac{CA}{EC} \cdot \frac{FB}{AF} = \frac{1}{1-y} \cdot \frac{1-x}{x} = \frac{1-x}{x(1-y)}$$

$$\frac{BG}{BE} = \frac{1-x}{1-xy}$$

$$\frac{S_{\triangle BFG}}{S_{\triangle ABC}} = \frac{S_{\triangle BFG}}{S_{\triangle ABE}} \cdot \frac{S_{\triangle ABE}}{S_{\triangle ABC}} = \frac{BF \cdot BG \cdot AE}{BA \cdot BE \cdot AC}$$

$$= \frac{(1-x)^2 y}{1-xy}$$

同理,有 $\dfrac{S_{\triangle CGE}}{S_{\triangle ABC}} = \dfrac{x(1-y)^2}{1-xy}.$

于是

$$\frac{S_{\triangle BFG} + S_{\triangle CEG}}{S_{\triangle ABC}} = \frac{y(1-x)^2 + x(1-y)^2}{1-xy}$$

$$= \frac{x+y-4xy+xy(x+y)}{1-xy}$$

$$= 4 + \frac{x+y+xy(x+y)-4}{1-xy}$$

$$\leqslant 4 + \frac{x+y+\left(\dfrac{x+y}{4}\right)^2(x+y)-4}{1-\dfrac{(x+y)^2}{4}}$$

$$= 4 + \frac{u + \dfrac{u^3}{4} - 4}{1 - \dfrac{u^2}{4}}$$

$$= 4 + \frac{4u + u^3 - 16}{4 - u^2} \quad (x + y = u)$$

$$= 4 - \left(u + \frac{8}{u + 2} \right)$$

$$= 4 - \left(u + 2 + \frac{8}{u + 2} - 2 \right)$$

$$\leqslant 4 - \left(2\sqrt{(u + 2) \cdot \frac{8}{u + 2}} - 2 \right) = 6 - 4\sqrt{2}$$

故 $S_{\triangle BGF} + S_{\triangle CGE} \leqslant (6 - 4\sqrt{2}) S_{\triangle ABC}$. 其中当且仅当 $x = y = \sqrt{2} - 1$ 时等号成立.

注　定理 4 是《数学通报》数学问题 1676：

已知 G 是 AD 上异于 A，D 的一点，BG，CG 的延长线分别交 AC，AB 于 E，F，求使不等式 $S_{\triangle BGF} + S_{\triangle CGE} \leqslant k S_{\triangle ABC}$ 恒成立的 k 的最小值的改进.

定理 5　G 为 AD 上一点，BG，CG 分别交 AC，AB 于点 E，F，且 $\dfrac{AG}{GD} = \lambda$，则

（ⅰ）$\dfrac{S_{\triangle BFG} + S_{\triangle CEG}}{S_{\triangle ABC}} \geqslant \dfrac{2\lambda}{(\lambda + 1)(\lambda + 2)}$；

（ⅱ）$S_{\triangle BFG} S_{\triangle CEG} \leqslant \dfrac{\lambda^2}{(\lambda + 1)^2 (\lambda + 2)^2} S_{\triangle ABC}^2$.

证明　在 $\triangle AGC$ 和 $\triangle BGC$ 中，因为 GC 是公共边，于是 $\dfrac{S_{\triangle AGC}}{S_{\triangle BGC}} = \dfrac{AF}{FB}$，同理，有 $\dfrac{S_{\triangle AGB}}{S_{\triangle BGC}} = \dfrac{AE}{EC}$. 故

$$\frac{AF}{FB} + \frac{AE}{EC} = \frac{S_{\triangle AGC}}{S_{\triangle BGC}} + \frac{S_{\triangle AGB}}{S_{\triangle BGC}} = \frac{S_{\triangle AGC} + S_{\triangle AGB}}{S_{\triangle BGC}}$$

$$= \frac{S_{\triangle ABC} - S_{\triangle BGC}}{S_{\triangle BGC}} = \frac{S_{\triangle ABC}}{S_{\triangle BGC}} - 1$$

$$= \frac{AD}{GD} - 1 = \frac{AG}{GD}$$

即

$$\frac{AG}{GD} = \frac{AF}{FB} + \frac{AE}{EC} \qquad ①$$

设 $\frac{AF}{FB} = x, \frac{BD}{DC} = y$, 由 Ceva 定理有 $\frac{AF}{FB} \cdot \frac{BD}{DC} \cdot$

$\frac{CE}{EA} = 1$, 则 $\frac{EA}{CE} = \frac{AF}{FB} \cdot \frac{BD}{DC} = xy$, 并式 ① 得

$$x + xy = \lambda \qquad ②$$

所以 $x(1+y) = \lambda, x = \frac{\lambda}{1+y}$. 又 $\frac{S_{\triangle ABD}}{S_{\triangle ABC}} = \frac{BD}{DC} = \frac{y}{1+y}$,

$\frac{S_{\triangle ABG}}{S_{\triangle ABD}} = \frac{\lambda}{1+\lambda}, \frac{S_{\triangle BFG}}{S_{\triangle ABG}} = \frac{BF}{AB} = \frac{1}{1+x}$.

所以 $\frac{S_{\triangle BFG}}{S_{\triangle ABC}} = \frac{\lambda}{1+\lambda} \cdot \frac{y}{(1+y)(1+x)}$, 同理, 有

$$\frac{S_{\triangle CEG}}{S_{\triangle ABC}} = \frac{\lambda}{1+\lambda} \cdot \frac{1}{(1+y)(1+xy)}$$

故

$$\frac{S_{\triangle BFG} + S_{\triangle CEG}}{S_{\triangle ABC}}$$

$$= \frac{1}{1+\lambda} \left[\frac{y}{(y+1)(1+x)} + \frac{1}{(y+1)(1+xy)} \right]$$

$$= \frac{1}{1+\lambda} \left(\frac{y}{1+y+\lambda} + \frac{1}{1+y+\lambda y} \right)$$

$$= \frac{\lambda}{1+\lambda} \frac{(1+\lambda)y^2 + 2y + (1+\lambda)}{(1+\lambda)y^2 + (\lambda^2 + 2\lambda + 2)y + (\lambda+1)}$$

$$= \frac{\lambda}{1+\lambda} \left[1 - \frac{(\lambda^2 + 2\lambda)y}{(1+\lambda)(y^2+1) + (\lambda^2 + 2\lambda + 2)y} \right]$$

$$\geqslant \frac{\lambda}{1+\lambda} \left[1 - \frac{(\lambda^2 + 2\lambda)y}{2(1+\lambda)y + (\lambda^2 + 2\lambda + 2)y} \right]$$

$$= \frac{2\lambda}{(\lambda + 1)(\lambda + 2)}$$

故 $\dfrac{S_{\triangle BFG} + S_{\triangle CEG}}{S_{\triangle ABC}} \geqslant \dfrac{2\lambda}{(\lambda + 1)(\lambda + 2)}$. 当且仅当 $y = 1$，

即 D 为 BC 的中点时，等号成立.

（ⅱ）由（ⅰ）的证明，并由式 ② 知 $x = \dfrac{\lambda}{1 + y}$，所以

$$\frac{S_{\triangle BFG} S_{\triangle CEG}}{S^2}$$

$$= \left(\frac{\lambda}{1 + \lambda}\right)^2 \cdot \frac{y}{(1 + y)^2 (1 + x)(1 + xy)}$$

$$= \frac{\lambda^2}{(1 + \lambda)^2} \cdot \frac{y}{(1 + y)^2 \left(1 + \dfrac{\lambda}{1 + y}\right)\left(1 + \dfrac{\lambda y}{1 + y}\right)}$$

$$\leqslant \left(\frac{\lambda}{1 + \lambda}\right)^2 \frac{y}{(1 + \lambda) \cdot 2y + (2 + 2\lambda + \lambda^2)y}$$

$$= \frac{\lambda^2}{(\lambda + 1)^2 (\lambda + 2)^2}$$

故 $S_{\triangle BFG} S_{\triangle CEG} \leqslant \dfrac{\lambda^2}{(\lambda + 1)^2 (\lambda + 2)^2} S_{\triangle ABC}^2$. 当且仅

当 $y = 1$，即 D 为 BC 中点时等号成立.

定理 6　CD 是 $\mathrm{Rt}\triangle ABC$ 斜边上的高，I_1, I_2, I_3 分

别是 $\triangle ABC, \triangle ACD, \triangle BCD$ 的内心，则 $\dfrac{S_{\triangle I_1 I_2 I_3}}{S_{\triangle ABC}} \leqslant$

$\dfrac{5\sqrt{2} - 7}{2}$.

证明　先证明下面的引理.

引理：$\mathrm{Rt}\triangle ABC$ 中，$BC = a, CA = b, AB = c$，

$\angle C = 90°$，$\triangle ABC$ 的内切圆半径为 r，则 $r = \dfrac{1}{2}(a + $

$b-c)$.

证明：设 $\triangle ABC$ 的内切圆 I 分别切 AB，BC，CA 于点 D，E，F，联结 IE，IF，易证四边形 $CEIF$ 是正方形，则 $CE = CF = IE = IF = r$，又由切线长定理知 $AD = AF$，$BD = BE$，所以 $AF = b - r$，$BE = a - r$，$AF + BE = AD + BD = b - r + a - r = c$. 故 $r = \dfrac{1}{2}(a + b - c)$.

下面证明定理.

由射影定理得到 $CD = \dfrac{ab}{c}$，$AD = \dfrac{b^2}{c}$，$BD = \dfrac{a^2}{c}$.

如图 1，联结 AI_1，I_2D，I_3D，过点 I_1 作 $I_1G \perp AB$ 于点 G，过点 I_2 作 $I_2E \perp AB$ 于点 E，过 I_3 作 $I_3F \perp AB$ 于点 F. 由引理知

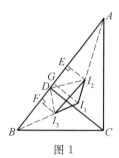

图 1

$$I_1G = \dfrac{1}{2}(AC + BC - AB) = \dfrac{1}{2}(a + b - c)$$

$$I_2E = \dfrac{1}{2}(AD + CD - AC) = \dfrac{1}{2}\left(\dfrac{a^2}{c} + \dfrac{ab}{c} - b\right)$$

$$= \dfrac{b(a + b - c)}{2c}$$

$$I_3F = \dfrac{1}{2}(BD + CD - BC) = \dfrac{1}{2}\left(\dfrac{a^2}{c} + \dfrac{ab}{c} - a\right)$$

$$= \frac{a(a+b-c)}{2c}$$

因为 I_1, I_2, I_3 分别是 $\triangle ABC, \triangle ACD, \triangle BCD$ 的内心,所以点 I_2 在 AI_1 上,点 I_3 在 BI_1 上,$I_1G, I_2E,$ I_3F 分别是 $\triangle ABC, \triangle ACD, \triangle BCD$ 的内切圆半径,DI_2, DI_3 分别是 $\angle ADC, \angle BDC$ 的平分线. 于是 $\angle ADI_2 = \angle I_2DC = 45°, \angle BDI_3 = 45°$. 所以

$$\angle I_2DI_3 = \angle I_2DC + \angle CDI_3 = 90° \Rightarrow I_2D \perp I_3D$$

所以

$$DI_2 = \sqrt{2} EI_2 = \frac{\sqrt{2}\, b(a+b-c)}{2c}$$

$$DI_3 = \sqrt{2} FI_3 = \frac{\sqrt{2}\, a(a+b-c)}{2c}$$

所以

$$S_{\triangle I_1 I_2 I_3} = S_{\triangle ABI_1} - S_{\triangle ADI_2} - S_{\triangle BDI_3} - S_{\triangle DI_2 I_3}$$

$$= \frac{1}{2} AB \cdot I_1G - \frac{1}{2} AD \cdot I_2E -$$

$$\frac{1}{2} BD \cdot I_3F - \frac{1}{2} I_2D \cdot I_3D$$

$$= \frac{1}{2} c(a+b-c) - \frac{1}{2} \cdot \frac{b^2}{c} \cdot \frac{b(a+b-c)}{2c} -$$

$$\frac{1}{2} \frac{a^2}{c} \cdot \frac{a(a+b-c)}{2c} -$$

$$\frac{1}{2} \frac{\sqrt{2}\, b(a+b-c)}{2c} \cdot \frac{\sqrt{2}\, a(a+b-c)}{2c}$$

$$= \frac{1}{4}(a+b-c)c - \frac{b^3(a+b-c)}{4c^2} -$$

$$\frac{a^3(a+b-c)}{4c^2} - \frac{ab(a+b-c)}{4c^2}$$

$$= \frac{1}{4}(a+b-c) \frac{c^3 - [b^3 + a^3 + ab(a+b-c)]}{c^2}$$

而

$$c^3 - [a^3 + b^3 + ab(a+b-c)]$$
$$= c^3 - [(a+b)(a^2+b^2-ab) + ab(a+b-c)]$$
$$= c^3 - [(a+b)(c^2-ab) + ab(a+b-c)]$$
$$= c^3 - (a+b)c^2 + abc$$

所以

$$S_{\triangle I_1 I_2 I_3} = \frac{a+b-c}{4} \cdot \frac{c^3 - (a+b)c^2 + abc}{c^2}$$
$$= \frac{(a+b-c)[c^2 - (a+b)c + ab]}{4c}$$

又 $S_{\triangle ABC} = \frac{1}{2}ab$，所以

$$\frac{S_{\triangle I_1 I_2 I_3}}{S_{\triangle ABC}} = \frac{(a+b-c)[c^2 - (a+b)c + ab]}{2abc}$$

令 $c = \sqrt{a^2 + b^2} = x, a+b = y$，则 $ab = \frac{1}{2}(y^2 - x^2)$，所以

$$\frac{S_{\triangle I_1 I_2 I_3}}{S_{\triangle ABC}} = \frac{(y-x)\left[x^2 - xy + \frac{1}{2}(y^2 - x^2)\right]}{2 \cdot \frac{1}{2}(y^2 - x^2)x}$$

$$= \frac{x^2 - 2xy + y^2}{2x(x+y)} = \frac{\dfrac{x}{y} - 2 + \dfrac{y}{x}}{2\left(\dfrac{x}{y} + 1\right)}$$

$$= \frac{t - 2 + \dfrac{1}{t}}{2(t+1)} = \frac{t^2 - 2t + 1}{2(t+1)t}（这里令 \frac{x}{y} = t）$$

则

$$\frac{S_{\triangle I_1 I_2 I_3}}{S_{\triangle ABC}} = f(t) = \frac{1}{2}\left(1 + \frac{1}{t} - \frac{4}{t+1}\right)$$

而

$$f'(t) = \frac{1}{2}\left[-\frac{1}{t^2} + \frac{4}{(t+1)^2}\right] = \frac{4t^2 - (t+1)^2}{t^2(t+1)^2}$$

$$= \frac{(3t+1)(t-1)}{t^2(t+1)^2}$$

由 $x^2 = a^2 + b^2 \geqslant \dfrac{(a+b)^2}{2}$ 知，$x^2 \geqslant \dfrac{y^2}{2}$，$x \geqslant \dfrac{\sqrt{2}\,y}{2}$.

又由三角形两边之和大于第三边，知 $x < y$，所以

$$\frac{\sqrt{2}\,y}{2} \leqslant x < y, \quad \frac{\sqrt{2}}{2} \leqslant t < 1.$$

所以 $f'(t) < 0$，$f(t)$ 为减函数. 所以

$$f(t) \leqslant f\left(\frac{\sqrt{2}}{2}\right) = \frac{1}{2}\left(1 + \sqrt{2} - \frac{4}{1 + \frac{\sqrt{2}}{2}}\right) = \frac{5\sqrt{2} - 7}{2}$$

故 $\dfrac{S_{\triangle I_1 I_2 I_3}}{S_{\triangle ABC}} \leqslant \dfrac{5\sqrt{2} - 7}{2}$.

由解题过程知，当且仅当 $x = \dfrac{\sqrt{2}}{2} y$，即 $a = b$，也即 $\triangle ABC$ 为等腰直角三角形时等号成立.

定理 7　设 p 为 $\triangle ABC$ 内任意一点，AP，BP，CP 分别交对边于点 D，E，F，则称 $\triangle DEF$ 为 $\triangle ABC$ 的 Ceva 三角形. 记 $BC = a$，$CA = b$，$AB = c$，$EF = d$，$FD = e$，$DE = f$，$\triangle DEF$ 的边 EF，FD，DE 上的高分别为 h_d，h_e，h_f，则有 $\dfrac{bc}{h_d^2} + \dfrac{ca}{h_e^2} + \dfrac{ab}{h_f^2} \geqslant 16$.

证明　先来看一个引理.

引理[42]：条件同前，设 $\dfrac{AF}{FB} = \lambda_1$，$\dfrac{BD}{DC} = \lambda_2$，$\dfrac{CE}{EA} = \lambda_3$，记 $\triangle ABC$ 和 $\triangle A'B'C'$ 的面积分别为 Δ 和 Δ'，则有

$$\frac{\Delta}{\Delta'} = \frac{2}{(1 + \lambda_1) \cdot (1 + \lambda_2) \cdot (1 + \lambda_3)}$$

由余弦定理，有

$$d^2 = EF^2 = AF^2 + AE^2 - 2AF \cdot AE \cos A$$

$$\geqslant 2AF \cdot AE \cdot (1 - \cos A)$$

$$= 4AF \cdot AE \cdot \sin^2 \frac{A}{2}$$

$$= \frac{46c\lambda_1}{(1+\lambda_1)(1+\lambda_3)} \sin^2 \frac{A}{2}$$

又由 $\Delta' = \frac{1}{2}EF \cdot h_d = \frac{1}{2}dh_d$ 知 $h_d = \frac{2\Delta'}{d}$，所以

$$\frac{bc}{h_d^2} = \frac{bc \cdot d^2}{4\Delta'^2}.$$

由引理知

$$\frac{bc}{h_d^2} = \frac{bc \cdot d^2}{4 \cdot \dfrac{4\Delta^2}{(1+\lambda_1)^2}(1+\lambda_2)^2(1+\lambda_3)^2}$$

$$= \frac{bcd^2(1+\lambda_1)^2(1+\lambda_2)^2(1+\lambda_3)^2}{16\Delta^2}$$

$$\geqslant \frac{bc \cdot 4bc \cdot \lambda_1 \sin^2 \dfrac{A}{2}(1+\lambda_1)^2(1+\lambda_2)^2(1+\lambda_3)^2}{16(1+\lambda_1)(1+\lambda_3)\Delta^2}$$

又由

$$\Delta = \frac{1}{2}bc \cdot \sin A = \frac{1}{2}bc \cdot 2\sin\frac{A}{2}\cos\frac{A}{2}$$

$$= bc \cdot \sin\frac{A}{2}\cos\frac{A}{2}$$

知

$$\frac{bc}{h_d^2} \geqslant \frac{(bc)^2\lambda_1(1+\lambda_2)^2(1+\lambda_1)(1+\lambda_3)\sin^2\dfrac{A}{2}}{4b^2c^2\sin^2\dfrac{A}{2}\cos^2\dfrac{A}{2}}$$

$$= \frac{\lambda_1(1+\lambda_2)^2(1+\lambda_3)(1+\lambda_1)}{4\cos^2\dfrac{a}{2}}$$

由于 $\lambda_1\lambda_2\lambda_3 = 1$，故
$$(1+\lambda_1) \cdot (1+\lambda_2) \cdot (1+\lambda_3) \geqslant 8$$
而
$$(1+\lambda_1)(1+\lambda_2)(1+\lambda_3)$$
$$= 1 + (\lambda_1 + \lambda_2 + \lambda_3) +$$
$$(\lambda_1\lambda_2 + \lambda_2\lambda_3 + \lambda_3\lambda_1) + \lambda_1\lambda_2\lambda_3$$
$$\geqslant 1 + 3\sqrt[3]{\lambda_1\lambda_2\lambda_3} + 3\sqrt[3]{\lambda_1^2\lambda_2^2\lambda_3^2} + \lambda_1\lambda_2\lambda_3$$

于是
$$\frac{bc}{h_d^2} \geqslant \frac{8\lambda_1(1+\lambda_2)}{4\cos^2\dfrac{A}{2}} = \frac{2\lambda_1(1+\lambda_2)}{\cos^2\dfrac{A}{2}}$$

同理可得
$$\frac{ca}{h_e^2} \geqslant \frac{2\lambda_2(1+\lambda_3)}{\cos^2\dfrac{B}{2}}, \frac{ab}{h_f^2} \geqslant \frac{2\lambda_3(1+\lambda_1)}{\cos^2\dfrac{C}{2}}$$

由于 $\cos\dfrac{A}{2}\cos\dfrac{B}{2}\cos\dfrac{C}{2} \leqslant \dfrac{3\sqrt{3}}{8}$，和基本不等式 $a +$

$b + c \geqslant 3\sqrt[3]{abc}$，得
$$\frac{bc}{h_d^2} + \frac{ca}{h_e^2} + \frac{ab}{h_f^2}$$
$$\geqslant \frac{2\lambda_1(1+\lambda_2)}{\cos^2\dfrac{B}{2}} + \frac{2\lambda_2(1+\lambda_3)}{\cos^2\dfrac{C}{2}} + \frac{2\lambda_3(1+\lambda_1)}{\cos^2\dfrac{A}{2}}$$
$$\geqslant 6\sqrt[3]{\frac{\lambda_1\lambda_2\lambda_3(1+\lambda_1)(1+\lambda_2)(1+\lambda_3)}{\left(\cos\dfrac{A}{2}\cos\dfrac{B}{2}\cos\dfrac{C}{2}\right)^2}}$$
$$\geqslant 6\sqrt[3]{\frac{8}{\left(\dfrac{3\sqrt{3}}{8}\right)^2}} = 16$$

故所证不等式成立.

定理 8 如图 2,设锐角 $\triangle ABC$ 的三条高分别为 AD,BE,CF,$\angle A$,$\angle B$,$\angle C$ 的平分线分别与 EF,FD,DE 交于点 P,Q,R. 记 $\triangle ABC$,$\triangle DEF$,$\triangle PQR$ 的面积分别为 $\triangle$,$\triangle_0$,$\triangle_1$,则有 $\triangle \cdot \triangle_1 \geqslant \triangle_0^2$.

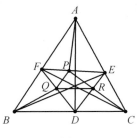

图 2

证明 设 BC,CA,AB 的长度分别记为 a,b,c,半周长为 s,外接圆半径为 R,内切圆半径为 r. 因为 $\triangle ABC$ 的三条高分别为 AD,BE,CF,所以 B,C,E,F 四点共圆,有 $\dfrac{EF}{BC} = \dfrac{AE}{AB} = \cos A$,即 $EF = a\cos A$. 同理,有 $DF = b \cdot \cos B$,$DE = c \cdot \cos C$.

又在三角形中,有

$$\cos A\cos B\cos C = \frac{s^2 - 4R^2 - 4Rr - r^2}{4R^2}{}^{[1]}$$

$abc = 4R\triangle$,则

$$EF \cdot FD \cdot DE = abc \cdot \cos A\cos B\cos C = 4R_0\triangle_0$$

（这里 R_0 表示 $\triangle DEF$ 的外接圆半径）

因为 $R_0 = \dfrac{1}{2}R^{[48]}$,所以

$$\triangle_0 = \frac{abc \cdot \cos A\cos B\cos C}{4R_0}$$

$$= \frac{abc \cdot \cos A\cos B\cos C}{2R}$$

$$= \frac{4Rrs}{2R} \cdot \frac{s^2 - 4R^2 - 4Rr - r^2}{4R^2}$$

$$= \frac{s^2 - 4R^2 - 4Rr - r^2}{2R^2} \cdot \Delta$$

所以

$$\frac{\Delta_0}{\Delta} = \frac{s^2 - 4R^2 - 4Rr - r^2}{2R^2}$$

因为 $\angle A, \angle B, \angle C$ 的平分线分别与 EF, FD, DE 交于点 P, Q, R，在 $\triangle AEF$ 中由角平分线定理知

$$\frac{FP}{EP} = \frac{AF}{AE} = \frac{b \cdot \cos A}{c \cdot \cos A} = \frac{b}{c}$$

同理，有 $\dfrac{FQ}{QD} = \dfrac{a}{c}$.

所以 $\dfrac{FP}{EF} = \dfrac{b}{b+c}, \dfrac{FQ}{FD} = \dfrac{a}{a+c}$，所以

$$\frac{S_{\triangle FPQ}}{S_{\triangle DEF}} = \frac{ab}{(b+c)(a+c)}$$

同理，有

$$\frac{S_{\triangle PER}}{S_{\triangle DEF}} = \frac{ac}{(b+c)(a+b)}$$

$$\frac{S_{\triangle QDR}}{S_{\triangle DEF}} = \frac{bc}{(b+a)(a+c)}$$

所以

$$\frac{S_{\triangle PQR}}{S_{\triangle DEF}} = \frac{S_{\triangle DEF} - S_{\triangle FPQ} - S_{\triangle PER} - S_{\triangle QDR}}{S_{\triangle DEF}}$$

$$= 1 - \left[\frac{ab}{(a+c)(b+c)} + \frac{ac}{(b+c)(a+b)} + \frac{bc}{(b+a)(a+c)} \right]$$

$$= \frac{2abc}{(b+c)(a+b)(c+a)}$$

因为

$$\frac{2abc}{(b+c)(a+b)(c+a)} = \frac{8Rrs}{2s(s^2+2Rr+r^2)}$$

$$= \frac{4Rr}{s^2+2Rr+r^2}$$

所以

$$\frac{\Delta \cdot \Delta_1}{\Delta_0^2} = \frac{S_{\triangle PQR} \cdot S_{\triangle ABC}}{(S_{\triangle DEF})^2}$$

$$= \frac{4Rr}{s^2+2Rr+r^2} \cdot \frac{2R^2}{s^2-4R^2-4Rr-r^2}$$

由 Gerretsen 不等式 $s^2 \leqslant 4R^2+4Rr+3r^2$ 和 Euler 不等式 $R \geqslant 2r$,知

$$(s^2+2Rr+r^2)(s^2-4R^2-4Rr-r^2)$$

$$\leqslant (4R^2+6Rr+4r^2)2r^2 \leqslant 8R^2 \cdot Rr$$

所以 $\dfrac{\Delta \cdot \Delta_1}{\Delta_0^2} \geqslant 1$. 故 $\Delta \cdot \Delta_1 \geqslant \Delta_0^2$.

注 由 $\dfrac{2abc}{(b+c)(a+b)(c+a)} \leqslant \dfrac{2abc}{8abc} = \dfrac{1}{4}$,得到

$S_{\triangle PQR} \leqslant \dfrac{1}{4} S_{\triangle DEF}$,此为文[14] 的主要结论.

在探讨面积关系式时,笔者试图寻找期中的周长关系,未果,故提出下面的猜想:

设 $\triangle ABC$,$\triangle DEF$,$\triangle PQR$ 的周长分别为 p,p_0,p_1,有 $pp_1 \geqslant p_0^2$.

9.2 关于旁切圆半径的不等式

设 $\triangle ABC$ 的角平分线、中线、高、旁切圆半径、外接圆半径和内切圆半径分别为 t_a,t_b,t_c,m_a,m_b,m_c,r_a,

r_b,r_c,R,r,其半周长为 p. 本节给出几个关于旁切圆半径的不等式.

定理 1　$\prod(r_b+r_c)\geqslant\prod(t_b+t_c)$.

证明　易证 $r_b+r_c=\dfrac{ap}{r_a}$,则

$$\prod(r_b+r_c)=\prod\frac{ap}{r_a}=\frac{p^3abc}{r_ar_br_c}=\frac{p^34Rrp}{p^2r}=4Rp^2$$

$$（*）$$

而 $t_b=\dfrac{2}{c+a}\sqrt{cap(p-b)}\leqslant\sqrt{p(p-b)}$,同理 $t_b\leqslant\sqrt{p(p-c)}$,有

$$t_b+t_c\leqslant\sqrt{p(p-b)}+\sqrt{p(p-c)}$$

$$\leqslant\sqrt{p\cdot2(p-b+p-c)}=\sqrt{2ap}$$

于是

$$\prod(t_b+t_c)\leqslant\prod\sqrt{2ap}=\sqrt{8abcp^3}$$

$$=\sqrt{8\cdot4Rrp\cdot p^3}=4p^2\sqrt{2Rr}$$

由 Euler 不等式 $R\geqslant2r$,结合式（*）,立知

$$\prod(t_b+t_c)\leqslant4Rp^2\leqslant\prod(h_b+h_c).$$

注　文[14]建立了不等式

$$\prod(r_b+r_c)\geqslant\prod(h_b+h_c)$$

$$\prod(t_b+t_c)\geqslant\prod(h_b+h_c)$$

定理 1 是这两个不等式的精细比较,于是得到下面的一个不等式链

$$\prod(r_b+r_c)\geqslant\prod(t_b+t_c)\geqslant\prod(h_b+h_c)$$

定理 2

$$\sum\frac{r_a}{t_a^2}\geqslant\frac{1}{r}\qquad\qquad①$$

$$\sum \frac{r_a h_a}{t_a^2} \geqslant 1 + \frac{R}{r} \qquad ②$$

引理 1   在 $\triangle ABC$ 中有

$$\sum a r_a = 2p \, (2R - r)^{[82]}$$

引理 2   在 $\triangle ABC$ 中有

$$\sum a r_a^2 = 4R(4R + r)p - 2p^3$$

证明   由 $(p - a)r_a = pr$，有 $ar_a = p(r_a - r)$，并引理 1，有

$$\sum a r_a^2 = \sum r_a \cdot a r_a = \sum r_a \cdot p(r_a - r)$$

$$= p\big[\big(\sum r_a^2\big) - r\big(\sum r_a\big)\big]$$

$$= p\big[\big(\sum r_a\big)^2 - 2\big(\sum r_b r_c\big) - r\big(\sum r_a\big)\big]$$

$$= p\big[(4R + r)^2 - 2p^2 - (4R + r)r\big]$$

$$= 4R(4R + r)p - 2p^3$$

定理 2 的证明   先证式 ①.

文[62] 已证得 $t_a^2 = \dfrac{4bcrr_a}{(r + r_a)^2}$，结合引理 1、2 有

$$\sum \frac{r_a}{t_a^2} = \sum \frac{(r + r_a)^2}{4bcr} = \frac{1}{4bcr} \sum a(r + r_a)^2$$

$$= \frac{1}{16Rr^2 p}\big[\big(\sum a r_a^2\big) + 2r\big(\sum a r_a\big) + r^2 \sum a\big]$$

$$= \frac{1}{16Rr^2 p}\big[4R(4R + r)p - 2p^3 +$$

$$2r \cdot 2p(2R - r) + 2pr^2\big]$$

$$= \frac{8R^2 + 6Rr - r^2 - p^2}{8Rr^2}$$

由 Gerretsen 不等式 $p^2 \leqslant 4R^2 + 4Rr + 3r^2$ 和 Euler 不等式 $R \geqslant 2r$，得

$$\sum \frac{r_a}{t_a^2} \geqslant \frac{8R^2 + 6Rr - r^2 - 4R^2 - 4Rr - 3r^2}{8Rr^2}$$

$$= \frac{4R^2 + 2Rr - 4r^2}{8Rr^2}$$

$$\geqslant \frac{4R^2}{8Rr^2} = \frac{R}{2r^2} \geqslant \frac{2r}{2r^2} = \frac{1}{r}$$

再证式 ②.

由前证知

$$t_a^2 = \frac{4abc \cdot rr_a}{a(r+r_a)^2} = \frac{16Rr^2 p \cdot r_a h_a}{(r+r_a)^2 ah_a}$$

$$= \frac{16Rr^2 p \cdot r_a h_a}{2pr(r+r_a)^2} = \frac{8Rr \cdot r_a h_a}{(r+r_a)^2}$$

所以

$$\sum \frac{h_a r_a}{t_a^2} = \sum \frac{(r+r_a)^2}{8Rr}$$

$$= \frac{\sum r_a^2 + 2r(\sum r_a) + 3r^2}{8Rr}$$

$$= \frac{(\sum r_a)^2 + 2r(\sum r_a) + 3r^2 - 2(\sum rb r_c)}{8Rr}$$

$$= \frac{(4R+r)^2 + 2r(4R+r) + 3r^2 - 2p^2}{8Rr}$$

$$= \frac{8R^2 + 8Rr + 3r^2 - p^2}{4Rr}$$

由 Gerretsen 不等式 $p^2 \leqslant 4R^2 + 4Rr + 3r^2$ 知

$$\sum \frac{h_a r_a}{t_a^2} \geqslant \frac{8R^2 + 8Rr + 3r^2 - 4R^2 - 4Rr - 3r^2}{4Rr}$$

$$= 1 + \frac{R}{r}$$

由 $h_a \leqslant t_a$ 不难得到:

推论 1

$$\sum \frac{r_a}{h_a^2} \geqslant \frac{1}{r}$$

$$\sum \frac{r_a}{h_a} \geqslant 1 + \frac{R}{r}$$

定理 3

$$\sum \frac{ar_a}{bc} \geqslant \frac{3\sqrt{3}}{2}$$

$$\sum \frac{ar_a}{r_b r_c} \geqslant \frac{\sqrt{3}R}{r}$$

证明 $(p-a)r_a = pr$，知 $ar_a = p(r_a - r)$，又由 $\sum ar_a = 2p(2R-r)$ 知

$$\frac{ar_a}{bc} = \frac{p(r_a - r)}{bc} = \frac{p(ar_a - ar)}{abc}$$

$$= \frac{p(ar_a - ar)}{4Rrp} = \frac{ar_a - ar}{4Rr}$$

$$\sum \frac{ar_a}{bc} = \frac{\sum ar_a - \sum ar}{4Rr} = \frac{2p(2R-r) - 2pr}{4Rr}$$

$$= \frac{(R-r)p}{Rr} = \frac{p}{r} - \frac{p}{R}$$

由 $p \geqslant 3\sqrt{3}\,r$ 和 $p \leqslant \frac{3\sqrt{3}R}{2}$，知 $\sum \frac{ar_a}{bc} \geqslant 3\sqrt{3} - $

$\frac{3\sqrt{3}}{2} = \frac{3\sqrt{3}}{2}$. 此即定理 3 第一式.

由引理 2 和 Kooi 不等式，有

$$\sum \frac{ar_a}{r_b r_c} = \frac{\sum ar_a^2}{r_a r_b r_c} = \frac{4R(4R+r)p - 2p^3}{p^2 r}$$

$$= \frac{4R+r}{p} \cdot \frac{4R}{r} - \frac{2p}{r} \geqslant \frac{4\sqrt{3}R}{r} - \frac{3\sqrt{3}R}{r} = \frac{\sqrt{3}R}{r}$$

此即定理 3 第二式.

注　定理 3 第二式强于文 [29] 中的不等式

$$\sum \frac{ar_a}{r_b r_c} \geqslant 2\sqrt{3}.$$

刘保乾先生提出如下问题：

在锐角三角形 ABC 中,有

$$\sum \cot \frac{A}{2} \geqslant \sum \frac{m_a}{p-a} \qquad (**)$$

吴裕昌先生给出了上式的证明,本节给出该式的一个类似不等式.

定理 4

$$\sum \frac{r_a}{p-a} \geqslant \sum \cot \frac{A}{2}$$

证明　由 $(p-a)r_a = pr$,知 $p-a = \dfrac{pr}{r_a}$,于是

$$\sum \frac{r_a}{p-a} = \sum \frac{r_a^2}{pr} = \frac{1}{pr}\Big[\big(\sum r_a\big)^2 - 2\sum r_b r_c\Big]$$

$$= \frac{1}{pr}\big[(4R+r)^2 - 2p^2\big]$$

由 Colombier – Doncet 不等式 $3p^2 \leqslant (4R+r)^2$,有

$$\sum \frac{r_a}{p-a} \geqslant \frac{3p^2 - 2p^2}{pr} = \frac{p}{r}$$

又易证

$$\sum \cot \frac{A}{2} = \prod \cot \frac{A}{2} = \frac{p}{r}$$

于是有

$$\sum \frac{r_a}{p-a} \geqslant \sum \cot \frac{A}{2}$$

结合式 $(**)$ 与定理 4 有

$$\sum \frac{r_a}{p-a} \geqslant \sum \cot \frac{A}{2} \geqslant \sum \frac{m_a}{p-a}$$

Nesbitt 不等式加强式的研究

刘健先生在《不等式研究通讯》(中国不等式研究小组主办)2007 年第 14 卷第 4 期文[29]中将在锐角三角形中的不等式

$$\frac{r_a}{r_b} + \frac{r_b}{r_c} + \frac{r_c}{r_a} \geqslant 1 + \frac{R}{r} \qquad (***)$$

加强为

$$\frac{r_a}{r_b} + \frac{r_b}{r_c} + \frac{r_c}{r_a} \geqslant \frac{3R}{2r}$$

本书作者给出式($***$)的一个上界估计,得到

$$\frac{r_a}{r_b} + \frac{r_b}{r_c} + \frac{r_c}{r_a} \leqslant \frac{4R}{r} - 5 \qquad (****)$$

证明　因为 $\sum r_a = 4R + r$，$\sum r_a r_b = p^2$ 和 $r_a r_b r_c = p^2 r$ 有

$$\sum \frac{1}{r_a^2} = \left(\sum \frac{1}{r_a} \right)^2 - 2 \sum \frac{1}{r_b r_c}$$

$$= \left(\frac{1}{r} \right)^2 - 2 \frac{\sum r_a}{r_a r_b r_c}$$

$$= \frac{1}{r^2} - \frac{2(4R + r)}{p^2 r}$$

由 Kooi 不等式 $\dfrac{(4R + r)^2}{p^2} \geqslant 4 - \dfrac{2r}{R}$ 知

$$\sum \frac{1}{r_a^2} = \frac{1}{r^2} - \frac{2}{(4R + r)r} \cdot \frac{(4R + r)^2}{p^2}$$

$$\leqslant \frac{1}{r^2} - \frac{2}{(4R + r)r} \cdot \frac{4R - 2r}{R}$$

$$= \frac{1}{r^2} - \frac{4(2R - r)r}{(4R + r)Rr^2}$$

$$= \frac{4R^2 - 7Rr + 4r^2}{(4R + r)Rr^2}$$

又 $\sum r_a^2 = \left(\sum r_a \right)^2 - 2 \sum r_b r_c = (4R + r)^2 - 2p^2$，

再由 Colombier 不等式 $p^2 \geqslant 3(4R+r)r$ 知

$$\sum r_a^2 \leqslant (4R+r)^2 - 6(4R+r)r$$
$$= (4R+r)(4R-5r)$$

于是

$$\sum \frac{1}{r_a^2} \sum r_a^2$$

$$\leqslant \frac{4R^2 - 7Rr + 4r^2}{(4R+r)Rr^2} \cdot (4R+r)(4R-5r)$$

$$= \frac{(4R^2 - 7Rr + 4r^2)(4R-5r)}{Rr^2}$$

$$= \frac{4R^2 - 7Rr + 4r^2}{Rr} \cdot \frac{4R-5r}{r}$$

由 Cauchy 不等式得

$$\frac{r_a}{r_b} + \frac{r_b}{r_c} + \frac{r_c}{r_a} \leqslant \sqrt{\sum \frac{1}{r_a^2} \sum r_a^2}$$

故要证式(＊＊＊＊),只需证

$$\frac{4R^2 - 7Rr + 4r^2}{Rr} \leqslant \frac{4R-5r}{r}$$

$$\Leftrightarrow 4R^2 - 7Rr + 4r^2 \leqslant 4R^2 - 5Rr$$

$$\Leftrightarrow 4r^2 \leqslant 2Rr \Leftrightarrow 2r \leqslant R$$

由 Euler 不等式知最后一式显然成立,故式(＊＊＊＊)成立.

文[52][28][15] 分别得到

$$\left(2 - \frac{r}{R}\right)^2 \leqslant \sum \frac{r_a^2}{bc} \leqslant \left(\frac{R}{r} - \frac{r}{R}\right)^2 \qquad ①$$

$$\frac{9}{4} \leqslant \sum \frac{r_a^2}{a^2} \leqslant \frac{R}{r} + \frac{r^2}{R^2} \qquad ②$$

$$\sum \frac{r_a^2}{a^2} \leqslant \sum \frac{r_a^2}{bc} \qquad ③$$

$$6 - \frac{4r}{R} \leqslant \sum \frac{a^2}{r_a^2} \leqslant \frac{2R}{r} \qquad ④$$

定理 5

$$\sum \frac{r_a^2}{bc} \geqslant \sum \frac{r_a^2}{a^2} \geqslant \frac{9}{4} \geqslant \sum \frac{r_b r_c}{bc} \qquad ⑤$$

$$4\left(\frac{R}{r} - 1\right)^2 \geqslant \sum \frac{bc}{r_a^2} \geqslant \frac{2R}{r} \geqslant \sum \frac{a^2}{r_a^2} \geqslant 6 - \frac{4r}{R} \quad ⑥$$

证明　由

$$a = r\left(\cot \frac{B}{2} + \cot \frac{C}{2}\right), r_a = r\cot \frac{B}{2}\cot \frac{C}{2}$$

等知

$$\sum \frac{a}{r_a} = \sum \frac{r\left(\cot \dfrac{B}{2} + \cot \dfrac{C}{2}\right)}{r\cot \dfrac{B}{2}\cot \dfrac{C}{2}}$$

$$= \sum \left(\tan \frac{B}{2} + \tan \frac{C}{2}\right)$$

$$= 2\tan \frac{A}{2}$$

又因为

$$\sum \tan \frac{A}{2} = \frac{4R + r}{p}$$

故

$$\sum \frac{a}{r_a} = \frac{2(4R + r)}{p}$$

于是

$$\sum \frac{r_b r_c}{bc} = \frac{r_a r_b r_c}{abc} \sum \frac{a}{r_a} = \frac{p^2 r}{4Rrp} \cdot \frac{2(4R + r)}{p}$$

$$= \frac{4R + r}{2R} = 2 + \frac{r}{2R}$$

（这里用到三角形恒等式 $abc = 4Rrp$，$r_a r_b r_c = p^2 r$.）

由 Euler 不等式 $R \geqslant 2r$，知 $\sum \dfrac{r_b r_c}{bc} \geqslant \dfrac{9}{4}$．由 ①、②、③ 三式立知式 ⑤ 成立．

文 [78] 已证得

$$\sum \frac{a^2}{r_b r_c} = \frac{4(R-r)}{r} \qquad ⑦$$

又由 $(p-a)r_a = pr$，知 $r_a = \dfrac{pr}{p-a}$ 等，有

$$\sum \frac{bc}{r_a^2} = \sum \frac{bc\,(p-a)^2}{p^2 r^2} = \sum \frac{bc\,(p^2 - 2ap + a^2)}{p^2 r^2}$$

$$= \frac{1}{p^2 r^2} \sum \left[p^2 \sum bc - 6pabc + abc \sum a \right]$$

因为 $\sum bc = p^2 + 4Rr + r^2$，$abc = 4Rrp$，$\sum a = 2p$，于是

$$\sum \frac{bc}{r_a^2} = \frac{1}{p^2 r^2} \left[p^2(p^2 + 4Rr + r^2) - \right.$$

$$6p \cdot 4Rrp + 4Rrp \cdot 2p \right]$$

$$= \frac{p^2 - 12Rr + r^2}{r^2}$$

由 Gerretsen 不等式 $p^2 \leqslant 4R^2 + 4Rr + 3r^2$，有

$$\sum \frac{bc}{r_a^2} \leqslant \frac{4R^2 + 4Rr + 3r^2 - 12Rr + r^2}{r^2} = 4\left(\frac{R}{r} - 1\right)^2$$

因此

$$4\left(\frac{R}{r} - 1\right)^2 \geqslant \sum \frac{bc}{r_a^2} \qquad ⑧$$

又由 Gerretsen 不等式 $p^2 \geqslant 16Rr - 5r^2$，有

$$\sum \frac{bc}{r_a^2} \geqslant \frac{16Rr - 5r^2 - 12Rr + r^2}{r^2} = \frac{4(R-r)}{r} \qquad ⑨$$

由 ⑦、⑧ 两式，得

$$\sum \frac{bc}{r_a^2} \geqslant \sum \frac{a^2}{r_b r_c} \qquad ⑩$$

根据 Euler 不等式 $R \geqslant 2r$ 显然有 $4\left(\dfrac{R}{r}-1\right)^2 \geqslant \dfrac{2R}{r}$,结合式 ④,立知

$$\sum \frac{a^2}{r_b r_c} \geqslant \frac{2R}{r} \geqslant \sum \frac{a^2}{r_a^2} \geqslant 6 - \frac{4r}{R} \qquad ⑪$$

综合 ⑧、⑨、⑩、⑪ 各式知式 ⑥ 成立. 至此定理 8 得证.

最后指出,笔者在文[78]中已证得 $\sum \dfrac{a^2}{r_b^2+r_c^2} \leqslant \dfrac{2(4R+r)^2}{p^2}$,又在文[15]中证得 $\sum \dfrac{a^2}{r_a^2} = \dfrac{2(4R+r)^2}{p^2} - 2$.故节末提出如下猜想

$$2\sum \frac{a^2}{r_b^2+r_c^2} \geqslant \sum \frac{a^2}{r_a^2}$$

《数学通报》2021 年第 5 期数学问题 2603 为:

设 $\triangle ABC$ 的三边长为 a,b,c,对应的旁切圆半径、外接圆半径、内切圆半径和面积分别为 $r_a,r_b,r_c,R,r,\triangle$,则

$$\left(\frac{1}{r_a}+\frac{1}{r_b}\right)^2 + \left(\frac{1}{r_b}+\frac{1}{r_c}\right)^2 + \left(\frac{1}{r_c}+\frac{1}{r_a}\right)^2 \geqslant \frac{8}{3Rr}^{[25]}$$

$$①$$

下面给出式 ① 的一个引理,同时得到式 ① 的一个加强和一个逆向不等式.

引理 2 在 $\triangle ABC$ 中有

$$\sqrt{4-\frac{2r}{R}} \leqslant \tan \frac{A}{2} + \tan \frac{B}{2} + \tan \frac{C}{2} \leqslant \sqrt{1+\frac{R}{r}}^{[14]}$$

$$②$$

可以证明式 ② 等价于

$$\sqrt{4-\frac{2r}{R}} \leqslant \frac{4R+r}{p} \leqslant \sqrt{1+\frac{R}{r}} \qquad ③$$

式 ③ 可变形为

$$4-\frac{2r}{R} \leqslant \left(\frac{4R+r}{s}\right)^2 \leqslant 1+\frac{R}{r} \qquad ④$$

定理 6　设 $\triangle ABC$ 的三边长为 a,b,c,对应的高、旁切圆半径、外接圆半径、内切圆半径和面积分别为 h_a,h_b,h_c,R,r,Δ,则

$$\left(\frac{1}{r_a}+\frac{1}{r_b}\right)^2+\left(\frac{1}{r_b}+\frac{1}{r_c}\right)^2+\left(\frac{1}{r_c}+\frac{1}{r_a}\right)^2$$

$$\geqslant \left(\frac{1}{h_a}+\frac{1}{h_b}\right)^2+\left(\frac{1}{h_b}+\frac{1}{h_c}\right)^2+\left(\frac{1}{h_c}+\frac{1}{h_a}\right)^2$$

$$\geqslant \frac{4}{3r^2} \geqslant \frac{8}{3Rr} \qquad ⑤$$

定理 7　设 $\triangle ABC$ 的三边长为 a,b,c,对应的旁切圆半径、外接圆半径、内切圆半径和面积分别为 r_a,r_b,r_c,R,r,Δ,则

$$\left(\frac{1}{r_a}+\frac{1}{r_b}\right)^2+\left(\frac{1}{r_b}+\frac{1}{r_c}\right)^2+\left(\frac{1}{r_c}+\frac{1}{r_a}\right)^2$$

$$\geqslant \frac{6R}{(4R+r)r^2} \qquad ⑥$$

$$\left(\frac{1}{r_a}+\frac{1}{r_b}\right)^2+\left(\frac{1}{r_b}+\frac{1}{r_c}\right)^2+\left(\frac{1}{r_c}+\frac{1}{r_a}\right)^2$$

$$\leqslant \frac{8R-4r}{(4R+r)r^2} \qquad ⑦$$

定理 6 的证明　记 s 为 $\triangle ABC$ 的半周长,因为

$$\left(\frac{1}{h_a}+\frac{1}{h_b}\right)^2+\left(\frac{1}{h_b}+\frac{1}{h_c}\right)^2+\left(\frac{1}{h_c}+\frac{1}{h_a}\right)^2$$

$$=\left(\frac{a+b}{2\Delta}\right)^2+\left(\frac{b+c}{2\Delta}\right)^2+\left(\frac{c+a}{2\Delta}\right)^2$$

$$= \frac{(2s-c)^2 + (2s-a)^2 + (2s-b)^2}{4\Delta^2}$$

$$= \frac{12s^2 - 4s(a+b+c) + (a^2+b^2+c^2)}{4s^2 r^2}$$

$$= \frac{4s^2 + 2(s^2 - 4Rr - r^2)}{4s^2 r^2}$$

$$= \frac{3s^2 - 4Rr - r^2}{2s^2 r^2}$$

$$= \frac{3}{2r^2} - \frac{4Rr + r^2}{2s^2 r^2}$$

$$= \frac{3}{2r^2} - \frac{4R + r}{2s^2 r}$$

又因为

$$\left(\frac{1}{r_a} + \frac{1}{r_b}\right)^2 + \left(\frac{1}{r_b} + \frac{1}{r_c}\right)^2 + \left(\frac{1}{r_c} + \frac{1}{r_a}\right)^2$$

$$= \frac{2}{r^2} - \frac{2(4R+r)}{s^2 r}$$

结合不等式 $s^2 \geqslant 3(4R+r)r$，知

$$\left(\frac{1}{r_a} + \frac{1}{r_b}\right)^2 + \left(\frac{1}{r_b} + \frac{1}{r_c}\right)^2 + \left(\frac{1}{r_c} + \frac{1}{r_a}\right)^2 -$$

$$\left[\left(\frac{1}{h_a} + \frac{1}{h_b}\right)^2 + \left(\frac{1}{h_b} + \frac{1}{h_c}\right)^2 + \left(\frac{1}{h_c} + \frac{1}{h_a}\right)^2\right]$$

$$= \frac{2}{r^2} - \frac{2(4R+r)}{s^2 r} - \left(\frac{3}{2r^2} - \frac{4R+r}{2s^2 r}\right)$$

$$= \frac{1}{2r^2} - \frac{3(4R+r)}{2s^2 r}$$

$$\geqslant \frac{1}{2r^2} - \frac{3(4R+r)}{2 \times 3(4R+r)r^2} = 0$$

于是

$$\left(\frac{1}{r_a} + \frac{1}{r_b}\right)^2 + \left(\frac{1}{r_b} + \frac{1}{r_c}\right)^2 + \left(\frac{1}{r_c} + \frac{1}{r_a}\right)^2$$

$$\geqslant \left(\frac{1}{h_a}+\frac{1}{h_b}\right)^2 + \left(\frac{1}{h_b}+\frac{1}{h_c}\right)^2 + \left(\frac{1}{h_c}+\frac{1}{h_a}\right)^2$$

由 Cauchy-Schwarz 不等式, 并

$$\frac{1}{h_a}+\frac{1}{h_b}+\frac{1}{h_c}=\frac{a+b+c}{2\Delta}=\frac{2s}{2sr}=\frac{1}{r}$$

有

$$3\left[\left(\frac{1}{h_a}+\frac{1}{h_b}\right)^2 + \left(\frac{1}{h_b}+\frac{1}{h_c}\right)^2 + \left(\frac{1}{h_c}+\frac{1}{h_a}\right)^2\right]$$

$$\geqslant \left(\frac{1}{h_a}+\frac{1}{h_b}+\frac{1}{h_b}+\frac{1}{h_c}+\frac{1}{h_c}+\frac{1}{h_a}\right)^2 = \frac{4}{r^2}$$

由 Euler 不等式 $R \geqslant 2r$, 有

$$\left(\frac{1}{r_a}+\frac{1}{r_b}\right)^2 + \left(\frac{1}{r_b}+\frac{1}{r_c}\right)^2 + \left(\frac{1}{r_c}+\frac{1}{r_a}\right)^2$$

$$\geqslant \left(\frac{1}{h_a}+\frac{1}{h_b}\right)^2 + \left(\frac{1}{h_b}+\frac{1}{h_c}\right)^2 + \left(\frac{1}{h_c}+\frac{1}{h_a}\right)^2$$

$$\geqslant \frac{4}{3r^2} \geqslant \frac{8}{3Rr}$$

定理 7 的证明　　设 $\triangle ABC$ 的半周长为 s, 因为 $r_a r_b r_c = s^2 r, r_a r_b + r_b r_c + r_c r_a = s^2$, 于是

$$\frac{1}{r_a}+\frac{1}{r_b}+\frac{1}{r_c}=\frac{r_a r_b + r_b r_c + r_c r_a}{r_a r_b r_c}=\frac{s^2}{s^2 r}=\frac{1}{r}$$

由式 ②, 有 $\left(\frac{4R+r}{s}\right)^2 \leqslant 1+\frac{R}{r}$, 从而有

$$\left(\frac{1}{r_a}+\frac{1}{r_b}\right)^2 + \left(\frac{1}{r_b}+\frac{1}{r_c}\right)^2 + \left(\frac{1}{r_c}+\frac{1}{r_a}\right)^2$$

$$= \left(\frac{1}{r}-\frac{1}{r_c}\right)^2 + \left(\frac{1}{r}-\frac{1}{r_a}\right)^2 + \left(\frac{1}{r}-\frac{1}{r_b}\right)^2$$

$$= \frac{3}{r^2}-\frac{2}{r}\left(\frac{1}{r_a}+\frac{1}{r_b}+\frac{1}{r_c}\right)+\left(\frac{1}{r_a^2}+\frac{1}{r_b^2}+\frac{1}{r_c^2}\right)$$

$$= \frac{3}{r^2}-\frac{2}{r^2}+\left(\frac{1}{r_a}+\frac{1}{r_b}+\frac{1}{r_c}\right)^2 -$$

$$2\left(\frac{1}{r_a r_b} + \frac{1}{r_b r_c} + \frac{1}{r_c r_a}\right)$$

$$= \frac{2}{r^2} - \frac{2(r_a + r_b + r_c)}{r_a r_b r_c} = \frac{2}{r^2} - \frac{2(4R + r)}{s^2 r}$$

$$= \frac{2}{r^2} - \frac{2}{(4R + r)r}\left(\frac{4R + r}{s}\right)^2$$

所以

$$\left(\frac{1}{r_a} + \frac{1}{r_b}\right)^2 + \left(\frac{1}{r_b} + \frac{1}{r_c}\right)^2 + \left(\frac{1}{r_c} + \frac{1}{r_a}\right)^2$$

$$= \frac{2}{r^2} - \frac{2}{(4R + r)r}\left(\frac{4R + r}{s}\right)^2$$

$$\geqslant \frac{2}{r^2} - \frac{2}{(4R + r)r} \cdot \left(1 + \frac{R}{r}\right)$$

$$= \frac{2}{r^2} - \frac{2(R + r)}{(4R + r)r^2}$$

$$= \frac{2}{r^2}\left(1 - \frac{R + r}{4R + r}\right) = \frac{6R}{(4R + r)r^2}$$

故式 ③ 成立.

又由式 ⑦,有 $\left(\frac{4R + r}{s}\right)^2 \geqslant 4 - \frac{2r}{R}$,和 Euler 不等

式 $R \geqslant 2r$,有

$$\left(\frac{1}{r_a} + \frac{1}{r_b}\right)^2 + \left(\frac{1}{r_b} + \frac{1}{r_c}\right)^2 + \left(\frac{1}{r_c} + \frac{1}{r_a}\right)^2$$

$$= \frac{2}{r^2} - \frac{2}{(4R + r)r}\left(\frac{4R + r}{s}\right)^2$$

$$\leqslant \frac{2}{r^2} - \frac{2}{(4R + r)r} \cdot \left(4 - \frac{2r}{R}\right)$$

$$= \frac{2}{r^2} - \frac{2(4R - 2r)}{(4R + r)Rr}$$

$$= \frac{2(4R^2 + Rr - 4Rr + 2r^2)}{(4R + r)Rr^2}$$

$$= \frac{2(4R^2 - 3Rr + 2r^2)}{(4R + r)Rr^2}$$

$$\leqslant \frac{2(4R^2 - 3Rr + Rr)}{(4R + r)Rr^2}$$

$$= \frac{2(4R^2 - 2Rr)}{(4R + r)Rr^2}$$

$$= \frac{8R - 4r}{(4R + r)r^2}$$

故式 ④ 成立.

对结论的讨论

1. 由 $\frac{1}{h_a} + \frac{1}{h_b} + \frac{1}{h_c} = \frac{1}{r_a} + \frac{1}{r_b} + \frac{1}{r_c} = \frac{1}{r}$，可以得到：

推论 2　设 $\triangle ABC$ 的三边长为 a,b,c，对应的高、旁切圆半径、外接圆半径、内切圆半径和面积分别为 $h_a,h_b,h_c,r_a,r_b,r_c,R,r,\triangle$，则有

$$\left(\frac{1}{r_a} + \frac{1}{h_a}\right)^2 + \left(\frac{1}{r_b} + \frac{1}{h_b}\right)^2 + \left(\frac{1}{r_c} + \frac{1}{h_c}\right)^2$$

$$\geqslant \frac{4}{3r^2} \geqslant \frac{8}{3Rr}$$

$$\left(\frac{1}{r_a} + \frac{1}{h_b}\right)^2 + \left(\frac{1}{r_b} + \frac{1}{h_c}\right)^2 + \left(\frac{1}{r_c} + \frac{1}{h_a}\right)^2$$

$$\geqslant \frac{4}{3r^2} \geqslant \frac{8}{3Rr}$$

$$\left(\frac{1}{r_a} + \frac{1}{h_b} + \frac{1}{h_c}\right)^2 + \left(\frac{1}{r_b} + \frac{1}{h_c} + \frac{1}{h_a}\right)^2 +$$

$$\left(\frac{1}{r_c} + \frac{1}{h_a} + \frac{1}{h_b}\right)^2$$

$$\geqslant \frac{3}{r^2} \geqslant \frac{6}{Rr}$$

2. 要证明式 ③ 是式 ① 的改进，只需证明 $\frac{6R}{(4R + r)r^2} \geqslant \frac{8}{3Rr}$，即证明 $9R^2 \geqslant 16Rr + 4r^2$，而

$$9R^2 - 16Rr - 4r^2 \geqslant 0 \Leftrightarrow (9R + 2r)(R - 2r) \geqslant 0$$

由 Euler 不等式 $R \geqslant 2r$ 知此式显然成立,故式 ③ 是式 ① 的改进.

9.3 涉及三角形的不等式

设 m_a, m_b, m_c 为 $\triangle ABC$ 的三条中线长,文 [30] 中给出了关于三角形中线的几个不等式:

命题 1 a, b, c, m_a, m_b, m_c 分别是 $\triangle ABC$ 的三边长和三条中线长,则有

$$\frac{m_c^2}{c^2} + \frac{m_b^2}{b^2} \geqslant \frac{m_b^2 + m_c^2}{b^2 + c^2}$$

命题 2 a, b, c, m_a, m_b, m_c 分别是 $\triangle ABC$ 的三边长和三条中线长,则有

$$\frac{c^2}{m_c^2} + \frac{b^2}{m_b^2} \geqslant \frac{b^2 + c^2}{m_b m_c}$$

受文 [30] 启示,本节类比给出三角形中关于内角平分线和旁切圆半径的几个优美的不等式.

在 $\triangle ABC$ 中,设三边长 $BC = a, CA = b, AB = c$,AD, BE, CF 为三边的角平分线,记 $p = \dfrac{1}{2}(a + b + c)$,$AD, BE, CF$ 的长为 w_a, w_b, w_c,由角平分线长公式知

$$w_a = \frac{2}{b+c}\sqrt{bcp(p-a)}$$

$$w_b = \frac{2}{c+a}\sqrt{cap(p-b)}$$

$$w_c = \frac{2}{a+b}\sqrt{abp(p-c)}.$$

定理 1 设 a, b, c, w_a, w_b, w_c 分别为 $\triangle ABC$ 的三

边长和三条角平分线长,则有

$$\frac{w_c^2}{c^2} + \frac{w_b^2}{b^2} \geqslant \frac{w_b^2 + w_c^2}{b^2 + c^2} \qquad ①$$

证明　由

$$w_b = \frac{2}{c+a}\sqrt{cap(p-b)}, w_c = \frac{2}{a+b}\sqrt{abp(p-c)}$$

知式 ① 等价于

$$\frac{4cap(p-b)}{(c+a)^2 b^2} + \frac{4abp(p-c)}{(a+b)^2 c^2}$$

$$\geqslant \frac{\dfrac{4cap(p-b)}{(c+a)^2} + \dfrac{4abp(p-c)}{(a+b)^2}}{bc}$$

$$\Leftrightarrow \frac{4cap(p-b)}{(c+a)^2 b^2} + \frac{4abp(p-c)}{(a+b)^2 c^2}$$

$$\geqslant \frac{4cap(p-b)(a+b)^2 + 4abp(p-c)(c+a)^2}{bc(c+a)^2(a+b)^2}$$

$$\Leftrightarrow \frac{c(p-b)}{(c+a)^2 b^2} + \frac{b(p-c)}{(a+b)^2 c^2}$$

$$\geqslant \frac{c(p-b)(a+b)^2 + b(p-c)(c+a)^2}{bc(c+a)^2(a+b)^2}$$

$$\Leftrightarrow c^3(p-b)(a+b)^2 + b^3(p-c)(c+a)^2$$

$$\geqslant bc[c(p-b)(a+b)^2 + b(p-c)(c+a)^2]$$

$$\Leftrightarrow [c^3(p-b)(a+b)^2 - bc^2(p-b)(a+b)^2] +$$

$$[b^3(p-c)(c+a)^2 - b^2c(p-c)(c+a)^2] \geqslant 0$$

$$\Leftrightarrow c^2(p-b)(a+b)^2(c-b) +$$

$$b^2(p-c)(c+a)^2(b-c) \geqslant 0$$

$$\Leftrightarrow (c-b)^2[ap(ac+2bc+ab) + bc(bc-a^2)] \geqslant 0$$

$$\Leftrightarrow (c-b)^2[a(a+b+c)(ac+2bc+ab) +$$

$$2bc(bc-a^2)] \geqslant 0$$

$$\Leftrightarrow (c-b)^2(a^3b + a^3c + a^2b^2 + a^2c^2 + 2ab^2c +$$

$2a^2bc + 2abc^2 + 2b^2c^2) \geqslant 0$

最后一式显然成立,当且仅当 $b = c$ 时取到等号,故定理 1 成立.

定理 2　设 a, b, c, w_a, w_b, w_c 分别为 $\triangle ABC$ 的三边长和三条角平分线长,则有

$$\frac{c^2}{w_c^2} + \frac{b^2}{w_b^2} \geqslant \frac{b^2 + c^2}{w_b w_c}$$

证明　由平均值不等式,有

$$w_b = \frac{2}{c+a}\sqrt{cap(p-b)} \leqslant \sqrt{p(p-b)}$$

$$w_c = \frac{2}{a+b}\sqrt{abp(p-c)} \leqslant \sqrt{p(p-c)}$$

所以

$$w_b w_c \leqslant \sqrt{p(p-b)} \cdot \sqrt{p(p-c)}$$

$$= p\sqrt{(p-b)(p-c)}$$

$$\leqslant p\frac{(p-b)+(p-c)}{2} = \frac{ap}{2}$$

于是只需证

$$\frac{c^2}{w_c^2} + \frac{b^2}{w_b^2} \geqslant \frac{2(b^2+c^2)}{ap}$$

由

$$w_b = \frac{2}{c+a}\sqrt{cap(p-b)}$$

$$w_c = \frac{2}{a+b}\sqrt{abp(p-c)}$$

知要证上式只需证

$$\frac{b^2(c+a)^2}{4cap(p-b)} + \frac{c^2(a+b)^2}{4abp(p-c)} \geqslant \frac{2(b^2+c^2)}{ap}$$

$$\Leftrightarrow \frac{b^2(c+a)^2}{c(p-b)} + \frac{c^2(a+b)^2}{b(p-c)} \geqslant 8(b^2+c^2)$$

$$\Leftrightarrow \frac{b^2 (c+a)^2}{c(c+a-b)} + \frac{c^2 (a+b)^2}{b(a+b-c)} \geqslant 4(b^2+c^2)$$

而

$$\frac{b^2 (c+a)^2}{c(c+a-b)} + \frac{c^2 (a+b)^2}{b(a+b-c)}$$

$$= \frac{b^2 \left[(c+a-b)^2 + b^2 + 2b(c+a-b) \right]}{c(c+a-b)} +$$

$$\frac{c^2 \left[(a+b-c)^2 + c^2 + 2c(a+b-c) \right]}{b(a+b-c)}$$

$$= \frac{b^2}{c}(c+a-b) + \frac{b^4}{c(c+a-b)} +$$

$$\frac{2b^3}{c} + \frac{c^2}{b}(a+b-c) + \frac{c^4}{b(a+b-c)} + \frac{2c^3}{b}$$

$$\geqslant \frac{2b^3}{c} + \frac{2c^3}{b} + \frac{2b^3}{c} + \frac{2c^3}{b}$$

$$= 4\left(\frac{b^3}{c} + \frac{c^3}{b} \right) = 4\left(\frac{b^4+c^4}{bc} \right)$$

由 Cauchy 不等式和平均值不等式，有

$$2(b^4+c^4) \geqslant (b^2+c^2)^2 \geqslant 2bc(b^2+c^2)$$

所以

$$\frac{b^4+c^4}{bc} \geqslant b^2+c^2$$

故

$$\frac{b^2 (c+a)^2}{c(c+a-b)} + \frac{c^2 (a+b)^2}{b(a+b-c)} \geqslant 4(b^2+c^2)$$

从而定理 2 得证，当且仅当 $b=c$ 时取到等号.

利用上面的定理又能够得到：

推论 1　设 $a,b,c ; w_a, w_b, w_c$ 分别为 $\triangle ABC$ 的三边长和三条角平分线长，则

$$\frac{b}{w_b} + \frac{c}{w_c} \geqslant \frac{b+c}{\sqrt{w_b w_c}}$$

证明　在定理 2 的公式两边都加上 $\dfrac{2bc}{w_b w_c}$，并开方立即得到结果．

推论 2　设 $a,b,c;w_a,w_b,w_c$ 分别为 $\triangle ABC$ 的三边长和三条角平分线长，则

$$\frac{c^2}{w_c^2}+\frac{b^2}{w_b^2}\geqslant\frac{2aw_a}{w_b w_c}$$

证明　因为

$$w_b=\frac{2}{c+a}\sqrt{cap(p-b)}\leqslant\sqrt{p(p-b)}$$

所以

$$\begin{aligned}
4(aw_a)^2 &\leqslant 4a^2 p(p-a)\\
&=a^2(a+b+c)(b+c-a)\\
&=a^2[(b+c)^2-a^2]\\
&\leqslant\left[\frac{(b+c)^2-a^2+a^2}{2}\right]^2\\
&=\frac{(b+c)^4}{4}
\end{aligned}$$

所以 $2aw_a\leqslant\dfrac{(b+c)^2}{2}\leqslant b^2+c^2$．结合定理 2，有

$$\frac{c^2}{w_c^2}+\frac{b^2}{w_b^2}\geqslant\frac{b^2+c^2}{w_b w_c}\geqslant\frac{2aw_a}{w_b w_c}$$

当且仅当 $b=c=\sqrt{2}a$，即 $\triangle ABC$ 为等腰直角三角形时取等号．

推论 3　设 $a,b,c;w_a,w_b,w_c$ 分别为 $\triangle ABC$ 的三边长和三条角平分线长，则

$$\frac{a^2}{w_a^2}+\frac{c^2}{w_c^2}+\frac{b^2}{w_b^2}\geqslant 4$$

证明　由定理 2 的证明，结合 Cauchy 不等式的变形形式，有

474

$$\frac{a^2}{w_a^2} + \frac{b^2}{w_b^2} + \frac{c^2}{w_c^2}$$

$$\geqslant \frac{b^2+c^2}{ap} + \frac{c^2+a^2}{bp} + \frac{a^2+b^2}{cp}$$

$$= \frac{1}{p}\left(\frac{b^2+c^2}{a} + \frac{c^2+a^2}{b} + \frac{a^2+b^2}{c}\right)$$

$$\geqslant \frac{1}{2p}\left[\frac{(b+c)^2}{a} + \frac{(c+a)^2}{b} + \frac{(a+b)^2}{c}\right]$$

$$\geqslant \frac{1}{2p} \cdot \frac{(b+c+c+a+a+b)^2}{a+b+c} = 4$$

当且仅当 $a=b=c$ 时取等号.

定理 3　设 $a,b,c;r_a,r_b,r_c$ 分别为 $\triangle ABC$ 的三边长和三条旁切圆的半径,则

$$\frac{r_b^2}{b^2} + \frac{r_c^2}{c^2} \leqslant \frac{r_b^2 + r_c^2}{bc} \qquad ①$$

证明　设 $\triangle ABC$ 的外接圆和内切圆的半径分别为 R,r,因为

$$r_b(p-b) = r_c(p-c) = pr$$

所以

$$r_b = \frac{pr}{p-b}, r_c = \frac{pr}{p-c}$$

于是式 ① 等价于

$$\frac{p^2 r^2}{b^2 (p-b)^2} + \frac{p^2 r^2}{c^2 (p-c)^2}$$

$$\leqslant \frac{1}{bc} \cdot \left[\frac{p^2 r^2}{(p-b)^2} + \frac{p^2 r^2}{(p-c)^2}\right]$$

$$\Leftrightarrow \frac{1}{b^2 (p-b)^2} + \frac{1}{c^2 (p-c)^2}$$

$$\leqslant \frac{1}{bc (p-b)^2} + \frac{1}{bc (p-c)^2}$$

$$\Leftrightarrow \frac{1}{b^2(p-b)^2} - \frac{1}{bc(p-b)^2}$$

$$\leqslant \frac{1}{bc(p-c)^2} - \frac{1}{c^2(p-c)^2}$$

$$\Leftrightarrow \frac{c-b}{b^2c(p-b)^2} \leqslant \frac{c-b}{bc^2(p-c)^2}$$

$$\Leftrightarrow \frac{c-b}{bc}\left[\frac{1}{b(p-b)^2} - \frac{1}{c(p-c)^2}\right] \leqslant 0$$

$$\Leftrightarrow \frac{(c-b)^2}{b^2c^2(p-b)^2(p-c)^2}[p^2 - 2p(b+c) +$$

$$b^2 + c^2 + bc] \leqslant 0$$

$$\Leftrightarrow \frac{(c-b)^2}{4b^2c^2(p-b)^2(p-c)^2}[(a+b+c)^2 -$$

$$4(a+b+c)(b+c) + 4b^2 + 4c^2 + 4bc] \leqslant 0$$

$$\Leftrightarrow \frac{(c-b)^2}{4b^2c^2(p-b)^2(p-c)^2}(a^2 + b^2 + c^2 -$$

$$2ab - 2bc - 2ca) \leqslant 0 \qquad\qquad ②$$

因为

$$a^2 + b^2 + c^2 = 2(p^2 - 4R r - 4r^2)$$

$$ab + bc + ca = p^2 + 4R r + 4r^2$$

所以

$$a^2 + b^2 + c^2 - 2ab - 2bc - 2ca = -4(4R r + r^2) < 0$$

所以式 ② 显然成立,于是定理 3 成立,其中当且仅当 $b=c$ 时取等号.

定理 4 设 $a,b,c;r_a,r_b,r_c$ 分别为 $\triangle ABC$ 的三边长和三条旁切圆的半径,则

$$\frac{b^2}{r_b^2} + \frac{c^2}{r_c^2} \leqslant \frac{(b+c)^2}{2r_b r_c} \qquad\qquad ①$$

证明 由 $r_b = \dfrac{pr}{p-b}, r_c = \dfrac{pr}{p-c}$ 知式 ① 等价于

$$2b^2(p-b)^2+2c^2(p-c)^2$$

$$\leqslant (b+c)^2(p-b)(p-c)$$

$$\Leftrightarrow 2b^2(p^2-2pb+b^2)+2c^2(p^2-2pc+c^2)$$

$$\leqslant (b^2+2bc+c^2)(p-b)(p-c)$$

$$\Leftrightarrow 2(b^2+c^2)p^2-4p(b^3+c^3)+2(b^4+c^4)$$

$$\leqslant (b^2+2bc+c^2)p^2-$$

$$(b^2+2bc+c^2)p(b+c)+$$

$$bc(b^2+2bc+c^2)$$

$$\Leftrightarrow (b-c)^2p^2+(b-c)^2(b^2+bc+c^2)$$

$$\leqslant 3p(b-c)^2(b+c)$$

$$\Leftrightarrow (b-c)^2[p^2+b^2+bc+c^2-3p(b+c)]\leqslant 0$$

$$\Leftrightarrow (b-c)^2[(a+b+c)^2+4b^2+4bc+4c^2-$$

$$6(a+b+c)(b+c)]\leqslant 0$$

$$\Leftrightarrow (b-c)^2[a^2-(b+c)^2-8bc-4ab-4ac]\leqslant 0$$

最后一式显然成立,当且仅当 $b=c$ 时取等号,故式 ① 成立.

推论 3　设 $a,b,c;r_a,r_b,r_c$ 分别为 $\triangle ABC$ 的三边长和三条旁切圆的半径,则

$$\frac{b^2}{r_b^2}+\frac{c^2}{r_c^2}\leqslant \frac{b^2+c^2}{r_br_c}$$

证明　由 $2(b^2+c^2)\geqslant (b+c)^2$,并定理 3 立得.

推论 4　设 $a,b,c;r_a,r_b,r_c$ 分别为 $\triangle ABC$ 的三边长和三条旁切圆的半径,则 $\dfrac{b}{r_b}+\dfrac{c}{r_c}\leqslant \dfrac{b+c}{\sqrt{r_br_c}}$.

证明　由定理 4,得

$$\frac{b}{r_b}+\frac{c}{r_c}\leqslant \sqrt{2\left(\frac{b^2}{r_b^2}+\frac{c^2}{r_c^2}\right)}\leqslant \frac{b+c}{\sqrt{r_br_c}}$$

9.4　关于三角形的恒等式

1. 设 $\triangle ABC$ 的三边长为 a, b, c，半周长为 p，其旁切圆、外接圆、内切圆半径分别为 r_a, r_b, r_c, R, r，匡继昌先生在《常用不等式》一书中收录了下面的不等式

$$\sum \frac{a^2}{r_a - r} \leqslant 9R \qquad ①$$

笔者经探讨发现式 ① 的最佳形式是

$$\sum \frac{a^2}{r_a - r} = 8R + 2r \qquad ②$$

证明　由 $a = r\left(\cot \frac{B}{2} + \cot \frac{C}{2}\right), r_a = r\cot \frac{B}{2}\cot \frac{C}{2}$ 等知

$$\sum \frac{a}{r_a} = \sum \frac{r\left(\cot \dfrac{B}{2} + \cot \dfrac{C}{2}\right)}{r\cot \dfrac{B}{2}\cot \dfrac{C}{2}}$$

$$= \sum \left(\tan \frac{B}{2} + \tan \frac{C}{2}\right)$$

$$= 2\sum \tan \frac{A}{2}$$

又因为

$$\sum \tan \frac{A}{2} = \frac{4R + r}{p}$$

于是

$$\sum \frac{a}{r_a} = \frac{2(4R + r)}{p}$$

而由

$$(p - a)r_a = pr$$

得

$$pr_a - ar_a = pr, p(r_a - r) = ar_a$$

因而

$$r_a - r = \frac{ar_a}{p}$$

所以

$$\sum \frac{a^2}{r_a - r} = \sum \frac{a^2 p}{ar_a} = \sum \frac{ap}{r_a}$$

$$= p \cdot \sum \frac{a}{r_a} = p \cdot \frac{2(4R + r)}{p}$$

$$= 8R + 2r$$

由 Euler 不等式 $R \geqslant 2r$ 知式 ① 成立. 从而式 ② 是式 ① 的最佳形式.

2.《数学通报》2009 年第 7 期问题 1804 是:

$\triangle ABC$ 的半周长为 p,三边长为 a, b, c,外接圆半径为 R,内切圆半径为 r,求证

$$\frac{3R}{2r} \leqslant \frac{a}{b + c - a} + \frac{b}{c + a - b} + \frac{c}{a + b - c} \leqslant \frac{2R}{r} - \frac{2r}{R}$$

该不等式的最佳形式是

$$\frac{a}{b + c - a} + \frac{b}{c + a - b} + \frac{c}{a + b - c} = \frac{2R - r}{r}$$

证明　因为

$$ab + bc + ca = p^2 + 4Rr + r^2$$

$$abc = 4Rr$$

$$(p - a)(p - b)(p - c) = pr^2$$

所以

$$\frac{a}{b + c - a} + \frac{b}{c + a - b} + \frac{c}{a + b - c}$$

$$= \frac{a}{2(p - a)} + \frac{b}{2(p - b)} + \frac{c}{2(p - c)}$$

$$= \frac{a(p-b)(p-c) + b(p-c)(p-a) + c(p-a)(p-b)}{2(p-a)(p-b)(p-c)}$$

$$= \frac{(a+b+c)p^2 - 2(ab+bc+ca)p + 3abc}{2pr^2}$$

$$= \frac{p^3 - 2p(p^2 + 4Rr + r^2) + 12Rr}{2pr^2}$$

$$= \frac{2R - r}{r}$$

3. 本节约定设 $\triangle ABC$ 的三边长分别为 a, b, c, 所对的内角平分线长分别为 w_a, w_b, w_c, 对应于边 a, b, c 的旁切圆半径为 r_a, r_b, r_c, 边 a, b, c 上的高线长分别为 h_a, h_b, h_c, 边 a, b, c 上的中线长分别为 m_a, m_b, m_c, s, R, r 分别表示 $\triangle ABC$ 的半周长、外接圆半径、内切圆半径, 以 $\sum$ 表示循环和, $\prod$ 表示循环积.

本节建立了一个简单但又没有引起他人太多注意的几何恒等式, 并用他去加强一些常见的几何不等式或给出他们的最佳形式.

（1）一个几何恒等式证明.

定理 1 在 $\triangle ABC$ 中, 有

$$\sum \frac{a}{b+c-a} = \frac{2R}{r} - 1$$

易知上式等价于 $\sum \dfrac{s}{s-a} = \dfrac{4R}{r} + 1$ 或者 $\sum \dfrac{a}{s-a} = \dfrac{4R}{r} - 2.$

证明

$$\sum \frac{a}{b+c-a} = \sum \frac{\sin A}{\sin B + \sin C - \sin A}$$

$$= \sum \frac{2\sin \dfrac{A}{2} \cos \dfrac{A}{2}}{2\sin \dfrac{B+C}{2} \cos \dfrac{B-C}{2} - 2\sin \dfrac{B+C}{2} \cos \dfrac{B+C}{2}}$$

$$= \sum \frac{\sin \dfrac{A}{2}}{2\sin \dfrac{B}{2}\sin \dfrac{C}{2}} = \frac{\sum \sin^2 \dfrac{A}{2}}{2\sin \dfrac{A}{2}\sin \dfrac{B}{2}\sin \dfrac{C}{2}}$$

由熟知的三角恒等式 $\sum \sin^2 \dfrac{A}{2} = 1 - \dfrac{r}{2R}$，

$\sin \dfrac{A}{2}\sin \dfrac{B}{2}\sin \dfrac{C}{2} = \dfrac{r}{4R}$，知

$$原式 = \frac{1 - \dfrac{r}{2R}}{2\times \dfrac{r}{4R}} = \frac{2R}{r} - 1$$

证毕.

（2）几个不等式的加强或最佳形式.

问题 1

$$\sum \frac{1}{s-a} \geqslant \frac{9}{s}^{[27]} \qquad\qquad ①$$

的最佳形式是

$$\sum \frac{1}{s-a} = \frac{4R+r}{rs} \qquad\qquad ②$$

证明　由 $\sum \dfrac{s}{s-a} = \dfrac{4R}{r} + 1$，可得

$$\sum \frac{1}{s-a} = \frac{4R+r}{rs} \geqslant \frac{9}{s}$$

因此式 ② 是式 ① 的最佳形式

问题 2

$$\sum \frac{r_a}{h_a} \geqslant 3^{[27]} \qquad\qquad ①$$

的最佳形式是

$$\sum \frac{r_a}{h_a} = \frac{2R}{r} - 1 \qquad\qquad ②$$

证明　由 $\dfrac{r_a}{h_a} = \dfrac{\Delta}{s-a} \Big/ \dfrac{2\Delta}{a}$ 和定理 1，可得

$$\sum \frac{r_a}{h_a} = \frac{2R}{r} - 1 \geqslant 3$$

因此式 ② 是式 ① 的最佳形式.

问题 3

$$\sum \frac{h_b h_c}{r_b r_c} \leqslant \frac{3R}{2r} \leqslant \sum \frac{r_a}{h_a}^{[27]} \qquad ①$$

的最佳形式是

$$\sum \frac{h_b h_c}{r_b r_c} = \frac{4R}{r} \sum \frac{r_a}{h_a} = \frac{4R}{r}\Big(\frac{2R}{r} - 1\Big) \qquad ②$$

证明　由 $\sum \dfrac{h_b h_c}{r_b r_c} = \dfrac{r_a r_b r_c}{h_a h_b h_c} \sum \dfrac{r_a}{h_a}$，可得

$$\sum \frac{h_b h_c}{r_b r_c} = \prod \frac{r_a}{h_a} \sum \frac{r_a}{h_a} = \prod \frac{a}{s-a} \sum \frac{r_a}{h_a}$$

$$= \frac{4Rrs}{r^2 s} \sum \frac{r_a}{h_a} = \frac{4R}{r} \sum \frac{r_a}{h_a} = \frac{4R}{r}\Big(\frac{2R}{r} - 1\Big)$$

因此式 ② 是式 ① 的最佳形式.

问题 4

$$\sum \frac{bc}{w_a^2} \geqslant 3\Big(\frac{4R}{s}\Big)^{\frac{2}{3}[18]} \qquad ①$$

的最佳形式是

$$\sum \frac{bc}{w_a^2} = \frac{R}{r} + 2^{[62]} \qquad ②$$

证明　由角平分线公式

$$w_a = \frac{2}{b+c}\sqrt{bcs(s-a)}$$

可得

$$\sum \frac{bc}{w_a^2} = \sum \frac{bc}{\dfrac{4bcs(s-a)}{(b+c)^2}} = \sum \frac{(b+c)^2}{4s(s-a)}$$

$$= \sum \frac{(2s-a)^2}{4s(s-a)}$$

$$= \sum \frac{[(s-a)+s]^2}{4s(s-a)}$$

$$= \sum \left[\frac{s-a}{4s} + \frac{1}{2} + \frac{s}{4(s-a)} \right]$$

$$= \frac{3}{2} + \frac{1}{4} \sum \frac{s-a}{s} + \frac{1}{4} \sum \frac{s}{s-a}$$

$$= \frac{3}{2} + \frac{1}{4} + \frac{1}{4} \left(\frac{4R}{r} + 1 \right)$$

$$= 2 + \frac{R}{r}$$

因此式 ② 是式 ① 的最佳形式.

问题 5　（唐立华）设 P 为 $\triangle A_1 A_2 A_3$ 所在平面上的任意一点，$PA_i = R_i (i = 1, 2, 3)$，$\triangle A_1 A_2 A_3$ 的面积为 Δ，$\triangle A_1 A_2 A_3$ 的边长为 a_1, a_2, a_3，则

$$
\begin{aligned}
& (R_2^2 + R_3^2 - R_1^2) \sin A_1 + \\
& (R_3^2 + R_1^2 - R_2^2) \sin A_2 + \\
& (R_1^2 + R_2^2 - R_3^2) \sin A_3
\end{aligned}
$$

$$\geqslant 2\Delta \qquad\qquad ①$$

等号成立当且仅当 $a_1 = a_2 = a_3$，且

$$R_1 : R_2 : R_3 = \sin \alpha_1 : \sin \alpha_2 : \sin \alpha_3$$

其中 $\angle \alpha_i = \angle A_{i+1} P A_{i+2} (A_4 = A_1, A_5 = A_2, i = 1, 2, 3)$（按同一方向取角）.

可加强为

$$
\begin{aligned}
& (R_2^2 + R_3^2 - R_1^2) \sin A_1 + \\
& (R_3^2 + R_1^2 - R_2^2) \sin A_2 + \\
& (R_1^2 + R_2^2 - R_3^2) \sin A_3
\end{aligned}
$$

$$\geqslant \left(\frac{8}{3} - \frac{4r}{3R} \right) \Delta \qquad\qquad ②$$

证明　由正弦定理,可得

$$(R_2^2 + R_3^2 - R_1^2)\sin A_1 +$$

$$(R_3^2 + R_1^2 - R_2^2)\sin A_2 +$$

$$(R_1^2 + R_2^2 - R_3^2)\sin A_3$$

$$= \frac{1}{2R}\big[(a_2 + a_3 - a_1)R_1^2 +$$

$$(a_1 + a_3 - a_2)R_2^2 +$$

$$(a_1 + a_2 - a_3)R_3^2\big]$$

$$(记\ s = \frac{a_1 + a_2 + a_3}{2}\ 为三角形半周长)$$

$$= \frac{1}{R}\big[(s - a_1)R_1^2 + (s - a_2)R_2^2 +$$

$$(s - a_3)R_3^2\big]$$

不妨设 $a_1 \geqslant a_2 \geqslant a_3 > 0$,则 $s - a_3 \geqslant s - a_2 \geqslant s - a_1 > 0$,从而

$$(s - a_2)(s - a_3)a_1 \geqslant (s - a_3)(s - a_1)a_2$$

$$\geqslant (s - a_1)(s - a_2)a_3$$

再由惯性矩不等式及 Chebyshev 不等式和定理 1 的等价形式 $\sum \dfrac{a}{s-a} = \dfrac{4R}{r} - 2$ 可得

$$\frac{1}{R}\big[(s - a_1)R_1^2 + (s - a_2)R_2^2 + (s - a_3)R_3^2\big]$$

$$\geqslant \frac{1}{R}\frac{\sum (s - a_2)(s - a_3)a_1^2}{\sum (s - a_1)}$$

$$= \frac{1}{R}\frac{\sum \big[(s - a_2)(s - a_3)a_1\big]a_1}{s}$$

$$\geqslant \frac{1}{R}\frac{\sum (s - a_2)(s - a_3)a_1 \sum a_1}{3s}$$

$$= \frac{1}{3R} \cdot \frac{2s \sum (s-a_2)(s-a_3)a_1}{s}$$

$$= \frac{2 \prod (s-a_1)}{3R} \sum \frac{a_1}{s-a_1}$$

$$= \frac{2r^2 s}{3R} \cdot \left(\frac{4R}{r} - 2 \right) = \frac{2r^2 \cdot \frac{\Delta}{r}}{3R} \left(\frac{4R}{r} - 2 \right)$$

$$= \left(\frac{8}{3} - \frac{4r}{3R} \right) \Delta \geqslant 2\Delta$$

因此式 ② 是式 ① 的加强.

定理 1 给出的是一个重要的几何恒等式,我们只要合理应用它,它就会给我们带来意想不到的惊喜.

3. 设 $\triangle ABC$ 三边上的高依次为 h_a, h_b, h_c,文[62]已证得

$$\sum a(h_b + h_c - h_a) = 2 \sum h_a(p-a)$$

用类比的方法可以得到

定理 2

$$\sum a(r_b + r_c - r_a) = 2 \sum r_a(p-a) = 6s$$

证明　文[82]已证得 $\sum ar_a = 2p(2R-r)$,又

$$\sum r_a = 4R + r$$

于是

$$\sum a(r_b + r_c - r_a) = \sum a(r_b + r_c + r_a - 2r_a)$$

$$= \sum a \sum r_a - 2 \sum ar_a$$

$$= 2p(4R+r) - 2 \cdot 2p(2R-r)$$

$$= 6pr = 6s$$

Nesbitt 不等式加强式的研究

而

$$r_a(p-a)=pr=s$$

$$\sum r_a(p-a)=3s$$

故

$$\sum a(r_b+r_c-r_a)=2\sum r_a(p-a)=6s$$

推论 1

$$\sum a(h_b+h_c-h_a)\geqslant\sum a(r_b+r_c-r_a)$$

证明　文[27] 已证得 $\sum h_a(p-a)\geqslant 3s$，故 $\sum a(h_b+h_c-h_a)\geqslant 6s$，因而推论成立.

4. 刘保乾用他自己编写的不等式自动发现与判定程序 agl 2010[①]发现了许多优美的三角形恒等式，并把其中的一部分结果发布到网上[②]. 这些恒等式是用机器发现的，本节给出有关恒等式的纯"手工"的证明.

在 $\triangle ABC$ 中，证明：

---

①　刘保乾. 不等式的自动发现原理及其实现[J]. 汕头大学学报，2011,26(2):3-11.

刘保乾. 不等式的自动发现和判定程序 agl 2010 的若干改进及应用[J]. 广东教育学院学报，2011,31(3):13-22.

②　http://www.artofproblemsolving.com/Forum/viewtopic.php? t = 436028.

http://www.aoshoo.com/bbs1/dispbbs.asp? boardid = 48&ld = 23229.

http://www.artofproblemsolving.com/Forum/viewtopic.php? f = 52&t = 435570.

http://www.aoshoo.com/bbs1/dispbbs.asp? boardid = 48&ld = 23224.

1. $\sum \dfrac{\sin^2 \dfrac{A}{2}}{-\cos^2 \dfrac{A}{2} + \cos^2 \dfrac{B}{2} + \cos^2 \dfrac{C}{2}} = 1.$

2. $\sum \dfrac{\cos B + \cos C}{-\cos^2 \dfrac{A}{2} + \cos^2 \dfrac{B}{2} + \cos^2 \dfrac{C}{2}} = 4.$

3. $\sum \dfrac{(\cos B + \cos C)\cos^2 \dfrac{A}{2}}{-\cos^2 \dfrac{A}{2} + \cos^2 \dfrac{B}{2} + \cos^2 \dfrac{C}{2}} = 3.$

4. $\sum \dfrac{\sin A}{-\cos^2 \dfrac{A}{2} + \cos^2 \dfrac{B}{2} + \cos^2 \dfrac{C}{2}} = 2\sum \tan \dfrac{A}{2}.$

5. $\sum \dfrac{\left(\cot \dfrac{B}{2} + \cot \dfrac{C}{2}\right)\tan \dfrac{A}{2}}{-\cos^2 \dfrac{A}{2} + \cos^2 \dfrac{B}{2} + \cos^2 \dfrac{C}{2}} = \dfrac{4R}{r}.$

6. $\sum \cot \dfrac{A}{2}\left(-\cos^2 \dfrac{A}{2} + \cos^2 \dfrac{B}{2} + \cos^2 \dfrac{C}{2}\right) =$

$\dfrac{3}{2}(\sin A + \sin B + \sin C).$

7. $\sum \dfrac{\tan \dfrac{A}{2}(\sin B + \sin C - 2\sin A)}{-\cos^2 \dfrac{A}{2} + \cos^2 \dfrac{B}{2} + \cos^2 \dfrac{C}{2}} = 0.$

8. $\sum \dfrac{\sin A(\sin B + \sin C)}{-\cos^2 \dfrac{A}{2} + \cos^2 \dfrac{B}{2} + \cos^2 \dfrac{C}{2}} = 6.$

9. $\sum \dfrac{\sin A(\cos B + \cos C)}{\left(-\cos^2 \dfrac{A}{2} + \cos^2 \dfrac{B}{2} + \cos^2 \dfrac{C}{2}\right)(\sin B + \sin C)} = 2.$

10. $\sum \dfrac{\sin A}{\left(-\cos^2 \dfrac{A}{2} + \cos^2 \dfrac{B}{2} + \cos^2 \dfrac{C}{2}\right)\left(\cot \dfrac{B}{2} + \cot \dfrac{C}{2}\right)}.$

11. $\sum \dfrac{\sin A}{\left(-\cos^2 \dfrac{A}{2} + \cos^2 \dfrac{B}{2} + \cos^2 \dfrac{C}{2}\right)\left(\tan \dfrac{B}{2} + \tan \dfrac{C}{2}\right)} = 3.$

12. $\sum \dfrac{\tan \dfrac{A}{2}(\sin B + \sin C)}{-\cos^2 \dfrac{A}{2} + \cos^2 \dfrac{B}{2} + \cos^2 \dfrac{C}{2}} = 4.$

13. $\sum \dfrac{\tan \dfrac{A}{2}(\sin B + \sin C)\sin^2 \dfrac{A}{2}}{-\cos^2 \dfrac{A}{2} + \cos^2 \dfrac{B}{2} + \cos^2 \dfrac{C}{2}} = 1.$

14. $\sum \dfrac{\sin A}{\left(-\cos^2 \dfrac{A}{2} + \cos^2 \dfrac{B}{2} + \cos^2 \dfrac{C}{2}\right)\left(\cot \dfrac{B}{2} + \cot \dfrac{C}{2}\right)} = 1.$

证明 设 a,b,c,R,r,s 分别为 $\triangle ABC$ 的三边长、外接圆半径、内切圆半径和半周长，令 $a = y + z$，$b = z + x, c = x + y$，则 $s = x + y + z$，且有

$$abc = (x + y)(y + z)(z + x)$$
$$= 4Rrs = 4Rr(x + y + z)$$
$$xyz = sr^2$$

1. 因为

$$\cos \frac{A}{2} = \sqrt{\frac{s(s - a)}{bc}}$$

$$\cos \frac{B}{2} = \sqrt{\frac{s(s - b)}{ca}}$$

$$\cos \frac{C}{2} = \sqrt{\frac{s(s - c)}{ab}}$$

$$\sin \frac{A}{2} = \sqrt{\frac{(s-b)(s-c)}{bc}}$$

$$\sin \frac{B}{2} = \sqrt{\frac{(s-c)(s-a)}{ca}}$$

$$\sin \frac{C}{2} = \sqrt{\frac{(s-a)(s-b)}{ab}}$$

所以

$$-\cos^2 \frac{A}{2} + \cos^2 \frac{B}{2} + \cos^2 \frac{C}{2}$$

$$= -\frac{s(s-a)}{bc} + \frac{s(s-b)}{ca} + \frac{s(s-c)}{ab}$$

$$= \frac{s[-a(s-a) + b(s-b) + c(s-c)]}{abc}$$

$$= \frac{s[-a(s-a) + b(s-b) + c(s-c)]}{4Rrs}$$

$$= \frac{-(y+z)x + (z+x)y + (x+y)z}{4Rr}$$

$$= \frac{2yz}{4Rr} = \frac{yz}{2Rr}$$

又 $\sin^2 \dfrac{A}{2} = \dfrac{(s-b)(s-c)}{bc} = \dfrac{yz}{bc}$,所以

$$\sum \frac{\sin^2 \dfrac{A}{2}}{-\cos^2 \dfrac{A}{2} + \cos^2 \dfrac{B}{2} + \cos^2 \dfrac{C}{2}}$$

$$= \sum \frac{2Rr}{yz} \cdot \frac{yz}{bc} = \frac{2Rr}{4Rrs} \sum a = 1$$

2. 因为 $\cos A + \cos B + \cos C = 1 + \dfrac{r}{R}$,所以

$$\frac{\cos B + \cos C}{-\cos^2 \dfrac{A}{2} + \cos^2 \dfrac{B}{2} + \cos^2 \dfrac{C}{2}}$$

$$= \frac{1 + \dfrac{r}{R} - \cos A}{-\cos^2 \dfrac{A}{2} + \cos^2 \dfrac{B}{2} + \cos^2 \dfrac{C}{2}}$$

$$= \frac{\dfrac{r}{R} + 2\sin^2 \dfrac{A}{2}}{-\cos^2 \dfrac{A}{2} + \cos^2 \dfrac{B}{2} + \cos^2 \dfrac{C}{2}}$$

$$= \frac{\dfrac{r}{R}}{-\cos^2 \dfrac{A}{2} + \cos^2 \dfrac{B}{2} + \cos^2 \dfrac{C}{2}} +$$

$$\frac{2\sin^2 \dfrac{A}{2}}{-\cos^2 \dfrac{A}{2} + \cos^2 \dfrac{B}{2} + \cos^2 \dfrac{C}{2}}$$

所以

$$\sum \frac{\cos B + \cos C}{-\cos^2 \dfrac{A}{2} + \cos^2 \dfrac{B}{2} + \cos^2 \dfrac{C}{2}}$$

$$= \sum \frac{\dfrac{r}{R}}{-\cos^2 \dfrac{A}{2} + \cos^2 \dfrac{B}{2} + \cos^2 \dfrac{C}{2}} +$$

$$\sum \frac{2\sin^2 \dfrac{A}{2}}{-\cos^2 \dfrac{A}{2} + \cos^2 \dfrac{B}{2} + \cos^2 \dfrac{C}{2}}$$

$$= 2 + \sum \frac{\dfrac{r}{R}}{-\cos^2 \dfrac{A}{2} + \cos^2 \dfrac{B}{2} + \cos^2 \dfrac{C}{2}}$$

由 1 的证明知

490

$$\sum \frac{1}{-\cos^2 \frac{A}{2} + \cos^2 \frac{B}{2} + \cos^2 \frac{C}{2}}$$

$$= \frac{2R}{sr}\sum x = \frac{2Rs}{sr} = \frac{2R}{r}$$

所以

$$\sum \frac{\dfrac{r}{R}}{-\cos^2 \frac{A}{2} + \cos^2 \frac{B}{2} + \cos^2 \frac{C}{2}} = 2$$

故

$$\sum \frac{\cos B + \cos C}{-\cos^2 \frac{A}{2} + \cos^2 \frac{B}{2} + \cos^2 \frac{C}{2}} = 4$$

3. 由 2 的证明知

$$\frac{(\cos B + \cos C)\cos^2 \frac{A}{2}}{-\cos^2 \frac{A}{2} + \cos^2 \frac{B}{2} + \cos^2 \frac{C}{2}}$$

$$= \frac{\cos^2 \frac{A}{2}\left(\dfrac{r}{R} + 2\sin^2 \frac{A}{2}\right)}{-\cos^2 \frac{A}{2} + \cos^2 \frac{B}{2} + \cos^2 \frac{C}{2}}$$

$$= \frac{\dfrac{r}{R}\cos^2 \frac{A}{2}}{-\cos^2 \frac{A}{2} + \cos^2 \frac{B}{2} + \cos^2 \frac{C}{2}} +$$

$$\frac{2\cos^2 \frac{A}{2}\sin^2 \frac{A}{2}}{-\cos^2 \frac{A}{2} + \cos^2 \frac{B}{2} + \cos^2 \frac{C}{2}}$$

$$= \cfrac{\cfrac{r}{R}}{-\cos^2 \cfrac{A}{2} + \cos^2 \cfrac{B}{2} + \cos^2 \cfrac{C}{2}} -$$

$$\cfrac{r}{R} \cfrac{\sin^2 \cfrac{A}{2}}{-\cos^2 \cfrac{A}{2} + \cos^2 \cfrac{B}{2} + \cos^2 \cfrac{C}{2}} +$$

$$\cfrac{\sin^2 A}{2\left(-\cos^2 \cfrac{A}{2} + \cos^2 \cfrac{B}{2} + \cos^2 \cfrac{C}{2}\right)}$$

$$= 2 - \frac{r}{R} + \sum \cfrac{a^2}{8R^2\left(-\cos^2 \cfrac{A}{2} + \cos^2 \cfrac{B}{2} + \cos^2 \cfrac{C}{2}\right)}$$

又由 1 的证明知

$$-\cos^2 \frac{A}{2} + \cos^2 \frac{B}{2} + \cos^2 \frac{C}{2} = \frac{yz}{2Rr}$$

所以

$$\sum \cfrac{\sin^2 A}{2\left(-\cos^2 \cfrac{A}{2} + \cos^2 \cfrac{B}{2} + \cos^2 \cfrac{C}{2}\right)}$$

$$= \sum \cfrac{a^2}{8R^2\left(-\cos^2 \cfrac{A}{2} + \cos^2 \cfrac{B}{2} + \cos^2 \cfrac{C}{2}\right)}$$

$$\sum \cfrac{\sin^2 A}{2\left(-\cos^2 \cfrac{A}{2} + \cos^2 \cfrac{B}{2} + \cos^2 \cfrac{C}{2}\right)}$$

$$= \sum \frac{2Rra^2}{yz \, 8R^2} = \frac{r}{4R} \sum \frac{(y+z)^2}{yz}$$

$$= \frac{r}{4R} \sum \frac{x(y+z)^2}{xyz}$$

$$= \frac{r}{4Rsr^2} \sum x(y+z)^2$$

492

$$= \frac{r}{4Rsr^2}\big[(x+y+z)(xy+yz+zx)+3xyz\big]$$

$$= \frac{s(4Rr+r^2)+3sr^2}{4Rrs} = 1+\frac{r}{R}$$

（这是因为

$$\sum xy = \sum (s-a)(s-b)$$

$$= \sum \big[s^2-(a+b)s+ab\big]$$

$$= 3s^2-4s^2+\sum ab$$

$$= -s^2+s^2+4Rr+r^2 = 4Rr+r^2)$$

于是

$$\sum \frac{(\cos B+\cos C)\cos^2 \dfrac{A}{2}}{-\cos^2 \dfrac{A}{2}+\cos^2 \dfrac{B}{2}+\cos^2 \dfrac{C}{2}}$$

$$= 2-\frac{r}{R}+1+\frac{r}{R} = 3$$

4. 由 1 的证明知

$$\sum \frac{\sin A}{-\cos^2 \dfrac{A}{2}+\cos^2 \dfrac{B}{2}+\cos^2 \dfrac{C}{2}} = \sum \frac{2Rra}{2Ryz}$$

$$= r\sum \frac{y+z}{yz} = \sum \left(\frac{r}{y}+\frac{r}{z}\right) = 2\sum \tan \frac{A}{2}$$

5. 由 1 的证明知

$$\frac{1}{-\cos^2 \dfrac{A}{2}+\cos^2 \dfrac{B}{2}+\cos^2 \dfrac{C}{2}} = \frac{2Rr}{yz}$$

又

$$\left(\cot \frac{B}{2}+\cot \frac{A}{2}\right)\tan \frac{A}{2}$$

$$= \left(\sqrt{\frac{s(s-b)}{(s-c)(s-a)}}+\sqrt{\frac{s(s-c)}{(s-a)(s-b)}}\right)\cdot$$

$$\sqrt{\frac{(s-b)(s-c)}{s(s-a)}}$$

$$=\left[\frac{s(s-b)}{sr}+\frac{s(s-c)}{sr}\right]\frac{sr}{s(s-a)}$$

$$=\frac{a}{s-a}=\frac{y+z}{x}$$

所以

$$\sum\frac{\left(\cot\dfrac{B}{2}+\cot\dfrac{C}{2}\right)\tan\dfrac{A}{2}}{-\cos^2\dfrac{A}{2}+\cos^2\dfrac{B}{2}+\cos^2\dfrac{C}{2}}$$

$$=\sum\frac{2Rr}{yz}\cdot\frac{y+z}{x}=\frac{2Rr}{sr^2}\cdot\sum(y+z)$$

$$=\frac{2Rr\cdot 2s}{sr^2}=\frac{4R}{r}$$

6. 由 1 的证明知

$$-\cos^2\frac{A}{2}+\cos^2\frac{B}{2}+\cos^2\frac{C}{2}=\frac{yz}{2Rr}$$

又因为 $\cot\dfrac{A}{2}=\dfrac{s-a}{r}=\dfrac{x}{r}$，所以

$$\cot\frac{A}{2}\left(-\cos^2\frac{A}{2}+\cos^2\frac{B}{2}+\cos^2\frac{C}{2}\right)$$

$$=\frac{x}{r}\cdot\frac{yz}{2Rr}=\frac{sr^2}{r\cdot 2Rr}=\frac{s}{2R}=\frac{a+b+c}{4R}$$

所以

$$\sum\cot\frac{A}{2}\left(-\cos^2\frac{A}{2}+\cos^2\frac{B}{2}+\cos^2\frac{C}{2}\right)$$

$$=\frac{3(a+b+c)}{4R}=\frac{3}{2}(\sin A+\sin B+\sin C)$$

7. 由 6 的证明知

$$\cot\frac{A}{2}\left(-\cos^2\frac{A}{2}+\cos^2\frac{B}{2}+\cos^2\frac{C}{2}\right)=\frac{a+b+c}{4R}$$

所以

$$\frac{\tan\dfrac{A}{2}(\sin B+\sin C-2\sin A)}{-\cos^2\dfrac{A}{2}+\cos^2\dfrac{B}{2}+\cos^2\dfrac{C}{2}}$$

$$=\frac{\sin B+\sin C-2\sin A}{\cot\dfrac{A}{2}\left(-\cos^2\dfrac{A}{2}+\cos^2\dfrac{B}{2}+\cos^2\dfrac{C}{2}\right)}$$

$$=\frac{b+c-2a}{2R\left(\dfrac{a+b+c}{4R}\right)}=\frac{2(b+c-2a)}{a+b+c}$$

所以

$$\sum\frac{\tan\dfrac{A}{2}(\sin B+\sin C-2\sin A)}{-\cos^2\dfrac{A}{2}+\cos^2\dfrac{B}{2}+\cos^2\dfrac{C}{2}}$$

$$=\frac{2}{a+b+c}\sum(b+c-2a)=0$$

8. 因为

$$\frac{1}{-\cos^2\dfrac{A}{2}+\cos^2\dfrac{B}{2}+\cos^2\dfrac{C}{2}}=\frac{2Rx}{sr}$$

$$\sin A(\sin B+\sin C)=\frac{a(b+c)}{4R^2}$$

$$=\frac{(y+z)(z+x+x+y)}{4R^2}$$

$$=\frac{(y+z)(s+x)}{4R^2}$$

所以

$$\sum\frac{\sin A(\sin B+\sin C)}{-\cos^2\dfrac{A}{2}+\cos^2\dfrac{B}{2}+\cos^2\dfrac{C}{2}}$$

$$= \sum \frac{2Rx}{sr} \cdot \frac{(y+z)(s+x)}{4R^2}$$

$$= \frac{\sum x(y+z)(s+x)}{2Rsr}$$

$$= \frac{\sum x(y+z)s + x^2(y+z)}{2Rsr}$$

$$= \frac{2s \sum xy + \sum xy(x+y)}{2Rsr}$$

$$= \frac{3s \sum xy - 3xyz}{2Rsr}$$

$$= \frac{3s \sum xy - 3sr^2}{2Rsr}$$

$$= \frac{3(\sum xy - r^2)}{2Rr}$$

$$= \frac{3s \sum xy - 3sr^2}{2Rsr}$$

$$= \frac{3(\sum xy - r^2)}{2Rr}$$

$$= \frac{3 \cdot 4Rr}{2Rr} = 6$$

9. 因为

$$\cos B + \cos C = 2\cos \frac{B+C}{2} \cos \frac{B-C}{2}$$

$$\sin B + \sin C = 2\sin \frac{B+C}{2} \cos \frac{B-C}{2}$$

所以

$$\frac{\cos B + \cos C}{\sin B + \sin C} = \tan \frac{A}{2}$$

496

$$\frac{\sin A(\cos B+\cos C)}{\sin B+\sin C}=\frac{2\sin\dfrac{A}{2}\cos\dfrac{A}{2}\sin\dfrac{A}{2}}{\cos\dfrac{A}{2}}$$

$$=2\sin^2\frac{A}{2}$$

所以

$$\sum\frac{\sin A(\cos B+\cos C)}{\left(-\cos^2\dfrac{A}{2}+\cos^2\dfrac{B}{2}+\cos^2\dfrac{C}{2}\right)(\sin B+\sin C)}$$

$$=2\sum\frac{\sin^2\dfrac{A}{2}}{-\cos^2\dfrac{A}{2}+\cos^2\dfrac{B}{2}+\cos^2\dfrac{C}{2}}=2$$

最后一式由 1 可得.

10.

$$\sum\frac{\sin A}{\left(-\cos^2\dfrac{A}{2}+\cos^2\dfrac{B}{2}+\cos^2\dfrac{C}{2}\right)\left(\cot\dfrac{B}{2}+\cot\dfrac{C}{2}\right)}$$

$$=1$$

因为

$$\frac{\sin A}{\cot\dfrac{B}{2}+\cot\dfrac{C}{2}}=\frac{a}{2R\left(\dfrac{y}{r}+\dfrac{z}{r}\right)}=\frac{ar}{2R(y+z)}=\frac{r}{2R}$$

又由 2 的证明知

$$\sum\frac{1}{-\cos^2\dfrac{A}{2}+\cos^2\dfrac{B}{2}+\cos^2\dfrac{C}{2}}=\frac{2R}{r}$$

所以

$$\sum\frac{\sin A}{\left(-\cos^2\dfrac{A}{2}+\cos^2\dfrac{B}{2}+\cos^2\dfrac{C}{2}\right)\left(\cot\dfrac{B}{2}+\cot\dfrac{C}{2}\right)}$$

$$= \frac{r}{2R} \sum \frac{1}{-\cos^2 \frac{A}{2} + \cos^2 \frac{B}{2} + \cos^2 \frac{C}{2}}$$

$$= \frac{r}{2R} \cdot \frac{2R}{r} = 1$$

11. 因为

$$\frac{\sin A}{\tan \frac{B}{2} + \tan \frac{C}{2}} = \frac{a}{2R\left(\frac{r}{y} + \frac{r}{z}\right)} = \frac{yz}{2Rr}$$

$$\frac{1}{-\cos^2 \frac{A}{2} + \cos^2 \frac{B}{2} + \cos^2 \frac{C}{2}} = \frac{2Rx}{sr}$$

所以

$$\sum \frac{\sin A}{\left(-\cos^2 \frac{A}{2} + \cos^2 \frac{B}{2} + \cos^2 \frac{C}{2}\right)\left(\tan \frac{B}{2} + \tan \frac{C}{2}\right)}$$

$$= \sum \frac{yz}{2Rr} \cdot \frac{2Rx}{sr} = \frac{3xyz}{sr^2} = 3$$

12. $\sum \dfrac{\tan \dfrac{A}{2}(\sin B + \sin C)}{-\cos^2 \dfrac{A}{2} + \cos^2 \dfrac{B}{2} + \cos^2 \dfrac{C}{2}} = 4$

因为

$$\tan \frac{A}{2}(\sin B + \sin C) = \frac{r(z + x + x + y)}{2Rx} = \frac{r(s + x)}{2Rx}$$

所以

$$\sum \frac{\tan \dfrac{A}{2}(\sin B + \sin C)}{-\cos^2 \dfrac{A}{2} + \cos^2 \dfrac{B}{2} + \cos^2 \dfrac{C}{2}}$$

$$= \sum \frac{2Rx}{sr} \cdot \frac{r(s + x)}{2Rx} = \frac{\sum (s + x)}{s} = 4$$

13. 因为

$$\tan\frac{A}{2}(\sin B+\sin C)\sin^2\frac{A}{2}$$

$$=\frac{r(b+c)}{2Rx}\cdot\frac{(s-b)(s-c)}{bc}$$

$$=\frac{r(x+s)}{2Rx}\cdot\frac{yz}{bc}$$

$$=\frac{ryz(x+s)(y+z)}{2Rxabc}$$

$$=\frac{ryz(x+s)(y+z)}{8RxRrs}$$

$$=\frac{yz(y+z)(x+s)}{8R^2xs}$$

所以

$$\sum\frac{\tan\dfrac{A}{2}(\sin B+\sin C)\sin^2\dfrac{A}{2}}{-\cos^2\dfrac{A}{2}+\cos^2\dfrac{B}{2}+\cos^2\dfrac{C}{2}}$$

$$=\sum\frac{2Rx}{sr}\cdot\frac{yz(y+z)(x+s)}{8R^2xs}$$

$$=\sum\frac{yz(y+z)(x+s)}{4Rs^2r}$$

$$=\frac{1}{4Rs^2r}\Big[xyz\sum(y+z)+2s\sum xy(x+y)\Big]$$

$$=\frac{sr^2\cdot 2s+2s\big[(x+y+z)(xy+yz+zx)-3xyz\big]}{4Rs^2r}$$

$$=\frac{sr^2\cdot 2s+2s\big[s(4Rr+r^2)-3sr^2\big]}{4Rs^2r}=1$$

14.

$$\sum\frac{\sin A}{\left(-\cos^2\dfrac{A}{2}+\cos^2\dfrac{B}{2}+\cos^2\dfrac{C}{2}\right)\left(\cot\dfrac{B}{2}+\cot\dfrac{C}{2}\right)}$$

$$= \sum \frac{2Rr}{yz\left(\dfrac{y}{r}+\dfrac{z}{r}\right)} \cdot \frac{y+z}{2R} = \sum \frac{r^2}{yz}$$

$$= \sum \frac{xr^2}{xyz} = \frac{r^2 \sum x}{sr^2} = 1$$

5. 设 $\triangle DEF$ 是 $\triangle ABC$ 的三条外角平分线构成的三角形,记 $BC=a$,$CA=b$,$AB=c$,$EF=a_1$,$DF=b_1$,$DE=c_1$,$\triangle ABC$ 的半周长、外接圆半径和内切圆半径分别为 s,R,r,$\triangle ABC$ 和 $\triangle DEF$ 的面积为分别 Δ 和 Δ_1,对应边上的高依次为 h_a,h_b,h_c,h_{a_1},h_{b_1},h_{c_1}.

定理 3 条件同前,则有

$$\frac{bc}{h_{a_1}^2} + \frac{ca}{h_{b_1}^2} + \frac{ab}{h_{c_1}^2} = 1$$

证明 由文[20]知 $a_1=4R\cos\dfrac{A}{2}$,$b_1=4R\cos\dfrac{B}{2}$,$c_1=4R\cos\dfrac{C}{2}$. 又由文[31]知,$\dfrac{\Delta_1}{\Delta}=\dfrac{2R}{r}$,则 $\Delta_1=\dfrac{2R}{r}\Delta$,又 $\Delta_1=\dfrac{1}{2}a_1h_{a_1}$,知

$$h_{a_1}=\frac{2\Delta_1}{a_1}=2\cdot\frac{2R}{r}\cdot\frac{\Delta}{a_1}=\frac{4R}{r}\cdot\frac{\Delta}{4R\cos\dfrac{A}{2}}=\frac{\Delta}{r\cos\dfrac{A}{2}}$$

由 $\Delta=sr$,得 $h_{a_1}=\dfrac{sr}{r\cos\dfrac{A}{2}}=\dfrac{s}{\cos\dfrac{A}{2}}$,所以

$$\frac{bc}{h_{a_1}}=\frac{bc}{\left(\dfrac{s}{\cos\dfrac{A}{2}}\right)^2}=\frac{bc\cdot\cos^2\dfrac{A}{2}}{s^2}=\frac{bc\cdot\dfrac{1+\cos A}{2}}{s^2}$$

$$=\frac{bc+bc\cdot\cos A}{2s^2}=\frac{bc+\dfrac{b^2+c^2-a^2}{2bc}\cdot bc}{2s^2}$$

$$= \frac{2bc + b^2 + c^2 - a^2}{4s^2} = \frac{(b^2 + c^2)^2 - a^2}{4s^2}$$

$$= \frac{(b + c + a)(b + c - a)}{4s^2} = \frac{b + c - a}{2s}$$

$$= \frac{2(s - a)}{2s} = \frac{s - a}{s}$$

同理，$\frac{ca}{h_{b_1}^2} = \frac{s - b}{s}$，$\frac{ab}{h_{c_1}^2} = \frac{s - c}{s}$. 故

$$\frac{bc}{h_{a_1}^2} + \frac{ca}{h_{b_1}^2} + \frac{ab}{h_{c_1}^2} = \frac{s - a}{s} + \frac{s - b}{s} + \frac{s - c}{s} = 1$$

由定理的证明过程可以得到下面几个推论.

推论 2

$$h_{a_1} + h_{b_1} + h_{c_1} \geqslant 18r$$

证明   由前面的证明知

$$h_{a_1} = \frac{s}{\cos \dfrac{A}{2}}, h_{b_1} = \frac{s}{\cos \dfrac{B}{2}}, h_{c_1} = \frac{s}{\cos \dfrac{C}{2}}$$

又由 $\cos \dfrac{A}{2} + \cos \dfrac{B}{2} + \cos \dfrac{C}{2} \leqslant \dfrac{3\sqrt{3}}{2}$ 和 $s \geqslant$

$3\sqrt{3}\, r$ 知

$$h_{a_1} + h_{b_1} + h_{c_1} = s\left(\frac{1}{\cos \dfrac{A}{2}} + \frac{1}{\cos \dfrac{B}{2}} + \frac{1}{\cos \dfrac{C}{2}} \right)$$

$$\geqslant \frac{9s}{\cos \dfrac{A}{2} + \cos \dfrac{B}{2} + \cos \dfrac{C}{2}} \geqslant \frac{9 \times 3\sqrt{3}\, r}{\dfrac{3\sqrt{3}}{2}} = 18r$$

推论 3

$$\frac{1}{h_a^2} + \frac{1}{h_b^2} + \frac{1}{h_c^2} \geqslant 4\left(\frac{1}{h_a^2} + \frac{1}{h_b^2} + \frac{1}{h_c^2} \right)$$

证明   因为

$$\frac{1}{h_a^2} + \frac{1}{h_b^2} + \frac{1}{h_c^2} = \frac{\cos^2 \frac{A}{2}}{s^2} + \frac{\cos^2 \frac{B}{2}}{s^2} + \frac{\cos^2 \frac{C}{2}}{s^2}$$

$$= \frac{1}{s^2}\left(\cos^2 \frac{A}{2} + \cos^2 \frac{B}{2} + \cos^2 \frac{C}{2}\right)$$

$$= \frac{1}{s^2}\left(\frac{1+\cos A}{2} + \frac{1+\cos B}{2} + \frac{1+\cos C}{2}\right)$$

$$= \frac{1}{s^2}\left(\frac{3}{2} + \frac{\cos A + \cos B + \cos C}{2}\right)$$

由 $\cos A + \cos B + \cos C \leqslant \frac{3}{2}$ 知

$$\frac{1}{h_{a_1}^2} + \frac{1}{h_{b_1}^2} + \frac{1}{h_{c_1}^2} \leqslant \frac{9}{4s^2}$$

又

$$\frac{1}{h_a^2} + \frac{1}{h_b^2} + \frac{1}{h_c^2} = \frac{a^2 + b^2 + c^2}{4\Delta^2}$$

$$= \frac{2(s^2 - 4Rr - r^2)}{4s^2 r^2} = \frac{s^2 - 4Rr - r^2}{2s^2 r^2}$$

由 Gerretsen 不等式知 $s^2 \geqslant 16Rr - 5r^2$，有

$$\frac{1}{h_a^2} + \frac{1}{h_b^2} + \frac{1}{h_c^2} \geqslant \frac{16Rr - 5r^2 - 4Rr - r^2}{2s^2 r^2}$$

$$= \frac{12Rr - 6r^2}{2s^2 r^2} \geqslant \frac{24r^2 - 6r^2}{2s^2 r^2} = \frac{9}{s^2}$$

故

$$\frac{1}{h_a^2} + \frac{1}{h_b^2} + \frac{1}{h_c^2} \geqslant 4\left(\frac{1}{h_a^2} + \frac{1}{h_b^2} + \frac{1}{h_c^2}\right)$$

推论 4

$$\frac{h_a}{h_{a_1}} + \frac{h_b}{h_{b_1}} + \frac{h_c}{h_{c_1}} \geqslant 6$$

证明 因为

502

$$\frac{h_a}{h_{a_1}} = \frac{\dfrac{s}{\cos\dfrac{A}{2}}}{\dfrac{2\Delta}{a}} = \frac{s}{\cos\dfrac{A}{2}} \cdot \frac{a}{2\Delta} = \frac{as}{2sr\cos\dfrac{A}{2}}$$

$$= \frac{a}{2r\cos\dfrac{A}{2}} = \frac{2R\sin A}{2r\cos\dfrac{A}{2}} = \frac{2R}{r}\sin\frac{A}{2}$$

同理,有

$$\frac{h_{b_1}}{h_b} \geqslant \frac{2R}{r}\sin\frac{B}{2}, \frac{h_{c_1}}{h_c} \geqslant \frac{2R}{r}\sin\frac{C}{2}$$

由 $\sin\dfrac{A}{2} + \sin\dfrac{B}{2} + \sin\dfrac{C}{2} = \dfrac{r}{4R}$ 和 $R \geqslant 2r$ 知

$$\frac{h_a}{h_{a_1}} + \frac{h_b}{h_{b_1}} + \frac{h_c}{h_{c_1}} = \frac{2R}{r}\left(\sin\frac{A}{2} + \sin\frac{B}{2} + \sin\frac{C}{2}\right)$$

$$\geqslant \frac{2R}{r} \cdot 3\sqrt[3]{\sin\frac{A}{2}\sin\frac{B}{2}\sin\frac{C}{2}}$$

$$= 6\sqrt[3]{\frac{R^3}{r^3} \cdot \frac{r}{4R}} = 6\sqrt[3]{\frac{R^2}{4r^2}}$$

$$\geqslant 6\sqrt[3]{\left(\frac{2r}{2r}\right)^2} = 6$$

注　由

$$\sin\frac{A}{2} + \sin\frac{B}{2} + \sin\frac{C}{2} \leqslant \frac{3}{2}$$

知

$$\frac{h_a}{h_{a_1}} + \frac{h_b}{h_{b_1}} + \frac{h_c}{h_{c_1}} \leqslant \frac{3R}{r}$$

从而有

$$6 \leqslant \frac{h_a}{h_{a_1}} + \frac{h_b}{h_{b_1}} + \frac{h_c}{h_{c_1}} \leqslant \frac{3R}{r}$$

9.5 三角形若干"巧合点"到各边距离之积的一个不等式链

1. 引言

文[40]证明了：

定理 1 如果锐角 $\triangle ABC$ 的外心 O、重心 G、内心 I、垂心 H 到三边的距离分别为 D_O，D_G，D_I 和 D_H，那么有不等式链：$D_G \geqslant D_I \geqslant D_O \geqslant D_H$.

本节建立 Nagel 点，Gergonne 点和第二界心等到各边距离的一个不等式链，为此先介绍几个定义.

定义 1[21] $\triangle ABC$ 的旁切圆切三边于点 P，Q，R，则 AP，BQ，CR 相交于一点 N，这一点称为 Nagel 点.

在国内研究者的成果中所谓的"界心"或"第一界心"，实际上即为 Nagel 点.

定义 2[21] $\triangle ABC$ 的内切圆切三边于点 D，E，F，则 AD，BE，CF 相交于点 M，这一点称为 Gergonne 点.

定义 3[22] 分别过三角形三边的中点的三条分周线相交于一点，并称这一点为第二等周中心，即第二界心，记为 K.

以下记 $\triangle ABC$ 为锐角三角形，且 $BC=a$，$CA=b$，$AB=c$，R，r，p，s 分别为外接圆半径，内切圆半径，半周长和面积.

2. 几个引理

引理 1 设锐角 $\triangle ABC$ 的 Nagel 点到三边的距离之积为 D_N，则 $D_N = \dfrac{2r^4}{R}$.

证明　记 Nagel 到三角形 ABC 三边的距离分别

为 f_a,f_b,f_c,文[22] 已证得 $f_a=2s\left(\dfrac{1}{a}-\dfrac{1}{p}\right),f_b=$

$2s\left(\dfrac{1}{b}-\dfrac{1}{p}\right),f_c=2s\left(\dfrac{1}{c}-\dfrac{1}{p}\right)$,则

$$D_N=f_af_bf_c=8s^3\left(\frac{1}{a}-\frac{1}{p}\right)\left(\frac{1}{b}-\frac{1}{p}\right)\left(\frac{1}{c}-\frac{1}{p}\right)$$

$$=\frac{8s^3(p-a)(p-b)(p-c)}{abcp^3}$$

又在三角形中有恒等式:$s=pr,(p-a)(p-$

$b)(p-c)=pr^2,abc=4Rrp$,因而

$$D_N=\frac{8p^3r^3\cdot pr^2}{4Rrp\cdot p^3}=\frac{2r^4}{R}$$

引理 2　设锐角 $\triangle ABC$ 的 Gergonne 点为 M,点

M 到三边的距离之积为 D_M,则

$$D_M=\frac{2p^4r^3}{(4R+r)^3R}$$

证明　记 Gergonne 点到三角形三边的距离分别

为 d_a,d_b,d_c,文[60] 已证得

$$d_a=\frac{2p}{4R+r}\cdot\frac{(p-b)(p-c)}{a}$$

$$d_b=\frac{2p}{4R+r}\cdot\frac{(p-c)(p-a)}{a}$$

$$d_c=\frac{2p}{4R+r}\cdot\frac{(p-a)(p-b)}{a}$$

于是

$$D_M=d_ad_bd_c=\left(\frac{2p}{4R+r}\right)^3\cdot\frac{[(p-a)(p-b)(p-c)]^2}{abc}$$

$$=\left(\frac{2p}{4R+r}\right)^3\cdot\frac{p^2r^4}{4Rrp}$$

$$= \frac{2p^4 r^3}{(4R+r)^3 R}$$

引理 3 设锐角 $\triangle ABC$ 的第二界心 K 到三边的距离之积为 D_K，则

$$D_K = \frac{r^2(p^2 + 2Rr + r^2)}{16R}$$

证明 记 $\triangle ABC$ 的第二界心 K 到三边的距离分别为 g_a, g_b, g_c，文[22] 已证得

$$g_a = s\left(\frac{1}{a} - \frac{1}{2p}\right)$$

$$g_b = s\left(\frac{1}{b} - \frac{1}{2p}\right)$$

$$g_c = s\left(\frac{1}{c} - \frac{1}{2p}\right)$$

因此

$$D_K = g_a g_b g_c = s^3 \left(\frac{1}{a} - \frac{1}{2p}\right)\left(\frac{1}{b} - \frac{1}{2p}\right)\left(\frac{1}{c} - \frac{1}{2p}\right)$$

$$= s^3 \frac{(2p-a)(2p-b)(2p-c)}{8abcp^3}$$

由三角形中恒等式 $\sum ab = p^2 + 4Rr + r^2$ 得到

$$(2p-a)(2p-b)(2p-c)$$
$$= 8p^3 - 4p^2(a+b+c) + 2p(ab+bc+ca) - abc$$
$$= 8p^3 - 4p^2 \cdot 2p + 2p(p^2 + 4Rr + r^2) - 4Rrp$$
$$= 2p(p^2 + 2Rr + r^2)$$

是故

$$D_K = \frac{p^3 r^3 \cdot 2p(p^2 + 2Rr + r^2)}{8 \cdot 4Rrp \cdot p^3} = \frac{r^2(p^2 + 2Rr + r^2)}{16R}$$

引理 4[40] . 设 $\triangle ABC$ 的重心到三边的距离之积为 D_G，则 $D_G = \frac{2p^2 r^2}{27R}$.

3. 主要结论及证明

定理 1　设 $\triangle ABC$ 的重心 G、Nagel 点、第二界心 K、内心 I 到三边的距离分别为 D_G，D_N，D_K，D_I，则有 $D_G \geqslant D_K \geqslant D_I \geqslant D_N$.

证明　由引理 3、引理 4 知

$$D_G \geqslant D_K \Leftrightarrow \frac{2p^2 r^2}{27R} \geqslant \frac{r^2(p^2 + 2Rr + r^2)}{16R}$$

$$\Leftrightarrow 32p^2 \geqslant 16p^2 + 54Rr + 27r^2 \Leftrightarrow 5p^2 \geqslant 54Rr + 27r^2$$

由 Gerretsen 不等式 $p^2 \geqslant 16Rr - 5r^2$ 和 Euler 不等式 $R \geqslant 2r$ 知

$$\begin{aligned}
5p^2 &\geqslant 80Rr - 25r^2 = 54Rr + 26Rr - 25r^2 \\
&\geqslant 54Rr + 52r^2 - 25r^2 \\
&= 54Rr + 27r^2
\end{aligned}$$

故 $D_G \geqslant D_K$.

又由引理 1 和 $D_I = r^3$ 知

$$D_K \geqslant D_I \Leftrightarrow \frac{r^2(p^2 + 2Rr + r^2)}{16R} \geqslant r^3$$

$$\Leftrightarrow p^2 + 2Rr + r^2 \geqslant 16Rr \Leftrightarrow p^2 \geqslant 14Rr - r^2$$

由 Gerretsen 不等式 $p^2 \geqslant 16Rr - 5r^2$ 和 Euler 不等式 $R \geqslant 2r$ 知

$$\begin{aligned}
p^2 &\geqslant 16Rr - 5r^2 = 14Rr + 2Rr - 5r^2 \\
&\geqslant 14Rr + 4r^2 - 5r^2 \\
&= 14Rr - r^2
\end{aligned}$$

故 $D_K \geqslant D_I$. 又 $D_I \geqslant D_N \Leftrightarrow r^3 \geqslant \dfrac{2r^4}{R} \Leftrightarrow R \geqslant 2r$. 此式显然成立，故 $D_I \geqslant D_N$.

综上知 $D_G \geqslant D_K \geqslant D_I \geqslant D_N$.

定理 2　设 $\triangle ABC$ 的 Gergonne 点 M、内心 I 到三边的距离之积分别为 D_M，D_I，则 $D_I \geqslant D_M$.

证明 由引理 2 知 $D_M = \dfrac{2p^4 r^3}{(4R+r)^3 R}$，又由

Colombier — Doncet 不等式 $3p^2 \leqslant (4R+r)^2$ 得

$$\frac{p}{4R+r} \leqslant \frac{\sqrt{3}}{3}, p \leqslant \frac{3\sqrt{3}}{2}$$

则

$$D_M = 2r^3 \left(\frac{p}{4R+r}\right)^3 \cdot \frac{p}{R} \leqslant 2r^3 \cdot \left(\frac{\sqrt{3}}{3}\right)^3 \cdot \frac{3\sqrt{3}}{2} = r^3$$

故 $D_I \geqslant D_M$.

9.6　关于 Gergonne 点的几个恒等式

$\triangle ABC$ 的内切圆切边 BC, CA, AB 分别于点 D，E, F，则 AD, BE, CF 交于一点 J，称此交点 J 为 Gergonne 点. 文[39]给出了 Gergonne 点 J 与 Kooi 不等式的一个关系. 本节建立 Gergonne 点 J 到三角形三边距离的几个恒等式及由此推导的不等式.

定理 1 设点 J 是 $\triangle ABC$ 的 Gergonne 点，点 J 到三边 BC, CA, AB 的距离分别为 J_a, J_b, J_c，$\triangle ABC$ 的外接圆半径为 R，内切圆半径为 r，P 为半周长，则

$$\frac{1}{J_a} + \frac{1}{J_b} + \frac{1}{J_c} = \frac{(4R+r)^2}{p^2 r} \qquad ①$$

证明 如图 1，J 为 Gergonne 点，$\triangle BCF$ 被直线 AJD 所截，由 Menelaus 定理，有 $\dfrac{AJ}{JD} \cdot \dfrac{DC}{CB} \cdot \dfrac{BF}{FA} = 1$，易知 $DC = p-c, BC = a, BF = p-b, AF = p-a$，于是

$$\frac{AJ}{JD} = \frac{CB}{DC} \cdot \frac{FA}{BF} = \frac{a}{p-c} \cdot \frac{p-a}{p-b}$$

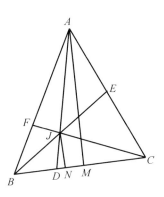

图 1

$$\frac{AD}{JD} = \frac{AJ}{JD} + 1 = \frac{a}{p-c} \cdot \frac{p-a}{p-b} + 1$$
$$= \frac{a(p-a) + (p-b)(p-c)}{(p-b)(p-c)}$$

因为

$$a(p-a) + (p-b)(p-c)$$
$$= ap - a^2 + p^2 - bp - cp + bc$$
$$= ap - a^2 + p^2 - (2p-a)p + bc$$
$$= -p^2 + 2ap - a^2 + bc$$
$$= -p^2 + ab + bc + ca$$

又因为

$$ab + bc + ca = p^2 + 4Rr + r^2$$

所以

$$a(p-a) + (p-b)(p-c)$$
$$= -p^2 + p^2 + 4Rr + r^2$$
$$= 4Rr + r^2$$

所以

$$\frac{AD}{JD} = \frac{4Rr + r^2}{(p-b)(p-c)} = \frac{(4Rr + r^2)(p-a)}{(p-a)(p-b)(p-c)}$$

$$= \frac{(4Rr + r^2)(p - a)}{pr^2} = \frac{(4R + r)(p - a)}{pr}$$

过点 A 作 $AM \perp BC$，过点 J 作 $JN \perp BC$，垂足分别为 M, N，有

$$\frac{AD}{JD} = \frac{AM}{JN}, AM = \frac{2pr}{a}$$

于是

$$\frac{1}{JN} = \frac{AD}{JD} \cdot \frac{1}{AM} = \frac{(4R + r)(p - a)}{pr} \cdot \frac{a}{2pr}$$

$$= \frac{(4R + r)a(p - a)}{2p^2 r^2}$$

即

$$\frac{1}{J_a} = \frac{(4R + r)a(p - a)}{2p^2 r^2}$$

同理，有

$$\frac{1}{J_b} = \frac{(4R + r)b(p - b)}{2p^2 r^2}, \frac{1}{J_c} = \frac{(4R + r)c(p - c)}{2p^2 r^2}$$

是故

$$\frac{1}{J_a} + \frac{1}{J_b} + \frac{1}{J_c}$$

$$= \frac{(4R + r)}{2p^2 r^2}[a(p - a) + b(p - b) + c(p - c)]$$

因为

$$a(p - a) + b(p - b) + c(p - c)$$

$$= p(a + b + c) - (a^2 + b^2 + c^2)$$

$$a + b + c = 2p$$

$$a^2 + b^2 + c^2 = 2(p^2 - 4Rr - r^2)$$

所以

$$\frac{1}{J_a} + \frac{1}{J_b} + \frac{1}{J_c}$$

$$= \frac{(4R+r)}{2p^2r^2} \cdot [2p^2 - 2(p^2 - 4Rr - r^2)]$$

$$= \frac{(4R+r)}{2p^2r^2} \cdot 2(4Rr + r^2)$$

$$= \frac{(4R+r)^2}{p^2r}$$

故定理 1 得证.

在文[14]中安振平老师证明了

$$\sqrt{4 - \frac{2r}{R}} \leqslant \tan\frac{A}{2} + \tan\frac{B}{2} + \tan\frac{C}{2} \leqslant \sqrt{1 + \frac{R}{r}}$$

②

可以证明式 ② 等价于

$$\sqrt{4 - \frac{2r}{R}} \leqslant \frac{4R+r}{p} \leqslant \sqrt{1 + \frac{R}{r}} \qquad ③$$

由式 ③ 可以得到:

推论 1　设点 J 是 $\triangle ABC$ 的 Gergonne 点,点 J 到三边 BC,CA,AB 的距离分别为 J_a,J_b,J_c,$\triangle ABC$ 的外接圆半径为 R,内切圆半径为 r,则

$$\frac{4}{r} - \frac{2}{R} \leqslant \frac{1}{J_a} + \frac{1}{J_b} + \frac{1}{J_c} \leqslant \frac{1}{r} + \frac{R}{r^2}$$

定理 2　设点 J 是 $\triangle ABC$ 的 Gergonne 点,点 J 到三边 BC,CA,AB 的距离分别为 J_a,J_b,J_c,$\triangle ABC$ 的外接圆半径为 R,内切圆半径为 r,则

$$J_a + J_b + J_c = \frac{p^2 r}{2R(4R+r)} + \frac{(4R+r)r}{2R} \qquad ①$$

$$aJ_a + bJ_b + cJ_c = 2pr \qquad ②$$

$$J_a J_b + J_b J_c + J_c J_a = \frac{2p^2 r^2}{R(4R+r)} \qquad ③$$

$$J_a J_b J_c = \frac{2p^4 r^3}{R(4R+r)^3} \qquad ④$$

证明　由定理 1 的证明知

$$J_a = \frac{2p^2 r^2}{(4R+r)a(p-a)}$$

$$= \frac{2p^2 r^2 bc(p-b)(p-c)}{(4R+r)abc(p-a)(p-b)(p-c)}$$

$$= \frac{2p^2 r^2 bc(p-b)(p-c)}{(4R+r) \cdot 4Rrp \cdot pr^2}$$

$$= \frac{bc(p-b)(p-c)}{2Rr(4R+r)}$$

同理,有

$$J_b = \frac{ca(p-c)(p-a)}{2Rr(4R+r)}$$

$$J_c = \frac{ab(p-a)(p-b)}{2Rr(4R+r)}$$

于是

$$J_a + J_b + J_c$$

$$= \frac{(4R+r)}{2p^2 r^2}\big[bc(p-b)(p-c) +$$

$$ca(p-c)(p-a) + ab(p-a)(p-b)\big]$$

因为

$$bc(p-b)(p-c) + ca(p-c)(p-a) +$$

$$ab(p-a)(p-b)$$

$$= bc(p-b)(p-c)$$

$$= bc(p^2 - bp - cp + bc)$$

$$= bc\big[p^2 - p(2p-a) + bc\big]$$

$$= bc(-p^2 + ap + bc)$$

$$= -bcp^2 + abcp + b^2 c^2$$

所以

$$bc(p-b)(p-c) + ca(p-c)(p-a) +$$

$$ab(p-a)(p-b)$$

$$= -p^2(ab + bc + ca) + 3abcp + b^2c^2 + c^2a^2 + a^2b^2$$

$$= -p^2(ab + bc + ca) + 3abcp + $$

$$(bc + ca + ab)^2 - 4abcp$$

$$= -p^2(p^2 + 4Rr + r^2) - $$

$$4Rrp^2 + (p^2 + 4Rr + r^2)^2$$

$$= p^2r^2 + (4Rr + r^2)^2$$

所以

$$J_a + J_b + J_c = \frac{p^2 r}{2R(4R + r)} + \frac{(4R + r)r}{2R}$$

此即式 ①.

　　由

$$J_a = \frac{bc(p - b)(p - c)}{2Rr(4R + r)}$$

$$J_b = \frac{ca(p - c)(p - a)}{2Rr(4R + r)}$$

$$J_c = \frac{ab(p - a)(p - b)}{2Rr(4R + r)}$$

知

$$aJ_a = \frac{abc(p - b)(p - c)}{2Rr(4R + r)}$$

$$= \frac{4Rrp(p - b)(p - c)}{2Rr(4R + r)}$$

$$= \frac{2p(p - b)(p - c)}{4R + r}$$

同理,有

$$bJ_b = \frac{2p(p - c)(p - a)}{4R + r}$$

$$cJ_c = \frac{2p(p - a)(p - b)}{4R + r}$$

所以

$$aJ_a + bJ_b + cJ_c$$
$$= \frac{2p}{4R+r} \cdot [(p-a)(p-b) + (p-b)(p-c) + (p-c)(p-a)]$$

因为

$$(p-a)(p-b) = p^2 - p(a+b) + ab$$
$$= p^2 - p(2p-c) + ab$$
$$= -p^2 + pc + ab$$

所以

$$(p-a)(p-b) + (p-b)(p-c) + (p-c)(p-a)$$
$$= -3p^2 + p(a+b+c) + ab + bc + ca$$
$$= -p^2 + ab + bc + ca$$
$$= -p^2 + p^2 + 4Rr + r^2$$
$$= 4Rr + r^2$$

所以

$$aJ_a + bJ_b + cJ_c = \frac{2p}{4R+r} \cdot (4Rr + r^2) = 2pr$$

故式 ② 成立.

由

$$J_a = \frac{bc(p-b)(p-c)}{2Rr(4R+r)}$$

$$J_b = \frac{ca(p-c)(p-a)}{2Rr(4R+r)}$$

$$J_c = \frac{ab(p-a)(p-b)}{2Rr(4R+r)}$$

知

$$J_a J_b = \frac{p^2 r}{(4R+r)^2 R} \cdot c(p-c)$$

$$J_b J_c = \frac{p^2 r}{(4R+r)^2 R} \cdot a(p-a)$$

514

$$J_c J_a = \frac{p^2 r}{(4R+r)^2 R} \cdot b(p-b)$$

所以

$$J_a J_b + J_b J_c + J_c J_a$$

$$= \frac{p^2 r}{(4R+r)^2 R} \big[a(p-a) + b(p-b) + c(p-c) \big]$$

$$= \frac{p^2 r}{(4R+r)^2 R} \cdot 2(4Rr+r^2)$$

$$= \frac{2p^2 r^2}{(4R+r)R}$$

故式 ③ 成立.

$$J_a J_b J_c = \frac{a^2 b^2 c^2 (p-a)^2 (p-b)^2 (p-c)^2}{8R^3 r^3 (4R+r)^3}$$

$$= \frac{16R^2 r^2 p^2 p^2 r^4}{8R^3 r^3 (4R+r)^3}$$

$$= \frac{2p^4 r^3}{R(4R+r)^3}$$

此即式 ④.

设 $\triangle ABC$ 的三边 BC, CA, AB 上的高分别为 h_a, h_b, h_c,根据 $ah_a = 2pr$ 有 $a = \dfrac{2pr}{h_a}$,于是式 ② 等价于:

推论 2   设点 J 是 $\triangle ABC$ 的 Gergonne 点,点 J 到三边 BC, CA, AB 的距离分别为 J_a, J_b, J_c,$\triangle ABC$ 的三边 BC, CA, AB 上的高分别为 h_a, h_b, h_c,则

$$\frac{J_a}{h_a} + \frac{J_b}{h_b} + \frac{J_c}{h_c} = 1$$

借助定理 1 式 ③,可以给出式 ①③④ 的关联不等式:

推论 3   设点 J 是 $\triangle ABC$ 的 Gergonne 点,点 J 到三边 BC, CA, AB 的距离分别为 J_a, J_b, J_c,则有

$$\frac{(4R+r)(R+2r)r}{2R(R+r)} \leqslant J_a + J_b + J_c$$

$$\leqslant \frac{(5R-2r)(4R+r)r}{2R(4R-2r)}$$

$$\frac{2r^2(4R+r)}{R(R+r)} \leqslant J_a J_b + J_b J_c + J_c J_a \leqslant \frac{r(4R+r)}{2R-r}$$

$$\frac{2(4R+r)r^5}{R(R+r)^2} \leqslant J_a J_b J_c \leqslant \frac{(4R+r)Rr^3}{2(2R-r)^2}$$

定理 3　设点 J 是 $\triangle ABC$ 的 Gergonne 点，点 J 到三边 BC, CA, AB 的距离分别为 J_a, J_b, J_c，$\triangle ABC$ 的旁切圆半径为 r_a, r_b, r_c，外接圆半径为 R，内切圆半径为 r，则

$$\frac{J_a}{r_a} + \frac{J_b}{r_b} + \frac{J_c}{r_c} = \frac{p^2 + 4Rr + r^2}{2(4R+r)R}$$

证明　由 $r_a(p-a) = pr$，知 $p - a = \dfrac{pr}{r_a}$ 等三式，结合定理 1 有

$$J_a = \frac{2p^2 r^2}{(4R+r)a(p-a)} = \frac{2p^2 r^2 r_a}{(4R+r)a}$$

所以

$$\frac{J_a}{r_a} = \frac{2pr}{(4R+r)a}$$

同理，有

$$\frac{J_b}{r_b} = \frac{2pr}{(4R+r)b}$$

$$\frac{J_c}{r_c} = \frac{2pr}{(4R+r)c}$$

于是

$$\frac{J_a}{r_a} + \frac{J_b}{r_b} + \frac{J_c}{r_c} = \frac{2pr}{(4R+r)}\left(\frac{1}{a} + \frac{1}{b} + \frac{1}{c}\right)$$

$$= \frac{2pr}{(4R+r)} \cdot \frac{ab+bc+ca}{abc}$$

$$= \frac{2pr}{(4R+r)} \cdot \frac{p^2+4Rr+r^2}{4Rrp}$$

$$= \frac{p^2+4Rr+r^2}{2(4R+r)R}$$

推论 4　（记号同定理 3）

$$\frac{r_a}{J_a} + \frac{r_b}{J_b} + \frac{r_c}{J_c} = \frac{4R+r}{r}$$

由定理 3 的证明过程，显然可得.

证明不等式问题

10.1 证明安振平问题

1.（安振平问题 5482）已知 $a,b,c,$ $d>0, abc+bcd+cda+dab=4$，求证

$$\frac{a}{b+3}+\frac{b}{c+3}+\frac{c}{d+3}+\frac{d}{a+3} \geqslant 1$$

证明 因为 $abc+bcd+cda+dab=4$，所以

$$4=abc+bcd+cda+dab$$
$$=ab(c+d)+cd(a+b)$$
$$\leqslant \frac{1}{4}(a+b)^2(c+d)+$$
$$\frac{1}{4}(c+d)^2(a+b)$$
$$=\frac{1}{4}(a+b)(c+d)(a+b+c+d)$$
$$\leqslant \frac{1}{16}(a+b+c+d)^2(a+b+c+d)$$

所以

518

$$a + b + c + d \geqslant 4$$

又因为

$$(a+b)(c+d) \leqslant \left(\frac{a+b+c+d}{2}\right)^2$$

所以

$$\frac{a}{b+3} + \frac{b}{c+3} + \frac{c}{d+3} + \frac{d}{a+3}$$

$$\geqslant \frac{(a+b+c+d)^2}{ab+bc+cd+da+3(a+b+c+d)}$$

$$= \frac{(a+b+c+d)^2}{(a+b)(c+d)+3(a+b+c+d)}$$

$$\geqslant \frac{(a+b+c+d)^2}{\frac{1}{4}(a+b+c+d)^2+3(a+b+c+d)}$$

$$= \frac{1}{\frac{1}{4}+\frac{3}{a+b+c+d}} \geqslant \frac{1}{\frac{1}{4}+\frac{3}{4}} = 1$$

说明　类似地可以证明:

已知 $a,b,c,d > 0, a+b+c+d = 1$,求证

$$\frac{abc}{1+bc} + \frac{bcd}{1+cd} + \frac{cda}{1+da} + \frac{dab}{1+ab} \leqslant \frac{1}{17}$$

证明　变形得

$$a - \frac{a}{1+bc} + b - \frac{b}{1+cd} + c - \frac{c}{1+da} +$$

$$d - \frac{d}{1+ab} \leqslant \frac{1}{17}$$

等价于

$$\frac{a}{1+bc} + \frac{b}{1+cd} + \frac{c}{1+da} + \frac{d}{1+ab} \geqslant \frac{16}{17}$$

因为

$$abc + bcd + cda + dab$$

$$\leqslant \frac{1}{16}(a+b+c+d)^3 = \frac{1}{16}$$

所以

$$\frac{a}{1+bc} + \frac{b}{1+cd} + \frac{c}{1+da} + \frac{d}{1+ab}$$

$$= \frac{a^2}{a+abc} + \frac{b^2}{b+bcd} + \frac{c^2}{c+cda} + \frac{d^2}{d+abd}$$

$$\geqslant \frac{(a+b+c+d)^2}{a+b+c+d+abc+bcd+cda+dab}$$

$$\geqslant \frac{1}{1+\dfrac{1}{16}} = \frac{16}{17}$$

2.(安振平问题 5462)已知 $a,b,c>0, a^2+b^2+c^2+2abc=1$,求证

$$\left(a+\frac{1}{2}\right)\left(b+\frac{1}{2}\right)\left(c+\frac{1}{2}\right) \leqslant 1 \qquad ①$$

这里把该不等式推广为:

已知 $a,b,c>0, k \geqslant \dfrac{1}{2}, a^2+b^2+c^2+2abc=1$,

则有

$$(a+k)(b+k)(c+k) \leqslant \left(k+\frac{1}{2}\right)^3 \qquad ②$$

证明 先来看一个引理.

引理:设 p,q,r 为正实数,且 $p^2+q^2+r^2+2pqr=1$,则 $p+q+r \leqslant \dfrac{3}{2}$.

证明:因为 $p^2+q^2+r^2+2pqr=1$,所以令

$$p = \sqrt{\frac{uv}{(v+w)(w+u)}}$$

$$q = \sqrt{\frac{vw}{(w+u)(u+v)}}$$

$$r = \sqrt{\frac{wu}{(u+v)(v+w)}}$$

所以

$$p + q + r$$

$$= \sqrt{\frac{uv}{(v+w)(w+u)}} + \sqrt{\frac{vw}{(w+u)(u+v)}} +$$

$$\sqrt{\frac{wu}{(u+v)(v+w)}}$$

$$\leqslant \frac{1}{2}\left(\frac{v}{v+w} + \frac{u}{w+u} + \frac{w}{w+u} + \right.$$

$$\left. \frac{v}{u+v} + \frac{u}{u+v} + \frac{w}{w+v}\right)$$

$$= \frac{3}{2}$$

下面证明式 ②. 由引理,有

$$(a+k)(b+k)(c+k) \leqslant \left(\frac{a+k+b+k+c+k}{3}\right)^{3}$$

$$\leqslant \left(\frac{\frac{3}{2} + 3k}{3}\right)^{3}$$

$$= \left(k + \frac{1}{2}\right)^{3}$$

在式 ② 中取 $k = \dfrac{1}{2}$,即得式 ①.

3.(安振平问题 5536)设 $a,b,c > 0, a+b+c = 3$,求证

$$\frac{ab}{b^2+2} + \frac{bc}{c^2+2} + \frac{ca}{a^2+2} \leqslant 1$$

证明　因为 $b^2 + 2 \geqslant 2b + 1$,所以

$$\frac{ab}{b^2+2} \leqslant \frac{ab}{2b+1} = \frac{a}{2} \cdot \frac{2b}{2b+1}$$

$$= \frac{a}{2} \cdot \left(1 - \frac{1}{2b+1}\right)$$

$$= \frac{a}{2} - \frac{a}{2(2b+1)}$$

于是只需证明

$$\frac{a+b+c}{2} - \frac{1}{2}\left(\frac{a}{2b+1} + \frac{b}{2c+1} + \frac{c}{2a+1}\right) \leqslant 1$$

即需证

$$\frac{a}{2b+1} + \frac{b}{2c+1} + \frac{c}{2a+1} \geqslant 1$$

由 Cauchy 不等式,知

$$\frac{a}{2b+1} + \frac{b}{2c+1} + \frac{c}{2a+1}$$

$$= \frac{a^2}{2ab+a} + \frac{b^2}{2bc+b} + \frac{c^2}{2ca+c}$$

$$\geqslant \frac{(a+b+c)^2}{2(ab+bc+ca)+a+b+c}$$

$$= \frac{9}{2(ab+bc+ca)+3}$$

$$\geqslant \frac{9}{\frac{2}{3}(a+b+c)^2 + 3} = 1$$

故所证不等式成立.

4.(安振平问题 5655)设 $a,b,c,d > 0, a+b+c+d = 4$,求证

$$\frac{2a-1}{(a+1)^2} + \frac{2b-1}{(b+1)^2} + \frac{2c-1}{(c+1)^2} + \frac{2d-1}{(d+1)^2} \leqslant 1$$

证明 因为 $(a+1)^2 = a^2 + 2a + 1 \geqslant 2a + 2a = 4a$,
所以

$$\frac{2a-1}{(a+1)^2} \leqslant \frac{2a-1}{4a} = \frac{1}{2} - \frac{1}{4a}$$

同理,有

$$\frac{2b-1}{(b+1)^2} \leqslant \frac{1}{2} - \frac{1}{4b}$$

$$\frac{2c-1}{(c+1)^2} \leqslant \frac{1}{2} - \frac{1}{4c}$$

$$\frac{2d-1}{(d+1)^2} \leqslant \frac{1}{2} - \frac{1}{4d}$$

因为

$$\frac{1}{a} + \frac{1}{b} + \frac{1}{c} + \frac{1}{d} \geqslant \frac{16}{a+b+c+d} = 4$$

于是

$$\frac{2a-1}{(a+1)^2} + \frac{2b-1}{(b+1)^2} + \frac{2c-1}{(c+1)^2} + \frac{2d-1}{(d+1)^2}$$

$$\leqslant 2 - \frac{1}{4}\left(\frac{1}{a} + \frac{1}{b} + \frac{1}{c} + \frac{1}{d}\right) \leqslant 2 - 1 = 1$$

5. (安振平问题 5661) 设 $a,b,c > 0, a+b+c=3$, 求证

$$\frac{2a-1}{(a+1)^3} + \frac{2b-1}{(b+1)^3} + \frac{2c-1}{(c+1)^3} \leqslant \frac{3}{8}$$

证明　因为

$$(a+1)^3 = a^3 + 3a^2 + 3a + 1$$
$$= (a^3 + a) + 2a^2 + (a^2 + 1) + 2a$$
$$= 2a^2 + 2a^2 + 2a + 2a$$
$$= 4a(a+1)$$

又因为

$$2a - 1 \leqslant a^2 + 1 - 1 = a^2$$

所以

$$\frac{2a-1}{(a+1)^3} \leqslant \frac{a^2}{4a(a+1)} = \frac{a}{4(a+1)} = \frac{1}{4}\left(1 - \frac{1}{a+1}\right)$$

同理,有

523

$$\frac{2b-1}{(b+1)^3} \leqslant \frac{1}{4}\left(1 - \frac{1}{b+1}\right)$$

$$\frac{2c-1}{(c+1)^3} \leqslant \frac{1}{4}\left(1 - \frac{1}{c+1}\right)$$

因为

$$\frac{1}{a+1} + \frac{1}{b+1} + \frac{1}{c+1} \geqslant \frac{9}{a+1+b+1+c+1} = \frac{3}{2}$$

将上面三式相加,有

$$\frac{2a-1}{(a+1)^3} + \frac{2b-1}{(b+1)^3} + \frac{2c-1}{(c+1)^3}$$

$$\leqslant \frac{3}{4} - \frac{1}{4}\left(\frac{1}{a+1} + \frac{1}{b+1} + \frac{1}{c+1}\right)$$

$$\leqslant \frac{3}{4} - \frac{1}{4} \times \frac{3}{2} = \frac{3}{8}$$

6.(安振平问题 5574)已知 $a,b,c > 0$,求证

$$a^3 + b^3 + c^3 \geqslant 2\left(\frac{a^2}{b^2+c^2} + \frac{b^2}{c^2+a^2} + \frac{c^2}{a^2+b^2}\right)abc$$

证明 因为 $b^2 + c^2 \geqslant 2bc$,所以

$$2\left(\frac{a^2}{b^2+c^2} + \frac{b^2}{c^2+a^2} + \frac{c^2}{a^2+b^2}\right)abc$$

$$= \frac{2a^3 bc}{b^2+c^2} + \frac{2b^3 ac}{c^2+a^2} + \frac{2c^3 ab}{a^2+b^2}$$

$$\leqslant a^3 + b^3 + c^3$$

7.(安振平问题 5575)已知 $a,b,c,d > 0$,求证

$$\frac{a^4 + b^4 + c^4 + d^4}{abcd} \geqslant \frac{a+b}{b+c} + \frac{b+c}{c+d} + \frac{c+d}{d+a} + \frac{d+a}{a+b}$$

证明 因为

$$\frac{a+b}{b+c} abcd \leqslant \frac{(a+b)ad(b+c)^2}{4(b+c)}$$

$$= \frac{(a+b)ad(b+c)}{4}$$

$$= \frac{a^2bd + ab^2d + a^2dc + abcd}{4}$$

同理,有

$$\frac{b+c}{c+d}abcd \leqslant \frac{ab^2c + ab^2d + abc^2 + abcd}{4}$$

$$\frac{c+d}{d+a}abcd \leqslant \frac{abc^2 + bc^2d + bcd^2 + abcd}{4}$$

$$\frac{d+a}{a+b}abcd \leqslant \frac{a^2cd + acd^2 + bcd^2 + abcd}{4}$$

将上述三式相加,有

$$4\left(\frac{a+b}{b+c} + \frac{b+c}{c+d} + \frac{c+d}{d+a} + \frac{d+a}{a+b}\right)abcd$$

$$\leqslant abc(a+b+c) + bcd(b+c+d) +$$

$$cda(c+d+a) + dab(d+a+b) + 4abcd$$

因为

$$a^4 + a^4 + b^4 + c^4 \geqslant 4a^2bc$$

$$a^4 + b^4 + b^4 + c^4 \geqslant 4ab^2c$$

$$a^4 + b^4 + c^4 + c^4 \geqslant 4abc^2$$

将上述三式相加,有 $a^4 + b^4 + c^4 \geqslant abc(a+b+c)$,同理,有

$$b^4 + c^4 + d^4 \geqslant bcd(b+c+d)$$

$$c^4 + d^4 + a^4 \geqslant cda(c+d+a)$$

$$d^4 + a^4 + b^4 \geqslant dab(a+b+d)$$

又因为 $a^4 + b^4 + c^4 + d^4 \geqslant 4abcd$,所以

$$4\left(\frac{a+b}{b+c} + \frac{b+c}{c+d} + \frac{c+d}{d+a} + \frac{d+a}{a+b}\right)abcd$$

$$\leqslant (a^4 + b^4 + c^4) + (b^4 + c^4 + d^4) + (c^4 + d^4 + a^4) +$$

$$(d^4 + a^4 + b^4) + (a^4 + b^4 + c^4 + d^4)$$

$$= 4(a^4 + b^4 + c^4 + d^4)$$

两边同时除以 4,即得.

8.(安振平问题 5576)已知 $a,b,c>0$,求证
$$a^3+b^3+c^3-3abc$$
$$\geqslant \frac{1}{2}(\mid a-b\mid^3+\mid b-c\mid^3+\mid c-a\mid^3)$$

证明　不妨设 $a\geqslant b\geqslant c$,所证不等式等价于
$$a^3+b^3+c^3-3abc$$
$$\geqslant \frac{1}{2}\left[(a-b)^3+(b-c)^3+(a-c)^3\right]$$

等价于
$$(a+b+c)\left[(a-b)^2+(b-c)^2+(a-c)^2\right]$$
$$\geqslant \left[(a-b)^3+(b-c)^3+(a-c)^3\right]$$

等价于
$$(a-b)^3+(2b+c)(a-b)^2+(b-c)^3+$$
$$(a+2c)(b-c)^2+(a-c)^3+(b+2c)(a-c)^2$$
$$\geqslant \left[(a-b)^3+(b-c)^3+(a-c)^3\right]$$

等价于
$$(2b+c)(a-b)^2+(a+2c)(b-c)^2+$$
$$(b+2c)(a-c)^2\geqslant 0$$

最后一式显然成立,故所证不等式成立.

9.(安振平问题 5698)若实数 a,b,c 满足 $a+b+c=0,a^2+b^2+c^2=6$,求证:$\mid abc\mid\leqslant 2$.

证明　由已知,有 $a+b=-c$,
$$ab=\frac{(a+b)^2-(a^2+b^2)}{2}=\frac{(-c)^2-(6-c^2)}{2}$$
$$=c^2-3$$

由 $(a+b)^2\geqslant 4ab$,有 $(-c)^2\geqslant 4(c^2-3)$,解得 $c^2\leqslant 4$,所以 $-2\leqslant c\leqslant 2$;

当 $-2\leqslant c\leqslant 0$ 时,$abc+2=c(c^2-3)+2=c^3-3c+2=(c+2)(c-1)^2\geqslant 0$;

当 $0 < c \leqslant 2$ 时，$abc - 2 = c(c^2 - 3) - 2 = c^3 - 3c - 2 = (c - 2)(c + 1)^2 \leqslant 0$.

所以 $-2 \leqslant abc \leqslant 2$. 故 $|abc| \leqslant 2$.

10.（安振平问题 5555）设正实数 a, b, c, d 满足 $abcd = 1$，求证

$$\frac{1}{4a^2 - a + 1} + \frac{1}{4b^2 - b + 1} + \frac{1}{4c^2 - c + 1} + \frac{1}{4d^2 - d + 1} \geqslant 1$$

证明　作变换 $a = \dfrac{1}{x}, b = \dfrac{1}{y}, c = \dfrac{1}{z}, d = \dfrac{1}{w}$，$xyzw = 1$，则所证不等式等价于

$$\frac{x^2}{4 - x + x^2} + \frac{y^2}{4 - y + y^2} + \frac{z^2}{4 - z + z^2} + \frac{w^2}{4 - w + w^2} \geqslant 1$$

由 Cauchy 不等式，有

$$\frac{x^2}{4 - x + x^2} + \frac{y^2}{4 - y + y^2} + \frac{z^2}{4 - z + z^2} + \frac{w^2}{4 - w + w^2}$$
$$\geqslant \frac{(x + y + z + w)^2}{x^2 + y^2 + z^2 + w^2 - x - y - z - w + 16}$$
$$= \frac{x^2 + y^2 + z^2 + w^2 + 2(xy + yz + zw + xw + xz + yw)}{x^2 + y^2 + z^2 + w^2 - x - y - z - w + 16}$$

于是只需证明

$$x^2 + y^2 + z^2 + w^2 + 2(xy + yz + zw + xw + xz + yw)$$
$$\geqslant x^2 + y^2 + z^2 + w^2 - x - y - z - w + 16$$

化简得

$$2(xy + yz + zw + xw + xz + yw) + x + y + z + w \geqslant 16 \qquad \text{①}$$

由 AM $-$ GM 不等式,有

$$xy + yz + zw + xw + xz + yw$$

$$\geqslant 6\sqrt[6]{x^3 y^3 z^3 w^3} = 6$$

$$x + y + z + w \geqslant 4\sqrt[4]{xyzw} = 4$$

故式 ① 成立,从而所证不等式成立.

完全类似地,可以证明:

题 1　设正实数 a,b,c,d 满足 $abcd = 1$,求证

$$\frac{1}{5a^2 - 2a + 1} + \frac{1}{5b^2 - 2b + 1} + \frac{1}{5c^2 - 2c + 1} +$$

$$\frac{1}{5d^2 - 2d + 1} \geqslant 1$$

证明　作变换 $a = \dfrac{1}{x}, b = \dfrac{1}{y}, c = \dfrac{1}{z}, d = \dfrac{1}{w}$,

$xyzw = 1$,则所证不等式等价于

$$\frac{x^2}{5 - 2x + x^2} + \frac{y^2}{5 - 2y + y^2} + \frac{z^2}{5 - 2z + z^2} +$$

$$\frac{w^2}{5 - 2w + w^2} \geqslant 1$$

由 Cauchy 不等式,有

$$\frac{x^2}{5 - 2x + x^2} + \frac{y^2}{5 - 2y + y^2} + \frac{z^2}{5 - 2z + z^2} +$$

$$\frac{w^2}{5 - 2w + w^2} \geqslant 1$$

$$\geqslant \frac{(x + y + z + w)^2}{x^2 + y^2 + z^2 + w^2 - 2x - 2y - 2z - 2w + 20}$$

$$= \frac{x^2 + y^2 + z^2 + w^2 + 2(xy + yz + zw + xw + xz + yw)}{x^2 + y^2 + z^2 + w^2 - 2x - 2y - 2z - 2w + 20}$$

于是只需证明

$$x^2 + y^2 + z^2 + w^2 +$$

$$2(xy + yz + zw + xw + xz + yw)$$

$$\geqslant x^2 + y^2 + z^2 + w^2 - 2x - 2y - 2z - 2w + 20$$

化简得

$$(xy + yz + zw + xw + xz + yw) +$$

$$x + y + z + w \geqslant 10 \qquad \qquad ①$$

由 AM $-$ GM 不等式,有

$$xy + yz + zw + xw + xz + yw$$

$$\geqslant 6\sqrt[6]{x^3 y^3 z^3 w^3} = 6$$

$$x + y + z + w \geqslant 4\sqrt[4]{xyzw} = 4$$

故式 ① 成立,从而所证不等式成立.

把以上两题变成三元,也成立,即:

题 2　设正实数 a, b, c 满足 $abc = 1$,求证

$$\frac{1}{4a^2 - a + 1} + \frac{1}{4b^2 - b + 1} + \frac{1}{4c^2 - c + 1} \geqslant 1$$

题 3　设正实数 a, b, c 满足 $abc = 1$,求证

$$\frac{1}{5a^2 - 2a + 1} + \frac{1}{5b^2 - 2b + 1} + \frac{1}{5c^2 - 2c + 1} \geqslant 1$$

11. (安振平问题 5648) 设 $a, b > 0$,求证

$$a\sqrt{1 + a + \frac{1}{b}} + b\sqrt{1 + b + \frac{1}{a}}$$

$$\geqslant a\sqrt{1 + a + \frac{1}{a}} + b\sqrt{1 + b + \frac{1}{b}}$$

证明　所证不等式等价于

$$a\left(\sqrt{1 + a + \frac{1}{b}} - \sqrt{1 + a + \frac{1}{a}}\right)$$

$$\geqslant b\left(\sqrt{1 + b + \frac{1}{b}} - \sqrt{1 + b + \frac{1}{a}}\right)$$

$$\Leftrightarrow a \cdot \frac{\dfrac{1}{b} - \dfrac{1}{a}}{\sqrt{1 + a + \dfrac{1}{b}} + \sqrt{1 + a + \dfrac{1}{a}}}$$

$$\geqslant b \cdot \frac{\dfrac{1}{b}-\dfrac{1}{a}}{\sqrt{1+b+\dfrac{1}{b}}+\sqrt{1+b+\dfrac{1}{a}}}$$

$$\Leftrightarrow \frac{\dfrac{1}{b}-\dfrac{1}{a}}{\sqrt{\dfrac{1}{a^2}+\dfrac{1}{a}+\dfrac{1}{a^2 b}}+\sqrt{\dfrac{1}{a^2}+\dfrac{1}{a}+\dfrac{1}{a^3}}}$$

$$\geqslant \frac{\dfrac{1}{b}-\dfrac{1}{a}}{\sqrt{\dfrac{1}{b^2}+\dfrac{1}{b}+\dfrac{1}{b^3}}+\sqrt{\dfrac{1}{b^2}+\dfrac{1}{b}+\dfrac{1}{ab^2}}} \qquad ①$$

不妨设 $a\geqslant b$,则 $\dfrac{1}{b}-\dfrac{1}{a}\geqslant 0$,因为

$$\sqrt{\dfrac{1}{a^2}+\dfrac{1}{a}+\dfrac{1}{a^2 b}}+\sqrt{\dfrac{1}{a^2}+\dfrac{1}{a}+\dfrac{1}{a^3}}$$

$$\leqslant \sqrt{\dfrac{1}{b^2}+\dfrac{1}{b}+\dfrac{1}{b^3}}+\sqrt{\dfrac{1}{b^2}+\dfrac{1}{b}+\dfrac{1}{ab^2}}$$

所以式 ① 成立.

12.(安振平问题 5649)设 $a,b,c\in \mathbf{R}$,求证

$$(ab+bc+ca)^2\geqslant 3abc(a+b+c)+$$

$$\frac{1}{3}\big[a(b-c)^2+b(c-a)^2+c(a-b)^2\big]$$

证明　所证不等式可变形为

$$\sum a^2 b^2+2abc\sum a$$

$$\geqslant 3abc\sum a+\frac{1}{3}(2\sum a^2 b^2-2abc\sum a)$$

$$\Leftrightarrow \sum a^2 b^2\geqslant abc\sum a$$

$$\Leftrightarrow 2\sum a^2 b^2\geqslant 2abc\sum a$$

$$\Leftrightarrow \sum (ab-bc)^2\geqslant 0$$

最后一式显然成立,故所证不等式成立.

13.(安振平问题 6449)已知 $a,b>0,a+b\leqslant 2ab$,求证

$$\frac{a^4}{2a+b^2}+\frac{b^4}{2b+a^2}\geqslant\frac{1+ab}{3}$$

证明　因为 $a+b\leqslant 2ab$,所以 $2ab\geqslant a+b\geqslant 2\sqrt{ab}$,有 $ab\geqslant 1$.由 Cauchy-Schwarz 不等式,有

$$\frac{a^4}{2a+b^2}+\frac{b^4}{2b+a^2}\geqslant\frac{(a^2+b^2)^2}{2a+b^2+2b+a^2}$$

$$=\frac{a^2+b^2}{1+\dfrac{2(a+b)}{a^2+b^2}}\geqslant\frac{a^2+b^2}{1+\dfrac{2(a+b)}{2ab}}$$

$$\geqslant\frac{a^2+b^2}{3}\geqslant\frac{2ab}{3}\geqslant\frac{1+ab}{3}$$

14.(安振平问题 6450)已知 $a,b,c>0,a+b+c\leqslant 3abc$,求证

$$\frac{a}{2a+b^2}+\frac{b}{2b+c^2}+\frac{c}{2c+a^2}\leqslant 1$$

证明　因为 $a+b+c\leqslant 3abc$,所以

$$(ab+bc+ca)^2\geqslant 3abc(a+b+c)\geqslant(a+b+c)^2$$

即 $ab+bc+ca\geqslant a+b+c$,所以

$$\frac{a}{2a+b^2}+\frac{b}{2b+c^2}+\frac{c}{2c+a^2}$$

$$=\frac{1}{2}\left(\frac{2a}{2a+b^2}+\frac{2b}{2b+c^2}+\frac{2c}{2c+a^2}\right)$$

$$=\frac{1}{2}\left[3-\left(\frac{b^2}{2a+b^2}+\frac{c^2}{2b+c^2}+\frac{a^2}{2c+a^2}\right)\right]$$

$$\leqslant\frac{1}{2}\left[3-\frac{(b+c+a)^2}{2a+b^2+2b+c^2+2c+a^2}\right]$$

$$=\frac{1}{2}\left[3-\frac{a^2+b^2+c^2+2(ab+bc+ca)}{a^2+b^2+c^2+2(a+b+c)}\right]$$

$$\leqslant \frac{1}{2}(3-1)=1$$

15. (安振平问题 6451) 已知 $a,b,c>0, a+b+c \leqslant 3abc$，求证

$$ab+bc+ca \leqslant a^2b^2+b^2c^2+c^2a^2$$

证明

$$a^2b^2+b^2c^2+c^2a^2 \geqslant abc(a+b+c)$$

$$\geqslant \frac{(a+b+c)^2}{3} \geqslant \frac{3(ab+bc+ca)}{3}$$

$$=ab+bc+ca$$

16. (安振平问题 6284) 已知 $a,b,c>0$，求证

$$a\sqrt{\frac{a}{b+c}+\frac{1}{2}}+b\sqrt{\frac{b}{c+a}+\frac{1}{2}}+c\sqrt{\frac{c}{a+b}+\frac{1}{2}}$$

$$\geqslant a+b+c$$

证明 由 Chebyshev 不等式，有

$$a\sqrt{\frac{a}{b+c}+\frac{1}{2}}+b\sqrt{\frac{b}{c+a}+\frac{1}{2}}+c\sqrt{\frac{c}{a+b}+\frac{1}{2}}$$

$$\geqslant \frac{1}{3}(a+b+c) \cdot$$

$$\left(\sqrt{\frac{a}{b+c}+\frac{1}{2}}+\sqrt{\frac{b}{c+a}+\frac{1}{2}}+\sqrt{\frac{c}{a+b}+\frac{1}{2}}\right)$$

$$\geqslant \frac{1}{3}(a+b+c) \cdot$$

$$3\sqrt[3]{\left(\sqrt{\frac{a}{b+c}+\frac{1}{2}} \cdot \sqrt{\frac{b}{c+a}+\frac{1}{2}} \cdot \sqrt{\frac{c}{a+b}+\frac{1}{2}}\right)}$$

$$=(a+b+c)\sqrt[6]{\frac{2a+b+c}{2(b+c)} \cdot \frac{2b+c+a}{2(c+a)} \cdot \frac{2c+a+b}{2(a+b)}}$$

$$=(a+b+c) \cdot$$

$$\sqrt[6]{\frac{(a+b)+(a+c)}{2(b+c)} \cdot \frac{(b+c)(b+a)}{2(c+a)} \cdot \frac{(c+a)(c+b)}{2(a+b)}}$$

$$\geqslant (a+b+c) \cdot$$

$$\sqrt[6]{\frac{2\sqrt{(a+b)(a+c)}}{2(b+c)} \cdot \frac{2\sqrt{(b+c)(b+a)}}{2(c+a)} \cdot \frac{2\sqrt{(c+a)(c+b)}}{2(a+b)}}$$

$$= a+b+c$$

17.（安振平问题 6388）在 $\triangle ABC$ 中，求证

$$\frac{a\cos\dfrac{A}{2}}{\sin B} + \frac{b\cos\dfrac{B}{2}}{\sin C} + \frac{c\cos\dfrac{C}{2}}{\sin A} \geqslant a+b+c$$

证明　因为

$$\sin B + \sin C = 2\sin\frac{B+C}{2}\cos\frac{B-C}{2}$$

$$= 2\cos\frac{A}{2}\cos\frac{B-C}{2}$$

$$\leqslant 2\cos\frac{A}{2}$$

所以

$$\frac{a\cos\dfrac{A}{2}}{\sin B} \geqslant \frac{a(\sin B + \sin C)}{2\sin B} = \frac{a}{2} + \frac{a\sin C}{2\sin B} = \frac{a}{2} + \frac{ca}{2b}$$

同理，有

$$\frac{b\cos\dfrac{B}{2}}{\sin C} \geqslant \frac{b}{2} + \frac{ab}{2c}, \frac{c\cos\dfrac{C}{2}}{\sin A} \geqslant \frac{c}{2} + \frac{ab}{2c}$$

将以上三式相加，有

$$\frac{a\cos\dfrac{A}{2}}{\sin B} + \frac{b\cos\dfrac{B}{2}}{\sin C} + \frac{c\cos\dfrac{C}{2}}{\sin A}$$

$$\geqslant \frac{a+b+c}{2} + \frac{ab}{2c} + \frac{bc}{2a} + \frac{ca}{2b}$$

$$= \frac{a+b+c}{2} +$$

$$\frac{1}{4}\left[\left(\frac{ab}{c}+\frac{bc}{a}\right)+\left(\frac{bc}{a}+\frac{ca}{b}\right)+\left(\frac{ca}{b}+\frac{ab}{c}\right)\right]$$

$$\geqslant \frac{a+b+c}{2}+$$

$$\frac{1}{4}\left(2\sqrt{\frac{ab}{c}\cdot\frac{bc}{a}}+2\sqrt{\frac{bc}{a}\cdot\frac{ca}{b}}+2\sqrt{\frac{ca}{b}\cdot\frac{ab}{c}}\right)$$

$$=\frac{a+b+c}{2}+\frac{a+b+c}{2}=a+b+c$$

说明 类比安振平问题 6388 可以得到：在 $\triangle ABC$ 中,有

$$\frac{b\cos\dfrac{A}{2}}{\sin B}+\frac{c\cos\dfrac{B}{2}}{\sin C}+\frac{a\cos\dfrac{C}{2}}{\sin A}\geqslant a+b+c$$

$$\frac{a\cos\dfrac{C}{2}}{\sin B}+\frac{b\cos\dfrac{A}{2}}{\sin C}+\frac{c\cos\dfrac{B}{2}}{\sin A}\geqslant a+b+c$$

$$\frac{c\cos\dfrac{C}{2}}{\sin B}+\frac{a\cos\dfrac{A}{2}}{\sin C}+\frac{b\cos\dfrac{B}{2}}{\sin A}\geqslant a+b+c$$

18.（安振平老师博客问题 6403）在 $\triangle ABC$ 中,求证

$$\frac{a\cos\dfrac{B}{2}}{\sin C}+\frac{b\cos\dfrac{C}{2}}{\sin A}+\frac{c\cos\dfrac{A}{2}}{\sin B}\geqslant a+b+c$$

证明 因为

$$\sin A+\sin C=2\sin\frac{A+C}{2}\cos\frac{A-C}{2}\leqslant 2\cos\frac{B}{2}$$

所以

$$\cos\frac{B}{2}\geqslant\frac{\sin A+\sin C}{2}$$

于是

$$\frac{a\cos\dfrac{B}{2}}{\sin C}\geqslant\frac{a(\sin B+\sin C)}{2\sin C}=\frac{a(b+c)}{2c}$$

$$= \frac{a}{2} + \frac{ab}{2c}$$

同理, 有

$$\frac{b\cos\dfrac{C}{2}}{\sin A} \geqslant \frac{b}{2} + \frac{bc}{2a}$$

$$\frac{c\cos\dfrac{A}{2}}{\sin B} \geqslant \frac{c}{2} + \frac{ca}{2b} \quad .$$

将以上三式相加, 有

$$\frac{a\cos\dfrac{B}{2}}{\sin C} + \frac{b\cos\dfrac{C}{2}}{\sin A} + \frac{c\cos\dfrac{A}{2}}{\sin B}$$

$$\geqslant \frac{a+b+c}{2} + \frac{1}{2}\left(\frac{ab}{c} + \frac{bc}{a} + \frac{ca}{b}\right)$$

$$= \frac{a+b+c}{2} +$$

$$\frac{1}{4}\left[\left(\frac{ab}{c} + \frac{bc}{a}\right) + \left(\frac{bc}{a} + \frac{ca}{b}\right) + \left(\frac{ca}{b} + \frac{ab}{c}\right)\right]$$

$$\geqslant \frac{a+b+c}{2} + \frac{1}{4} \cdot 2(b+c+a) = a+b+c$$

19. (安振平问题 6389) 在 $\triangle ABC$ 中, 求证

$$\frac{\cos\dfrac{A}{2}}{\sin B + \sin C} + \frac{\cos\dfrac{B}{2}}{\sin C + \sin A} + \frac{\cos\dfrac{C}{2}}{\sin A + \sin B} \geqslant \frac{3}{2}$$

证明　因为

$$\sin B + \sin C = 2\sin\frac{B+C}{2}\cos\frac{B-C}{2}$$

$$= 2\cos\frac{A}{2}\cos\frac{B-C}{2} \leqslant 2\cos\frac{A}{2}$$

所以

$$\frac{\cos\dfrac{A}{2}}{\sin B+\sin C}\geqslant\frac{1}{2}$$

同理,有

$$\frac{\cos\dfrac{B}{2}}{\sin C+\sin A}\geqslant\frac{1}{2}$$

$$\frac{\cos\dfrac{C}{2}}{\sin A+\sin B}\geqslant\frac{1}{2}$$

将以上三式相加,即得.

20.(安振平问题 6396)已知 $x\in\mathbf{R}$,求证:$x^8-2x^5+x^4-x^2+1\geqslant 0$.

证明 因为 $x^8+x^8+x^8+1\geqslant 4x^6$,所以

$$x^8\geqslant\frac{4}{3}x^6-\frac{1}{3}$$

又因为

$$x^6+x^4\geqslant 2\mid x^5\mid\geqslant 2x^5$$
$$x^6+1+1\geqslant 3x^2$$

所以

$$x^8-2x^5+x^4-x^2+1$$

$$\geqslant\frac{4}{3}x^6-\frac{1}{3}-2x^5+x^4-x^2+1$$

$$=(x^6+x^4-2x^5)+\frac{1}{3}(x^6+1+1-3x^2)\geqslant 0$$

21.(安振平问题 6399)已知 $a,b,c>0$,求证

$$\frac{a^2}{2b^2+ca}+\frac{b^2}{2c^2+ab}+\frac{c^2}{2a^2+bc}\geqslant 1$$

证明 因为 $a^4+b^4+b^4+b^4=a^4+3b^4\geqslant 4ab^3$,同理有 $b^4+3c^4\geqslant 4bc^3$,$c^4+3a^4\geqslant 4ca^3$.

将上述三式相加,有 $a^4+b^4+c^4\geqslant ab^3+bc^3+$

ca^3. 由 Cauchy-Schwarz 不等式,有

$$\frac{a^2}{2b^2+ca}+\frac{b^2}{2c^2+ab}+\frac{c^2}{2a^2+bc}$$

$$=\frac{a^4}{2a^2b^2+ca^3}+\frac{b^4}{2b^2c^2+ab^3}+\frac{c^4}{2a^2c^2+bc^3}$$

$$\geqslant\frac{(a^2+b^2+c^2)^2}{2(a^2b^2+b^2c^2+c^2a^2)+ab^3+bc^3+ca^3}$$

$$\geqslant\frac{(a^2+b^2+c^2)^2}{2(a^2b^2+b^2c^2+c^2a^2)+a^4+b^4+c^4}=1$$

22.(安振平问题 6407)设 $a,b,c\geqslant0$,求证

$$\frac{a^2}{a^2+bc}+\frac{b^2}{b^2+ca}+\frac{c^2}{c^2+ab}\leqslant2$$

证明   所证不等式等价于

$$\frac{bc}{a^2+bc}+\frac{ca}{b^2+ca}+\frac{ab}{c^2+ab}\geqslant1$$

因为

$$\frac{bc}{a^2+bc}+\frac{ca}{b^2+ca}+\frac{ab}{c^2+ab}$$

$$=\frac{b^2c^2}{a^2bc+b^2c^2}+\frac{c^2a^2}{b^2ca+c^2a^2}+\frac{a^2b^2}{c^2ab+a^2b^2}$$

$$\geqslant\frac{(bc+ca+ab)^2}{a^2bc+b^2c^2+b^2ca+c^2a^2+c^2ab+a^2b^2}$$

$$=\frac{(bc+ca+ab)^2}{abc(a+b+c)+b^2c^2+c^2a^2+a^2b^2}$$

$$\geqslant\frac{(bc+ca+ab)^2}{2abc(a+b+c)+b^2c^2+c^2a^2+a^2b^2}=1$$

23.(安振平问题 6414)证明:在 $\triangle ABC$ 中,有

$$\frac{(a+b+c)^3}{9abc}\leqslant1+\frac{R}{r}.$$

证明   设 $\triangle ABC$ 的半周长为 s,因为 $a+b+c=2s,abc=4Rrs$,由 Gerresten 不等式 $s^2\leqslant4R^2+4Rr+$

$3r^2$ 和 Euler 不等式 $R \geqslant 2r$,有

$$\frac{(a+b+c)^3}{9abc} = \frac{8s^3}{9 \times 4sRr}$$

$$= \frac{2s^2}{9Rr} \leqslant \frac{2(4R^2 + 4Rr + 3r^2)}{9Rr}$$

$$= \frac{8R^2 + 8Rr + 6r^2}{9Rr}$$

$$\leqslant \frac{8R^2 + 8Rr + R^2 + Rr}{9Rr}$$

$$= \frac{9R^2 + 9Rr}{9Rr} = 1 + \frac{R}{r}$$

24.(安振平问题 6430)已知 $a,b > 0, ab(a+b) = 1$,求证:$a^2 + b^2 + ab \geqslant \frac{3\sqrt[3]{2}}{2}$.

证明

$$a^2 + b^2 + ab \geqslant \frac{(a+b)^2}{2} + ab$$

$$= \frac{(a+b)^2}{4} + \frac{(a+b)^2}{4} + ab$$

$$\geqslant 3\sqrt[3]{\frac{(a+b)^2}{4} \cdot \frac{(a+b)^2}{4} \cdot ab}$$

$$\geqslant 3\sqrt[3]{ab \cdot \frac{(a+b)^2}{4} \cdot ab} = 3\sqrt[3]{\frac{1}{4}}$$

$$= \frac{3\sqrt[3]{2}}{2}$$

25.(安振平问题 6432)已知 $x > 0$,求证

$$3x + \sqrt{1 + (x+1)^2 + \left(\frac{1}{x} + 1\right)^2} \geqslant 5$$

证明

$$3x + \sqrt{1 + (x+1)^2 + \left(\frac{1}{x} + 1\right)^2}$$

$$=3x+\sqrt{1+x^2+1+\frac{1}{x^2}+\frac{2}{x}+1}$$

$$=3x+1+x+\frac{1}{x}=1+4x+\frac{1}{x}$$

$$\geqslant 1+2\sqrt{4x\cdot\frac{1}{x}}=5$$

26.（安振平问题 6442）已知 $a,b,c>0$，求证

$$\frac{a^2+bc}{b^2+bc+c^2}+\frac{b^2+ca}{c^2+a^2+ca}+\frac{c^2+ab}{a^2+b^2+ab}\geqslant 2$$

证明　所证不等式等价于

$$\frac{a^2-b^2-c^2}{b^2+bc+c^2}+1+\frac{b^2-c^2-a^2}{c^2+a^2+ca}+1+$$

$$\frac{c^2-a^2-b^2}{a^2+b^2+ab}+1\geqslant 2$$

$$\Leftrightarrow\frac{a^2-b^2-c^2}{b^2+bc+c^2}+\frac{b^2-c^2-a^2}{c^2+a^2+ca}+\frac{c^2-a^2-b^2}{a^2+b^2+ab}\geqslant -1$$

$$\Leftrightarrow\sum\frac{\dfrac{a^2}{b^2+c^2}-1}{1+\dfrac{bc}{b^2+c^2}}\geqslant -1$$

因为 $b^2+c^2\geqslant 2bc$，所以

$$\sum\frac{\dfrac{a^2}{b^2+c^2}-1}{1+\dfrac{bc}{b^2+c^2}}\geqslant\frac{2}{3}\left(\sum\frac{a^2}{b^2+c^2}-1\right)$$

$$=\frac{2}{3}\sum\frac{a^2}{b^2+c^2}-2$$

$$\geqslant\frac{2}{3}\times\frac{3}{2}-2=-1$$

于是所证不等式成立.

27.（安振平问题 6443）已知 $a,b,c>0$，求证

$$\frac{2a^2 - bc}{b^2 + c^2 + bc} + \frac{2b^2 - ca}{c^2 + a^2 + ca} + \frac{2c^2 - ab}{a^2 + b^2 + ab} \geq 1$$

证明   所证不等式等价于

$$\frac{2a^2 + b^2 + c^2}{b^2 + c^2 + bc} + \frac{2b^2 + c^2 + a^2}{c^2 + a^2 + ca} + \frac{2c^2 + a^2 + b^2}{a^2 + b^2 + ab} \geq 4$$

因为 $3(a^2 + b^2) \geq 2(a^2 + b^2 + ab)$，于是有

$$\frac{b^2 + c^2}{b^2 + c^2 + bc} + \frac{c^2 + a^2}{c^2 + a^2 + ca} + \frac{a^2 + b^2}{a^2 + b^2 + ab}$$

$$\geq \frac{2}{3} + \frac{2}{3} + \frac{2}{3} = 2$$

从而只需证明

$$\frac{a^2}{b^2 + c^2 + bc} + \frac{b^2}{c^2 + a^2 + ca} + \frac{c^2}{a^2 + b^2 + ab} \geq 1$$

由 Cauchy-Schwarz 不等式，有

$$\frac{a^2}{b^2 + c^2 + bc} + \frac{b^2}{c^2 + a^2 + ca} + \frac{c^2}{a^2 + b^2 + ab}$$

$$= \frac{a^4}{a^2 b^2 + a^2 c^2 + a^2 bc} + \frac{b^4}{b^2 c^2 + a^2 b^2 + cab^2} +$$

$$\frac{c^4}{a^2 c^2 + b^2 c^2 + abc^2}$$

$$\geq \frac{(a^2 + b^2 + c^2)^2}{2(a^2 b^2 + b^2 c^2 + a^2 c^2) + abc(a + b + c)}$$

$$= \frac{a^4 + b^4 + c^4 + 2(a^2 b^2 + b^2 c^2 + a^2 c^2)}{2(a^2 b^2 + b^2 c^2 + a^2 c^2) + abc(a + b + c)}$$

$$\geq \frac{\frac{1}{3}(a^2 + b^2 + c^2)^2 + 2(a^2 b^2 + b^2 c^2 + a^2 c^2)}{2(a^2 b^2 + b^2 c^2 + a^2 c^2) + abc(a + b + c)}$$

$$\geq \frac{\frac{1}{3}(ab + bc + ca)^2 + 2(a^2 b^2 + b^2 c^2 + a^2 c^2)}{2(a^2 b^2 + b^2 c^2 + a^2 c^2) + abc(a + b + c)}$$

$$\geq \frac{abc(a + b + c) + 2(a^2 b^2 + b^2 c^2 + a^2 c^2)}{2(a^2 b^2 + b^2 c^2 + a^2 c^2) + abc(a + b + c)} = 1$$

28.(安振平问题 6442)已知 $a,b,c > 0$,求证

$$\frac{a^2+bc}{b^2+c^2+bc}+\frac{b^2+ca}{c^2+a^2+ca}+\frac{c^2+ab}{a^2+b^2+ab} \geqslant 2$$

证明　所证不等式等价于

$$\frac{a^2-b^2-c^2}{b^2+c^2+bc}+1+\frac{b^2-c^2-a^2}{c^2+a^2+ca}+1+$$

$$\frac{c^2-a^2-b^2}{a^2+b^2+ab}+1 \geqslant 2$$

$$\Leftrightarrow \frac{a^2-b^2-c^2}{b^2+c^2+bc}+\frac{b^2-c^2-a^2}{c^2+a^2+ca}+\frac{c^2-a^2-b^2}{a^2+b^2+ab} \geqslant -1$$

$$\Leftrightarrow \sum \frac{\dfrac{a^2}{b^2+c^2}-1}{1+\dfrac{bc}{b^2+c^2}} \geqslant -1$$

因为 $b^2+c^2 \geqslant 2bc$,所以

$$\sum \frac{\dfrac{a^2}{b^2+c^2}-1}{1+\dfrac{bc}{b^2+c^2}} \geqslant \frac{2}{3}\left(\sum \frac{a^2}{b^2+c^2}-1\right)$$

$$=\frac{2}{3}\sum \frac{a^2}{b^2+c^2}-2 \geqslant \frac{2}{3}\times\frac{3}{2}-2=-1$$

于是所证不等式成立.

该问题可加强为:设 a,b,c 为一三角形三边长,求证

$$\frac{a^2+bc}{b^2-bc+c^2}+\frac{b^2+ca}{c^2-ca+a^2}+\frac{c^2+ab}{a^2-ab+b^2} > 3$$

证明　所证不等式等价于

$$\frac{a^2+b^2+c^2}{b^2-bc+c^2}+\frac{b^2+c^2+a^2}{c^2-ca+a^2}+\frac{c^2+a^2+b^2}{a^2-ab+b^2} > 6$$

因为

$$\frac{a^2+b^2+c^2}{b^2-bc+c^2}+\frac{b^2+c^2+a^2}{c^2-ca+a^2}+\frac{c^2+a^2+b^2}{a^2-ab+b^2}$$

$$=(a^2+b^2+c^2)\cdot$$

$$\left(\frac{1}{b^2 - bc + c^2} + \frac{1}{c^2 - ca + a^2} + \frac{1}{a^2 - ab + b^2} \right)$$

$$\geqslant \frac{9(a^2 + b^2 + c^2)}{b^2 - bc + c^2 + c^2 - ca + a^2 + a^2 - ab + b^2}$$

$$= \frac{9(a^2 + b^2 + c^2)}{2(a^2 + b^2 + c^2) - (ab + bc + ca)}$$

$$= \frac{9(a^2 + b^2 + c^2)}{\frac{3}{2}(a^2 + b^2 + c^2) + \frac{1}{2}(a^2 + b^2 + c^2 - 2ab - 2bc - 2ca)}$$

$$= \frac{9(a^2 + b^2 + c^2)}{\frac{3}{2}(a^2 + b^2 + c^2) - \frac{1}{2}[(b+c-a)a + (c+a-b)b + (a+b-c)c]}$$

$$> \frac{9(a^2 + b^2 + c^2)}{\frac{3}{2}(a^2 + b^2 + c^2)} = 6$$

29.（安振平问题 6443）已知 $a,b,c > 0$，求证

$$\frac{2a^2 - bc}{b^2 + c^2 + bc} + \frac{2b^2 - ca}{c^2 + a^2 + ca} + \frac{2c^2 - ab}{a^2 + b^2 + ab} \geqslant 1$$

证明　所证不等式等价于

$$\frac{2a^2 + b^2 + c^2}{b^2 + c^2 + bc} + \frac{2b^2 + c^2 + a^2}{c^2 + a^2 + ca} + \frac{2c^2 + a^2 + b^2}{a^2 + b^2 + ab} \geqslant 4$$

因为 $3(a^2 + b^2) \geqslant 2(a^2 + b^2 + ab)$，所以有

$$\frac{b^2 + c^2}{b^2 + c^2 + bc} + \frac{c^2 + a^2}{c^2 + a^2 + ca} + \frac{a^2 + b^2}{a^2 + b^2 + ab}$$

$$\geqslant \frac{2}{3} + \frac{2}{3} + \frac{2}{3} = 2$$

从而只需证明

$$\frac{a^2}{b^2 + c^2 + bc} + \frac{b^2}{c^2 + a^2 + ca} + \frac{c^2}{a^2 + b^2 + ab} \geqslant 1$$

由 Cauchy-Schwarz 不等式，有

$$\frac{a^2}{b^2 + c^2 + bc} + \frac{b^2}{c^2 + a^2 + ca} + \frac{c^2}{a^2 + b^2 + ab}$$

$$= \frac{a^4}{a^2b^2 + a^2c^2 + a^2bc} + \frac{b^4}{b^2c^2 + a^2b^2 + cab^2} +$$

$$\frac{c^4}{a^2c^2 + b^2c^2 + abc^2}$$

$$\geqslant \frac{(a^2 + b^2 + c^2)^2}{2(a^2b^2 + b^2c^2 + a^2c^2) + abc(a + b + c)}$$

$$= \frac{a^4 + b^4 + c^4 + 2(a^2b^2 + b^2c^2 + a^2c^2)}{2(a^2b^2 + b^2c^2 + a^2c^2) + abc(a + b + c)}$$

$$\geqslant \frac{\dfrac{1}{3}(a^2 + b^2 + c^2)^2 + 2(a^2b^2 + b^2c^2 + a^2c^2)}{2(a^2b^2 + b^2c^2 + a^2c^2) + abc(a + b + c)}$$

$$\geqslant \frac{\dfrac{1}{3}(ab + bc + ca)^2 + 2(a^2b^2 + b^2c^2 + a^2c^2)}{2(a^2b^2 + b^2c^2 + a^2c^2) + abc(a + b + c)}$$

$$\geqslant \frac{abc(a + b + c) + 2(a^2b^2 + b^2c^2 + a^2c^2)}{2(a^2b^2 + b^2c^2 + a^2c^2) + abc(a + b + c)} = 1$$

30.（安振平问题 6453）已知 $a, b > 0$，求证

$$\frac{a}{2a^2 + b^2} + \frac{b^2}{a^2 + 2b^2} \geqslant \frac{a + b}{2a^2 + 2b^2 - ab}$$

证明　将所证不等式化简,得

$$\frac{a(a^2 + 2b^2) + b(2a^2 + b^2)}{(2a^2 + b^2)(a^2 + 2b^2)}$$

$$\geqslant \frac{a + b}{2a^2 + 2b^2 - ab}$$

$$\Leftrightarrow (a^2 + b^2 + ab)(2a^2 + 2b^2 - ab)$$

$$\geqslant (2a^2 + b^2)(a^2 + 2b^2)$$

$$\Leftrightarrow 2(a^2 + b^2)^2 - ab(a^2 + b^2) + 2ab(a^2 + b^2) - a^2b^2$$

$$\geqslant 2a^4 + 5a^2b^2 + 2b^4$$

$$\Leftrightarrow 2a^4 + 2b^4 + 4a^2b^2 + ab(a^2 + b^2) - a^2b^2$$

$$\geqslant 2a^4 + 5a^2b^2 + 2b^4$$

$$\Leftrightarrow ab(a^2 + b^2) \geqslant 2a^2b^2$$

$\Leftrightarrow ab(a-b)^2 \geqslant 0$

故所证不等式成立.

31.(安振平问题 6454)已知 $a,b,c > 0$,求证

$$\frac{a^2}{3a^3+b^3+c^3} + \frac{b^2}{a^3+3b^3+c^3} + \frac{c^2}{a^3+b^3+3c^3}$$

$$\geqslant \frac{ab+bc+ca}{2a^3+2b^3+2c^3-abc}$$

证明 由 Cauchy-Schwarz 不等式,有

$$\frac{a^2}{3a^3+b^3+c^3} + \frac{b^2}{a^3+3b^3+c^3} + \frac{c^2}{a^3+b^3+3c^3}$$

$$\geqslant \frac{(a+b+c)^2}{5(a^3+b^3+c^3)} = \frac{\sum a^2 + 2\sum bc}{5\sum a^3}$$

于是只需证明

$$\frac{\sum a^2 + 2\sum bc}{5\sum a^3} \geqslant \frac{\sum bc}{2\sum a^3 - abc}$$

$$\Leftrightarrow (\sum a^2 + 2\sum bc)(2\sum a^3 - abc)$$

$$\geqslant 5\sum a^3 \sum bc$$

$$\Leftrightarrow 2\sum a^3 \sum a^2 + 4\sum a^3 \sum bc -$$

$$abc\sum a^2 - 2abc\sum bc$$

$$\geqslant 5\sum a^3 \sum bc$$

$$\Leftrightarrow 2\sum a^3 \sum a^2$$

$$\geqslant \sum a^3 \sum bc + abc(\sum a)^2$$

因为 $\sum a^2 \geqslant \sum bc$,所以

$$\sum a^3 \sum a^2 \geqslant \sum a^3 \sum bc$$

因为

544

$$\sum a^3 \sum a^2 \geqslant 3abc \sum a^2 \geqslant abc \left(\sum a \right)^2$$

将上述两式相加，知所证不等式成立.

32.（安振平问题 6282）已知 $a,b,c > 0$，求证

$$a\sqrt{\frac{b}{c+a} + \frac{c}{a+b}} + b\sqrt{\frac{c}{a+b} + \frac{a}{b+c}} +$$

$$c\sqrt{\frac{a}{b+c} + \frac{b}{c+a}} \leqslant a+b+c$$

证明　由 Cauchy-Schwarz 不等式，有

$$a\sqrt{\frac{b}{c+a} + \frac{c}{a+b}} + b\sqrt{\frac{c}{a+b} + \frac{a}{b+c}} +$$

$$c\sqrt{\frac{a}{b+c} + \frac{b}{c+a}}$$

$$\leqslant \sqrt{(a+b+c)\left(\frac{ab}{c+a} + \frac{ac}{a+b} + \frac{bc}{a+b} + \frac{ab}{b+c} + \frac{ca}{b+c} + \frac{bc}{c+a}\right)}$$

$$= a+b+c$$

33.（安振平问题 6283）已知 $a,b,c > 0$，求证

$$\sum a^2 \geqslant \sum bc \cdot \sqrt{\frac{b}{c+a} + \frac{c}{a+b}} \geqslant \sum bc$$

证明　由 Cauchy-Schwarz 不等式，有

$$\sum bc \cdot \sqrt{\frac{b}{c+a} + \frac{c}{a+b}}$$

$$= \sum \sqrt{bc} \cdot \sqrt{\frac{b^2 c}{c+a} + \frac{bc^2}{a+b}}$$

$$\leqslant \sqrt{(bc+ca+ab) \sum \left(\frac{b^2 c}{c+a} + \frac{bc^2}{a+b}\right)}$$

$$= \sqrt{(bc+ca+ab)(a^2+b^2+c^2)}$$

$$\leqslant a^2+b^2+c^2$$

首先证明一个局部不等式

$$\frac{a}{b+c} + \frac{b}{c+a} \geqslant \frac{a+b}{2}\left(\frac{1}{b+c} + \frac{1}{c+a}\right)$$

$$\Leftrightarrow \frac{a}{b+c} + \frac{b}{c+a} - \frac{a+b}{2}\left(\frac{1}{b+c} + \frac{1}{c+a}\right) \geqslant 0$$

$$\Leftrightarrow \frac{1}{b+c}\left(a - \frac{a+b}{2}\right) + \frac{1}{c+a}\left(b - \frac{a+b}{2}\right) \geqslant 0$$

$$\Leftrightarrow \frac{1}{b+c} \cdot \frac{a-b}{2} - \frac{1}{c+a} \cdot \frac{a-b}{2} \geqslant 0$$

$$\Leftrightarrow \frac{(a-b)^2}{2(b+c)(c+a)} \geqslant 0$$

于是 $\dfrac{a}{b+c} + \dfrac{b}{c+a} \geqslant \dfrac{a+b}{2}\left(\dfrac{1}{b+c} + \dfrac{1}{c+a}\right) \geqslant$

$\dfrac{a+b}{\sqrt{(b+c)(c+a)}}$，即

$$\frac{a}{b+c} + \frac{b}{c+a} \geqslant \frac{a+b}{\sqrt{(b+c)(c+a)}}$$

同理,有

$$\frac{b}{c+a} + \frac{c}{a+b} \geqslant \frac{b+c}{\sqrt{(c+a)(a+b)}}$$

$$\frac{c}{a+b} + \frac{a}{b+c} \geqslant \frac{c+a}{\sqrt{(a+b)(b+c)}}$$

将上述三式相乘,即得

$$\left(\frac{a}{b+c} + \frac{b}{c+a}\right)\left(\frac{b}{c+a} + \frac{c}{a+b}\right)\left(\frac{c}{a+b} + \frac{a}{b+c}\right) \geqslant 1$$

由 Chebyshev 不等式,有

$$\sum bc \cdot \sqrt{\frac{b}{c+a} + \frac{c}{a+b}}$$

$$\geqslant \frac{1}{3} \sum bc\left(\sqrt{\frac{b}{c+a} + \frac{c}{a+b}} + \sqrt{\frac{c}{a+b} + \frac{a}{b+c}} + \sqrt{\frac{a}{b+c} + \frac{b}{c+a}}\right)$$

$$\geqslant \frac{1}{3}\sum bc \cdot$$

$$\sqrt[3]{\sqrt{\frac{b}{c+a}+\frac{c}{a+b}}\cdot\sqrt{\frac{c}{a+b}+\frac{a}{b+c}}\cdot\sqrt{\frac{a}{b+c}+\frac{b}{c+a}}}$$

$$=\sum bc$$

34.（安振平问题 6288）已知 $a,b,c\geqslant 0$，求证

$$\frac{2a}{b+c}+\sqrt{\frac{b}{c+a}}+\sqrt{\frac{c}{a+b}}\geqslant 2$$

证明

$$\frac{2a}{b+c}+\sqrt{\frac{b}{c+a}}+\sqrt{\frac{c}{a+b}}$$

$$\geqslant \frac{2a}{a+b+c}+\frac{b}{\sqrt{b(c+a)}}+\frac{c}{\sqrt{c(a+b)}}$$

$$\geqslant \frac{2a}{a+b+c}+\frac{2b}{a+b+c}+\frac{2c}{a+b+c}=2$$

35.（安振平问题 6287）已知 $a,b,c\geqslant 0$，求证

$$\frac{a}{b+c}+\frac{b}{c+a}+2\sqrt{\frac{c}{a+b+c}}\geqslant 2$$

证明　由局部不等式

$$\frac{a}{b+c}+\frac{b}{c+a}\geqslant \frac{a+b}{2}\left(\frac{1}{b+c}+\frac{1}{c+a}\right)$$

有

$$\frac{a}{b+c}+\frac{b}{c+a}+\sqrt{\frac{c}{a+b+c}}$$

$$\geqslant \frac{a+b}{2}\left(\frac{1}{b+c}+\frac{1}{c+a}\right)+\frac{c}{\sqrt{c(a+b+c)}}$$

$$\geqslant \frac{a+b}{2}\cdot\frac{4}{b+c+c+a}+\frac{4c}{a+b+c+c}$$

$$=\frac{2a+2b}{a+b+2c}+\frac{4c}{a+b+2c}=2$$

36.（安振平问题 6284）已知 $a,b,c > 0$，求证

$$a\sqrt{\frac{a}{b+c}+\frac{1}{2}}+b\sqrt{\frac{b}{c+a}+\frac{1}{2}}+c\sqrt{\frac{c}{a+b}+\frac{1}{2}}$$
$$\geqslant a+b+c$$

证明 由 Chebyshev 不等式，有

$$a\sqrt{\frac{a}{b+c}+\frac{1}{2}}+b\sqrt{\frac{b}{c+a}+\frac{1}{2}}+c\sqrt{\frac{c}{a+b}+\frac{1}{2}}$$

$$\geqslant \frac{1}{3}(a+b+c)\cdot$$

$$\left(\sqrt{\frac{a}{b+c}+\frac{1}{2}}+\sqrt{\frac{b}{c+a}+\frac{1}{2}}+\sqrt{\frac{c}{a+b}+\frac{1}{2}}\right)$$

$$\geqslant \frac{1}{3}(a+b+c)\cdot$$

$$3\sqrt[3]{\left(\sqrt{\frac{a}{b+c}+\frac{1}{2}}\cdot\sqrt{\frac{b}{c+a}+\frac{1}{2}}\cdot\sqrt{\frac{c}{a+b}+\frac{1}{2}}\right)}$$

$$=(a+b+c)\sqrt[6]{\frac{2a+b+c}{2(b+c)}\cdot\frac{2b+c+a}{2(c+a)}\cdot\frac{2c+a+b}{2(a+b)}}$$

$$=(a+b+c)\cdot$$

$$\sqrt[6]{\frac{(a+b)+(a+c)}{2(b+c)}\cdot\frac{(b+c)(b+a)}{2(c+a)}\cdot\frac{(c+a)(c+b)}{2(a+b)}}$$

$$\geqslant(a+b+c)\cdot$$

$$\sqrt[6]{\frac{2\sqrt{(a+b)(a+c)}}{2(b+c)}\cdot\frac{2\sqrt{(b+c)(b+a)}}{2(c+a)}\cdot\frac{2\sqrt{(c+a)(c+b)}}{2(a+b)}}$$

$$=a+b+c$$

37.（安振平问题 5956）若 $a,b,c > 0$，$a+b+c=1$，求证

$$\left(\frac{1}{a^2b^2}-1\right)\left(\frac{1}{b^2c^2}-1\right)\left(\frac{1}{c^2a^2}-1\right)\geqslant 51\,200$$

证明 因为 $a+b+c=1$，所以 $ab+bc+ca\leqslant\frac{1}{3}$，

$abc \leqslant \dfrac{1}{27}$，又因为

$$\dfrac{1}{a^2 b^2} - 1 = \left(\dfrac{1}{ab}\right)^2 - 1 = \left(\dfrac{1}{ab} + 1\right)\left(\dfrac{1}{ab} - 1\right)$$

$$= \left(\dfrac{1}{ab} + 1\right) \cdot \dfrac{1 - ab}{ab}$$

$$= \left(\dfrac{1}{9ab} \times 9 + 1\right) \cdot \dfrac{\dfrac{2}{3} + \dfrac{1}{3} - ab}{ab}$$

$$\geqslant 10\sqrt[10]{\left(\dfrac{1}{9ab}\right)^9} \cdot \dfrac{\dfrac{2}{3} + bc + ca}{ab}$$

$$= 10\sqrt[10]{\left(\dfrac{1}{9ab}\right)^9} \cdot \dfrac{\dfrac{1}{9} \times 6 + bc + ca}{ab}$$

$$\geqslant 10\sqrt[10]{\left(\dfrac{1}{9ab}\right)^9} \cdot \dfrac{8\sqrt[8]{\left(\dfrac{1}{9}\right)^6 abc^2}}{ab}$$

$$= 80\left(\dfrac{1}{9}\right)^{\frac{9}{10}} \cdot \left(\dfrac{1}{9}\right)^{\frac{6}{8}}(abc^2)^{\frac{1}{8}}(ab)^{-\frac{9}{10}}(ab)^{-1}$$

$$= 80\left(\dfrac{1}{9}\right)^{\frac{33}{20}}(abc^2)^{\frac{1}{8}}(ab)^{-\frac{19}{10}}$$

同理，有

$$\dfrac{1}{b^2 c^2} - 1 \geqslant 80\left(\dfrac{1}{9}\right)^{\frac{33}{20}}(bca^2)^{\frac{1}{8}}(bc)^{-\frac{19}{10}}$$

$$\dfrac{1}{c^2 a^2} - 1 \geqslant 80\left(\dfrac{1}{9}\right)^{\frac{33}{20}}(cab^2)^{\frac{1}{8}}(ca)^{-\frac{19}{10}}$$

将以上三式相乘，有

$$\left(\dfrac{1}{a^2 b^2} - 1\right)\left(\dfrac{1}{b^2 c^2} - 1\right)\left(\dfrac{1}{c^2 a^2} - 1\right)$$

$$\geqslant 80^3\left(\dfrac{1}{9}\right)^{\frac{99}{20}}(a^4 b^4 c^4)^{\frac{1}{8}}(a^2 b^2 c^2)^{\frac{19}{10}}$$

$$= 80^3 \left(\frac{1}{9}\right)^{\frac{99}{20}} (abc)^{\frac{1}{2} - \frac{19}{5}}$$

$$= \frac{80^3}{(abc)^{\frac{33}{10}}} \cdot \left(\frac{1}{9}\right)^{\frac{99}{20}}$$

$$\geqslant \frac{80^3}{\left(\frac{1}{27}\right)^{\frac{33}{10}}} \cdot \left(\frac{1}{3}\right)^{\frac{99}{10}}$$

$$= \frac{80^3 \cdot 3^{\frac{90}{10}}}{3^{\frac{99}{10}}} = 80^3$$

$$= 512\ 000$$

38.(安振平问题 5970)已知 $a,b,c>0,a+b+c=1$,证明

$$\frac{\sqrt{a(1-a)}}{1+a} + \frac{\sqrt{b(1-b)}}{1+b} + \frac{\sqrt{c(1-c)}}{1+c} \leqslant \frac{3\sqrt{2}}{4}$$

证明　所证不等式等价于

$$\frac{\sqrt{2a(1-a)}}{1+a} + \frac{\sqrt{2b(1-b)}}{1+b} + \frac{\sqrt{2c(1-c)}}{1+c} \leqslant \frac{3}{2}$$

因为

$$\frac{\sqrt{2a(1-a)}}{1+a} \leqslant \frac{\frac{2a+1-a}{2}}{1+a} = \frac{1}{2}$$

同理,有

$$\frac{\sqrt{2b(1-b)}}{1+b} \leqslant \frac{1}{2}, \frac{\sqrt{2c(1-c)}}{1+c} \leqslant \frac{1}{2}$$

将以上三式相加,即得.

39.(安振平问题 5969)已知 $a,b,c>0,a+b+c=1$,证明

$$\frac{4abc}{(1-a)(1-b)(1-c)}$$

$$\leqslant \frac{a(1-a)}{1+a} + \frac{b(1-b)}{1+b} + \frac{c(1-c)}{1+c}$$

$$\leqslant \frac{1}{2}$$

证明

$$\frac{a(1-a)}{1+a} + \frac{b(1-b)}{1+b} + \frac{c(1-c)}{1+c}$$

$$= \frac{1}{2}\left[\frac{2a(1-a)}{1+a} + \frac{2b(1-b)}{1+b} + \frac{2c(1-c)}{1+c}\right]$$

$$\leqslant \frac{1}{2}\sum\left[\frac{\left(\dfrac{2a+1-1}{2}\right)^2}{1+a}\right]$$

$$= \frac{1}{8}\sum(1+a) = \frac{1}{2}$$

又因为

$$\frac{a(1-a)}{1+a} + \frac{b(1-b)}{1+b} + \frac{c(1-c)}{1+c}$$

$$= \sum\frac{abc(1-a)}{bc(1+a)}$$

$$= \frac{abc}{(1-a)(1-b)(1-c)}\sum\frac{(1-b)(1-c)(1-a)^2}{bc(1+a)}$$

于是只需证明

$$\sum\frac{(1-b)(1-c)(1-a)^2}{bc(1+a)} \geqslant 4$$

$$\Leftrightarrow \frac{(a+c)(a+b)(b+c)}{abc}\sum\frac{a(1-a)}{(1+a)} \geqslant 4$$

$$\Leftrightarrow \frac{(a+c)(a+b)(b+c)}{abc}\left(5-\sum\frac{2}{1+a}\right) \geqslant 4$$

$$\Leftrightarrow 5-\sum\frac{2}{1+a} \geqslant \frac{4abc}{(a+c)(a+b)(b+c)}$$

$$\Leftrightarrow \sum\frac{a}{1+a} \geqslant \frac{1}{2} + \frac{2abc}{(a+c)(a+b)(b+c)}$$

$$\Leftrightarrow \frac{1 + 2\sum ab + 3abc}{2 + \sum ab + abc} \geqslant \frac{\sum ab + abc}{2(\sum ab - abc)}$$

令 $p = \sum ab, q = abc$，则上式等价于

$$\frac{1 + 2p + 3q}{2 + p + q} \geqslant \frac{p + 3q}{2(p - q)}$$

$$\Leftrightarrow 2(p - q)(1 + 2p + 3q)$$

$$\geqslant (p + 3q)(2 + p + q)$$

$$\Leftrightarrow 3p^2 \geqslant 2pq + 8q + 9q^2$$

因为 $p^2 \geqslant 3q(a + b + c) = 3q$，所以 $\dfrac{8}{3}p^2 \geqslant 8q$，于

是只需证明 $\dfrac{p^2}{3} \geqslant 2pq + 9q^2$，即证明 $(p - 9q)(p +$

$3q) \geqslant 0$，只需证明 $p \geqslant 9q$. 等价于证明

$$(a + b + c)(ab + bc + ca) \geqslant 9abc$$

最后一式显然成立，于是所证不等式成立.

40.（安振平问题 5975）设 $\triangle ABC$ 的三边长为 a，
b, c，外接圆半径为 R，内切圆半径为 r，求证

$$2 + \frac{2R}{r} \leqslant \frac{a + b}{b + c - a} + \frac{b + c}{c + a - b} + \frac{c + a}{a + b - c}$$

$$\leqslant 2 + \frac{R^2}{r^2}$$

证明　设 $\triangle ABC$ 的旁切圆半径分别为 r_a, r_b, r_c，
半周长为 s，由 $r_a(s - a) = sr$，有 $ar_a = (r_a - r)s$，于是

$$\sum ar_a = s\sum(r_a - r) = s(4R + r - 3r)$$

$$= 2s(2R - r)$$

所以

$$\sum \frac{a}{b + c - a} = \sum \frac{a}{2(s - a)} = \sum \frac{ar_a}{2sr}$$

$$= \frac{2s(2R-r)}{2sr} = \frac{2R-r}{r} = \frac{2R}{r} - 1$$

于是要证左边不等式只需证明

$$\sum \frac{b}{b+c-a} \geqslant 3 \qquad\qquad ①$$

作变换 $b+c-a=2x, c+a-b=2y, a+b-c=2z$,

则 $a=y+z, b=z+x, c=x+y$,从而式 ① 等价于

$$\frac{z+x}{2x} + \frac{x+y}{2y} + \frac{y+z}{2z} \geqslant 3$$

即 $\frac{x}{y} + \frac{y}{z} + \frac{z}{x} \geqslant 3$,此式显然成立,故左边不等式

成立.

又

$$\frac{a+b}{b+c-a} + \frac{b+c}{c+a-b} + \frac{c+a}{a+b-c}$$

$$= \sum \frac{(a+b)r_a}{2sr} \leqslant \frac{2\sum ar_a}{2sr}$$

$$= \frac{4s(2R-r)}{2sr} = \frac{4R-2r}{r}$$

$$= \frac{4R}{r} - 2$$

于是只需证明 $\frac{4R}{r} - 2 \leqslant 2 + \frac{R^2}{r^2}$,即 $\frac{R^2}{r^2} - \frac{4R}{r} + 4 \geqslant 0$,配

方得 $\left(\frac{R}{r} - 2\right)^2 \geqslant 0$,此式显然成立.

说明　1.由证明过程可以把安振平问题 5975 加

强为:

推论 1　条件同安振平问题 5975,则有

$$2 + \frac{2R}{r} \leqslant \frac{a+b}{b+c-a} + \frac{b+c}{c+a-b} + \frac{c+a}{a+b-c}$$

$$\leqslant \frac{4R}{r} - 2$$

2.由证明过程还可以得到一个涉及三角形的不等式,即:

推论 2　条件同推论 1,则有

$$3 \leqslant \frac{b}{b+c-a} + \frac{c}{c+a-b} + \frac{a}{a+b-c} \leqslant \frac{2R}{r} - 1$$

3.对上式变形,可以得到一个关于旁切圆半径的不等式,即:

推论 3　设 $\triangle ABC$ 的旁切圆半径分别为 $r_a, r_b,$ r_c,半周长为 s,外接圆和内切圆半径为 R, r,则有

$$3sr \leqslant \sum br_a \leqslant 2s(2R - r)$$

41.(安振平问题 5976)设 $\triangle ABC$ 的三边长为 $a,$ b, c,求证

$$\frac{a^3+b^3}{b+c-a} + \frac{b^3+c^3}{c+a-b} + \frac{c^3+a^3}{a+b-c}$$

$$\geqslant 2(a^2+b^2+c^2)$$

这里给出该题的一个上界估计,即:设 $\triangle ABC$ 的三边长为 a, b, c,外接圆和内切圆半径为 R, r,求证

$$\frac{a^3+b^3}{b+c-a} + \frac{b^3+c^3}{c+a-b} + \frac{c^3+a^3}{a+b-c}$$

$$\leqslant \left(\frac{3R}{r} - 4\right)(a^2+b^2+c^2)$$

证明　设 $\triangle ABC$ 的旁切圆半径分别为 r_a, r_b, r_c,半周长为 s,由 $r_a(s-a)=sr$,有 $ar_a=(r_a-r)s$,于是有

$$ar_a = s(r_a - r) = sr_a - sr$$

$$a^2 r_a = as(r_a - r) = a(sr_a - sr)$$

$$= sar_a - asr = s(sr_a - sr) - asr$$

$$= s^2 r_a - s^2 r - asr$$

$$a^3 r_a = a(s^2 r_a - s^2 r - asr)$$
$$= s^2 ar_a - s^2 ra - sra^2$$
$$= s^2 (sr_a - sr) - s^2 ra - sra^2$$
$$= s^3 r_a - s^3 r - s^2 ra - sra^2$$

因为 $\sum b^3 r_a \leqslant \sum a^3 r_a$. 又因为 $3\sum a^2 \geqslant$ $(\sum a)^2 = 4s^2$, 所以 $s^2 = \dfrac{3\sum a^2}{4}$, 于是

$$\sum \frac{a^3 + b^3}{b + c - a} = \sum \frac{a^3 + b^3}{2(s - a)} \leqslant \sum \frac{a^3 r_a}{sr}$$

$$= \frac{s^3 \sum r_a - s^3 r - s^2 r \sum a - sr \sum a^2}{sr}$$

$$= \frac{s^3 (4R + r) - 3s^3 r - 2s^3 r - sr \sum a^2}{sr}$$

$$= \frac{4R + r}{r} s^2 - 5s^2 - \sum a^2$$

$$= \left(\frac{4R}{r} - 4\right) s^2 - \sum a^2$$

$$\leqslant \left(\frac{3R}{r} - 4\right) \sum a^2$$

42.（安振平问题 5981）已知 $a, b, c > 0, a + b + c = 3$, 求证

$$\frac{3}{a^3 + b^3 + c^3} + \frac{21}{ab + bc + ca} \geqslant 8$$

证明　由

$$a^3 + b^3 + c^3 - 3abc$$
$$= (a + b + c)(a^2 + b^2 + c^2 - ab - bc - ca)$$
$$= 3(a^2 + b^2 + c^2 - ab - bc - ca)$$

设 $ab + bc + ca = q$, 则

$$a^2 + b^2 + c^2 - ab - bc - ca + abc$$

$$= (a+b+c)^2 - 3(ab+bc+ca) + abc$$

$$= 9 - 3(ab+bc+ca) + abc$$

$$\leqslant 9 - 3(ab+bc+ca) + \frac{(ab+bc+ca)^2}{9}$$

$$= 9 - 3q + \frac{q^2}{9}$$

于是

$$\frac{3}{a^3+b^3+c^3} + \frac{21}{ab+bc+ca}$$

$$= \frac{1}{a^2+b^2+c^2-ab-bc-ca+abc} + \frac{21}{ab+bc+ca}$$

$$\geqslant \frac{1}{9-3q+\dfrac{q^2}{9}} + \frac{21}{q}$$

$$= \frac{9}{q^2-27q+81} + \frac{21}{q}$$

从而只需证明

$$\frac{9}{q^2-27q+81} + \frac{21}{q} \geqslant 8$$

$$\Leftrightarrow 9q + 21(q^2-27q+81) \geqslant 8q(q^2-27q+81)$$

$$\Leftrightarrow 8q^3 - 237q + 1\,206q - 1\,701 \leqslant 0$$

$$\Leftrightarrow (q-3)(8q^2-213q+567) \leqslant 0 \qquad\qquad ①$$

因为 $q = ab+bc+ca \leqslant \dfrac{(a+b+c)^2}{3} = 3$,所以 $q-3 \leqslant 0$.

又因为

$$8q^2 - 213q + 567$$

$$= 8(q^2-6q+9) + 567 - 165q$$

$$= 8(q-3)^2 + 165(3-q) + 72 > 0$$

所以式 ① 成立,故所证不等式成立.

556

43.（安振平问题 6295）已知 $a,b,c>0,a+b+c=3$，求证

$$\frac{a}{1+bc}+\frac{b}{1+ca}+\frac{c}{1+ab}\geqslant\frac{1}{1+a}+\frac{1}{1+b}+\frac{1}{1+c}$$

证明　因为 $abc\leqslant\left(\dfrac{a+b+c}{3}\right)^3=1$，所以

$$\frac{a}{1+bc}+\frac{b}{1+ca}+\frac{c}{1+ab}$$

$$=\frac{a^2}{a+abc}+\frac{b^2}{b+cba}+\frac{c^2}{c+abc}$$

$$\geqslant\frac{a^2}{a+1}+\frac{b^2}{b+1}+\frac{c^2}{c+1}$$

$$=\frac{a^2-1+1}{a+1}+\frac{b^2-1+1}{b+1}+\frac{c^2-1+1}{c+1}$$

$$=a-1+\frac{1}{1+a}+b-1+\frac{1}{1+b}+c-1+\frac{1}{1+c}$$

$$=\frac{1}{1+a}+\frac{1}{1+b}+\frac{1}{1+c}$$

44.（安振平问题 6482）已知 $a,b,c>0,a^2+b^2+c^2=3$，求证

$$\frac{a^2}{2bc+1}+\frac{b^2}{2ca+1}+\frac{c^2}{2ab+1}+\frac{abc}{2}\geqslant\frac{3}{2}$$

证明　因为 $a^2+b^2+c^2=3$，所以

$$abc\leqslant\sqrt{\frac{a^2+b^2+c^2}{3}}=1$$

因为 $(a+b+c)^2\leqslant3(a^2+b^2+c^2)=9$，所以 $a+b+c\leqslant3$．于是

$$\frac{a^2}{2bc+1}+\frac{b^2}{2ca+1}+\frac{c^2}{2ab+1}+\frac{abc}{2}$$

$$=\frac{a^4}{2a^2bc+a^2}+\frac{b^4}{2cab^2+b^2}+\frac{c^4}{2abc^2+c^2}+\frac{abc}{2}$$

$$\geqslant \frac{(a^2+b^2+c^2)^2}{2abc(a+b+c)+a^2+b^2+c^2}+\frac{abc}{2}$$

$$=\frac{9}{2abc(a+b+c)+3}+\frac{abc}{2}$$

$$\geqslant \frac{9}{6abc+3}+\frac{abc}{2}$$

$$=\frac{3}{2abc+1}+\frac{abc}{2}$$

$$=\frac{3}{2abc+1}+\frac{2abc+1}{4}-\frac{1}{4}$$

$$=\frac{1}{4}\left(\frac{3}{2abc+1}+\frac{3}{2abc+1}+\frac{3}{2abc+1}+\right.$$

$$\frac{3}{2abc+1}+\frac{2abc+1}{3}+\frac{2abc+1}{3}+$$

$$\left.\frac{2abc+1}{3}\right)-\frac{1}{4}$$

$$\geqslant \frac{7}{4}\sqrt[7]{\left(\frac{3}{2abc+1}\right)^4\left(\frac{2abc+1}{3}\right)^3}-\frac{1}{4}$$

$$=\frac{7}{4}\sqrt[7]{\frac{3}{2abc+1}}-\frac{1}{4}\geqslant \frac{7}{4}-\frac{1}{4}=\frac{3}{2}$$

说明　本题可加强为:已知 $a,b,c>0,a^2+b^2+c^2=3$,求证

$$\frac{a^2}{2bc+1}+\frac{b^2}{2ca+1}+\frac{c^2}{2ab+1}+\frac{2abc}{3}\geqslant \frac{5}{3}$$

证明　因为 $a^2+b^2+c^2=3$,所以

$$abc\leqslant \sqrt{\frac{a^2+b^2+c^2}{3}}=1$$

因为 $(a+b+c)^2\leqslant 3(a^2+b^2+c^2)=9$,所以 $a+b+c\leqslant 3$. 于是

$$\frac{a^2}{2bc+1}+\frac{b^2}{2ca+1}+\frac{c^2}{2ab+1}+\frac{2abc}{3}$$

558

$$= \frac{a^4}{2a^2bc + a^2} + \frac{b^4}{2cab^2 + b^2} + \frac{c^4}{2abc^2 + c^2} + \frac{2abc}{3}$$

$$\geqslant \frac{(a^2 + b^2 + c^2)^2}{2abc(a + b + c) + a^2 + b^2 + c^2} + \frac{3abc}{3}$$

$$= \frac{9}{2abc(a + b + c) + 3} + \frac{abc}{2}$$

$$\geqslant \frac{9}{6abc + 3} + \frac{2abc}{3}$$

$$= \frac{3}{2abc + 1} + \frac{2abc + 1}{3} - \frac{1}{3}$$

$$\geqslant 2\sqrt{\frac{3}{2abc + 1} \cdot \frac{2abc + 1}{3}} - \frac{1}{3}$$

$$= \frac{5}{3}$$

45.（安振平问题 6483）已知 $a, b > 0, ab \geqslant a + b$，

求证：$\dfrac{a}{b + 2} + \dfrac{b}{a + 2} \geqslant 1$.

证明

$$\frac{a}{b + 2} + \frac{b}{a + 2} = \frac{a^2}{ab + 2a} + \frac{b^2}{ab + 2b}$$

$$\geqslant \frac{(a + b)^2}{ab + 2a + 2b + ab}$$

$$\geqslant \frac{4ab}{2ab + 2a + 2b} \geqslant \frac{4ab}{2ab + 2ab} = 1$$

46.（安振平问题 6484）已知 $a, b, c > 0, ab + bc + ca \geqslant a + b + c$，求证

$$\frac{a}{b + 2} + \frac{b}{c + 2} + \frac{c}{a + 2} \geqslant 1$$

证明

$$\frac{a}{b + 2} + \frac{b}{c + 2} + \frac{c}{a + 2}$$

$$= \frac{a^2}{ab+2a} + \frac{b^2}{bc+2b} + \frac{c^2}{ac+2c}$$

$$\geqslant \frac{(a+b+c)^2}{ab+bc+ca+2(a+b+c)}$$

$$\geqslant \frac{3(ab+bc+ca)}{ab+bc+ca+2(ab+bc+ca)} = 1$$

47. (安振平问题 6026) 已知 $a,b \geqslant 0, a+2b=9$,求证: $-\dfrac{63}{2} \leqslant 3ab - 2a - 7b \leqslant 6$.

证明　由已知,有 $a = 9 - 2b, 0 \leqslant b \leqslant \dfrac{9}{2}$,记 $f(b) = 3ab - 2a - 7b$,则

$$f(b) = 3b(9-2b) - 2(9-2b) - 7b$$

$$= -6(b-2)^2 + 6$$

因为 $0 \leqslant b \leqslant \dfrac{9}{2}$,所以 $f\left(\dfrac{9}{2}\right) \leqslant f(b) \leqslant 6$,于是

$$-\frac{63}{2} \leqslant f(b) \leqslant 6.$$

48. (安振平问题 6038) 设正实数 $a,b,c,d,a^2 + b^2 + c^2 + d^2 = 4$,求证

$$\sum a \sum abc + \sum a^4 \leqslant 20$$

证明　所证不等式等价于

$$4\sum a \sum abc + 4\sum a^4 \leqslant 5\left(\sum a^2\right)^2$$

化简得 $4\sum a \sum abc + 4\sum a^4 \leqslant 5\left(\sum a^2\right)^2$,这等价于

$$4a^2(bc+cd+bd) + 4b^2(ac+cd+ad) +$$

$$4c^2(ab+bd+da) + 4d^2(bc+ab+ac) + 16abcd$$

$$\leqslant a^4 + b^4 + c^4 + d^4 + 10(a^2b^2 +$$

$$b^2c^2 + c^2d^2 + d^2a^2 + a^2c^2 + b^2d^2)$$

$$\Leftrightarrow a^4 + b^4 + c^4 + d^4 + 2(a^2b^2 +$$

$$b^2c^2 + c^2d^2 + d^2a^2 + a^2c^2 + b^2d^2) \geqslant 16abcd$$

因为

$$a^4 + b^4 + c^4 + d^4 \geqslant 4\sqrt[4]{a^4 b^4 c^4 d^4} = 4abcd$$

$$2(a^2b^2 + b^2c^2 + c^2d^2 + d^2a^2 + a^2c^2 + b^2d^2)$$

$$\geqslant 2 \times 6\sqrt[6]{a^2b^2 \cdot b^2c^2 \cdot c^2d^2 \cdot d^2a^2 \cdot a^2c^2 \cdot b^2d^2}$$

$$= 12abcd$$

将上述两式相加,即得.

49.(安振平问题 6041)设 a,b,c 为正实数,求证

$$\frac{a^6 + b^6 + c^6 - 2a^2b^2c^2}{a^3 + b^3 + c^3 - 2abc} \geqslant \frac{a^3 + b^3 + c^3}{3}$$

证明　所证不等式等价于

$$3\sum a^6 - 6a^2b^2c^2 \geqslant (\sum a^3)^2 - 2abc(\sum a^3)$$

即

$$\sum a^6 + abc(\sum a^3) \geqslant \sum a^3b^3 + 3a^2b^2c^2$$

因为

$$\sum a^6 \geqslant \sum a^3b^3$$

$$abc(\sum a^3) \geqslant abc \cdot 3abc = 3a^2b^2c^2$$

将上述两式相加,即得.

50.(安振平问题 6085)设 $a,b,c > 0$,求证

$$\frac{a^3}{\sqrt{b^2 + 2c^2}} + \frac{b^3}{\sqrt{c^2 + 2a^2}} + \frac{c^3}{\sqrt{a^2 + 2b^2}}$$

$$\geqslant \sqrt{3}(a^2 + b^2 + c^2)$$

或许是由于安先生的笔误,这里的系数 $\sqrt{3}$,应为 $\frac{\sqrt{3}}{3}$,可修正为

$$\frac{a^3}{\sqrt{b^2 + 2c^2}} + \frac{b^3}{\sqrt{c^2 + 2a^2}} + \frac{c^3}{\sqrt{a^2 + 2b^2}}$$

$$\geqslant \frac{\sqrt{3}\,(a^2 + b^2 + c^2)}{3}$$

证明　由 Hölder 不等式,有

$$\left(\frac{a^3}{\sqrt{b^2 + 2c^2}} + \frac{b^3}{\sqrt{c^2 + 2a^2}} + \frac{c^3}{\sqrt{a^2 + 2b^2}}\right)^2 \cdot$$

$$\left[(b^2 + 2c^2) + (c^2 + 2a^2) + (a^2 + 2b^2)\right]$$

$$\geqslant (a^2 + b^2 + c^2)^3$$

所以

$$\frac{a^3}{\sqrt{b^2 + 2c^2}} + \frac{b^3}{\sqrt{c^2 + 2a^2}} + \frac{c^3}{\sqrt{a^2 + 2b^2}}$$

$$\geqslant \frac{a^2 + b^2 + c^2}{\sqrt{3}} = \frac{\sqrt{3}\,(a^2 + b^2 + c^2)}{3}$$

51. (安振平问题 6093) 已知 $x, y, z > 0$, $x^2 + y^2 + z^2 = 1$, 求证

$$\frac{1}{xy} + \frac{1}{yz} + \frac{1}{zx} - \frac{2(x^3 + y^3 + z^3)}{xyz} \leqslant 3$$

证明　所证不等式等价于

$$2(x^3 + y^3 + z^3) + 3xyz \geqslant x + y + z$$

$$\Leftrightarrow 2(x^3 + y^3 + z^3) + 3xyz$$

$$\geqslant (x + y + z)(x^2 + y^2 + z^2)$$

$$\Leftrightarrow 2(x^3 + y^3 + z^3) + 3xyz$$

$$\geqslant (x^3 + y^3 + z^3) +$$

$$\quad x^2(y + z) + y^2(z + x) + z^2(x + y)$$

$$\Leftrightarrow x^3 + y^3 + z^3 + 3xyz$$

$$\geqslant x^2(y + z) + y^2(z + x) + z^2(x + y)$$

$$\Leftrightarrow \sum x(x - y)(x - z) \geqslant 0$$

最后一式为 Schur 不等式,故所证不等式成立.

52. (安振平问题 6126) 已知 $a, b, c > 0$, $a + b + c =$

3,求证

$$\frac{a}{a^5 - a^2 + 3} + \frac{b}{b^5 - b^2 + 3} + \frac{c}{c^5 - c^2 + 3} \leqslant 1$$

证明　因为 $a^3 + a^3 + 1 \geqslant 3a^2$，所以 $a^3 \geqslant \frac{3a^2 - 1}{2}$.

又因为 $a^5 + a^5 + a^5 + 1 + 1 \geqslant 5a^3$，所以

$$a^5 \geqslant \frac{5a^3 - 2}{3} \geqslant \frac{5 \cdot \frac{3a^2 - 1}{2} - 2}{3}$$

$$= \frac{15a^2 - 9}{6} = \frac{5a^2 - 3}{2}$$

于是

$$a^5 - a^2 + 3 \geqslant \frac{5a^2 - 3}{2} - a^2 + 3$$

$$= \frac{3(a^2 + 1)}{2} \geqslant 3a$$

从而

$$\frac{a}{a^5 - a^2 + 3} \leqslant \frac{a}{3a} = \frac{1}{3}$$

同理,有

$$\frac{b}{b^5 - b^2 + 3} \leqslant \frac{1}{3}, \frac{c}{c^5 - c^2 + 3} \leqslant \frac{1}{3}$$

将上述三式相加即得.

53.(安振平问题 6155)已知 $a, b > 0, ab = 1$,求证

$$a + b \leqslant \sqrt{a^2 - a + 1} + \sqrt{b^2 - b + 1}$$

$$\leqslant \sqrt{2(a^2 + b^2)}$$

证明　先看一个引理.

引理:设 x 为正实数,则有

$$x^2 - x + 1 \geqslant \sqrt{\frac{1 + x^4}{2}}$$

问题的证明：先证明左边的不等式.

由引理知

$$(\sqrt{a^2-a+1}+\sqrt{b^2-b+1})^2$$
$$=a^2-a+1+b^2-b+1+$$
$$2\sqrt{(a^2-a+1)(b^2-b+1)}$$
$$\geqslant (a+b)^2-(a+b)+$$
$$2\sqrt{\sqrt{\frac{a^4+1}{2}}\cdot\sqrt{\frac{b^4+1}{2}}}$$
$$\geqslant (a+b)^2-(a+b)+2\sqrt{\frac{a^2+b^2}{2}}$$
$$\geqslant (a+b)^2-(a+b)+(a+b)$$
$$=(a+b)^2$$

所以左边不等式成立.

再证右边不等式.

由 Cauchy-Schwarz 不等式，并 $a+b\geqslant 2\sqrt{ab}=2$，有

$$\sqrt{a^2-a+1}+\sqrt{b^2-b+1}$$
$$\leqslant \sqrt{2(a^2-a+1+b^2-b+1)}$$
$$\leqslant \sqrt{2(a^2+b^2)}$$

故所证不等式成立.

54.（安振平问题 6264）设 $a,b,c>0$，求证

$$\frac{b+c}{a}+\frac{c+a}{b}+\frac{a+b}{c}+\frac{9abc(a+b+c)}{(ab+bc+ca)^2}\geqslant 9$$

证明　所证不等式等价于

$$\frac{b+c+a}{a}+\frac{c+a+b}{b}+\frac{a+b+c}{c}+$$
$$\frac{9abc(a+b+c)}{(ab+bc+ca)^2}\geqslant 12$$

$$\Leftrightarrow (a+b+c)\left(\frac{1}{a}+\frac{1}{b}+\frac{1}{c}\right)+\frac{9abc(a+b+c)}{(ab+bc+ca)^2}\geqslant 12$$

$$\Leftrightarrow (a+b+c)\cdot\frac{ab+bc+ca}{abc}+\frac{9abc(a+b+c)}{(ab+bc+ca)^2}\geqslant 12$$

$$\Leftrightarrow (a+b+c)\cdot\frac{ab+bc+ca}{3abc}+(a+b+c)\cdot$$

$$\frac{ab+bc+ca}{3abc}+(a+b+c)\cdot\frac{ab+bc+ca}{3abc}+$$

$$\frac{9abc(a+b+c)}{(ab+bc+ca)^2}\geqslant 12$$

而

$$(a+b+c)\cdot\frac{ab+bc+ca}{3abc}+(a+b+c)\cdot$$

$$\frac{ab+bc+ca}{3abc}+(a+b+c)\cdot$$

$$\frac{ab+bc+ca}{3abc}+\frac{9abc(a+b+c)}{(ab+bc+ca)^2}$$

$$\geqslant 4\sqrt[4]{\left[(a+b+c)\cdot\frac{ab+bc+ca}{3abc}\right]^3\cdot\frac{9abc(a+b+c)}{(ab+bc+ca)^2}}$$

$$=4\sqrt[4]{\frac{(a+b+c)^4(ab+bc+ca)}{3(abc)^2}}$$

$$\geqslant 4\sqrt[4]{\frac{[3(ab+bc+ca)]^2(ab+bc+ca)}{3(abc)^2}}$$

$$=4\sqrt[4]{\frac{3(ab+bc+ca)^3}{(abc)^2}}$$

$$\geqslant 4\sqrt[4]{\frac{3(3\sqrt[3]{a^2b^2c^2})^3}{(abc)^2}}=12$$

55.（安振平问题 6474）在 $\triangle ABC$ 中,求证

$$\frac{\cos A}{2+\cos B+\cos C}+\frac{\cos B}{2+\cos C+\cos A}+$$

$$\frac{\cos C}{2 + \cos A + \cos B} \geqslant \frac{1}{2}$$

证明 设 $\triangle ABC$ 的半周长为 p,内切圆和外接圆半径分别为 r 和 R,因为

$$\cos A + \cos B + \cos C = 1 + \frac{r}{R}$$

$$\cos A\cos B + \cos B\cos C + \cos C\cos A$$
$$= \frac{p^2 - 4Rr + r^2}{4R^2}$$

所以

$$\frac{\cos A}{2 + \cos B + \cos C} + \frac{\cos B}{2 + \cos C + \cos A} +$$
$$\frac{\cos C}{2 + \cos A + \cos B}$$

$$= \frac{\cos^2 A}{2\cos A + \cos A\cos B + \cos A\cos C} +$$
$$\frac{\cos^2 B}{2\cos B + \cos B\cos C + \cos B\cos A} +$$
$$\frac{\cos^2 C}{2\cos C + \cos A\cos C + \cos B\cos C}$$

$$\geqslant \frac{(\cos A + \cos B + \cos C)^2}{2(\cos A + \cos B + \cos C) +} \rightarrow$$
$$\leftarrow \frac{1}{2(\cos A\cos B + \cos B\cos C + \cos A\cos C)}$$

$$= \frac{\left(1 + \dfrac{r}{R}\right)^2}{2\left(1 + \dfrac{r}{R}\right) + 2\left(\dfrac{p^2 - 4R^2 + r^2}{4R^2}\right)}$$

$$= \frac{2(R + r)^2}{4R(R + r) + p^2 - 4R^2 + r^2}$$

$$= \frac{2(R + r)^2}{p^2 + 4Rr + r^2}$$

566

于是只需证明

$$\frac{2(R+r)^2}{p^2+4Rr+r^2} \geqslant \frac{1}{2} \Leftrightarrow p^2+4Rr+r^2 \leqslant 4(R+r)^2$$

$$\Leftrightarrow p^2 \leqslant 4R^2+4Rr+3r^2$$

最后一式为 Gerretsen 不等式,故所证成立.

56.(安振平问题 6487)已知 $a,b,c>0$,$ab+bc+ca \geqslant a+b+c$,求证

$$\frac{ab}{bc+2}+\frac{bc}{ca+2}+\frac{ca}{ab+2} \geqslant 1$$

证明　　因为 $ab+bc+ca \geqslant a+b+c$,所以

$$(ab+bc+ca)^2 \geqslant (a+b+c)^2 \geqslant 3(ab+bc+ca)$$

故 $ab+bc+ca \geqslant 3$,于是

$$\frac{ab}{bc+2}+\frac{bc}{ca+2}+\frac{ca}{ab+2}$$

$$=\frac{a^2b^2}{ab^2c+2ab}+\frac{b^2c^2}{c^2ab+2bc}+\frac{c^2a^2}{a^2bc+2ca}$$

$$\geqslant \frac{(ab+bc+ca)^2}{abc(a+b+c)+2(ab+bc+ca)}$$

$$\geqslant \frac{\dfrac{(ab+bc+ca)^2}{2}+\dfrac{(a+b+c)^2}{2}}{abc(a+b+c)+2(ab+bc+ca)}$$

$$\geqslant \frac{\dfrac{1}{2}(a^2b^2+b^2c^2+c^2a^2)+abc(a+b+c)+\dfrac{3}{2}(ab+bc+ca)}{abc(a+b+c)+2(ab+bc+ca)}$$

$$\geqslant \frac{\dfrac{1}{6}(ab+bc+ca)^2+abc(a+b+c)+\dfrac{3}{2}(ab+bc+ca)}{abc(a+b+c)+2(ab+bc+ca)}$$

$$\geqslant \frac{\dfrac{1}{2}(ab+bc+ca)+abc(a+b+c)+\dfrac{3}{2}(ab+bc+ca)}{abc(a+b+c)+2(ab+bc+ca)}$$

$$=1$$

57.（安振平问题 6488）已知 $a,b,c>0, ab+bc+ca \geqslant a+b+c$，求证

$$\frac{bc}{a^2+a+1}+\frac{ca}{b^2+b+1}+\frac{ab}{c^2+c+1} \geqslant 1$$

证明　因为 $ab+bc+ca \geqslant a+b+c$，所以

$$(ab+bc+ca)^2 \geqslant (a+b+c)^2 \geqslant 3(ab+bc+ca)$$

故 $ab+bc+ca \geqslant 3$. 于是

$$\frac{bc}{a^2+a+1}+\frac{ca}{b^2+b+1}+\frac{ab}{c^2+c+1}$$

$$=\frac{b^2c^2}{a^2bc+abc+bc}+\frac{c^2a^2}{b^2ca+abc+ac}+\frac{a^2b^2}{abc^2+abc+ab}$$

$$\geqslant \frac{(ab+bc+ca)^2}{abc(a+b+c)+3abc+ab+bc+ca}$$

$$\geqslant \frac{\frac{(ab+bc+ca)^2}{3}+\frac{(ab+bc+ca)(a+b+c)}{3}+\frac{(ab+bc+ca)^2}{3}}{abc(a+b+c)+3abc+ab+bc+ca}$$

$$\geqslant \frac{abc(a+b+c)+abc+ab+bc+ca}{abc(a+b+c)+3abc+ab+bc+ca}=1$$

58.（安振平问题 6465）已知 $a,b>0, a^2+b^2=2$，

求证：$\dfrac{a}{a+b^2}+\dfrac{b}{b+a^2} \geqslant 1$.

证明　因为 $2=a^2+b^2 \geqslant 2ab$，所以 $ab \leqslant 1$，$a^2b^2 \leqslant ab$. 于是

$$\frac{a}{a+b^2}+\frac{b}{b+a^2}=\frac{a(b+a^2)+b(a+b^2)}{(b+a^2)(a+b^2)}$$

$$=\frac{a^3+b^3+ab+ab}{a^3+b^3+ab+a^2b^2} \geqslant 1$$

59.（安振平问题 6469）已知 $a,b>0, a^2+b^2-ab \geqslant 1$，求证：$\dfrac{a}{b}+\dfrac{b}{a}+ab \geqslant 3$.

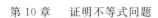

证明
$$\frac{a}{b}+\frac{b}{a}+ab=\frac{a^2+b^2}{ab}+ab$$

$$\geqslant\frac{1+ab}{ab}+ab=1+\frac{1}{ab}+ab$$

$$\geqslant 1+2\sqrt{\frac{1}{ab}\cdot ab}=3$$

60.(安振平问题 6031) 已知 $a,b,c>0$, $\dfrac{1}{a}+\dfrac{1}{b}+\dfrac{1}{c}=1$, 求证

$$\frac{a^3}{a+bc}+\frac{b^3}{b+ca}+\frac{c^3}{c+ab}\geqslant\frac{1}{4}(a^2+b^2+c^2)$$

证明　因为 $\dfrac{1}{a}+\dfrac{1}{b}+\dfrac{1}{c}=1$, 所以 $bc+ca+ab=abc$. 于是

$$\frac{a^3}{a+bc}+\frac{b^3}{b+ca}+\frac{c^3}{c+ab}$$

$$=\frac{a^4}{a^2+abc}+\frac{b^4}{b^2+cab}+\frac{c^4}{c^2+abc}$$

$$\geqslant\frac{(a^2+b^2+c^2)^2}{a^2+b^2+c^2+3abc}$$

$$\geqslant\frac{(a^2+b^2+c^2)^2}{a^2+b^2+c^2+3(ab+bc+ca)}$$

$$\geqslant\frac{(a^2+b^2+c^2)^2}{a^2+b^2+c^2+3(a^2+b^2+c^2)}$$

$$=\frac{1}{4}(a^2+b^2+c^2)$$

61.(安振平问题 6121) 已知 $x,y,z>0$, $xy+yz+zx=1$, 求证

$$x^2+y^2+z^2$$

$$\geqslant\frac{1}{2}(x\sqrt{x^2+1}+y\sqrt{y^2+1}+z\sqrt{z^2+1})\geqslant 1$$

证明　因为

$$x\sqrt{x^2+1}=x\sqrt{x^2+xy+yz+zx}$$

$$=x\sqrt{(x+y)(x+z)}$$

$$\leqslant x\cdot\frac{(x+y)+(x+z)}{2}$$

$$=x^2+\frac{xy+xz}{2}$$

同理可得另两式,于是有

$$\frac{1}{2}(x\sqrt{x^2+1}+y\sqrt{y^2+1}+z\sqrt{z^2+1})$$

$$\leqslant\frac{1}{2}\left(x^2+\frac{xy+xz}{2}\right)+\frac{1}{2}\left(y^2+\frac{yz+yx}{2}\right)+$$

$$\frac{1}{2}\left(z^2+\frac{zx+zy}{2}\right)$$

$$=\frac{1}{2}(x^2+y^2+z^2+xy+yz+zx)$$

$$\leqslant\frac{1}{2}(x^2+y^2+z^2+x^2+y^2+z^2)$$

$$=x^2+y^2+z^2$$

又由 Cauchy-Schwarz 不等式,有

$$x\sqrt{x^2+1}=x\sqrt{x^2+xy+yz+zx}$$

$$=x\sqrt{(x+y)(x+z)}$$

$$=\frac{x(x+y)(x+z)}{\sqrt{(x+y)(x+z)}}$$

$$\geqslant\frac{2x(x^2+1)}{(x+y)+(x+z)}$$

$$=\frac{2(x^3+x)}{2x+y+z}$$

同理可得另两式,于是有

$$\frac{1}{2}(x\sqrt{x^2+1}+y\sqrt{y^2+1}+z\sqrt{z^2+1})$$

$$\geqslant \frac{x^3+x}{2x+y+z}+\frac{y^3+y}{2y+z+x}+\frac{z^3+z}{2z+x+y}$$

$$=\sum \frac{x^4}{2x^2+xy+zx}+\sum \frac{x^2}{2x^2+xy+zx}$$

$$\geqslant \frac{(x^2+y^2+z^2)^2}{\sum(2x^2+xy+zx)}+\frac{(x+y+z)^2}{\sum(2x^2+xy+zx)}$$

$$\geqslant \frac{(x^2+y^2+z^2)\sum xy}{2(\sum x^2+\sum xy)}+\frac{(x^2+y^2+z^2)+2\sum xy}{2(\sum x^2+\sum xy)}$$

$$=\frac{x^2+y^2+z^2}{2(\sum x^2+\sum xy)}+\frac{(x^2+y^2+z^2)+2\sum xy}{2(\sum x^2+\sum xy)}$$

$$=1$$

故所证不等式成立.

注 本题的三角形式是

$$2\leqslant \frac{\sin\dfrac{A}{2}}{\cos^2\dfrac{A}{2}}+\frac{\sin\dfrac{B}{2}}{\cos^2\dfrac{B}{2}}+\frac{\sin\dfrac{C}{2}}{\cos^2\dfrac{C}{2}}$$

$$\leqslant 2\left(\tan^2\frac{A}{2}+\tan^2\frac{B}{2}+\tan^2\frac{C}{2}\right)$$

62.（安振平问题 5506）已知 $a,b,c>0$，求证

$$\frac{a^2}{(2a+b)(2a+c)}+\frac{b^2}{(2b+a)(2b+c)}+$$

$$\frac{c^2}{(2c+a)(2c+b)}\leqslant \frac{1}{3}$$

证明 由平均值不等式,有

$$\frac{9}{(2a+b)(2a+c)}=\frac{9}{2a(a+b+c)+2a^2+bc}$$

$$\leqslant \frac{4}{2a(a+b+c)} + \frac{1}{2a^2 + bc}$$

于是

$$\frac{9a^2}{(2a+b)(2a+c)} \leqslant \frac{2a}{(a+b+c)} + \frac{a^2}{2a^2 + bc}$$

上式等价于

$$\frac{9a^2}{(2a+b)(2a+c)}$$

$$\leqslant \sum \frac{2a}{a+b+c} + \sum \frac{a^2}{2a^2 + bc} \leqslant 3$$

等价于 $\sum \dfrac{a^2}{2a^2 + bc} \leqslant 1$，又等价于 $\sum \dfrac{bc}{2a^2 + bc} \geqslant 1$.

由 Cauchy-Schwarz 不等式，有

$$\sum \frac{bc}{2a^2 + bc} = \sum \frac{b^2 c^2}{2a^2 bc + b^2 c^2}$$

$$\geqslant \frac{(bc + ca + ab)^2}{b^2 c^2 + c^2 a^2 + a^2 b^2 + 2abc(a+b+c)} \geqslant 1$$

故所证不等式成立.

10.2 加拿大数学难题杂志 *CRUX* 问题的证明

加拿大数学难题杂志 *CRUX* 的全名是 *Crux Mathematicorum*，本节给出近两年作者证明的几个不等式.

1.(2020 年 2 月问题 4514,Proposed by Leonard Giugiuc) 设实数 a,b,c 满足 $a,b,c \geqslant \dfrac{1}{2}, a+b+c=3$，

求证

$$\frac{a^2}{b+1} + \frac{b^2}{c+1} + \frac{c^2}{a+1} \geqslant \frac{a}{b+1} + \frac{b}{c+1} + \frac{c}{a+1}$$

本题的背景是 2018 年罗马尼亚数学奥林匹克试题：已知正实数 a,b,c 满足：$a+b+c=3$，求证：$\dfrac{a}{1+b} + \dfrac{b}{1+c} + \dfrac{c}{1+a} \geqslant \dfrac{1}{1+a} + \dfrac{1}{1+b} + \dfrac{1}{1+c}$ 的指数变式.

本题最直接的想法就是齐次化，利用配方"暴力"运算.

证法 1　去分母知原不等式变形为

$$\sum a^2 (a+1)(c+1) \geqslant \sum a(a+1)(c+1)$$

齐次化，有

$$\sum a^2 \left(a + \frac{a+b+c}{3} \right) \left(c + \frac{a+b+c}{3} \right)$$

$$\geqslant \sum a \left(a + \frac{a+b+c}{3} \right) \left(c + \frac{a+b+c}{3} \right) \frac{a+b+c}{3}$$

$$\Leftrightarrow 3 \sum a^2 (4a+b+c)(4c+a+b)$$

$$\geqslant \sum (a^2+ab+ac)(4a+b+c)(4c+a+b)$$

$$\Leftrightarrow \sum (4a+b+c)(4c+a+b)(2a^2-ab-ac) \geqslant 0$$

$$\Leftrightarrow \sum (8a^4+2a^3b-12a^2b^2+29ab^3-27abc^2) \geqslant 0$$

$$\Leftrightarrow 8 \sum a^2(a-b)(a-c) + 9 \sum ab(a-2b+c)^2 +$$

$$\sum c(a+b+12c)(a-b)^2 \geqslant 0$$

最后的配方法由网友星给出，但条件 $a,b,c \geqslant \dfrac{1}{2}$ 没有使用. 为什么要设计这个条件，一定有他的用意. 沿着这样的思路，经过验证得到 $a+b \geqslant 1, b+c \geqslant 1$，

考虑能否使用排序不等式,据此得到:

证法 2 原不等式可变形为

$$\frac{a^2-a}{b+1}+\frac{b^2-b}{c+1}+\frac{c^2-c}{a+1}\geqslant 0$$

因为 $a,b,c\geqslant\dfrac{1}{2}$,所以 $a+b\geqslant 1,b+c\geqslant 1$,不妨

设 $a\geqslant b\geqslant c$,则

$$(a^2-a)-(b^2-b)=(a+b-1)(a-b)\geqslant 0$$

即

$$a^2-a\geqslant b^2-b$$

同理,有

$$b^2-b\geqslant c^2-c$$

又有

$$\frac{1}{a+1}\leqslant\frac{1}{b+1}\leqslant\frac{1}{c+1}$$

由 Chebyshev 不等式,有

$$\frac{a^2-a}{b+1}+\frac{b^2-b}{c+1}+\frac{c^2-c}{a+1}$$
$$\geqslant\frac{a^2-a}{a+1}+\frac{b^2-b}{b+1}+\frac{c^2-c}{c+1}$$

于是只需证

$$\frac{a^2-a}{a+1}+\frac{b^2-b}{b+1}+\frac{c^2-c}{c+1}\geqslant 0 \qquad ①$$

式 ① 等价于

$$\frac{a^2+1}{a+1}+\frac{b^2+1}{b+1}+\frac{c^2+1}{c+1}\geqslant 3$$

由 Cauchy 不等式,有

$$\frac{a^2+1}{a+1}+\frac{b^2+1}{b+1}+\frac{c^2+1}{c+1}$$
$$=\frac{a^2}{a+1}+\frac{b^2}{b+1}+\frac{c^2}{c+1}+\frac{1}{a+1}+\frac{1}{b+1}+\frac{1}{c+1}$$

$$\geqslant \frac{(a+b+c)^2}{a+1+b+1+c+1} + \frac{(1+1+1)^2}{a+1+b+1+c+1}$$

$$= \frac{3}{2} + \frac{3}{2} = 3$$

说明　证法 2 的思路由邓朝发老师提供,其实式 ① 还可以这样证明

$$\frac{a^2-a}{a+1} + \frac{b^2-b}{b+1} + \frac{c^2-c}{c+1}$$

$$= \sum \frac{a^2-1-(a-1)}{a+1}$$

$$= \sum (a-1) - \sum \frac{a-1}{a+1}$$

$$= \sum (a-1) - \sum \left(1 - \frac{2}{a+1}\right)$$

$$= 2\sum \frac{1}{a+1} - 3$$

$$\geqslant 2\frac{(1+1+1)^2}{a+1+b+1+c+1} - 3 = 0$$

证法 1 齐次化后配方运算是艰难的,"手工"难以完成,经过思考发现,不齐次化,直接利用平均值不等式也是可以的.

证法 3　原不等式可变形为

$$\sum a^2(a+1)(c+1) \geqslant \sum a(a+1)(c+1)$$

化简即为

$$\sum a^3 c + \sum a^3 \geqslant \sum ac + \sum a \qquad ②$$

由平均值不等式,知

$$\sum a^3 c + 2\sum c = \sum (a^3 c + c + c) \geqslant 3\sum ac$$

$$2\sum a^3 + 3 = \sum (a^3 + a^3 + 1) \geqslant \sum 3a^2$$

于是

$$\sum a^3 c \geqslant 3 \sum ac - 2 \sum c$$

$$\sum a^3 \geqslant \frac{3}{2} \sum a^2 - \frac{3}{2}$$

所以

$$\sum a^3 c + \sum a^3 \geqslant 3 \sum ac - 2 \sum c + \frac{3}{2} \sum a^2 - \frac{3}{2}$$

$$= \sum ac + \frac{3}{2} \left(\sum a^2 + \sum ac \right) - \frac{15}{2}$$

$$= \sum ac + 3 = \sum ac + \sum a$$

于是式 ② 成立,从而原不等式成立.

沿着证法 3 的思路,可以得到一些类似不等式.

题 1 设正实数 a, b, c 满足 $a + b + c = 3$,求证

$$\frac{a^3}{b+1} + \frac{b^3}{c+1} + \frac{c^3}{a+1}$$

$$\geqslant \frac{a^2}{b+1} + \frac{b^2}{c+1} + \frac{c^2}{a+1}$$

证明 变形化简得所证不等式等价于

$$\sum a^4 c + \sum a^4 \geqslant \sum a^2 c + \sum a^2 \qquad ③$$

由平均值不等式,有

$$\sum a^4 c + 2 \sum ac = \sum (a^4 c + ac + ac) \geqslant 3 \sum a^3 c$$

$$\sum a^4 + 3 \geqslant 2 \sum a^2$$

$$\sum a^2 c + \sum c = \sum (a^2 c + c) \geqslant 2 \sum ac$$

于是,有

$$\sum a^4 c \geqslant 3 \sum a^3 c - 2 \sum ac$$

$$\sum a^4 \geqslant 2 \sum a^2 - 3$$

$$\sum a^2 c \geqslant 2 \sum ac - 3$$

于是

$$\sum a^4 c + \sum a^4$$

$$\geqslant 3 \sum a^3 c - 2 \sum ac + 2 \sum a^2 - 3$$

$$= \left(\sum a^3 c + \sum a^2\right) + 2 \sum a^3 c -$$

$$\qquad 2 \sum ac + \sum a^2 - 3$$

$$\geqslant \left(\sum a^3 c + \sum a^2\right) + 2\left(2 \sum ac - 3\right) -$$

$$\qquad 2 \sum ac + \sum a^2 - 3$$

$$= \left(\sum a^3 c + \sum a^2\right) + \left(\sum a^2 + 2 \sum ac\right) - 9$$

$$= \sum a^3 c + \sum a^2$$

故式 ③ 成立.

题 2　设正实数 a,b,c 满足 $a+b+c=3$,求证

$$\frac{a^3}{b+1} + \frac{b^3}{c+1} + \frac{c^3}{a+1}$$

$$\geqslant \frac{a}{b+1} + \frac{b}{c+1} + \frac{c}{a+1}.$$

证明　原不等式去分母变形化简得

$$\sum a^4 c + \sum a^4 + \sum a^3 c + \sum a^3$$

$$\geqslant \sum a^2 c + \sum a^2 + \sum ac + \sum a \qquad ④$$

由平均值不等式,有

$$\sum a^4 c + 3 = \sum (a^4 c + c) \geqslant 2 \sum a^2 c$$

即

$$\sum a^4 c \geqslant 2 \sum a^2 c - 3$$

由

$$\sum a^3 c + 6 = \sum (a^3 c + c + c) \geqslant 3 \sum ac$$

有
$$\sum a^3 c \geqslant 3 \sum ac - 6$$

由
$$\sum a^4 + 3 = \sum (a^4 + 1) \geqslant 2 \sum a^2$$

有
$$\sum a^4 \geqslant 2 \sum a^2 - 3$$

由
$$2 \sum a^3 + 3 = \sum (a^3 + a^3 + 1) \geqslant 3 \sum a^2$$

有
$$\sum a^3 \geqslant \frac{3}{2} \sum a^2 - \frac{3}{2}$$

由
$$\sum a^2 c + 3 \geqslant 2 \sum ac$$

有
$$\sum a^2 c \geqslant 2 \sum ac - 3$$

于是
$$\sum a^4 c + \sum a^4 + \sum a^3 c + \sum a^3$$
$$\geqslant \left(2 \sum a^2 c - 3\right) + \left(2 \sum a^2 - 3\right) +$$
$$\left(3 \sum ac - 6\right) + \frac{3}{2} \sum a^2 - \frac{3}{2}$$
$$= \left(\sum a^2 c + \sum a^2 + \sum ac + \sum a\right) +$$
$$\sum a^2 c + \sum a^2 + 2 \sum ac -$$
$$15 + \frac{3}{2} \sum a^2 - \frac{3}{2}$$

于是只需证明

$$\sum a^2c + \sum a^2 + 2\sum ac - 15 + \frac{3}{2}\sum a^2 - \frac{3}{2} \geq 0$$

化简，得

$$\sum a^2c + \frac{3}{2}\sum a^2 - \frac{15}{2} \geq 0$$

而

$$\sum (a^2c + c) + \frac{3}{2}\sum a^2 - \frac{15}{2} - 3$$

$$\geq 2\sum ac + \frac{3}{2}\sum a^2 - \frac{21}{2}$$

$$= \frac{1}{2}\sum a^2 - \frac{3}{2}$$

$$\geq \frac{3}{2}\left(\frac{\sum a}{3}\right)^2 - \frac{3}{2} = 0$$

故式 ④ 成立，所证不等式成立.

由题 1 和题 2 推广到一般形式为：

定理 1　设正实数 a,b,c 满足 $a+b+c=3$，则

$$\frac{a^{n+1}}{b+1} + \frac{b^{n+1}}{c+1} + \frac{c^{n+1}}{a+1}$$

$$\geq \frac{a^n}{b+1} + \frac{b^n}{c+1} + \frac{c^n}{a+1}$$

证明　去分母知所证不等式等价于

$$\sum a^{n+2}c + \sum a^{n+2} \geq \sum a^n c + \sum a^n \qquad ⑤$$

由平均值不等式，有

$$na^{n+2}c + 2c \geq (n+2)a^n c$$

所以

$$a^{n+2}c \geq a^n c + \frac{2(a^n c - c)}{n}$$

又由

$$na^{n+2} + 2 \geq (n+2)a^n$$

579

有

$$a^{n+2} \geqslant a^n + \frac{2(a^n-1)}{n}$$

因为

$$a^n + n - 1 \geqslant na$$

有

$$a^n \geqslant na - (n-1)$$

于是

$$\sum a^{n+2}c + \sum a^{n+2} \geqslant \sum a^n c + \sum a^n +$$
$$\frac{2}{n}\Big[\sum(a^n c - a) + \sum(a^n-1)\Big]$$

故只需证明

$$\sum a^n c + \sum a^n \geqslant 6 \qquad ⑥$$

因为 $a^n c + (n-1)c \geqslant nac$，所以

$$a^n c \geqslant nac - (n-1)c$$

因此得到

$$\sum a^n c \geqslant n\sum ac - (n-1)\sum c$$
$$= n\sum ac - 3(n-1)$$

又由 $a^n + a^n + n - 2 \geqslant na^2$，得到 $a^n \geqslant \frac{n}{2}a^2 -$

$\frac{n-2}{2}$，从而得到

$$\sum a^n \geqslant \frac{n}{2}\sum a^2 - \frac{3(n-2)}{2}$$

因此

$$\sum a^n c + \sum a^n$$
$$\geqslant n\sum ac - 3(n-1) + \frac{n}{2}\sum a^2 - \frac{3(n-2)}{2}$$

$$= \frac{n}{2} \left(\sum a^2 + 2 \sum ac \right) - 3(n-1) - \frac{3(n-2)}{2}$$

$$= \frac{9n}{2} - 3(n-1) - \frac{3(n-2)}{2} = 6$$

故式 ⑥ 成立, 从而式 ⑤ 成立.

定理 2　设正实数 a, b, c 满足 $a + b + c = 3$, 则

$$\frac{a^{n+2}}{b+1} + \frac{b^{n+2}}{c+1} + \frac{c^{n+2}}{a+1}$$

$$\geqslant \frac{a^n}{b+1} + \frac{b^n}{c+1} + \frac{c^n}{a+1}$$

证明　去分母知所证不等式等价于

$$\sum a^{n+3} c + \sum a^{n+3} + \sum a^{n+2} c + \sum a^{n+2}$$

$$\geqslant \sum a^{n+1} c + \sum a^{n+1} + \sum a^n c + \sum a^n \qquad ⑦$$

证明　由平均值不等式, 知 $(n+1)a^{n+3}c + 2c \geqslant (n+3)a^{n+1}c$, 所以

$$a^{n+3} c \geqslant \frac{(n+3)a^{n+1}c - 2c}{n+1}$$

$$= a^{n+1} c + \frac{2}{n+1}(a^{n+1} c - c)$$

于是

$$\sum a^{n+3} c \geqslant \sum a^{n+1} c + \frac{2 \sum a^{n+1} c - 6}{n+1}$$

又 $na^{n+2}c + 2c \geqslant (n+2)a^n c$, 有 $a^{n+2} c \geqslant a^n c + \frac{2}{n}(a^n c - c)$, 于是

$$\sum a^{n+2} c \geqslant \sum a^n c + \frac{2 \sum a^n c - 6}{n}$$

于是, 有

$$\sum a^{n+3} c + \sum a^{n+2} c$$

$$\geqslant \sum a^{n+1}c + \sum a^n c + \frac{2\sum a^n c - 6}{n} + \frac{2\sum a^{n+1}c - 6}{n+1}$$

⑧

又因为

$$(n+1)a^{n+3} + 2 \geqslant (n+3)a^{n+1}$$
$$na^{n+2} + 2 \geqslant (n+2)a^n$$

有

$$a^{n+3} \geqslant a^{n+1} + \frac{2a^{n+1}-2}{n+1}$$

$$a^{n+2} \geqslant a^n + \frac{2a^n-2}{n}$$

于是有

$$\sum a^{n+3} \geqslant \sum a^{n+1} + \frac{2\sum a^{n+1} - 6}{n+1}$$

$$\sum a^{n+2} \geqslant \sum a^n + \frac{2\sum a^n - 6}{n}$$

将上面两式相加,得到

$$\sum a^{n+3} \geqslant \sum a^{n+1} + \sum a^n + \frac{2\sum a^{n+1} - 6}{n+1} +$$

$$\frac{2\sum a^n - 6}{n}$$

⑨

将 ⑧⑨ 两式相加,知要证式 ⑦,只需证明

$$\frac{\sum a^n + \sum a^n c - 6}{n} + \frac{\sum a^{n+1} + \sum a^{n+1}c - 6}{n} \geqslant 0$$

即

$$\left(\sum a^n + \sum a^n c - 6\right) + \left(\sum a^{n+1} + \sum a^{n+1}c - 6\right) \geqslant 0$$

⑩

由式 ⑥ 知 $\sum a^n + \sum a^n c - 6 \geqslant 0$, $\sum a^{n+1} +$

$\sum a^{n+1}c-6 \geqslant 0$,故式 ⑩ 成立,从而式 ⑦ 成立.

由上面的证明,可以把定理 1 和定理 2 推广到一般情形,有:

定理 3　设正实数 a,b,c 满足 $a+b+c=3$,m,n 为正整数,且 $m>n$,则

$$\frac{a^m}{b+1}+\frac{b^m}{c+1}+\frac{c^m}{a+1}$$
$$\geqslant \frac{a^n}{b+1}+\frac{b^n}{c+1}+\frac{c^n}{a+1}$$

2.(2020 年 3 月问题 4529,Proposed by George Apostolopulos) 设 a,b,c 是三角形的三边长,求证:

$$\frac{2a+b}{a+c}+\frac{2b+c}{b+a}+\frac{2c+a}{c+b} \geqslant \frac{9}{2}.$$

证明　设 $x,y,z>0$,$a=y+z$,$b=z+x$,$c=x+y$,所证不等式等价于

$$\sum \frac{2y+2z+z+x}{x+2y+z} \geqslant \frac{9}{2}$$

又等价于

$$\sum \frac{z}{x+2y+z} \geqslant \frac{3}{4}$$

由 Cauchy-Schwarz 不等式,有

$$\sum \frac{z}{x+2y+z}=\sum \frac{z^2}{zx+2yz+z^2}$$
$$\geqslant \frac{(x+y+z)^2}{x^2+y^2+z^2+3(xy+yz+zx)}$$
$$=\frac{(x+y+z)^2}{(x+y+z)^2+(xy+yz+zx)}$$

于是只需证明

$$4(x+y+z)^2 \geqslant 3(x+y+z)^2+3(xy+yz+zx)$$
$$\Leftrightarrow (x+y+z)^2 \geqslant 3(xy+yz+zx)$$

$$\Leftrightarrow x^2 + y^2 + z^2 \geqslant xy + yz + zx$$

最后一式由 AM $-$ GM 不等式知显然成立,故所证不等式成立.

3.(问题 4456,Leonard Giugiuc 供题)设 a,b,c 为满足 $abc = 1$ 的正实数,求证

$$(a+b+c)(ab+bc+ca) + 3 \geqslant 4(a+b+c)$$

证明　由 AM $-$ GM 不等式,有 $(ab+bc+ca)^2 \geqslant 3abc(a+b+c) = 3(a+b+c)$,所以

$$(a+b+c)(ab+bc+ca) + 3$$

$$= 3 \cdot \frac{(a+b+c)(ab+bc+ca)}{3} + 3$$

$$\geqslant 4\sqrt[4]{\left[\frac{(a+b+c)(ab+bc+ca)}{3}\right]^3 \cdot 3}$$

$$= 4\sqrt[4]{\frac{(a+b+c)^3(ab+bc+ca)^3}{9}}$$

$$\geqslant 4\sqrt[4]{\frac{(a+b+c)^3(a+b+c)(ab+bc+ca)}{3}}$$

$$= 4(a+b+c)\sqrt[4]{\frac{ab+bc+ca}{3}}$$

$$\geqslant 4(a+b+c)\sqrt[4]{\frac{3\sqrt[3]{a^2b^2c^2}}{3}}$$

$$= 4(a+b+c)$$

4.(2020 年 12 月问题 B71)设 a,b,c 为正实数,满足 $a+b+c = 3$,求证

$$\frac{a}{\sqrt{2(b^4+c^4)+7bc}} + \frac{b}{\sqrt{2(c^4+a^4)+7ca}} +$$

$$\frac{c}{\sqrt{2(a^4+b^4)+7ab}} \geqslant \frac{1}{3}$$

证明　因为

$$\sqrt{2}\,(b^2+c^2)=\sqrt{(1+1)(b^4+c^4+2b^2c^2\,)}$$
$$\geqslant \sqrt{b^4+c^4}+\sqrt{2}\,bc$$

所以

$$\sqrt{2(b^4+c^4)}\leqslant 2(b^2+c^2-bc\,)$$

于是

$$\frac{a}{\sqrt{2(b^4+c^4)}+7bc}\geqslant \frac{a}{2(b^2+c^2-bc\,)+7bc}$$
$$=\frac{a}{2(b+c)^2+bc}$$
$$=\frac{a^2}{2a(b+c)^2+abc}$$
$$\geqslant \frac{a^2}{\left(\dfrac{2a+b+c+b+c}{3}\right)^3+1}$$
$$=\frac{a^2}{9}$$

同理,有

$$\frac{b}{\sqrt{2(c^4+a^4)}+7ca}\geqslant \frac{b^2}{9}$$
$$\frac{c}{\sqrt{2(a^4+b^4)}+7ab}\geqslant \frac{c^2}{9}$$

故

$$\frac{a}{\sqrt{2(b^4+c^4)}+7bc}+\frac{b}{\sqrt{2(c^4+a^4)}+7ca}+$$
$$\frac{c}{\sqrt{2(a^4+b^4)}+7ab}$$
$$\geqslant \frac{a^2+b^2+c^2}{9}\geqslant \frac{(a+b+c)^2}{27}$$
$$=\frac{1}{3}$$

5.（2021 年 1 月问题 4602，Proposed by Nguycn Viet Hung）已知 $\triangle ABC$ 是一个锐角三角形，h_a，h_b，h_c，w_a，w_b，w_c 分别为对应边上的高和角平分线长，r 为内切圆半径，R 为外接圆半径，求证：$\dfrac{h_b h_c}{a^2} + \dfrac{h_c h_a}{b^2} + \dfrac{h_a h_b}{c^2} = \dfrac{r}{R} + \dfrac{2h_a h_b h_c}{w_a w_b w_c}$.

证明　设 Δ 为 $\triangle ABC$ 的面积，p 为半周长，则有

$$\frac{h_b h_c}{a^2} + \frac{h_c h_a}{b^2} + \frac{h_a h_b}{c^2} = \sum \frac{h_b h_c}{a^2} = \sum \frac{bc h_b h_c}{a^2 bc}$$

$$= \sum \frac{4\Delta^2}{4\Delta Ra} = \frac{\Delta}{R} \sum \frac{1}{a}$$

$$= \frac{\Delta}{R} \cdot \frac{\sum bc}{abc} = \frac{\Delta}{R} \cdot \frac{\sum bc}{4\Delta R}$$

$$= \frac{\sum bc}{4R^2}$$

$$\frac{2h_a h_b h_c}{w_a w_b w_c} = \frac{2abc h_a h_b h_c}{abc w_a w_b w_c}$$

$$= \frac{1 \cdot}{4\Delta R \cdot \dfrac{2}{b+c}\sqrt{bcp(p-a)} \cdot}$$

$$\longleftarrow \frac{16\Delta^3}{\dfrac{2}{c+a}\sqrt{cap(p-a)} \cdot \dfrac{2}{a+b}\sqrt{abp(p-c)}}$$

$$= \frac{4\Delta^2(b+c)(c+a)(a+b)}{8Rabc\sqrt{p^3(p-a)(p-b)(p-c)}}$$

$$= \frac{4\Delta^2(b+c)(c+a)(a+b)}{8R \cdot 4R\Delta \, p^2 r}$$

$$= \frac{(b+c)(c+a)(a+b)}{8pR^2}$$

$$= \frac{(a+b+c)(ab+bc+ca)-abc}{8pR^2}$$

$$= \frac{2p \cdot \sum bc - 4Rrp}{8pR^2}$$

$$= \frac{\sum bc}{4R^2} - \frac{r}{2R}$$

所以

$$\frac{r}{R} + \frac{2h_a h_b h_c}{w_a w_b w_c} = \frac{\sum bc}{4R^2} = \frac{h_b h_c}{a^2} + \frac{h_c h_a}{b^2} + \frac{h_a h_b}{c^2}$$

6. (2021 年 1 月问题 4606,Proposed by Garcia Antonio) 若 $a,b,c,n > 0$,求证

$$(a+b)\sqrt{\frac{na+b}{a+nb}} + (b+c)\sqrt{\frac{nb+c}{b+nc}} +$$

$$(c+a)\sqrt{\frac{nc+a}{a+nc}} \geqslant 2(a+b+c)$$

证明　因为

$$(a+b)\sqrt{\frac{na+b}{a+nb}} = (a+b)\frac{(na+b)}{\sqrt{(na+b)(a+nb)}}$$

$$\geqslant \frac{2(a+b)(na+b)}{(na+b)+(a+nb)}$$

$$= \frac{2(na+b)}{n+1}$$

同理,有

$$(b+c)\sqrt{\frac{nb+c}{b+nc}} \geqslant \frac{2(nb+c)}{n+1}$$

$$(c+a)\sqrt{\frac{nc+a}{a+nc}} \geqslant \frac{2(nc+a)}{n+1}$$

于是

$$(a+b)\sqrt{\frac{na+b}{a+nb}}+(b+c)\sqrt{\frac{nb+c}{b+nc}}+$$

$$(c+a)\sqrt{\frac{nc+a}{a+nc}}$$

$$\geqslant \frac{2(na+b)}{n+1}+\frac{2(nb+c)}{n+1}+\frac{2(nc+a)}{n+1}$$

$$=\frac{2n(a+b+c)+2(a+b+c)}{n+1}$$

$$=2(a+b+c)$$

7. (2021 年第 6 期数学问题 4563, George Apostolopoulos 提供) 在 $\triangle ABC$ 中, 设内切圆半径为 r, 外接圆半径为 R, 已知有(例如, 文[1]第 2.48 节第 31 页)不等式 $\sec^2\frac{A}{2}+\sec^2\frac{B}{2}+\sec^2\frac{C}{2}\geqslant 4$, 求证:

$$\sec^2\frac{A}{2}+\sec^2\frac{B}{2}+\sec^2\frac{C}{2}\leqslant\frac{2R}{r}.$$

本节把这两个不等式, 分别加强, 得到一个不等式链:

命题 1 设 $\triangle ABC$ 的内切圆半径为 r, 外接圆半径为 R, 则有

$$5-\frac{2r}{R}\leqslant\sec^2\frac{A}{2}+\sec^2\frac{B}{2}+\sec^2\frac{C}{2}\leqslant 2+\frac{R}{r}$$

证明 设 $\triangle ABC$ 的半周长为 s, 则

$$\sec^2\frac{A}{2}+\sec^2\frac{B}{2}+\sec^2\frac{C}{2}$$

$$=\sum\sec^2\frac{A}{2}=\sum\frac{1}{\cos^2\frac{A}{2}}$$

$$=\sum\frac{2}{1+\cos A}$$

$$= \sum \frac{2}{1 + \dfrac{b^2 + c^2 - a^2}{2bc}}$$

$$= \sum \frac{4bc}{2bc + b^2 + c^2 - a^2}$$

$$= \sum \frac{4bc}{(b + c)^2 - a^2}$$

$$= \sum \frac{4bc}{(b + c + a)(b + c - a)}$$

$$= \sum \frac{4bc}{2s \cdot 2(s - a)}$$

$$= \sum \frac{bc}{s(s - a)}$$

$$= \sum \frac{bc(s - b)(s - c)}{s(s - a)(s - b)(s - c)}$$

$$= \sum \frac{bc(s - b)(s - c)}{s^2 r^2}$$

$$= \frac{\sum bc(s - b)(s - c)}{s^2 r^2}$$

因为

$$\sum bc(s - b)(s - c)$$

$$= \sum bc[s^2 - (b + c)s + bc]$$

$$= \sum bc[s^2 - (2s - a)s + bc]$$

$$= \sum bc[as - s^2 + bc]$$

$$= 3abcs - s^2 \sum bc + \sum b^2 c^2$$

$$= 3abcs - s^2 \sum bc + \left(\sum bc\right)^2 - 2abc \sum a$$

$$= -s^2 \sum bc + \left(\sum bc\right)^2 - abc \cdot s$$

$$= -s^2 (s^2 + 4Rr + r^2) + (s^2 + 4Rr + r^2)^2 - 4Rrs \cdot s$$

$$= (s^2 + 4Rr + r^2)(4Rr + r^2) - 4Rrs^2$$
$$= s^2 r^2 + (4Rr + r^2)^2$$

所以

$$\sec^2 \frac{A}{2} + \sec^2 \frac{B}{2} + \sec^2 \frac{C}{2}$$

$$= \frac{s^2 r^2 + (4Rr + r^2)^2}{s^2 r^2}$$

$$= 1 + \left(\frac{4R + r}{s}\right)^2$$

因为在三角形中,有不等式

$$\sqrt{4 - \frac{2r}{R}} \leqslant \tan \frac{A}{2} + \tan \frac{B}{2} + \tan \frac{C}{2} \leqslant \sqrt{1 + \frac{R}{r}}$$

上述不等式等价于

$$\sqrt{4 - \frac{2r}{R}} \leqslant \frac{4R + r}{s} \leqslant \sqrt{1 + \frac{R}{r}}$$

于是

$$\sec^2 \frac{A}{2} + \sec^2 \frac{B}{2} + \sec^2 \frac{C}{2}$$

$$\leqslant 1 + 1 + \frac{R}{r} = 2 + \frac{R}{r}$$

$$\sec^2 \frac{A}{2} + \sec^2 \frac{B}{2} + \sec^2 \frac{C}{2}$$

$$\geqslant 1 + 4 - \frac{2r}{R} = 5 - \frac{2r}{R}$$

综上知

$$5 - \frac{2r}{R} \leqslant \sec^2 \frac{A}{2} + \sec^2 \frac{B}{2} + \sec^2 \frac{C}{2} \leqslant 2 + \frac{R}{r}$$

类比命题 1,可以得到:

命题 2 设 $\triangle ABC$ 的内切圆半径为 r,外接圆半径为 R,则有

$$\frac{8R}{r} - 3 - \frac{r}{R-r} \leqslant \csc^2 \frac{A}{2} + \csc^2 \frac{B}{2} + \csc^2 \frac{C}{2}$$

$$\leqslant \frac{4R^2}{r^2} - \frac{4R}{r} + 3 + \frac{r}{R-r}$$

证明　由文[1] 知

$$16Rr - 5r^2 + \frac{r^2(R-2r)}{R-r} \leqslant s^2$$

$$\leqslant 4R^2 + 4Rr + 3r^2 - \frac{r^2(R-2r)}{R-r} \qquad ①$$

则

$$\csc^2 \frac{A}{2} + \csc^2 \frac{B}{2} + \csc^2 \frac{C}{2}$$

$$= \sum \csc^2 \frac{A}{2} = \sum \frac{1}{\sin^2 \frac{A}{2}}$$

$$= \sum \frac{2}{1 - \cos A}$$

$$= \sum \frac{2}{1 - \dfrac{b^2 + c^2 - a^2}{2bc}}$$

$$= \sum \frac{4bc}{2bc - (b^2 + c^2 - a^2)}$$

$$= \sum \frac{4bc}{(a+b-c)(c+a-b)}$$

$$= \sum \frac{2}{1 - \dfrac{b^2 + c^2 - a^2}{2bc}}$$

$$= \sum \frac{4bc}{2bc - (b^2 + c^2 - a^2)}$$

$$= \sum \frac{4bc}{(a+b-c)(c+a-b)}$$

$$= \sum \frac{4bc}{4(s-b)(s-c)}$$

$$= \sum \frac{bc(s-a)}{(s-a)(s-b)(s-c)}$$

$$= \frac{\sum (bcs - abc)}{sr^2}$$

$$= \frac{s \sum bc - 3abc}{sr^2}$$

$$= \frac{s \sum bc - 12Rrs}{sr^2}$$

$$= \frac{s^2 + 4Rr + r^2 - 12Rr}{r^2}$$

$$= \frac{s^2 - 8Rr + r^2}{r^2}$$

$$= \frac{s^2}{r^2} - \frac{8R}{r} + 1$$

由式 ① 左边不等式,有

$$\csc^2 \frac{A}{2} + \csc^2 \frac{B}{2} + \csc^2 \frac{C}{2}$$

$$\geqslant \frac{16Rr - 5r^2}{r^2} + \frac{r^2(R - 2r)}{(R - r)r^2} - \frac{8R}{r} + 1$$

$$= \frac{16R}{r} - 5 + \frac{R - 2r}{R - r} - \frac{8R}{r} + 1$$

$$= \frac{8R}{r} - 3 - \frac{r}{R - r}$$

又由式 ① 右边不等式,有

$$\csc^2 \frac{A}{2} + \csc^2 \frac{B}{2} + \csc^2 \frac{C}{2}$$

$$\geqslant \frac{4R^2 + 4Rr + 3r^2}{r^2} - \frac{r^2(R - 2r)}{(R - r)r^2} - \frac{8R}{r} + 1$$

$$= \frac{4R^2}{r^2} - \frac{4R}{r} + 4 - \frac{R - 2r}{R - r}$$

592

$$= \frac{4R^2}{r^2} - \frac{4R}{r} + 3 + \frac{r}{R-r}$$

综合上述两式,即得命题 2.

8.(2020 年 2 月 OC469)非负实数 x,y,z 满足 $x+y+z=1$,证明

$$1 \leqslant \frac{x}{1-yz} + \frac{y}{1-zx} + \frac{z}{1-xy} \leqslant \frac{9}{8}$$

证明　由 Cauchy 不等式,知

$$\frac{x}{1-yz} + \frac{y}{1-zx} + \frac{z}{1-xy}$$

$$= \frac{x^2}{x-xyz} + \frac{y^2}{y-xyz} + \frac{z^2}{z-xyz}$$

$$\geqslant \frac{(x+y+z)^2}{x+y+z-3xyz}$$

$$= \frac{1}{1-3xyz} \geqslant 1$$

因为

$$\frac{x}{1-yz} = \frac{x(1-yz)+xyz}{1-yz} = x + \frac{xyz}{1-yz}$$

$$\frac{y}{1-zx} = y + \frac{xyz}{1-zx}$$

$$\frac{z}{1-xy} = z + \frac{1}{1-xy}$$

所以

$$\frac{x}{1-yz} + \frac{y}{1-zx} + \frac{z}{1-xy}$$

$$= x+y+z+xyz\left(\frac{1}{1-yz} + \frac{1}{1-zx} + \frac{1}{1-xy}\right)$$

$$= 1+xyz\left(\frac{1}{1-yz} + \frac{1}{1-zx} + \frac{1}{1-xy}\right)$$

于是

$$\frac{x}{1-yz}+\frac{y}{1-zx}+\frac{z}{1-xy}\leqslant\frac{9}{8}$$

等价于

$$xyz\left(\frac{1}{1-yz}+\frac{1}{1-zx}+\frac{1}{1-xy}\right)\leqslant\frac{1}{8}$$

下面证明

$$\frac{1}{1-yz}+\frac{1}{1-zx}+\frac{1}{1-xy}\leqslant\frac{27}{8}$$

因为 $x+y+z=1$，所以

$$1=(x+y+z)^3=\sum x^3+3\sum xy(x+y)+6xyz$$

于是有

$$\frac{1}{1-yz}+\frac{1}{1-zx}+\frac{1}{1-xy}$$

$$=\frac{\sum(1-xy)(1-zx)}{(1-xy)(1-yz)(1-zx)}$$

$$=\frac{3-2\sum xy+xyz}{1-\sum xy+xyz-x^2y^2z^2}\leqslant\frac{27}{8}$$

$$\Leftrightarrow 24-16\sum xy+8xyz$$

$$\leqslant 27-27\sum xy+27xyz-27x^2y^2z^2$$

$$\Leftrightarrow 11\sum xy+27x^2y^2z^2$$

$$\leqslant 3+19xyz$$

$$\Leftrightarrow 11\sum xy(x+y+z)+27x^2y^2z^2$$

$$\leqslant 3+19xyz$$

$$\Leftrightarrow 11\sum xy(x+y)+33xyz+27x^2y^2z^2$$

$$\leqslant 3+19xyz$$

$$\Leftrightarrow 11\sum xy(x+y)+14xyz+27x^2y^2z^2$$

$$\leqslant 3\left(\sum x^3\right) + 9\sum xy(x+y) + 18xyz$$

$$\Leftrightarrow 3\left(\sum x^3\right) - 2\sum xy(x+y) +$$

$$4xyz - 27x^2y^2z^2 \geqslant 0$$

由 Schur 不等式和平均值不等式,知

$$\sum x^3 + 3xyz \geqslant \sum xy(x+y)$$

$$\sum x^3 \geqslant 3xyz$$

又由 $1 = x + y + z \geqslant 3\sqrt[3]{xyz}$,知 $xyz \leqslant \dfrac{1}{27}$.

于是

$$3\left(\sum x^3\right) - 2\sum xy(x+y) + 4xyz - 27x^2y^2z^2$$

$$= 2\left[\left(\sum x^3\right) + 3xyz - \sum xy(x+y)\right] +$$

$$\left(\sum x^3\right) - 2xyz - 27x^2y^2z^2$$

$$\geqslant 3xyz - 2xyz - 27x^2y^2z^2$$

$$= xyz - 27x^2y^2z^2$$

$$= 27xyz\left(\dfrac{1}{27} - xyz\right) \geqslant 0$$

结合 $xyz \leqslant \dfrac{1}{27}$,有

$$xyz\left(\dfrac{1}{1-yz} + \dfrac{1}{1-zx} + \dfrac{1}{1-xy}\right) \leqslant \dfrac{1}{8}$$

故所证不等式成立.

9. (2020 年 2 月问题 4515,Cezar Lupu 提供) 设 a, b,c 是正实数,且满足条件 $a + b + c + abc = 4$,证明

$$\dfrac{a}{\sqrt{b+c}} + \dfrac{b}{\sqrt{c+a}} + \dfrac{c}{\sqrt{a+b}} \geqslant \dfrac{a+b+c}{\sqrt{2}}$$

证明 由 Cauchy 不等式,有

$$\frac{a}{\sqrt{b+c}} + \frac{b}{\sqrt{c+a}} + \frac{c}{\sqrt{a+b}}$$

$$= \frac{a^2}{a\sqrt{b+c}} + \frac{b^2}{b\sqrt{c+a}} + \frac{c^2}{c\sqrt{a+b}}$$

$$= \frac{a^2}{\sqrt{a}\sqrt{ab+ac}} + \frac{b^2}{\sqrt{b}\sqrt{bc+ba}} + \frac{c^2}{\sqrt{c}\sqrt{ca+cb}}$$

$$\geqslant \frac{(a+b+c)^2}{\sqrt{a}\sqrt{ab+ac} + \sqrt{b}\sqrt{bc+ba} + \sqrt{c}\sqrt{ca+cb}}$$

$$\geqslant \frac{(a+b+c)^2}{\sqrt{(a+b+c)(ab+ac+bc+ca+ca+ab)}}$$

$$\geqslant \frac{(a+b+c)^2}{\sqrt{2(a+b+c)(ab+bc+ca)}}$$

$$\geqslant \frac{(a+b+c)^2}{\sqrt{2(a+b+c)^2}} = \frac{a+b+c}{\sqrt{2}}$$

10.3   证明 *Mathematica Reflections* 不等式问题

1. (2020 年 2 月问题 S511,Proposed by Titu Andreescu,university of texas at dallas,USA) 设 a, b,c 为正实数,满足 $ab+bc+ca=3$,求证

$$(\sqrt{a}+\sqrt{b}+\sqrt{c}+1)^2 \leqslant 2(a+b)(b+c)(c+a)$$

证明   由

$$(a+b)(b+c)(c+a)$$
$$= (a+b+c)(ab+bc+ca) - abc$$

和

$$(a+b+c)(ab+bc+ca) \geqslant 9abc$$

有

$$(a+b)(b+c)(c+a)$$

$$\geqslant (a + b + c)(ab + bc + ca) - $$
$$\frac{(a + b + c)(ab + bc + ca)}{9}$$
$$= \frac{8(a + b + c)(ab + bc + ca)}{9}$$

于是只需证明

$$(\sqrt{a} + \sqrt{b} + \sqrt{c} + 1)^2$$
$$\leqslant \frac{16}{9}(a + b + c)(ab + bc + ca)$$
$$= \frac{16}{3}(a + b + c)$$

等价于

$$2\sum \sqrt{a} + 2\sum \sqrt{ab} + 1 \leqslant \frac{13}{3}\sum a$$

因为

$$\sum a + 3 \geqslant 2\sum \sqrt{a}$$
$$3\sum a \geqslant (\sum \sqrt{a})^2 \geqslant 3\sum \sqrt{ab}$$

所以

$$\sum a \geqslant \sum \sqrt{ab}$$

于是

$$2\sum \sqrt{a} + 2\sum \sqrt{ab} + 1$$
$$\leqslant \sum a + 3 + 2\sum a + 1$$
$$= 3\sum a + 4$$

从而只需证明 $3\sum a + 4 \leqslant \frac{13}{3}\sum a$，即只需证明

$\sum a \geqslant 3$，因为

$$(\sum a)^2 = \sum a^2 + 2\sum ab \geqslant 3\sum ab = 9$$

故 $\sum a \geqslant 3$. 所以所证成立.

2.(2020 年 2 月问题 S516,Proposed by Marius Stance,Zalau,Roma) 已知 a,b,c 是非负实数,且 $(a+b)(b+c)(c+a)=2$,求证

$$(a^2+bc)(b^2+ca)(c^2+ab)+8a^2b^2c^2 \leqslant 1 \qquad ①$$

证法 1 式 ① 等价于

$$(a+b)^2(b+c)^2(c+a)^2$$
$$\geqslant 4[(a^2+bc)(b^2+ca)(c^2+ab)+8a^2b^2c^2] \qquad ②$$

因为

$$(a+b)^2(b+c)^2(c+a)^2$$
$$=\sum a^2b^2(a^2+b^2)+2\sum a^3b^3+$$
$$6abc\sum ab(a+b)+2abc\sum a^3+10a^2b^2c^2 \cdot$$
$$(a^2+bc)(b^2+ca)(c^2+ab)+8a^2b^2c^2$$
$$=10a^2b^2c^2+\sum a^3b^3+abc\sum a^3$$

于是式 ② 等价于

$$\sum a^4(b^2+c^2)+6abc\sum a^2(b+c)$$
$$\geqslant 2abc\sum a^3+2\sum a^3b^3+30a^2b^2c^2 \qquad ③$$

因为

$$\sum a^4(b^2+c^2)+2abc\sum a^2(b+c)-$$
$$2abc\sum a^3-6a^2b^2c^2-2\sum a^3b^3$$
$$=(a-b)^2(b-c)^2(c-a)^2 \geqslant 0 \qquad ④$$

又

$$4abc\sum a^2(b+c)-24a^2b^2c^2$$
$$=4abc\sum a(b-c)^2 \geqslant 0 \qquad ⑤$$

将 ④⑤ 两式相加,即得式 ③.

证法 2　由恒等式

$$(a^2b + b^2c + c^2a)(ab^2 + bc^2 + ca^2)$$
$$= (a^2 + bc)(b^2 + ca)(c^2 + ab) + a^2b^2c^2$$

知

$$4\big[(a^2 + bc)(b^2 + ca)(c^2 + ab) + 8a^2b^2c^2\big]$$
$$\leqslant 4\big[(a^2 + bc)(b^2 + ca)(c^2 + ab) + 2a^2b^2c^2\big] +$$
$$4abc\sum a^2(b + c)$$
$$= 4(a^2b + b^2c + c^2a + abc)\cdot$$
$$(ab^2 + bc^2 + ca^2 + abc)$$
$$\leqslant (a^2b + b^2c + c^2a + abc + ab^2 +$$
$$bc^2 + ca^2 + abc)^2$$
$$= (a + b)^2(b + c)^2(c + a)^2$$

证法 3　由恒等式

$$(a^2b + b^2c + c^2a)(ab^2 + bc^2 + ca^2)$$
$$= (a^2 + bc)(b^2 + ca)(c^2 + ab) + a^2b^2c^2$$

知

$$4(a^2 + bc)(b^2 + ca)(c^2 + ab) + 32a^2b^2c^2$$
$$= 4(a^2b + b^2c + c^2a)(ab^2 + bc^2 + ca^2) +$$
$$28a^2b^2c^2$$

又因为

$$(a + b)^2(b + c)^2(c + a)^2$$
$$= \big[2abc + \sum a^2(b + c)\big]^2$$
$$= 4a^2b^2c^2 + 4abc\sum a^2(b + c) +$$
$$\big[\sum a^2(b + c)\big]^2$$

于是只需证明

$$\big[\sum a^2(b + c)\big]^2 + 4abc\sum a^2(b + c)$$

$$\geqslant 4(a^2b + b^2c + c^2a)(ab^2 + bc^2 + ca^2) +$$
$$24a^2b^2c^2 \qquad ⑥$$

因为

$$4(a^2b + b^2c + c^2a)(ab^2 + bc^2 + ca^2)$$
$$\leqslant (a^2b + b^2c + c^2a + ab^2 + bc^2 + ca^2)^2$$
$$= \left[\sum ab(a+b)\right]^2 \qquad ⑦$$
$$4abc\sum a^2(b+c) \geqslant 24a^2b^2c^2 \qquad ⑧$$

将 ⑦⑧ 两式相加即得式 ⑥.

证法 4　由 Cauchy 不等式可知

$$a^3 + b^3 + c^3 + a^2(b+c) + b^2(c+a) + c^2(a+b)$$
$$= (a+b+c)(a^2+b^2+c^2)$$
$$= \sqrt{[a^2 + b^2 + c^2 + 2(bc+ca+ab)]} \cdot$$
$$\sqrt{[a^4 + b^4 + c^4 + 2(b^2c^2 + c^2a^2 + a^2b^2)]}$$
$$\geqslant a^3 + b^3 + c^3 +$$
$$2\sqrt{(bc+ca+ab)(b^2c^2 + c^2a^2 + a^2b^2)}$$

故得

$$[a^2(b+c) + b^2(c+a) + c^2(a+b)]^2$$
$$\geqslant 4(bc+ca+ab)(b^2c^2 + c^2a^2 + a^2b^2) \qquad ⑨$$

由 Cauchy 不等式

$$\frac{b^2c^2}{a} + \frac{c^2a^2}{b} + \frac{a^2b^2}{c} +$$
$$a^2(b+c) + b^2(c+a) + c^2(a+b)$$
$$= (bc+ca+ab)\left(\frac{bc}{a} + \frac{ca}{b} + \frac{ab}{c}\right)$$
$$= \sqrt{[b^2c^2 + c^2a^2 + a^2b^2 + 2abc(a+b+c)]} \cdot$$
$$\sqrt{\left[\frac{b^2c^2}{a^2} + \frac{c^2a^2}{b^2} + \frac{a^2b^2}{c^2} + 2(a^2+b^2+c^2)\right]}$$

$$\geqslant \frac{b^2 c^2}{a} + \frac{c^2 a^2}{b} + \frac{a^2 b^2}{c} +$$

$$2\sqrt{abc(a+b+c)(a^2+b^2+c^2)}$$

故得

$$\left[a^2(b+c) + b^2(c+a) + c^2(a+b) \right]^2$$

$$\geqslant 4abc(a+b+c)(a^2+b^2+c^2) \qquad ⑩$$

又因为

$$a^2(b+c) + b^2(c+a) + c^2(a+b) \geqslant 6abc \qquad ⑪$$

⑨ + ⑩ + 8⑪ 即得所证不等式.

3.（2019 年 6 月问题 S500）设 a,b,c 是两两不同的实数,求证

$$\left(\frac{a-b}{b-c} - 2 \right)^2 + \left(\frac{b-c}{c-a} - 2 \right)^2 + \left(\frac{c-a}{a-b} - 2 \right)^2 \geqslant 17 \qquad ①$$

这里把该不等式 ① 进行推广,得到:

命题 1　设 a,b,c 是两两不同的实数,m 为任意实数,则有

$$\left(\frac{a-b}{b-c} - m \right)^2 + \left(\frac{b-c}{c-a} - m \right)^2 + \left(\frac{c-a}{a-b} - m \right)^2$$

$$\geqslant 2m^2 + 2m + 5 \qquad ②$$

证明　令 $x = \dfrac{a-b}{b-c}$, $y = \dfrac{b-c}{c-a}$, $z = \dfrac{c-a}{a-b}$,则

$$x + 1 = \frac{a-b}{b-c} + 1 = \frac{a-b+b-c}{b-c} = -\frac{c-a}{b-c}$$

同理,有

$$y + 1 = -\frac{a-b}{c-a}$$

$$z + 1 = -\frac{b-c}{a-b}$$

于是,有 $xyz = 1$, $(x+1)(y+1)(z+1) = -1$.

601

从而得到

$$xy + yz + zx + x + y + z = -3$$

$$xy + yz + zx = -3 - (x + y + z)$$

于是,有

$$\left(\frac{a-b}{b-c} - m\right)^2 + \left(\frac{b-c}{c-a} - m\right)^2 + \left(\frac{c-a}{a-b} - m\right)^2$$

$$= (x - m)^2 + (y - m)^2 + (z - m)^2$$

$$= x^2 + y^2 + z^2 - 2m(x + y + z) + 3m^2$$

$$= (x + y + z)^2 - 2(xy + yz + zx) -$$
$$\quad 2m(x + y + z) + 3m^2$$

$$= (x + y + z)^2 - 2[-3 - (x + y + z)] -$$
$$\quad 2m(x + y + z) + 3m^2$$

$$= (x + y + z)^2 + 2(1 - m)(x + y + z) + 3m^2 + 6$$

$$= (x + y + z + 1 - m)^2 + 3m^2 + 6 - (1 - m)^2$$

$$= (x + y + z + 1 - m)^2 + 2m^2 + 2m + 5$$

$$\geqslant 2m^2 + 2m + 5$$

说明 在命题 1 中取 $k=2$,即得式①,在命题 1 中取 $m=-1, m=0$ 和 $m=1$ 时分别得到:

推论 1 设 a, b, c 是两两不同的实数,则有

$$\left(\frac{a-c}{b-c}\right)^2 + \left(\frac{b-a}{c-a}\right)^2 + \left(\frac{c-b}{a-b}\right)^2 \geqslant 5 \qquad ③$$

$$\left(\frac{a-b}{b-c}\right)^2 + \left(\frac{b-c}{c-a}\right)^2 + \left(\frac{c-a}{a-b}\right)^2 \geqslant 5 \qquad ④$$

$$\left(\frac{a+c-2b}{b-c}\right)^2 + \left(\frac{a+b-2c}{c-a}\right)^2 + \left(\frac{b+c-2a}{a-b}\right)^2 \geqslant 9$$
$$⑤$$

推论 2 设 a, b, c 是两两不同的实数,m, n 是任意实数,则有

$$\left(m\frac{a-b}{b-c} - n\right)^2 + \left(m\frac{b-c}{c-a} - n\right)^2 +$$

$$\left(m\frac{c-a}{a-b}-n\right)^2$$

$$\geqslant 5m^2+2mn+2n^2 \qquad ⑥$$

证明　由命题 1,知

$$\left(m\frac{a-b}{b-c}-n\right)^2+\left(m\frac{b-c}{c-a}-n\right)^2+$$

$$\left(m\frac{c-a}{a-b}-n\right)^2$$

$$=m^2\left[\left(\frac{a-b}{b-c}-\frac{n}{m}\right)^2+\left(\frac{b-c}{c-a}-\frac{n}{m}\right)^2+\right.$$

$$\left.\left(\frac{c-a}{a-b}-\frac{n}{m}\right)^2\right]$$

$$\geqslant m^2\left[2\left(\frac{n}{m}\right)^2+2\frac{n}{m}+5\right]=5m^2+2mn+2n^2$$

命题 2　设 a,b,c 是两两不同的实数,m 为任意实数,则有

$$\left(\frac{a+b}{b-c}-m\right)^2+\left(\frac{b+c}{c-a}-m\right)^2+\left(\frac{c+a}{a-b}-m\right)^2$$

$$\geqslant 2m^2-2m+1 \qquad ⑦$$

证明　令 $x=\frac{a+b}{b-c}$,$y=\frac{b+c}{c-a}$,$z=\frac{c+a}{a-b}$,则

$$x-1=\frac{a-b}{b-c}-1=\frac{a-b-b+c}{b-c}=\frac{a+c}{b-c}$$

同理,有

$$y-1=\frac{b+a}{c-a}$$

$$z-1=\frac{b+c}{a-b}$$

于是,有 $(x-1)(y-1)(z-1)=xyz$,化简得

$$xy+yz+zx=x+y+z-1$$

于是

$$\left(\frac{a+b}{b-c}-m\right)^2+\left(\frac{b+c}{c-a}-m\right)^2+\left(\frac{c+a}{a-b}-m\right)^2$$

$$=(x-m)^2+(y-m)^2+(z-m)^2$$

$$=x^2+y^2+z^2-2m(x+y+z)+3m^2$$

$$=(x+y+z)^2-2(xy+yz+zx)-$$
$$\quad 2m(x+y+z)+3m^2$$

$$=(x+y+z)^2-2[(x+y+z)-1]-$$
$$\quad 2m(x+y+z)+3m^2$$

$$=(x+y+z)^2-2(m+1)(x+y+z)+3m^2+2$$

$$=(x+y+z-1-m)^2+3m^2+2-(m+1)^2$$

$$=(x+y+z-1-m)^2+2m^2-2m+1$$

$$\geqslant 2m^2-2m+1$$

在命题 2 中取 $m=-1$ 可得式 ③,取 $m=0$,$m=1$,$m=2$,依次可以得到:

推论 3 设 a,b,c 是两两不同的实数,则有

$$\left(\frac{a+b}{b-c}\right)^2+\left(\frac{b+c}{c-a}\right)^2+\left(\frac{c+a}{a-b}\right)^2\geqslant 1 \qquad ⑧$$

$$\left(\frac{a+b}{b-c}-1\right)^2+\left(\frac{b+c}{c-a}-1\right)^2+\left(\frac{c+a}{a-b}-1\right)^2\geqslant 1$$
$$⑨$$

$$\left(\frac{a+b}{b-c}-2\right)^2+\left(\frac{b+c}{c-a}-2\right)^2+\left(\frac{c+a}{a-b}-2\right)^2\geqslant 5$$
$$⑩$$

命题 3 设 a,b,c 是两两不同的实数,m 为任意实数,则有

$$\left(\frac{a-b}{b+c}-m\right)^2+\left(\frac{b-c}{c+a}-m\right)^2+\left(\frac{c-a}{a+b}-m\right)^2+$$

$$\frac{2(a-b)(b-c)(c-a)}{(a+b)(b+c)(c+a)}$$

$$\geqslant 2m^2+2m-1 \qquad ⑪$$

证明　设 $\dfrac{a-b}{b+c}=x$, $\dfrac{b-c}{c+a}=y$, $\dfrac{c-a}{a+b}=z$, 则

$$(x+1)(y+1)(z+1)$$

$$=\left(\dfrac{a-b}{b+c}+1\right)\left(\dfrac{b-c}{c+a}+1\right)\left(\dfrac{c-a}{a+b}+1\right)$$

$$=\left(\dfrac{a+c}{b+c}\right)\left(\dfrac{b+a}{c+a}\right)\left(\dfrac{c+b}{a+b}\right)=1$$

于是, 有 $xyz+x+y+z+xy+yz+zx=0$, 则 $xy+yz+zx=-xyz-(x+y+z)$, 所以

$$\left(\dfrac{a-b}{b+c}-m\right)^2+\left(\dfrac{b-c}{c+a}-m\right)^2+\left(\dfrac{c-a}{a+b}-m\right)^2+$$

$$\dfrac{2(a-b)(b-c)(c-a)}{(a+b)(b+c)(c+a)}$$

$$=(x-m)^2+(y-m)^2+(z-m)^2-2xyz$$

$$=x^2+y^2+z^2-2m(x+y+z)+3m^2-2xyz$$

$$=(x+y+z)^2-2(xy+yz+zx)-$$

$$\quad 2m(x+y+z)+3m^2-2xyz$$

$$=(x+y+z)^2-2(-x-y-z-xyz)-$$

$$\quad 2m(x+y+z)+3m^2-2xyz$$

$$=(x+y+z)^2+2(1-m)(x+y+z)+3m^2$$

$$=(x+y+z+1-m)^2+3m^2-(1-m)^2$$

$$=(x+y+z+1-m)^2+2m^2+2m-1$$

$$\geqslant 2m^2+2m-1$$

在命题 3 中分别取 $m=-1,0,1$, 有:

推论 4　设 a,b,c 是两两不同的实数, 则有

$$\left(\dfrac{a-b}{b+c}\right)^2+\left(\dfrac{b-c}{c+a}\right)^2+\left(\dfrac{c-a}{a+b}\right)^2+$$

$$\dfrac{2(a-b)(b-c)(c-a)}{(a+b)(b+c)(c+a)}\geqslant-1 \qquad ⑫$$

$$\left(\dfrac{a+c}{b+c}\right)^2+\left(\dfrac{b+a}{c+a}\right)^2+\left(\dfrac{c+b}{a+b}\right)^2+$$

$$\frac{2(a-b)(b-c)(c-a)}{(a+b)(b+c)(c+a)} \geqslant -1 \qquad ⑬$$

$$\left(\frac{a-b}{b+c}-1\right)^2 + \left(\frac{b-c}{c+a}-1\right)^2 + \left(\frac{c-a}{a+b}-1\right)^2 +$$

$$\frac{2(a-b)(b-c)(c-a)}{(a+b)(b+c)(c+a)} \geqslant 3 \qquad ⑭$$

4. (Andrian Andrcescu, Unixersity of Tcras at Dallas, USA 供题) 已知 a,b,c 为实数,求证

$$(a-1)^2 + (b-1)^2 + (c-1)^2 \geqslant \frac{ab+bc+ca}{2} - 3$$

证明　因为

$$(a-1)^2 + (b-1)^2 + (c-1)^2 -$$

$$\left(\frac{ab+bc+ca}{2}-3\right)$$

$$= a^2 + b^2 + c^2 - 2a - 2b - 2c - \frac{ab+bc+ca}{2} + 6$$

$$= \frac{1}{4}\left[(a-b)^2 + (b-c)^2 + (c-a)^2\right] +$$

$$\frac{1}{2}\left[(a-2)^2 + (b-2)^2 + (c-2)^2\right] \geqslant 0$$

所以所证不等式成立.

5. (Mihacla Berindeany, Bucharest, Romania 供题) 已知实数 a,b,c 满足 $ab+bc+ca=3$,求证

$$\sum_{cyc} \frac{a^2+b^2}{a+b+2} \geqslant \frac{3(a+b+c-1)}{4}$$

证明　所证不等式等价于

$$\sum_{cyc} \frac{2(a^2+b^2)}{a+b+2} \geqslant \frac{3(a+b+c-1)}{2}$$

由平均值不等式和 Cauchy 不等式,有

$$\sum_{cyc} \frac{2(a^2+b^2)}{a+b+2} \geqslant \sum_{cyc} \frac{(a+b)^2}{a+b+2}$$

$$\geqslant \frac{(\sum\limits_{cyc} a+b)^2}{\sum\limits_{cyc}(a+b+2)} = \frac{4(a+b+c)^2}{2(a+b+c+3)}$$

$$= \frac{2(a+b+c)^2}{a+b+c+3}$$

于是,只需证明

$$\frac{2(a+b+c)^2}{(a+b+c+3)} \geqslant \frac{3(a+b+c-1)}{2}$$

即　　$$\frac{(a+b+c)^2}{(a+b+c+3)} \geqslant \frac{3(a+b+c-1)}{4}$$

令 $a+b+c=s$,只需证明 $4s^2 \geqslant 3(s-1)(s+3)$,

即 $(s-3)^2 \geqslant 0$,此式显然成立,于是所证成立.

说明　题目的条件 $ab+bc+ca=3$ 多余.

6.(2020 年 2 月 J549) 已知 a,b,c 为正实数,求证

$$\frac{b+c}{a^2} + \frac{c+a}{b^2} + \frac{a+b}{c^2} - \frac{9}{a+b+c}$$

$$\geqslant \frac{1}{a} + \frac{1}{b} + \frac{1}{c} \qquad\qquad ①$$

下面把此题加强为

$$\frac{a+b}{c^2} + \frac{b+c}{a^2} + \frac{c+a}{b^2} + \frac{24(a+b+c)}{ab+bc+ca}$$

$$\geqslant 10\left(\frac{1}{a} + \frac{1}{b} + \frac{1}{c}\right) \qquad\qquad ②$$

证明　先介绍一个引理.

引理 1:设 a,b,c 是正实数,则有

$$\frac{a^2}{b+c} + \frac{b^2}{c+a} + \frac{c^2}{a+b} + \frac{6(ab+bc+ca)}{a+b+c}$$

$$\geqslant \frac{5(a+b+c)}{2}^{[1]}$$

下面证明原题. 由基本不等式, 有

$$\frac{a+b}{c^2} = \frac{1}{c^2}(a+b) \geqslant \frac{1}{c^2} \cdot \frac{4}{\frac{1}{a}+\frac{1}{b}} = \frac{\frac{4}{c^2}}{\frac{1}{a}+\frac{1}{b}}$$

同理, 有

$$\frac{b+c}{a^2} \geqslant \frac{\frac{4}{a^2}}{\frac{1}{b}+\frac{1}{c}}, \frac{c+a}{b^2} \geqslant \frac{\frac{4}{b^2}}{\frac{1}{c}+\frac{1}{a}}$$

将上述三式相加并由引理, 有

$$\frac{a+b}{c^2} + \frac{b+c}{a^2} + \frac{c+a}{b^2}$$

$$\geqslant 4\left[\frac{\frac{1}{c^2}}{\frac{1}{a}+\frac{1}{b}} + \frac{\frac{1}{a^2}}{\frac{1}{b}+\frac{1}{c}} + \frac{\frac{1}{b^2}}{\frac{1}{c}+\frac{1}{a}}\right]$$

$$\geqslant 4\left[\frac{5}{2}\left(\frac{1}{a}+\frac{1}{b}+\frac{1}{c}\right) - \frac{6\left(\frac{1}{ab}+\frac{1}{bc}+\frac{1}{ca}\right)}{\frac{1}{a}+\frac{1}{b}+\frac{1}{c}}\right]$$

$$= 10\left(\frac{1}{a}+\frac{1}{b}+\frac{1}{c}\right) - \frac{24(a+b+c)}{ab+bc+ca}$$

要证明式 ② 强于式 ①, 只需证明

$$10\left(\frac{1}{a}+\frac{1}{b}+\frac{1}{c}\right) - \frac{24(a+b+c)}{ab+bc+ca}$$

$$\geqslant \frac{1}{a}+\frac{1}{b}+\frac{1}{c}+\frac{9}{a+b+c}$$

$$\frac{1}{a}+\frac{1}{b}+\frac{1}{c}$$

$$\geqslant \frac{1}{a+b+c}+\frac{8(a+b+c)}{3(ab+bc+ca)}$$

因为

$$\frac{1}{a}+\frac{1}{b}+\frac{1}{c}$$

$$=\frac{1}{9}\left(\frac{1}{a}+\frac{1}{b}+\frac{1}{c}\right)+\frac{8}{9}\left(\frac{1}{a}+\frac{1}{b}+\frac{1}{c}\right)$$

$$\geqslant\frac{1}{a+b+c}+\frac{8}{9}\left(\frac{1}{a}+\frac{1}{b}+\frac{1}{c}\right)$$

$$=\frac{1}{a+b+c}+\frac{8}{9}\cdot\frac{ab+bc+ca}{abc}$$

$$\geqslant\frac{1}{a+b+c}+\frac{8}{9}\cdot\frac{(ab+bc+ca)^2}{abc(ab+bc+ca)}$$

$$\geqslant\frac{1}{a+b+c}+\frac{8}{9}\cdot\frac{3abc(a+b+c)}{abc(ab+bc+ca)}$$

$$=\frac{1}{a+b+c}+\frac{8}{3}\cdot\frac{a+b+c}{ab+bc+ca}$$

所以式 ② 强于式 ①.

7.（2020 年问题 J538,Proposed by Marius Stanean,Z alas,Romania）在 △ABC 中,证明

$$\frac{(a+b)(b+c)(c+a)}{4abc}\leqslant 1+\frac{R}{2r}$$

证明　设 △ABC 的半周长为 p,由 Gerretsen 不等式 $p^2\leqslant 4R^2+4Rr+3r^2$ 和 Euler 不等式 $R\geqslant 2r$ 知

$$\frac{(a+b)(b+c)(c+a)}{4abc}$$

$$=\frac{(a+b+c)(ab+bc+ca)-abc}{4abc}$$

$$=\frac{2p\cdot(p^2+4Rr+r^2)-4Rrp}{16Rrp}=\frac{p^2+2Rr+r^2}{8Rr}$$

$$\leqslant\frac{4R^2+4Rr+3r^2+2Rr+r^2}{8Rr}=\frac{4R^2+6Rr+4r^2}{8Rr}$$

$$\leqslant\frac{4R^2+6Rr+2Rr}{8Rr}=1+\frac{R}{2r}$$

8. （2021 年 1 月问题 S544，Proposed by An Zhenping Xianxiang Normal University，China）在 $\triangle ABC$ 中，求证：$\dfrac{\cos A}{\sin^2 A} + \dfrac{\cos B}{\sin^2 B} + \dfrac{\cos C}{\sin^2 C} \geqslant \dfrac{R}{r}$.

证明　由余弦定理和正弦定理，有

$$\frac{\cos A}{\sin^2 A} = \frac{4R^2(b^2 + c^2 - a^2)}{2bca^2}$$

$$= \frac{4R^2(b^2 + c^2 - a^2)}{2 \times 4aRrs} = \frac{R(b^2 + c^2 - a^2)}{2ars}$$

同理，有

$$\frac{\cos B}{\sin^2 B} = \frac{R(c^2 + a^2 - b^2)}{2brs}$$

$$\frac{\cos C}{\sin^2 C} = \frac{R(a^2 + b^2 - c^2)}{2crs}$$

于是只需证明

$$\frac{R(b^2 + c^2 - a^2)}{2ras} + \frac{R(c^2 + a^2 - b^2)}{2brs} +$$

$$\frac{R(a^2 + b^2 - c^2)}{2crs} \geqslant \frac{R}{r}$$

$$\Leftrightarrow \frac{b^2 + c^2 - a^2}{a} + \frac{c^2 + a^2 - b^2}{b} +$$

$$\frac{a^2 + b^2 - c^2}{c} \geqslant 2s$$

$$\Leftrightarrow \frac{b^2 + c^2}{a} + \frac{c^2 + a^2}{b} + \frac{a^2 + b^2}{c} \geqslant 4s$$

因为

$$\frac{b^2 + c^2}{a} + \frac{c^2 + a^2}{b} + \frac{a^2 + b^2}{c}$$

$$\geqslant \frac{(b + c)^2}{2a} + \frac{(c + a)^2}{2b} + \frac{(a + b)^2}{2c}$$

$$\geqslant \frac{(2a + 2b + 2c)^2}{2(a + b + c)} = 2(a + b + c) = 4s$$

所以所证不等式成立.

9.（2021 年 1 月问题 S543,Proposed by Nguycn Viet Hung,Hanoi University of Science,Vietnam）

设 a,b,c 为正实数,满足 $a+b+c=3$,求证

$$\frac{1}{a}+\frac{1}{b}+\frac{1}{c}+\frac{2abc}{ab+bc+ca} \geqslant \frac{11}{3}$$

证明　由已知,有 $abc \leqslant 1$,于是

$$\frac{1}{a}+\frac{1}{b}+\frac{1}{c}+\frac{2abc}{ab+bc+ca}$$

$$=\frac{ab+bc+ca}{abc}+\frac{2abc}{ab+bc+ca}$$

$$=\frac{7}{9} \cdot \frac{ab+bc+ca}{abc}+$$

$$\frac{2}{9} \cdot \frac{ab+bc+ca}{abc}+\frac{2abc}{ab+bc+ca}$$

$$\geqslant \frac{7}{9} \cdot \frac{3\sqrt[3]{a^2b^2c^2}}{abc}+$$

$$2\sqrt{\frac{2}{9} \cdot \frac{ab+bc+ca}{abc} \cdot \frac{2abc}{ab+bc+ca}}$$

$$=\frac{7}{3\sqrt[3]{abc}}+\frac{4}{3} \geqslant \frac{7}{3}+\frac{4}{3}=\frac{11}{3}$$

10.4　证明 Sqing 不等式

1.设 $a,b,c>0$,求证：

（1）$\dfrac{a}{b+c}+\dfrac{b^2}{ca}+\dfrac{c^2}{ab} \geqslant 2$.

证明　$\dfrac{a}{b+c}+\dfrac{b^2}{ca}+\dfrac{c^2}{ab} \geqslant \dfrac{a}{b+c}+\dfrac{(b+c)^2}{ca+ab}$

$$= \frac{a}{b+c} + \frac{b+c}{a}$$

$$\geqslant 2\sqrt{\frac{a}{b+c} \cdot \frac{b+c}{a}} = 2$$

（2） $\dfrac{a}{b+c} + \dfrac{b^2}{ac} + \dfrac{c}{a+b} > \dfrac{3}{5}.$

证明

$$\frac{a}{b+c} + \frac{b^2}{ac} + \frac{c}{a+b}$$

$$= \frac{a^2}{ab+ac} + \frac{c^2}{ac+bc} + \frac{b^2}{ac}$$

$$\geqslant \frac{(a+c)^2}{ab+bc+2ac} + \frac{4b^2}{4ac}$$

$$\geqslant \frac{(a+c+2b)^2}{ab+bc+2ac+4ac}$$

$$= \frac{a^2+c^2+4b^2+2ac+4bc+4ab}{ab+bc+6ac}$$

$$\geqslant \frac{2ac+4b^2+2ac+4bc+4ab}{ab+bc+6ac}$$

$$> \frac{\dfrac{2}{3}(ab+bc+6ac)}{ab+bc+6ac}$$

$$= \frac{2}{3} > \frac{3}{5}$$

（3） $\dfrac{a^2}{b+c} + \dfrac{2b^2}{c+a} + \dfrac{c^2}{a+b} > \dfrac{3}{5}(a+b+c).$

证明
$$\frac{a^2}{b+c} + \frac{2b^2}{c+a} + \frac{c^2}{a+b}$$

$$= \frac{a^2}{b+c} + \frac{2b^2}{c+a} + \frac{c^2}{a+b}$$

$$\geqslant \frac{(a+c)^2}{b+c+a+b} + \frac{2b^2}{c+a}$$

令 $a+c=x$，$y=b$，则

$$\frac{a^2}{b+c}+\frac{2b^2}{c+a}+\frac{c^2}{a+b}=\frac{a^2}{b+c}+\frac{b^2}{\dfrac{c+a}{2}}+\frac{c^2}{a+b}$$

$$\geqslant\frac{(a+c)^2}{b+c+a+b}+\frac{2b^2}{c+a}=\frac{x^2}{x+2y}+\frac{2y^2}{x}$$

$$>\frac{3(x+y)}{5}$$

于是只需证明

$$\frac{x^2}{x+2y}+\frac{2y^2}{x}>\frac{3(x+y)}{5}$$

$$\Leftrightarrow\frac{x^3+2xy^2+4y^3}{x(x+2y)}>\frac{3(x+y)}{5}$$

$$\Leftrightarrow 5x^3+10xy^2+20y^3>3x^3+9x^2y+6xy^2$$

$$\Leftrightarrow 2x^3+4xy^2-9x^2y+20y^3>0$$

令 $\dfrac{x}{y}=t$，则只需证明 $2t^3-9t^2+4t+20>0$，令 $f(t)=2t^3-9t^2+4t+20$，求导，得

$$f'(t)=6t^2-18t+4t=2(3t^2-9t+2)$$

当 $f'(t)=0$ 时，$t_1=\dfrac{9-\sqrt{57}}{6}$，$t_2=\dfrac{9+\sqrt{57}}{6}$，所以当 $t\in\left(0,\dfrac{9-\sqrt{57}}{6}\right)\cup\left(\dfrac{9+\sqrt{57}}{6},+\infty\right)$ 时，$f'(t)>0$，$f(t)$ 为增函数；当 $t\in\left(\dfrac{9-\sqrt{57}}{6},\dfrac{9+\sqrt{57}}{6}\right)$ 时，$f'(t)<0$，$f(x)$ 为减函数，所以 $f(t)\geqslant f\left(\dfrac{9+\sqrt{57}}{6}\right)$，而

$$f\left(\frac{9+\sqrt{57}}{6}\right)=2\left(\frac{9+\sqrt{57}}{6}\right)^3-$$

$$9\left(\frac{9+\sqrt{57}}{6}\right)^2+4\left(\frac{9+\sqrt{57}}{6}\right)+20>0$$

故所证不等式成立.

$$(4)\ \frac{a^2}{b+c} \geqslant 2(\sqrt{2}-1)a + (2\sqrt{2}-3)(b+c).$$

证明 $\quad \dfrac{a^2}{b+c} + (3-2\sqrt{2})(b+c)$

$$\geqslant 2\sqrt{\frac{a^2}{b+c} \cdot (3-2\sqrt{2})(b+c)}$$

$$= 2(\sqrt{2}-1)a$$

$$(5)\ \frac{a^2}{b+c} + \frac{c^2}{a+b} \geqslant (4\sqrt{2}-5)(a+c) + (4\sqrt{2}-$$

$6)b.$

证明 因为

$$\frac{a^2}{b+c} + \frac{c^2}{a+b} + (3-2\sqrt{2})(b+c) +$$

$$(3-2\sqrt{2})(a+b)$$

$$\geqslant 2\sqrt{\frac{a^2}{b+c} \cdot (3-2\sqrt{2})(b+c)} +$$

$$2\sqrt{\frac{c^2}{a+b} \cdot (3-2\sqrt{2})(a+b)}$$

$$= 2(\sqrt{2}-1)a + 2(\sqrt{2}-1)c$$

所以

$$\frac{a^2}{b+c} + \frac{c^2}{a+b} \geqslant 2(\sqrt{2}-1)a + 2(\sqrt{2}-1)c -$$

$$(3-2\sqrt{2})(b+c) - (3-2\sqrt{2})(a+b)$$

$$= (4\sqrt{2}-5)(a+c) + (4\sqrt{2}-6)b$$

说明 由

$$\frac{a^2}{b+c} + \frac{c^2}{a+b} + (11-6\sqrt{2})(b+c) +$$

$$(11-6\sqrt{2})(a+b)$$

$$\geqslant 2(3-\sqrt{2})a + 2(3-\sqrt{2})c$$
$$= (4\sqrt{2}-5)(a+c) + (4\sqrt{2}-6)b$$

所以

$$\frac{a^2}{b+c} + \frac{c^2}{a+b}$$

$$\geqslant 2(3-\sqrt{2})a + 2(3-\sqrt{2})c -$$

$$(11-6\sqrt{2})(b+c) - (11-6\sqrt{2})(a+b)$$

$$= (4\sqrt{2}-5)(a+c) + (12\sqrt{2}-22)b$$

2. 设 $a,b,c > 0$ 且 $a^2 + b + c = 1$，求证：$a^2 + 4\sqrt{bc(c+a)(a+b)} \leqslant \dfrac{5}{16}$，等号成立当且仅当 $a = \dfrac{1}{2}, b = c = \dfrac{3}{8}$.

显然当 $a = \dfrac{1}{2}, b = c = \dfrac{3}{8}$ 时

$$a^2 + 4\sqrt{bc(c+a)(a+b)} = \frac{25}{16}$$

所以该不等式可修正为

$$a^2 + 4\sqrt{bc(c+a)(a+b)} \leqslant \frac{25}{16}$$

证明

$$a^2 + 4\sqrt{bc(c+a)(a+b)}$$

$$= a^2 + 4\sqrt{(bc+ab)(ca+bc)}$$

$$\leqslant a^2 + 4 \cdot \frac{(bc+ab)+(ca+bc)}{2}$$

$$= a^2 + 4bc + 2a(b+c)$$

$$\leqslant a^2 + (b+c)^2 + 2a(b+c)$$

$$= a^2 + (1-a^2)^2 + 2a(1-a^2)$$

$$= a^4 - 2a^3 - a^2 + 2a + 1$$

记 $f(a)=a^4-2a^3-a^2+2a+1$，则

$$f'(a)=4a^3-6a^3-2a+2a=(2a-1)(a^2-a-1)$$

因为 $a,b,c>0$，且 $a^2+b+c=1$，所以 $b+c=1-a^2>0$，于是 $a^2-a-1<0$.

当 $0<a<\dfrac{1}{2}$ 时，$f'(a)>0$，$f(a)$ 为增函数；当 $a>\dfrac{1}{2}$ 时，$f'(a)<0$，$f(a)$ 为减函数；当 $a=\dfrac{1}{2}$ 时，$f'(a)=0$，$f(a)$ 有最大值.

所以 $f(a)\leqslant f\left(\dfrac{1}{2}\right)=\left(\dfrac{1}{2}\right)^4-2\cdot\left(\dfrac{1}{2}\right)^3-\left(\dfrac{1}{2}\right)^2+2\times\dfrac{1}{2}+1=\dfrac{25}{16}.$

故 $a^2+4\sqrt{bc(c+a)(a+b)}\leqslant\dfrac{25}{16}$，等号成立当且仅当 $a=\dfrac{1}{2}$，$b=c=\dfrac{3}{8}$.

3. 已知 $x,y,z>0$，且 $x^2+y^2+z=1$.

（1）求证：$xy+\sqrt{2}\,xz\leqslant\dfrac{3\sqrt{3}}{8}$，其中等号成立当且仅当 $x=\dfrac{\sqrt{6}}{4}$，$y=\dfrac{\sqrt{2}}{4}$，$z=\dfrac{1}{2}$.

证明　因为 $x^2+\dfrac{6}{16}\geqslant\dfrac{\sqrt{6}}{2}x$，$y^2+\dfrac{2}{16}\geqslant\dfrac{\sqrt{2}}{4}y$，所以

$$x\leqslant\dfrac{2}{\sqrt{6}}\left(x^2+\dfrac{6}{16}\right)=\dfrac{\sqrt{6}}{3}\left(x^2+\dfrac{3}{8}\right)=\dfrac{\sqrt{6}}{3}x^2+\dfrac{\sqrt{6}}{8}$$

$$\sqrt{3}\,x\leqslant\sqrt{2}\,x^2+\dfrac{3\sqrt{2}}{8}$$

$$y\leqslant\dfrac{2}{\sqrt{2}}\left(y^2+\dfrac{2}{16}\right)=\sqrt{2}\left(y^2+\dfrac{1}{8}\right)=\sqrt{2}\,y^2+\dfrac{\sqrt{2}}{8}$$

于是

$$xy + \sqrt{2}\,xz = \frac{\sqrt{3}\,x(y + \sqrt{2}\,z)}{\sqrt{3}}$$

$$\leqslant \frac{1}{\sqrt{3}}\left(\frac{\sqrt{3}\,x + y + \sqrt{2}\,z}{2}\right)^2 = \frac{1}{\sqrt{3}} \times \left(\frac{3\sqrt{2}}{4}\right)^2$$

$$= \frac{\sqrt{3}}{3} \times \frac{9}{8} = \frac{3\sqrt{3}}{8}$$

（2）$xy + \sqrt{5}\,xz \leqslant \dfrac{7\sqrt{7}}{20}$，其中等号成立当且仅当

$x = \dfrac{\sqrt{35}}{10}, y = \dfrac{\sqrt{5}}{10}, z = \dfrac{3}{5}$.

证明　因为 $x^2 + \dfrac{35}{100} \geqslant \dfrac{\sqrt{35}}{5}x, y^2 + \dfrac{5}{100} \geqslant \dfrac{\sqrt{5}}{5}y$，

所以

$$x \leqslant \frac{5}{\sqrt{35}}\left(x^2 + \frac{35}{100}\right) = \frac{\sqrt{35}}{7}\left(x^2 + \frac{35}{100}\right)$$

$$y \leqslant \sqrt{5}\left(y^2 + \frac{5}{100}\right)$$

于是

$$xy + \sqrt{5}\,xz = \frac{\sqrt{7}\,x(y + \sqrt{5}\,z)}{\sqrt{7}} \leqslant \frac{1}{\sqrt{7}}\left(\frac{\sqrt{7}\,x + y + \sqrt{5}\,z}{2}\right)^2$$

$$= \frac{1}{\sqrt{7}}\left(\frac{7\sqrt{5}}{10}\right)^2 = \frac{7\sqrt{7}}{20}$$

（3）$xy + 2xz \leqslant \dfrac{17\sqrt{17}}{48\sqrt{3}}$，其中等号成立当且仅当

$x = \dfrac{\sqrt{17}}{4\sqrt{3}}, y = \dfrac{1}{4}, z = \dfrac{7}{12}$.

证明　因为 $x^2 + \dfrac{17}{48} \geqslant \dfrac{\sqrt{17}}{4\sqrt{3}}x, y^2 + \dfrac{1}{16} \geqslant \dfrac{y}{2}$，所以

$$x \leqslant \frac{2\sqrt{3}}{\sqrt{17}}\left(x^2 + \frac{17}{48}\right), y \leqslant 2\left(y^2 + \frac{1}{16}\right)$$

所以

$$xy + 2xz = x(y + 2z) = \frac{\sqrt{3}}{\sqrt{17}} \cdot \frac{\sqrt{17}}{\sqrt{3}} x(y + 2z)$$

$$\leqslant \frac{\sqrt{3}}{\sqrt{17}} \cdot \left(\frac{\frac{\sqrt{17}}{\sqrt{3}}x + y + 2z}{2}\right)$$

$$\leqslant \frac{\sqrt{3}}{\sqrt{17}} \cdot \left(\frac{2x^2 + \frac{17}{24} + 2y^2 + \frac{3}{24} + 2 - 2x^2 - 2y^2}{2}\right)^2$$

$$= \frac{\sqrt{3}}{\sqrt{17}} \cdot \left(\frac{17}{12}\right)^2 = \frac{17\sqrt{17}}{48\sqrt{3}}$$

4. $x, y, z > 0$,且 $x + y^2 + z = 1$.

(1) 求证:$x(y + z) \leqslant \frac{25}{64}$,其中等号成立当且仅当 $x = \frac{5}{8}, y = \frac{1}{2}, z = \frac{1}{8}$.

证明 因为 $y^2 + \frac{1}{4} \geqslant y$,所以

$$x(y + z) \leqslant \left(\frac{x + y + z}{2}\right)^2 \leqslant \left(\frac{x + z + y^2 + \frac{1}{4}}{2}\right)^2$$

$$= \left(\frac{5}{8}\right)^2 = \frac{25}{64}$$

(2)$x(2y + 3z) \leqslant \frac{25}{27}$,其中等号成立当且仅当 $x = \frac{5}{9}, y = z = \frac{1}{3}$.

618

证明　因为 $y^2 + \dfrac{1}{9} \geqslant \dfrac{2y}{3}$，所以 $2y \leqslant 3y^2 + \dfrac{1}{3}$，

于是

$$x(2y + 3z) = \dfrac{1}{3} \cdot 3x(2y + 3z)$$

$$\leqslant \dfrac{1}{3} \cdot \left(\dfrac{3x + 3y^2 + \dfrac{1}{3} + 3z}{2} \right)^2 = \dfrac{25}{27}$$

（3）$x(2y + 5z) \leqslant \dfrac{169}{125}$，其中等号成立当且仅当

$x = \dfrac{3}{25}, y = \dfrac{1}{5}, z = \dfrac{11}{25}$.

证明　因为 $y^2 + \dfrac{1}{25} \geqslant \dfrac{2}{5}y$，所以

$$y \leqslant \dfrac{5}{2}\left(y^2 + \dfrac{1}{25} \right) = \dfrac{5y^2}{2} + \dfrac{1}{10}$$

于是

$$x(2y + 5z) = \dfrac{1}{5} \cdot 5x(2y + 5z)$$

$$\leqslant \dfrac{13}{65} \cdot \left(\dfrac{\dfrac{65}{13}x + (2y + 5z)}{2} \right)^2$$

$$\leqslant \dfrac{1}{5} \cdot \left(\dfrac{5x + 5y^2 + \dfrac{1}{5} + 5z}{2} \right)^2$$

$$\leqslant \dfrac{1}{5} \times \dfrac{169}{25} = \dfrac{169}{125}$$

（4）$x(y + 2z) \leqslant \dfrac{289}{512}$，其中等号成立当且仅当 $x =$

$\dfrac{17}{32}, y = \dfrac{1}{4}, z = \dfrac{13}{32}$.

证明　因为 $y^2 + \dfrac{1}{16} \geqslant \dfrac{1}{2} y$，所以 $y \leqslant 2y^2 + \dfrac{1}{8}$ 于是

$$x(y + 2z) = \frac{1}{2} \cdot 2x(y + 2z)$$

$$\leqslant \frac{1}{2} \cdot \left(\frac{2x + y + 2z}{2} \right)^2$$

$$\leqslant \frac{1}{2} \cdot \left(\frac{2x + 2y^2 + \dfrac{1}{8} + 2z}{2} \right)^2$$

$$= \frac{1}{2} \cdot \left(\frac{17}{16} \right)^2 \leqslant \frac{289}{512}$$

5. 设 x 为非负实数，求证

$$\frac{1 + 2x}{1 + x} \sqrt{2 + (1 + x)^2} \geqslant \sqrt{3} \qquad ①$$

$$\frac{1 + 2x}{1 + x} \sqrt{3 + (1 + x)^2} \geqslant 2 \qquad ②$$

证明　(1) $\dfrac{1 + 2x}{1 + x} \sqrt{2 + (1 + x)^2}$

$$\geqslant \sqrt{2 + (1 + x)^2} \geqslant \sqrt{2 + 1} = \sqrt{3}$$

等号成立当且仅当 $x = 0$.

(2) $\dfrac{1 + 2x}{1 + x} \sqrt{3 + (1 + x)^2} \geqslant \sqrt{3 + (1 + x)^2}$

$$\geqslant \sqrt{3 + 1} = 2$$

等号成立当且仅当 $x = 0$.

6. 设 x 为非负实数，求证

$$\frac{2 + x}{1 + x} \sqrt{2 + (x + 1)^2} \geqslant \frac{1}{2} \sqrt{\left(2 + \sqrt[3]{4} \right)^3} \qquad ①$$

$$\frac{2 + x}{1 + x} \sqrt{3 + (x + 1)^2} \geqslant \frac{1}{2} \sqrt{2 \left(2 + \sqrt[3]{2} \right)^3} \qquad ②$$

$$\frac{3 + x}{1 + x} \sqrt{2 + (x + 1)^2} \geqslant \sqrt{6 \left(1 + \sqrt[3]{2} + \sqrt[3]{4} \right)} \qquad ③$$

证明　（1）

$$\left(\frac{2+x}{1+x}\right)^2\left[2+(x+1)^2\right]$$

$$=\left(1+\frac{1}{1+x}\right)\left(1+\frac{1}{1+x}\right)\left[2+(x+1)^2\right]$$

$$=\frac{1}{4}\left(2+\frac{2}{1+x}\right)\left(2+\frac{2}{1+x}\right)\left[2+(x+1)^2\right]$$

$$\geqslant\frac{1}{4}\left(2+\sqrt[3]{\frac{2}{1+x}\cdot\frac{2}{1+x}\cdot\left[2+(x+1)^2\right]}\right)^3$$

$$=\frac{1}{4}(2+\sqrt[3]{4})^3$$

开平方即得式 ①.

（2）说明：笔者未能证明式 ②，但可以证明

$$\frac{2+x}{1+x}\sqrt{3+(x+1)^2}\geqslant\frac{1}{3}\sqrt{(3+\sqrt[3]{9})^3}$$

这是因为

$$\left(\frac{2+x}{1+x}\right)^2\left[3+(x+1)^2\right]$$

$$=\left(1+\frac{1}{1+x}\right)\left(1+\frac{1}{1+x}\right)\left[3+(x+1)^2\right]$$

$$=\frac{1}{9}\left(3+\frac{3}{1+x}\right)\left(3+\frac{3}{1+x}\right)\left[3+(x+1)^2\right]$$

$$\geqslant\frac{1}{9}\left(3+\sqrt[3]{\frac{3}{1+x}\cdot\frac{3}{1+x}\cdot(x+1)^2}\right)^3$$

$$=\frac{1}{9}(3+\sqrt[3]{9})^3$$

所以

$$\frac{2+x}{1+x}\sqrt{3+(x+1)^2}\geqslant\frac{1}{3}\sqrt{(3+\sqrt[3]{9})^3}$$

（3）

$$\left(\frac{3+x}{1+x}\right)^2\left[2+(x+1)^2\right]$$

621

$$= \left(1 + \frac{2}{1+x}\right)\left(1 + \frac{2}{1+x}\right)\left[2 + (x+1)^2\right]$$

$$= \frac{1}{4}\left(2 + \frac{4}{1+x}\right)\left(2 + \frac{4}{1+x}\right)\left[2 + (x+1)^2\right]$$

$$\geqslant \frac{1}{4}\left(2 + \sqrt[3]{\frac{4}{1+x} \cdot \frac{4}{1+x} \cdot (x+1)^2}\right)^3$$

$$= \frac{1}{4}(2 + \sqrt[3]{16})^3 = \frac{1}{4}(2 + 2\sqrt[3]{2})^3$$

$$= 2(1 + \sqrt[3]{2})^3 = 2(1 + 2 + 3\sqrt[3]{2} + 3\sqrt[3]{4})$$

$$= 6(1 + \sqrt[3]{2} + \sqrt[3]{4})$$

开平方即得式 ③.

7. 设 x 为非负实数,求证

$$\frac{2+x}{1+x}\sqrt{1 + (x+1)^3} \geqslant 2\sqrt{2} \qquad\qquad ①$$

$$\frac{2+x}{1+x}\sqrt{2 + (x+1)^3} \geqslant 2\sqrt{3} \qquad\qquad ②$$

$$\frac{3+x}{1+x}\sqrt{1 + (x+1)^3} \geqslant 3\sqrt{2} \qquad\qquad ③$$

证明 (1)

$$\left(\frac{2+x}{1+x}\right)^2\left[1 + (x+1)^3\right]$$

$$= \left(1 + \frac{1}{1+x}\right)\left(1 + \frac{1}{1+x}\right)\left[1 + (x+1)^3\right]$$

$$\geqslant \left(1 + \sqrt[3]{\frac{1}{1+x} \cdot \frac{1}{1+x} \cdot (x+1)^3}\right)^3$$

$$= (1 + \sqrt[3]{1+x})^3 \geqslant (1 + 1)^3 = 8$$

开平方即得 $\frac{2+x}{1+x}\sqrt{1 + (x+1)^3} \geqslant 2\sqrt{2}$.

(2) 因为

$$2 + (x+1)^3 = 1 + 1 + (x+1)^3 \geqslant 3(x+1)$$

$$2 + x = 1 + x + 1 \geqslant 2\sqrt{x+1}$$

所以

$$\frac{2+x}{1+x} \sqrt{2+(x+1)^3} \geqslant \frac{2\sqrt{x+1} \cdot \sqrt{3(1+x)}}{1+x} = 2\sqrt{3}$$

（3）

$$\frac{3+x}{1+x} \sqrt{1+(x+1)^3} = \frac{3+x}{1+x} \sqrt{1+(x+1)^3}$$

$$\geqslant \frac{3+x}{1+x} \cdot \sqrt{2(x+1)^3} = (3+x)\sqrt{2(x+1)} \geqslant 3\sqrt{2}$$

8. 已知 a,b 为正实数，满足 $a^2 + b^2 = 5$，求证

$$\frac{2}{a+2} + \frac{1}{b+1} \geqslant \frac{3}{4}$$

证明　由权方和不等式，有

$$\frac{2}{a+2} + \frac{1}{b+1} = \frac{2^2}{2a+4} + \frac{1^2}{b+1}$$

$$\geqslant \frac{(2+1)^2}{2a+4+b+1} = \frac{9}{2a+b+5} = \frac{18}{4a+2b+10}$$

$$\geqslant \frac{18}{a^2+4+b^2+1+10} = \frac{18}{24} = \frac{3}{4}$$

9. 已知 a,b 为正实数，满足 $a+b=1$，求证

$$\sqrt{\frac{1}{a}-2a} + \sqrt{\frac{1}{b}-3b} \geqslant \sqrt{\frac{1}{6}(7\sqrt{3}-3)} \quad ①$$

等号成立当且仅当 $a = 1 - \dfrac{\sqrt{3}}{3}, b = \dfrac{\sqrt{3}}{3}$；

$$\sqrt{\frac{1}{a}-2a} + \sqrt{\frac{1}{b}-4b} \geqslant 1 \quad ②$$

等号成立当且仅当 $a = b = \dfrac{1}{2}$；

$$\sqrt{\frac{1}{a}-2a} + \sqrt{\frac{1}{b}-9b} \geqslant \frac{1}{\sqrt{6}} \quad ③$$

等号成立当且仅当 $a=\dfrac{2}{3},b=\dfrac{1}{3}$.

证明 先来证明一个引理.

引理 已知 a,b 为正实数,满足 $a+b=1,k>0$,则 $f(b)=\sqrt{\dfrac{1}{a}-2a}+\sqrt{\dfrac{1}{b}-kb}$ 是关于 b 的减函数.

引理的证明

$$f(b)=\sqrt{\dfrac{1}{a}-2a}+\sqrt{\dfrac{1}{b}-kb}$$

$$=\sqrt{\dfrac{1}{1-b}-2(1-b)}+\sqrt{\dfrac{1}{b}-kb}$$

$$=\sqrt{\dfrac{1}{1-b}+2b-2}+\sqrt{\dfrac{1}{b}-kb}$$

因为

$$f'(b)=-\dfrac{1}{2}\left(\dfrac{1}{1-b}+2b-2\right)^{-\frac{3}{2}}\left[\dfrac{b}{(1-b)^2}+2\right]-$$

$$\dfrac{1}{2}\left(\dfrac{1}{b}-kb\right)^{-\frac{3}{2}}\left(-\dfrac{1}{b^2}-k\right)<0$$

所以 $f(b)=\sqrt{\dfrac{1}{a}-2a}+\sqrt{\dfrac{1}{b}-kb}$ 是关于 b 的减函数.

下面证明问题 9.

(1) 因为 $\dfrac{1}{b}-3b\geqslant0$,所以 $0<b\leqslant\dfrac{1}{\sqrt{3}}$,当 $b=\dfrac{1}{\sqrt{3}}$ 时,$a=1-\dfrac{1}{\sqrt{3}}$,所以

$$\sqrt{\dfrac{1}{a}-2a}+\sqrt{\dfrac{1}{b}-3b}$$

$$\geqslant\sqrt{\dfrac{1}{1-\frac{\sqrt{3}}{3}}-2\left(1-\dfrac{1}{\sqrt{3}}\right)}+\sqrt{\dfrac{1}{\frac{1}{\sqrt{3}}}-3\cdot\dfrac{1}{\sqrt{3}}}$$

$$= \sqrt{\frac{1}{6}(7\sqrt{3} - 3)}$$

（2）因为 $\frac{1}{b} - 4b \geqslant 0$，所以 $0 < b \leqslant \frac{1}{2}$．当 $b = \frac{1}{2}$

时，$a = \frac{1}{2}$，所以

$$\sqrt{\frac{1}{a} - 2a} + \sqrt{\frac{1}{b} - 4b}$$

$$\geqslant \sqrt{\frac{1}{\frac{1}{2}} - 2 \times \frac{1}{2}} + \sqrt{\frac{1}{\frac{1}{2}} - 4 \times \frac{1}{2}} = 1$$

（3）因为 $\frac{1}{b} - 9b \geqslant 0$，所以 $0 < b \leqslant \frac{1}{3}$．当 $b = \frac{1}{3}$

时，$a = \frac{2}{3}$，所以

$$\sqrt{\frac{1}{a} - 2a} + \sqrt{\frac{1}{b} - 9b} \geqslant \sqrt{\frac{2}{3} - 2 \times \frac{2}{3}} +$$

$$\sqrt{\frac{1}{\frac{1}{3}} - 9 \times \frac{1}{3}} = \sqrt{\frac{3}{2} - \frac{4}{3}} = \frac{1}{\sqrt{6}}$$

10. 设 $a, b, c > 0$，且 $a^2 + b + c = 1$，求证：$a^2 +$

$4\sqrt{bc(c+a)(a+b)} \leqslant \frac{5}{16}$，等 号 成 立 当 且 仅 当

$a = \frac{1}{2}, b = c = \frac{3}{8}$．

显然当 $a = \frac{1}{2}, b = c = \frac{3}{8}$ 时

$$a^2 + 4\sqrt{bc(c+a)(a+b)} = \frac{25}{16}$$

所以该不等式可修正为

$$a^2 + 4\sqrt{bc(c+a)(a+b)} \leqslant \frac{25}{16}$$

证明

$$a^2 + 4\sqrt{bc(c+a)(a+b)}$$

$$= a^2 + 4\sqrt{(bc+ab)(ca+bc)}$$

$$\leqslant a^2 + 4 \cdot \frac{(bc+ab)+(ca+bc)}{2}$$

$$= a^2 + 4bc + 2a(b+c)$$

$$\leqslant a^2 + (b+c)^2 + 2a(b+c)$$

$$= a^2 + (1-a^2)^2 + 2a(1-a^2)$$

$$= a^4 - 2a^3 - a^2 + 2a + 1$$

记 $f(a) = a^4 - 2a^3 - a^2 + 2a + 1$,则

$$f'(a) = 4a^3 - 6a^3 - 2a + 2a = (2a-1)(a^2-a-1)$$

因为 $a,b,c > 0$ 且 $a^2+b+c=1$,所以 $b+c=1-a^2 > 0$,于是 $a^2-a-1 < 0$.

当 $0 < a < \dfrac{1}{2}$ 时,$f'(a) > 0$,$f(a)$ 为增函数;当 $a > \dfrac{1}{2}$ 时,$f'(a) < 0$,$f(a)$ 为减函数;当 $a = \dfrac{1}{2}$ 时,$f'(a) = 0$,$f(a)$ 有最大值.

所以

$$f(a) \leqslant f\left(\frac{1}{2}\right) = \left(\frac{1}{2}\right)^4 - 2 \cdot \left(\frac{1}{2}\right)^3 - \left(\frac{1}{2}\right)^2 +$$

$$2 \times \frac{1}{2} + 1 = \frac{25}{16}$$

故 $a^2 + 4\sqrt{bc(c+a)(a+b)} \leqslant \dfrac{25}{16}$,等号成立当且仅当 $a = \dfrac{1}{2}$,$b = c = \dfrac{3}{8}$.

11. 已知 $x,y,z > 0$,且 $x^2+y^2+z=1$.

(1) 求证:$xy + \sqrt{2}xz \leqslant \dfrac{3\sqrt{3}}{8}$,其中等号成立当且

仅当 $x=\dfrac{\sqrt{6}}{4}$，$y=\dfrac{\sqrt{2}}{4}$，$z=\dfrac{1}{2}$.

证明　因为 $x^{2}+\dfrac{6}{16}\geqslant\dfrac{\sqrt{6}}{2}x$，$y^{2}+\dfrac{2}{16}\geqslant\dfrac{\sqrt{2}}{4}y$，所以

$$x\leqslant\dfrac{2}{\sqrt{6}}\left(x^{2}+\dfrac{6}{16}\right)=\dfrac{\sqrt{6}}{3}\left(x^{2}+\dfrac{3}{8}\right)=\dfrac{\sqrt{6}}{3}x^{2}+\dfrac{\sqrt{6}}{8}$$

$$\sqrt{3}\,x\leqslant\sqrt{2}\,x^{2}+\dfrac{3\sqrt{2}}{8}$$

$$y\leqslant\dfrac{2}{\sqrt{2}}\left(y^{2}+\dfrac{2}{16}\right)=\sqrt{2}\left(y^{2}+\dfrac{1}{8}\right)=\sqrt{2}\,y^{2}+\dfrac{\sqrt{2}}{8}$$

于是

$$xy+\sqrt{2}\,xz=\dfrac{\sqrt{3}\,x(y+\sqrt{2}\,z)}{\sqrt{3}}$$

$$\leqslant\dfrac{1}{\sqrt{3}}\left(\dfrac{\sqrt{3}\,x+y+\sqrt{2}\,z}{2}\right)^{2}$$

$$=\dfrac{1}{\sqrt{3}}\times\left(\dfrac{3\sqrt{2}}{4}\right)^{2}$$

$$=\dfrac{\sqrt{3}}{3}\times\dfrac{9}{8}=\dfrac{3\sqrt{3}}{8}$$

(2) $xy+\sqrt{5}\,xz\leqslant\dfrac{7\sqrt{7}}{20}$，其中等号成立当且仅当

$x=\dfrac{\sqrt{35}}{10}$，$y=\dfrac{\sqrt{5}}{10}$，$z=\dfrac{3}{5}$.

证明　因为

$$x^{2}+\dfrac{35}{100}\geqslant\dfrac{\sqrt{35}}{5}x\,,\ y^{2}+\dfrac{5}{100}\geqslant\dfrac{\sqrt{5}}{5}y$$

所以

$$x\leqslant\dfrac{5}{\sqrt{35}}\left(x^{2}+\dfrac{35}{100}\right)=\dfrac{\sqrt{35}}{7}\left(x^{2}+\dfrac{35}{100}\right)$$

$$y \leqslant \sqrt{5}\left(y^2 + \frac{5}{100}\right)$$

于是

$$xy + \sqrt{5}\,xz = \frac{\sqrt{7}\,x(y + \sqrt{5}\,z)}{\sqrt{7}} \leqslant \frac{1}{\sqrt{7}}\left(\frac{\sqrt{7}\,x + y + \sqrt{5}\,z}{2}\right)^2$$

$$= \frac{1}{\sqrt{7}}\left(\frac{7\sqrt{5}}{10}\right)^2 = \frac{7\sqrt{7}}{20}$$

$(3)\,xy + 2xz \leqslant \dfrac{17\sqrt{17}}{48\sqrt{3}}$，其中等号成立当且仅当

$$x = \frac{\sqrt{17}}{4\sqrt{3}},\, y = \frac{1}{4},\, z = \frac{7}{12}.$$

证明 因为 $x^2 + \dfrac{17}{48} \geqslant \dfrac{\sqrt{17}}{4\sqrt{3}}x$，$y^2 + \dfrac{1}{16} \geqslant \dfrac{y}{2}$，所以

$$x \leqslant \frac{2\sqrt{3}}{\sqrt{17}}\left(x^2 + \frac{17}{48}\right),\, y \leqslant 2\left(y^2 + \frac{1}{16}\right)$$

所以

$$xy + 2xz = x(y + 2z) = \frac{\sqrt{3}}{\sqrt{17}} \cdot \frac{\sqrt{17}}{\sqrt{3}}x(y + 2z)$$

$$\leqslant \frac{\sqrt{3}}{\sqrt{17}} \cdot \left(\frac{\frac{\sqrt{17}}{\sqrt{3}}x + y + 2z}{2}\right)$$

$$\leqslant \frac{\sqrt{3}}{\sqrt{17}} \cdot \left(\frac{2x^2 + \frac{17}{24} + 2y^2 + \frac{3}{24} + 2 - 2x^2 - 2y^2}{2}\right)^2$$

$$= \frac{\sqrt{3}}{\sqrt{17}} \cdot \left(\frac{17}{12}\right)^2 = \frac{17\sqrt{17}}{48\sqrt{3}}$$

12. 设 $x, y, z > 0$，且 $x + y^2 + z = 1$.

（1）求证：$x(y+z) \leqslant \dfrac{25}{64}$，其中等号成立当且仅当

$x=\dfrac{5}{8}, y=\dfrac{1}{2}, z=\dfrac{1}{8}$.

证明　因为 $y^2+\dfrac{1}{4} \geqslant y$，所以

$$x(y+z) \leqslant \left(\dfrac{x+y+z}{2}\right)^2 \leqslant \left(\dfrac{x+z+y^2+\dfrac{1}{4}}{2}\right)$$

$$=\left(\dfrac{5}{8}\right)^2 = \dfrac{25}{64}$$

（2）$x(2y+3z) \leqslant \dfrac{25}{27}$，其中等号成立当且仅当

$x=\dfrac{5}{9}, y=z=\dfrac{1}{3}$.

证明　因为 $y^2+\dfrac{1}{9} \geqslant \dfrac{2y}{3}$，所以 $2y \leqslant 3y^2+\dfrac{1}{3}$，

于是

$$x(2y+3z)=\dfrac{1}{3} \cdot 3x(2y+3z)$$

$$\leqslant \dfrac{1}{3} \cdot \left(\dfrac{3x+3y^2+\dfrac{1}{3}+3z}{2}\right)^2 = \dfrac{25}{27}$$

（3）$x(2y+5z) \leqslant \dfrac{169}{125}$，其中等号成立当且仅当

$x=\dfrac{3}{25}, y=\dfrac{1}{5}, z=\dfrac{11}{25}$.

证明　因为 $y^2+\dfrac{1}{25} \geqslant \dfrac{2}{5}y$，所以

$$y \leqslant \dfrac{5}{2}\left(y^2+\dfrac{1}{25}\right)=\dfrac{5y^2}{2}+\dfrac{1}{10}$$

于是

$$x(2y+5z)=\frac{1}{5}\cdot 5x(2y+5z)$$

$$\leqslant \frac{13}{65}\cdot \left[\frac{\frac{65}{13}x+(2y+5z)}{2}\right]^2$$

$$\leqslant \frac{1}{5}\cdot \left[\frac{5x+5y^2+\frac{1}{5}+5z}{2}\right]^2$$

$$\leqslant \frac{1}{5}\times \frac{169}{25}=\frac{169}{125}$$

(4) $x(y+2z)\leqslant \dfrac{289}{512}$,其中等号成立当且仅当 $x=\dfrac{17}{32}$,$y=\dfrac{1}{4}$,$z=\dfrac{13}{32}$.

证明　因为 $y^2+\dfrac{1}{16}\geqslant \dfrac{1}{2}y$,所以 $y\leqslant 2y^2+\dfrac{1}{8}$,于是

$$x(y+2z)=\frac{1}{2}\cdot 2x(y+2z)$$

$$\leqslant \frac{1}{2}\cdot \left(\frac{2x+y+2z}{2}\right)^2$$

$$\leqslant \frac{1}{2}\cdot \left[\frac{2x+2y^2+\frac{1}{8}+2z}{2}\right]^2$$

$$=\frac{1}{2}\cdot \left(\frac{17}{16}\right)^2\leqslant \frac{289}{512}$$

13. 已知 $a,b,c>0$,$ab+bc+ca=1$,证明

$$\frac{a}{b+c}+\frac{b}{c+a}+\frac{c}{a+b}\geqslant 2(a+b+c-1)$$

证明　由 Cauchy-Schwarz 不等式,有

$$\frac{a}{b+c}+\frac{b}{c+a}+\frac{c}{a+b}$$

$$=\frac{a^2}{ab+ac}+\frac{b^2}{bc+ba}+\frac{c^2}{ca+cb}$$

$$\geqslant\frac{(a+b+c)^2}{(ab+ac)+(bc+ba)+(ca+cb)}$$

$$=\frac{(a+b+c)^2}{2(ab+bc+ca)}=\frac{(a+b+c)^2}{2}$$

于是只需证明 $\dfrac{(a+b+c)^2}{2}\geqslant 2(a+b+c-1)$,即

$(a+b+c-2)^2\geqslant 0$,此式显然成立,于是所证不等式成立.

14. 已知 a,b,c 为实数,且满足 $a,b,c\geqslant-1,a+b+c=3$,求证

$$\frac{(a+1)^2}{(a+3)^2}+\frac{(b+1)^2}{(b+3)^2}+\frac{(c+1)^2}{(c+3)^2}\leqslant\frac{3}{4}$$

证明　设 $a+1=x,b+1=y,c+1=z$,则 $x,y,z\geqslant 0,x+y+z=6$. 于是

$$\frac{(a+1)^2}{(a+3)^2}=\frac{x^2}{(x+2)^2}=\frac{x^2}{x^2+4x+4}$$

$$\leqslant\frac{x^2}{8x}=\frac{x}{8}$$

同理,有 $\dfrac{(b+1)^2}{(b+3)^2}\leqslant\dfrac{y}{8},\dfrac{(c+1)^2}{(c+3)^2}\leqslant\dfrac{z}{8}$,将上述三式相加,有

$$\frac{(a+1)^2}{(a+3)^2}+\frac{(b+1)^2}{(b+3)^2}+\frac{(c+1)^2}{(c+3)^2}\leqslant\frac{x}{8}+\frac{y}{8}+\frac{z}{8}=\frac{3}{4}$$

等号成立当且仅当 $x=y=z=2$,即 $a=b=c=1$.

15. 设 a,b,c 为正实数,求证

$$\frac{a^2 + bc}{b + c} + \frac{b^2 + ca}{c + a} + \frac{c^2 + ab}{a + b}$$

$$\geqslant \frac{3(a^2 + b^2 + c^2 + ab + bc + ca)}{2(a + b + c)}$$

证明　作变换 $b + c = 2x, c + a = 2y, a + b = 2z$,
则

$$a = y + z - x, b = z + x - y, c = x + y - z$$
$$a, b, c > 0, a + b + c = x + y + z$$

所以

$$a^2 + b^2 + c^2 + ab + bc + ca$$
$$= (y + z - x)^2 + (z + x - y)^2 + (x + y - z)^2 +$$
$$(y + z - x)(z + x - y) +$$
$$(z + x - y)(x + y - z) +$$
$$(x + y - z)(y + z - x)$$
$$= 2(x^2 + y^2 + z^2)$$

所以

$$右边 = \frac{3 \times 2(x^2 + y^2 + z^2)}{2(x + y + z)} = \frac{3(x^2 + y^2 + z^2)}{x + y + z}$$

又因为

$$\frac{a^2 + bc}{b + c} = \frac{(y + z - x)^2 + (z + x - y)(x + y - z)}{2x}$$

$$= \frac{x^2 + 2yz - xy - xz}{x} = x - y - z + \frac{2yz}{x}$$

于是,有

$$左边 = 2\left(\frac{yz}{x} + \frac{zx}{y} + \frac{xy}{z}\right) - \sum x$$

于是只需证明

$$2 \sum \frac{xy}{z} - \sum x \geqslant \frac{3(x^2 + y^2 + z^2)}{x + y + z}$$

$$\Leftrightarrow 2\sum \frac{xy}{z}\sum x - \left(\sum x\right)^2 \geqslant 3(x^2+y^2+z^2)$$

$$\Leftrightarrow \sum \frac{xy(x+y)}{z} \geqslant 2(x^2+y^2+z^2)$$

因为 $\dfrac{x^2 y}{z}+\dfrac{x^2 z}{y}\geqslant 2x^2$，$\dfrac{xz^2}{y}+\dfrac{yz^2}{x}\geqslant 2z^2$，$\dfrac{xy^2}{z}+$

$\dfrac{zy^2}{x}\geqslant 2y^2$．

将上述三式相加，即得．

说明　本题可以看作是不等式：设 a,b,c 为正实数，求证

$$\frac{a^2+bc}{b+c}+\frac{b^2+ca}{c+a}+\frac{c^2+ab}{a+b}\geqslant a+b+c$$

的加强．

16.（1）设 $x,y\geqslant 0$，$x+y=2$，证明

$$\frac{x}{x+2}+\frac{y}{y+2}+\frac{1}{xy+2}\leqslant 1$$

（2）设 $x,y>0$，$x+y\leqslant 1$，证明

$$\frac{x}{y+1}+\frac{y}{x+1}+\frac{1}{x+y}\geqslant \frac{5}{3}$$

证明　（1）因为 $x+y=2$，所以 $(xy)^2-xy\leqslant 0$，于是

$$\frac{x}{x+2}+\frac{y}{y+2}+\frac{1}{xy+2}-1$$

$$=\frac{x(y+2)+y(x+2)}{(x+2)(y+2)}+\frac{1}{xy+2}-1$$

$$=\frac{2xy+4}{xy+8}-\frac{xy+1}{xy+2}$$

$$=\frac{(2xy+4)(xy+2)-(xy+8)(xy+1)}{(xy+8)(xy+2)}$$

$$=\frac{(xy)^2-xy}{(xy+8)(xy+2)}\leqslant 0$$

故 $\dfrac{x}{x+2}+\dfrac{y}{y+2}+\dfrac{1}{xy+2}\leqslant 1.$

(2) 由 $x+y\leqslant 1$，知

$$\dfrac{x}{y+1}+\dfrac{y}{x+1}=\dfrac{x^2}{x+xy}+\dfrac{y^2}{xy+y}$$

$$\geqslant \dfrac{(x+y)^2}{x+y+2xy}\geqslant \dfrac{(x+y)^2}{x^2+y^2+2xy}=1$$

$$\geqslant \dfrac{(x+y)^2}{x^2+2xy+2xy+y^2}=\dfrac{(x+y)^2}{(x+y)^2+2xy}$$

$$\geqslant \dfrac{(x+y)^2}{(x+y)^2+\dfrac{1}{2}(x+y)^2}=\dfrac{2}{3}$$

因为 $x+y\leqslant 1$，所以 $\dfrac{1}{x+y}\geqslant 1$，于是

$$\dfrac{x}{y+1}+\dfrac{y}{x+1}+\dfrac{1}{x+y}\geqslant \dfrac{5}{3}$$

(2) 令 $x+y=t$，则 $t\leqslant 1$

$$\dfrac{x}{y+1}+\dfrac{y}{x+1}+\dfrac{1}{x+y}$$

$$=\dfrac{x(x+1)+y(y+1)}{(x+1)(y+1)}+\dfrac{1}{x+y}$$

$$=\dfrac{x^2+y^2+x+y}{xy+x+y+1}+\dfrac{1}{x+y}$$

$$\geqslant \dfrac{\dfrac{(x+y)^2}{2}+x+y}{\dfrac{(x+y)^4}{4}+x+y+1}+\dfrac{1}{x+y}$$

$$=\dfrac{2(t+2)t}{(t+2)^2}+\dfrac{1}{t}$$

$$=\dfrac{t}{t+2}+\dfrac{t}{t+2}+\dfrac{1}{3t}+\dfrac{1}{3t}+\dfrac{1}{3t}$$

$$\geqslant 5\sqrt[5]{\left(\dfrac{t}{t+2}\right)^2\left(\dfrac{1}{3t}\right)^3}$$

$$= 5\sqrt[5]{\dfrac{1}{27t(t+2)^2}} \geqslant \dfrac{5}{3}$$

10.5　自编不等式试题及证明

本节仅给出近两年笔者编制的几个不等式问题，并给出证明.

1. 已知 a, b, c 是三个不同的正实数，则有

$$\dfrac{(a-c)(b-c)}{(a-b)^2} + \dfrac{(b-a)(c-a)}{(b-c)^2} +$$

$$\dfrac{(c-b)(a-b)}{(c-a)^2} \geqslant \dfrac{15}{4}$$

证明　因为

$$(a-b)^2 = \big[(a-c)-(b-c)\big]^2$$
$$= (a-c)^2 + (b-c)^2 - 2(a-c)(b-c)$$

所以

$$2(a-c)(b-c) = (a-c)^2 + (b-c)^2 - (a-b)^2$$

同理可得另两式. 于是所证不等式等价于

$$\dfrac{2(a-c)(b-c)}{(a-b)^2} + \dfrac{2(b-a)(c-a)}{(b-c)^2} +$$

$$\dfrac{2(c-b)(a-b)}{(c-a)^2} \geqslant \dfrac{15}{2}$$

$$\Leftrightarrow \dfrac{(a-c)^2 + (b-c)^2 - (a-b)^2}{(a-b)^2} +$$

$$\dfrac{(a-b)^2 + (a-c)^2 - (b-c)^2}{(b-c)^2} +$$

$$\dfrac{(b-c)^2 + (a-b)^2 - (c-a)^2}{(c-a)^2}$$

$$\geqslant \dfrac{15}{2}$$

$$\Leftrightarrow \frac{(a-c)^2+(b-c)^2}{(a-b)^2}+\frac{(a-b)^2+(a-c)^2}{(b-c)^2}+$$

$$\frac{(b-c)^2+(a-b)^2}{(c-a)^2}\geqslant \frac{21}{2}$$

$$\Leftrightarrow [(a-b)^2+(b-c)^2+(c-a)^2]\cdot$$

$$\left[\frac{1}{(a-b)^2}+\frac{1}{(b-c)^2}+\frac{1}{(c-a)^2}\right]$$

$$\geqslant \frac{27}{2} \qquad\qquad ①$$

由于式 ① 关于 a,b,c 对称，故不妨设 $a>b>c$，则 $a=c+x,b=c+y,x>y>0$，式 ① 等价于

$$[x^2+y^2+(x-y)^2]\left[\frac{1}{x^2}+\frac{1}{y^2}+\frac{1}{(x-y)^2}\right]\geqslant \frac{27}{2}$$

$$②$$

令 $\dfrac{x}{y}+\dfrac{y}{x}-1=t$，则 $x^2+y^2-xy=txy$，$x^2+y^2=(1+t)xy$，式 ② 又等价于

$$[2(x^2+y^2-xy)]\cdot$$

$$\frac{(x^2+y^2)(x-y)^2+x^2y^2}{(x-y)^2x^2y^2}\geqslant \frac{27}{2}$$

$$\Leftrightarrow 2txy\cdot \frac{(x^2+y^2)(x^2+y^2-2xy)+x^2y^2}{(x^2+y^2-2xy)x^2y^2}\geqslant \frac{27}{2}$$

$$\Leftrightarrow 2txy\cdot \frac{(1+t)xy\cdot (t-1)xy+x^2y^2}{x^2y^2(t-1)xy}\geqslant \frac{27}{2}$$

$$\Leftrightarrow 2t\cdot \frac{(t+1)(t-1)+1}{t-1}\geqslant \frac{27}{2}\Leftrightarrow \frac{2t^3}{t-1}\geqslant \frac{27}{2}$$

$$4t^3\geqslant 27(t-1)\Leftrightarrow (2t-3)^2(t+3)\geqslant 0$$

最后一式显然成立，故所证不等式得证. 其中等号成立当且仅当 $a+b=2c$ 或 $a+c=2b$ 或 $b+c=2a$.

2. 设 x,y,z 为正实数，且 $xyz=1$，求证

$$\frac{1}{(x^2+1)(y^2+1)} + \frac{1}{(y^2+1)(z^2+1)} +$$

$$\frac{1}{(z^2+1)(x^2+1)} + \frac{xyz}{x+y+z+xyz} \leqslant 1$$

证明　令 $x=\dfrac{1}{a}, y=\dfrac{1}{b}, z=\dfrac{1}{c}$，则 $a, b, c > 0$，且

$abc=1$，所证不等式等价于

$$\frac{1}{\left(\dfrac{1}{a^2}+1\right)\left(\dfrac{1}{b^2}+1\right)} + \frac{1}{\left(\dfrac{1}{b^2}+1\right)\left(\dfrac{1}{c^2}+1\right)} +$$

$$\frac{1}{\left(\dfrac{1}{c^2}+1\right)\left(\dfrac{1}{a^2}+1\right)} + \frac{\dfrac{1}{a} \cdot \dfrac{1}{b} \cdot \dfrac{1}{c}}{\dfrac{1}{a}+\dfrac{1}{b}+\dfrac{1}{c}+\dfrac{1}{a} \cdot \dfrac{1}{b} \cdot \dfrac{1}{c}} \leqslant 1$$

即

$$\frac{a^2 b^2}{(a^2+1)(b^2+1)} + \frac{b^2 c^2}{(b^2+1)(c^2+1)} +$$

$$\frac{c^2 a^2}{(c^2+1)(a^2+1)} + \frac{1}{ab+bc+ca+1} \leqslant 1$$

由平均值不等式，有 $x^2+y^2+z^2 \geqslant xy+yz+zx$，

所以

$$\frac{1}{a^2} + \frac{1}{b^2} + c^2 \geqslant \frac{1}{ab} + \frac{c}{a} + \frac{c}{b}$$

$$\Leftrightarrow \frac{a^2+b^2+a^2 b^2 c^2}{a^2 b^2} \geqslant \frac{1+ac+bc}{ab}$$

$$\Leftrightarrow \frac{a^2+b^2+a^2 b^2 c^2+a^2 b^2}{a^2 b^2}$$

$$\geqslant \frac{1+ac+bc+ab}{ab}$$

$$\Leftrightarrow \frac{(1+a^2)(1+b^2)}{a^2 b^2} \geqslant \frac{1+ab+bc+ca}{ab}$$

$$\Leftrightarrow \frac{a^2 b^2}{(1+a^2)(1+b^2)} \leqslant \frac{ab}{1+ab+bc+ca}$$

同理,有

$$\frac{b^2 c^2}{(b^2+1)(c^2+1)} \leqslant \frac{bc}{1+ab+bc+ca}$$

$$\frac{c^2 a^2}{(c^2+1)(a^2+1)} \leqslant \frac{ca}{1+ab+bc+ca}$$

于是

$$\frac{a^2 b^2}{(a^2+1)(b^2+1)} + \frac{b^2 c^2}{(b^2+1)(c^2+1)} +$$

$$\frac{c^2 a^2}{(c^2+1)(a^2+1)} + \frac{1}{ab+bc+ca+1}$$

$$\leqslant \frac{ab}{1+ab+bc+ca} + \frac{bc}{1+ab+bc+ca} +$$

$$\frac{ca}{1+ab+bc+ca} +$$

$$\frac{1}{ab+bc+ca+1} = 1$$

3. 在 $\triangle ABC$ 中,求证:$13 + 13 \sum \sin \frac{A}{2} \sin \frac{B}{2} \leqslant$

$14 \sum \sin \frac{A}{2} + 14 \sin \frac{A}{2} \sin \frac{B}{2} \sin \frac{C}{2}$.

证明 首先证明一个引理.

引理:设 $\bar{\omega}$ 为 $\triangle ABC$ 的内切圆,在 $\triangle ABC$ 内部,分别作三个小圆,使得他们既与三边中的两个相切,也与 $\bar{\omega}$ 相切,如图 1 所示. 设这三个小圆的半径分别为 r_1, r_2, r_3,则 $\sqrt{r_1 r_2} + \sqrt{r_2 r_3} + \sqrt{r_3 r_1} = r$.

引理的证明:联结 AI 交小圆圆心于点 O,过点 O 作 $OM \perp AB$ 于点 M,过点 I 作 $IN \perp AB$ 于点 N,则 $\triangle AOM \backsim \triangle AIN$,有 $\dfrac{AO}{AI} = \dfrac{OM}{NI} = \dfrac{r_1}{r}$,所以

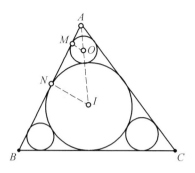

图 1

$$\frac{AI - AO}{AI} = \frac{r + r_1}{AI} = \frac{r - r_1}{r}$$

即 $\dfrac{r - r_1}{r + r_1} = \dfrac{r}{AI} = \sin \dfrac{A}{2}$，于是有

$$\frac{r_1}{r} = \frac{1 - \sin \dfrac{A}{2}}{1 + \sin \dfrac{A}{2}} = \frac{1 - 2\sin \dfrac{A}{4} \cos \dfrac{A}{4}}{1 + 2\sin \dfrac{A}{4} \cos \dfrac{A}{4}}$$

$$= \frac{\left(\sin \dfrac{A}{4} - \cos \dfrac{A}{4}\right)^2}{\left(\sin \dfrac{A}{4} + \cos \dfrac{A}{4}\right)^2}$$

$$= \left|\frac{\tan \dfrac{A}{4} - 1}{\tan \dfrac{A}{4} + 1}\right|^2 = \tan^2 \left(\frac{A}{4} - \frac{\pi}{4}\right)$$

同理，有

$$\frac{r_2}{r} = \tan^2 \left(\frac{B}{4} - \frac{\pi}{4}\right), \frac{r_3}{r} = \tan^2 \left(\frac{C}{4} - \frac{\pi}{4}\right)$$

于是有

$$\frac{\sqrt{r_1 r_2} + \sqrt{r_2 r_3} + \sqrt{r_3 r_1}}{r}$$

$$= \tan\left(\frac{\pi}{4} - \frac{A}{4}\right)\tan\left(\frac{\pi}{4} - \frac{B}{4}\right) +$$

$$\tan\left(\frac{\pi}{4} - \frac{B}{4}\right)\tan\left(\frac{\pi}{4} - \frac{C}{4}\right) +$$

$$\tan\left(\frac{\pi}{4} - \frac{C}{4}\right)\tan\left(\frac{\pi}{4} - \frac{A}{4}\right)$$

令 $\frac{\pi}{4} - \frac{A}{4} = \alpha, \frac{\pi}{4} - \frac{B}{4} = \beta, \frac{\pi}{4} - \frac{C}{4} = \gamma$ 则 $\alpha + \beta +$

$\gamma = \frac{\pi}{2}$,于是 $\tan\alpha\tan\beta + \tan\beta\tan\gamma + \tan\gamma\tan\alpha = 1$.

从而

$$\tan\left(\frac{\pi}{4} - \frac{A}{4}\right)\tan\left(\frac{\pi}{4} - \frac{B}{4}\right) +$$

$$\tan\left(\frac{\pi}{4} - \frac{B}{4}\right)\tan\left(\frac{\pi}{4} - \frac{C}{4}\right) +$$

$$\tan\left(\frac{\pi}{4} - \frac{C}{4}\right)\tan\left(\frac{\pi}{4} - \frac{A}{4}\right) = 1$$

于是,有 $\dfrac{\sqrt{r_1 r_2} + \sqrt{r_2 r_3} + \sqrt{r_3 r_1}}{r} = 1$,所以

$$\sqrt{r_1 r_2} + \sqrt{r_2 r_3} + \sqrt{r_3 r_1} = r$$

下面证明原题.

在引理中,由 AM－GM 不等式,有

$$r_1 r_2 r_3 = \sqrt{r_1 r_2} \cdot \sqrt{r_2 r_3} \cdot \sqrt{r_3 r_1}$$

$$\leqslant \left(\frac{\sqrt{r_1 r_2} + \sqrt{r_2 r_3} + \sqrt{r_3 r_1}}{3}\right)^3 = \frac{r^3}{27} \qquad ①$$

式 ① 等价于

$$\frac{1 - \sin\dfrac{A}{2}}{1 + \sin\dfrac{A}{2}} \cdot \frac{1 - \sin\dfrac{B}{2}}{1 + \sin\dfrac{B}{2}} \cdot \frac{1 - \sin\dfrac{C}{2}}{1 + \sin\dfrac{C}{2}} \leqslant \frac{1}{27}$$

$$\Leftrightarrow 27\left(1-\sin\frac{A}{2}\right)\left(1-\sin\frac{B}{2}\right)\left(1-\sin\frac{C}{2}\right)$$

$$\leqslant\left(1+\sin\frac{A}{2}\right)\left(1+\sin\frac{B}{2}\right)\left(1+\sin\frac{C}{2}\right)$$

$$\Leftrightarrow 27\left(1-\sum\sin\frac{A}{2}+\sum\sin\frac{A}{2}\sin\frac{B}{2}-\right.$$

$$\left.\sin\frac{A}{2}\sin\frac{B}{2}\sin\frac{C}{2}\right)$$

$$\leqslant\left(1+\sum\sin\frac{A}{2}+\sum\sin\frac{A}{2}\sin\frac{B}{2}+\right.$$

$$\left.\sin\frac{A}{2}\sin\frac{B}{2}\sin\frac{C}{2}\right)$$

$$\Leftrightarrow 13+13\sum\sin\frac{A}{2}\sin\frac{B}{2}$$

$$\leqslant 14\sum\sin\frac{A}{2}+14\sin\frac{A}{2}\sin\frac{B}{2}\sin\frac{C}{2}$$

故所证不等式成立.

4. 设 $\triangle ABC$ 的旁切圆、外接圆、内切圆半径分别为 r_a, r_b, r_c, R, r，角平分线长为 w_a, w_b, w_c，求证：

$$\frac{r_a r_b r_c}{w_a w_b w_c}\leqslant\frac{1}{2}+\frac{R}{4r}.$$

证明　设 $\triangle ABC$ 的三边长为 a, b, c，面积为 $\triangle$，半周长为 p，由旁切圆半径公式

$$(p-a)r_a=\triangle=pr, (p-b)r_b=\triangle=pr$$

$$(p-c)r_c=\triangle=pr$$

有 $r_a=\dfrac{pr}{p-a}, r_b=\dfrac{pr}{p-b}, r_c=\dfrac{pr}{p-c}$，于是

$$r_a r_b r_c=\frac{p^3 r^3}{(p-a)(p-b)(p-c)}=\frac{p^3 r^3}{pr^2}=p^2 r$$

由角平分线长公式

$$w_a=\frac{2}{b+c}\sqrt{bcp(p-a)}$$

$$w_b = \frac{2}{c+a}\sqrt{cap(p-b)}$$

$$w_c = \frac{2}{a+b}\sqrt{abp(p-c)}$$

有

$$w_a w_b w_c = \frac{8abcp\sqrt{p(p-a)(p-b)(p-c)}}{(b+c)(c+a)(a+b)}$$

$$= \frac{8abcp^2 r}{(b+c)(c+a)(a+b)}$$

于是 $\dfrac{r_a r_b r_c}{w_a w_b w_c} = \dfrac{(a+b)(b+c)(c+a)}{8abc}$,于是只需

证明

$$\frac{(a+b)(b+c)(c+a)}{8abc} \leqslant \frac{1}{2} + \frac{R}{4r}$$

$$\Longleftrightarrow \frac{(a+b)(b+c)(c+a)}{abc} \leqslant 4 + \frac{2R}{r}$$

因为 $a+b+c = 2p, ab+bc+ca = p^2+4Rr+r^2$,
$abc = 4Rrp$

$$(a+b)(b+c)(c+a)$$

$$= (a+b+c)(ab+bc+ca) - abc$$

于是上式又等价于

$$\frac{2p(p^2+4Rr+r^2)-4Rrp}{4Rrp} \leqslant 4 + \frac{2R}{r}$$

$$\Longleftrightarrow \frac{p^2+2Rr+r^2}{2Rr} \leqslant 4 + \frac{2R}{r}$$

$$\Longleftrightarrow p^2+2Rr+r^2 \leqslant 4R^2+8Rr$$

由 Gerresten 不等式,$p^2 \leqslant 4R^2+4Rr+3r^2$ 和
Euler 不等式 $R \geqslant 2r$,有

$$p^2+2Rr+r^2 \leqslant 4R^2+4Rr+3r^2+2Rr+r^2$$
$$= 4R^2+6Rr+4r^2 \leqslant 4R^2+6Rr+2Rr = 4R^2+8Rr$$

故所证不等式成立.

5.设 a,b,c 为正实数,求证

$$\frac{a}{\sqrt[3]{4b^6+4c^6}+7bc}+\frac{b}{\sqrt[3]{4c^6+4a^6}+7ca}+$$

$$\frac{c}{\sqrt[3]{4a^6+4b^6}+7ab}\geqslant\frac{1}{a+b+c}$$

证明 1

$$4b^6+4c^6=4(b^2+c^2)(b^4-b^2c^2+c^4)$$

$$=4(b^2+c^2)\big[(b^2+c^2)^2-3b^2c^2\big]$$

$$=4(b^2+c^2)(b^2+c^2+\sqrt{3}\,bc)(b^2+c^2-\sqrt{3}\,bc)$$

$$=(b^2+c^2)\cdot2(\sqrt{3}-1)(b^2+c^2+\sqrt{3}\,bc)\cdot$$

$$2(\sqrt{3}+1)(b^2+c^2-\sqrt{3}\,bc)$$

$$\leqslant\Big[\frac{(b^2+c^2)+2(2-\sqrt{3})(b^2+c^2+\sqrt{3}\,bc)+}{1\cdot}$$

$$\frac{2(2+\sqrt{3})(b^2+c^2-\sqrt{3}\,bc)}{3}\Big]^3$$

$$=(3b^2-4bc+3c^2)^3$$

所以

$$\frac{a}{\sqrt[3]{4b^6+4c^6}+7bc}\geqslant\frac{a}{3b^2-4bc+3c^2+7bc}$$

$$=\frac{a}{3(b^2+bc+c^2)}$$

同理,有

$$\frac{b}{\sqrt[3]{4c^6+4a^6}+7ca}\geqslant\frac{b}{3(c^2+ca+a^2)}$$

$$\frac{c}{\sqrt[3]{4a^6+4b^6}+7ab}\geqslant\frac{c}{3(a^2+ab+b^2)}$$

于是

$$\frac{a}{\sqrt[3]{4b^6+4c^6+7bc}}+\frac{b}{\sqrt[3]{4c^6+4a^6+7ca}}+$$

$$\frac{c}{\sqrt[3]{4a^6+4b^6+7ab}}$$

$$\geqslant \frac{1}{3}\left(\frac{a}{b^2+bc+c^2}+\frac{b}{c^2+ca+a^2}+\frac{c}{a^2+ab+b^2}\right)$$

$$\geqslant \frac{1}{3}\cdot\frac{(a+b+c)^2}{ab^2+abc+ac^2+bc^2+abc+ba^2+ca^2+cab+cb^2}$$

$$=\frac{(a+b+c)^2}{3(a+b+c)(ab+bc+ca)}=\frac{a+b+c}{3(ab+bc+ca)}$$

$$=\frac{(a+b+c)^2}{3(a+b+c)(ab+bc+ca)}=\frac{a+b+c}{3(ab+bc+ca)}$$

$$\geqslant \frac{a+b+c}{(a+b+c)^2}=\frac{1}{a+b+c}$$

证明 2 （潘成华老师学生程千弘）考虑局部不等式

$$(3a^2+3b^2-4ab)^3\geqslant 4(a^6+b^6)$$

$$\Leftrightarrow (a-b)^4(23a^2-16ab+23b^2)\geqslant 0$$

所以回到原题

$$\Leftarrow \sum\frac{a}{3(b^2+bc+c^2)}\geqslant\frac{1}{a+b+c}$$

$$\Leftrightarrow \sum\frac{a^2}{a(b^2+c^2)+abc}\geqslant\frac{3}{a+b+c}$$

$$\Leftarrow \frac{\left(\sum a\right)^3}{\sum a(b^2+c^2)+3abc}\geqslant 3$$

$$\Leftrightarrow \sum a^3+3\sum ab(a+b)+6abc$$

$$\geqslant 3\sum ab(a+b)+9abc\Leftrightarrow \sum a^3\geqslant 3abc$$

最后一式显然成立,所以所证不等式成立.

证明 3 （潘成华老师学生赵剑秋）先证局部不

等式

$$\sqrt[3]{4b^6 + 4c^6} \leqslant 3b^2 - 4bc + 3c^2$$

为证此不等式,令 $\dfrac{b}{c} = x$ 两边都除以 c^2,得

$$\sqrt[3]{4x^6 + 4} \leqslant 3x^2 - 4x + 3$$

$$\Leftrightarrow (3x^2 - 4x + 3)^3 \geqslant 4x^6 + 4$$

两边再同除以 x^3,有

$$\left(3x + \dfrac{3}{x} - 4\right)^3 \geqslant 4\left(x^3 + \dfrac{1}{x^3}\right)$$

令 $x + \dfrac{1}{x} = t$,则 $x^3 + \dfrac{1}{x^3} = t^3 - 3t$,于是

$$(3t - 4)^3 \geqslant 4(t^3 - 3t)$$

$$\Leftrightarrow 27t^3 - 108t^2 + 144t - 64 \geqslant 4t^3 - 12t$$

$$\Leftrightarrow 23t^3 - 108t^2 + 156t - 64 \geqslant 0$$

$$\Leftrightarrow (t - 2)(23t^2 - 62t + 32) \geqslant 0$$

由于 $t - 2 \geqslant 0, 23t^2 - 62t + 32 \geqslant 0$,所以最后一式成立,从而局部不等式成立.

于是

$$\dfrac{a}{\sqrt[3]{4b^6 + 4c^6} + 7bc} + \dfrac{b}{\sqrt[3]{4c^6 + 4a^6} + 7ca} +$$

$$\dfrac{c}{\sqrt[3]{4a^6 + 4b^6} + 7ab}$$

$$\geqslant \dfrac{1}{3}\left(\dfrac{a}{b^2 + bc + c^2} + \dfrac{b}{c^2 + ca + a^2} + \dfrac{c}{a^2 + ab + b^2}\right)$$

$$\geqslant \dfrac{1}{3} \cdot \dfrac{(a + b + c)^2}{ab^2 + abc + ac^2 + bc^2 + abc + ba^2 + ca^2 + cab + cb^2}$$

$$= \dfrac{(a + b + c)^2}{3(a + b + c)(ab + bc + ca)} = \dfrac{a + b + c}{3(ab + bc + ca)}$$

$$= \dfrac{(a + b + c)^2}{3(a + b + c)(ab + bc + ca)} = \dfrac{a + b + c}{3(ab + bc + ca)}$$

$$\geqslant \frac{a+b+c}{(a+b+c)^2} = \frac{1}{a+b+c}$$

证明 4　（潘成华老师学生罗悠然）因为

$$\sqrt[3]{64(a^2+b^2)^3}$$

$$= \sqrt[3]{(2+6)(2+6)\left[(a^6+b^6)+3a^2b^2(a^2+b^2)\right]}$$

$$\geqslant \sqrt[3]{4a^6+4b^6} + 3\sqrt[3]{4a^2b^2(a^2+b^2)}$$

所以

$$\sqrt[3]{4a^6+4b^6}$$

$$\leqslant 4(a^2+b^2) - 3\sqrt[3]{4a^2b^2(a^2+b^2)}$$

$$\leqslant 4(a^2+b^2) - 6ab$$

于是只需证明

$$\sum \frac{c}{4(a^2+b^2)+ab} \geqslant \frac{1}{a+b+c}$$

$$\Leftrightarrow \sum \frac{c^2}{4(a^2+b^2)c+abc} \geqslant \frac{1}{a+b+c}$$

只需证明

$$\frac{(a+b+c)^2}{4\sum ab(a+b)+3abc} \geqslant \frac{1}{a+b+c}$$

$$\Leftrightarrow (a+b+c)^3 \geqslant 4\sum ab(a+b)+3abc$$

$$\Leftrightarrow (a+b+c)^3$$

$$\geqslant 4(ab+bc+ca)(a+b+c) - 9abc$$

$$\Leftrightarrow a^3+b^3+c^3+3abc$$

$$\geqslant \sum ab(a+b)$$

最后一式为 Schur 不等式，故所证不等式成立.

证明 5　（潘成华老师学生刘萱暄）

$$\sqrt[3]{16}(b^2+c^2)$$

$$= \left[\sqrt{(1+1+1+1)(1+1+1+1)(b^6+c^6+3b^4c^2+3b^2c^4)}\right]^{\frac{1}{3}}$$

$$\geqslant \sqrt[3]{b^6 + c^6} + 3\sqrt[3]{2}\, bc$$

所以

$$\sqrt[3]{4b^6 + 4c^6} \leqslant 4(b^2 + c^2) - 6bc$$

以下略.

6. 在 $\triangle ABC$ 中定义 l_A 为由 $\angle A$ 的平分线与 BC 的交点向边 AB, AC 所引垂线的垂足的连线的长度. 类似地,定义 l_B, l_C. 设 l 是 $\triangle ABC$ 的周长. 求证:$l_A + l_B + l_C \leqslant \dfrac{3}{4} l.$

证明　分别用 a, b, c 表示 $\triangle ABC$ 中顶点 A, B, C 所对的边长. 记 D 是 BC 和 $\angle A$ 的平分线的交点, $p = BD, q = CD$. 由三角形角平分线定理得 $bp = cq$,结合 $p + q = a$ 得

$$p = \frac{ac}{b+c},\, q = \frac{ab}{b+c} \qquad ①$$

由 $\cos \angle ADB + \cos \angle ADC = 0$,根据余弦定理得

$$\frac{x^2 + p^2 - c^2}{2px} + \frac{x^2 + q^2 - c^2}{2qx} = 0$$

其中 $x = AD$,结合式 ① 得

$$x^2 = bc - pq = bc\left[1 - \left(\frac{a}{b+c}\right)^2\right]$$

$$= \frac{bc(b+c-a)}{(b+c)^2} \qquad ②$$

记由点 D 向 AB, AC 所引垂线的垂足分别为 E, F,则 A, E, D, F 四点共圆,$\angle DEF = \angle DAF$. 根据正弦定理得

$$\frac{l_A}{\sin A} = \frac{l_A}{\sin \angle EDF} = \frac{DF}{\sin \angle DEF} = \frac{DF}{\sin \angle DAF} = x$$

记 $\triangle ABC$ 的面积为 S,则由式 ② 得

$$l_A = x \sin A = \frac{2xS}{bc} = \frac{2S}{(b+c)\sqrt{bc}} \sqrt{(b+c-a)l}$$

同理,有

$$l_B = \frac{2S}{(c+a)\sqrt{ca}} \sqrt{(c+a-b)l}$$

$$l_C = \frac{2S}{(a+b)\sqrt{ab}} \sqrt{(a+b-c)l}$$

所以

$$\frac{l_A}{l} = \frac{2S}{b+c} \sqrt{\frac{(b+c-a)l}{bcl^2}}$$

$$= \frac{2S}{b+c} \sqrt{\frac{(b+c-a)}{bcl}}$$

$$= \frac{1}{2(b+c)} \sqrt{\frac{l(b+c-a)^2(a+b-c)(c+a-b)}{bcl}}$$

$$= \frac{b+c-a}{2(b+c)} \sqrt{\frac{(a+b-c)(c+a-b)}{bc}}$$

$$= \frac{b+c-a}{b+c} \sin \frac{A}{2} = \left(1 - \frac{a}{b+c}\right) \sin \frac{A}{2}$$

$$= \left(1 - \frac{\sin A}{\sin B + \sin C}\right) \sin \frac{A}{2}$$

$$= \sin \frac{A}{2} - \frac{2\sin \dfrac{A}{2}\cos \dfrac{A}{2}}{2\sin \dfrac{B+C}{2}\cos \dfrac{B-C}{2}} \sin \frac{A}{2}$$

$$\leqslant \sin \frac{A}{2} - \sin^2 \frac{A}{2}$$

同理,有 $\dfrac{l_B}{l} \leqslant \sin \dfrac{B}{2} - \sin^2 \dfrac{B}{2}, \dfrac{l_C}{l} \leqslant \sin \dfrac{C}{2} - \sin^2 \dfrac{C}{2}.$

将上述三式相加得

$$\frac{l_A}{l} + \frac{l_B}{l} + \frac{l_C}{l}$$

$$\leqslant \sin \frac{A}{2} + \sin \frac{B}{2} + \sin \frac{C}{2} - \sin^2 \frac{A}{2} -$$

$$\sin^2 \frac{B}{2} - \sin^2 \frac{C}{2}$$

$$= \sin \frac{A}{2} + \sin \frac{B}{2} + \sin \frac{C}{2} -$$

$$\frac{1}{2}(1 - \cos A + 1 - \cos B + 1 - \cos C)$$

$$= \left(\sin \frac{A}{2} + \sin \frac{B}{2} + \sin \frac{C}{2} \right) +$$

$$\frac{1}{2}(\cos A + \cos B + \cos C) - \frac{3}{2}$$

$$\leqslant \frac{3}{2} + \frac{1}{2} \times \frac{3}{2} - \frac{3}{2} = \frac{3}{4}.$$

（这是因为 $\sin \dfrac{A}{2} + \sin \dfrac{B}{2} + \sin \dfrac{C}{2} \leqslant \dfrac{3}{2}$, $\cos A +$

$\cos B + \cos C \leqslant \dfrac{3}{2}$.）

故 $l_A + l_B + l_C \leqslant \dfrac{3}{4}l.$

参考文献

[1]BOTTEMA O,等.几何不等式[M].单墫,译.北京:北京大学出版社,1991.

[2]安振平.涉及三角形的不等式[J].中学数学教学参考,1997(1-2):85-87.

[3]冷岗松.几何不等式[M].上海:华东师范大学出版社,2005:74-75.

[4]王明建.一个新几何不等式链[J].数学教学研究,2002(8):43.

[5]张宁.一个几何不等式的加强[J].中等数学,2004(3):18.

[6]李永利.数学问题1794[J].数学通报,2009,5:封底.

[7]《中等数学》编辑部.2002—2003国内外数学竞赛套题及精解[M].天津:中等数学,2004.

[8]《中等数学》编辑部.2004—2005国内外数学竞赛套题及精解[M].天津:中等数学,2004.

[9]李大元,顾鸿达,刘鸿坤,等.2004年(宇振杯)上海市初中数学竞赛[J].中等数学,2005(7):21-22.

[10]《中等数学》编辑部.2004泰国数学奥林匹克摘选[M]∥2004—2005国内外数学竞赛套题及精解.天津:中等数学,2006.

[11]MTTRINOVIC D S,等.几何不等式的新进展[M].北京:北京大学出版社,1993.

[12]安振平,邹守文.也谈几个精彩的平方和不等式[J].中学数学(高中),2008,12:39-40.

[13]安振平.解题分析:因和谐而精彩[J].中学数学教学参考,2009(1-2,上旬):53-54.

[14]安振平.涉及多个三角形的不等式[J].玉溪师专学报(自然科学版),1992(5):136-141.

[15]贝嘉禄.几个几何不等式的加强[J].中学数学教学参考,1999(6):59-60.

[16]陈计.一个新的三角形不等式链[J].中学数学,1993(2):2,22.

[17]陈建兵,邹守文.一个条件等式派生的不等式在证明竞赛不等式试题中的运用[J].中学数学研究(江西),2011(5):46-49.

[18]丁遵标.关于三角形高的几何性质[J].中学数学研究(广东),2008(5):48.

[19]段惠民,陈建武.垂足三角形的两个性质[J].中学数学,2005(2):46-47.

[20]高庆计.周界中点三角形的又两个性质[J].中学数学,2006(11):31.

[21]郭要红.界心、Nagel点及其他[J].中学数学教学,2001(5):39-40.

[22]郭要红.三角形第一、二界心到三边的距离公式[J].中学数学教学,2000(6):35.

[23]何成福,邹守文.用作差代换法解竞赛中的不等式问题[J].中学数学研究,2007(1):47-49.

[24]黄伟亮.几个不等式的共同背景[J].中学数学研究(广州),2007(6):46.

[25]黄兆麟.数学问题2603[J].数学通报,2021,5:封底.

[26]蒋明斌.一个猜想不等式的推广[J].中学数学研究(广东),2009(1):47-49.

[27]匡继昌.常用不等式:第三版[M].济南:山东科学技术出版社,2004:191.

[28]李建潮.关于三角形旁切圆半径的又一个不等式[J].中学数学研究(江西),2006(1):25-27.

[29]刘健.锐角三角形的三个轮换对称不等式[J].不等式研究通讯,2007,14(4):448.

[30]马占山,刘春杰.三角形中几个优美的不等式[J].数学传播,2012,36(2):95-97.

[31]沈文选.平面几何证明方法全书[M].哈尔滨:哈尔滨工业大学出版社,2005.

[32]宋庆.几个精彩的平方和不等式[J].中学数学,2008(9):33.

[33]宋庆.一道不等式试题的加强[J].数学通讯,2007(5):29.

[34]宋庆.一些新的代数不等式[J].中学数学研究,2009(2):12-14.

[35]苏昌木盛,孙建斌.背景不等式的进一步研究[J].中学数学研究(广州),2008(8).

[36]苏化明.数学奥林匹克问题解答初 291[J].中等数学,2011(3):46-47.

[37]汤庆梅,邹守文.用 schur 不等式——"背景不等式"的背景证明竞赛不等式[J].中学数学研究,2008(11):44-46.

[38]王洪燕,郭要红.Finsler-Hadwiger 型不等式推广的再研究[J].数学通报,2019,58(7):54-55.

[39]王开广.Gergonne 点 J 与 Kooi 不等式[J].中等

数学,2000(5):28.

[40]王明建,朱子萍,邹守文.三角形第一、二界心与重心等到各边距离之和的一个不等式链[J].中学数学教学,2001(3):33-34.

[41]王明建,王慧.三角形内点到各边距离之积的一个不等式链[J].中学数学,2006(2):46.

[42]王炜.关于旁切圆的几个等式[J].中学数学教学参考,2003(3).

[43]王玉怀.赛题另解[J].中等数学,2021(2):11-14.

[44]徐海生,邹守文.由 Nesbitt 不等式加强式的等价形式建立的几个不等式[J].中学数学研究,2021(3):33-35.

[45]许卫国,邹守文.一个含双参不等式及其对一类分式不等式的证明[J].中学数学研究(南昌),2009(3):16-17.

[46]杨学枝.数学奥林匹克不等式研究[M].哈尔滨:哈尔滨工业大学出版社,2009.

[47]杨志明.重要不等式及应用[M].杭州:浙江大学出版社,2020.

[48]杨志捷.两个优美的三角形不等式链[J].福建中学数学,2002(1):9-10.

[49]叶大文,邹守文.若干国际国内数学奥林匹克不等式问题的加强[J].保山师专学报,2009,28(2):61-64.

[50]张俊.一个三角形恒等式繁衍出的代数不等式[J].数学通讯,2010(9,下半月):61-62.

[51]朱结根.数学奥林匹克问题高88[J].中等数学,2002(2):41.

[52]邹明.三角形旁切圆半径的又一不等式[J].数学学习与研究,2000(2).

[53]邹守文,陈建兵.两个数学问题的共同背景[J].中学数学教学,2016(2):51.

[54]邹守文,程月琴.Schur 不等式的加强及其应用[J].中学数学研究,2006(2):23-25.

[55]邹守文,闵飞.H.Guggenheimer 不等式的再加强[J].中等数学,2003(6):19-20.

[57]邹守文.Nesbitt 不等式的加强及其应用[J].数学通讯,2012(4,下半月):63-65.

[58]邹守文.对一道不等式联赛题的研究[J].河北理科教学研究,2010(6):8-9.

[59]邹守文.构造局部不等式证明数学竞赛中的不等式题[J].数学通讯,2021(10):61-64.

[60]邹守文.关于 Gergonne 点和 Nagel 点的一个不等式[J].中学数学研究,2002(11).

[61]邹守文.关于角平分线的一个恒等式及其应用[J].中学数学教学参考,2001(9).

[62]邹守文.关于三角形角平分线的几个等式[J].中学数学教学参考,2001(9):61.

[63]邹守文.关于三角形旁切圆半径的一组有趣的恒等式[J].中学数学,2006(7):47.

[64]邹守文.关于外角平分线三角形的一个恒等式[J].中学数学,2005(5):45-46.

[65]邹守文.活跃在不等式证明中的一个常用不等式[J].数学通讯(上半月),2021(1):57-60.

[66]邹守文.几个不等式的改进[J].中学数学研究,2010(11):19-21.

[67]邹守文.两个无理不等式的推广及其他[J].数学教学通讯,2005(2):45-46.

[68]邹守文.塞瓦三角形一个优美的不等式[J].河北理科教学研究,2011(5):46-47.

[69]邹守文.三个不等式问题的研究[J].中学数学研究,2020(6):30-31.

[70]邹守文.三角形外角平分线构成的三角形的又几个性质[J].中学数学,2005(1):44.

[71]邹守文.数学奥林匹克问题高185[J].中等数学,2006(10):68.

[72]邹守文.外角平分线三角形的一个不等式的上界估计[J].中学数学,2006(6):17.

[73]邹守文.也谈一个三元三次不等式的等价形式及应用[J].中学数学,2005(10):46-47.

[74]邹守文.一道2007乌克兰竞赛题的简证[J].中学数学,2007(8):15.

[75]邹守文.一道2020摩尔多瓦奥赛题的多种证法[J].数理天地(高中版),2020(10):31-32.

[76]邹守文.一道48届国家集训队测试题的研究[J].中国初等数学研究,2011,第3辑:108-112.

[77]邹守文.一道不等式竞赛题的多证与加强[J].中学数学杂志,2020(7):52-53.

[78]邹守文.一个猜想的修正 类比与加强[J].中学数学教学,2003(2):34-35.

[79]邹守文.一个数学问题的等价形式与反向[J].数学教学通讯,2006,5(上半月).

[80]邹守文.一个条件等式的妙证、推广及应用[J].中学数学月刊,2003(6):47.

[81]邹守文.一个推广的不等式的应用[J].数学教学通讯,2003(11):35-36.

[82]邹守文.一个优美的等式及其对若干几何不等式的改进[J].中学数学研究(江西),2001(5).

[83]邹守文.一类不等式奥林匹克试题的共同背景[J].中学教研(数学),2012(9):43-46.

[84]邹守文.一类三角形不等式的统一证明[J].中学数学,2002(12):42-43.

[85]邹守文.一类有趣的条件不等式的统一证明[J].数学通讯,2021(7):61-63.

[86]邹守文.用代换法证明若干新颖的不等式问题[J].中学数学研究,2020(9):32-34.

[87]邹守文.用代数代换法证竞赛中的三角不等式问题[J].中学数学研究,2007(9):45-48.

[88]邹守文.由两个几何不等式引出的讨论[J].数学教学通讯,2004(6):39-40.

[89]邹守文.再谈用代数代换法证竞赛中的不等式问题[J].中学数学研究,2006(9):43-45.

[90]刘保乾.MOTTEMA 我们看见了什么——三角形几何不等式研究的新理论新方法和新结果[M].西藏人民出版社,2003:82.

刘培杰数学工作室
已出版(即将出版)图书目录——初等数学

书　名	出版时间	定　价	编号
新编中学数学解题方法全书(高中版)上卷(第2版)	2018—08	58.00	951
新编中学数学解题方法全书(高中版)中卷(第2版)	2018—08	68.00	952
新编中学数学解题方法全书(高中版)下卷(一)(第2版)	2018—08	58.00	953
新编中学数学解题方法全书(高中版)下卷(二)(第2版)	2018—08	58.00	954
新编中学数学解题方法全书(高中版)下卷(三)(第2版)	2018—08	68.00	955
新编中学数学解题方法全书(初中版)上卷	2008—01	28.00	29
新编中学数学解题方法全书(初中版)中卷	2010—07	38.00	75
新编中学数学解题方法全书(高考复习卷)	2010—01	48.00	67
新编中学数学解题方法全书(高考真题卷)	2010—01	38.00	62
新编中学数学解题方法全书(高考精华卷)	2011—03	68.00	118
新编平面解析几何解题方法全书(专题讲座卷)	2010—01	18.00	61
新编中学数学解题方法全书(自主招生卷)	2013—08	88.00	261
数学奥林匹克与数学文化(第一辑)	2006—05	48.00	4
数学奥林匹克与数学文化(第二辑)(竞赛卷)	2008—01	48.00	19
数学奥林匹克与数学文化(第二辑)(文化卷)	2008—07	58.00	36'
数学奥林匹克与数学文化(第三辑)(竞赛卷)	2010—01	48.00	59
数学奥林匹克与数学文化(第四辑)(竞赛卷)	2011—08	58.00	87
数学奥林匹克与数学文化(第五辑)	2015—06	98.00	370
世界著名平面几何经典著作钩沉——几何作图专题卷(共3卷)	2022—01	198.00	1460
世界著名平面几何经典著作钩沉(民国平面几何老课本)	2011—03	38.00	113
世界著名平面几何经典著作钩沉(建国初期平面三角老课本)	2015—08	38.00	507
世界著名解析几何经典著作钩沉——平面解析几何卷	2014—01	38.00	264
世界著名数论经典著作钩沉(算术卷)	2012—01	28.00	125
世界著名数学经典著作钩沉——立体几何卷	2011—02	28.00	88
世界著名三角学经典著作钩沉(平面三角卷Ⅰ)	2010—06	28.00	69
世界著名三角学经典著作钩沉(平面三角卷Ⅱ)	2011—01	38.00	78
世界著名初等数论经典著作钩沉(理论和实用算术卷)	2011—07	38.00	126
发展你的空间想象力(第3版)	2021—01	98.00	1464
空间想象力进阶	2019—05	68.00	1062
走向国际数学奥林匹克的平面几何试题诠释.第1卷	2019—07	88.00	1043
走向国际数学奥林匹克的平面几何试题诠释.第2卷	2019—09	78.00	1044
走向国际数学奥林匹克的平面几何试题诠释.第3卷	2019—03	78.00	1045
走向国际数学奥林匹克的平面几何试题诠释.第4卷	2019—09	98.00	1046
平面几何证明方法全书	2007—08	35.00	1
平面几何证明方法全书习题解答(第2版)	2006—12	18.00	10
平面几何天天练上卷·基础篇(直线型)	2013—01	58.00	208
平面几何天天练中卷·基础篇(涉及圆)	2013—01	28.00	234
平面几何天天练下卷·提高篇	2013—01	58.00	237
平面几何专题研究	2013—07	98.00	258
平面几何解题之道.第1卷	2022—05	38.00	1494
几何学习题集	2020—10	48.00	1217
通过解题学习代数几何	2021—04	88.00	1301
圆锥曲线的奥秘	2022—06	88.00	1541

刘培杰数学工作室
已出版(即将出版)图书目录——初等数学

书　　名	出版时间	定　价	编号
最新世界各国数学奥林匹克中的平面几何试题	2007－09	38.00	14
数学竞赛平面几何典型题及新颖解	2010－07	48.00	74
初等数学复习及研究(平面几何)	2008－09	68.00	38
初等数学复习及研究(立体几何)	2010－06	38.00	71
初等数学复习及研究(平面几何)习题解答	2009－01	58.00	42
几何学教程(平面几何卷)	2011－03	68.00	90
几何学教程(立体几何卷)	2011－07	68.00	130
几何变换与几何证题	2010－06	88.00	70
计算方法与几何证题	2011－06	28.00	129
立体几何技巧与方法	2014－04	88.00	293
几何瑰宝——平面几何500名题暨1500条定理(上、下)	2021－07	168.00	1358
三角形的解法与应用	2012－07	18.00	183
近代的三角形几何学	2012－07	48.00	184
一般折线几何学	2015－08	48.00	503
三角形的五心	2009－06	28.00	51
三角形的六心及其应用	2015－10	68.00	542
三角形趣谈	2012－08	28.00	212
解三角形	2014－01	28.00	265
探秘三角形:一次数学旅行	2021－10	68.00	1387
三角学专门教程	2014－09	28.00	387
图天下几何新题试卷.初中(第2版)	2017－11	58.00	855
圆锥曲线习题集(上册)	2013－06	68.00	255
圆锥曲线习题集(中册)	2015－01	78.00	434
圆锥曲线习题集(下册·第1卷)	2016－10	78.00	683
圆锥曲线习题集(下册·第2卷)	2018－01	98.00	853
圆锥曲线习题集(下册·第3卷)	2019－10	128.00	1113
圆锥曲线的思想方法	2021－08	48.00	1379
圆锥曲线的八个主要问题	2021－10	48.00	1415
论九点圆	2015－05	88.00	645
近代欧氏几何学	2012－03	48.00	162
罗巴切夫斯基几何学及几何基础概要	2012－07	28.00	188
罗巴切夫斯基几何学初步	2015－06	28.00	474
用三角、解析几何、复数、向量计算解数学竞赛几何题	2015－03	48.00	455
用解析法研究圆锥曲线的几何理论	2022－05	48.00	1495
美国中学几何教程	2015－04	88.00	458
三线坐标与三角形特征点	2015－04	98.00	460
坐标几何学基础.第1卷,笛卡儿坐标	2021－08	48.00	1398
坐标几何学基础.第2卷,三线坐标	2021－09	28.00	1399
平面解析几何方法与研究(第1卷)	2015－05	18.00	471
平面解析几何方法与研究(第2卷)	2015－06	18.00	472
平面解析几何方法与研究(第3卷)	2015－07	18.00	473
解析几何研究	2015－01	38.00	425
解析几何学教程.上	2016－01	38.00	574
解析几何学教程.下	2016－01	38.00	575
几何学基础	2016－01	58.00	581
初等几何研究	2015－02	58.00	444
十九和二十世纪欧氏几何学中的片段	2017－01	58.00	696
平面几何中考.高考.奥数一本通	2017－07	28.00	820
几何学简史	2017－08	28.00	833
四面体	2018－01	48.00	880
平面几何证明方法思路	2018－12	68.00	913

刘培杰数学工作室
已出版(即将出版)图书目录——初等数学

书　　名	出版时间	定　价	编号
平面几何图形特性新析.上篇	2019—01	68.00	911
平面几何图形特性新析.下篇	2018—06	88.00	912
平面几何范例多解探究.上篇	2018—04	48.00	910
平面几何范例多解探究.下篇	2018—12	68.00	914
从分析解题过程学解题:竞赛中的几何问题研究	2018—07	68.00	946
从分析解题过程学解题:竞赛中的向量几何与不等式研究(全2册)	2019—06	138.00	1090
从分析解题过程学解题:竞赛中的不等式问题	2021—01	48.00	1249
二维、三维欧氏几何的对偶原理	2018—12	38.00	990
星形大观及闭折线论	2019—03	68.00	1020
立体几何的问题和方法	2019—11	58.00	1127
三角代换论	2021—05	58.00	1313
俄罗斯平面几何问题集	2009—08	88.00	55
俄罗斯立体几何问题集	2014—03	58.00	283
俄罗斯几何大师——沙雷金论数学及其他	2014—01	48.00	271
来自俄罗斯的5000道几何习题及解答	2011—03	58.00	89
俄罗斯初等数学问题集	2012—05	38.00	177
俄罗斯函数问题集	2011—03	38.00	103
俄罗斯组合分析问题集	2011—01	48.00	79
俄罗斯初等数学万题选——三角卷	2012—11	38.00	222
俄罗斯初等数学万题选——代数卷	2013—08	68.00	225
俄罗斯初等数学万题选——几何卷	2014—01	68.00	226
俄罗斯《量子》杂志数学征解问题100题选	2018—08	48.00	969
俄罗斯《量子》杂志数学征解问题又100题选	2018—08	48.00	970
俄罗斯《量子》杂志数学征解问题	2020—05	48.00	1138
463个俄罗斯几何老问题	2012—01	28.00	152
《量子》数学短文精粹	2018—09	38.00	972
用三角、解析几何等计算解来自俄罗斯的几何题	2019—11	88.00	1119
基谢廖夫平面几何	2022—01	48.00	1461
数学:代数、数学分析和几何(10—11年级)	2021—01	48.00	1250
立体几何.10—11年级	2022—01	58.00	1472
直观几何学:5—6年级	2022—04	58.00	1508
谈谈素数	2011—03	18.00	91
平方和	2011—03	18.00	92
整数论	2011—05	38.00	120
从整数谈起	2015—10	28.00	538
数与多项式	2016—01	38.00	558
谈谈不定方程	2011—05	28.00	119
质数漫谈	2022—07	68.00	1529
解析不等式新论	2009—06	68.00	48
建立不等式的方法	2011—03	98.00	104
数学奥林匹克不等式研究(第2版)	2020—07	68.00	1181
不等式研究(第二辑)	2012—02	68.00	153
不等式的秘密(第一卷)(第2版)	2014—02	38.00	286
不等式的秘密(第二卷)	2014—01	38.00	268
初等不等式的证明方法	2010—06	38.00	123
初等不等式的证明方法(第二版)	2014—11	38.00	407
不等式·理论·方法(基础卷)	2015—07	38.00	496
不等式·理论·方法(经典不等式卷)	2015—07	38.00	497
不等式·理论·方法(特殊类型不等式卷)	2015—07	48.00	498
不等式探究	2016—03	38.00	582
不等式探秘	2017—01	88.00	689
四面体不等式	2017—01	68.00	715
数学奥林匹克中常见重要不等式	2017—09	38.00	845

刘培杰数学工作室
已出版(即将出版)图书目录——初等数学

书　　名	出版时间	定　价	编号
三正弦不等式	2018－09	98.00	974
函数方程与不等式:解法与稳定性结果	2019－04	68.00	1058
数学不等式.第1卷,对称多项式不等式	2022－05	78.00	1455
数学不等式.第2卷,对称有理不等式与对称无理不等式	2022－05	88.00	1456
数学不等式.第3卷,循环不等式与非循环不等式	2022－05	88.00	1457
数学不等式.第4卷,Jensen不等式的扩展与加细	2022－05	88.00	1458
数学不等式.第5卷,创建不等式与解不等式的其他方法	2022－05	88.00	1459
同余理论	2012－05	38.00	163
[x]与{x}	2015－04	48.00	476
极值与最值.上卷	2015－06	28.00	486
极值与最值.中卷	2015－06	38.00	487
极值与最值.下卷	2015－06	28.00	488
整数的性质	2012－11	38.00	192
完全平方数及其应用	2015－08	78.00	506
多项式理论	2015－10	88.00	541
奇数、偶数、奇偶分析法	2018－01	98.00	876
不定方程及其应用.上	2018－12	58.00	992
不定方程及其应用.中	2019－01	78.00	993
不定方程及其应用.下	2019－02	98.00	994
Nesbitt不等式加强式的研究	2022－06	128.00	1527
历届美国中学生数学竞赛试题及解答(第一卷)1950－1954	2014－07	18.00	277
历届美国中学生数学竞赛试题及解答(第二卷)1955－1959	2014－04	18.00	278
历届美国中学生数学竞赛试题及解答(第三卷)1960－1964	2014－06	18.00	279
历届美国中学生数学竞赛试题及解答(第四卷)1965－1969	2014－04	18.00	280
历届美国中学生数学竞赛试题及解答(第五卷)1970－1972	2014－06	18.00	281
历届美国中学生数学竞赛试题及解答(第六卷)1973－1980	2017－07	18.00	768
历届美国中学生数学竞赛试题及解答(第七卷)1981－1986	2015－01	18.00	424
历届美国中学生数学竞赛试题及解答(第八卷)1987－1990	2017－05	18.00	769
历届中国数学奥林匹克试题集(第3版)	2021－10	58.00	1440
历届加拿大数学奥林匹克试题集	2012－08	38.00	215
历届美国数学奥林匹克试题集:1972～2019	2020－04	88.00	1135
历届波兰数学竞赛试题集.第1卷,1949～1963	2015－03	18.00	453
历届波兰数学竞赛试题集.第2卷,1964～1976	2015－03	18.00	454
历届巴尔干数学奥林匹克试题集	2015－05	38.00	466
保加利亚数学奥林匹克	2014－10	38.00	393
圣彼得堡数学奥林匹克试题集	2015－01	38.00	429
匈牙利奥林匹克数学竞赛题解.第1卷	2016－05	28.00	593
匈牙利奥林匹克数学竞赛题解.第2卷	2016－05	28.00	594
历届美国数学邀请赛试题集(第2版)	2017－10	78.00	851
普林斯顿大学数学竞赛	2016－06	38.00	669
亚太地区数学奥林匹克竞赛题	2015－07	18.00	492
日本历届(初级)广中杯数学竞赛试题及解答.第1卷(2000～2007)	2016－05	28.00	641
日本历届(初级)广中杯数学竞赛试题及解答.第2卷(2008～2015)	2016－05	38.00	642
越南数学奥林匹克题选:1962－2009	2021－07	48.00	1370
360个数学竞赛问题	2016－08	58.00	677
奥数最佳实战题.上卷	2017－06	38.00	760
奥数最佳实战题.下卷	2017－05	58.00	761
哈尔滨市早期中学数学竞赛试题汇编	2016－07	28.00	672
全国高中数学联赛试题及解答:1981－2019(第4版)	2020－07	138.00	1176
2022年全国高中数学联合竞赛模拟题集	2022－06	30.00	1521
20世纪50年代全国部分城市数学竞赛试题汇编	2017－07	28.00	797

刘培杰数学工作室
已出版(即将出版)图书目录——初等数学

书　名	出版时间	定　价	编号
国内外数学竞赛题及精解:2018～2019	2020－08	45.00	1192
国内外数学竞赛题及精解:2019～2020	2021－11	58.00	1439
许康华竞赛优学精选集.第一辑	2018－08	68.00	949
天问叶班数学问题征解100题.Ⅰ,2016－2018	2019－05	88.00	1075
天问叶班数学问题征解100题.Ⅱ,2017－2019	2020－07	98.00	1177
美国初中数学竞赛:AMC8准备(共6卷)	2019－07	138.00	1089
美国高中数学竞赛:AMC10准备(共6卷)	2019－08	158.00	1105
王连笑教你怎样学数学:高考选择题解题策略与客观题实用训练	2014－01	48.00	262
王连笑教你怎样学数学:高考数学高层次讲座	2015－02	48.00	432
高考数学的理论与实践	2009－08	38.00	53
高考数学核心题型解题方法与技巧	2010－01	28.00	86
高考思维新平台	2014－03	38.00	259
高考数学压轴题解题诀窍(上)(第2版)	2018－01	58.00	874
高考数学压轴题解题诀窍(下)(第2版)	2018－01	48.00	875
北京市五区文科数学三年高考模拟题详解:2013～2015	2015－08	48.00	500
北京市五区理科数学三年高考模拟题详解:2013～2015	2015－08	68.00	505
向量法巧解数学高考题	2009－08	28.00	54
高中数学课堂教学的实践与反思	2021－11	48.00	791
数学高考参考	2016－01	78.00	589
新课程标准高考数学解答题各种题型解法指导	2020－08	78.00	1196
全国及各省市高考数学试题审题要津与解法研究	2015－02	48.00	450
高中数学章节起始课的教学研究与案例设计	2019－05	28.00	1064
新课标高考数学——五年试题分章详解(2007～2011)(上、下)	2011－10	78.00	140,141
全国中考数学压轴题审题要津与解法研究	2013－04	78.00	248
新编全国及各省市中考数学压轴题审题要津与解法研究	2014－05	58.00	342
全国及各省市5年中考数学压轴题审题要津与解法研究(2015版)	2015－04	58.00	462
中考数学专题总复习	2007－04	28.00	6
中考数学较难题常考题型解题方法与技巧	2016－09	48.00	681
中考数学难题常考题型解题方法与技巧	2016－09	48.00	682
中考数学中档题常考题型解题方法与技巧	2017－08	68.00	835
中考数学选择填空压轴好题妙解365	2017－05	38.00	759
中考数学:三类重点考题的解法例析与习题	2020－04	48.00	1140
中小学数学的历史文化	2019－11	48.00	1124
初中平面几何百题多思创新解	2020－01	58.00	1125
初中数学中考备考	2020－01	58.00	1126
高考数学之九章演义	2019－08	68.00	1044
高考数学之难题谈笑间	2022－06	68.00	1519
化学可以这样学:高中化学知识方法智慧感悟疑难辨析	2019－07	58.00	1103
如何成为学习高手	2019－09	58.00	1107
高考数学:经典真题分类解析	2020－04	78.00	1134
高考数学解答题破解策略	2020－11	58.00	1221
从分析解题过程学解题:高考压轴题与竞赛题之关系探究	2020－08	88.00	1179
教学新思考:单元整体视角下的初中数学教学设计	2021－03	58.00	1278
思维再拓展:2020年经典几何题的多解探究与思考	即将出版		1279
中考数学小压轴汇编初讲	2017－07	48.00	788
中考数学大压轴专题微言	2017－09	48.00	846
怎么解中考平面几何探索题	2019－06	48.00	1093
北京中考数学压轴题解题方法突破(第7版)	2021－11	68.00	1442
助你高考成功的数学解题智慧:知识是智慧的基础	2016－01	58.00	596
助你高考成功的数学解题智慧:错误是智慧的试金石	2016－04	58.00	643
助你高考成功的数学解题智慧:方法是智慧的推手	2016－04	68.00	657
高考数学奇思妙解	2016－04	38.00	610
高考数学解题策略	2016－05	48.00	670
数学解题泄天机(第2版)	2017－10	48.00	850

刘培杰数学工作室
已出版(即将出版)图书目录——初等数学

书　名	出 版 时 间	定　价	编号
高考物理压轴题全解	2017—04	58.00	746
高中物理经典问题25讲	2017—05	28.00	764
高中物理教学讲义	2018—01	48.00	871
高中物理教学讲义:全模块	2022—03	98.00	1492
高中物理答疑解惑65篇	2021—11	48.00	1462
中学物理基础问题解析	2020—08	48.00	1183
2016年高考文科数学真题研究	2017—04	58.00	754
2016年高考理科数学真题研究	2017—04	78.00	755
2017年高考理科数学真题研究	2018—01	58.00	867
2017年高考文科数学真题研究	2018—01	48.00	868
初中数学、高中数学脱节知识补缺教材	2017—06	48.00	766
高考数学小题抢分必练	2017—10	48.00	834
高考数学核心素养解读	2017—09	38.00	839
高考数学客观题解题方法和技巧	2017—10	38.00	847
十年高考数学精品试题审题要津与解法研究	2021—10	98.00	1427
中国历届高考数学试题及解答.1949—1979	2018—01	38.00	877
历届中国高考数学试题及解答.第二卷,1980—1989	2018—10	28.00	975
历届中国高考数学试题及解答.第三卷,1990—1999	2018—10	48.00	976
数学文化与高考研究	2018—03	48.00	882
跟我学解高中数学题	2018—07	58.00	926
中学数学研究的方法及案例	2018—05	58.00	869
高考数学抢分技能	2018—07	68.00	934
高一新生常用数学方法和重要数学思想提升教材	2018—06	38.00	921
2018年高考数学真题研究	2019—01	68.00	1000
2019年高考数学真题研究	2020—05	88.00	1137
高考数学全国卷六道解答题常考题型解题诀窍:理科(全2册)	2019—07	78.00	1101
高考数学全国卷16道选择、填空题常考题型解题诀窍.理科	2018—09	88.00	971
高考数学全国卷16道选择、填空题常考题型解题诀窍.文科	2020—01	88.00	1123
高中数学一题多解	2019—06	58.00	1087
历届中国高考数学试题及解答:1917—1999	2021—08	98.00	1371
2000~2003年全国及各省市高考数学试题及解答	2022—05	88.00	1499
2004年全国及各省市高考数学试题及解答	2022—07	78.00	1500
突破高原:高中数学解题思维探究	2021—08	48.00	1375
高考数学中的"取值范围"	2021—10	48.00	1429
新课程标准高中数学各种题型解法大全.必修一分册	2021—06	58.00	1315
新课程标准高中数学各种题型解法大全.必修二分册	2022—01	68.00	1471
高中数学各种题型解法大全.选择性必修一分册	2022—06	68.00	1525
新编640个世界著名数学智力趣题	2014—01	88.00	242
500个最新世界著名数学智力趣题	2008—06	48.00	3
400个最新世界著名数学最值问题	2008—09	48.00	36
500个世界著名数学征解问题	2009—06	48.00	52
400个中国最佳初等数学征解老问题	2010—01	48.00	60
500个俄罗斯数学经典老题	2011—01	28.00	81
1000个国外中学物理好题	2012—04	48.00	174
300个日本高考数学题	2012—05	38.00	142
700个早期日本高考数学试题	2017—02	88.00	752
500个前苏联早期高考数学题及解答	2012—05	28.00	185
546个早期俄罗斯大学生数学竞赛题	2014—03	38.00	285
548个来自美苏的数学好问题	2014—11	28.00	396
20所苏联著名大学早期入学试题	2015—02	18.00	452
161道德国工科大学生的微分方程习题	2015—05	28.00	469
500个德国工科大学生必做的高数习题	2015—06	28.00	478
360个数学竞赛问题	2016—08	58.00	677
200个趣味数学故事	2018—02	48.00	857
470个数学奥林匹克中的最值问题	2018—10	88.00	985
德国讲义日本考题.微积分卷	2015—04	48.00	456
德国讲义日本考题.微分方程卷	2015—04	38.00	457
二十世纪中叶中、英、美、日、法、俄高考数学试题精选	2017—06	38.00	783

刘培杰数学工作室
已出版(即将出版)图书目录——初等数学

书　名	出版时间	定　价	编号
中国初等数学研究　2009 卷(第 1 辑)	2009－05	20.00	45
中国初等数学研究　2010 卷(第 2 辑)	2010－05	30.00	68
中国初等数学研究　2011 卷(第 3 辑)	2011－07	60.00	127
中国初等数学研究　2012 卷(第 4 辑)	2012－07	48.00	190
中国初等数学研究　2014 卷(第 5 辑)	2014－02	48.00	288
中国初等数学研究　2015 卷(第 6 辑)	2015－06	68.00	493
中国初等数学研究　2016 卷(第 7 辑)	2016－04	68.00	609
中国初等数学研究　2017 卷(第 8 辑)	2017－01	98.00	712
初等数学研究在中国.第 1 辑	2019－03	158.00	1024
初等数学研究在中国.第 2 辑	2019－10	158.00	1116
初等数学研究在中国.第 3 辑	2021－05	158.00	1306
初等数学研究在中国.第 4 辑	2022－06	158.00	1520
几何变换(Ⅰ)	2014－07	28.00	353
几何变换(Ⅱ)	2015－06	28.00	354
几何变换(Ⅲ)	2015－01	38.00	355
几何变换(Ⅳ)	2015－12	38.00	356
初等数论难题集(第一卷)	2009－05	68.00	44
初等数论难题集(第二卷)(上、下)	2011－02	128.00	82,83
数论概貌	2011－03	18.00	93
代数数论(第二版)	2013－08	58.00	94
代数多项式	2014－06	38.00	289
初等数论的知识与问题	2011－02	28.00	95
超越数论基础	2011－03	28.00	96
数论初等教程	2011－03	28.00	97
数论基础	2011－03	18.00	98
数论基础与维诺格拉多夫	2014－03	18.00	292
解析数论基础	2012－08	28.00	216
解析数论基础(第二版)	2014－01	48.00	287
解析数论问题集(第二版)(原版引进)	2014－05	88.00	343
解析数论问题集(第二版)(中译本)	2016－04	88.00	607
解析数论基础(潘承洞,潘承彪著)	2016－07	98.00	673
解析数论导引	2016－07	58.00	674
数论入门	2011－03	38.00	99
代数数论入门	2015－03	38.00	448
数论开篇	2012－07	28.00	194
解析数论引论	2011－03	48.00	100
Barban Davenport Halberstam 均值和	2009－01	40.00	33
基础数论	2011－03	28.00	101
初等数论 100 例	2011－05	18.00	122
初等数论经典例题	2012－07	18.00	204
最新世界各国数学奥林匹克中的初等数论试题(上、下)	2012－01	138.00	144,145
初等数论(Ⅰ)	2012－01	18.00	156
初等数论(Ⅱ)	2012－01	18.00	157
初等数论(Ⅲ)	2012－01	28.00	158

刘培杰数学工作室
已出版(即将出版)图书目录——初等数学

书　名	出版时间	定　价	编号
平面几何与数论中未解决的新老问题	2013—01	68.00	229
代数数论简史	2014—11	28.00	408
代数数论	2015—09	88.00	532
代数、数论及分析习题集	2016—11	98.00	695
数论导引提要及习题解答	2016—01	48.00	559
素数定理的初等证明.第2版	2016—09	48.00	686
数论中的模函数与狄利克雷级数(第二版)	2017—11	78.00	837
数论:数学导引	2018—01	68.00	849
范氏大代数	2019—02	98.00	1016
解析数学讲义.第一卷,导来式及微分、积分、级数	2019—04	88.00	1021
解析数学讲义.第二卷,关于几何的应用	2019—04	68.00	1022
解析数学讲义.第三卷,解析函数论	2019—04	78.00	1023
分析·组合·数论纵横谈	2019—04	58.00	1039
Hall 代数:民国时期的中学数学课本:英文	2019—08	88.00	1106
基谢廖夫初等代数	2022—07	38.00	1531
数学精神巡礼	2019—01	58.00	731
数学眼光透视(第2版)	2017—06	78.00	732
数学思想领悟(第2版)	2018—01	68.00	733
数学方法溯源(第2版)	2018—08	68.00	734
数学解题引论	2017—05	58.00	735
数学史话览胜(第2版)	2017—01	48.00	736
数学应用展观(第2版)	2017—08	68.00	737
数学建模尝试	2018—04	48.00	738
数学竞赛采风	2018—01	68.00	739
数学测评探营	2019—05	58.00	740
数学技能操握	2018—03	48.00	741
数学欣赏拾趣	2018—02	48.00	742
从毕达哥拉斯到怀尔斯	2007—10	48.00	9
从迪利克雷到维斯卡尔迪	2008—01	48.00	21
从哥德巴赫到陈景润	2008—05	98.00	35
从庞加莱到佩雷尔曼	2011—08	138.00	136
博弈论精粹	2008—03	58.00	30
博弈论精粹.第二版(精装)	2015—01	88.00	461
数学 我爱你	2008—01	28.00	20
精神的圣徒　别样的人生——60位中国数学家成长的历程	2008—09	48.00	39
数学史概论	2009—06	78.00	50
数学史概论(精装)	2013—03	158.00	272
数学史选讲	2016—01	48.00	544
斐波那契数列	2010—02	28.00	65
数学拼盘和斐波那契魔方	2010—07	38.00	72
斐波那契数列欣赏(第2版)	2018—08	58.00	948
Fibonacci 数列中的明珠	2018—06	58.00	928
数学的创造	2011—02	48.00	85
数学美与创造力	2016—01	48.00	595
数海拾贝	2016—01	48.00	590
数学中的美(第2版)	2019—04	68.00	1057
数论中的美学	2014—12	38.00	351

刘培杰数学工作室
已出版(即将出版)图书目录——初等数学

书　名	出版时间	定　价	编号
数学王者　科学巨人——高斯	2015—01	28.00	428
振兴祖国数学的圆梦之旅:中国初等数学研究史话	2015—06	98.00	490
二十世纪中国数学史料研究	2015—10	48.00	536
数字谜、数阵图与棋盘覆盖	2016—01	58.00	298
时间的形状	2016—01	38.00	556
数学发现的艺术:数学探索中的合情推理	2016—07	58.00	671
活跃在数学中的参数	2016—07	48.00	675
数海趣史	2021—05	98.00	1314
数学解题——靠数学思想给力(上)	2011—07	38.00	131
数学解题——靠数学思想给力(中)	2011—07	48.00	132
数学解题——靠数学思想给力(下)	2011—07	38.00	133
我怎样解题	2013—01	48.00	227
数学解题中的物理方法	2011—06	28.00	114
数学解题的特殊方法	2011—06	48.00	115
中学数学计算技巧(第2版)	2020—10	48.00	1220
中学数学证明方法	2012—01	58.00	117
数学趣题巧解	2012—03	28.00	128
高中数学教学通鉴	2015—05	58.00	479
和高中生漫谈:数学与哲学的故事	2014—08	28.00	369
算术问题集	2017—03	38.00	789
张教授讲数学	2018—07	38.00	933
陈永明实话实说数学教学	2020—04	68.00	1132
中学数学学科知识与教学能力	2020—06	58.00	1155
怎样把课讲好:大罕数学教学随笔	2022—03	58.00	1484
中国高考评价体系下高考数学探秘	2022—03	48.00	1487
自主招生考试中的参数方程问题	2015—01	28.00	435
自主招生考试中的极坐标问题	2015—04	28.00	463
近年全国重点大学自主招生数学试题全解及研究.华约卷	2015—02	38.00	441
近年全国重点大学自主招生数学试题全解及研究.北约卷	2016—05	38.00	619
自主招生数学解证宝典	2015—09	48.00	535
中国科学技术大学创新班数学真题解析	2022—03	48.00	1488
中国科学技术大学创新班物理真题解析	2022—03	58.00	1489
格点和面积	2012—07	18.00	191
射影几何趣谈	2012—04	28.00	175
斯潘纳尔引理——从一道加拿大数学奥林匹克试题谈起	2014—01	28.00	228
李普希兹条件——从几道近年高考数学试题谈起	2012—10	18.00	221
拉格朗日中值定理——从一道北京高考试题的解法谈起	2015—10	18.00	197
闵科夫斯基定理——从一道清华大学自主招生试题谈起	2014—01	28.00	198
哈尔测度——从一道冬令营试题的背景谈起	2012—08	28.00	202
切比雪夫逼近问题——从一道中国台北数学奥林匹克试题谈起	2013—04	38.00	238
伯恩斯坦多项式与贝齐尔曲面——从一道全国高中数学联赛试题谈起	2013—03	38.00	236
卡塔兰猜想——从一道普特南竞赛试题谈起	2013—06	18.00	256
麦卡锡函数和阿克曼函数——从一道前南斯拉夫数学奥林匹克试题谈起	2012—08	18.00	201
贝蒂定理与拉姆贝克莫斯尔定理——从一个拣石子游戏谈起	2012—08	18.00	217
皮亚诺曲线和豪斯道夫分球定理——从无限集谈起	2012—08	18.00	211
平面凸图形与凸多面体	2012—10	28.00	218
斯坦因豪斯问题——从一道二十五省市自治区中学数学竞赛试题谈起	2012—07	18.00	196

刘培杰数学工作室

已出版(即将出版)图书目录——初等数学

书 名	出版时间	定 价	编号
纽结理论中的亚历山大多项式与琼斯多项式——从一道北京市高一数学竞赛试题谈起	2012—07	28.00	195
原则与策略——从波利亚"解题表"谈起	2013—04	38.00	244
转化与化归——从三大尺规作图不能问题谈起	2012—08	28.00	214
代数几何中的贝祖定理(第一版)——从一道IMO试题的解法谈起	2013—08	18.00	193
成功连贯理论与约当块理论——从一道比利时数学竞赛试题谈起	2012—04	18.00	180
素数判定与大数分解	2014—08	18.00	199
置换多项式及其应用	2012—10	18.00	220
椭圆函数与模函数——从一道美国加州大学洛杉矶分校(UCLA)博士资格考题谈起	2012—10	28.00	219
差分方程的拉格朗日方法——从一道2011年全国高考理科试题的解法谈起	2012—08	28.00	200
力学在几何中的一些应用	2013—01	38.00	240
从根式解到伽罗华理论	2020—01	48.00	1121
康托洛维奇不等式——从一道全国高中联赛试题谈起	2013—03	28.00	337
西格尔引理——从一道第18届IMO试题的解法谈起	即将出版		
罗斯定理——从一道前苏联数学竞赛试题谈起	即将出版		
拉克斯定理和阿廷定理——从一道IMO试题的解法谈起	2014—01	58.00	246
毕卡大定理——从一道美国大学数学竞赛试题谈起	2014—07	18.00	350
贝齐尔曲线——从一道全国高中联赛试题谈起	即将出版		
拉格朗日乘子定理——从一道2005年全国高中联赛试题的高等数学解法谈起	2015—05	28.00	480
雅可比定理——从一道日本数学奥林匹克试题谈起	2013—04	48.00	249
李天岩—约克定理——从一道波兰数学竞赛试题谈起	2014—06	28.00	349
整系数多项式因式分解的一般方法——从克朗耐克算法谈起	即将出版		
布劳维不动点定理——从一道前苏联数学奥林匹克试题谈起	2014—01	38.00	273
伯恩赛德定理——从一道英国数学奥林匹克试题谈起	即将出版		
布查特—莫斯特定理——从一道上海市初中竞赛试题谈起	即将出版		
数论中的同余数问题——从一道普特南竞赛试题谈起	即将出版		
范·德蒙行列式——从一道美国数学奥林匹克试题谈起	即将出版		
中国剩余定理:总数法构建中国历史年表	2015—01	28.00	430
牛顿程序与方程求根——从一道全国高考试题解法谈起	即将出版		
库默尔定理——从一道IMO预选试题谈起	即将出版		
卢丁定理——从一道冬令营试题的解法谈起	即将出版		
沃斯滕霍姆定理——从一道IMO预选试题谈起	即将出版		
卡尔松不等式——从一道莫斯科数学奥林匹克试题谈起	即将出版		
信息论中的香农熵——从一道近年高考压轴题谈起	即将出版		
约当不等式——从一道希望杯竞赛试题谈起	即将出版		
拉比诺维奇定理	即将出版		
刘维尔定理——从一道《美国数学月刊》征解问题的解法谈起	即将出版		
卡塔兰恒等式与级数求和——从一道IMO试题的解法谈起	即将出版		
勒让德猜想与素数分布——从一道爱尔兰竞赛试题谈起	即将出版		
天平称重与信息论——从一道基辅市数学奥林匹克试题谈起	即将出版		
哈密尔顿—凯莱定理:从一道高中数学联赛试题的解法谈起	2014—09	18.00	376
艾思特曼定理——从一道CMO试题的解法谈起	即将出版		

刘培杰数学工作室
已出版(即将出版)图书目录——初等数学

书　　名	出版时间	定　价	编号
阿贝尔恒等式与经典不等式及应用	2018—06	98.00	923
迪利克雷除数问题	2018—07	48.00	930
幻方、幻立方与拉丁方	2019—08	48.00	1092
帕斯卡三角形	2014—03	18.00	294
蒲丰投针问题——从2009年清华大学的一道自主招生试题谈起	2014—01	38.00	295
斯图姆定理——从一道"华约"自主招生试题的解法谈起	2014—01	18.00	296
许瓦兹引理——从一道加利福尼亚大学伯克利分校数学系博士生试题谈起	2014—08	18.00	297
拉姆塞定理——从王诗宬院士的一个问题谈起	2016—04	48.00	299
坐标法	2013—12	28.00	332
数论三角形	2014—04	38.00	341
毕克定理	2014—07	18.00	352
数林掠影	2014—09	48.00	389
我们周围的概率	2014—10	38.00	390
凸函数最值定理:从一道华约自主招生题的解法谈起	2014—10	28.00	391
易学与数学奥林匹克	2014—10	38.00	392
生物数学趣谈	2015—01	18.00	409
反演	2015—01	28.00	420
因式分解与圆锥曲线	2015—01	18.00	426
轨迹	2015—01	28.00	427
面积原理:从常庚哲命的一道CMO试题的积分解法谈起	2015—01	48.00	431
形形色色的不动点定理:从一道28届IMO试题谈起	2015—01	38.00	439
柯西函数方程:从一道上海交大自主招生的试题谈起	2015—02	28.00	440
三角恒等式	2015—02	28.00	442
无理性判定:从一道2014年"北约"自主招生试题谈起	2015—01	38.00	443
数学归纳法	2015—03	18.00	451
极端原理与解题	2015—04	28.00	464
法雷级数	2014—08	18.00	367
摆线族	2015—01	38.00	438
函数方程及其解法	2015—05	38.00	470
含参数的方程和不等式	2012—09	28.00	213
希尔伯特第十问题	2016—01	38.00	543
无穷小量的求和	2016—01	28.00	545
切比雪夫多项式:从一道清华大学金秋营试题谈起	2016—01	38.00	583
泽肯多夫定理	2016—01	38.00	599
代数等式证题法	2016—01	28.00	600
三角等式证题法	2016—01	28.00	601
吴大任教授藏书中的一个因式分解公式:从一道美国数学邀请赛试题的解法谈起	2016—06	28.00	656
易卦——类万物的数学模型	2017—08	68.00	838
"不可思议"的数与数系可持续发展	2018—01	38.00	878
最短线	2018—01	38.00	879
幻方和魔方(第一卷)	2012—05	68.00	173
尘封的经典——初等数学经典文献选读(第一卷)	2012—07	48.00	205
尘封的经典——初等数学经典文献选读(第二卷)	2012—07	38.00	206
初级方程式论	2011—03	28.00	106
初等数学研究(Ⅰ)	2008—09	68.00	37
初等数学研究(Ⅱ)(上、下)	2009—05	118.00	46,47

刘培杰数学工作室
已出版(即将出版)图书目录——初等数学

书　名	出版时间	定　价	编号
趣味初等方程妙题集锦	2014－09	48.00	388
趣味初等数论选美与欣赏	2015－02	48.00	445
耕读笔记(上卷)：一位农民数学爱好者的初数探索	2015－04	28.00	459
耕读笔记(中卷)：一位农民数学爱好者的初数探索	2015－05	28.00	483
耕读笔记(下卷)：一位农民数学爱好者的初数探索	2015－05	28.00	484
几何不等式研究与欣赏.上卷	2016－01	88.00	547
几何不等式研究与欣赏.下卷	2016－01	48.00	552
初等数列研究与欣赏·上	2016－01	48.00	570
初等数列研究与欣赏·下	2016－01	48.00	571
趣味初等函数研究与欣赏.上	2016－09	48.00	684
趣味初等函数研究与欣赏.下	2018－09	48.00	685
三角不等式研究与欣赏	2020－10	68.00	1197
新编平面解析几何解题方法研究与欣赏	2021－10	78.00	1426
火柴游戏(第2版)	2022－05	38.00	1493
智力解谜.第1卷	2017－07	38.00	613
智力解谜.第2卷	2017－07	38.00	614
故事智力	2016－07	48.00	615
名人们喜欢的智力问题	2020－01	48.00	616
数学大师的发现、创造与失误	2018－01	48.00	617
异曲同工	2018－09	48.00	618
数学的味道	2018－01	58.00	798
数学千字文	2018－10	68.00	977
数贝偶拾——高考数学题研究	2014－04	28.00	274
数贝偶拾——初等数学研究	2014－04	38.00	275
数贝偶拾——奥数题研究	2014－04	48.00	276
钱昌本教你快乐学数学(上)	2011－12	48.00	155
钱昌本教你快乐学数学(下)	2012－03	58.00	171
集合、函数与方程	2014－01	28.00	300
数列与不等式	2014－01	38.00	301
三角与平面向量	2014－01	28.00	302
平面解析几何	2014－01	38.00	303
立体几何与组合	2014－01	28.00	304
极限与导数、数学归纳法	2014－01	38.00	305
趣味数学	2014－03	28.00	306
教材教法	2014－04	68.00	307
自主招生	2014－05	58.00	308
高考压轴题(上)	2015－01	48.00	309
高考压轴题(下)	2014－10	68.00	310
从费马到怀尔斯——费马大定理的历史	2013－10	198.00	I
从庞加莱到佩雷尔曼——庞加莱猜想的历史	2013－10	298.00	II
从切比雪夫到爱尔特希(上)——素数定理的初等证明	2013－07	48.00	III
从切比雪夫到爱尔特希(下)——素数定理100年	2012－12	98.00	III
从高斯到盖尔方特——二次域的高斯猜想	2013－10	198.00	IV
从库默尔到朗兰兹——朗兰兹猜想的历史	2014－01	98.00	V
从比勃巴赫到德布朗斯——比勃巴赫猜想的历史	2014－02	298.00	VI
从麦比乌斯到陈省身——麦比乌斯变换与麦比乌斯带	2014－02	298.00	VII
从布尔到豪斯道夫——布尔方程与格论漫谈	2013－10	198.00	VIII
从开普勒到阿诺德——三体问题的历史	2014－05	298.00	IX
从华林到华罗庚——华林问题的历史	2013－10	298.00	X

书 名	出版时间	定 价	编号
美国高中数学竞赛五十讲.第1卷(英文)	2014—08	28.00	357
美国高中数学竞赛五十讲.第2卷(英文)	2014—08	28.00	358
美国高中数学竞赛五十讲.第3卷(英文)	2014—09	28.00	359
美国高中数学竞赛五十讲.第4卷(英文)	2014—09	28.00	360
美国高中数学竞赛五十讲.第5卷(英文)	2014—10	28.00	361
美国高中数学竞赛五十讲.第6卷(英文)	2014—11	28.00	362
美国高中数学竞赛五十讲.第7卷(英文)	2014—12	28.00	363
美国高中数学竞赛五十讲.第8卷(英文)	2015—01	28.00	364
美国高中数学竞赛五十讲.第9卷(英文)	2015—01	28.00	365
美国高中数学竞赛五十讲.第10卷(英文)	2015—02	38.00	366
三角函数(第2版)	2017—04	38.00	626
不等式	2014—01	38.00	312
数列	2014—01	38.00	313
方程(第2版)	2017—04	38.00	624
排列和组合	2014—01	28.00	315
极限与导数(第2版)	2016—04	38.00	635
向量(第2版)	2018—08	58.00	627
复数及其应用	2014—08	28.00	318
函数	2014—01	38.00	319
集合	2020—01	48.00	320
直线与平面	2014—01	28.00	321
立体几何(第2版)	2016—04	38.00	629
解三角形	即将出版		323
直线与圆(第2版)	2016—11	38.00	631
圆锥曲线(第2版)	2016—09	48.00	632
解题通法(一)	2014—07	38.00	326
解题通法(二)	2014—07	38.00	327
解题通法(三)	2014—05	38.00	328
概率与统计	2014—01	28.00	329
信息迁移与算法	即将出版		330
IMO 50 年.第1卷(1959—1963)	2014—11	28.00	377
IMO 50 年.第2卷(1964—1968)	2014—11	28.00	378
IMO 50 年.第3卷(1969—1973)	2014—09	28.00	379
IMO 50 年.第4卷(1974—1978)	2016—04	38.00	380
IMO 50 年.第5卷(1979—1984)	2015—04	38.00	381
IMO 50 年.第6卷(1985—1989)	2015—04	58.00	382
IMO 50 年.第7卷(1990—1994)	2016—01	48.00	383
IMO 50 年.第8卷(1995—1999)	2016—06	38.00	384
IMO 50 年.第9卷(2000—2004)	2015—04	58.00	385
IMO 50 年.第10卷(2005—2009)	2016—01	48.00	386
IMO 50 年.第11卷(2010—2015)	2017—03	48.00	646

刘培杰数学工作室
已出版(即将出版)图书目录——初等数学

书　名	出版时间	定价	编号
数学反思(2006—2007)	2020—09	88.00	915
数学反思(2008—2009)	2019—01	68.00	917
数学反思(2010—2011)	2018—05	58.00	916
数学反思(2012—2013)	2019—01	58.00	918
数学反思(2014—2015)	2019—03	78.00	919
数学反思(2016—2017)	2021—03	58.00	1286
历届美国大学生数学竞赛试题集.第一卷(1938—1949)	2015—01	28.00	397
历届美国大学生数学竞赛试题集.第二卷(1950—1959)	2015—01	28.00	398
历届美国大学生数学竞赛试题集.第三卷(1960—1969)	2015—01	28.00	399
历届美国大学生数学竞赛试题集.第四卷(1970—1979)	2015—01	18.00	400
历届美国大学生数学竞赛试题集.第五卷(1980—1989)	2015—01	28.00	401
历届美国大学生数学竞赛试题集.第六卷(1990—1999)	2015—01	28.00	402
历届美国大学生数学竞赛试题集.第七卷(2000—2009)	2015—08	18.00	403
历届美国大学生数学竞赛试题集.第八卷(2010—2012)	2015—01	18.00	404
新课标高考数学创新题解题诀窍:总论	2014—09	28.00	372
新课标高考数学创新题解题诀窍:必修1～5分册	2014—08	38.00	373
新课标高考数学创新题解题诀窍:选修2－1,2－2,1－1,1－2分册	2014—09	38.00	374
新课标高考数学创新题解题诀窍:选修2－3,4－4,4－5分册	2014—09	18.00	375
全国重点大学自主招生英文数学试题全攻略:词汇卷	2015—07	48.00	410
全国重点大学自主招生英文数学试题全攻略:概念卷	2015—01	28.00	411
全国重点大学自主招生英文数学试题全攻略:文章选读卷(上)	2016—09	38.00	412
全国重点大学自主招生英文数学试题全攻略:文章选读卷(下)	2017—01	58.00	413
全国重点大学自主招生英文数学试题全攻略:试题卷	2015—07	38.00	414
全国重点大学自主招生英文数学试题全攻略:名著欣赏卷	2017—03	48.00	415
劳埃德数学趣题大全.题目卷.1:英文	2016—01	18.00	516
劳埃德数学趣题大全.题目卷.2:英文	2016—01	18.00	517
劳埃德数学趣题大全.题目卷.3:英文	2016—01	18.00	518
劳埃德数学趣题大全.题目卷.4:英文	2016—01	18.00	519
劳埃德数学趣题大全.题目卷.5:英文	2016—01	18.00	520
劳埃德数学趣题大全.答案卷:英文	2016—01	18.00	521
李成章教练奥数笔记.第1卷	2016—01	48.00	522
李成章教练奥数笔记.第2卷	2016—01	48.00	523
李成章教练奥数笔记.第3卷	2016—01	38.00	524
李成章教练奥数笔记.第4卷	2016—01	38.00	525
李成章教练奥数笔记.第5卷	2016—01	38.00	526
李成章教练奥数笔记.第6卷	2016—01	38.00	527
李成章教练奥数笔记.第7卷	2016—01	38.00	528
李成章教练奥数笔记.第8卷	2016—01	48.00	529
李成章教练奥数笔记.第9卷	2016—01	28.00	530

刘培杰数学工作室
已出版(即将出版)图书目录——初等数学

书　　名	出版时间	定　价	编号
第19～23届"希望杯"全国数学邀请赛试题审题要津详细评注(初一版)	2014—03	28.00	333
第19～23届"希望杯"全国数学邀请赛试题审题要津详细评注(初二、初三版)	2014—03	38.00	334
第19～23届"希望杯"全国数学邀请赛试题审题要津详细评注(高一版)	2014—03	28.00	335
第19～23届"希望杯"全国数学邀请赛试题审题要津详细评注(高二版)	2014—03	38.00	336
第19～25届"希望杯"全国数学邀请赛试题审题要津详细评注(初一版)	2015—01	38.00	416
第19～25届"希望杯"全国数学邀请赛试题审题要津详细评注(初二、初三版)	2015—01	58.00	417
第19～25届"希望杯"全国数学邀请赛试题审题要津详细评注(高一版)	2015—01	48.00	418
第19～25届"希望杯"全国数学邀请赛试题审题要津详细评注(高二版)	2015—01	48.00	419
物理奥林匹克竞赛大题典——力学卷	2014—11	48.00	405
物理奥林匹克竞赛大题典——热学卷	2014—04	28.00	339
物理奥林匹克竞赛大题典——电磁学卷	2015—07	48.00	406
物理奥林匹克竞赛大题典——光学与近代物理卷	2014—06	28.00	345
历届中国东南地区数学奥林匹克试题集(2004～2012)	2014—06	18.00	346
历届中国西部地区数学奥林匹克试题集(2001～2012)	2014—07	18.00	347
历届中国女子数学奥林匹克试题集(2002～2012)	2014—08	18.00	348
数学奥林匹克在中国	2014—06	98.00	344
数学奥林匹克问题集	2014—01	38.00	267
数学奥林匹克不等式散论	2010—06	38.00	124
数学奥林匹克不等式欣赏	2011—09	38.00	138
数学奥林匹克超级题库(初中卷上)	2010—01	58.00	66
数学奥林匹克不等式证明方法和技巧(上、下)	2011—08	158.00	134,135
他们学什么:原民主德国中学数学课本	2016—09	38.00	658
他们学什么:英国中学数学课本	2016—09	38.00	659
他们学什么:法国中学数学课本.1	2016—09	38.00	660
他们学什么:法国中学数学课本.2	2016—09	28.00	661
他们学什么:法国中学数学课本.3	2016—09	38.00	662
他们学什么:苏联中学数学课本	2016—09	28.00	679
高中数学题典——集合与简易逻辑·函数	2016—07	48.00	647
高中数学题典——导数	2016—07	48.00	648
高中数学题典——三角函数·平面向量	2016—07	48.00	649
高中数学题典——数列	2016—07	58.00	650
高中数学题典——不等式·推理与证明	2016—07	38.00	651
高中数学题典——立体几何	2016—07	48.00	652
高中数学题典——平面解析几何	2016—07	78.00	653
高中数学题典——计数原理·统计·概率·复数	2016—07	48.00	654
高中数学题典——算法·平面几何·初等数论·组合数学·其他	2016—07	68.00	655

刘培杰数学工作室
已出版(即将出版)图书目录——初等数学

书　　名	出版时间	定　价	编号
台湾地区奥林匹克数学竞赛试题.小学一年级	2017－03	38.00	722
台湾地区奥林匹克数学竞赛试题.小学二年级	2017－03	38.00	723
台湾地区奥林匹克数学竞赛试题.小学三年级	2017－03	38.00	724
台湾地区奥林匹克数学竞赛试题.小学四年级	2017－03	38.00	725
台湾地区奥林匹克数学竞赛试题.小学五年级	2017－03	38.00	726
台湾地区奥林匹克数学竞赛试题.小学六年级	2017－03	38.00	727
台湾地区奥林匹克数学竞赛试题.初中一年级	2017－03	38.00	728
台湾地区奥林匹克数学竞赛试题.初中二年级	2017－03	38.00	729
台湾地区奥林匹克数学竞赛试题.初中三年级	2017－03	28.00	730
不等式证题法	2017－04	28.00	747
平面几何培优教程	2019－08	88.00	748
奥数鼎级培优教程.高一分册	2018－09	88.00	749
奥数鼎级培优教程.高二分册.上	2018－04	68.00	750
奥数鼎级培优教程.高二分册.下	2018－04	68.00	751
高中数学竞赛冲刺宝典	2019－04	68.00	883
初中尖子生数学超级题典.实数	2017－07	58.00	792
初中尖子生数学超级题典.式、方程与不等式	2017－08	58.00	793
初中尖子生数学超级题典.圆、面积	2017－08	38.00	794
初中尖子生数学超级题典.函数、逻辑推理	2017－08	48.00	795
初中尖子生数学超级题典.角、线段、三角形与多边形	2017－07	58.00	796
数学王子——高斯	2018－01	48.00	858
坎坷奇星——阿贝尔	2018－01	48.00	859
闪烁奇星——伽罗瓦	2018－01	58.00	860
无穷统帅——康托尔	2018－01	48.00	861
科学公主——柯瓦列夫斯卡娅	2018－01	48.00	862
抽象代数之母——埃米·诺特	2018－01	48.00	863
电脑先驱——图灵	2018－01	58.00	864
昔日神童——维纳	2018－01	48.00	865
数坛怪侠——爱尔特希	2018－01	68.00	866
传奇数学家徐利治	2019－09	88.00	1110
当代世界中的数学.数学思想与数学基础	2019－01	38.00	892
当代世界中的数学.数学问题	2019－01	38.00	893
当代世界中的数学.应用数学与数学应用	2019－01	38.00	894
当代世界中的数学.数学王国的新疆域(一)	2019－01	38.00	895
当代世界中的数学.数学王国的新疆域(二)	2019－01	38.00	896
当代世界中的数学.数林撷英(一)	2019－01	38.00	897
当代世界中的数学.数林撷英(二)	2019－01	48.00	898
当代世界中的数学.数学之路	2019－01	38.00	899

书　名	出版时间	定价	编号
105 个代数问题:来自 AwesomeMath 夏季课程	2019－02	58.00	956
106 个几何问题:来自 AwesomeMath 夏季课程	2020－07	58.00	957
107 个几何问题:来自 AwesomeMath 全年课程	2020－07	58.00	958
108 个代数问题:来自 AwesomeMath 全年课程	2019－01	68.00	959
109 个不等式:来自 AwesomeMath 夏季课程	2019－04	58.00	960
国际数学奥林匹克中的 110 个几何问题	即将出版		961
111 个代数和数论问题	2019－05	58.00	962
112 个组合问题:来自 AwesomeMath 夏季课程	2019－05	58.00	963
113 个几何不等式:来自 AwesomeMath 夏季课程	2020－08	58.00	964
114 个指数和对数问题:来自 AwesomeMath 夏季课程	2019－09	48.00	965
115 个三角问题:来自 AwesomeMath 夏季课程	2019－09	58.00	966
116 个代数不等式:来自 AwesomeMath 全年课程	2019－04	58.00	967
117 个多项式问题:来自 AwesomeMath 夏季课程	2021－09	58.00	1409
118 个数学竞赛不等式	2022－08	78.00	1526
紫色彗星国际数学竞赛试题	2019－02	58.00	999
数学竞赛中的数学:为数学爱好者、父母、教师和教练准备的丰富资源.第一部	2020－04	58.00	1141
数学竞赛中的数学:为数学爱好者、父母、教师和教练准备的丰富资源.第二部	2020－07	48.00	1142
和与积	2020－10	38.00	1219
数论:概念和问题	2020－12	68.00	1257
初等数学问题研究	2021－03	48.00	1270
数学奥林匹克中的欧几里得几何	2021－10	68.00	1413
数学奥林匹克题解新编	2022－01	58.00	1430
澳大利亚中学数学竞赛试题及解答(初级卷)1978～1984	2019－02	28.00	1002
澳大利亚中学数学竞赛试题及解答(初级卷)1985～1991	2019－02	28.00	1003
澳大利亚中学数学竞赛试题及解答(初级卷)1992～1998	2019－02	28.00	1004
澳大利亚中学数学竞赛试题及解答(初级卷)1999～2005	2019－02	28.00	1005
澳大利亚中学数学竞赛试题及解答(中级卷)1978～1984	2019－03	28.00	1006
澳大利亚中学数学竞赛试题及解答(中级卷)1985～1991	2019－03	28.00	1007
澳大利亚中学数学竞赛试题及解答(中级卷)1992～1998	2019－03	28.00	1008
澳大利亚中学数学竞赛试题及解答(中级卷)1999～2005	2019－03	28.00	1009
澳大利亚中学数学竞赛试题及解答(高级卷)1978～1984	2019－05	28.00	1010
澳大利亚中学数学竞赛试题及解答(高级卷)1985～1991	2019－05	28.00	1011
澳大利亚中学数学竞赛试题及解答(高级卷)1992～1998	2019－05	28.00	1012
澳大利亚中学数学竞赛试题及解答(高级卷)1999～2005	2019－05	28.00	1013
天才中小学生智力测验题.第一卷	2019－03	38.00	1026
天才中小学生智力测验题.第二卷	2019－03	38.00	1027
天才中小学生智力测验题.第三卷	2019－03	38.00	1028
天才中小学生智力测验题.第四卷	2019－03	38.00	1029
天才中小学生智力测验题.第五卷	2019－03	38.00	1030
天才中小学生智力测验题.第六卷	2019－03	38.00	1031
天才中小学生智力测验题.第七卷	2019－03	38.00	1032
天才中小学生智力测验题.第八卷	2019－03	38.00	1033
天才中小学生智力测验题.第九卷	2019－03	38.00	1034
天才中小学生智力测验题.第十卷	2019－03	38.00	1035
天才中小学生智力测验题.第十一卷	2019－03	38.00	1036
天才中小学生智力测验题.第十二卷	2019－03	38.00	1037
天才中小学生智力测验题.第十三卷	2019－03	38.00	1038

刘培杰数学工作室

已出版(即将出版)图书目录——初等数学

书　　名	出版时间	定　价	编号
重点大学自主招生数学备考全书.函数	2020—05	48.00	1047
重点大学自主招生数学备考全书.导数	2020—08	48.00	1048
重点大学自主招生数学备考全书.数列与不等式	2019—10	78.00	1049
重点大学自主招生数学备考全书.三角函数与平面向量	2020—08	68.00	1050
重点大学自主招生数学备考全书.平面解析几何	2020—07	58.00	1051
重点大学自主招生数学备考全书.立体几何与平面几何	2019—08	48.00	1052
重点大学自主招生数学备考全书.排列组合·概率统计·复数	2019—09	48.00	1053
重点大学自主招生数学备考全书.初等数论与组合数学	2019—08	48.00	1054
重点大学自主招生数学备考全书.重点大学自主招生真题.上	2019—04	68.00	1055
重点大学自主招生数学备考全书.重点大学自主招生真题.下	2019—04	58.00	1056
高中数学竞赛培训教程:平面几何问题的求解方法与策略.上	2018—05	68.00	906
高中数学竞赛培训教程:平面几何问题的求解方法与策略.下	2018—06	78.00	907
高中数学竞赛培训教程:整除与同余以及不定方程	2018—01	88.00	908
高中数学竞赛培训教程:组合计数与组合极值	2018—04	48.00	909
高中数学竞赛培训教程:初等代数	2019—04	78.00	1042
高中数学讲座:数学竞赛基础教程(第一册)	2019—06	48.00	1094
高中数学讲座:数学竞赛基础教程(第二册)	即将出版		1095
高中数学讲座:数学竞赛基础教程(第三册)	即将出版		1096
高中数学讲座:数学竞赛基础教程(第四册)	即将出版		1097
新编中学数学解题方法 1000 招丛书.实数(初中版)	2022—05	58.00	1291
新编中学数学解题方法 1000 招丛书.式(初中版)	2022—05	48.00	1292
新编中学数学解题方法 1000 招丛书.方程与不等式(初中版)	2021—04	58.00	1293
新编中学数学解题方法 1000 招丛书.函数(初中版)	2022—05	38.00	1294
新编中学数学解题方法 1000 招丛书.角(初中版)	2022—05	48.00	1295
新编中学数学解题方法 1000 招丛书.线段(初中版)	2022—05	48.00	1296
新编中学数学解题方法 1000 招丛书.三角形与多边形(初中版)	2021—04	48.00	1297
新编中学数学解题方法 1000 招丛书.圆(初中版)	2022—05	48.00	1298
新编中学数学解题方法 1000 招丛书.面积(初中版)	2021—07	28.00	1299
新编中学数学解题方法 1000 招丛书.逻辑推理(初中版)	2022—06	48.00	1300
高中数学题典精编.第一辑.函数	2022—01	58.00	1444
高中数学题典精编.第一辑.导数	2022—01	68.00	1445
高中数学题典精编.第一辑.三角函数·平面向量	2022—01	68.00	1446
高中数学题典精编.第一辑.数列	2022—01	58.00	1447
高中数学题典精编.第一辑.不等式·推理与证明	2022—01	58.00	1448
高中数学题典精编.第一辑.立体几何	2022—01	58.00	1449
高中数学题典精编.第一辑.平面解析几何	2022—01	68.00	1450
高中数学题典精编.第一辑.统计·概率·平面几何	2022—01	58.00	1451
高中数学题典精编.第一辑.初等数论·组合数学·数学文化·解题方法	2022—01	58.00	1452

联系地址:哈尔滨市南岗区复华四道街 10 号　哈尔滨工业大学出版社刘培杰数学工作室

网　　址:http://lpj.hit.edu.cn/

邮　　编:150006

联系电话:0451—86281378　　13904613167

E-mail:lpj1378@163.com